环境类系列教材

U0685750

环境学概论

王红旗　李　剑　张淑荣　于艳新　主编

中国教育出版传媒集团

高等教育出版社·北京

内容提要

本书从环境学、生态学、环境技术科学、环境经济学与环境管理学等多个角度,结合多年教学与科研成果,系统介绍了与环境科学相关的概念、原理、技术及应用实例,涵盖了环境与发展、环境污染迁移与防治技术、环境管理策略与实践三大主体内容,共计17章,包括绪论、自然环境与生态系统、人类活动与环境问题、全球环境问题、大气污染的形成与迁移转化、水体污染的形成与迁移转化、地下水污染的形成与迁移转化、土壤污染的形成与迁移转化、环境污染的生态与健康效应、环境监测技术、环境风险评价技术、环境污染控制技术、环境管理概述、环境管理的经济学手段、可持续发展的基本理论与实践、流域环境管理与实践,以及区域环境管理与实践。 每章针对环境科学与工程学科的一个关键科学问题,从基础概念或原理出发,重点介绍目前学科研究的最新进展,并结合典型案例展开分析。

本书可作为环境科学与工程类专业本科生和相关专业研究生课程的教材或参考书,亦可供从事环境保护、环境修复的工程技术人员和管理人员参考。

图书在版编目(CIP)数据

环境学概论 / 王红旗等主编. --北京:高等教育
出版社,2023.7
  ISBN 978-7-04-055499-1

  Ⅰ.①环… Ⅱ.①王… Ⅲ.①环境科学-高等学校-
教材 Ⅳ.①X

中国版本图书馆 CIP 数据核字(2021)第 025319 号

Huanjingxue Gailun

| 策划编辑 | 陈正雄 | 责任编辑 | 张梅杰 | 封面设计 | 于文燕 | 版式设计 | 马　云 |
| 插图绘制 | 黄云燕 | 责任校对 | 刘丽娟 | 责任印制 | 刁　毅 | | |

出版发行	高等教育出版社	网　　址	http://www.hep.edu.cn
社　　址	北京市西城区德外大街 4 号		http://www.hep.com.cn
邮政编码	100120	网上订购	http://www.hepmall.com.cn
印　　刷	中农印务有限公司		http://www.hepmall.com
开　　本	787mm×1092mm　1/16		http://www.hepmall.cn
印　　张	24.5		
字　　数	580 千字	版　　次	2023 年 7 月第 1 版
购书热线	010-58581118	印　　次	2023 年 7 月第 1 次印刷
咨询电话	400-810-0598	定　　价	47.50 元

环境学概论

王红旗　李　剑

张淑荣　于艳新

1　计算机访问 http://abook.hep.com.cn/1250788，或手机扫描二维码、下载并安装 Abook 应用。

2　注册并登录，进入"我的课程"。

3　输入封底数字课程账号（20位密码，刮开涂层可见），或通过 Abook 应用扫描封底数字课程账号二维码，完成课程绑定。

4　单击"进入课程"按钮，开始本数字课程的学习。

环境学概论

　　本数字课程与王红旗、李剑、张淑荣、于艳新主编的《环境学概论》配套。数字课程对教材进行补充和拓展，包含每个章节的电子教案、阅读卡片和典型案例。数字课程呈现教材中的主要概念、理论，补充相关的应用案例，有助于学生把握教材中的重点、难点，提高学生自主分析问题和解决问题的能力。

　　课程绑定后一年为数字课程使用有效期。受硬件限制，部分内容无法在手机端显示，请按提示通过计算机访问学习。

　　如有使用问题，请发邮件至 abook@hep.com.cn。

扫描二维码
下载 Abook 应用

http://abook.hep.com.cn/1250788

前　言

　　纵观历史,环境是人类生存与发展的基础,人类在与自然的斗争中运用智慧与劳动,不断改造自然环境,创造新的生存条件。然而由于历史的局限性,人类在推动社会发展的同时受到其认知能力和科技水平的限制,在改造自然的过程中,造成环境的污染与破坏。1962年,Rachel Carson具有里程碑意义的生态学著作《寂静的春天》出版,使环境类主题成为热点,引起了西方国家的强烈反响。而后,日益严重的环境问题引起人们的重视,环境科学作为一门新兴的综合性学科随之发展起来。

　　环境科学主要是应用自然科学和社会科学中有关学科的理论、技术和方法,将各个学科有机结合在一起,相互渗透,研究环境问题。在这一过程中逐渐出现了一些新的交叉学科,例如环境地学、环境生物学、环境化学、环境物理学、环境医学、环境工程学、环境经济学、环境法学、环境管理学等。到目前为止,环境科学学科的理论和方法还处于发展之中。

　　本书从环境学、生态学、环境技术科学、环境经济学与环境管理学等多个角度,结合多年教学与科研成果,系统介绍了与环境科学相关的概念、原理及应用实例。全书共三篇,涵盖了环境与发展、环境污染迁移与防治技术、环境管理策略与实践三大主体内容,共计17章,每章针对环境科学与工程的一个关键科学问题,从基本概念或原理出发,重点介绍目前学科研究的最新进展,并结合教研组的研究实际,列举典型案例并展开分析,加深学生对关键科学问题的理解,提高其实际应用的能力。

　　环境与发展篇包含了绪论、自然环境与生态系统、人类活动与环境问题、全球环境问题共四章内容,逐步引入环境科学的基本概念,介绍了生态环境系统,分析了环境问题产生的原因,以及解决环境问题的重要性与复杂性。

　　环境污染迁移与防治技术篇包含了大气污染的形成与迁移转化、水体污染的形成与迁移转化、地下水污染的形成与迁移转化、土壤污染的形成与迁移转化、环境污染的生态与健康效应、环境监测技术、环境风险评价技术与环境污染控制技术共八章内容,主要讲解了环境污染物迁移转化的基本原理,并按照环境要素分类,对污染物在大气、水、地下水及土壤中的形成与迁移转化规律进行了介绍,同时讨论了各类环境污染防治技术的原理、方法及其相关研究进展。

　　环境管理策略与实践篇包含了环境管理概述、环境管理的经济学手段、可持续发展的基本理论与实践、流域环境管理与实践、区域环境管理与实践共五章内容,从环境管理基础知识出发,介绍了环境管理的手段与方法,着重讲解了经济学手段在环境管理中的应用及可持续发展战略,并探讨了流域环境管理与区域环境管理的内容及其实践。

　　本书特别添加"阅读卡片"栏目,介绍与正文内容相关的重要理论、知识点和环境热点;此外,每章后添加了"问题与讨论"部分,鼓励学生开展对关键科学问题的思考,探索学科前沿。

　　本书可作为环境科学与工程类专业本科生和相关专业研究生课程的教科书或参考书，同时对从事环境保护与修复的工程技术人员和科研管理人员具有参考价值。通过本书的学习，读者能够了解环境科学、环境工程及管理相关的知识和研究方法，了解该领域发展前沿和趋势，并能将理论落实到我国环境管理工作中。

　　本书各章撰写负责人如下：第一、四、九、十、十一、十二章由李剑完成；第二、六、十三、十四、十五、十六、十七章由张淑荣完成（参与第五章撰写）；第三、五、七章由于艳新完成；第八章由王红旗完成。主编负责人为王红旗，全书统稿由吴枭雄、李剑完成。在此对几位老师为本书付出的辛勤劳动表示衷心感谢。感谢吴枭雄、许洁、孔德康、姜茹菡、肖雅倩、王亚飞、艾扬、沈扬、于畅、孔东东、刘贺丹、白乙娟、温馨几位同学对本书的贡献。同时也衷心感谢高等教育出版社编辑为本书出版付出的辛勤劳动。热切希望本书能够得到广大读者的关注，诚恳地欢迎读者对本书提出宝贵的意见与建议。

王红旗

2020 年 7 月

于北京师范大学

目 录

第一篇 环境与发展

I

第二篇　环境污染迁移与防治技术

第一篇
环境与发展 —————————————————————●

　　本篇介绍了绪论、自然环境与生态系统、人类活动与环境问题、全球环境问题，共计四章内容。绪论部分主要介绍环境的基本概念及组成，对环境系统的特点进行总结，逐步引入环境科学的基本概念、科学思想与方法论。自然环境与生态系统部分引入生态的概念，主要介绍生物与环境之间的关系，以及生态系统的特征。人类活动与环境问题部分围绕"人类-地球环境复合系统"进行讨论，阐述了人类与环境之间的紧密关系，分析了环境问题产生的原因，以及解决环境问题的重要性与复杂性。全球环境问题部分针对全球环境问题特点进行总结，介绍了目前全球环境问题的研究方向与进展，着重说明了全球变暖、臭氧层耗损与全球生态系统变化问题的严重性与复杂性。

　　本篇从环境科学涉及的基本概念及当今世界所面临的主要环境问题入手，介绍了环境科学目前的发展方向与学科动态，旨在强调环境科学学科的重要性，引导并启发读者思考环境问题及其解决办法，为后文中原理、技术以及管理的内容进行铺垫。

第一章 绪论

第一节 环境的基本概念及组成

一、环境的概念

环境一词首先运用在生物学界,布丰和拉马克等学者最先提出环境的概念,表示为"周围的环境"。环境是相对于某一事物来说的,是指围绕着某一事物(通常称其为主体)并对该事物会产生某些影响的所有外界事物(通常称其为客体),即环境是指相对并相关于某项中心事物的周围事物。《中国大百科全书》中将环境定义为围绕着人的空间,以及其中可以直接或间接地影响人类生活和发展的各类自然因素的总体(中国大百科全书,2002)。环境科学所研究的环境,通常是指以人类为主体的外部世界,即人类生存、繁衍所必需的、相适应的环境或物质条件的综合体(李玉文,1999)。《中华人民共和国环境保护法》总则将环境定义为"影响人类生存和发展的各种天然的和经过人工改造的自然因素的总体,包括大气、水、海洋、土地、矿藏、森林、草原、湿地、野生生物、自然遗迹、人文遗迹、自然保护区、风景名胜区、城市和乡村等"。

环境总是相对于某一中心事物而言的,环境因中心事物的不同而不同,随中心事物的变化而变化。由此可见,环境的概念具有相对性,即对于不同的中心事物,环境就有不同的含义。近年来,鉴于人类认识的深化,开始意识到人类是自然环境的有机组成部分,因此,环境的概念在上述观念的主导下也发生了转变。其中比较典型的代表是生态学家主张的环境,生态学以生物为主体,将环境看作生物生存空间周围的一切因素,包括物理的和生物的因素,称为"生物的环境"或"生境"。生物的环境可以分为生物个体的环境、种群的环境和群落的环境。生物的环境可笼统地说成由生物因素和非生物因素组成。生物是环境的产物,受环境的影响,同时,生物也在不断地改变或改造周围的环境,生物和环境的这种相互作用的关系,称为生态关系(彼得·辛格等,1999)。生态学的环境概念,促进了环境科学的环境概念从"以人类为中心"向"人与自然和谐相处"观念的转变。据此,联合国环境规划署(UNEP)将环境定义整理为:"影响生物个体或群落的外部因素和条件的总和,其包括生物体周围的自然要素和人为要素";美国环保局对环境定义为:"影响生物体产生、发展和生存的外部条件的总和"。由此可见,随着"环境"概念的发展,国际主流对环境概念中主体的认识已趋统一,即为"包括人在内的生物体"。

二、环境的组成

对于环境的组成,鉴于分类方法的不同通常存在差异。环境科学学者按照环境要素的差异,将环境划分为自然环境、工程环境和社会环境。自然环境按组成可分为大气环境、水环境(淡水和海洋)、土壤环境、地质环境、生物环境(动物、植物)等,即地球的五大圈—大气圈、水圈、土圈、岩石圈和生物圈。自然环境具有整体性、区域性、变动性、开放性、综合性和可协调性等特点,成为环境领域研究的热点问题。

工程环境按其功能划分为城市环境、村落环境、生产环境(工厂、矿山、农场等)、交通环境(公路、铁路、机场、港口、车站等)、商业环境(商场、旅店等)、文化环境(学校、影剧院等)、卫生环境(医院、疗养区等)、旅游环境(文物古迹、风景名胜等)(张合平等,2002)。

社会环境可按其组成要素分为政治环境、经济环境和文化环境等。政治、经济、文化环境的交融、并行发展的辩证关系使其相关研究更偏向于人文领域。

按照空间尺度的不同,环境又可以细分为聚落环境、区域环境、全球环境、星际环境等不同的层次结构,每一级均由自然环境、工程环境和社会环境组成(周训芳,2002)。其中,聚落环境是指人类聚居和生活的场所,是人类有意识地开发、利用和改造自然而创造出来的生存环境。区域环境指一定地域范围内的自然和社会因素的总和,是一种结构复杂、功能多样的环境。全球环境又称地球环境,包括大气圈中的对流层的全部和平流层的下部、水圈、土圈、岩石圈和生物圈。这个范围是人类生活和生物栖息繁衍的地方,是向人类提供各种资源的场所,也是不断受到人类改造的空间。星际环境则是指涵盖星际空间的大环境。

此外,按照性质的不同,环境也可分为物理环境、化学环境和生物环境等。由此可见,分类方法的不同,环境的组成也存在一定差异。目前,环境科学研究还是主要考虑环境要素的差异,认为环境主要由自然环境、工程环境和社会环境三部分组成。

第二节　环境科学及其发展

一、环境科学的研究对象

环境科学源于人们对于周围环境及其影响的高度关注,并随着众多环境问题的出现而迅速发展成为一门新兴学科。它是一门介于自然科学、社会科学和技术科学之间的交叉学科,不仅涵盖地理学、生态学、物理学、化学、生物学等多个自然科学领域,还涉及经济学、社会学及政治学等社会科学领域(李本纲等,2011)。

目前对于环境科学的定义较多。美国科学基金会的国家科学局认为,环境科学是研究围绕着人的空气、陆地、水、能源和生命等所有系统的科学;斯特拉勒等(1983)认为,环境科学是研究地球的各种自然系统和各种过程及其对人类的意义和影响的科学。刘培桐等(1995)认为环境科学是以"人类-环境"系统为其特定的研究对象,研究"人类-环境"系统的发生和发展、调节和控制以及改造和利用的科学。左玉辉等(2010)认为环境科学是研究和揭示人与环境相互作用规律、指导人类进行环境实践的科学体系。

本书认为,环境科学是以复杂环境系统为研究对象、以各种环境问题为研究内容、以多学科融合交叉为典型特征、以揭示"人类-环境"相互作用规律为核心任务、以"人类-环境"协调和可持续发展为最终目标的学科群。

由此可见,环境科学是以"环境系统"作为特定的研究对象,将学科交融运用到具体的环境问题分析中,阐明人类发展与环境之间的相互作用,使环境为人类社会、经济与文化的多重发展提供可持续、科学健康的发展动力。

二、环境科学的任务

从广义上来讲,环境科学的基本任务就是揭示"人类-环境"系统的实质,研究"人类-环境"系统的协调关系,掌握它的发展规律,调控人类与环境之间的物质和能量交换过程,以改善环境质量,造福人民,促进人类与环境之间的协调发展(周光敏,2013)。上述基本任务可进一步分解为:① 研究环境变化的过程、环境的基本特性、环境结构和演化机理,在此基础上,阐明环境演化规律。② 探索环境变化对人类的影响,开展污染物对人体健康的危害机理及环境毒理学研究。③ 揭示人类活动同自然环境之间的关系,协调社会经济发展与环境保护之间的关系,使人类社会和环境协调发展。④ 明晰环境污染物产生的机理,揭示污染物的环境行为归趋、危害、机理与途径,研究不同环境介质的环境容量与环境承载力,研发污染环境的治理技术,发展环境监测与环境污染预测、评估、规划的理论与技术,形成环境污染综合防治的技术措施和管理措施。

三、环境科学的分支学科

环境科学是自然科学(地学、化学、物理学、生物学、医学等)、社会科学(法学、经济学、社会学、管理学等)和工程科学(材料、土建、机械等)相互交叉的边缘科学。目前的学者将环境科学分为自然环境科学、社会环境科学和应用环境科学 3 个类别(杨志峰等,2004;左玉辉等,2010)。其中,自然环境科学是指环境科学与各自然科学的交叉学科群,运用自然科学的理论与方法,认识环境现象、揭示环境规律、解决环境问题,它又可细分为环境地学、环境化学、环境生物学、环境毒理学、环境物理学、环境医学等分支学科。社会环境科学是指环境科学与各社会科学的交叉学科群,运用社会科学的理论与方法,解析环境现象、建立环境规则、调控人类活动对环境的影响,也可细分为环境法学、环境伦理学、环境管理学、环境经济学等分支学科。应用环境科学则是指环境科学与各工程科学的交叉学科群,运用工程技术科学的理论与方法,认识环境特征、治理环境污染、改善生态环境质量,主要包括环境监测学、环境工程学、环境规划学、环境控制学等(李本纲等,2011)。

环境科学的每一门分支学科都有其独特的研究内容与方向。如环境地学,环境地学主要研究地理环境和地质环境等的组成、结构、性质和演化,环境质量调查、评价和预测,以及环境质量变化对人类的影响等,具体还可细分为环境地质学、环境地球化学、环境海洋学、环境土壤学、污染气象学等。而环境生物学,则主要研究生物与受人类干预的环境之间的相互作用的机理和规律,目前有两个发展方向:从宏观上研究环境中污染物在生态系统中的迁移、转化、富集和归宿,以及对生态系统结构和功能的影响;从微观上研究污染物对生物的毒理作用和遗传变异影响的机理和规律。

再如环境医学,环境医学主要研究环境与人群健康的关系,特别是研究环境污染对人群健康的有害影响及其预防措施,包括探索污染物在人体内的动态和作用机理,查明环境致病因素和致病条件,阐明污染物对健康损害的早期反应和潜在的远期效应,以便为制定环境卫生标准和预防措施提供科学依据。环境医学的研究领域有环境流行病学、环境毒理学、环境医学监测等。

总而言之,环境科学是一门交叉学科,具有综合性、复杂性的特点,其分支学科间也存在相互交叉和相互渗透。随着环境科学学科体系的完善,环境科学的学科网络将更加丰富,一些新的分支学科可能出现。

第三节　环境科学研究对象的主要特征及环境科学的研究方法

一、环境科学研究对象的主要特征

(一)地理环境的整体性

如前文所述,由于环境科学涉及的面极广,环境科学中的方法论通常具有综合性。在实际研究中一个重要的思想就是地理环境的整体性,必须将该整体性的思想贯穿于环境科学研究的全过程。

自然地理环境是岩石圈、大气圈、水圈、生物圈、人类圈及自然地理圈层组成的有机整体,并不断进行物质运动和能量交换,推动地理环境的发展变化。地理环境的整体性是指组成陆地环境各要素(气候、地形、水文、生物、土壤)之间是相互联系、相互制约和相互渗透的,各要素不是孤立存在和发展的,而是作为整体一部分发展变化着的。主要表现为:① 自然地理环境具有统一的演化过程,各个要素的发展演化是统一的,一个要素的演化伴随着其他要素的演化。例如:我国黄土高原地区由于当地黄土土质疏松,多垂直节理发育,在多暴雨的条件下,产生水土流失,而水土流失则进一步导致沟谷的产生、地表破碎、气候干燥、植被覆盖率降低以及土壤肥力下降等地貌、大气、降水、植被、土壤等方面的改变。② 地理要素的变化会"牵一发而动全身",即各个要素的发展演化是统一的,某一要素的变化会导致其他要素甚至整个地理环境状态的改变。例如:由于大量化石燃料的使用和森林的砍伐,可能导致大气中二氧化碳的增多和地壳中碳元素的减少,导致气温升高和气候变暖,极地冰山的融化,海平面上升淹没沿海低地,从而导致全球地理环境的改变。③ 需要注意的是,整体性还表现为:各级自然综合体(整体)内部,任何一个要素和部分发展变化,都要受到整体的制约。整体一经形成就具有稳定性,其内部各要素是整体不可分割的部分,要单独改变其中任一要素和部分是困难的。例如,在人类影响下,由于人工灌溉,沙漠地区可以出现局部绿洲,但一旦人类的影响停止,让其自然发展,最终地理环境仍然要恢复它原来的面貌。

综上所述,地理环境各要素和各部分间相互联系、相互制约和相互渗透,共同构成一个整体,其中部分要素的变化,随着其他要素的变化,也影响整体的改变,反之,整体也制约着部分要素的发展变化。

(二)环境问题的复杂性

环境问题的复杂性主要表现为环境系统本身的复杂性、持续加重的环境压力、压力下复杂环境系统的不确定性以及环境问题解决手段的多样性。

现实中的环境系统具有非线性、自组织性、不可逆性、动态性、开放性、多层次性、自相似性等特征,所以环境系统属于典型的复杂系统,并且是要素多、层次多、关系复杂的大系统(孟嚣巍,2013)。具体表现为:系统的结构是多层次的,例如按照生物学尺度的不同可以划分多个层次,每个层次都是上一层次构建的基础单元;且环境系统可划分为数量庞大的子系统,各个子系统之间存在广泛而紧密的联系,子系统间相互影响,任何子系统的变化都会引起其他子系统的变化,同时也会受到其他子系统的影响。环境系统是开放的,能够与外界相互作用,具有自适应性,且具有进化能力,可不断地对自身的结构和功能进行重组和完善(孟嚣巍,2013)。

人类当前所面对的环境问题是在人类出现后,特别是近代工业革命后才产生并加剧的。由于人类的生活、生产行为超过环境所能承受的限度,环境受到污染和破坏,引起的环境质量变化。近年来,随着环境破坏的加剧,人类的生存条件日见恶劣,环境压力持续加重。目前,已经威胁人类生存的环境问题包括:全球变暖、臭氧层破坏、酸雨、淡水资源危机、能源短缺、森林资源锐减、土地荒漠化、物种加速灭绝、垃圾成灾、有毒化学品污染等众多方面。

由于复杂的环境系统及环境问题都具有较强的不确定性,因此压力下复杂环境系统的变化难以预测,其不确定性成为科学家、公众和决策者预防和应对环境问题的难点。如前文所述,复杂环境系统是一个动态的复杂适应性系统,系统中的局部变化会引起系统的其他部分连锁的响应和适应性变化。因此,仅仅掌握单个或几个环境要素的变化规律,仅仅了解单个或几个重要环境过程的发生发展机理,尚不足以准确描述环境系统连锁的非线性响应与反馈,也不能帮助有效地预测和解决区域乃至全球性的环境问题(李本纲等,2011)。

如前文所述,环境问题是包括社会、经济、自然等因素在内的复杂问题,解决环境问题的方法论亦是涵盖了自然科学、社会科学和技术科学方法论在内的复合体系,由此可见环境问题的解决绝不能仅仅依赖一种或一类技术手段,必然是多学科交叉的、多种技术手段的综合。

(三)环境管理的系统性

环境是一个综合系统,在这里,各种生物和它的环境之间形成一个统一的整体,这就是生态系统。在某种程度上,自然环境存在的形式就是生态系统。生态系统是环境里各种生物以及生物生存环境之间形成的统一的整体,某种意义上自然环境可等同于生态环境。保护环境,就是要保护其中的所有生物和非生物,就是要保护整个生态系统。生态系统的尺度可大可小,但是生态系统作为一个相对独立的生命整体存在,其显著性的特点就是具有整体性,即生态系统是人与自然的协调统一,是多种生物和非生物的统一共存,是生态、社会和经济价值的统一,其发展过程是时间和空间上的统一结果(马增旺等,2009)。由此可见,生态系统中的任何一个因素都是整体系统的有机组成部分,任何一个生物、一个环境因素都是生态系统不可或缺的一环,因此决定了环境管理必须具有系统性。例如,之前的环境管理重视保护生态系统的"核心"部分,淡化对"非核心"部分的保护,以河流生态系统为例,保护中只关注"核心"的水体,不保护"非核心"的河道、湿地,管理工作缺乏从整个流域的生态系统系统性的角度进行考虑,最终难以实现对"核心"部分水体的保护。由此可见,生态系统作为一个有机统一体,环境管理必须具有系统性的特点。

此外,管理主体在实施环境管理时也要求具有系统性。环境管理归根结底还是由政府、组织、个人等各种类型的主体来实施的,不同类型的管理主体在管理目标、水平、能力方面均具有较大差异,且在不同的社会发展阶段,管理主体的诉求也会存在差异。由此,必然要求管理主体具有系统性,其系统性不仅体现在不同的管理层级上,同时也体现在不同的社会发展阶段,只有各主体间统一协作,在不同时期管理均具有连续性,才可能实现生态系统的可持续发展。

二、环境科学的研究方法

环境科学是一门综合性的学科,不仅包括自然科学还包括社会科学和工程科学,具有广泛性、综合性、新颖性的特点。因此,环境科学的方法论也涵盖了自然科学方法论、技术科学方法论和社会科学方法论3种模式。

自然科学方法论是关于自然科学一般研究方法的规律性理论。它以各门自然科学中的具体方法为基础,总结其规律性,并从中概括出自然科学方法的一般原则,以及各学科普遍适用的一般研究方法,从而形成方法论。自然科学方法论的显著特点在于:着重用概念、判断、推理等逻辑思维的方法来反映世界;主要利用仪器设备进行观察和实验。

技术科学方法论是以各种专业技术中的特殊方法为基础,研究各种专业技术中带有普遍意义的方法,形成的关于各种技术方法及其相关联系的一般规律的理论体系。技术科学方法论重视的不是技术成果而是技术方法,关注的技术方法既包括进行宏观决策的技术预测方法、技术评估方法,也包括进行微观分析的技术发明方法和技术评价方法,由此,技术科学方法论具有技术的宏观决策和技术的微观分析特性,不仅能为具体工程技术创造活动提供方法论的指导,同时也为长期的、重大的、全局性的技术决策问题提供分析方法。

社会科学方法论是以社会科学的一般研究方法作为研究对象,建立的关于社会科学研究方法的理论,是关于社会科学研究活动的模式、程序、手段及其合理性要求和评价标准的知识系统,普遍适用于各门社会科学。区别于自然科学方法论与技术科学方法论,主要表现为:研究的对象不同、研究的过程存在差异,方法论体系也各不相同。

由于环境科学自身具有广泛性、综合性的特点,解决具体的环境问题时需利用到自然科学、技术科学和社会科学的方法和手段,因此其方法论也是集中了上述3种方法论的综合。需要注意的是,随着环境科学的发展,其方法论也经历了一个发展和完善的过程。目前环境问题的研究呈现的发展方向表现为:走向宏观和微观的极端,即宏观到宇宙,微观到分子、原子,因此,环境科学的方法论亦在向这两个极端发展,试图在两极上寻找其共同规律(李本纲等,2011)。

问题与讨论

1. 环境的概念是什么？简述环境的组成。
2. 环境科学的研究对象及主要任务是什么？分析环境科学研究的重要性。
3. 如何理解环境问题的复杂性？该复杂性对于环境科学的研究存在什么样的影响？
4. 如何理解环境管理的系统性？如何将系统性的概念应用于环境科学研究？

▊ 第二章 自然环境与生态系统

第一节 地球表层系统

一、地球表层系统概述

依据物质组成圈层结构及其互动耦合的相关性,地球环境系统可看作由地球表层圈层系统与地球内部圈层系统共同构成的统一整体系统。
地球表层系统是由岩石圈、大气圈、水圈、生物圈(包括人类圈)所构成的地表自然社会综合体(图 2.1),是人类圈与地球相互作用的复合物质系统,是地球圈层结构中的特定部分,与周围的地球圈层其他部分存在物质能量交换关系,是一个开放的复杂次级巨系统。

地球表层这一概念最早是由德国地理学家李希霍芬提出的。当时他所说的"地球表层"是指地球岩石圈的上部,并认为这是地理学研究的核心。后来,他又将这一概念的范围扩大到地表的岩石圈上部、水圈和大气圈下部,并提出地理学的任务就是集中研究

图 2.1 地球表层系统

地球表层相互联系的各种现象,尤其是人类与自然之间的相互联系。李希霍芬有关"地球表层"的概念后来得到西方地理学界的普遍赞同。1910 年,俄国地理学家布罗乌诺夫也提出,地球表层应为地表上下与人类有最直接关系的地球环境,实际上是些同心圈层,即由固体岩石圈上部圈层、液体水圈、生物圈和大气圈下部的气体圈等所组成的地表空间。其实,他所说的地球表层与李希霍芬后期观点是一致的,只不过提法上有所不同而已。80 年代中后期到 90 年代初,中国许多知名科学家和学者开始进行有关"地球表层"的课题研究,钱学森等采用的"地球表层"概念与李希霍芬和布罗乌诺夫所提出的概念范围基本是一致的,认为下界为岩石圈的上部,即在固态地面以下陆地为 5~6 km,海洋为 4 km 的地方,上界为大气同温层的底部或对流层的上限,即大气圈的下部圈层,高度在地面以上平均约 10 km(极地上空约 8 km,赤道上空约 17 km)。这样一个空间范围实际上只包括生物圈、水圈、大气圈和岩石圈的一小部分。

地球表层系统是一个开放系统,主要因为它需要依赖太阳源源不断地提供能量维持自身组织的有序结构,同时还不断地获得来自地球深部的物质和能量的补给。地球表层的有序结构表现为顺序演化出地壳与岩石圈、大气与大气圈、水与水圈、生物与生物圈和土壤与

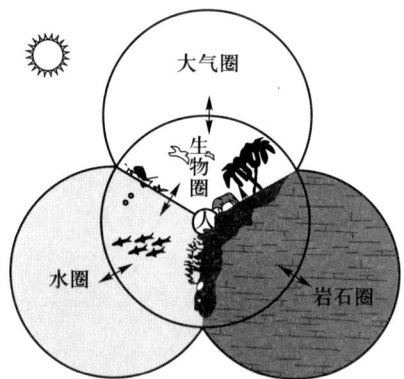

土壤圈。地球表层系统具有明显的垂直分层和水平分异,而且构成地球表层系统的各圈层不是决然分开的,而是互相交叉、互相渗透,在空间上构成了一个立体交叉的结构。

人类是地球表层系统演化发展的产物,是地球表层系统的一个重要组成部分。随着人类社会的发展,人类活动对地球表层系统的影响和作用日益加深,在十年和百年的时间尺度上,已达到了人与自然作用相比拟的程度,甚至更强。随着人口的急剧增加和经济工业化与社会城市化,一方面人类对自然环境与自然资源的改造利用规模和速度空前增长;另一方面自然环境的破坏与资源的枯竭严重影响人类经济发展和社会进步。因此,要使社会经济健康而稳步的发展,就应该寻求建立人与自然和谐的关系。而要建立这种良好的人地关系,并且能够进行调控,就必须清楚了解地球表层的动态及其机制,人与自然相互作用及其过程,以及人地系统的调控与优化模式,这正是需要人类解决的一个重要课题。

二、自然环境的圈层结构

地球在漫长的演化过程中,逐渐形成大气圈、水圈、岩石圈、生物圈等四大外部圈层。由于土壤具有特殊的组成结构和特点,是地球表面特殊的自然综合体,有的学者将土壤圈从四大圈层中单独列出。因此,可以认为地球表层自然环境是由岩石圈、大气圈、水圈、生物圈以及土壤圈所构成的圈层结构。

(一)岩石圈

岩石圈是地球上部相对于软流圈而言的坚硬的岩石圈层,范围包括地壳和上地幔顶部,厚为 $60\sim120$ km。地壳的组成物质可从元素、矿物和岩石三方面来说明。元素是组成地壳的物质基础,大多数情况下各种元素化合形成各种矿物,各种不同矿物又组成各种岩石。地壳中含有化学元素周期表中所列的绝大部分元素,而其中 O、Si、Al、Fe、Ca、Na、K、Mg 8 种主要元素占98%以上,其他元素共占1%~2%。自然界的矿物很多,但组成岩石的矿物不过二三十种,根据组成矿物的元素不同,常见的矿物可归纳为长英质矿物、铁镁质矿物以及方解石、白云石等碳酸盐类矿物,岩石是在各种地质作用下,按一定方式结合而成的矿物集合体,是构成地壳及地幔的主要物质。根据成因,岩石可分为三大类即火成岩、沉积岩和变质岩。

岩石圈的物质循环就是指岩石圈三大类岩石——岩浆岩、变质岩和沉积岩的相互变质转化过程,同时也是地表形态的塑造过程(图2.2)。具体过程为:在地球内部压力作用下,地球内部的岩浆上升冷却凝固形成岩浆岩;裸露地表的岩浆岩在一系列风化、侵蚀、搬运和堆积等作用下,形成沉积岩;同时,这些已经生成的岩石,在一定的温度和压力下发生变质作用,形成变质岩。各类岩石在岩石圈深处或岩石圈以下发生重熔再生作用,又成为新的岩浆。岩浆在一定的条件下再次侵入或喷出地表,形成新的岩浆岩,并与其他岩石一起再次接受外力的风化、侵蚀、搬运和堆积。周而复始,使岩石圈的物质处于不断的循环转化之中。

岩石圈能够为人类生存和发展提供各种能源与资源,如化石燃料和矿物原料,但同时人类对它们的开发利用会对岩石圈产生影响,这种影响也会通过岩石圈与其他圈层的相互作用而间接影响到其他圈层,例如化石燃料燃烧引起的大气污染,矿石开发导致的水土流失和水环境污染等。

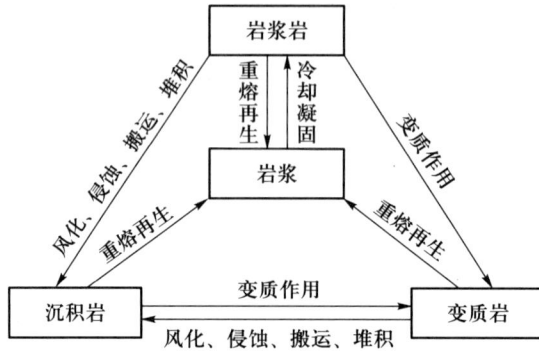

图 2.2 岩石圈物质循环示意图

（二）大气圈

大气圈是指位于地球最外部的气体圈层，由多种气体、水汽、液体微粒和少量的悬浮固体微粒组成。大气中除去水汽、液体和固体杂质外的混合气体称为干洁空气。干洁空气的组成成分最主要的是氮、氧、氩三种气体，它们占了大气总量的 99.97%。在干洁空气中，二氧化碳和臭氧的含量很不稳定，随空间和时间的变化较大。大气中的水汽源于海洋、江河、湖泊、潮湿地面及植物表面的蒸发或蒸腾作用，含量随纬度、气候、海拔高度、地形、季节等影响条件发生变化。

大气圈没有明确的上界，在几千千米的高空仍有稀薄的气体。但受地心引力的作用，几乎全部的气体集中在离地面 100 km 的范围内，其中的 75% 的大气又集中在离地面 10 km 的高度内。根据垂直方向上温度、化学成分、荷电、运动状况等的差异，整个大气圈从低到高分为对流层、平流层、中间层、热层和散逸层（外大气层）。

1. 对流层

对流层为接近地球表面的一层大气层，空气的移动是以上升气流和下降气流为主的对流运动。它的厚度不一，其在中纬度地区的平均厚度为 10~12 km，在赤道地区的为 16~18 km，在地球两极上空的为 8 km，是大气中最稠密的一层。大气中 90% 以上的水汽都集中在此，云、雾、雨、雪等天气现象都发生在对流层内。对流层的主要特点是气温随高度升高而降低，离地面越远温度越低。平均每上升 100 m，气温约降低 0.65 ℃。气温随高度升高而降低是由于对流层大气的主要热源是地面长波辐射，离地面越高，受热越少，气温就越低。但在一定条件下，对流层中也会出现气温随高度增加而上升的现象，称之为"逆温现象"。由于受地表影响较大，气象要素（气温、湿度等）的水平分布极不均匀。空气有规则的垂直运动和无规则的乱流混合都相当强烈。大气污染也多发生在此层。

2. 平流层

在对流层上面，直到高于海平面 50 km 这一层，气流主要表现为水平方向运动，对流现象减弱，这一大气层叫作"平流层"。在 20~30 km 高处，氧分子在紫外线作用下，形成臭氧层，像一道屏障保护着地球上的生物免受太阳高能粒子的袭击。平流层气温会随高度上升而上升，因为其顶部吸收了来自太阳的紫外线而被加热。高温层置上而低温层置下的垂直气温分层使得平流层较为稳定。这里基本上没有水汽，晴朗无云，很少发生天气变化，适于飞机航行。

3. 中间层

平流层以上,到离地球表面 85 km,叫做"中间层",又称中层。层内因臭氧含量低,同时能被氮、氧等直接吸收的太阳短波辐射已经大部分被上层大气所吸收,所以温度垂直递减率很大,对流运动强盛。

4. 热层

从 85~500 km 这一层,称为热层或暖层。热层温度随高度升高而升高,在距地面 400 km 的高空,温度可达 3 000~4 000 ℃。热层的大气因受太阳辐射,温度较高,气体分子或原子大量电离,形成电离层。人类还借助于热层反射无线电短波,实现短波无线电通信,使远隔重洋的人们相互沟通信息。

5. 散逸层(外大气层)

热层顶以上是外大气层,离地面 500 km 以上,延伸至距地球表面 1 000 km 处。它是大气层的最外层,是大气层向星际空间过渡的区域,外面没有什么明显的边界。这里的温度很高,可达数千度;大气已极其稀薄,其密度为海平面处的 $1/10^8$。因为这一层的空气非常稀薄,温度又高,一些高速运动的空气分子和原子拼命挣脱地球引力的束缚,逃逸到宇宙太空中去,所以这一层又称为散逸层。

大气圈是在地球长期演化过程中逐渐形成的,是生命赖以生存的基础。工业革命以来,各种人类活动已经改变了大气圈气体组分之间的分布平衡,带来了一系列全球环境问题,例如,CO_2 等温室气体排放增加引起的气温升高,氯氟烃类化合物排放对大气臭氧层的破坏等。

(三)水圈

水圈是地球外圈中作用最为活跃的一个圈层,是地球表面和接近地球表面的各种形态的水的总称。水圈是由海洋、河流、湖泊、沼泽、冰川、土壤和岩石孔隙的地下水、岩浆水、聚合水,以及动、植物体中的生物水等气、液、固各态水组成的连续圈层。地球上水的总储量约 $1.38×10^{18}$ m^3,其中海洋占 96.53%,覆盖了地球表面的 71%,而淡水资源储量很少,仅占全球水资源总储量的 2.53%。且大部分以冰川的形式存在于南北极和高山地区(表 2.1)。目前可供人类直接利用的淡水资源主要包括河流水、淡水湖泊水和浅层地下水,储量仅占全球水资源总储量的 0.3%。

表 2.1　地球上水储量的分布

水体种类		储量 /(10^4 km^3)	占总储量的比例/%	占淡水储量的比例/%
海洋水		133 800	96.53	
陆地水	地下水	2 340	1.69	
	1. 地下咸水	1 287	0.93	
	2. 地下淡水	1 053	0.76	30.06
	永冻土底冰	30	0.022	0.86
	土壤水	1.65	0.001	0.05

水体种类		储量 /(10^4 km^3)	占总储量 的比例/%	占淡水储量 的比例/%
陆地水	湖泊水	17.64	0.013	
	1. 咸水	8.54	0.006	
	2. 淡水	9.1	0.007	0.26
	沼泽水	1.147	0.000 8	0.03
	河水	0.212	0.000 2	0.006
	生物水	0.112	0.000 1	0.003
	冰川	2 406.41	1.74	68.69
	大气水	1.29	0.001	0.04
总计		138 598.461	100	
其中淡水		3 502.921	2.53	100

注:引自《联合国水会议文件》,1977。

地球上的水以气态、液态和固态三种形式存在于空中、地表和地下,这些水在太阳辐射、重力等作用下,通过蒸发、水汽输送、凝结降水、下渗以及径流等环节,不断地发生相态转换和周而复始运动的过程,以水循环的方式共同构成水圈。水循环对于地球表层系统的演化具有重要的意义,表现在:① 水循环是自然环境中最主要的物质循环,除了使地球上的水圈成为一个动态系统外,还积极参与了大气循环、岩石圈中化学元素的地质大循环和生物循环,从而将自然环境的各个圈层联系了起来;② 水分循环对全球性水分和热量的再分配起着重大的作用,从而极其深刻地影响着全球的气候;③ 水分循环还是使地球的地貌形态发生重大变化的重要外营力,是塑造地球表面最重要的角色,通过不断地冲刷、侵蚀、搬运和堆积作用形成了形态各异的地貌类型;④ 在水分循环过程中,各种水体相互转化,水分不断得到更新。例如,大气水的平均更新周期是 8 天,河川径流水为 16 天,湖泊水为 10～100 年,地下水为 100～1 000 年,冰川水为 10 000 年,海洋水为 1 000～10 000 年。其中淡水资源的更新对于自然地理环境的形成、生态系统的存在和发展以及水资源的利用具有极其重要的意义。

人类对水圈的利用包括对地下水和地表水的水资源供给服务的直接利用和对水资源的水产品生产、发电、航运、污染物净化、休闲娱乐和文化美学等服务的间接利用。随着人口增长和经济发展,人类对水圈的利用过度,产生了一系列生态环境问题,包括地下水水位下降、河流断流、水体污染等。

（四）生物圈

地球上所有的生物与其环境的总和就叫生物圈,地球上有生命存在的地方均属生物圈。生物圈的范围包括海平面以上约 10 km,海平面以下 11 km 处,其中包括大气圈的下层,岩石圈的上层和水圈的大部。但绝大多数生物通常生存于地球陆地之上和海洋表面之下各约100 m 厚的范围内,被称为生物圈的核心部分。生物圈是一个复杂的、全球性的开放系统,是一个生命物质与非生命物质的自我调节系统。它的形成是生物界与水圈、大气圈及岩石圈（土圈）长期相互作用的结果,是地球所特有的圈层。生物圈存在的基本条件包括:必须获得来自太阳的充足光能,太阳能是一切生命活动所需能量的来源;要存在可被生物利用的大量液态水,几乎所有的生物都含有大量水分,没有水就没有生命;要有适宜生命活动的温度条件,在此温度变化范围内的物质存在气态、液态和固态三种变化;存在提供生命物质所需的各种营养元素,包括氧气、二氧化碳、氮、碳、钾、钙、铁、硫等,它们是生命物质的组成或中介。

地球上的生物圈是从原始大气圈、水圈和岩石圈演化的基础上经过长期的化学进化过程而产生的,现今生物圈的形成经历了 30 多亿年的发展历程。据估计,地球上现存的生物物种达到 $1.1×10^8$ 种,其中已鉴定的大约有 $1.75×10^6$ 种。但随着人类活动对生物圈的干扰加剧,生物物种的数量正在急剧下降,许多物种已经灭绝,生物多样性的保护任务非常紧迫。

人类是生物圈的组成部分,受支配于生物圈的自然规律,与周围环境持续发生着相互作用。随着生物圈的进化和人类改造自然能力的增强,人类圈作为一个与其他自然子系统并列的子系统从生物圈中分离出来,成为地球表层系统的一个非常独特的子系统。人类圈最基本的状态变量是人口数量,人口的迅速增长必然会引起自然资源消耗增加和环境压力加剧。因此控制人口的增长,协调人与环境的关系是实现可持续发展的重要战略。

(五)土壤圈

土壤圈是指地球岩石圈外面一层疏松的部分,由土壤构成的覆盖层。土壤是生物、气候、地形、母质和时间等成土因素综合作用的结果,是地球上重要的资源。土壤由固相(矿物质和有机质)、液相(土壤水)和气相物质(土壤空气)三部分组成,各部分之间相互作用,形成一个复杂的体系(图 2.3)。

土壤圈处于大气圈、岩石圈、水圈和生物圈的交接界面,是地球表层系统的重要组成部分,它既是其他圈层的支撑者,又是它们长期共同作用的产物(图 2.4)。土壤圈是生物有机体与无机环境间强烈的相互作用界面,与其他圈层持续不断地进行着物质与能量交换。具体表现在:土壤是由岩石风化后在其他各种条件的作用下逐步形成的,土壤中的矿物质等无机成分主要来源于岩石风化作用,同时土壤对岩石又起到了一定的保护作用,减少了各种外营力的破坏;土壤圈影响着大气圈的化学组成,水分与热量平衡,对全球大气变化有着重要的调控作用;土壤圈的水分依赖于降水、地表水和地下水的供给,同时土壤圈又影响降水的重新分配,影响元素的地球化学行为、分布及水圈的化学组成;土壤圈与生物圈不断进行养分水分的循环,土壤提供植物生长的养分、水分与适宜的物理条件,支持和调节生物的生长和发育过程,对生物的分布起着重要的决定性作用,同时生物的各种生理活动又影响着土壤的物理化学性质。综上所述,土壤圈是联系地球表层系统各圈层的重要枢纽,在自然环境发展和变化中起着重要的作用。

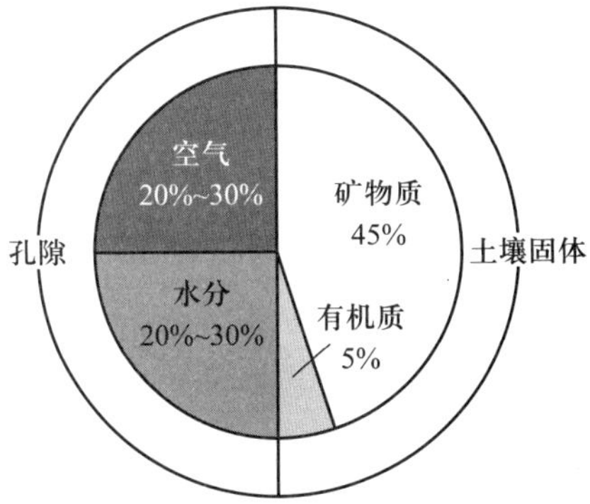

图 2.3 土壤的组成示意图
(Brady 和 Weil,2000)

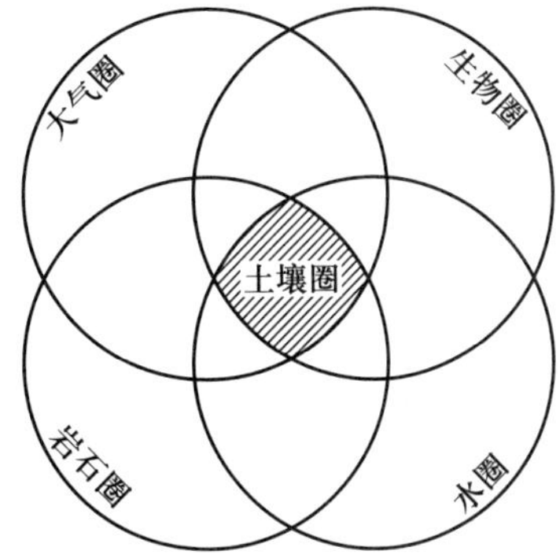

图 2.4 土壤圈与其他圈层的关系

土壤圈在作物生产、水分涵养、调节气候、废物净化、生物多样性保持等方面具有重要的生态服务功能,是人类赖以生存的重要资源。但对土壤资源的不当开发利用则会引起一系列生态环境问题,例如土壤荒漠化、盐碱化、土壤污染、水土流失等,因此人类应加强土壤资源的合理利用和保护,促进土壤圈的稳定和修复。

第二节　生物与环境

一、环境与生态因子

广义的环境是指某一主体周围一切事物的总和。环境是一个相对的概念,相对一定主体而言,主体不同,环境内涵不同。在生态学中,生物是环境的主体,环境指某一特定生物体或生物群体以外的空间,以及直接或间接影响生物体或生物群体生存与活动的外部条件的总和。在环境科学中,环境是指围绕着人群的空间以及其中可以直接或间接影响人类生活和发展的各种因素的总和。即使是围绕同一主体,由于对主体的研究目的及尺度不同,环境的分辨率也不同,即环境有大小之分。如对生物主体而言,生物环境可以大到整个宇宙,小至细胞环境。对太阳系中的地球生命而言,整个太阳系就是地球生物生存和发展的环境;对某个具体生物群落而言,环境是指所在地段上影响该群落发生发展的全部有机因素和无机因素的总和。

生态因子是指环境中对生物生长、发育、生殖、行为和分布起直接或间接作用的环境要素,如光照、温度、水分、氧气、二氧化碳、食物和其他生物等。在生态学中,将生物生存不可缺少的生态因子称为生存条件。所有的生态因子构成了生物的生态环境,具体的生物个体和群体的生态环境称为生境。

生态因子的种类很多,根据不同的分类依据,可以划分为不同的类型,主要有以下 4 种分类方法:

(1) 按生态因子的性质分为气候因子(如温度、光照、水分、风、气压等)、土壤因子(如土壤结构、土壤成分的理化性质等)、地形因子(如坡度、坡向等)、生物因子(包括动物、植物和微生物及它们之间的相互作用)和人为因子(对生物有影响的人类活动)5 大类。

(2) 按有无生命的特征分为生物因子(同种和异种生物)和非生物因子(如温度、光照、水分、氧气等)两大类。

(3) 按生态因子对动物种群数量变动的作用,分为密度制约因子和非密度制约因子。密度制约因子对动物种群数的影响强度随其种群密度而变化,起到调节种群数量的作用,如食物、天敌等。非密度制约因子对动物种群数的影响强度不随其种群密度而发生变化,如温度、降水等气候因素。

(4) 按生态因子的稳定性及其作用特征,分为稳定因子和变动因子两大类。稳定因子是指地心引力、太阳辐射常数等恒定因子,它们决定着动物的分布。变动因子又按其是否有规律性分为两类:周期性变动因子,如一年内季节变化,潮汐涨落等,主要影响动物的分布;非周期性变动因子,如风、降水、种间捕食关系等,这类因子具有间断性或突发性,生物难适应其变化,主要对生物的数量有影响。

二、生物与环境的相互作用

生物与环境的关系是相互的和辩证的,包括环境对生物的作用和生物对环境的反作用,两者相辅相成。

环境中生态因子对生物的影响一般称为作用。环境对生物的作用主要表现在生态因子对生物的发育、生长、繁殖和生存产生影响。例如,热带动植物不能在温带和寒带生长,主要受温度的影响;温度、水分、日照等因素的季节性变化会引起大多数植物在一年中的规律性变化,如植物的春季出芽、夏季生长、秋季落叶和冬季休眠。

生态因子对生物的作用特征如下:

(1)综合作用

环境中各种生态因子不是孤立存在的,而是彼此联系、相互促进、相互制约,任何一个单因子的变化,都可能引起其他因子不同程度的变化及其反作用,从而产生生态因子的综合作用。例如山脉阳坡和阴坡植被景观的差异,是光照、温度、水分和风等生态因子综合作用的结果。因此在进行生态分析时,不能只片面地注意到某一生态因子而忽略其他因子。

(2)主导因子作用

在影响生物的多个生态因子中,有一个或几个生态因子对生物起着决定性的作用,这个或这些生态因子就称为主导因子。主导因子发生变化会引起其他因子也发生变化。例如,光合作用时,光强是主导因子,温度和 CO_2 为次要因子;在植物春化阶段,温度为主导因子,湿度和通气程度是次要因子。若以土壤为主导因子,可以把植物分为多种生态类型,有嫌钙植物、喜钙植物、盐生植物和沙生植物;若以水分为主导因子,可以把植物分为水生植物、中生植物和旱生植物。生态因子的主次在一定条件下是可以发生转化的,处于不同生长时期和条件下的生物对生态因子的要求和反应不同,某种特定条件下的主导因子在另一条件下会降为次要因子。

(3)直接作用和间接作用

依据生态因子与生物的相互作用可将生态因子分为直接作用因子和间接作用因子两种类型。前者是指对生物的生长、繁殖、分布和行为特征有直接影响的,如环境中的光照、温度、水分、氧气等。后者是指通过影响直接因子而间接影响生物的,如地形因子坡向、坡度、海拔高度及经纬度等通过对光照、温度、水分、风速等的影响而对生物产生影响,因此是间接作用因子。

(4)阶段性作用

由于生物生长发育不同阶段对生态因子的要求不同,因此,生态因子的作用也具有阶段性。例如,光照长短,在植物的春化阶段并不起作用,但在光周期阶段则是十分重要的。水是大多数无尾两栖类幼体的生存条件,但成体对水的依赖性则大大降低。

(5)不可替代性和补偿性作用

环境中各种生态因子对生物的作用都具有各自的重要性,一个都不能缺少,尤其是作为主导因子的生态因子,如果缺少,便会影响生物的正常生长发育,甚至造成死亡。所以从总体上来说生态因子是不可替代的,但在一定条件下是可以补偿的。例如,在某一由多个生态因子综合作用的过程中,当某一因子的数量不足时,可以由其他因子来补偿,以获得相似的生态效应。以植物进行光合作用为例,如果光照不足,可以依靠增加二氧化碳的量得到补偿;软体动物在锶多的地方,能利用锶来补偿钙的不足。但是生态因子的补偿作用只能在一定范围内做部分补偿,而不能以一个因子来代替另一个因子,而且因子之间的补偿作用也不是经常存在的。

盖亚假说

三、生物与环境关系的基本原理

(一)李比希最小作用因子定律

德国农业化学家李比希(J. Liebig)于 1840 年在研究营养元素与植物生长的关系时发现,植物生长并非经常受到需要量大的自然界中丰富的营养物质如水和 CO_2 的限制,而是受到一些需要量小的微量元素如硼的影响。因此,李比希指出"植物的生长取决于那些处于最少量状态的营养元素",后人称之为李比希最小因子定律。李比希之后的研究认为,要在实践中应用最小因子定律,还必须补充两点(Odum,1983):一是李比希最小因子定律只能严格地适用于稳定状态,即能量和物质的流入和流出处于平衡的情况下;二是要考虑生态因子间的补偿作用。例如,环境中有大量锶而缺乏钙时,软体动物可以通过利用锶来补偿钙的不足;在光照条件不足时,高 CO_2 浓度可以补偿植物进行光合作用。

(二)限制因子定律

生物的生存和繁殖依赖于各种生态因子的综合作用,其中限制生物生存和繁殖的关键性因子就是限制因子。Blackman 注意到不仅仅当生态因子处于最小量时可以成为生物的限制因子,而且当生态因子过量时也可以成为限制因子。于是在李比希的最小因子定律基础上,Blackman 于 1905 年提出了限制因子定律,认为任何一种生态因子当接近或超过某种生物的耐受性极限而阻止其生存、生长、繁殖或扩散时,它就会成为这种生物的限制因子。对某一种生物而言,如果对某一生态因子的耐受范围很广,而且这种因子又非常稳定,那么这种因子就不太可能成为限制因子;相反如果对某一生态因子的耐受范围很窄,而且这种因子又易于变化,那么这种因子就很可能是一种限制因子。例如,氧气对陆生动物来说,数量多、含量稳定而且容易得到,因此一般不会成为限制因子(寄生生物、土壤生物和高山生物除外)。但是氧气常常成为水生生物的限制因子,因为其在水体中的含量是有限的,而且常常发生波动。

限制因子的概念对生态学研究具有重要意义。生物与环境的关系往往是复杂的,但在一定条件下对一定生物种来说,并非所有的因子都具有同样的重要性,一旦找到了限制因子,就意味着找到了影响生物存在和发展的关键性因子。

(三)谢尔福德耐受性定律

基于最小因子定律和限制因子定律,美国生态学家谢尔福德(V. E. Shelford)于 1913 年指出,生物的存在与繁殖,要依赖环境中的多种因子,而且生物有机体对环境因子的耐受性有一个上限和下限,任何因子不足或过多,接近或超过了某种生物的耐受限度,该种生物的生存就会受到影响,甚至灭绝。这一概念被称为谢尔福德耐受性定律。耐受性定律不仅估计了生态因子量的变化,还估计了生物本身的耐受限度,同时耐受性定律也考虑了生态因子间的相互作用。

　　谢尔福德之后的学者对耐受性定律做了进一步的发展,主要包括:生物耐性的限度会因发育时期或季节环境条件的不同而变化,即具有阶段性;当一个生物种生长旺盛时,会提高对一些因子的耐性限度;相反,当遇到不利因子影响它的生长发育时,也会降低其他因子的耐性限度;自然界耐性限度的实际范围几乎都比潜在范围狭窄。加拿大生态学家 E. J. Fry于 1947 年总结出这一现象,并认为有以下两个原因:一是在不利因素影响下,提高了对基础代谢率的生理调节所付出的代价;二是生态环境中的辅助因子降低了代谢强度的上限或下限范围;耐受性定律可以用来解释生物的自然分布现象。他认为,生物对因子的耐性范围往往对应于该因子覆盖的一定地理范围,但生物的最终分布区域决定于该生物对多种因子的耐性范围。仅对个体生态因子耐性范围较广的生物,可能受其他因子制约,其分布不一定广。有时,一个生物种对某一生态因子的适应范围较宽,而对另一因子的适应范围很窄,在这种情况下,生存范围常常为后一生态因子所限制。生物的分布范围是生物长期进化中对多种环境因子综合适应的结果。

（四）生态幅

　　任何一种生物对某一种生态因子都有一个耐受范围,即有一个下限和上限,物种对生态因子耐受范围的大小称之为生态幅,生态幅的大小取决于物种的遗传特性以及环境的诱变作用。生态学中常常使用"广"和"狭"表示生态幅的相对宽度,再结合不同生态因子,就可以表示某物种对某一生态因子的适应范围。例如,广食性、广温性、广水性、广盐性和广栖性分别与狭食性、狭温性、狭水性、狭盐性、狭栖性根据不同的生态因子相对应。图 2.5 为广适应性生物和狭适应性生物的生态幅比较。

　　应该注意的是,生物在整个发育过程中,耐受性是不同的,物种的生态幅往往要决定于它临界期的耐性。生物繁殖通常是一个临界期,这时,某一生态因子的不足或过多,最易起限制作用,从而使生物繁殖期的生态幅比营养期要窄。在自然界,生物实际上并不在某一特定环境因子的最适范围内生活,这可能是因为有其他更重要的因子在起作用。

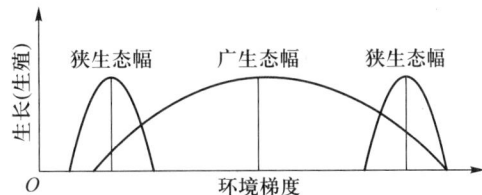

图 2.5　广适应性生物和狭适应性生物的生态幅比较(孙儒泳等,1993)

（五）内稳态机制

　　当环境发生改变时,生物对生态因子的耐受范围并不是固定不变的,可通过自然驯化或人为驯化改变生物的耐受范围,使适宜生存范围的上下限发生移动,形成一个新的耐受范围去适应环境的变化。这种耐受性的变化与生物表现出来的化学的、生理的、形态的及行为的特征等相关。

　　生物能够调整其对生态因子的耐受限度通常是通过内稳态机制来实现的。内稳态是指生物控制自身体内环境,使其保持相对恒定。内稳态机制是生物进化、发展过程中形成的一种更进步的机制,它使生物减少了对外界环境的依赖性,扩大了生物对生态因子的耐受范围,从而大大提高了生物对外界环境的适应能力。根据生物对生态因子的反应或者依据外部条件对生物体内状态的影响,可将生物分为内稳态生物和非内稳态生物。它们之间基本区别是控制其耐性限度的机制不同。非内稳态生物的耐性限度仅取决于体内酶系统在什么生态范围内起作用;而对内稳态生物而言,其耐性范围除决定于体内酶系统的性质外,还有赖于内稳态机制发挥作用的大小。通常,内稳态生物是广生态幅、广适应性物种,而非内稳态生物则表现为体内环境随外界环境而变化,对外界环境的适应性差。

生物为保持内稳态,发展了很多复杂的形态、生理和行为适应方式。恒温动物通过控制体内产热过程以调节体温,变温动物靠减少散热或利用环境热源使身体增温。例如,动物的羽和毛起保温隔热作用;爬行类则通过改变姿势接受太阳辐射,如沙漠蜥蜴在早晨温度较低时使身体的侧面迎向太阳,并把身体紧贴在温暖岩石上以使体温上升;白天温度升高后则改变其身体的姿势,抬起头面对太阳使身体接受最少的辐射,并使前脚趾立地把身体抬高,使空气在身体周围流通以散热;高等植物通过叶子和花瓣的昼夜运动和变化适应环境的变化,如向日葵的花序随太阳的方向转动,合欢的叶子昼挺夜合等。维持体内环境稳定是生物扩大耐性限度的一种重要机制,但内稳态机制只能扩大自己的生态幅与适应范围,并不能完全摆脱环境的限制。

第三节　生态系统

一、生态系统的概念和类型

英国生态学家坦斯利(A. G. Tansley)于 1935 年首次明确提出了生态系统的概念,认为"生态系统是一个系统的整体,不仅仅包括生物综合体,而且包括形成环境的物理因子综合体"。一般认为,生态系统是指一定空间范围内,生物群落与其所处的环境之间不断地进行物质循环和能量流动过程而形成的相互作用、相互制约、不断演变、达到动态平衡,相对稳定的统一整体,是生态学的基本功能单位。生态系统这一概念主要在于强调一定地域中生物与生物之间,生物与环境之间功能上的统一性,并没有范围和大小的严格限制。大到整个地球上的生物圈,小到一滴水都是一个生态系统,其范围随研究问题的特征而大小变化悬殊。

地球上的生态系统类型多样,按照不同的分类原则和标准有不同的分类类型,常见的分类方式如下:

根据环境性质和形态特征,生态系统分为陆地生态系统和水生生态系统。陆地生态系统又可分为森林生态系统、草原生态系统、荒漠生态系统、冻原生态系统、城市生态系统和农田生态系统等。水生生态系统又可分为淡水生态系统(包括河流生态系统、湖泊生态系统等)和海洋生态系统(包括海岸生态系统、浅海生态系统和远洋生态系统等)。

根据形成的原动力和人类活动影响程度,生态系统可分为自然生态系统、半自然生态系统和人工生态系统三类。自然生态系统指未受到明显人类活动影响的生态系统,依靠生态系统自身的调节能力进行自我维持的生态系统,如原始森林、海洋、冻原、荒漠等生态系统。半自然生态系统是指受人类活动强烈干扰和破坏但仍保持一定自然状态的生态系统,如次生天然林、次生灌丛等。人工生态系统是指按照人类的需求而设计建立并依赖于人类强烈干预而维持的生态系统,如农田、果园、经济林、城市等生态系统。

二、生态系统的组成和结构

生态系统由非生物部分和生物部分组成(图 2.6)。非生物组成部分即非生物的物质和能量,包括能源、气候、基质和物质代谢原料。太阳光是绝大多数生态系统直接的能量来源,水、空气、无机元素及其化合物和有机物质是生物不可或缺的物质基础,它们一起构成了生物赖以生存的无机环境,也称为生命支持系统。生物组成因获取能量的方式与所起作用不同而划分为生产者、消费者和分解者三个类群。生产者是生态系统的主要成分,指能把简单的无机物合成为有机物质的自养生物,它们为地球上其他一切生物提供得以生存的食物。消费者是指不能从无机物质制造有机物质,而是直接或间接地利用生产者所制造的有机物质,因此为异养生物,主要是各种营捕食和寄生生活的动物。消费者按其营养方式上的不同又可分为食草动物、食肉动物和大型食肉动物。食草动物是直接以植物为营养的动物,食草动物又称为一级消费者。食肉动物是以食草动物为食者,又称为二级消费者。大型食肉动物即以食肉动物为食者,又称为三级消费者。分解者是指把动植物的复杂有机物降解为简单的无机化合物或元素归还到环境中供生产者再次利用的一类异养生物,主要包括细菌、真菌和一些原生动物,它们广泛存在于生态系统中,促使自然界的物质循环持续进行。在生态系统的四大组成成分中,非生物物质和能量、生产者和分解者都为构成生态系统的基本成分,不可或缺,对保持生态系统完整性和稳定性具有重要的作用。

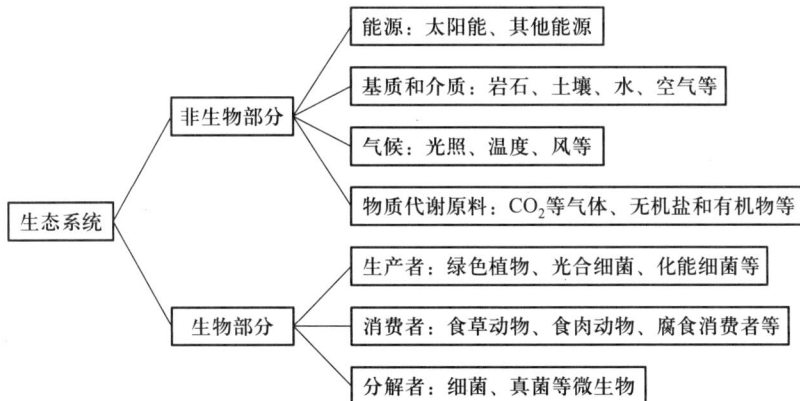

图 2.6　生态系统组成

生态系统的结构是指生态系统中生物和非生物组成在时间、空间和功能上分化与配置而形成的各种结构与关系,包括形态结构和营养结构。生态系统的形态结构强调的是生态系统各组成的时间和空间配置,又细分为水平空间结构、垂直空间结构和时间结构。生态系统的营养结构强调的是生态系统的营养关系。

无论是自然生态系统还是人工生态系统,都具有简单或复杂的水平空间上的镶嵌结构、垂直空间上的成层结构和时间上的动态发展和演替特征,即水平结构、垂直结构和时间结构。受气候、地形、土壤等环境因子的综合影响,构成生态系统的生物和非生物组成要素的水平空间分布并不是均匀的,这种分异性使得生态系统内的生物物种组成、生物群落的结构和功能在水平空间上都发生相应的变化和分异,并体现在景观类型的变化上,形成带状、同心圆式和块状镶嵌等多种景观格局。生态系统的垂直结构主要体现在空间上的垂直分异和成层现象,不论是陆地生态系统还是水生生态系统都具有显著的分层现象。例如森林生态系统植被从下到上依次为地被层、草本层、灌木层和乔木层等层次(图2.7),湖泊生态系统表层主要分布着挺水植物、浮水植物、浮游生物,中间层分布着各种各样的鱼类,底层分布着底栖无脊椎动物、细菌和真菌等(图2.8)。生态系统的垂直分层结构是由于生物种间竞争导致不同物种生态位分离而形成的,有利于生物对阳光、水分、养分和空间等资源的充分利用和生态系统的平衡。生态系统的组成、结构和功能也会随时间变化而发生变化,这反映为生态系统的时间结构,一般可以从长时间、中等时间和短时间尺度上来考虑。长时间尺度上,主要反映生态系统进化;中等时间尺度上,主要反映群落演替;短时间尺度上,主要反映动植物等对环境因子周期性变化的适应,同时也往往反映了生态系统中环境质量的高低。

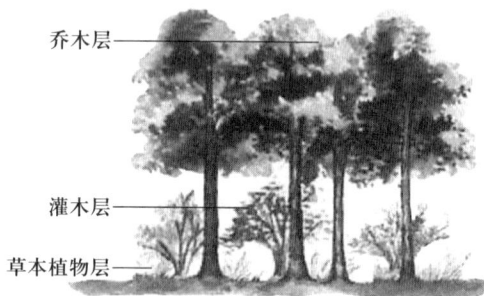

图 2.7 森林生态系统的垂直分层现象

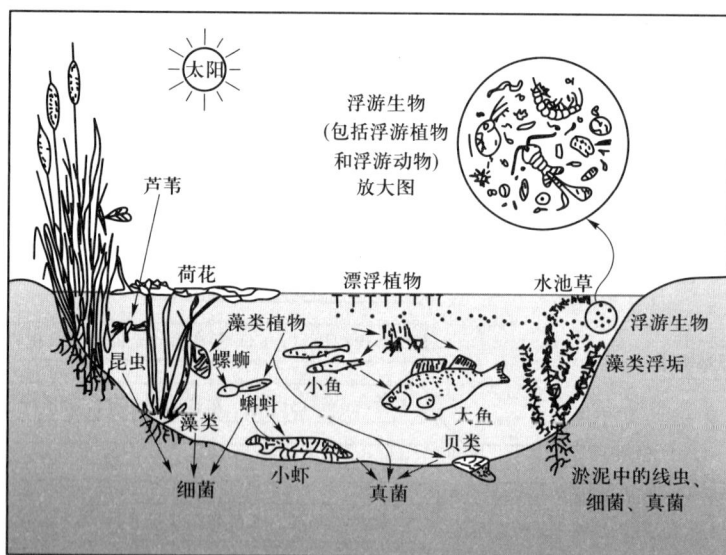

图 2.8 湖泊生态系统的垂直分层现象

　　生态系统的营养结构是指生态系统中生物与生物之间,生产者、消费者和分解者之间以食物营养为纽带所形成的食物链和食物网,它是构成物质循环和能量转化的主要途径。食物链指生态系统中各种生物间以取食与被取食的关系排列形成的一种链状关系。

　　在自然环境中,生物之间实际的取食与被取食的关系,并不像食物链所表达的那样简单,通常是一种生物被多种生物所捕食,同时也捕食多种其他生物,这样许多食物链互相交错就连接形成复杂的网状营养关系,称为食物网。图2.9为草地生态系统中的食物网。一般来讲,食物网越复杂,生态系统抵抗干扰的能力就越强,食物网较简单的生态系统较容易受到干扰而导致整个生态系统崩溃。例如由"地衣-驯鹿-人"组成的食物链构成的苔原生态系统是地球上最简单的生态系统之一,如果其中的基础组成成分地衣由于大气中二氧化硫含量的超标受到破坏,那么整个苔原生态系统就会遭到毁灭。

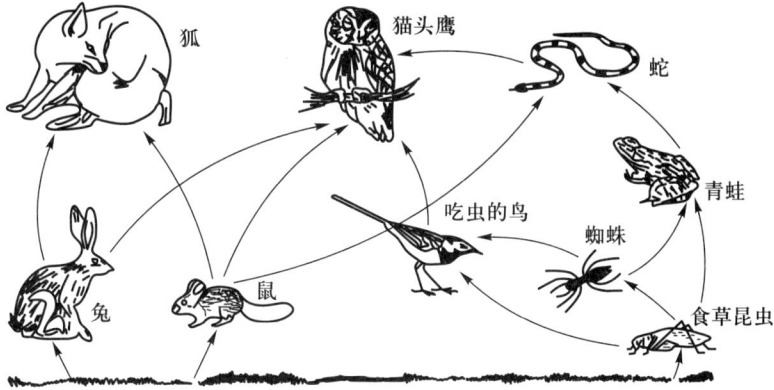

图 2.9　草地生态系统中的食物网

食物链和食物网是物种与物种直接的营养关系,这种关系错综复杂,无法用图解的方法完全表示,为了便于定量研究物质循环和能量流动,生态学家提出了营养级的概念。处于食物链上的某一环节上的所有生物物种的总和称为一个营养级,生产者称为第一营养级,一级消费者(食草动物)为第二营养级,二级消费者(食肉动物)为第三营养级,三级消费者(大型食肉动物)为第四营养级,依此类推。除了生产者总是作为第一营养级不会发生变化外,其他生物所处的营养级并不是一成不变的。通常一条食物链的营养级很少超过 5 个,但也有特殊情况,如曾出现在我国蛇岛的食物链有 7 个营养级,为"花蜜—飞虫—蜻蜓—蜘蛛—小鸟—蝮蛇—老鹰"。

三、生态系统的功能

任何生态系统都具有物质循环、能量流动和信息传递的功能,它们是生态系统的基本功能,三者密不可分,但各有不同。正是由于生态系统各组成成分之间不断进行着物质循环、能量流动和信息传递,生态系统才成为了一个有机的整体。

（一）物质循环

物质循环是生态系统的物质基础。生态系统中各种有机物质经过分解者分解成可被生产者利用的形式归还到环境中重复利用,周而复始的循环过程叫作物质循环。物质循环分为两个层次:生物小循环和生物地球化学循环。生物小循环是一个开放的循环系统,是生态系统层次上的物质循环,循环过程为环境中的元素经生物体吸收,在生态系统中被相继利用,然后经过分解者的作用,再为生产者吸收、利用。生物地球化学循环是一个闭合的循环系统,循环过程除了包括元素在生态系统之间的输入和输出,生物圈内的流动和交换,还包括它们在大气圈、水圈、岩石圈之间的流动。

用来描述物质循环的两个基本概念是库和流通率。库是指生态系统中物质的储存场所,生态系统中的物质循环主要是在库与库之间进行的。流通率是指单位时间单位面积在生态系统中物质的流通量,流通率的大小决定了物质在生态系统中的周转时间的长短,流通率越大,周转时间越短,物质交换越快。

根据生物地球化学循环中元素的属性,物质循环可分为四大类型:水循环、气体型循环、沉积型循环以及有毒有害物质循环。

1. 水循环

水是生态系统中所有物质的迁移介质,生态系统中所有元素的生物地球化学循环都离不开水循环的驱动,水循环是全球物质循环的核心,了解水循环是理解生态系统物质循环的基础。水循环是在太阳辐射的驱动下水分子从水体和陆地表面通过蒸发、蒸腾进入到大气,然后以雨、雪等降水形式又回到地球表面的一系列运动过程(图 2.10)。水循环的主要储存库是海洋。

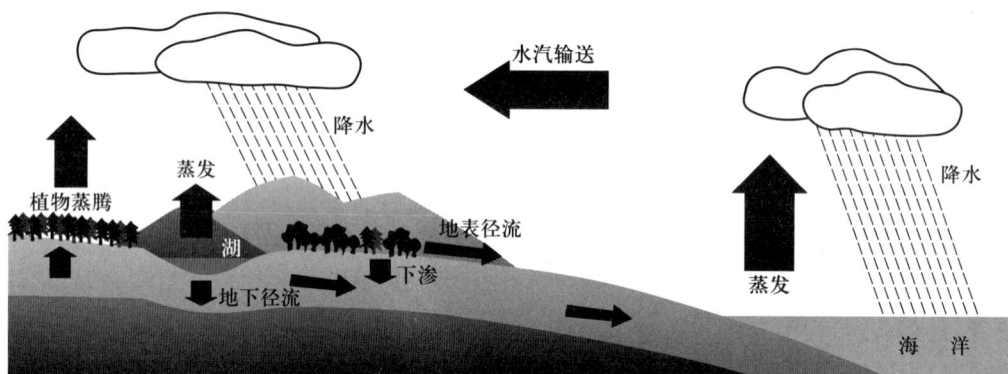

图 2.10　水循环示意图

2. 气体型循环

气体型循环的物质有气体形式的分子参与循环过程,其主要储存库是大气圈,其次是水圈。参加这类循环的元素具有扩散性强、流动性大和容易混合的特点。所以循环的周期相对较短,很少出现元素的过分聚集或短缺现象,具有明显的全球循环性质和比较完善的循环系统。属于气体循环的物质主要有 C、H、O、N 等。下面重点介绍碳循环和氮循环。

① 碳循环:碳是构成生物有机体的最重要元素,是研究生态系统能量流动的核心,同时大气 CO_2 浓度是全球气候变化的重要调控因素。碳的存在形式主要包括大气中的二氧化碳、海洋中的无机碳和生物有机体中的有机碳。碳循环的主要过程包括:生产者通过光合作用将大气中的 CO_2 固定在有机体中并进入食物链,有机体中固定的碳通过呼吸作用、分解者的分解作用或者化石燃料的燃烧又转化为 CO_2 返回到大气中去,大气和海洋之间发生二氧化碳交换以及碳酸盐的沉淀作用(图 2.11)。

② 氮循环:氮是构成生物有机体最基本的元素之一,是蛋白质的基本组成成分。虽然大气中的氮含量约占 79%,但游离的分子氮不能被初级生产者直接利用,需要通过闪电、火山爆发、细菌和某些蓝藻固氮和工业固氮等自然途径和人工途径进行固氮,将分子氮转化为氨或硝酸盐被植物吸收,用于合成蛋白质等有机物质,进入食物链。动植物的排泄物和尸体经氨化细菌等微生物分解产生氨,氨在硝化细菌的作用下再经过亚硝酸盐而形成硝酸盐再次被植物吸收、利用,重新进行循环。另一部分硝酸盐被反硝化细菌还原转变为分子氮返回大气中,实现了氮在生态系统生物组成和非生物组成之间的完全循环过程(图 2.12)。

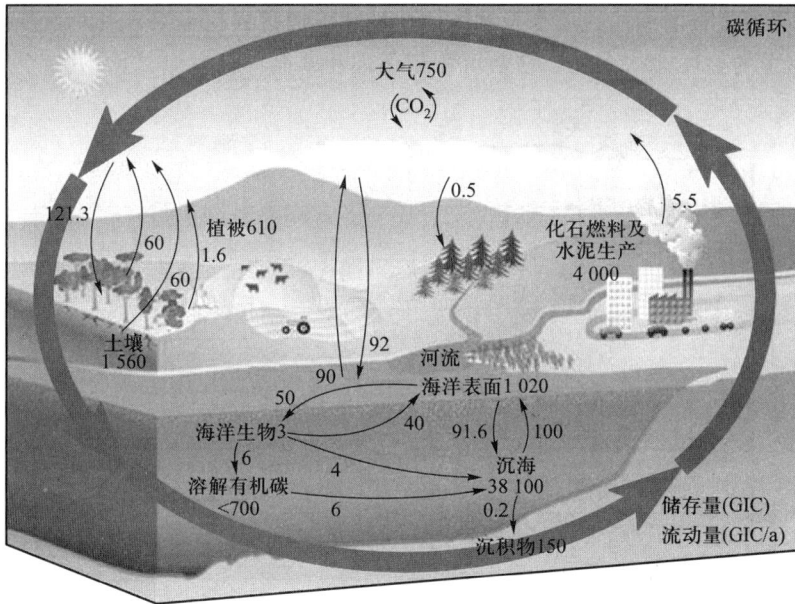

图 2.11 碳循环示意图

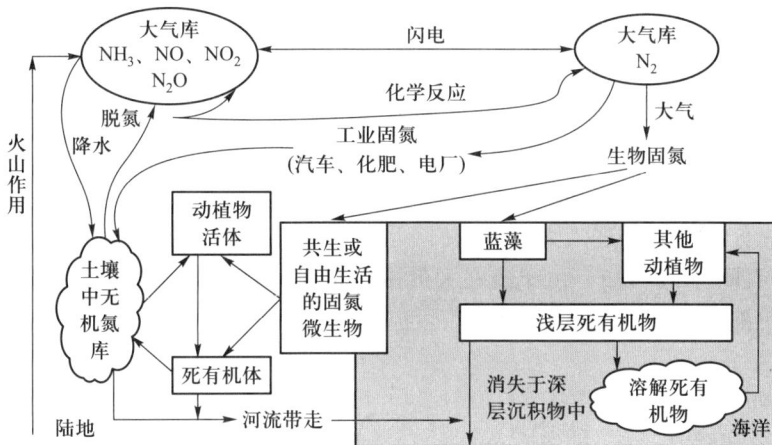

图 2.12 氮循环示意图

3. 沉积型循环

沉积型循环的物质通常没有气体形式的分子参与循环过程,循环速度慢,循环周期很长,以千年计算。其贮存库主要是岩石圈和土壤圈。属于沉积型循环的营养元素主要有 P、S、I、K、Na、Ca、Mg 等。保存在沉积岩中的这些元素主要通过岩石风化、侵蚀和人工采矿等作用释放出来被生产者植物所利用并最终又通过沉积进入地壳。如磷循环。

磷是构成生物有机体的一个重要元素。磷的主要来源是磷酸盐类岩石和含磷的沉积物(如鸟粪等)。它们通过风化和采矿进入水循环,变成可溶性磷酸盐被植物吸收利用,进入食物链。以后各类生物的排泄物和尸体被分解者微生物所分解,把其中的有机体转化为无机形式的可溶性磷酸盐进入环境中,接着其中的一部分磷再次被植物利用,进入食物链继续循环;另一部分磷随水流运输进入海洋,但由于磷不具有挥发性,磷再次从海洋返回到陆地参与循环的可能性很小,磷在海洋中完成水域生态系统的生物小循环后以钙盐的形式长期沉积在深海中,只有经长时间的地质变化和海陆变迁才能通过风化和采矿被再次释放出来,因此磷循环是不完全的循环(图 2.13)。多数沉积型循环和磷循环相类似,均为不完全的循环。

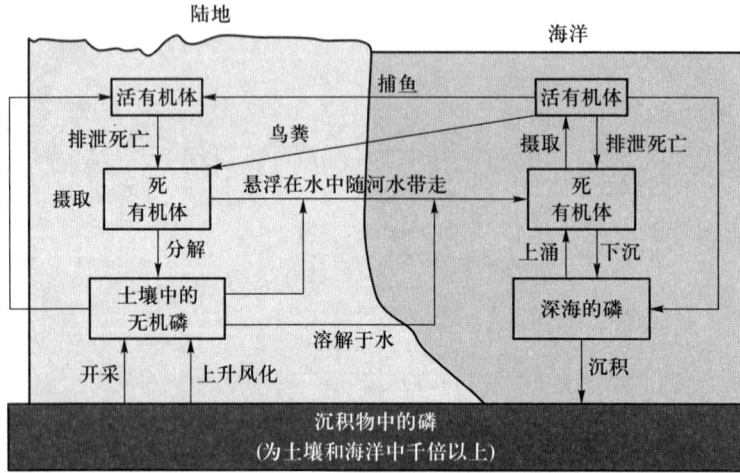

图 2.13　磷循环示意图

此外,需要特别提及的是硫循环。

硫是蛋白质和氨基酸的基本成分,参与循环的硫形态既包括沉积相的硫也包括气态的硫,因此硫循环兼有沉积型循环和气体型循环的双重特征。岩石圈中的沉积物中的硫通过风化和分解作用以盐溶液的形式释放进入陆地和水体。溶解态的硫经植物吸收利用并通过食物链被动物利用,然后随着动物排泄物和动植物残体的腐烂分解又被释放出来,回到环境中被植物重新利用。气态形式的硫主要以 SO_2 和 H_2S 的形式为主,通过化石燃料的燃烧、火山爆发、生物分解等途径进入大气,并随降水到达地面成为硫酸盐,一部分硫被沉积于海底再次进入岩石圈(图 2.14)。由于硫在大气中停留时间短,因此硫的大气收支认为是完全的循环,但沉积部分则为不完全的循环。

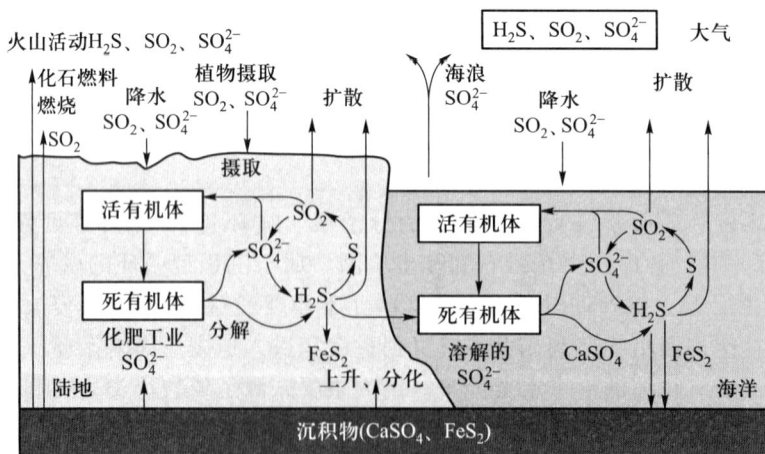

图 2.14　硫循环示意图

4. 有毒有害物质循环

有毒有害物质是指进入生物机体以后能使体液和组织发生生物化学的变化,干扰或破坏机体的正常生理功能,并引起暂时性或持久性的病理损害,甚至危及生命的物质。有毒有害物质通常包括无机和有机两大类。无机有毒有害物质主要指汞、砷、铅、镉、铜等重金属和氟化物等,有机有毒有害物质主要指有机氯农药、酚类等。有毒有害物质循环是指有毒有害物质进入生态系统后通过食物链富集或被分解的过程。排放到环境中的有毒有害物质与其他物质一样参与生态系统的循环,通过食物链进行循环流动。但不同的是,大多数有毒有害物质在生物体代谢过程中不能被排泄而被生物体同化,长期停留在生物体内发生浓缩富集现象,造成有机体中毒、死亡。某些自然界不能降解的重金属元素或其他有毒物质,在环境中的起始浓度并不高,但经过食物链逐渐富集进入人体后,可能提高到数百倍甚至数百万倍。以美国长岛河口区生物对 DDT 的富集为例,该地区大气中的 DDT 含量为 3×10^{-6} mg/kg,溶于水中的更微乎其微,但随营养级逐级富集,导致水中浮游生物、小鱼、大鱼和海鸟的富集系数分别为 1.3×10^4、16.7×10^4、66.8×10^4 和 858×10^4。有毒有害物质除了在生物体内发生生物富集外,有些也会在环境中反生转化,有些物质会发生一系列复杂的物理、化学或生物的反应生产其他物质,生成的新物质可能危害更大,但也可能毒性减轻。如汞在生物体内转变成甲基汞或亚甲基汞后毒性增强,而一些农药通过生物体降解后毒性有所降低。

(二)能量流动

能量是生态系统的动力,是一切生命活动的基础。能量流动是生态系统的重要功能,在生态系统中,生物与环境,生物与生物间的密切联系,都可以通过能量流动来实现。具体来讲,能量流动是指生态系统中能量输入、传递、转化和丧失的过程。生态系统的能量主要来自太阳能,被生产者通过光合作用固定的能量只占太阳能的很小一部分(全部太阳能的0.8%),为 3.8×10^{25} J/s。在生产者将太阳能以光能的形式固定后,能量就以化学能的形式在生态系统中传递。能量传递的主要途径是食物链与食物网,这构成了营养关系,传递到每个营养级时,同化能量的去向包括:未利用(用于今后繁殖、生长)、代谢消耗(呼吸作用,排泄)、被下一营养级利用(最高营养级除外)(图 2.15)。生态系统中能量流动分析可以在种群、食物链和生态系统三个层次上进行研究。

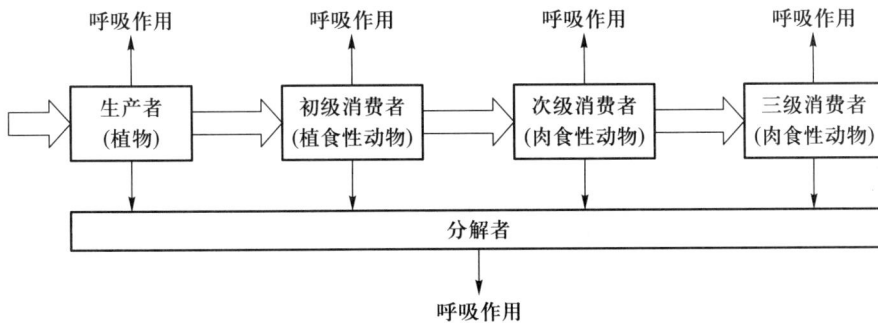

图 2.15 生态系统中能量流动模式示意图

在食物链层次上分析能量流动,是把每个物种作为能量沿食物链流动过程中的一个环节,然后按照能量在食物链上几个物种间的流动方向,测定食物链上每一个环节上的能量值。图 2.16 为密歇根荒地一个由植物、田鼠和鼬组成的食物链能流分析示意图。从图中可以看到,这个食物链每个环节的净初级生产量(NP)只有很少一部分被利用,例如田鼠只利用了植物固定的 0.3% 的净初级生产量,剩余 99.7% 都没有被田鼠利用,其中包括未被取食的(99.6%)和取食后未被消化的(0.1%),而田鼠本身(包括从外地迁入的个体)又只有 37.2% 被食肉动物鼬所利用,剩余 62.8% 都没有被利用。生物的呼吸消耗(R)是能流过程中能量损失的另一个重要方面,植物的呼吸消耗比较少,但田鼠和鼬的呼吸消耗相当高,分别占各自总同化能量(GP)的 97% 和 98%。因此,能量在沿着食物链从一种生物到另一种生物的流动过程中,未被利用的能量和通过呼吸以热的形式消散的能量损失极大,致使食物链上高营养级的生物数量不可能很多。但是,食物链不是一个封闭系统,一条食物链与其他食物链相互交错,形成更为复杂的食物网,因此食物链层次上的能流分析并不能够反映整个生态系统中的能量输入与输出。

食物链球节	未利用	GP和NP	R	NP/GP
Ⅰ(植物)		GP=5.83×10^7	8.8×10^6	0.85
		NP=4.95×10^7		
	4.93×10^7 (99.6%:a、b)			
	7.4×10^4 (0.1%:c)			
Ⅱ(田鼠)		GP=1.76×10^5	1.7×10^5	0.03
		NP=6×10^3 (+1.35×10^4输入)		
	1.2×10^4 (61.5%:b)			
	2.6×10^2 (1.3%:c)			
Ⅲ(鼬)		GP=5.56×10^3	5.43×10^3	0.02
		NP=1.3×10^7		

图 2.16 密歇根荒地一个食物链层次上的能流分析(Golley,1960)

注:a 为前一环节,b 为未吃,c 为吃后未同化,单位为 cal/(hm² · a)。

在生态系统层次上分析能量流动,是依据物种的主要食性将每个物种都归于一个特定的营养级中,然后精确计算每一个营养级能量的输入与输出。由于水生生态系统封闭性强、边界明确,与周围环境的物质和能量交换量小,便于计算能量和物质的输入量和输出量,因此水生生态系统(河流、湖泊、溪流、泉等)常被用作研究生态系统能流分析的对象。图 2.17 为赛达伯格湖(Cedar Bog Lake)能量流动示意图解。从图中可以看出,赛达伯格湖的总初级生产量为 464.6 J/(cm² · a),对太阳辐射能[497 693.3 J/(cm² · a)]的固定效率小于 0.1%。在生产者固定的能量中只有 62.8 J/(cm² · a)(约占净初级生产量的 14%)被下一营养级即植食性动物利用,在被植食性动物利用的能量中,有 12.6 J/(cm² · a)的能量被肉食性动物利用,占可利用量的 20% 左右。因此可见,在整个赛达伯格湖生态系统中的能量流动中,营养级之间的能量利用率都很低,剩余能量的去向包括生产者的呼吸代谢消耗、分解者分解和未利用生产量。其中未利用部分作为动植物有机残体被沉积到了湖底,逐年累积形成了北方泥炭沼泽湖所特有的沉积物泥炭。

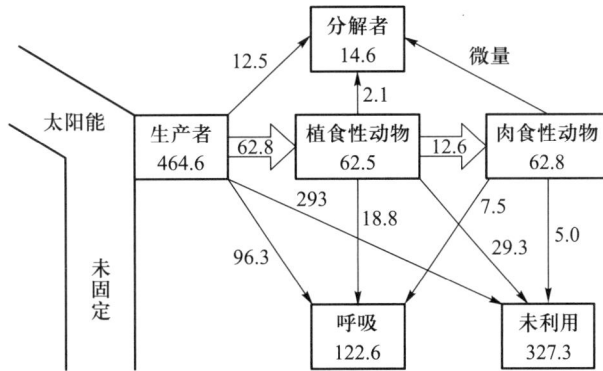

图 2.17 赛达伯格湖能流分析(Lindeman,1942)

注:单位为 J/(cm² · a)。

能量在生态系统内的传递和转化规律遵循热力学第一定律和热力学第二定律。热力学第一定律即能量守恒定律,指能量既不能消失也不能凭空产生,它只能以严格的当量比例由一种形式转化为另一种形式。对于生态系统而言,生产者通过光合作用所增加的能量等于环境中太阳辐射所减少的能量,所不同的是,太阳能转化为化学能固定下来。在能量沿食物链或食物网传递的过程中,又有一部分转化为热能,但系统总能量不变。热力学第二定律即熵增加原理,指在能量传递和转化的过程中,除了一部分可以继续传递和做功的能量外,另一部分能量转化为无法利用的热能向周围散失,这部分能量使系统的熵和无序性增加。生态系统作为一个开放系统,大部分能量在传递过程中被转化为热能而损失掉,只有一小部分以化学能的形式继续沿食物链或食物网传递下去,而为了维持生态系统的正常功能,就必须有永恒不断的太阳能的输入来平衡被耗散的这部分热能,从而保持生态系统的有序性。

生态系统的能量流动具有两大特点:

(1)能量流动是单向的。能量流动的单向性体现在:生态系统中的能量源于太阳能,以化学能的形式被固定在生态系统中后不能再以光能的形式返回自然环境中;生物代谢过程中所产生的热能也不能再转化为生物的化学能;生态系统中的能量流动是沿着食物链营养级由低级向高级单方向流动的,具有不可逆性和非循环性。

(2)能量流动是逐级递减的。能量在传递和转化的过程中会以热能的形式耗散到环境中去,生态系统中的大部分能量都贮存在最初的生产者体内,能量经过各个营养级逐级递减。因此根据通过各营养级的能量流量,由低到高就构成了一个正金字塔形,称为能量椎体或能量金字塔。图 2.18 表示美国佛罗里达银泉(Silver Spring)淡水生态系统能量金字塔,在这个生态系统中,能量逐级递减,仅有 6%~16% 的能量进入次级营养级称为可利用的能量。根据林德曼的最初研究,某一营养级只能从其前一营养级获得其所含能量的 10% 左右,其余 90% 能量用于维持呼吸代谢活动而转变为热量耗散到环境中(即林德曼效率,也曾称为"十分之一法则")。研究表明,不同生态系统中能量传递效率有很大差异,取决于生态系统

生态效率

类型及生物特征。一般来说，各营养级间能量传递效率的变化范围为5%～30%。由于受到传递过程中能量消耗的约束，因此食物链不可能太长，大多数食物链营养级只有3～5级。

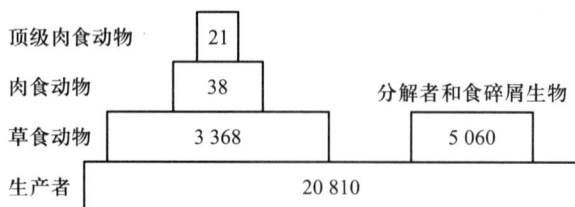

图2.18　佛罗里达银泉能量金字塔

注：单位为 $kcal/(m^2 \cdot a)$。

（三）信息传递

生态系统中的各个组成成分相互联系成为一个统一体，它们之间的联系除了能量流动和物质循环之外，还有一种非常重要的联系，那就是信息传递。生物之间交流的信息对维持整个生态系统平衡具有重要的作用，包括保证生命活动的正常进行，保障生物种群的繁衍和调节生物的种间关系等。正是由于有信息传递，生态系统才具有自我调节能力，才使生态系统的结构和功能维持相对稳定。在信息传递的过程中伴随着物质和能量的消耗，信息传递决定了能量流动和物质循环的方向和状态。

生态系统中包含的信息量大并且种类复杂多样。一般来讲，生态系统中信息的种类主要包括物理信息、化学信息、行为信息和营养信息。物理信息是指通过声、光、温度、湿度、磁力等物理过程向同类或异类传达的信息，如候鸟和信鸽的长途飞行都是依赖于自己身上的电磁场与地球磁场的作用从而确定飞行方向。化学信息是指生物在生命活动过程中分泌出一些可传递信息的某些特殊的化学物质，如植物的生物碱、有机酸等代谢产物以及动物的性外激素等。凤眼莲根部会分泌抑藻素从而可以抑制藻类的生长，许多动物都能在特定时期释放出用于吸引异性的信息素来传递性信号。有些动物可以通过特殊的行为方式向同伴或其他生物发出识别、挑战、传递情况等信息称为行为信息。如蜜蜂采用独特的舞蹈动作将食物的位置、路线等信息传递给同伴。生态系统中生物还通过营养关系（食物链和食物网）传递信息，食物和养分的供应状况就是一种营养信息，各种生物通过营养信息联系成一个相互依存和相互制约的整体。例如，以云杉种子为食的松鼠数量的消长，依从于云杉种子的丰收与否；以雪兔为食的猞猁的数量取决于雪兔的数量，并且存在负反馈机制，从而循环往复就形成了周期性两种物种数量的动态变化。

第四节　生态系统稳定性与生态平衡

一、生态系统稳定性

生态系统是一种动态的开放系统，其与环境之间不断进行物质和能量交换，会不断受到外界环境的干扰，但通常生态系统会通过自我调节保持其原有的结构和功能，例如适度森林砍伐、适度草原放牧和适度鱼类捕捞都不会破坏原有的生态系统稳定。生态系统所具有的保持或恢复自身结构和功能相对稳定的能力,叫作生态系统的稳定性。

生态系统的稳定性来自抵抗力稳定性和恢复力稳定性两个方面。抵抗力稳定性是指生态系统抵抗外界干扰使自身结构和功能维持原状的能力,抵抗力稳定性与生态系统结构复杂性相关。通常情况下,成分多样、食物网结构复杂、能量流动和物质循环途径多样的生态系统抵抗力稳定性强;反之,结构与成分单一的生态系统抵抗力稳定性就相对弱。抵抗力稳定性强的生态系统通常具有生物种类多样、营养结构复杂,自我调节能力强等特征,如热带雨林生态系统有着最为多样的成分和生态途径,因而也是最为稳定和复杂的生态系统,而北极苔原生态系统由于仅地衣一种生产者,因而十分脆弱,极容易遭到破坏。恢复力稳定性指的是生态系统已经被破坏后恢复到原来状态的能力。恢复力稳定性与生态系统的结构复杂性的关系比较微妙,过于复杂的生态系统(比如热带雨林)的恢复力稳定性并不高,原因是其复杂的结构需要很长的时间来重建。一般而言,同一个生态系统的抵抗力稳定性和恢复力稳定性存在着相反关系,即抵抗力稳定性较高的生态系统通常恢复力稳定性低,而抵抗力稳定性较低的生态系统恢复力稳定性高。但也有特殊,对于一些自我调节能力过低的生态系统(比如冻原和荒漠),由于其物种组成过于单一,结构简单,抵抗力稳定性很低,而且在受到干扰后恢复时间也很长,恢复力稳定性也很弱。图 2.19 显示了在同等强度干扰下两种生态系统抵抗力稳定性和恢复力稳定性的比较。

生态系统稳定性特征可以用来研究干扰对生态系统的影响。通过自我调节维持和恢复生态系统自身结构和功能的稳定是生态系统的固有属性,但生态系统的稳定性是有一定限度的,当外来干扰因素超过一定范围的时候,生态系统的自我调节机制就会失灵或被破坏,生态系统稳定性受到影响,往往会发生不可逆的退化。生态系统忍受一定程度外界压力维持其相对稳定的这个限度称为“生态阈值”。生态阈值的概念被广泛应用于自然资源保护、物种保护、区域可持续发展和气候变化调控等

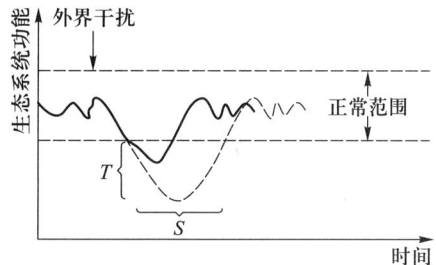

图 2.19 同等强度干扰下,两种生态系统抵抗力稳定性和恢复力稳定性的比较
注:T 代表抵抗力稳定性,S 代表恢复力稳定性

方面。例如草原应有合理的载畜量,超过了最大适宜载畜量,草原就会退化;森林应有合理的采伐量,采伐量超过生长量,必然引起森林的衰退;污染物的排放量不能超过环境的自净能力,否则就会造成环境污染,危及生物的正常生活,甚至死亡等。

二、生态系统自我调节机制

生态系统是一个开放系统,之所以能维持相对稳定,是由于生态系统具有一定的自我调节的能力。生态系统的自我调节能力是指当生态系统中某一成分发生变化时,必然会引起其他成分的相应变化,这些变化最终又反过来影响最初发生变化的那种成分。生态系统的自我调节能力主要表现在三个方面:一是生物与环境之间的相互调控,主要表现为两者之间发生的物质输入与输出的供需调节;二是同种物种种群密度的调控,这是在有限空间内的种群变化规律;

三是不同物种间之间的数量调控,例如植物与动物或动物与动物之间,常常通过食物链进行。

生态系统的自我调节机制可分为正反馈调节和负反馈调节,两者的作用是相反的。正反馈调节是一种促进性调节机制,是指生态系统某一成分的变化所引起的其他一系列变化会加速最初发生变化的成分所发生的变化,因此正反馈可使系统偏离加速,如生物个体长大,群落结构越来越复杂。正反馈常常发生在人类活动剧烈干扰之后,例如受污染的水域鱼类发生死亡,鱼类死亡后尸体腐烂又进一步加剧污染,并使得鱼类死亡增加。正反馈往往具有极大的破坏作用,但经历时间较短。与正反馈调节相反,负反馈调节是生态系统中普遍存在的一种抑制性调节机制,反馈的结果是抑制和减弱最初发生变化的成分所发生的变化,因此负反馈是维持生态系统自我调节的基础,有利于生态系统达到和保持稳定。例如,在草原生态系统中,食草动物瞪羚的数量增加,会引起其天敌猎豹数量的增加和草数量的下降,两者共同作用引起瞪羚种群数量下降,维持了生态系统中瞪羚数量的稳定。一般来说,资源和空间等充足时,正反馈表现明显,而资源和空间等紧张时,负反馈发挥主要作用。从长远来看,自然生态系统依赖正反馈和负反馈保持其稳定性。

三、生态平衡和生态平衡失调

生态系统中的能量流动和物质循环总是在不断进行着,但在一定时期和一定范围内,生态系统的能量流动和物质循环能够保持相对稳定的状态,这种状态就称为生态平衡。生态平衡是一种相对的动态平衡,是在生态系统的发展演替中,通过生态系统内部组成部分之间和系统外部环境之间的相互作用和相互联系而逐步适应的结果,使生态系统的结构和功能处于相对稳定的状态,其特征表现为:能量与物质的输入和输出基本相等,保持平衡;生物群落内种类和数量保持相对稳定;生产者、消费者、分解者组成完整的营养结构;具有典型的食物链与符合规律的金字塔形营养级;生物个体数、生物量、生产力维持恒定。

当外界干扰压力很大,使系统的变化超出其自我调节能力时,系统的自我调节能力随之丧失,整个系统受到严重伤害乃至崩溃,即生态平衡失调。生态平衡失调的标志表现在结构和功能两方面:

(1)生态系统结构失调。生态平衡失调在结构上表现为生态系统的非生物组成成分和生物组成成分出现了缺损或变异。如人类的生产和生活活动产生大量的废气、废水、垃圾等,不断排放到环境中,改变了生态系统非生物成分的组成,并影响生物的生存;人类对自然资源不合理利用或掠夺性利用,例如盲目开荒、滥砍森林、草原超载等,都会使环境质量恶化,产生近期或远期效应,使生态平衡失调;在生态系统中,盲目增加或减少物种,改变生态系统营养结构,有可能使生态平衡遭受破坏。例如,1929 年美国开凿韦兰运河,把内陆水系与海洋沟通,导致八目鳗进入内陆水系,使鳟鱼年产量由 2 000 万 kg 减至 5 000 kg,严重破坏了内陆水产资源。20 世纪 50 年代中国曾大量捕杀麻雀,使害虫失去了天敌的自然抑制因素而发生严重的虫害。目前生物入侵已经成为全球生物多样性减少的重要原因。

(2)生态系统功能失调。生态系统结构的改变,会导致物质循环、能量流动和信息传递一系列生态系统功能的受阻和失调。例如,过度放牧使草原生态系统能量流动受阻,初级生产力下降,进而影响到各级消费者能量获取,导致生态平衡失调;自然界中有许多昆虫靠分泌释放性外激素引诱同种雄性成虫交尾,如果人们向大气中排放的污染物能与之发生化学反应,则雌虫的性外激素就失去了引诱雄虫的生理活性,结果势必影响昆虫交尾和繁殖,最后导致种群数量下降甚至消失。

引起生态平衡失调的因素有自然因素和人为因素。自然因素包括水灾、旱灾、地震、台风、山崩、海啸等自然干扰,由自然因素引起的生态平衡破坏称为第一环境问题。人为因素包括对自然资源的不合理开发和环境污染等,由人为因素引起的生态平衡破坏称为第二环境问题。随着人类活动影响的加剧,人为因素成为造成生态平衡失调的主要原因,并引起了一系列生态环境问题,如环境污染加剧、水土流失、土地荒漠化等,反过来这些生态环境问题又制约着人类的可持续发展。因此,人类在发展经济的同时要保持人与自然和谐发展,保持生物圈结构和功能的稳定和平衡,为人类的可持续发展提供保障。

问题与讨论

1. 分析地球表层自然环境各圈层之间的相互关系。
2. 讨论全球碳循环与全球气候变化的联系。
3. 讨论元素循环之间的相互作用及其研究意义。
4. 探讨人类活动对自然生态系统的结构和功能的影响。
5. 讨论正反馈和负反馈对维持系统稳定性的意义。
6. 举例说明不同生态系统中存在的生态阈值。

第三章　人类活动与环境问题

第一节　人类-地球环境复合系统

一、地球的起源与演变

地球是上百万生物的家园,地球的起源是一个现在尚未完全解决的科学问题。现主要介绍 3 种具有代表性的地球起源的假说。

法国数学家和天文学家拉普拉斯(1749—1827 年)于 1796 年提出太阳系成因的假说——星云说。假说认为太阳是太阳系中最早存在的星体,这个原始太阳比现在大得多,是由一团灼热的稀薄物质组成,内部较致密,周围是较稀薄的气体圈,形状是一个中心厚而边缘薄的饼状体,在不断缓慢地旋转。经过长期不断冷却和本身的引力作用,星云逐渐变得致密,体积逐渐缩小,旋转加快,因此越来越扁。这样位于它边缘的物质,特别是赤道部分,当离心加速度超过中心引力加速度时,便离开原始太阳,形成无数同心圆状轮环(如同现在土星周围的环带),相当于现在各行星的运行轨道位置。由于环带性质不均一,在引力作用下,环带中残余物质,都被凝固吸引,形成大小不一的行星,地球即是其中一个。

1930 年英国物理学家金斯提出气体潮生说,他推测原始太阳为一灼热球状体,由非常稀薄的气体物质组成。一颗质量比它大得多的星体,从距离不远处瞬间掠过,由于引力,原始太阳出现了凸出部分,引力继续作用,凸出部分被拉成如同雪茄烟一般的长条,作用在很短时间内进行。较大星体一去不复返,慢慢形成新的平衡,从太阳中分离出长条状稀薄气流,逐渐冷却凝固分成多个部分,每一部分再聚集成一个行星,地球就是其中之一。

施密特于 1944 年提出了新假说,即陨石论,认为在遥远的古代,太阳系中只存在一个恒星——太阳。在 60 亿~70 亿年前,当它穿过巨大的黑暗星云时,便和密集的陨石颗粒、尘埃质点相遇,太阳利用引力捕获上述物质,其中一部分与它结合;而另一些按力学的规律,聚集起来围绕着它运转。太阳通过不断吸收宇宙中陨体和尘埃团,最后形成几个庞大行星。行星在发展中又以同样方式捕获物质,形成卫星。

在地球起源问题的多种学说中,目前较流行的看法是地球起源于太阳星云,已有 46 亿年寿命。原始地球的温度比较低,C、O、Mg、Si、Fe、Ni 等轻、重元素混为一体,在万有引力的作用下继续吸积星云物质,致使其体积和质量不断增大。在物质收缩的过程中,地球温度逐步升高,地球内部的物质出现局部熔融而呈现一定的塑性。由于不停地自转,在重力作用下,Fe、Ni 等重金属元素会发生分异,重物质会逐渐下沉至地球深处;而硅酸盐矿物等一些较轻的物质会上升至地球表层;更轻的液态水和气体物质会溢出地表形成地表水圈和大气圈。随着大气温度下降,大气中的水蒸气变成了水,降到地面形成了原始海洋。经过不断地运动与演化,最终形成了今天的地球。

二、生命的起源与进化

关于生命起源的假说也有很多,例如神造论、宇生说、化学起源说等。其中,化学起源说是被普遍接受的生命起源假说。该学说认为在原始地球的条件下,无机物可以转化为有机物,有机物可以发展成生物大分子和多分子体系,直到最后出现原始生命。1953年美国学者米勒和尤里首次模拟地球原大气的成分,用甲烷、氨、氢和水蒸气,通过火花放电,合成了11种氨基酸,其中有4种是天然蛋白质的组成成分:甘氨酸、丙氨酸、天冬氨酸和谷氨酸。此后,其他学者又实现了更多有机物在模拟条件下的合成。这些实验证明了生命的化学起源。

地球上自出现原始生命至现在丰富多彩的生物圈大千世界,无论在生物门类、属种数量、生态类型和空间分布等方面都经历了巨大的变化,即是生命的进化。生命出现的最早阶段即是厌氧异养原核生物阶段,根据当时的大气圈、水圈和岩石圈物理、化学条件,推测应属还原条件的厌氧异养原核生物类型,即还没有细胞核膜分异,不能自己制造食物,主要靠分解原始海洋中丰富的有机质和硫化物以获得能量,并营造自身(或称化能自养)。随着环境的改变,环境压力促进了生命物质的变异潜能,演化出厌氧自养原核生物新类型,尤其是能进行光合作用的蓝细菌的出现,通过还原 CO_2 产生 O_2 合成有机化合物,标志着地球生物圈的初步形成。距今17.5亿年,随着大气中氧含量逐渐增加,好氧生物开始代替了厌氧生物的主体地位,真核生物开始出现,具有有性生殖、多细胞体型待征,并开始了动、植物的分异。距今5.4亿年,有壳动物出现。距今4亿年生物圈的空间范围首次由海洋伸向陆地,以原始陆生植物和淡水鱼类的繁盛为标志,开创了生命进化的新时代。距今3亿年前后,植物在全球范围广泛分布,地质历史上第一次出现聚煤作用高峰期。与此同时,动物界中出现了通过羊膜卵方式在陆上繁殖后代的爬行类,由于个体生活史完全摆脱了对水域的依赖,适应更加广阔多变的陆上生态领域。距今2.5亿年,进入地球中生代,也称裸子植物时代和爬行动物时代,典型的爬行动物代表即恐龙。恐龙灭绝,进入新生代,开启了以哺乳动物和被子植物为主宰的阶段。直到距今250万年前后,人类才出现。

三、地球环境与生命的协同演化

生物的发生和发展形成了生物圈。生命的出现对地球环境产生了巨大的影响。这种影响主要表现在以下几个方面:

首先,绿色植物通过光合作用,吸收二氧化碳,放出氧;动物吸收氧,合成蛋白质;微生物分解生物残体,放出氮气。这一切使原来以二氧化碳、一氧化碳、甲烷和氨为主要组分的还原大气演化成以氮、氧为主的氧化大气(第三代大气)。据推断,地球大气由还原大气演化成氧化大气是在18亿~22亿年以前。由于大气中游离氧逐渐增加,约在4亿年前形成臭氧层。臭氧层对太阳的强烈紫外辐射起到屏蔽和过滤作用,使陆地植物更加繁盛,水生生态逐渐演化到陆生生态。

其次,岩石经风化和生物的作用形成了土壤。土壤的形成促进了生物的大发展,影响环境化学物质的循环和演化。

再次,生物的作用影响水圈的化学演化,使原来以氯化物为主的酸性还原环境逐渐演化为以氯化物、碳酸盐为主要成分的中性氧化环境;氨被氧化为硝酸盐;活性较大的低价铁、锰离子被氧化为高价离子,并形成铁锰水合物或碳酸盐而富集起来。

最后,水陆的动物、植物和微生物的三级生态系统,对化学物质的循环产生重大的影响。如占空气含量约 0.03% 的二氧化碳,通过生物的呼吸作用,大约 300 年循环一次;占空气含量约 20% 的氧,通过植物的光合作用,约 2 000 年可循环一次。整个水圈的水分,通过生物圈的吸收、排泄以及蒸发和蒸腾作用,约 20 万年可循环一次。此外,生物的作用对铁、钙、碳、氮、磷等的循环也有很大的影响。

四、人类–地球环境复合系统及相互作用

人类–地球复合系统的整体行为涉及地球的各个无机圈层及有机圈层的相互作用,如图 3.1 所示。

人类–地球复合系统是由人类社会和地球环境两大系统耦合成的、远离平衡态的、复杂而有序的开放巨系统,系统内又可分为七个子系统,具体为大气圈、水圈、冰冻圈、生物圈、土壤圈、岩石圈、智慧圈等,以及许多次级子系统,它们的关联性、自身结构与功能的不确定性、开放性和动态性都说明该复合系统具有复杂性和非线性特征。各系统间通过物质循环、能量转化和信息传递互相耦合在一起,形成了系统的驱动、反馈以及发展、变化的机制。

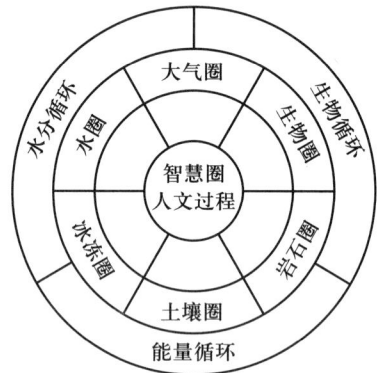

图 3.1 人–地环境复合系统中
各圈层的相互作用

近半个世纪以来,居于中心地位智慧圈中的人类活动对全球环境变化的影响越来越大,它对其他六个圈层干扰的强度和广度也已远远超过了它们各自的自然振荡值。由于有智慧圈中人类活动的参与,所以该复合系统的整体行为也与人类和环境的协同演化紧密相关。同时,各子系统之间还保持着多重耦合和互动的关系。它们的组成、结构、状态、功能、物理和化学特性等虽然各异,但都通过水分、生物和能量三大循环紧密地耦合在一起,互相影响,互相制约,构成一个统一的整体。

地球各圈层间的相互作用有物理的、化学的和生物的,也有不同时间与空间尺度的。各圈层的组成、结构、状态、物理和化学特性虽然各异,但都通过质量、热量和动量通量互相联系在一起。其相互作用中最重要的是海–气相互作用、陆–气相互作用和陆–海相互作用(图 3.2)。

海–气间的耦合是通过感热输送、水气循环和动量输送来实现热量、水气和动量交换的。水在相变过程中形成的云、降水与径流为生态系统提供了支撑;为天气系统提供能量;影响着海洋的盐度及其分布和热盐环流。陆–气相互作用包括冰冻圈中的积雪、冰川、冻土及土

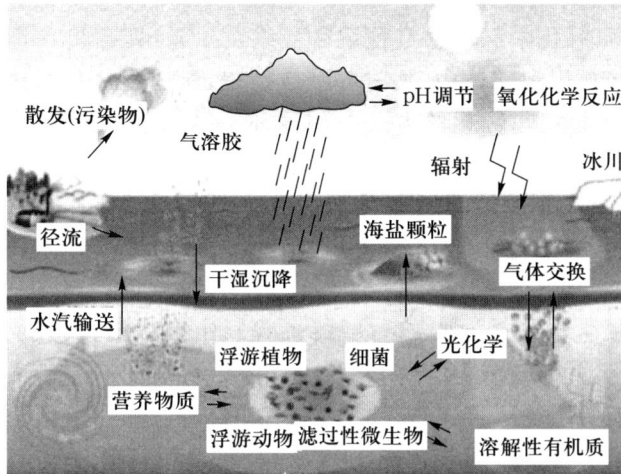

图 3.2　海洋-大气-陆地系统内的一些重要过程

壤圈、岩石圈与大气的相互作用,各种物质、热量、水汽输送与转换,以及土地利用变化等。海-陆相互作用中最关键的问题是海岸带的变化及跨边界输送。除此还有海冰对海-气交换的阻滞作用;植物光合作用与呼吸对大气中 CO_2 含量的调节;蒸散对水分输送的影响;反照率在大气辐射平衡中的作用等。任何人为的或自然的、内部的或是外部强迫的变化,都将引起整个系统的变化或环境影响。

海洋过程和陆地过程间存在着紧密的联系。近河口的大陆架地区对海洋动植物发育非常有利,因而虽然海岸带仅占地球面积的 8%,但捕捞量却占整个海洋的 90%。河口和沿海地带大量沉积的有机碳化合物是碳循环的重要汇。全球大约 44% 的人口集中在 150 km 宽的海岸带内,人类活动常把大量 N、S、P 及 Hg、Cd 等重金属排入海洋。此外,通过食物链聚积在海洋植物和动物体内的重金属对系统的长期演化影响很大,并对温室气体的产生和 C、N、S、P 等元素的循环发挥重要作用。

土壤圈是生物圈、大气圈和岩石圈共同作用的产物。没有生物作用就没有土壤层中存在的生物物质小循环、有机质在表层的形成积聚,以及土壤垂直层次的分异和形成。土壤一旦形成,又为生物的发展、进化和生物多样性提供了物质支撑和环境条件。同时,生物和土壤的发展进化又离不开气候与岩石母质条件。因此,它们可说是地球环境与生命协同进化的典型例证。植物的进化与发展又与气候变化密切相关。每次全球气候的波动,必然会影响到自然植被的分异与变化,出现新的植物群落,并影响植被带界限的移动、扩展或收缩。其结果也直接或间接影响着土壤,使其发生相应的变化,出现新的土壤类型,土壤分布界限也会发生相应的调整。但是,土壤的这些发展变化是滞后于气候和植被变化的。

地表上的黄土地貌、冰川地貌及冰缘地貌是大气圈、水圈和固体地球相互作用形成的;湖泊效应、荒漠化效应与绿洲效应是水圈、大气圈与生物圈相互作用形成的;而喀斯特地貌则是在水圈、岩石圈、大气圈以及生物圈共同作用下形成的。因而,复合系统各圈层间相互作用主要包括:自然系统和社会系统的相互作用,如流域治理、重要或敏感区域的可持续发展、农业生态、森林生态;自然系统内部子系统的相互作用,如陆-气相互作用、海-气相互作用等。

　　复合系统内的物理、化学和生物过程往往交织在一起,具有相互作用。例如植物通过光合作用将大气中的 C 固定在体内,通过呼吸或燃烧,所固定的 C 又被释放回大气。在此过程中,C 是以不同化合物间转化的方式参加循环的。如该生物过程和化学过程受到干扰,更多的 C 以 CO_2、CH_4 等气体形式进入大气,温室效应的强度将随之改变。自然排放的某些微量气体、火山喷发的硫化物气溶胶进入平流层,以及人类活动排放的 CFCs 等 O_3 消耗物质可使平流层的化学成分变化,进而影响平流层和对流层的热力结构,干扰大气环流。

　　复合系统中还存在着复杂的驱动与反馈过程。比如草场植被因过度放牧而被破坏了,地面反射率将增大并导致气温下降,在该地区上空将引发空气下沉运动。下沉空气被压缩增温后将建立新的能量平衡,引起相对湿度和降水量下降,不利于植被的生长。裸露地面扩大又会使地面反射率进一步提高,形成一个恶性循环的正反馈。陆地生态系统与阳光、空气、水分、土壤养分和热量等关系密切,一旦条件变化,系统的功能、结构等也将随之改变。气候或大气成分若发生变化,水分和热量等要素必然发生相应的变化,生态系统的功能和结构也随之产生响应。某些物种的数量可能增加或减少,甚至会在局域乃至全球灭绝。

　　在生物界中,旧物种因不适应环境变化而被淘汰的现象屡见不鲜。然而适者生存下来的物种从未出现过无限发展,其原因在于有限的食物资源必然会使物种的发展达到饱和。气候系统中也存在着自组织行为。太阳辐射直接影响地表温度,地表温度升降驱动云量变化,云量变化又通过对行星反照率和大气有效辐射的影响而反作用于地表温度。

第二节　人类发展和环境的关系

　　人类的诞生使地表环境的发展进入了一个在人类参与下发展的高级阶段——人类与其生存环境辩证发展的新阶段。人类与环境之间,存在着一种既对立又统一的特殊关系。所谓对立,即人类的主观需求和有目的活动,同环境的客观属性和发展规律之间,不可避免地存在着矛盾。人类必须认识环境,必须遵循环境的发展变化规律从事生产和活动,不然,就必然会遭到环境的报复和惩罚,不利于人类生存的环境问题就会随之发生。所谓统一,即人类以环境为载体,总是在一定的环境空间存在,人类的活动总是同其周围的环境相互作用、相互制约的。人类既是环境的产物,在一定意义上讲,也是环境的塑造者,人类不可能无止境地向环境索取,也不可能永远不加限制地向环境排放废物。当人类的行为遭到环境的报复而影响到人类自身的生存和发展时,人类就不得不调整自己的行为,以适应环境所能允许的范围。图 3.3 为环境与发展的辩证关系图。

　　人类与环境关系的历史表明,人类与环境的矛盾是整个系统发展最基本的矛盾。这两个矛盾既相互联系、相互依存、相互渗透、相互服从,又相互作用、相互影响、相互制约,并相互转化,它们互为存在和发展的前提与条件,并对系统发展起着不同的作用。

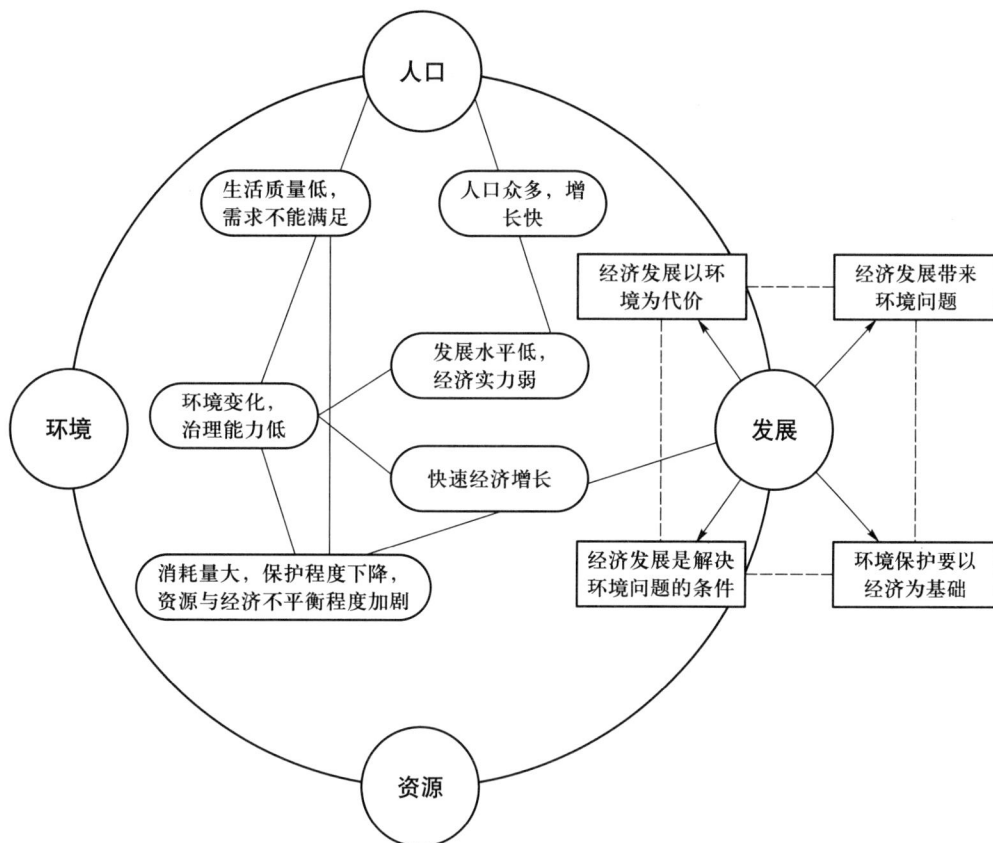

图 3.3　环境与发展的辩证关系图

一、人类发展过程的环境问题

　　人与自然的矛盾贯穿于人类发展的过程。远古时期，人类由于力量弱小，只得服从自然；农业文明时期，生产力有了一定的发展，人类对自然的认识和改造能力提高，开始谋求与自然的协调统一；工业文明时期，人类驾驭自然的能力进一步提高，不但要从自然的胁迫中彻底解放出来，而且开始向征服自然、统治自然进军，大量的环境问题涌现出来。表 3.1 列举了不同历史发展阶段的环境问题。

二、人类与环境相互依存

　　人类是物质运动的产物，是地球的地表环境发展到一定阶段的产物，环境是人类生存和发展的物质基础，人类与其生存环境是统一的。

　　人类赖以生存和发展的地表环境可包括自然环境、工程环境和社会环境。人类是在自然环境中发展起来的，工程环境和社会环境也是在自然环境的基础上经人类开发利用后形成的生产综合体。人类生产生活资料来源于自然环境，反过来，又会影响自然环境。随着科技发展和人类活动强度的加大，人类对自然环境的结构、功能和演变施加的影响越来越显著。

表 3.1　不同历史发展阶段的环境问题

发展阶段	发展＝经济增长			经济增长∈发展 工业污染控制	经济增长∈发展 发展与环境保护	发展与环境密不可分 环境是发展自身要素
	史前发展时期	农业革命时期	工业革命时期			
时间跨度	1 万年前	1 万年前—18 世纪初	18 世纪初至 20 世纪 50 年代	20 世纪 50—70 年代	20 世纪 70—90 年代	20 世纪 90 年代至今
经济水平	融于天然食物链中	农业时代	工业时代	产业急速发展时期	信息时代	信息时代，知识时代
经济特点	采食捕猎	自给型经济	商品型时代	发达的市场经济	发达的市场经济	协调型经济
生产模式	从手到口	简单技术与工具	资源型模式	资源型模式	资源型模式	技术型模式
对自然的态度	自然拜物，依赖自然	天定胜人，改造自然	人定胜天、征服自然	尊重自然	天人合一、善待自然	人与自然和谐相处
系统识别	无结构系统	简单网络结构	复杂功能结构	自然—社会—经济复合系统	多功能复合系统	控制协调结构
能源输入	人体、畜力、简单天然动力	不可再生能源为主	不可再生能源为主	不可再生能源为主	逐步转向可再生能源为主	新能源、可再生能源
环境问题	未显现	地力下降、水土流失	大气污染、重金属污染与富集	光化学烟雾、水体污染，污染物在食物链中不断蓄积	光化学烟雾、水污染，中等环境公害事件不断发生	发达国家：环境复苏期 发展中国家：环境公害事件仍不断发生
人类对策	原始状态协调	基本协调	不协调（生态不平衡）	极度不平衡	寻找出路	可持续发展

注：经济增长∈发展是指经济增长是发展的内容之一，经济增长的概念隶属于发展的概念。

　　自然环境为人类提供了丰富多彩的物质基础和活动舞台,自然资源和自然生态环境的具体体现形式是各类生态系统,所以,它们都是生命的支持系统,如森林、草地、海洋、河流、湖泊等。它们对人类的贡献不仅是提供大量的食物、药材、各类生产和生活资料,而且还为人类提供许多服务,如调节气候、净化环境、减缓灾害,为人们提供休闲娱乐的场所等,生态系统的这些服务功能是人类自身所不能替代的。但人类在诞生以后很长的岁月里,只是自然事物的采集者和使用者,通过生活活动、生理代谢过程与环境进行物质和能量交换,主要是利用环境,而很少有意识地保护和改造环境。随着人类实践活动范围的扩大,一方面对环境的利用能力加强了,另一方面对环境的破坏也加剧了。环境对破坏的承受力是有一定限度的,放眼全球,饥荒、瘟疫、生境退化……大自然已经开始以各种各样的方式报复人类。因此,环境能否维持正常的运行,能否继续成为人类生存的良好基础,首先取决于人类对生态环境的认识和保护。

　　人类既是环境的产物,又是环境的创造者。环境给予人类维持生存的物质,并给人类提供了智力、道德、社会和精神等方面发展的机会。人类与环境相互依存,人类的生存绝对不可能离开环境和各种资源。

三、人类活动与资源消费的平衡

　　人类的发展与自然资源息息相关。在生产活动中,如果没有自然资源的供给,任何生产都将无法进行,生产活动也就不再存在;在消费活动中,如果没有了生产领域的供给,人们生存需要得不到满足,不但难以转化成为其他形式的能量,而且难以维持生命。

　　目前,自然资源的消耗和废物产生的规模已十分庞大,并且仍在继续扩大。这使得上述问题变得更复杂,也更难以解决。全球性的资源危机引发了一系列相关的全球问题:人口增加与资源供需的矛盾日益尖锐;资源的不合理开发利用,导致了日益严重的生态环境恶化;资源的枯竭使贫困化加剧而难以遏制;资源的争夺引起了连绵不断的战争……如果说,在20世纪初资源所引起的还是一些局部问题,那么现在,资源危机已经波及地球的每一个角落和每个民族,影响到人类的现在和未来。

　　资源问题经历了一个逐步发展的历史过程,它是工业化过程中人们对自然资源无节制地过度消耗的产物,只是到了20世纪70年代才发展成为遍及地球每一个角落、每一个国家的全球问题。人类对资源问题的认识同样也经历了一个逐步深化的历史过程。资源问题并非孤立存在,它总是同人口、环境、经济、社会等问题紧密地联系在一起,并构成当代全球问题的基础。进入20世纪以来,人口剧增与经济发展的压力,正在超过我们赖以生存的资源基础所能承载的极限。自然资源迅速耗减,越来越多的物种濒临灭绝,矿物能源日渐枯竭,矿产资源严重短缺,未来资源宝库面临浩劫。淡水资源不足,森林资源锐减,水土流失加剧,气候变化异常,各类灾害加剧。人类所面临的已是一个满目疮痍、不堪重负的星球。

　　在图3.4所示的区域可持续发展人地关系协调模式中,人类系统由人口、经济、社会子系统组成,自然系统由资源、环境子系统组成,人口、经济、社会、资源、环境为可持续发展系统五要素。人类系统和自然系统相互作用构成人地相关系统,其间的关系就是人地关系。人地相互作用后得到良好和不良两种产出,人类通过投入可控资源(良好产出),治理环境污染与环境灾害,将不良产出减少到最小程度;通过发展战略选择,对人地系统进行调控,提高资源生产率,将良好产出提高到最大限度,最终实现人地关系的协调和人地关系系统的优化。

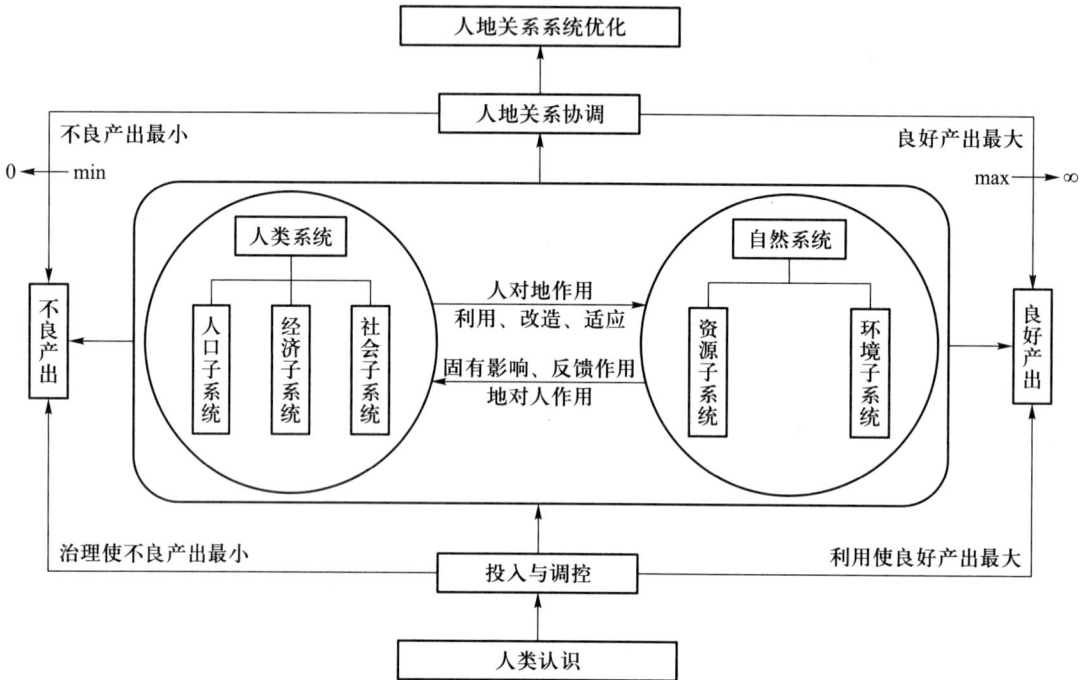

图 3.4　区域可持续发展人地关系协调模式图

第三节　人类活动对地球表层环境的干扰

一、人类人口的增长

世界人口增长的三个时期(如图 3.5 所示):第一时期,从 50 万～60 万年前开始,人类进入旧石器时代,火的使用提高了食物质量,到公元前 1 万年时,世界人口达到 500 万左右。第二时期,从大约公元前 8000 年,即新石器时代开始。由于工具的改进与农牧业的早期发展,使世界人口在公元元年达到 1 亿。第三时期,大约在 200 年前,人类实现了第三次技术革命——工业、医学革命,采用了新的能源,实现了机械化,发展了新医药,到 2015 年全球人口已超过 73 亿,预计 2100 年将达到 112 亿。

据统计,古代人口增长大体遵循指数增长模型(Malthus 模型);直到现代,由于资源、环境等因素对人口增长的阻滞作用,人口增长到一定数量后,增长率会下降,即出现增长阻滞(Logistic 模型)。

随着现代科学技术的进步,人口的增长已经超过了环境本身的承载力,打破了人与环境之间原有的平衡,造成对大气、水、土壤环境的破坏以及能源的耗竭。

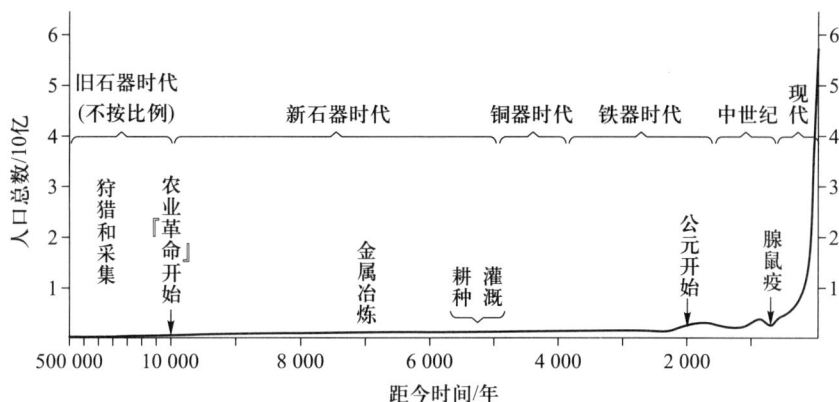

图 3.5 过去 50 万年人类人口增长

1. 人口增长对土地资源的干扰

土地资源是人类赖以生存的基础。从目前来看,全球适于人类耕种的面积约为 30 亿 hm^2,人均只有 0.5 hm^2。但是,这有限的耕地资源仍在不断地减少。其主要原因是:第一,由于人口的增长、城乡的不断扩展、工矿企业的建设、交通路线的开辟等,每年约有 $1.0×10^7$ hm^2 耕地被占用。第二,为了解决因人口增加而增加的粮食需求,对土地过度利用,导致耕地表土侵蚀严重,肥力急剧下降;另一方面,为了增加耕地面积,不得不砍伐森林、开垦草原、围湖造田,其结果是破坏了生态平衡。上述两个方面的最终危害是导致土地沙化,全世界每年因沙化丧失的土地达 $6.0×10^6$~$7.0×10^6$ hm^2。第三,为了提高单位面积粮食产量,大量施用化肥和农药,其已成为污染土壤的重要因素。上述原因促使世界人口增长与土地资源减少之间的矛盾越来越尖锐,人口增长对土地资源的压力越来越大。

2. 人口增长对水资源的影响

淡水是陆地上一切生命的源泉。地球上的淡水资源并不丰富,淡水资源主要来自大气降水。大陆每年总降水量为 $1.1×10^5$ km^3,但被人类利用的只有 7 000 km^3。即使加上人类通过筑坝拦洪每年所控制的 2 000 km^3 左右,人类有可能利用的淡水也只有 9 000 km^3。

公元前人均耗水 12 L/d,中世纪增加至 20~40 L/d,18 世纪为 60 L/d,当前欧美一些大城市人均耗水达 500 L/d,每年人均耗水超过 104 m^3,每年消耗水资源的数量远远超过其他任何资源的使用量。据统计,全世界每年用水总量接近 $3×10^{12}$ m^3,目前许多地区缺水问题十分严重。

3. 人口增长对能源的影响

能源是人类生活和生产所必需的物质。随着人口增加和工业化现代化进展,人类对能源的需求量越来越大。据统计,1850—1950 年的 100 年间,世界能源消耗年均增长率为 2%。20 世纪 60 年代以后,工业发达国家年均增长率达到 4%~10%,出现能源紧缺的问题。能源属不可再生资源,储量有限,而世界能源消耗增长是必然趋势,因此,能源危机是世界性的,它的出现只是一个时间早晚的问题。

人口增长不仅使能源供应紧张,缩短了煤、石油、天然气等化石燃料的耗竭时间,而且还会加速森林资源的破坏。

4. 人口增长对大气质量的影响

人口增长必然消耗大量的能源、矿物资源和其他物料。上述物质在燃烧、冶炼和生产过

43

程中排放大量的二氧化碳、氮氧化物、硫氧化物、烃类等进入大气,这些污染物质经过物理、化学、光化学反应,引起酸雨、光化学烟雾、臭氧层空洞及温室效应,破坏了大气质量,使全球气温上升,影响气候,从而引起生态系统平衡的失调。

二、农业生产对地球表层环境的干扰

农业生产依赖于生态环境,同时又会对周围环境产生影响,当这一影响极大地改变了环境的面貌,并对其产生负面效应时,就酿成了农业生产环境问题(图3.6)。

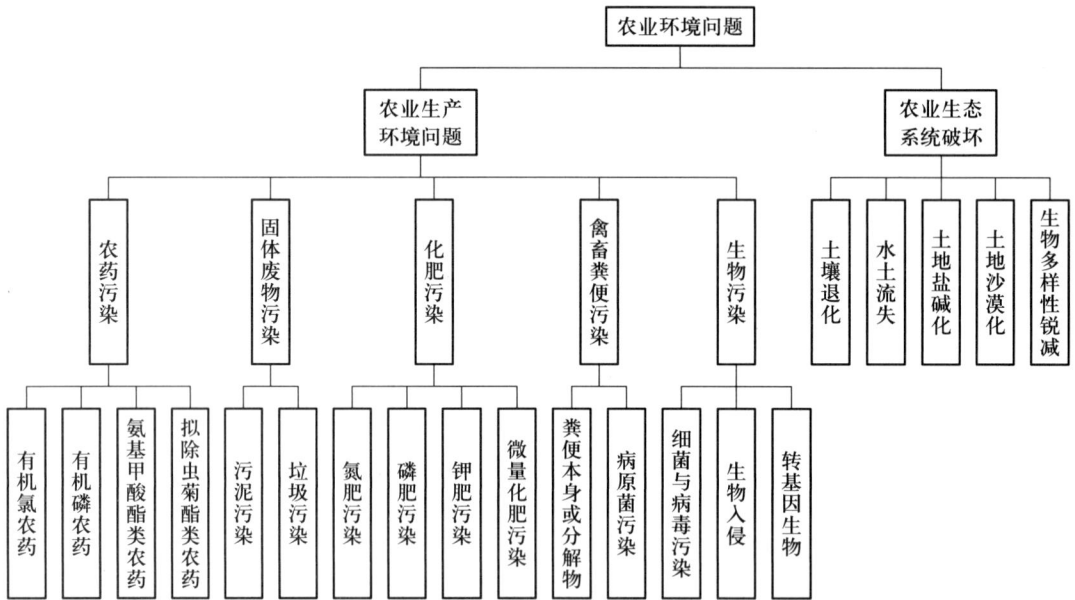

图3.6　常见的农业环境问题及危害示意图

1. 农药污染

在农业生产中,农药主要用于防治农作物病、虫、害,抑制传染病蔓延。与此同时,农药的使用也给生态环境带来了不可忽视的负面效应。农药进入生态系统后,发生迁移、扩散、残留、富集等化学行为,可能对大气、水体和土壤造成污染,并对其中的生物体构成危害。更为严重的是,自然界中普遍存在着生物浓缩现象,农药通过食物链的传递,在生物体内逐渐累积,导致食物链顶端的生物(包括人类)体内农药含量更高,更容易产生致毒效应。此外,农药的大量使用还可能导致生态系统平衡被破坏,最明显的例子就是出现了"害虫越治越多"的现象,导致系统结构变异、功能衰退、生物物种灭绝,农业生态系统最终也受到影响。

2. 化肥污染

化肥对农业生产的作用相当大,植物从土壤中吸收的所有养分都可以用化学组成的养分来补充。然而,化肥若施用不当,就可能对土壤、大气、水体、农产品以及整个生态系统产生严重的影响和危害,具体包括氮肥污染、磷肥污染、钾肥及微量化肥污染等。化肥对生态系统的污染多为多介质环境污染,所以污染物在多介质环境中表现出关联性、转移性、循环性。图3.7表征了化肥中营养元素在环境中的迁移转化规律。

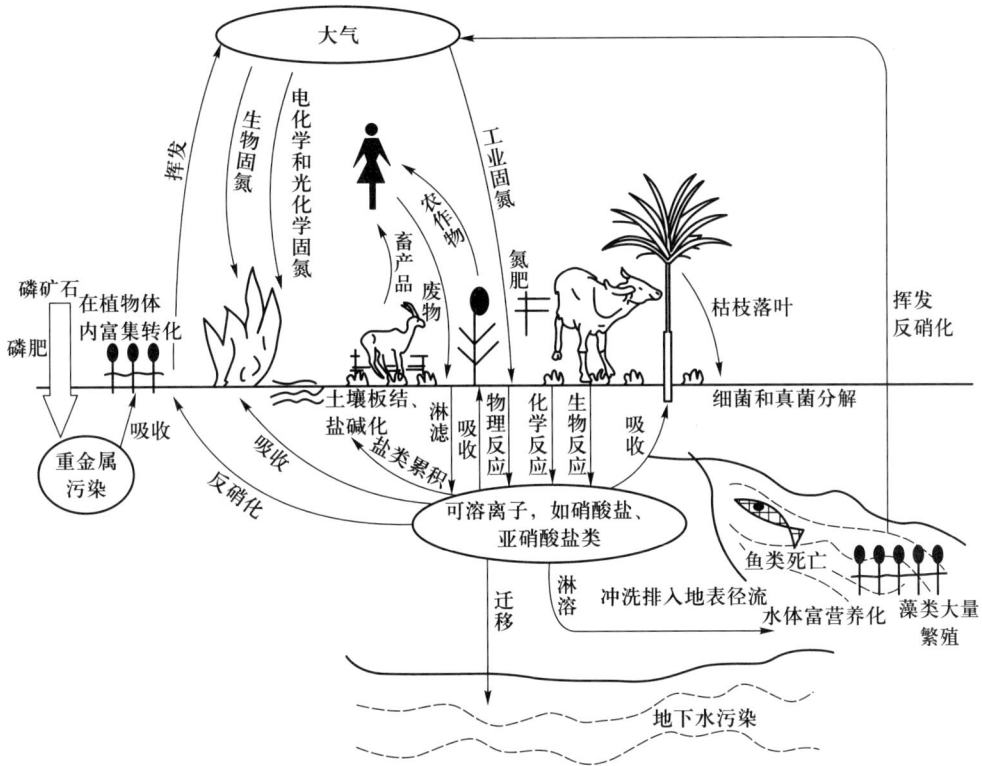

图 3.7　化肥中营养元素在环境中的迁移转化规律

3. 畜禽粪便污染

用畜禽粪便作肥料,在各国均有悠久的历史。20 世纪中叶以前,牲畜和家禽基本分散饲养,畜禽粪便能及时用于农田,没有造成环境问题。而在五十年代以后,一些畜牧业比较发达的国家开始采用企业化和集体化经营的方式,建立起规模庞大的养猪场和奶牛场等大型禽畜饲养基地。这种大规模的生产方式在满足了城镇人口对畜牧产品的需要以外,也给环境带来了巨大的污染。

粪便造成污染的原因在于其中的污染物浓度非常之高,此外它还含有大量的蛋白氮、类蛋白氮和氨态氮以及大量的磷和大量病原菌。因此当畜禽粪便未经处理,直接排入周围环境时,势必会污染土壤、地下水、地表水等环境介质,造成水体富营养化。此外,粪便所产生的恶臭也是其产生的污染之一。

4. 生物污染

传统意义上的生物污染主要是指细菌、寄生虫卵以及病毒等直接对人体有害或产生有毒物质的生物造成的污染。在农业生产中,造成这种污染的主要来源是:饲养场排放的禽畜粪便、日常生活污水,以及含有病原体的废物、未经处理而进行农田灌溉或利用的底泥、垃圾肥料,处理不当的病禽尸体等。不过,近年来随着科技的发展,生物入侵和转基因生物构成了新的生物污染源。

5. 生物多样性锐减

日常的农业生产活动如耕作、作物间套种植、放牧、农药化肥的使用以及农业动植物遗传改良(包括外来种引入)等在提高了农业生产力的同时也影响了农业生态系统中的生物多样性。如土地的不合理开发利用导致生境破碎,使生物失去了栖息场所,势必造成生物多样性的锐减。大规模的机械耕作导致土壤动植物区系的变化,甚至是物种的彻底消失。品种改良、外来种的引入以及远缘外源遗传物质的利用(如远缘杂交和 DNA 导入分子育种)在丰富了遗传多样性的同时,导致农作物类型和品种的简单化、一些古老的地方种和农家种等传统资源丢失等。

6. 土壤退化

土壤退化是指在自然环境的基础上,因人类开发利用不当而加速的土壤环境质量和承载力下降的现象和过程。在开垦利用土壤作为种植业基地的最初阶段,也仅是破坏了土壤的自然植被和土壤肥力的自然平衡,还可以通过撂荒手段使植被自然恢复或施用有机肥来恢复土壤肥力。但当人类利用土壤过度时,便产生了土壤侵蚀、沙化、盐碱化、沼泽化和肥力下降等土壤退化现象。

三、人类与地球各圈层的关系

地球表层是人地复合系统中人类及其他生物活动最集中、最重要的场所。随着人口增长、生产力不断提高、科技进步,人类对地表自然系统影响的广度与强度日益增大,已涉及各圈层中的各个组成部分,并已成为影响地表系统发展的、除太阳和地球内部运动之外的第三驱动力。与人类活动相关的全球变化以及一系列严峻的全球环境问题,使人们不得不认真反思自己的过去和未来的生存与发展,探索如何能调控自身的行为,协调好人地关系。

当前,人类活动对地表系统影响的特点主要体现在两个方面,即人类科学技术的创造力与日俱增以及对生态环境破坏的规模越来越具有区域性和全球性特征。

人类是地球上需要和使用元素最多的生物。古代人类生活仅需 18 种元素;但今天,人们日常生活中的常用元素已达 70~80 种之多。因而,人类活动加速了生物地球化学循环中的许多物质运动,并导致了该循环的不完整甚至中断,从而破坏了生态系统的平衡和有序性。

下垫面状况决定着太阳辐射在地表的分配,并影响着气候系统。在城市化进程中,混合层的大气环境几乎都发生着变化,如日照、温度、湿度、能见度、风速、风向及降水等。植被可增加地表吸收的太阳辐射能,减少地表向下传输的热通量,降低地面有效辐射。土地覆被一旦发生变化,便可能通过改变地表反射率和温室气体的含量对区域气候产生干扰;影响气候系统的能量交换、水分交换、侵蚀与堆积、生物循环和作物生产等土壤的主要生态过程和养分的迁移;并造成土壤侵蚀、土地退化、水资源短缺、生物多样性减少、海水入侵等一系列生态环境问题。因而,城市建成区面积所占比例过大(如图 3.8 所示),必然会导致局地环境质量下降。

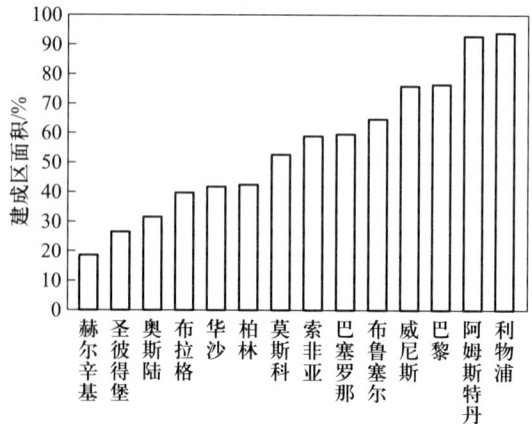

图 3.8 1995 年欧洲一些城市的建成区面积

四、牧业渔业对地球表层环境的干扰

1. 过度放牧对群落类型的影响

过度放牧会改变植物组成、群落类型等。在过度放牧情况下,疏林草原或具有灌丛的多年生禾草草原会变为耐旱耐盐的禾草-蒿草类草原,甚至变为蒿草-杂草类草原。例如,我国松嫩平原的羊草草原,由于过度放牧,羊草丛群落逐渐被盐生植物碱蓬、角碱蓬等群落所代替。可见,随着放牧强度的增加,群落类型由单一到复杂再到单一,群落结构也将趋于简单化。

2. 过度放牧对盖度和生物量的影响

过度放牧会对植被盖度和生物量产生影响。以我国内蒙古锡林郭勒盟的羊草草原为例,正常的草场与过度放牧导致重度退化的草场相比,草群盖度由 37% 下降为 12.2%。草原植物种群盖度随着放牧强度的增加而迅速下降。种群盖度的下降导致了土壤裸露面积增大,促进了土壤表面的蒸发,土体内水分相对运动受到不利影响,破坏了土壤积盐与脱盐平衡,增加了盐分在土壤表面的积累,土壤盐碱化程度加重。这进一步加速了不耐盐碱植物的消失,土壤的裸露面积进一步增加,更多的盐分累积在表土,如此恶性循环,最终导致裸露碱斑出现,植物消失殆尽。

3. 过度放牧对土壤特性的影响

放牧不仅通过影响群落的物种组成、群落盖度和生物量等间接影响土壤的水分循环、有机质和土壤盐分的累积,而且还通过牲畜的践踏、采食以及排泄物直接影响土壤的结构和化学性状。植物群落生物量的降低,将直接影响到植物对土壤水分和营养元素的吸收,造成有机干物质生产和地表凋落物累积的减少,归还土壤的有机质降低,从而对土壤的理化性状造成不利影响,导致土壤贫瘠化和干旱化,甚至造成盐碱化严重不良后果。

4. 渔业对地表环境的影响

最常见的水产养殖活动对地表环境的干扰包括以下几个方面:养殖活动破坏生态环境,导致废水污染;养殖过程中使用的化学药物残留;无节制地掠夺自然亲鱼苗种,过度捕捞饵料用鱼;养殖个体或外来种逃逸导致遗传学灾害,向自然水域扩散等。

五、矿产开发对地球表层环境的干扰

矿产开发活动对环境的影响,除采矿造成的大面积地表塌陷与开裂外,还会对地表环境造成水、空气和噪声干扰。

水污染主要来源于采矿、选矿活动,导致水体 pH 改变、水体中重金属等元素增加。这种导致天然水体污染的矿山水通称为矿山污水。矿山污水除破坏矿区周围河道、影响生活用水和工农业用水外,还危害矿区周边土壤。

空气污染是指露天采矿及地下开采工作面的钻孔、爆破以及矿石、废石的运输过程中产生的粉尘,废石场废石的氧化和自然释放出的大量有害气体,废石风化形成的细粒物质和粉尘,以及尾矿风化物等,在干燥气候与大风作用下会产生尘暴等,这些都会造成区域环境的

空气污染。

矿山开采,特别是露天开采通常造成大面积的土地遭到破坏或被占用。据统计,美国约有 1.5 万个露天矿,每年破坏土地约 6 万 hm²。我国矿山开采破坏土地尚未完全统计,但已知各类露天矿山超过 1 000 个,多属于小型矿,对土地的破坏也十分严重。

地下开采可造成地面塌陷及裂隙产生。地下采矿,矿体采出后,其采场及坑道上部岩层失去支撑,原有的地层内部平衡被破坏,岩石破裂、塌落,地表也随着下沉形成塌陷坑、裂缝以及不易识别的变形等,破坏了周围的环境及工农业生产,甚至威胁人们的安全。

目前,世界石油产量的 17% 来自海底油田,而且这一比例还在迅速增长。海洋矿产资源开发不可避免地带来污染,例如油井的漏油、喷油以及石油运输过程中油品的跑、冒、滴、漏,以及海底矿物开采,如锰矿的开采,也会对海洋环境造成破坏。

六、工业生产对地球表层环境的干扰

工业是从自然界取得物质资源和对原材料进行加工、再加工的社会物质生产部门。我国把整个工业分为冶金、电力、燃料、化工、机械、建材、森林、食品、纺织、皮革造纸、其他 11 个大类。

众多的工业部门在生产过程中排出的污染物形成了大量的工业污染源。这些污染源分布在工业生产中的各个环节,如原料生产、加工过程、燃烧过程、加热和冷却过程、成品整理过程等,通过排放废气、废水、废渣和废热污染大气、水体和土壤,有些工业生产过程还产生噪声、振动、辐射等危害周围环境。例如,我国以石油和煤炭为主要工业燃料,容易形成煤烟型大气污染,污染物除粉尘外,还含有 CO、SO_2、苯并[a]芘等,对人体健康构成长期威胁。

七、交通运输对地球表层环境的干扰

交通运输对地球表层环境的干扰表现在以下两个方面:一是交通运输工具对环境产生的影响。例如,发动机,特别是内燃发动机中燃料燃烧排放的化学污染、热能逸散产生的环境热污染、噪声污染、非再生自然能源的消耗等。其次,是交通运输干线对环境的影响。修建道路、管道、港站需要占有大量土地,如果未采取有效的保护措施,会损害自然景观或自然保护区的完整性,降低景观质量,造成景观分割,破坏景观的结构和稳定性,同时也会对自然生态造成破坏,影响生物群落、种群的数目以及动物迁徙等。

八、工程建设对地球表层环境的干扰

工程建设包括市政工程建设、流域开发工程建设等,其对地球表层环境的干扰按时间的不同分为施工期和运营期两个阶段。下面主要以自来水供应工程以及城市污水处理工程为例进行说明。

自来水供应工程中地表水源地建设和运营可能造成取水口下游水量减少,江河水体的稀释、自净能力下降,干扰水质;水位下降,干扰航运;水量减少,对水生生态和水生动物造成干扰。地下水源建设和运营可能造成区域地下水位下降,引起地面沉降、地面裂缝、地面塌陷、海水入侵等环境问题;地下水动力场和水化学场发生改变,地下水某些化学组分、微生物含量增加,水质恶化;在干旱地区,由于地下水开采引起水位大幅度下降,导致地表水消失、草场、土地退化和沙化,绿洲面积减少。

城市污水处理工程运营期间对环境的影响主要表现为恶臭、厂区生活污水及生产废水、固体废物、噪声等。废气的主要来源是处理工艺中伴随微生物、原生动物等新陈代谢过程产生的 H_2S、NH_3、CH_4 等复合臭气,排放方式多为无组织排放。污水处理厂在运营期间本身也会产生一些废水,包括厂区生活污水、各处理构筑物排放的废水等。污水处理厂主要噪声源为鼓风机、空压机、各种泵类和沼气发电机等。固体废物主要为格栅渣、沉砂和污泥。其中粗格栅渣、细格栅渣以及沉淀池沉砂等产生量较小,主要的固体废物为从二沉池中排出的剩余污泥经浓缩脱水后产生的泥饼。

第四节　人类活动与环境危机

环境是人类赖以生存的空间,是人类进行生产活动的物质基础和必要条件,人类生活和生产活动的实质是人与自然之间进行的物质交换,必定干扰原生环境。自然界自身的净化和调节能力存在着一个阈值,超过它就会威胁到自然系统的基本完整性和稳定性,影响人类和其他生物的生存和发展,从而产生环境问题。

环境问题是指由于自然力或人类活动所导致的全球环境或区域环境中出现的不利于人类生存和社会发展的各种现象。环境问题是多方面的,按照成因可将其分成两大类:原生环境问题和次生环境问题。由自然力引起的为原生环境问题,如火山喷发、地震、洪涝、干旱、滑坡等引起的环境问题。由于人类的生产和生活活动引起生态系统破坏和环境污染,反过来又威胁人类自身的生存和发展的现象,为次生环境问题。次生环境问题一般又可细分为环境污染、资源短缺或耗竭和生态破坏 3 种基本类型。目前人们所说的环境问题一般是指次生环境问题,本节中提到的环境问题也指该类环境问题。

一、污染型环境问题

环境污染主要是指由于人类活动使得有害物质或因子进入到环境当中,通过扩散、迁移和转化的过程,使整个环境系统的结构和功能发生变化,出现了不利于人类和其他生物生存和发展的现象。人类活动与污染型环境问题见图3.9。环境污染不但破坏了环境的本来面貌,即环境背景值,而且直接制约着经济的发展,对人类的生存构成了严重的威胁。环境污染包括大气污染、水污染、土壤污染、生物污染等由污染物引起的污染,还包括噪声污染、热污染、放射性污染、电磁辐射污染及光污染等由物理因素引起的污染。

环境背景值

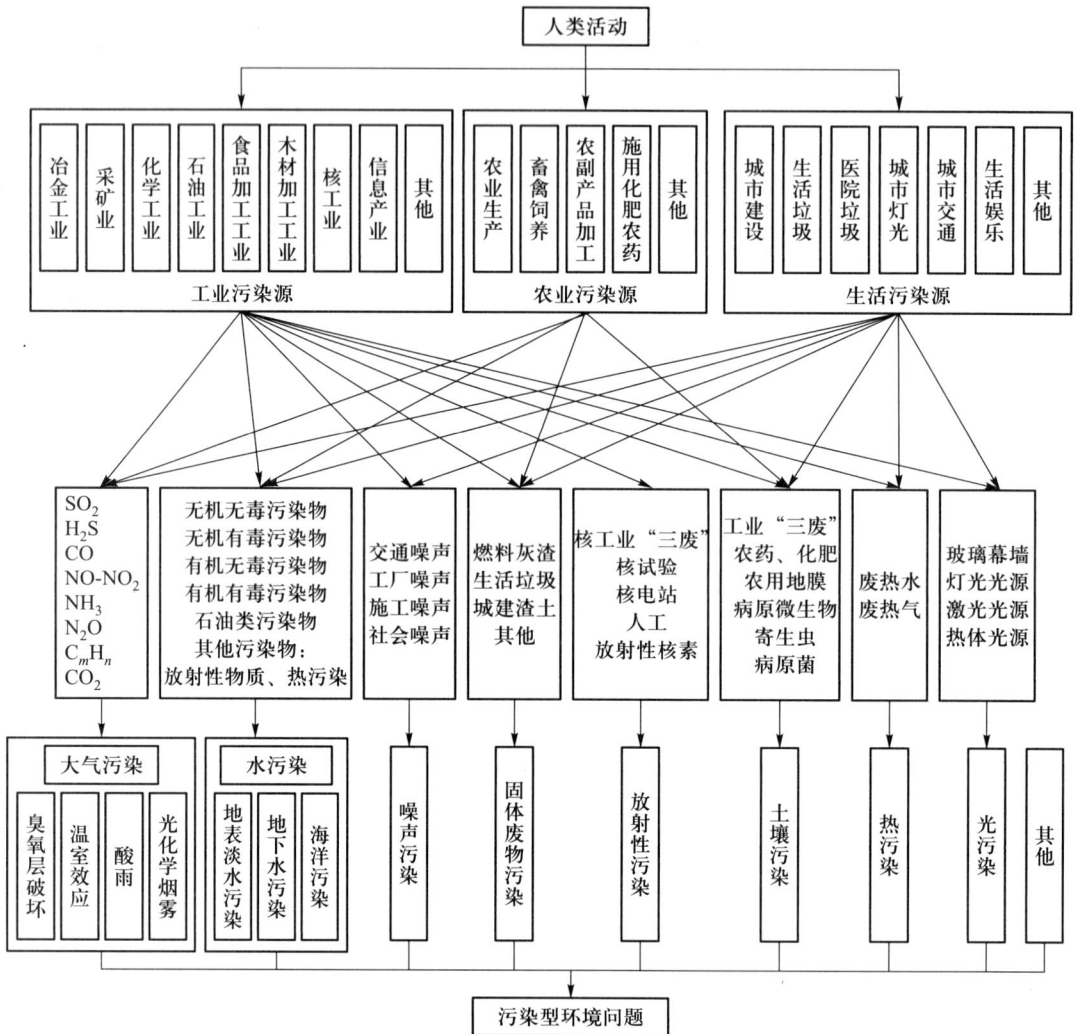

图 3.9　人类活动与污染型环境问题

二、资源短缺与耗竭型环境问题

　　资源短缺与资源耗竭型环境问题是由于人类不合理地开发和利用自然资源所致,大规模的工业生产和经济活动使得人类向环境索取自然资源的速度远远超过了资源本身的再生速度。资源短缺与环境问题关系见图 3.10。

　　自然资源可分为有限性资源和恒定性资源,其中有限性资源,又可分为不可更新资源和可更新资源。而无论哪类资源,均存在稀缺问题。资源短缺或资源耗竭是相对于特定区域而言的,区域资源短缺是供求平衡失调的表现,具有明显的时空差异。区域资源短缺包括区域资源绝对短缺和区域资源相对短缺两种类型。区域资源绝对短缺是指某个地区生产所需资源超过了本区域所能提供资源的最大极限。区域资源相对短缺是指某个地区生产所需要资源在某个时段超过了本区域所能提供资源的量,但仍能实现总量供求平衡。

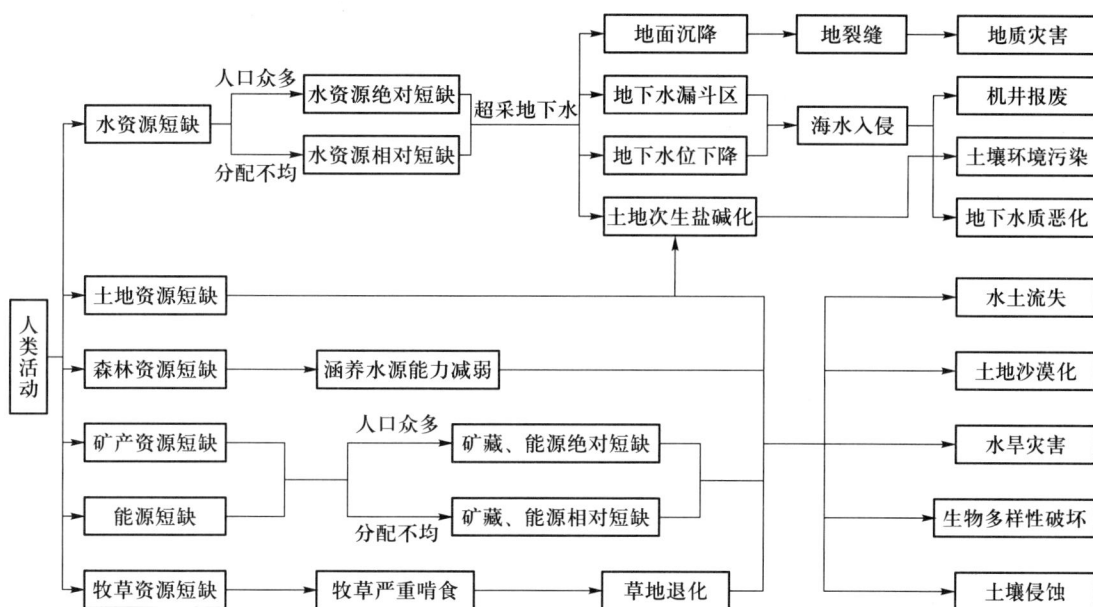

图 3.10　资源短缺与环境问题关系示意图

除以上两种区域资源短缺形式外,还存在资源结构性短缺、资源经济性或工程性短缺等形式。如在中国的能源中,少污染或无污染的能源相对比例小,中国被视为能源结构性短缺地区。资源经济性短缺则常常被认为是贫困地区由于财力有限而不能对所处地区的资源进行开发所引起的一种区域性资源短缺。

三、生态破坏带来的环境失衡

生态破坏是指人类活动直接作用于自然生态系统,造成生态系统的生产能力显著下降和结构显著改变,从而引起的环境问题。生态平衡与环境问题的关系见图 3.11。在任何一个生态系统中,生物与其环境总是不断地进行着物质、能量与信息的交流,但在一定时期内,生产者、消费者和分解者之间保持着一种动态的平衡,这种平衡状态就叫生态平衡。当外界干扰超过生态系统的自我调节能力时,即超过生态平衡阈值时,就会造成生态系统的结构破坏、功能受阻、生态功能紊乱以及反馈自控能力下降,这种情况称为生态平衡失调。

人类对生态系统破坏性影响主要表现在 3 个方面:一是大规模地把自然生态系统转变为人工生态系统,严重干扰和损害生态系统的正常运转,农业开发和城市化是这种影响的典型代表;二是大量取用生态系统中的各种资源,包括生物的和非生物的,严重破坏了生态平衡,森林砍伐、水资源过度开发利用是其典型例子;三是向生态系统中超量输入人类活动所产生的产品和废物,严重污染和毒害了生态系统的物理环境和生物组分,包括人类自己,化肥、杀虫剂、除草剂、工业"三废"和城市"三废"是其代表。

"破坏生态环境就是为人类制造灾难,毁坏自然环境就是埋葬人类自己"。只有保护大自然,使生态系统内各组分和睦共生,协同进化,使生态系统沿着其内部自组织、自调节的方向完善和持续地向前发展,才能使人类免受灭顶之灾。

生态学第一定律：我们的任何行动都不是孤立的，对自然界的任何侵犯都具有无数效应，其中许多效应是不可逆的(多效应原理)

人口

生态学第二定律：每一种事物无不与其他事物相互联系和相互交融(相互联系原理)

能源

食物

生态系统结构、功能

生态学第三定律：我们生产的任何物质均不应该对地球上自然的生物地球化学循环有任何干扰(勿干扰原理)

自然资源

环境保护

生态平衡基础

物物相关　相生相克　能流物复　负载定额　协调稳定　时空有宜

环境资源极限规律

输入与输出平衡规律

相互适应、协同进化规律

相互制约协调规律

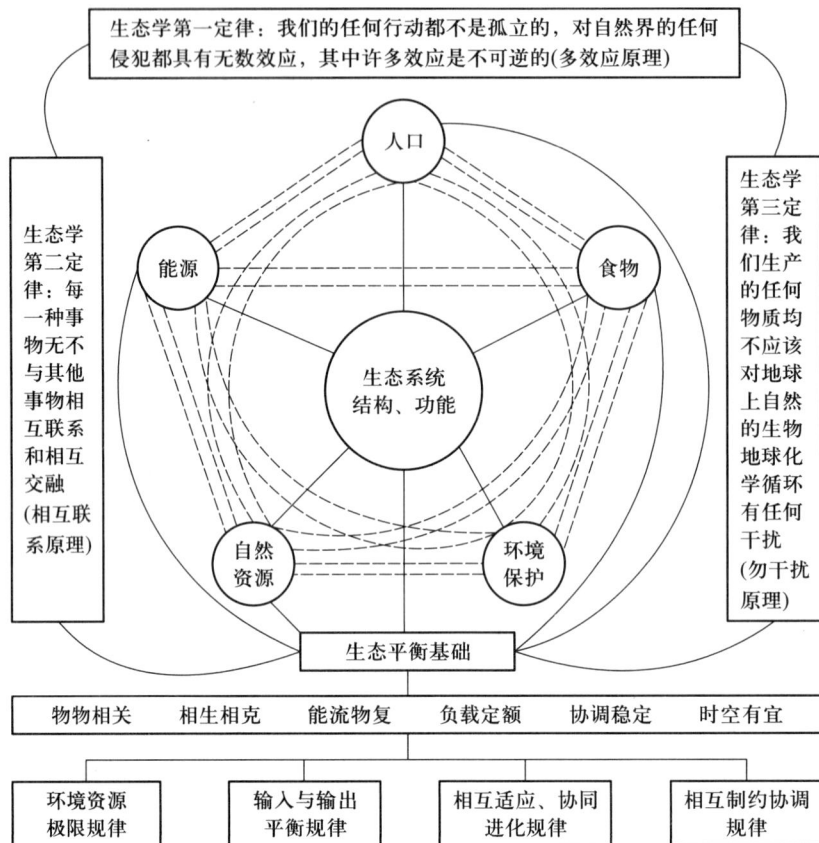

图 3.11　生态平衡与环境问题的关系示意图

因此,环境问题的实质是人与环境关系的失调,是人与自然关系不协调造成了生态系统平衡的破坏,是人口、经济、社会、环境未能协调发展引起的问题,即人类索取资源的速度超过资源本身及其替代品的再生速度;向环境排放废弃物的数量超过了环境容量和环境自净能力。

问题与讨论

1. 人类-地球环境复合系统的三大功能是什么？ 对人类及地球的意义如何？
2. 说明人口、资源、环境与发展这四者的相互关系。
3. 根据本章内容,请提出农业生产和林牧渔业对环境干扰的解决途径。
4. 通过学习本章,你能否结合实际说明人类应该如何协调与地球环境的关系？
5. 从气、水、声、渣等方面总结工业生产和工程建设对地表环境干扰的共同点。

第四章　全球环境问题

第一节　复杂的世界环境问题

工业革命以来,特别是 20 世纪 80 年代以来,随着经济的发展,环境问题日益突出。不仅发生了区域性的环境污染和大规模的生态破坏,更为严重的是出现了具有全球性影响的环境问题,即本章将讨论的全球环境问题。全球环境问题,也称国际环境问题或者地球环境问题,是指超过主权国家的国界和管辖范围的、区域性和全球性的环境污染和生态破坏问题。

目前人类面临的全球环境问题主要包括:全球气候变暖、臭氧层的破坏、生物多样性减少、酸雨蔓延、森林锐减、土地荒漠化;大气污染、水污染、海洋污染加剧,以及污染物的全球迁移。

上述环境问题之所以被纳入全球环境问题的范畴,主要考虑到全球环境问题均具有以下特点:① 全球环境问题具有世界性,即全球环境问题在规模、波及范围及解决途径上均具有世界性。以全球气候变暖为例,气候变化的危害是全球性的,影响范围不仅仅是沿海国家。虽然目前对于不同区域气候的变化趋势及其具体影响和危害,还无法作出比较准确的判断,但从风险评价的角度而言,大多数科学家断言气候变化是人类面临的巨大环境风险。为了控制气候变化的危害,1992 年联合国环境与发展大会通过《气候变化框架公约》,提出到 20 世纪 90 年代末使发达国家温室气体的年排放量控制在 1990 年的水平。1997 年,在日本京都召开了缔约国第二次大会,通过了《京都议定书》,规定了 6 种受控温室气体,明确了各发达国家削减温室气体排放量的比例,并且允许发达国家之间采取联合履约的行动。② 全球环境问题的影响具有长期性。全球环境问题是在相当长时期内逐步积累产生的,其造成的影响也是长期的,不仅威胁当代人,也会对后代造成威胁。另一方面,全球环境问题的解决也需要一个较长的时期,而不是一蹴而就。比如,森林锐减、土地荒漠化等问题的解决就需要一代甚至多代人坚持不懈长期的持续努力(乐波,2004)。③ 全球环境问题具有复杂性。如前文所述,作为一类典型的环境问题,全球环境问题也具有复杂性,并且由于时间和空间尺度可能超过一般的环境问题,其复杂性和不确定性也进一步增强。

由此可见,全球环境问题已经成为威胁人类可持续发展的主要因素之一,应对全球环境变化成为各国政府面临的重大课题,也是当今国际社会关注的焦点。围绕解决全球环境问题形成的一系列国际制度正在成为影响国家发展空间和国家竞争力的重要因素(黄晶等,2007)。

全球环境变化是一个多尺度、多维的复杂过程,也是人类社会不可回避的现实,因此,对全球环境变化采取积极响应措施,减缓全球环境变化给人类健康带来的不利影响,减少环境污染引起的健康危害,控制地方性疾病的流行,在经济发展和全球化、城市化过程中保障人民健康是人类今后面临的主要问题。

虽然目前为止尚未完全搞清楚全球环境变化的机制、各种变化之间的联系以及全球环境变化对人类健康的影响,但已有的研究表明全球气候变化、臭氧层损耗、土地利用和土地覆盖的变化、生物多样性的丧失、淡水资源、食物生产系统改变以及城市化等问题从多方面给人类健康带来直接和间接的影响。全球环境问题的出现是对包括人类在内的地球上所有生命的威胁,人类应对其负责并应勇于承担解决问题的责任。只有这样,人类才能在人与自然和谐的基础上取得更大的发展。

第二节 全 球 变 暖

一、温室效应及温室气体

自然界的一切物体都以电磁波的形式向周围放射能量,这种传播能量的方式就是辐射(戴君虎等,2001)。通常情况下,物体辐射的波长由该物体的绝对温度决定。温度越高,辐射的强度越大,短波所占的比重越大;温度越低,辐射的强度越小,长波所占的比例越大。地球表面的大气层,允许太阳辐射的短波部分通过,太阳辐射透过大气层到达地球表面后,被岩石土壤等吸收,地球表面温度上升;与此同时,地球表面物质向大气发射出长波辐射。大气层中由于存在水、二氧化碳等能够吸收长波的气体成分,因此能够捕获地面的长波辐射,阻挡热量散失到大气层以外,使地球表面的温度得以维持,上述效应被称为大气的温室效应(徐世晓等,2001)。

地球大气层中能够吸收长波辐射的气体称为温室气体。大气层中的温室气体主要包括水汽、二氧化碳(CO_2)、甲烷(CH_4)、一氧化二氮(N_2O)、臭氧(O_3)、氯氟烃(CFCs)等(刘宏文和夏秀丽,2008)。上述气体在长波段具有强烈的辐射吸收带,虽然在大气层中所占比例不大($<1\%$),但却能够有效吸收地面反射的长波辐射。因此,当大气层中温室气体的浓度增加时,大气的温室效应就会加剧,导致全球变暖。

需要注意的是,虽然温室气体浓度变化均会导致温室效应,但是不同的温室气体对温室效应的影响存在差异。以典型的温室气体 CO_2 和 CH_4 为例,进行分析说明。CO_2 是具有一个对称中心的三原子结构,存在四种基本振动方式,其波数分别为 $V_1 = 1\,388.3/cm$,$V_{2a} = V_{2b} = 667.3/cm$,$V_3 = 2\,349.3/cm$,其中 V_2 振动为二重简并,是红外区的主要吸收带,其波长范围为 $12\sim18\ \mu m$(胡庆东等,2012)。CH_4 分子是正四面体结构,具有四个基频转动带,其中 $V_3 = 3\,020.3/cm$,$V_4 = 1\,306.2/cm$ 为红外区的主要吸收带,其波长范围在 $7.66\ \mu m$ 左右。为了表征相同质量的不同温室气体对温室效应增强的相对辐射效应,引入了一个新的概念——增温潜势(GWP),GWP 是目前衡量温室气体增温能力的一个通用指标。其定义为:瞬间释放 1 kg 温室气体在一定时间段产生的辐射强迫与 1 kg CO_2 辐射强迫的比值(王长科等,2013)。表 4.1 列出了不同温室气体的 GWP 值,当 CO_2 的 GWP 定义为 1 时,CH_4 的 GWP 为 21,这可能是由于 CH_4 吸收波长的范围比 CO_2 吸收波长的范围小,碳氢键的红外吸收强度比碳氧键强,因此 CH_4 的温室效应比 CO_2 强(胡庆东等,2012)。由此可以初步推断虽然 CH_4 在空气中的浓度比 CO_2 小得多,但是 CH_4 的温室效应可能要强于 CO_2(胡庆东等,2012)。

表 4.1　各种温室气体的 GWP

气体	GWP	气体	GWP
CH_4	21	CFCs	$10^3 \sim 10^4$
N_2O	290	CO_2	1

注:引自秦大河,2003。

继 GWP 之后,科学家进一步研究提出了全球温变潜势(GTP)作为一种新的温室气体排放度量指标。GTP 的定义是瞬间或持续释放的某一温室气体在未来某一给定时间后造成的全球平均地表温度的变化与某一参照气体在相同时间后所造成全球平均地表温度变化的比值(王长科等,2013)。无论是 GWP 还是 GTP,都是目前常用的温室气体增温能力的通用指标,温室气体排放增温效应的计算需要同时考虑到温室气体的排放量和温室气体增温能力的影响。

二、近百年来全球气温变化的概况

建立能够代表全球平均温度变化的时间序列能够帮助我们更准确地判断全球气候变化,近 100 多年以来,全球已经建立了多个地面温度序列(唐国利等,2011)。其中,Had-CRUT 为英国气象局 Hadley 中心的序列,全球温度用 $5° \times 5°$ 经纬度格点,每个格点考虑了随时间变化的测站数(Jones 等,2003)。钱维宏等(2010)采用 HadCRUT3 全球平均温度距平序列研究过去 159 年(1850—2008 年)全球地表温度的改变。研究发现,在 1850—2008 年,逐年平均的全球气温距平序列中,1986 年以来的全球平均气温距平始终大于 0 ℃,并且呈现全球增暖的趋势。如图 4.1 所示,1850—2008 年、1911—2008 年和 1976—2008 年 3 个时段呈现明显的增温趋势,其增暖速率分别为每 100 年 0.44 ℃、0.73 ℃ 和 1.7 ℃。由此推测,如果保持最近 33 年的全球增暖速率不变,则 21 世纪末的气温值是 2.03 ℃(钱维宏等,2010)。冰芯钻孔测定其垂直温度分布也可以用来推算地面温度的变化,根据格陵兰冰芯钻孔测温的资料,近 150 年温度上升(1±0.2)℃。该结论也进一步佐证了全球地表温度增暖的趋势。

海洋是地球组成的重要部分,而且海温的变化对全球变暖可能具有显著性的影响,这不仅是因为海洋是温室气体 CO_2、水蒸气的巨大储存库,还因为海洋的变化和全球气候的变化相互影响。因此,周广超(2012)开展了全球海温的长时间序列分析,全球及南北半球海温变化曲线如图 4.2 所示。总体上来看,1854—2004 年间,全球及南北半球海温均呈上升趋势。分析全球海温变化发现,目前海温比 19 世纪中期升高了约 0.5 ℃,比 20 世纪初升高了约 0.7 ℃。全球海温的变化在 1854—2004 年间可划分为三个阶段:第一阶段,从 19 世纪中期

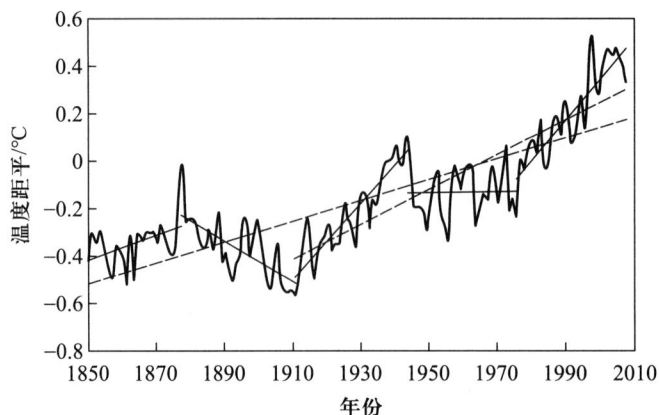

图 4.1　1850—2008 年逐年全球平均气温(相对 1961—1990 年全球平均气温)的距平序列

到 1910 年,海温呈现降低趋势;第二阶段,从 1910 年到 20 世纪 60 年代,全球海温逐渐升高,直到 20 世纪四五十年代后保持稳定;第三阶段,从 20 世纪 70 年代至今,海温呈现再次升高的态势。南北半球海温的变化趋势与全球海温变化趋势基本相同,但北半球海温一直比南半球海温高 0.3~0.6 ℃。

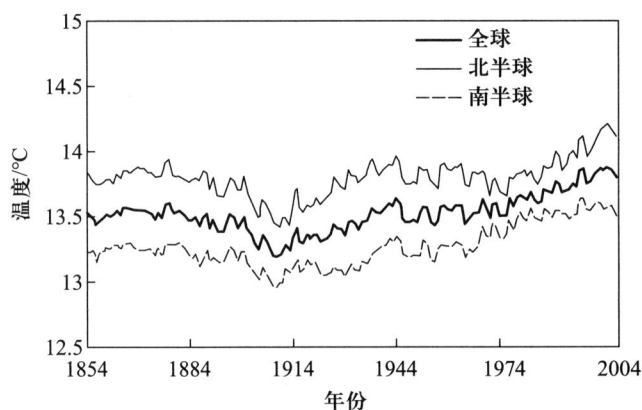

图 4.2　全球及南北半球海温变化

　　综上所述,通过对近百年来全球气温变化的分析得出全球增暖的结论。需要注意的是在研究中存在一定的不确定性,其不确定性主要来源于 3 个方面,即资料方面的不确定性、气候变化机制方面的不确定性和预测方面的不确定性(龚道溢和王绍武,2002)。以资料收集过程为例,资料中最大的问题是城市热岛效应的影响,目前所使用的地面温度观测记录大部分都是来自大城市,而在资料收集的过程中,热岛效应的误差没有很好地得到检查和排除。由此可见,现有技术开展未来气候变化的预测存在很大的不确定性,要对未来气候变化的情景作出可靠的预测目前还存在很多的困难。

三、全球气候变化和人类活动

　　通过前文的叙述,我们发现全球增暖的现象,而现象产生的原因是科学家们致力解决的问题。对形成地球气候的基本因素分析发现:太阳辐射、大气环流和地表状况是形成地球气候的三大基本要素。其中,太阳辐射是主导因素,是大气及海陆增温的主要能量来源,也是大气中一切物理及天气气候过程和现象的基本动力。随着研究的深入,研究发现,除了上述三大基本要素外,日月引潮力、地球自转速度、地极移动重力场变化、火山活动以至人类活动等因素也会对气候产生影响,因此,将上述影响因素合称为气候的第四类影响因子。而对于近百年来全球气候变暖的原因解析也发现,人类活动是导致全球气候变暖的主要因素。工业革命以后,随着世界人口的快速增长,人类活动加剧,城市化、工业化和现代化进程加快,森林、矿物等大量自然资源被消耗,全球森林面积锐减,并产生大量CO_2等"温室效应"气体,导致全球温度变化。人类活动对气候的影响主要体现在以下两个方面:一方面,人类活动导致CO_2浓度持续升高,温室效应增强。胡庆东等(2012)比较了工业化前后主要温室气体的浓度及其对全球平均温度的影响,结果如表 4.2 所示,研究发现温室气体浓度在工业化以后显著增加,同时可能导致全球温度升高,由此建立了温室气体排放和全球增暖之间的相关性。特别是,进一步的研究发现全球温度变化与CO_2浓度变化趋势基本一致(图 4.3),进一步证实温室气体排放是影响全球变暖的重要因素。另一方面,随着人口的激增,森林锐减,平衡大气中CO_2与O_2的生态功能急剧下降,极大地增强了CO_2温室效应。据联合国粮农组织统计表明,全球森林面积减少,2000—2010 年间,每年约有 1 300 万 hm^2 森林转为其他用途或因自然原因流失。特别是占世界森林总面积 44.8% 的热带森林面积急剧减少,1981 年以来,位于非洲、亚洲、南美洲的热带森林面积以 1 130 万 hm^2 的速度递减。由于森林的急剧减少,森林生态功能将大大削弱,吸收 CO_2 释放 O_2 的能力极大减弱,致使 CO_2 温室效应大大增强,从而加速全球气候变暖的进程。

表 4.2　主要温室气体浓度的变化及其对全球平均温度的影响

温室气体	工业化前浓度	2000 年浓度	全球平均温度变化/℃
CO_2	280 ppmv	380 ppmv	+0.96
CH_4	0.7 ppmv	2.1 ppmv	+0.30
N_2O	0.21 ppmv	0.31 ppmv	+0.12
F－11	0	0.14 ppbv	+0.06
F－12	0	0.55 ppbv	+0.08
F－13	0	0.08 ppbv	+0.01

注:ppmv 表示体积浓度,为 $1/10^6$;ppbv 表示体积浓度,为 $1/10^9$。

　　如前文所述,温室气体特别是 CO_2 是影响全球气候的重要因素。人类向大气中释放CO_2主要有两种行为:一是化石燃料的燃烧,直接向大气中排放由化石燃料的燃烧所产生的CO_2;二是土地利用状况的改变。目前的研究发现,化石燃料的燃烧是大气碳含量增加的主要原因,世界能源的 80%～85% 来自化石燃料,而土地利用状况的改变则对气候变化的影响较小。进入大气中的CO_2并不完全留在大气中,超过一半的CO_2会被海洋吸收,决定海洋对大气中 CO_2 吸收的关键因素是表层海水与大气中的 CO_2 分压值,当海水中的 CO_2 分压值小于大气中时,海水会吸收大气中的 CO_2,反之,则向大气中释放 CO_2。而海温是影响海水中 CO_2 分压值的重要参数(周广超,2012)。观察发现在 1981—2004 年南大洋对 CO_2 的吸收作用在逐渐降低;研究证实,海洋对 CO_2 吸收减少的原因主要来自人类活动影响下海温的增加。有文章指出,温室效应引起热量增加的 93% 进入了海洋而不是大气层(胡庆东等,2012)。由此可见,从全球的角度分析气候变化,考

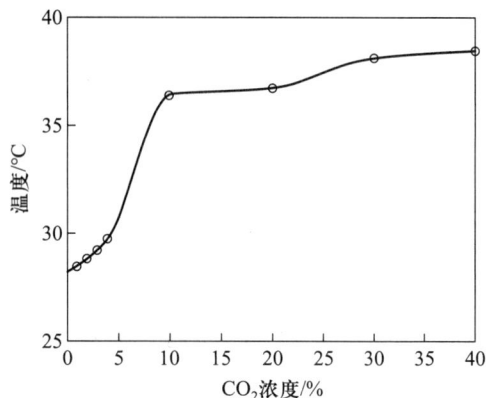

图 4.3 温度与 CO_2 浓度的变化关系

虑大气和海洋物质、能量交换,能够更好地帮助我们全面理解人类活动对全球气候变化的影响。

四、全球变暖的环境、社会及经济影响

全球变暖具有影响范围广、持续时间长、制约因素复杂、后果严重等显著的特点,是人类面临的重大环境问题。全球变暖可能带来的环境、社会和经济的影响主要包括以下几个方面:① 导致海平面上升。由于全球气候变暖主要集中在高纬度地区,这就使得两极的冰川以及北半球的冻土带因为气候变暖而融化,导致海洋水量增加。同时,由于气候变暖,海水的体积会发生膨胀,上述原因均会导致海平面上升。据报告,自 19 世纪末以来,全球平均气温上升了 $0.3\sim0.6$ ℃,海平面也上升了 $10\sim25$ cm(徐世晓等,2001)。海平面上升对岛屿国家和沿海低洼地区带来巨大灾害,例如淹没土地、侵蚀海岸。为此,1995年 11 月,联合国《气候变化框架公约》缔约方第二次会议时,受到海平面上升威胁的 44 个小岛国组成了联盟,为其在全球变暖情况下的生存而呼吁。② 导致气候异常,气象灾害加剧,还会造成大气环流的调整以及气候带向两极扩展。以我国为例,进入 21 世纪以来,我国淮河流域在 2003 年、2005 年、2007 年都发生了流域性洪水灾害,几乎每两年发生一次。此外,2008 年、2009 年、2010 年春季,我国又发生大范围的干旱灾害,这些都是全球气候变暖的结果。③ 危及海洋生物生存,加剧生物多样性的丧失。全球变暖导致的海平面上升与气候变化,必然会影响海洋环境与海洋生态。例如,沿岸沼泽地区消失会导致鱼类、贝类数量减少,甚至导致一些稀有物种的灭绝。此外,全球变暖还可能影响大气环流,继而改变全球的雨量分布以及各大洲表层土壤的含水量,最终危害作物生长、影响农林牧业生产。全球变暖对全球降雨量及其降雨分布的调节可能导致部分地区雨量减少;全球增温也会提高水分的蒸发,加剧部分地区水资源短缺的压力。与此同时,全球变暖还可能加剧传染病的流行,危害人类健康。

为了人类免受气候变暖的威胁,1997 年 12 月在日本京都由联合国气候变化框架公约参加国三次会议制定《联合国气候变化框架公约的京都议定书》),简称《京都议定书》。其目标是"将大气中的温室气体含量稳定在一个适当的水平,进而防止剧烈的气候改变对人类造成

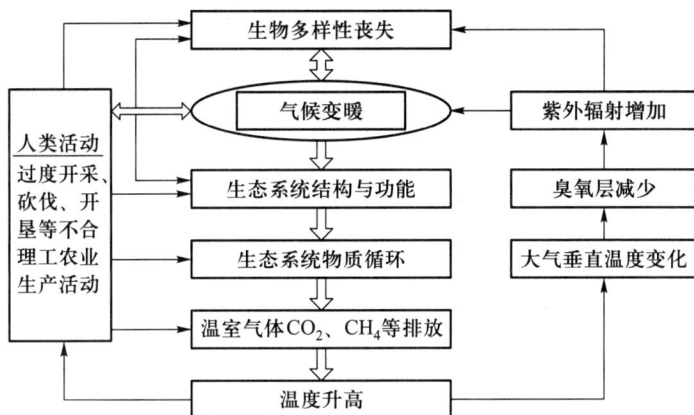

图 4.4　人类活动与全球气候变暖

伤害"。截至 2009 年 2 月,全球已有 183 个国家和地区签署该议定书,批准国家的人口数量占全世界总人口的 80%。发达国家从 2005 年开始承担减少碳排放量的义务,而发展中国家则从 2012 年开始承担减排义务。除此之外,一些新的技术和措施也不断发展,以控制全球温室气体的排放。例如:改善能源结构,减少碳排放;提高能源的生产效率和使用效率;鼓励迅速发展和使用清洁能源及可再生能源;停止大部分 CFCs 的生产并开发回收已投入使用的 CFCs;减少森林砍伐,植树造林,发展生态农业;人工收集并处置 CO_2 等(刘宏文和夏秀丽,2008)。虽然目前的措施对于减少温室气体排放、缓解全球变暖具有一定的作用,但是需要明确的是,人为排放的温室气体造成的全球变暖效应仍将长期存在,在未来的几十年乃至上百年中,人类防止全球变暖任重而道远。人类活动与全球气候变暖见图 4.4。

目前国内针对全球气候变化的研究方向主要有以下四个方面:

(1)气候变化预测

国家气象局气象科学研究院等单位利用中国丰富的历史气候资料和有关考古资料,借助于一些气候模式,分析了中国古气候及历史时期的气候特征。发现,在中国的自然环境演变过程中,气候变化是最活跃的因素,一万多年来中国气候变化百年以上的周期有五个寒暖周期和一个寒冷半周期。对中国有史以来的温度变化序列,把自然和人为增温因素分开来分析,发现人为增温是比较明显的。研究还表明,中国北方地区自 20 世纪 50 年代以来普遍增温,但江淮以南大部分地区却有所降温。

(2)温室气体排放和温室效应机理研究

近几年,中国科学院贵阳地球化学研究所等单位开展了 CO_2 在全球气候变化中增温机理及影响预测的基础研究,取得了初步的成果。国家能源部和北京大学等科研院所和学校对 CO_2 排放源进行了初步调查,对其排放因子和排放量进行了初步分析和估算,并开展了中国中长期(直到 2050 年)能源需求与供应结构的研究,分析了未来能源供应与 CO_2 排放之间的关系。中国科学院大气物理所等单位在稻田甲烷排放量测量、通量估算和调控技术方面取得了一些初步成果。中国环境科学研究院利用光化学实验箱对温室气体的辐射效应和寿命进行了多年的模拟研究,取得了一定的成果。

(3)海洋对全球气候变化的影响

近年来,在大尺度海气相互作用方面的研究进展迅速,特别是关于海洋对中国年际气候变化的影响,更是取得了不少成果。对西太平洋热带海域海气相互作用的科学考察,也取得了初步的结果。揭示了海洋对降水、气温和大气环境影响的基本特征,表明海洋确实对中国的气候变化有着重要的影响,是预测气候变化的重要途径。

（4）气候变化对社会经济与自然资源的影响

中国近年来对由于人类活动引起气候变化可能导致的环境影响进行了评价研究。由国家环保局牵头组织一些单位开展了气候变化可能对中国经济和社会发展影响的分析预测,取得了重要研究结果。

如果未来气温变暖,中国主要作物种类的分布不会有明显变化,只对局部地区有些影响。估计气候变化对农业影响的综合效应,将使中国农业生产能力下降至少5％。气候变暖对中国水资源的影响将非常严重。由降水量、径流量和蒸发量形成的水资源增加或减少的地区差别很大。有可能使南方湿润地区洪涝灾害增加,北方地区干旱更严重。气候变暖使海平面上升,将基本淹没或破坏现有盐场和海水养殖场,珠江三角洲将有近半数面积（约 3 500 km²）被淹没,长江和黄河三角洲经济发达地区亦将受到严重破坏。未来气候变化对中国主要用材树种的分布和生长量的影响程度不一。而气候变化造成春秋季气候干燥,极易发生火灾,大片林地将受到危害,林木生长区域不可能扩展。

第三节　臭氧层耗损

一、臭氧层的形成及破坏

臭氧（O₃）是大气中的一种自然微量成分,臭氧层是指大气平流层中臭氧浓度相对较高的部分,大多分布在距地面 20～50 km 的大气中。当大气中的氧气分子受到短波紫外线照射时,氧分子会分解成原子状态,氧原子的不稳定性极强,极易与氧分子反应,形成臭氧。臭氧不稳定较强,在长波紫外线的照射下,可还原为氧。因此,在臭氧层中形成了臭氧和氧气之间的相互转换,并最终达到动态平衡。如果把从地球到 60 km 上空中的所有臭氧集中到地球表面上也只能形成 3 mm 厚的一层气体,其总重量约为 30 亿 t。

臭氧层的最大作用在于能够吸收有害的太阳紫外辐射,臭氧层能吸收 99 ％以上的太阳紫外线辐射,为地球提供防护紫外线的屏蔽,并将能量贮存在上层大气,起到调节气候的作用。1984 年,英国科学家首次发现南极上空出现了臭氧空洞;随后美国的气象卫星也观测到了这个空洞,测定其面积与美国领土相当,深度相当于珠穆朗玛峰的高度。持续观测发现南极大陆上空以及北半球春秋季均出现臭氧量急剧减少的现象,最多时减少约 60 ％的臭氧,且全球臭氧层破坏程度还在加剧,臭氧空洞的面积不断扩大（字唐秋,1999）。

对臭氧层破坏的化学机理研究发现,臭氧层中存在一类具有臭氧破坏活性的含氯、氟、碳的化合物,我们总称为 CFCs。CFCs 经光解可产生的活性氯自由基（Cl·）、氯氧自由基（ClO·）等,可与臭氧发生反应,使得臭氧层中臭氧的浓度逐渐降低。CFCs 随着工农业高速发展、人为活动而大量产生,并排入大气。人们大量生产 CFCs,用作制冷剂、除臭剂、头发喷雾剂等,绝大部分释放到低层大气后,进入臭氧层中。此外,超音速飞机在臭氧层高度内飞行、宇航飞行器的不断发射也都排出大量 CFCs 进入臭氧层。CFCs 化学稳定性高,在大气层中停留时间可长达 40～150 年,因此,在臭氧层中大量消耗臭氧分子,导致臭氧层耗竭。

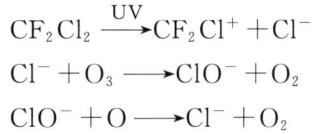

$$CF_2Cl_2 \xrightarrow{UV} CF_2Cl^+ + Cl^-$$
$$Cl^- + O_3 \longrightarrow ClO^- + O_2$$
$$ClO^- + O \longrightarrow Cl^- + O_2$$

二、臭氧层耗损的潜在威胁

由于地球大气臭氧层遭到破坏,使太阳紫外线辐射强烈增加,会引发人体的皮肤癌、白内障等疾病,并使免疫功能下降,造成健康危害。据估计,臭氧含量每减少 1%,紫外线强度将增加 2%,导致皮肤癌发病率将增加 4%～6%。此外,紫外线辐射强烈也会使平流层温度发生变化,导致地球气候异常,引起农作物如小麦、水稻,特别是豆类的减产。紫外线的过量照射,会极大减少海洋浮游植物的光合作用,同时引起海洋浮游动物及虾、蟹幼体和贝类的大量死亡,造成某些生物的灭绝,危及整个海洋生态系统。因此认为臭氧层的破坏是当前国际上面临的三大全球性环境问题之一(林永达和陈庆云,1998)。

目前,世界各国对臭氧层的保护都极为重视。控制消耗臭氧层物质的生产和使用,保护臭氧层,已成为全球性的行动。1985 年,联合国环境规划署通过了《保护臭氧层的维也纳公约》;1987 年,西方 26 国签署了一项关于限制破坏臭氧层物质的《蒙特利尔议定书》;1990 年,新的《蒙特利尔议定书》产生,对公约内容作了大幅修正,扩大列管物质(共计 12 种化学物质),并于 2000 年完全禁用上述物质。之后议定书分别于 1992 年、1997 年和 1999 年再度修订,加快限禁进程。

第四节　全球生态系统变化与环境安全

一、森林破坏与生物多样性减少

生态系统是由植物、动物和微生物群落以及无机环境相互作用而构成的一个动态、复杂的功能单元;人类是生态系统的一个不可分割的组成部分。千年生态系统评估对生态系统进行分类和划界,根据全球气候状况、地球物理状况、人类的主要利用方式、地表覆被、物种组成,以及资源管理体系和制度方面的差异,将全球生态系统划分成了城镇、岛屿、海滨、海洋、旱区、极地、垦殖、内陆水域、森林和山地共 10 种系统。评估结果表明,20 世纪的后 50 年,全球生态系统的变化幅度和速度皆超过了人类历史上有记录的任何一个相等时间段的情况,目前人类活动实际上已经显著地改变了地球上的所有生态系统(张永民和赵士洞,2007)。

这些改变也体现在森林破坏与生物多样性的减少。在人类历史上,全球天然次生林的面积一直在不断下降,而且在过去的 3 个世纪里,它的面积已经减少了一半(张永民和赵士洞,2007)。根据《2010 年全球森林资源评估》的数据,世界森林总面积仅略超过 40 亿 hm^2,占陆地总面积的 31 ％,人均森林面积为 0.6 hm^2。5 个森林资源最丰富的国家是俄罗斯、巴西、加拿大、美国和中国,占全球森林总面积的一半以上;10 个国家或地区已经完全没有森林,另外 54 个国家的森林面积不到其国土总面积的 10％。在经历了几个世纪的严重毁林之后,由于人工林扩展和天然林恢复,近 20 年森林采伐和自然损失速度放缓,20 世纪 90 年代全球每年消失约 600 万 hm^2 的森林,过去 10 年来下降至每年约 130 万 hm^2。特别是北美、欧洲及北亚的森林覆被与生物量正在不断增加,目前毁林的主要区域集中于热带地区。从全球范围来看,1990—2000 年间,每年森林面积净减少 830 万 hm^2,但在 2000—2010 年期间每年森林面积净减少有所下降,估计每年净减少 520 万 hm^2。

导致森林退化的因素很多,包括人口增长以及迅速增加的对食物、纤维和燃料的需求;土地利用竞争和管理不善;对森林生态系统认识不足,局限于森林生态系统的直接经济价值。研究表明,森林生态系统在社会方面和生态方面的综合经济价值常常超过对木材直接使用而产生的经济价值。森林生态系统能够改变区域小气候,减少地面长波辐射对大气的增温效应。更为重要的是森林大量吸收大气中的 CO_2,成为巨大的碳汇,陆地生态系统,特别是森林,吸收了大约 1/5 的全球人为 CO_2 排放量,在全球碳循环与平衡中具有极为重要的作用。森林碳储量约占全球植被碳储量的 86％以上,其碳循环与碳蓄积在全球陆地碳循环和气候变化中具有重要意义(颜廷武和尤文忠,2010)。此外森林生态系统也为世界 1/2 的已知陆生动植物物种提供了栖息环境,与其他生态系统相比,其面积最大,生产力和生物量累积最高。因此,保护和减缓对森林的破坏具有极其重要的意义。

生物多样性的定义于 20 世纪 80 年代最早提出,1992 年,联合国《生物多样性公约》对生物多样性定义为:地球上所有来源的生物体,包括陆地、海洋和其他水生生态系统及其所构成的生态综合体;这包括物种内、物种之间和生态系统的多样性。1995 年,联合国环境规划署发表的《全球生物多样性评估》给出一个较为简单的定义:生物多样性是所有生物种类、种内遗传变异和它们与生存环境构成的生态系统的总称。虽然目前国内外学者对生物多样性没有一个统一的定义,但关于生物多样性的内涵通常被认为包括 3 个层次,即基因多样性(或遗传多样性)、物种多样性和生态系统多样性(黎燕琼等,2011)。近年来,一些学者还提出了景观多样性,作为生物多样性的第 4 个层次。

生物多样性是地球生命经过几十亿年发展进化的结果,是人类赖以生存的条件,是经济社会可持续发展的基础,是生态安全和粮食安全的保障。近年来,随着全球极端天气的不断出现,自然栖息地的侵占和人为隔离,野生动植物资源的过度开发,外来种的侵入,土壤、空气和水污染,工业化农业和林业的不断发展等,导致生物多样性正面临着日益退化和丧失的威胁(Watson,1999)。在过去的 2 亿年中,自然界每 27 年就有一种植物物种从地球上消失,每世纪有 90 多种脊椎动物灭绝;而在过去几百年中,人类造成的物种灭绝速度比地球历史上的参照速度增长了 1 000 倍还多。无法再现的基因、物种和生态系统正以人类历史上前所未有的速度消失(王雪梅等,2010)。全球生物多样性展望综合评价全球生物多样性现状及变化趋势,认为截至 2010 年,生物多样性所有 3 大主要组成部分——基因、物种和生态系统多样性仍持续下降。在过去 100 年中,约有 100 种鸟类、哺乳动物和两栖动物被充分证明已经灭绝。1970—2007 年期间全球野生脊椎动物的物种种群数量平均下降近 30％,而且全球范围内仍在继续减少,全球物种灭绝风险不断加剧。生态系统面临的形势也十分严峻,在世界大部分地区,自然生境的范围和完整性都在继续减小,淡水湿地、海冰生境、盐沼、珊瑚礁、海草床和贝类礁体都在严重退化。在世界 14 个生物群区中,有 9 个生物群区 20%～50%的地表面积已被人类开垦利用(Olson 等,2001)。全球生态系统的分割和自然生境破碎化已直接威胁诸多濒危物种的生存能力和生态系统服务的长期可持续性。

从目前来看,随着人类活动对生物多样性的压力日益加剧,全球生物多样性急剧丧失趋势难以遏制,如何对生物多样性进行科学的评估已成为当前人类实现可持续发展所面临的严峻挑战。

二、危险污染物的全球迁移

随着人类社会经济的发展,以及工业和现代化技术的不断进步,人类正在生产和使用大量的化工产品。据估算,现在全世界每年产生的有毒有害化学废物达 3 亿～4 亿 t。其中部分有机化合物,具有半挥发性、强毒性和高稳定性,能够在环境中稳定存在,难以生物降解,并且随着气候或温度的变化,很容易挥发到大气中,并伴随大气的运动在全球范围内进行长距离迁移。该类化合物被称为持久性有机污染物(persistent organic pollutants),简称为POPs,目前 POPs 已在全球范围内引起广泛关注。

持久性有机污染物是指具有毒性、生物蓄积性和半挥发性,并能在环境中持久存在的有机污染物质。持久性有机污染物的分子结构稳定,通常具有半挥发性,且在环境中难以生物降解,这就决定了持久性有机污染物的环境行为通常具有以下三方面的主要特征,即持久性、远距离传输性和生物蓄积性。持久性是指持久性有机污染物在环境中对生物降解、光解和化学分解作用有较强抵抗能力,一旦排到环境中,可以在大气、水体、土壤和底泥等环境中长久存在。持久性有机污染物在环境中的半衰期能够高达数十年,这是持久性有机污染物在全球迁移循环的重要原因之一。远距离传输性是指,由于持久性有机污染物具有半挥发性,它能够在温度相对较高的中、低纬度地区挥发进入大气,并以蒸气形式存在或吸附在大气颗粒物上,随着大气运动,到达高纬度地区,由于冷凝作用重新进入环境介质,从而实现全球范围内的迁移,该效应也被称为"全球蒸馏效应"或"蚱蜢跳效应"。持久性有机污染物通过该效应,能够进入人迹罕至的高纬度地区,如极地地区,对该地生态系统产生威胁。生物蓄积性是指持久性有机污染物具有亲脂性,进入生物体后易于在生物体的脂肪组织中贮存,出现生物富集,并且能够通过食物链传递,出现生物放大作用。

鉴于持久性有机污染物的潜在危害,世界各国及各个国际组织,如联合国环境规划署(UNEP)、国际化学品安全规划处(IPCS)、政府间化学品安全论坛(IFCS)、组织间化学品妥善管理规划处(IOMC)、联合国欧洲经济委员会(UNECE)、化学品协会国际理事会(ICCA)等,均积极开展持久性有机污染物研究及有关控制政策的制定。2001 年 5 月,127 个国家和地区的代表在瑞典首都斯德哥尔摩签署了《关于持久性有机污染物的斯德哥尔摩公约》,简称《斯德哥尔摩公约》。公约规定削减和淘汰三大类,共计 12 种(类)典型的持久性有机污染物。其中,杀虫剂类共 9 种,包括艾氏剂、氯丹、灭蚁灵、滴滴涕、狄氏剂、异狄氏剂、七氯、六氯苯和毒杀芬。杀虫剂类持久性有机污染物通常作为农业或生活使用的杀虫剂在全球范围内生产和使用,并随之进入环境。在认识到持久性有机污染物的环境危害后,部分杀虫剂化合物,如滴滴涕,已经停止生产和使用,但是由于持久性有机污染物的稳定性,环境介质仍能检出大量杀虫剂化合物的残留,对生态系统和人体健康构成威胁。

工业化学品类包括多氯联苯(PCBs)和六氯苯(HCB)。PCBs 是分子结构类似的一类污染物,因其具有良好的阻燃性、导热性和绝缘性,20 世纪 30—70 年代世界上曾大量生产PCBs,用于电器设备如变压器、电容器、充液高压电缆和荧光照明整流以及油漆和塑料中。环境毒理学的研究证实 PCBs 具有致癌性、生殖毒性、神经毒性和内分泌干扰等毒性效应,曾导致了多起环境公害事件。世界各国已于 20 世纪 70 年代后陆续停止了 PCBs 的生产。但环境中 PCBs 的来源除历史上的人为大量生产外,一些工业过程(如钢铁冶炼、垃圾焚烧等)也可能无意排放少量 PCBs。HCB 别称六六六,也是一种重要的工业产物,可用作杀菌剂,也能作为工业原料用于生产五氯酚及五氯酚钠。HCB 可导致生物体急性中毒,更重要的是长期低剂量的暴露会影响肝脏、中枢神经系统和心血管系统。HCB 在环境中不易降解,可通过食物链富集,对健康产生危害。

工业副产物类包括二噁英(PCDDs)和呋喃(PCDFs),是一类毒性很强的三环芳香族有机化合物,化学结构相似(如图 4.5 所示)。由于氯原子取代位置和取代数目不同,PCDDs和 PCDFs 分别包含 75 个和 135 个单体。二噁英其污染来源主要有两类:第一类是含氯烃类的燃烧,主要是城市生活垃圾和医疗废物的燃烧,还有部分来自汽车尾气及森林火灾与火山爆发;环境中 95% 的二噁英来源于化合物的燃烧。第二类是与氯相关的工业生产的副产物,如聚氯乙烯塑料、三氯苯、五氯酚的生产,以及造纸工业使用的含氯漂白剂等。二噁英对热、酸、碱、氧化剂都相当稳定,生物降解也比较困难,因此,它们在环境中能长期存在。二噁英是迄今所知的毒性最强的有机化合物之一,其毒性相当于氰化钾的 130 倍,砒霜的 900 倍;其为一级致癌物,其致癌毒性比黄曲霉素高 10 倍,比 3,4 -苯并芘、多氯联苯和亚硝胺高数倍。历史上发生过多起二噁英污染事件,如 1961—1972 年美国在越南的化学战争造成的二噁英污染,1976 年意大利 Seveso 化工厂爆炸造成的二噁英污染事件,2006 年荷兰、比利时、德国三国猪肉含二噁英事件等,让人们逐渐认识了二噁英的巨大危害,并对二噁英进行严格的规范及控制。

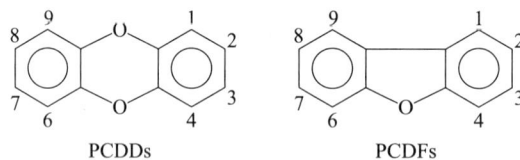

图 4.5　PCDDs/PCDFs 的分子结构

2009 年第四次斯德哥尔摩公约缔约方大会在原来规定的 12 类 POPs 物质基础上又新批准 9 类物质为公约范围内的 POPs,包括:三种杀虫剂副产物(α-六六六、β-六六六、林丹)、三种阻燃剂(六溴联苯醚和七溴联苯醚、四溴联苯醚和五溴联苯醚、六溴联苯)、十氯酮、五氯苯以及全氟辛烷磺酰基化合物(PFOS)。其中,六溴联苯醚和七溴联苯醚、四溴联苯醚和五溴联苯醚属于多溴联苯醚类化合物(PBDEs)。PBDEs 化学通式为 $C_{12}H_{(0\sim9)}Br_{(1\sim10)}O$,按溴原子数量不同可分为 10 个同系组,共有 209 种单体,是重要的溴代阻燃剂。PBDEs 生产和使用已经有 30 多年的历史,是公认的高效阻燃剂,广泛应用于电子、电气、化工、交通、建材、纺织、石油、采矿等领域中。PBDEs 具有持久性、生物毒性、生物富集性和长距离迁移的特性。PBDEs 使用过程及产品废弃后释放至环境,经由食物链的生物浓缩及累积,对生物及人体健康产生潜在的威胁。近几年来,随着含 PBDEs 产品,特别是电子电器产品,使用量的增长及产品的更新,PBDEs 已成为一类在环境中无处不在的污染物。在江河湖泊的水体和底泥、空气和土壤、生物体甚至人乳中都有检出 PBDEs,对人类健康和环境造成持久性危害。

　　PFOS 化学结构方面的特征是除末端特殊部位以外烷烃碳链上各碳原子全被连上氟原子,形成大量"碳—氟"化学键。"碳—氟"键是键能最高的共价键种类之一,因此,PFOS 类物质具有较高的热稳定性、耐酸碱和强氧化剂,在环境中稳定存在,难以降解,半衰期达数十年,而在人体内的半衰期也估计约为 4 年。PFOS 类物质是工农业生产中广泛使用的表面活性剂,普遍应用在纺织、皮革、农药、涂料等行业,在世界范围内曾规模化生产数十年。随着对 PFOS 危害性的认识深入,才引起了各国的对 PFOS 污染的关注。2000 年,美国主要生产 PFOS 的厂家 3 M 公司禁止生产和应用该类物质。PFOS 是随人类生产活动而排放的新型持久性有机污染物。目前全世界范围内被调查的水体、沉积物和生物体内都检测出存在 PFOS,尤以北美、欧洲、日本、中国等地区污染程度较高。与其他 POPs 化合物不同,PFOS 既疏水又疏油,因此有些 PFOS 与烃类和水混合时会出现三相互不相溶的现象;而羧基、磺酸基、铵基等带电基团的引入,又赋予 PFOS 一定亲水性和表面活性,使其比相应的烃类表面活性剂的表面张力要小,在排放进入水环境后,主要存在于水体中,部分吸附在沉积物和悬浮颗粒物上。由于 PFOS 挥发性较低,难以进入大气,即使进入大气也主要与颗粒物结合,不足以在全球范围迁移。但是,目前在全球各地区包括在远离人类活动的北极环境中均检测到 PFOS,说明 PFOS 具有远距离迁移能力,但其迁徙的机制目前尚不完全清楚,推测水圈运动,如海洋环流,可能是造成 PFOS 全球污染的一个原因(祝凌燕等,2008)。PFOS 具有多种毒性效应,包括器官毒性、生殖毒性、免疫毒性、神经毒性、心血管毒性、胚胎毒性、遗传毒性与致癌性,是一类具有全身多脏器毒性的环境污染物。虽然目前已对 PFOS 的毒理学开展了一些研究,但关于 PFOS 毒性作用机理和作用模式仍有待深入研究。

　　其他 POPs 化合物包括五氯苯、六溴联苯和十氯酮。五氯苯(PeCB)为氯苯类化合物,结构如图 4.6 所示。五氯苯是工业生产中的副产物,在农药原药和溶剂中以杂质的形式出现,为不溶于水的无色针状晶体,性质稳定。六溴联苯属于多溴联苯类(PBBs)化合物,是一类结构与多氯联苯相似的溴代烃类。这类化合物具有蒸气压低、不易挥发、亲脂性强、不易溶于水及稳定性和持久性强等特点,很难通过物理、化学或生物方法降解,且随着所含溴原子数的增加,溶解度和挥发性逐渐降低。PBBs 作为一种添加型的阻燃剂,被广泛应用于建材、纺织、化工及电子电器等行业。其可以通过挥发、渗出等方式释放到外界环境中,并随着生物链在生物体内富集和放大,对人类健康和生态系统可能造成许多有害影响,包括致癌性、生殖毒性及对内分泌系统的干扰。国际癌症研究机构已经将六溴联苯列为可能的人体致癌物。十氯酮又名开蓬,是一种人工合成的杀虫剂,曾广泛用作杀虫剂、杀菌剂。十氯酮是一种毒性较高的有机物,对胎儿中枢神经系统、泌尿生殖系统、免疫系统有一定影响,具有高的潜在生物积累性,在水环境中不易降解,可以在环境中持久存在。

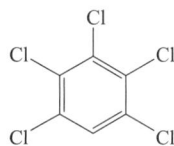

图 4.6　五氯苯

　　至此,列入《斯德哥尔摩公约》控制的持久性有机污染物已达 21 种。(PeCB)的分子结构

《斯德哥尔摩公约》于 2004 年 5 月 17 日正式生效,截至 2010 年 11 月底,已有 172 个国家或地区成为该公约的缔约方,是全球参与程度最高的国际环境公约之一,是国际社会对有毒化学品采取优先性控制行动的重要一步。为了更好地开展履约工作,公约秘书处根据缔约方大会的决定组建专门委员会、专家组或工作组,负责一些重要的专门工作,如持久性有机污染物审查委员会、最佳可行技术/最佳环境实践专家组、全球环境监测专家组等(余刚等,2010)。我国是《斯德哥尔摩公约》的首批签署国之一。公约于 2004 年 11 月 11 日对中国正式生效,并适用于香港特别行政区和澳门特别行政区。2007 年 4 月提交了《中国履行〈关于持久性有机污染物的斯德哥尔摩公约〉国家实施计划》成为我国《斯德哥尔摩公约》履约工作的总体行动指南。并在国内开展大量工作,加强履约相关部门和地方机构的能力,完善法规框架,制定履约经济政策,建立履约资金机制,完善持久性有机污染物监测能力,促进持久性有机污染物淘汰、削减和替代的技术开发和推广,开展履约宣传和教育活动等,为实现我国构建无持久性有机污染物的环境友好型社会做出贡献(余刚等,2010)。

问题与讨论

1. 人类面临的全球环境问题有哪些? 其特征和本质是什么?

2. 全球变暖的原因有哪些? 结合现实生活,思考一下通过哪些方式或措施可实现温室气体的减排。

3. 臭氧层的重要作用体现在哪些方面? 臭氧层破坏带来的环境危害有哪些?

4. 全球生态系统变化的趋势如何? 针对该趋势世界各国做了哪些努力,成效如何?

5. 简述持久性有机污染物的特征及其危害。

第二篇
环境污染迁移与防治技术 ————·

  本篇主要介绍环境污染迁移与防治技术两个方面的主要内容。其中,环境污染迁移部分主要介绍大气、水、土各圈层环境介质中的典型污染物及其来源,阐述污染物在单一介质及多介质间的迁移转化过程及其影响因素,同时说明污染物在生物体内的运动过程及其生态、健康效应,涵盖环境化学、生物学、地学等交叉学科的知识。本篇较为全面深入地阐明环境污染迁移基本原理,在基本和主要内容的基础上,适当增加反映本领域进展的最新研究成果。

  环境污染防治技术部分围绕环境监测技术、环境风险评价技术和环境污染控制技术展开,介绍各类技术的原理、方法及其相关研究进展;结合技术应用实际,增加典型案例分析,介绍技术实际应用的效能、机理和结果,通过案例分析与总结加深环境污染防治技术的认识与理解。本篇还提出了环境污染防治技术在实际应用中存在的一些热点问题,启迪思考技术创新发展的方向。

第五章　大气污染的形成与迁移转化

第一节　大 气 污 染

一、大气环境的基本特征

（一）大气的组成

（1）干洁空气

干洁空气的主要成分为 78.09％的 N_2、20.94％的 O_2、0.93％的 Ar，这三种气体占总量的 99.96％，其他各项气体含量合计不到 0.1％，这些微量气体包括氖、氦、氪、氙等稀有气体。在近地层大气中上述气体的含量几乎可认为是不变化的，称为恒定组分。

（2）水汽

大气中的水汽主要来源于江、河、湖、海等的水面蒸发，潮湿陆地和物体表面蒸发以及植物的蒸腾，并借助空气的垂直对流向上输送。空气中的水汽含量有明显的时空变化，一般情况是夏季多于冬季。低纬暖水洋面和森林地区的低空水汽含量最大，按体积来说可占大气的 4％，而在高纬寒冷干燥的陆面上其含量则极少，可低于 0.01％。

（3）气溶胶

大气中悬浮着多种固体微粒和液体微粒，统称大气气溶胶粒子。固体杂质，成为水汽凝结的核心，对云、雾的形成有重要作用。同时固体微粒能散射、反射和吸收部分太阳辐射，也能减少地面长波辐射的外逸，对地面和空气温度有一定影响，并会使大气的能见度变差。液体微粒是悬浮于大气中的水滴和冰晶等水汽凝结物。它们常集聚在一起，以云、雾形式出现，不仅使能见度变坏，还能减弱太阳辐射和地面辐射，对气候有很大的影响。

（4）空气污染物质

由于工业、交通运输业等的发展，空气中增加了许多污染物质，这些污染物有气体、固体和液体气溶胶粒子。一氧化碳、二氧化硫、硫化氢、氨等都是污染气体。燃烧过程排放的烟尘、工业生产过程排放的粉尘等均为气溶胶污染物质。

（二）大气重要的物理性质

（1）主要气象要素

表示大气的物理状态和大气中物理现象的物理量，统称气象要素。有气压、气温、湿度、风、能见度、日照、降水等。

一般情况下，气压随高度降低的快慢在不同高度是不同的。空气密度大的地方气压随高度降低得快,而空气密度小的地方气压随高度降低得慢。地面气压分布一般在 $9.4 \times 10^4 \sim$ 1.04×10^5 Pa 之间,在台风中可能低于 9.4×10^4 Pa,在西伯利亚高压中心可能高于 1.08×10^4 Pa。表示空气冷热程度的物理量,称为气温。大气中的温度一般以百叶箱中干球温度为代表。

表示大气中水汽量多少的物理量,称为湿度。大气的湿度状况是决定云、雾、降水等天气现象的重要因素。湿度可以用绝对湿度、水汽压和饱和水汽压、相对湿度、饱和差、比湿、混合比和温度露点差几种方法表示。绝对湿度、水汽压、比湿、露点基本上表示空气中水汽含量的多寡,而相对湿度、饱和差、湿度露点差则表示空气距离饱和的程度。

空气的水平运动叫风。风是一个表示气流运动的物理量。它和气压、气温、湿度等要素不同,不仅具有数值的大小(即风速),还具有方向(即风向)。因此,风是向量,它是天气预报的重要项目。

(2) 大气的基本物理性质

大气具有一般流体所共有的四个基本特性,即连续性、流动性、可压缩性和黏性。但从微观角度来看,它又是非常大的,足以包含大量分子,这样的分子集团称为流体微团。流体微团是紧紧地挤在一起,连成一体的。就是说宏观上把流体看成是连续介质,这是允许的,并有实际意义。流体都是可以压缩的,气体的压缩性比液体的压缩性大得多。但在气体速度很小时,其压缩性也是不甚显著的,所以气象学中常把空气近似地当作不可压缩流体来处理。当两层流体相对运动时,在两层流体之间存在着一种相互牵引的作用力,称之为内摩擦力或黏性力,这是由于两层流体之间分子运动的动量交换引起的。试验证明,大多数流体的黏性力与两层流体之间的相对速度大小成正比。如果在研究的问题中,相对速度很小时,黏性力对流体的运动不起主导作用,常把该流体近似地看成无黏性的。

二、大气污染扩散理论

(一) 影响大气污染扩散的因素

排入大气中的污染物,受大气水平运动、湍流扩散运动以及大气的各种不同尺度的扰动而被输送、混合和稀释,称为大气污染物的扩散。一个地区的大气污染程度取决于该地区排放污染物的源参数、气象条件和近地层下垫面的状况。源参数包括污染源排放污染物的数量、组成、排放方式、排放源的几何形状、密集程度、相对位置及源高,它是影响大气污染的重要因素。气象条件和下垫面的状况决定了大气对污染物的稀释扩散速率和迁移转化途径。在源参数一定的情况下,气象条件和近地层下垫面的状况对一个地区的大气污染程度有着重要的影响。

影响大气污染物扩散的主要因素有气象的动力因子和热力因素、气象状况、地理因素等。

(1) 动力因子。动力因子主要指风和湍流,它们是决定污染物在大气中扩散、稀释的最直接最本质的因素,其他一切气象因素都是通过风和湍流的作用来影响扩散稀释的。

风是大气运动的一种形式,大气的水平运动称为风。风对污染物的扩散作用分为两种类型:整体的输送作用和冲淡稀释作用。风向决定污染物迁移运动的方向,风速决定污染物的迁移速度。一般而言,大气中污染物浓度与污染物的总排放量成正比,与风速成反比。

大气除了水平运动外,还存在着不同于主流方向的各种不同尺度的次生运动或漩涡运动,这种大气的无规则运动称为大气湍流。根据湍流形成的原因可分为两种类型:一种是由于垂直方向温度分布不均匀引起的热力湍流,它的强度主要取决于大气稳定度;另一种是由于垂直方向风速分布不均匀及地面粗糙度引起的机械湍流,它的强度主要取决于风速梯度和地面粗糙度。实际情况的湍流是上述两种湍流综合作用的结果。

综上,风和湍流对污染物的稀释和扩散起着决定的作用。凡有利于增大风速、增强湍流的气象条件,都有利于污染物的稀释扩散;否则,则会加重污染。

(2)热力因素。热力因素主要是指大气的温度层结和大气稳定度。温度层结是指在地球表面上方大气的温度随高度的变化的情况,即在垂直方向上的气温分布。气温的垂直分布决定着大气的稳定度,而大气的稳定度又影响着湍流的强度,因而,大气污染程度与温度层结有着密切的关系。

(3)气象状况。影响大气污染的气象状况包括逆温、辐射和云等。逆温是指大气对流层的气温从总体看是随高度的增加而降低,即气温随高度递减;由于近地面的大气层情况比较复杂,有时会出现气温随高度递增的情况,即逆温。逆温有辐射逆温、平流逆温、下沉逆温、湍流逆温和锋面逆温五种情况。当出现逆温天气时,大气异常稳定,因此在逆温层内大气的垂直运动受阻,大气的对流运动很弱,处于逆温层中的空气污染物和水汽凝结物因不易扩散而造成大量积聚,使空气质量恶化,能见度变差,严重时甚至形成污染事件。

辐射和云对大气稳定度可产生重要的影响,进而影响污染物在大气中的扩散稀释。晴朗的白天,尤其是午后,太阳辐射最强,地面增温很强烈,温度层结是递减的,此时大气最不稳定;晴朗的夜晚,地面辐射损失而发生逆温。日出日落前后为转换期,大气接近中性状态。云对辐射起屏障作用,它对白天的太阳辐射和夜间的长波辐射都起阻挡作用。总的效果是减少垂直温度梯度,使逆温受到削弱。减弱的程度视云量的多少而定。

(4)地理因素。影响大气污染的地理因素包括下垫面、山谷风和海陆风等。下垫面的影响,也被称为地形、地物的影响,是指地面作为一个凹凸不平的粗糙曲面,当气流沿地面流过时,必然要同各种地形、地物发生摩擦作用,使风向和风速同时发生变化,其影响程度与各障碍物的体积、形状、高低有密切关系。例如,山脉的阻滞作用、城市中的高层建筑物、体形大的建筑物和构筑物的影响等。

山谷风主要是由于山坡和谷地受热不均而产生的。白天,山坡接受太阳光热较多,成为一只小小的"加热炉",空气增温较多;而山谷上空,同高度上的空气因离地较远,增温较少。于是山坡上的暖空气不断上升,并在上层从山坡流向谷地,形成谷风,谷底的空气则沿山坡向山顶补充,于是在山坡和山谷之间形成一个热力环流(见图5.1)。在夜间,山坡比山谷冷却得快,使山坡的冷空气流向谷底,形成山风。在山谷上空则形成了自山谷向山坡吹的反山风。可见,山谷风主要发生在山区,是以24 h为周期的局地环流。山风和谷风的方向是相反的,但比较稳定。在山风与谷风的转换期,风方向是不稳定的,山风和谷风均有机会出现,时而山风,时而谷风。这时若有大量污染物排入山谷中,由于风向的摆动,污染物不易扩散,在山谷中停留时间很长,有可能造成严重的大气污染。

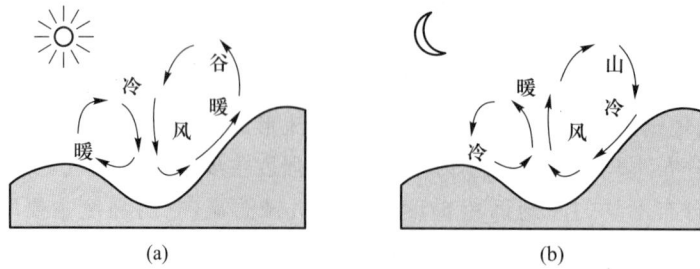

图 5.1　山谷风环流

海陆风是由于陆地和海洋的热力性质的差异而引起的。在白天,由于太阳辐射,陆地升温比海洋快,在海陆大气之间产生了温度差、气压差,使低空大气由海洋流向陆地,形成海风,高空大气从陆地流向海洋,形成反海风,它们和陆地上的上升气流和海洋上的下降气流一起形成了海陆风局地环流。在夜晚,由于有效辐射发生了变化,陆地比海洋降温快,在海陆之间产生了与白天相反的温度差、气压差,使低空大气从陆地流向海洋,形成陆风,高空大气从海洋流向陆地,形成反陆风。它们同陆地下降气流与海面上升气流一起构成了海陆风局地环流(见图 5.2)。因此,海陆风发生在海陆交界地带,是以 24 h 为周期的一种大气局地环流。可见,对于临海地区工厂排放污染物的扩散研究必须考虑海陆风的影响。此外,在大湖泊、江河的水陆交界地带也会产生水陆风周地环流,称为水陆风。但水陆风的活动范围和强度比海陆风要小。

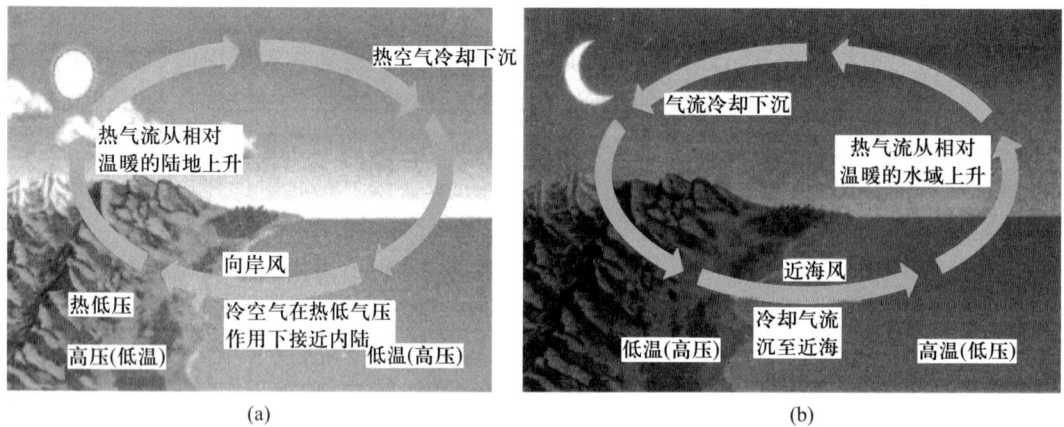

图 5.2　海陆风环流
(a) 白天海风状况;(b) 夜间陆风状况

（二）湍流扩散的基本理论

大气湍流是大气中热量、水气和污染物的垂直和水平交换的重要作用形式,通常认为湍流扩散比分子扩散快 $10^5 \sim 10^6$ 倍。大气中污染物的扩散通常认为是在大气边界层的湍流场中进行的,因此,对于大气污染物而言,其在大气中的扩散程度主要取决于大气湍流运动和气流平均速度差。污染物随着气流输送进入大气,通过湍流扩散、稀释等作用,实现大气中污染物浓度再分布。

目前研究污染物在大气湍流流场中的扩散理论主要包括:梯度输送理论、相似理论和统计理论。湍流梯度输送理论的基本假定是：由湍流所引起的局地的某种属性的通量与这种属性的局地梯度成正比，通量的方向与梯度方向相反，比例系数 K 称为湍流交换系数。因此，梯度输送理论又被简称为 K 理论，该理论认为污染物的扩散速率与负浓度梯度成正比。相似理论的基本观点是，湍流由许多大小不同的湍涡所构成，大湍涡失去稳定分裂成小湍涡，同时发生了能量转移，这一过程一直进行到最小的湍涡转化为热能为止。湍流统计理论的基本假设则认为湍流在时间和空间上都是剧烈变化的随机运动，因此需要用统计学的方法研究湍流的运动。湍流统计理论是将经典流体力学和统计学方法进行结合，开展研究。

为了表征大气中污染物在一定条件下的扩散过程，基于不同的扩散理论，建立了大量的数学模型用以计算大气中污染物浓度的时空变化规律。目前应用较多的是采用湍流统计理论设计的高斯扩散模型。

三、大气环境容量

（一）大气环境容量的概念和类型

大气环境容量是环境科学的基本理论问题之一，也是当前环境科学研究的一个重要内容。国内外学者给予环境容量的定义非常多，归纳起来，大致可分为如下几类：

（1）环境容量是污染物允许排放总量与相应的标准浓度的比值；

（2）环境容量是环境的自净同化能力；

（3）环境容量是指不危害环境的最大容许纳污能力；

（4）环境容量是指某一环境在人类生存和自然生态系统不致受害的前提下，所能容纳的污染物最大负荷量，它是一个变量，包括两个组成部分，即环境标准与本底值确定的基本环境容量（差值容量）和自净同化能力确定的变动环境容量（同化容量）之和，前者可通过拟定的环境标准减去环境本底值求得，后者是指该环境单元的自净能力。

对应不同的环境管理理念，又分为理想环境容量、实际环境容量和规划环境容量。

1. 理想环境容量

理想环境容量是指在有限的区域内，考虑污染物的背景浓度，区域内污染物的排放和清除达到平衡状态的条件下，污染物浓度达到功能区环境质量标准浓度限值时，在一定时段内区域所能容纳的污染物量。污染物清除的主要方式有化学转化、干沉积、湿沉降、卷挟到边界层外以及平流输送出区域等。

理想大气环境容量有以下特点：

① 气象条件简化。区域内气象条件变化频率大，难以简单描述。在理想大气环境容量计算时，忽略区域内气象条件微观复杂变化的影响，仅在大区域范围内考虑宏观的气象变化特征。

② 均匀性假定。实际污染物在空间范围内的扩散转移具有一定浓度梯度，理想大气环境容量是在假定空间内污染物全部达到均匀混合的状态下得出的。

③ 污染源无关性。由于作了均匀性假定，因此没有考虑区域内的污染源位置、高度等因素的大气环境质量影响。

大气环境
容量的
估算方法

2. 实际环境容量

实际环境容量指在有限的区域内,考虑污染物的背景浓度,在现状污染源排放格局条件下,根据区域气象条件,建立污染源与区域环境空气质量的响应关系,分析在达到功能区环境质量标准浓度限值时,区域所允许排放的最大污染物量。

实际环境容量具有以下特点:

① 气象条件具体化。实际环境容量测算考虑了区域气象条件的特异性,可以更加真实地描述污染物在区域内的扩散与传输特性。

② 污染源调查精度要求高。由于强调了现状污染源的地面环境质量影响,因此实际污染源的调查资料的准确性对确定实际环境容量的影响较大。

③ 环境影响可验证。在实际环境容量测算中,由于地面观测浓度有定量监测数据,因此可应用监测数据验证污染源与环境质量的响应关系。

3. 规划环境容量

规划环境容量是指在有限的区域内,考虑污染物的背景浓度,在规划污染源排放格局条件下,根据当地实际气象条件,应用大气污染扩散模型,建立污染源排放与区域内的地面环境质量之间的响应关系,分析在环境质量达到环境功能要求情况下,区域内所允许排放的污染物最大量。规划环境容量的确定与现状污染格局和规划新增的污染源有密切关系。规划环境容量与实际环境容量联系紧密,测算的技术路线基本相同,但必须考虑以下两个影响因素:

① 污染源布局。由于不同的规划新增污染源布局对区域环境质量影响程度的差异大,因此在规划环境容量测算过程中,应考虑对污染源布局进行优化。

② 管理政策与技术标准。在一定的规划期内,国家和地方大气环境管理政策和技术标准可能会发生变化,因此在规划环境容量分析时应充分考虑当地即将实施的有关政策和技术标准的影响。

(二)大气环境容量的基本特征

1. 有限性

在一定时间、空间、自然条件及社会条件下,当区域保持一定的稳定结构与功能时,环境所能容纳的物质量是有限的。尤其是区域的自然过程、经济社会发展方式、规模对于环境容量的阈值有极大的制约。而且,无论从区域环境整体结构还是其功能来说,坏境要保持稳定都必须遵从最小限制因子原则。

2. 客观性

环境容量作为一种自然系统净化、处理、容纳污染物的能力,是看不到、摸不着的,但实际又是客观存在的。环境容量虽然受到自然过程与经济社会发展行为的约束,人类也可以通过优化环境系统的能量、物质及结构而提高容量,但不等于环境容量可以任意改变,特别是环境的自净能力,是环境系统自身演化过程而决定的一种能力,人类的利用活动只能基于这个基础上。

3. 稳定性

在一定的自然条件、一定的人类社会活动方式与规模,以及一定的经济技术水平和保持相对稳定的各部分结构、功能的前提下,环境单元作为一个独立的环境系统处于动态平衡之中。而且,在给定的环境单元,在一定的评价指标体系及计量手段下,环境容量的大小是固定的,是不以人们的意志为转移的。

4. 变更性

自然条件、经济社会发展规模、人类对于环境所持观点的改变,一方面会影响污染物的产生与处理能力,另一方面会影响环境评价指标的确定。在这两方面的共同影响下,环境容量在"量"上就会产生新的变化。从总趋势看,总容量会趋于增大,但在各组成部分中,特别是环境自身的净化能力可能会随环境质量标准提高及目前环境破坏的实际情况有所下降,人类自身处理污染物的能力随技术改进而增强。此消彼长,总趋势表现为增大。

5. 可控性

在自然领域中,各种生态环境因素的降解能力是有限的,但是人们可以通过增减能量、投入物质,改良环境系统结构提高其环境容量。在经济社会领域中人类可以通过对所使用的技术、设备、生产工艺进行优化改革,同时兴建污染处理设施来扩大整个社会的污染物净化能力,从而间接控制环境容量。

6. 周期性和地域性

大气环境单元的容量是与环境中大气、人类社会等各因素分不开的。各因素不仅在分布上有明显的地域差别,在时间上也有一定变化,尤其自然环境因素会随时间发生周期性变化,如地区主导风向、降水量、大气稳定度会随季节变化等。因此,与之紧密相关的环境容量同样存在着地域性、周期性。

四、大气污染的含义

(一) 大气污染的定义

按照 ISO 的定义,空气污染通常是指由于人类活动和自然过程引起某些物质进入大气中,呈现出足够的浓度,达到了足够的时间,并因此而危害了人体的舒适、健康和福利,或危害了环境。所谓对人体舒适、健康的危害,包括对人体正常生理机能的影响,引起急性病、慢性病,甚至死亡等;而所谓福利,则包括与人类协调并共存的生物、自然资源,以及财产、器物等。

大气污染包括自然和人为过程的污染,其污染物复杂的相互作用如图 5.3 所示。自然过程包括火山活动、森林火灾、海啸、土壤和岩石的风化、雷电、动植物尸体的腐烂及大气圈空气的运动等。但是,由自然过程引起的空气污染,通过自然环境的自净化作用(如稀释、沉降、雨水冲洗、地面吸附、植物吸收等物理、化学及生物机能),一般经过一段时间后会自动消除,能维持生态系统的平衡。因而,大气污染主要是由于在人类的生产与生活活动中向大气排放的污染物质,在大气中积累,超过了环境的自净能力而造成的。

按污染所涉及的范围,大气污染大体可分为如下四类:

① 局部地区污染,如由某个污染源造成的较小范围内的污染。

② 地区性污染,如工矿区及其附近地区或整个城市的大气污染。

③ 广域污染,即超过行政区划的广大地域的大气污染,涉及的地区更加广泛。

④ 全球性污染或国际性污染,如大气中硫氧化物、氮氧化物、二氧化碳和飘尘的不断增加和输送所造成的酸雨污染和大气的暖化效应,已成为全球性大气污染问题。

按照能源性质和污染物的种类,可将大气污染分为如下四类:

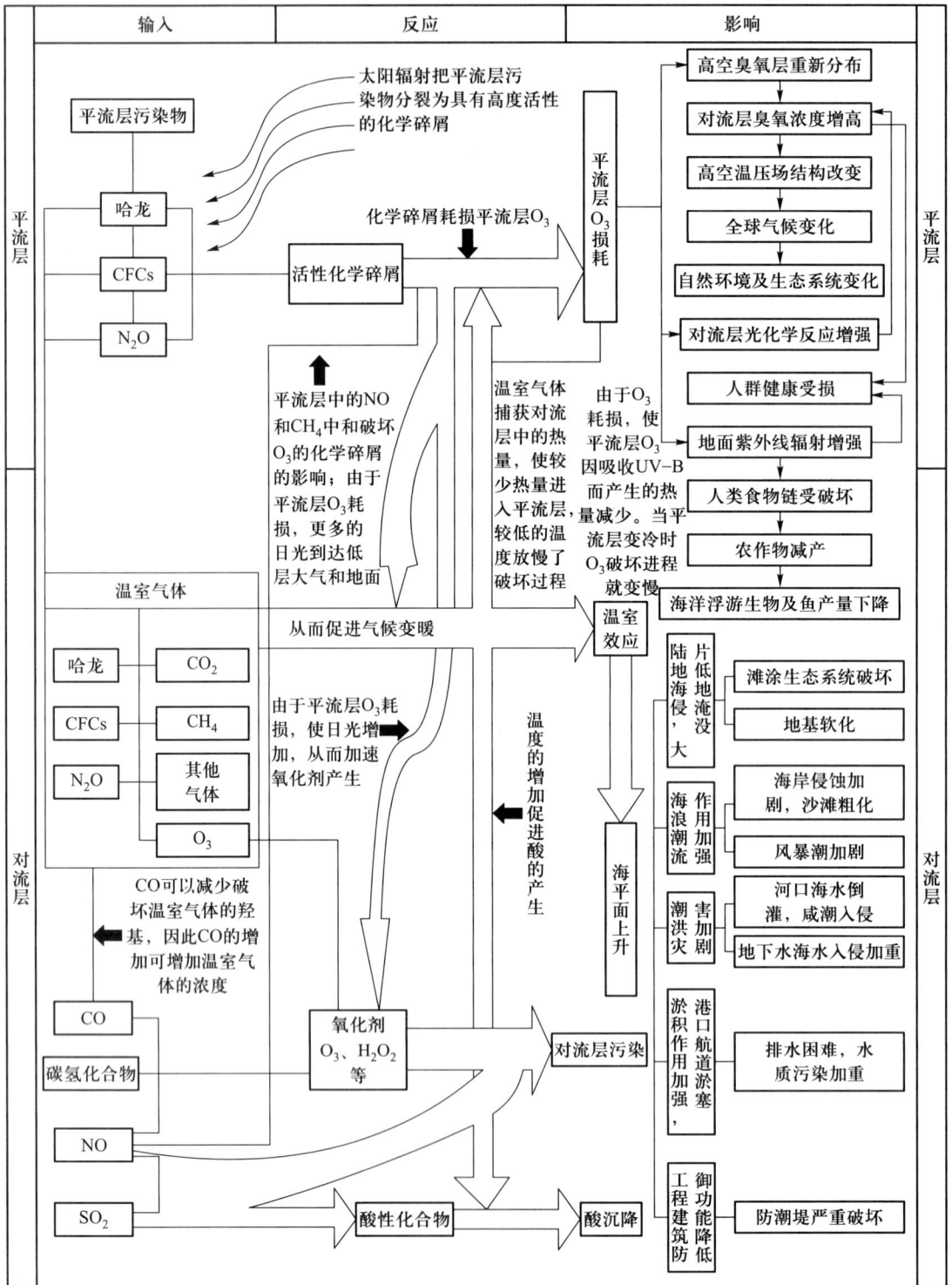

图 5.3　大气污染物的复杂相互作用图

① 煤烟型：由煤炭燃烧放出的烟尘、二氧化硫等造成的污染，以及由这些污染物发生化学反应而生成的硫酸及其盐类所构成的气溶胶污染。20 世纪中叶以前和目前仍以煤炭作为主要能源的国家和地区的大气污染属此类污染。

② 石油型：由石油开采、炼制和石油化工厂的排气以及汽车尾气的烃类、氮氧化物等造成的污染，以及这些物质经过光化学反应形成的光化学烟雾污染。

③ 混合型：具有煤烟型和石油型的污染特点。

④ 特殊型：由工厂排放某些特定的污染物所造成的局部污染或地区性污染，其污染特征由所排污染物决定。

（二）大气污染的特性

大气污染是影响当前城市环境的重要因素，同时也是环境治理的重点内容。研究大气污染的特性及难点，对大气治理起到关键性作用。当前大气污染具有以下几个方面的特性：

1. 污染范围比较大

由于空气的扩散十分广泛，大气污染对于整个城市和居民的生活都造成了十分不利的影响。大气污染范围比较大，这一定程度上增加了治理的难度，大气污染影响范围广不仅仅是污染物比较多的问题，同时受到气候和风向的影响。近期我国大多数城市的雾霾天气对城市居民的生活和健康造成了十分严重的影响，这是工业发展以及环境污染长期累积的结果，大气污染成为很多城市的城市病之一。

2. 污染物比较多

随着经济的发展，大气污染源逐渐增加，不仅仅有工业生产产生的废气，同时还有居民生活产生的废气，近年来随着人们生活水平的提高，私家车数量逐渐增加，由此产生的汽车尾气也有所增加，不仅对城市的交通造成了压力，同时也影响了城市的空气，一定程度上加剧了大气污染。PM$_{2.5}$是近期雾霾天气中的主要颗粒，是近两年来才逐渐被人们关注和发现的，污染物的增加给监测和治理工作造成了一定的不利影响，对于污染物的控制工作还需要进一步加强。

3. 污染治理困难

大气污染治理工作十分复杂，不仅仅需要相应的治理措施，还需要有相对完善的预防措施。当前我国大多数城市都存在大气污染的环境问题，随着科学发展观的实践以及经济发展方式的转变，建设环境友好型社会是当前环境工作的重点。但是大气污染这一环境问题由于污染源比较难以控制，治理措施不完善，治理力度不强，导致整个治理工作存在众多的困难。一些工业城市的兴起和发展都需要大量的工业生产作为支撑，对于这些城市的治理尤为困难，经济发展方式的转变是一个漫长的过程，由于人们的环保意识比较差，在日常生活中缺少环保意识，一定程度上增加了大气污染的治理难度。

第二节　大气中的典型污染物

人类活动（包括生产活动和生活活动）及自然界都不断地向大气排放各种各样的物质，这些物质在大气中会存在一定的时间。当大气中某种物质的含量超过了正常水平而对人类和生态环境产生不良影响时,就构成了大气污染物。

　　环境中的大气污染物种类很多,若按物理状态可分为气态污染物和颗粒物两大类;若按形成过程则可分为一次污染物和二次污染物。此外,大气污染物按照化学组成还可以分为含硫化合物、含氮化合物、含碳化合物和含卤素化合物。本节主要按照化学组成讨论大气中的气态污染物。

一、颗粒污染物

　　大气中的污染物按照物理状态可以划分为两大类:气态污染物和大气颗粒物。大气颗粒物既包括固体微粒,也包括液体微粒,有时也被称为气溶胶,其液体或固体微粒的动力学直径分布为 $0.002 \sim 100\ \mu m$,下限值对应目前能够测出的最小尺度;上限值则对应在空气中不能长时间悬浮而较快降落的粒子的尺度,如图 5.4 和图 5.5 所示。

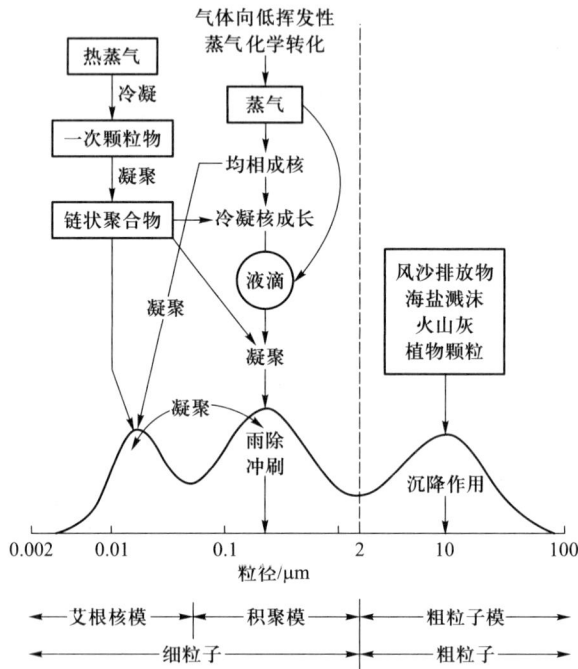

图 5.4　气溶胶的粒度分布及其来源

　　1. 大气颗粒物的来源和去除

　　大气颗粒物的来源非常复杂,既有天然来源,也有人为来源。按照形成过程,大气颗粒物可以是由直接排放而产生的一次颗粒物,也可以是由某些过程中所产生的气体,通过化学反应转化形成的二次颗粒物。

　　大气颗粒物可以通过干沉降和湿沉降两种方式从大气中去除。

　　(1) 干沉降

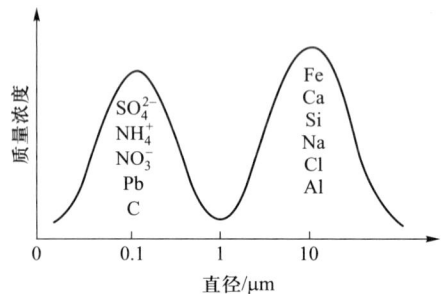

图 5.5　在粗粒子和细粒子中污染物化学形态分布

干沉降是指大气颗粒物在重力作用下或与地面及其他物体碰撞后发生沉降而被去除的过程。

当 $H=5\,000$ m 时,粒径为 $1.0\ \mu m$ 的粒子的沉降时间为 3 年零 11 个半月。而对于粒径为 $10\ \mu m$ 的粒子,沉降时间仅需 19 天(不考虑风力等气象条件的影响)。由此可见,干沉降对于去除大气颗粒物中的大粒子是一个有效的途径。从全球范围来计算,通过干沉降去除气溶胶粒子的量,只占气溶胶粒子总量的 $10\%\sim20\%$。

(2)湿沉降

湿沉降可分为雨除和冲刷两种过程。

① 雨除。大气颗粒物中有相当一部分细粒子可以作为形成云的凝结核,特别是粒径小于 $0.1\ \mu m$ 的粒子。这些凝结核成为云滴的中心,通过凝结过程和碰撞合并过程,云滴不断增长为雨滴;若整个大气层温度都低于 0 ℃时,云中的冰、水和水蒸气通过冰—水的转化过程还可以生成雪晶。对于那些粒径小于 $0.05\ \mu m$ 的粒子,由于布朗运动可以使其黏附在云滴上或溶解于云滴中,一旦形成雨滴(或雪晶),在适当的气象条件下,雨滴(或雪晶)会进一步长大而形成雨(或雪)降落到地面上,则大气颗粒物也就随之从大气中去除。此过程称为雨除(或雪除)。

② 冲刷。在降雨(或降雪)过程中,雨滴(或雪晶、雪片)不断地将大气中的微粒挟带、溶解或冲刷下来,造成了在降雨(或降雪)过程中大气颗粒物的粗、细粒子的含量发生变化。这种方式去除大气颗粒物的效率随着粒子直径的增大而增大。通常,雨滴可将粒径大于 $2\ \mu m$ 的大气颗粒物冲刷下来。

2. 大气颗粒物的分类

大气颗粒物的化学组成十分复杂,通常将其分为无机颗粒物和有机颗粒物两大类。其中无机颗粒物包括硫酸及硫酸盐颗粒物、硝酸及硝酸盐颗粒物等。有机颗粒物多数是由气态一次污染物通过凝聚过程转化而来的,转化速率比 SO_2 转化为硫酸盐颗粒物要小。一次污染物转化为二次污染物时,通常都含有—COOH、—CHO、—CH_2ONO、—$C(O)SO_2$、—$C(O)OSO_2$ 等基团,这是由于转化反应过程中有 HO·、HO_2· 和 CH_3O· 自由基参与的结果。有机颗粒物的种类丰富,结构也极其复杂,目前中国城市大气颗粒物中的有机污染物检出情况如表 5.1 所示。

3. 大气颗粒物的危害

大气颗粒物在大气化学中起着非常重要的作用,并造成一定危害:① 大气颗粒物能够直接参与大气中云的形成和湿沉降(雨、雪、冰和雾等)过程;② 当太阳光通过大气时,在一定条件下,大气颗粒物能够散射太阳光,使大气的能见度降低,太阳辐射减弱,从而降低了环境温度,使植物的生长速率减慢;③ 大气颗粒物的粒径小、表面积大,可以为大气中的化学反应提供良好的反应床,而且,大气颗粒物中的某些化学成分(如微量金属离子)还可以对大气中的许多化学反应具有催化作用;④ 大气中的许多气态污染物的最终归宿是形成大气颗粒物。当大气颗粒物通过呼吸道进入人体时,有些粒子可以附着在呼吸道上,甚至进入肺部沉积下来,直接影响人的呼吸,危害人体健康。

表 5.1 中国城市大气颗粒物中的有机污染物检出情况

检出地区	监测时段	有机化合物	检出浓度范围
广东省广州市	2017 年 1—2 月	PAHs	$2.3 \sim 32.2$ ng/m^3
安徽省合肥市	2016 年 9 月—2017 年 1 月	PAHs	$4.92 \sim 71.00$ ng/m^3
广东省广州市	2015 年 7—8 月	PAHs	3.07 ± 0.96 ng/m^3
		FRs	$35 \sim 300$ ng/m^3
广东省广州市	2014 年 10—11 月	PAHs	5.06 ± 2.5 ng/m^3
		FRs	$30 \sim 173$ ng/m^3
上海市宝山区	2011 年 10 月—2012 年 4 月	PBDEs	$15.8 \sim 24.1$ pg/m^3
		PAHs	$10.4 \sim 12.6$ ng/m^3
		ClPAHs	$9.52 \sim 12.6$ pg/m^3
北京市石景山区	2009 年 7 月—2011 年 7 月	HCH	$15.07 \sim 17.81$ ng/m^3
		DDT	$760 \sim 820$ pg/m^3
		HCB	$280 \sim 410$ pg/m^3
湖北省武汉市东南部	2009 年 7—8 月	烷烃	$22.9 \sim 96.1$ ng/m^3
		PAHs	$0.7 \sim 3.1$ ng/m^3
湖北省武汉市东南部	2009 年 11—12 月	烷烃	$9.6 \sim 123.1$ ng/m^3
		PAHs	$3.5 \sim 28.1$ ng/m^3
新疆维吾尔自治区乌鲁木齐市	2007 年 10—12 月	PAHs	$0.2 \sim 244.0$ ng/m^3
福建省东山岛	2006 年 5—9 月，2007 年 1—7 月	PCBs	$0.11 \sim 16.95$ pg/m^3
		OCPs	$0.05 \sim 13.24$ pg/m^3
福建省平潭岛	2006 年 1 月—2007 年 11 月	PCBs	检出限~ 87.32 pg/m^3
		OCPs	检出限~ 27.25 pg/m^3

注:PAHs,多环芳烃;FRs,阻燃剂;PBDEs,多溴联苯醚;ClPAHs,氯代多环芳烃;HCH,六六六;DDT,滴滴涕;HCB,六氯苯;PCBs,多氯联苯;OCPs,有机氯农药。

二、氮氧化物

大气中存在的含量比较高的氮的氧化物主要包括氧化亚氮(N_2O)、一氧化氮(NO)和二氧化氮(NO_2)。其中氧化亚氮(N_2O)是低层大气中含量最高的含氮化合物,其主要来自天然源,即由土壤中硝酸盐经细菌的脱氮作用而产生,即

$$NO_3^- + 2H_2 + H^+ \longrightarrow \frac{1}{2}N_2O + 2\frac{1}{2}H_2O$$

由于在低层大气中氧化亚氮(N_2O)非常稳定,是停留时间最长的氮的氧化物,一般认为其没有明显的污染效应。因而这里主要讨论一氧化氮(NO)和二氧化氮(NO_2),用 NO_x 通式表示。

1. NO$_x$的来源与去除

NO 和 NO$_2$是大气中主要的含氮污染物,大气中的氮氧化物既有天然来源,也有人为来源,且二者的贡献值大体相当。

氮氧化物的人为来源主要是燃料的燃烧。燃烧源可分为流动燃烧源和固定燃烧源。城市大气中的 NO$_x$(NO、NO$_2$)一般有 2/3 来自汽车等流动源的排放,1/3 来自固定源的排放。无论是流动源还是固定源,燃烧产生的 NO$_x$主要是 NO,占 90％以上;NO$_2$的数量很少,占 0.5％～10％,受温度等因素所影响。

大气中的 NO$_x$最终将转化为硝酸和硝酸盐微粒经湿沉降和干沉降从大气中去除。

2. NO$_x$的环境含量

NO$_x$的环境本底值随地理位置不同具有明显的差别,Robinson 等人综合有关资料认为:在北纬 65°和南纬 65°之间的陆地上空,NO 的背景值为 2×10^{-9} kg/m^3,NO$_2$的背景值为 4×10^{-9} kg/m^3;世界其他各地 NO 约为 0.2×10^{-9} kg/m^3,NO$_2$约为 0.5×10^{-9} kg/m^3;全球总平均值 NO 为 1.0×10^{-9} kg/m^3,NO$_2$为 2.0×10^{-9} kg/m^3。NO$_x$的城市含量也具有很强的季节变化,冬季含量最高,夏季最低。

3. NO$_x$的危害

NO 的生物化学活性和毒性都不如 NO$_2$。同 CO 和 NO$_3^-$一样,NO 也能与血红蛋白结合,并减弱血液的输氧能力。然而,在被污染的大气中,NO 的含量通常低于 CO 的含量,因而对血红蛋白的影响很小。

如果大气中 NO$_2$的含量较高,就会严重危害人类健康,如果 NO$_2$质量浓度为$(50～100) \times 10^{-6}$ kg/m^3,吸入时间为几分钟到 1 h,会引起 6～8 周肺炎,此后能恢复正常。如果 NO$_2$质量浓度为$(150～200) \times 10^{-6}$ kg/m^3,会造成纤维组织变性性细支气管炎,不及时治疗,将于中毒 3～5 周后死亡。

在实验室里,NO$_2$的质量浓度达到 1×10^{-6}数量级,植物叶片上就会产生斑点,显示植物组织遭到破坏,10×10^{-6}的 NO$_2$会引起植物光合作用的可逆衰减。

此外,NO$_x$还是导致大气光化学污染的重要污染物质。

三、硫氧化物

大气中的硫氧化物主要包括:氧硫化碳(COS)、二氧化硫(SO$_2$)、三氧化硫(SO$_3$)、硫酸(H$_2$SO$_4$)、亚硫酸盐(MSO$_3$)和硫酸盐(MSO$_4$)等。本节主要介绍 SO$_2$。

1. SO$_2$的危害

SO$_2$是无色、有刺激性气味的气体。大气中的 SO$_2$对人体的呼吸道危害很大,能刺激呼吸道并增加呼吸阻力,造成呼吸困难。高浓度的 SO$_2$会损伤植物叶组织(叶坏死),严重损伤叶边缘和叶脉之间的叶面,植物长期与 SO$_2$接触会造成缺绿病或黄萎。SO$_2$对植物的损伤随湿度的增加而增加。当植物的气孔打开时,SO$_2$最易给植物造成损伤,由于大多数植物都是在白天张开气孔,所以 SO$_2$对植物的损伤在白天比较严重。试验表明,连续 72 h 暴露于质量浓度为 0.15×10^{-6} kg/m^{3}的 SO$_2$中,可使硬粒小麦和大麦的产量分别比对照试验减产 42％和 44％。

SO$_2$在大气中,特别是在污染的大气中易被氧化形成 SO$_3$,然后与水分子结合形成硫酸分子,经过均相或非均相成核作用,形成硫酸气溶胶,并同时发生化学反应生成硫酸盐。硫酸和硫酸盐可以形成硫酸烟雾和酸性降水,危害很大。实际上,SO_2之所以成为重要的大气污染物,原因就在于它参与了硫酸烟雾和酸雨的形成。

2. SO_2的来源与消除

就全球范围来说,由人为源和天然源排放到自然界的含硫化合物的数量大致是相当的,但就大城市及其周围地区来说,大气中的SO_2主要来源于含硫燃料的燃烧。由于煤和石油最初都是由有机质转化形成的,而有机生命体的组织和结构中是含有元素硫的,因此,在这种转化过程中元素硫也被结合进入到矿物燃料中。硫在燃料中以有机硫化物或无机硫化物(如FeS_2)的形式存在,其含量大约各占一半。在燃烧过程中,燃料中的硫几乎能够全部转化形成SO_2。通常煤的含硫量为$0.5\%\sim6\%$,石油的含硫量为$0.5\%\sim3\%$。全球范围内人为源排放的SO_2中约有60%来自煤的燃烧,30%来自石油燃烧和炼制过程。大气中的SO_2约有50%会转化形成硫酸或硫酸盐,另外50%可以通过干、湿沉降从大气中被消除。

3. SO_2的浓度(质量分数)特征

SO_2作为主要的气态污染物,人们对它的浓度特征研究较多,SO_2的本底浓度具有明显的地区变化和高度变化。在世界不同地区测得的本底浓度具有较大的差别,一般为$(0.2\sim10)\times10^{-9}$ kg/m^3,在空间上,不同高度SO_2浓度的差异也很明显。例如,在自由大气层,即距地面$500\sim1\,000$ m高度上,南太平洋上空SO_2的浓度为$(0.04\sim0.12)\times10^{-9}$ kg/m^3,而美国、加拿大陆地上空 SO_2 浓度可高出一个数量级。一般 SO_2 在大气中的停留时间为$3\sim6.5$ d。

SO_2的城市浓度具有明显的变化规律。图 5.6 为北京地区SO_2的小时平均浓度分布图。SO_2的浓度在夏季低,且一天内变化不大。在冬季(采暖期)不但浓度增高,而且一天内变化较大,早 8:00 和晚 8:00 出现两个峰值,这是由于早、晚SO_2排放量大,且逆温层低,空气稳定,排放的SO_2不易散开。北京地区SO_2浓度的日变化曲线说明北京地区大气中的SO_2主要来源于采暖过程。

此外,风向和风速对SO_2的分布影响也很大。风速的大小和大气稀释扩散能力的大小存在着直接的对应关系,从而对污染物浓度分布产生影响。不管在哪个高度上,SO_2浓度与风速基本上成反比关系。因而,对于北京地区在以低排放源为主的情况下,风速越小越不利于SO_2的输送和扩散,越容易造成区域性严重的SO_2空气污染。风向与SO_2的关系主要表现为对SO_2的水平输送作用,高污染浓度值常出现在污染源的下风方。但是,对于一个城市或地区的空气污染来讲,风向、风速并不是经常起决定性作用的因素,尤其是对于城市空气强污染期的形成,大气稳定度和低层逆温的作用可能更大。

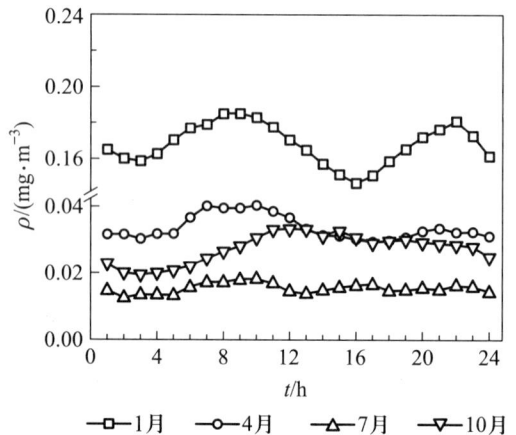

图 5.6　北京地区的 SO_2 浓度日变化曲线

四、碳氧化物

大气中含碳化合物主要包括一氧化碳（CO）、二氧化碳（CO_2）和含氧烃类,如醛、酮、酸等。

1. 一氧化碳（CO）

CO 是一种无色、无味、无臭的气体,是主要的也是排放量最大的大气污染物之一。

（1）CO 的人为来源

CO 主要是在燃料不完全燃烧时产生的,如在氧气不足时

$$C + \frac{1}{2}O_2 \longrightarrow CO$$

$$C + CO_2 \longrightarrow 2CO$$

由于 CO 分子中碳氧之间是三键,因此 CO 氧化为 CO_2 的速率极慢。尤其在空气不足的燃烧过程中,只有少量的 CO 可氧化为 CO_2,大量的 CO 将留在烟气中;另外,在高温时 CO_2 可分解产生 CO 和原子氧,所以燃料的燃烧过程是城市大气中 CO 的主要来源。据估计,在全球范围内,CO 的人为来源约为 1 550 Tg/a,主要来自森林砍伐、草原和废物的燃烧及石化燃料和民用燃料的使用。

（2）CO 的天然来源

就全球环境来看,CO 的天然来源也很重要。这些来源主要包括甲烷的转化、海水中 CO 的挥发、植物的排放以及森林火灾和农业废物的焚烧。其中以甲烷的转化最为重要。

生命有机体分解产生的 CH_4 经自由基 HO· 氧化可形成 CO。其反应机制为

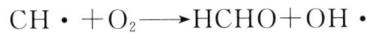

$$CH_4 + HO· \longrightarrow CH· + H_2O$$

$$CH· + O_2 \longrightarrow HCHO + OH·$$

$$HCHO + h\nu \longrightarrow CO + H_2$$

由以上途径产生的 CO 比人为来源大得多,占大气 CO 总量的 20%～50%。

（3）CO 的去除

大气中的 CO 可由以下两种途径去除。

① 土壤吸收。地球表层的土壤能有效地吸收大气中的 CO。含有 120 mg/L CO 的空气,用 2.8 kg 土壤处理 3 h 后,其中的 CO 可被全部去除。这是由于土壤中生活的细菌能将 CO 代谢为 CO_2 和 CH_4,反应式为

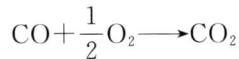

$$CO + \frac{1}{2}O_2 \longrightarrow CO_2$$

$$CO + CH_2 \longrightarrow CH_4 + H_2O$$

在上述实验中,已从土壤中分离出能除去 CO 的 16 种真菌。不同类型的土壤对 CO 的吸收量是有一定差别的。通过全球各种土壤的吸收而被去除的 CO 数量约为其总量的一半。

② 与自由基 HO· 的反应。与自由基 HO· 的反应是大气中 CO 的主要消除途径。CO 可与自由基 HO 反应氧化为 CO_2,反应式为

$$CO + HO· \longrightarrow CO_2 + H·$$

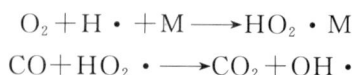

$$O_2 + H \cdot + M \longrightarrow HO_2 \cdot M$$
$$CO + HO_2 \cdot \longrightarrow CO_2 + OH \cdot$$

(4) CO 的危害

CO 对人体的危害主要是阻碍体内氧气输送,使人体缺氧窒息。但 CO 排入空气后,由于扩散和氧化,一般在大气中不会达到引起窒息的含量。

作为大气污染物的 CO 的主要危害在于能参与光化学烟雾的形成。在光化学烟雾的形成过程中,如果存在 CO,则可以发生下面的反应,即

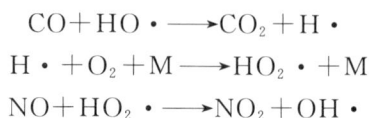

$$CO + HO \cdot \longrightarrow CO_2 + H \cdot$$
$$H \cdot + O_2 + M \longrightarrow HO_2 \cdot + M$$
$$NO + HO_2 \cdot \longrightarrow NO_2 + OH \cdot$$

因此,少量 CO 的存在促进了 NO 向 NO_2 的转化,从而促进了臭氧的积累。

此外,CO 本身也是一种温室气体,可以导致温室效应。由 CO 的去除途径可知,与自由基 $HO \cdot$ 的反应是 CO 的重要去除途径。因此,大气中 CO 的增加,将导致大气中自由基 $HO \cdot$ 减少,这使得可与自由基 $HO \cdot$ 反应的物种如甲烷得以积聚。甲烷是一种温室气体,可吸收太阳光谱的红外部分。因此,一氧化碳还可以通过消耗自由基 $HO \cdot$ 使甲烷积累而间接地导致温室效应的发生。

2. 二氧化碳(CO_2)

CO_2 是一种无毒的气体,对人体没有显著的危害作用。在大气污染问题中,CO_2 之所以引起人们的普遍关注,原因在于 CO_2 是一种温室气体,能够导致温室效应的发生,从而引发一系列的全球性的环境问题。

(1) CO_2 的来源

大气中 CO_2 的来源包括人为来源和天然来源两种。CO_2 的人为来源主要是矿物燃料的燃烧过程;其天然来源主要包括海洋脱气、甲烷转化、动植物呼吸以及森林、农业废物等作为燃料燃烧或腐败而发生的氧化作用。

(2) CO_2 的环境含量

人类的许多活动都直接将大量的 CO_2 排放到大气中,同时,由于人类大量砍伐森林、毁坏草原,使地球表面的植被日趋减少,以致减少了整个植物界从大气中吸收 CO_2 的数量。上述两种活动共同作用的结果,使得大气中 CO_2 的含量急剧增加。据测定,19 世纪大气中 CO_2 的体积分数为 290×10^{-6},1958 年为 315×10^{-6},1988 年上升为 350×10^{-6},而 1998 年则达到 367×10^{-6},其增长速率惊人。年增加率由 20 世纪 60 年代的 0.8×10^{-6} 增加到 20 世纪 80 年代的 1.6×10^{-6}。

(3) CO_2 的危害

大气 CO_2 含量自 19 世纪至今有一个较为连续性的增长,每年为 $(0.5 \sim 1.5) \times 10^{-6}$(体积分数),平均上升幅度约为 0.7×10^{-6}。由人类活动产生的额外的 CO_2 只有 3 条可能的出路:① 进入海洋,使海水变酸;② 进入生物圈;③ 停留在大气圈,增加大气 CO_2 的含量。研究表明,人为产生的这部分 CO_2 对生物圈及海洋的 pH 影响都不大,影响最大的则是大气圈本身,主要表现为对全球气候的影响。CO_2 是温室气体,CO_2 分子对可见光几乎完全透过,但是对红外热辐射,特别是波长在 $12 \sim 18~\mu m$ 范围内的红外热辐射,则是一个很强的吸收体,因此低层大气中的 CO_2 能够有效地吸收地面发射的长波辐射,造成温室效应,使近地面大气变暖。

五、碳氢化合物

大气中的碳氢化合物(HC)通常是指 $C_1 \sim C_8$ 可挥发的所有 HC,又称烃类。它是形成光化学烟雾的前体物。在大气污染研究中,人们常常根据烃类化合物在光化学反应过程中活性的大小,把烃类化合物区分为甲烷(CH_4)和非甲烷总烃(NMHC)两类。

(1) 甲烷(CH_4)

CH_4 是无色气体、性质稳定。它在大气中的含量仅次于 CO_2,大气中的 HC 有 $80\% \sim 85\%$ 是 CH_4。CH_4 是一种重要的温室气体,可以吸收波长为 $7.7~\mu m$ 的红外辐射,将辐射能转化为热能,影响地表温度。每个 CH_4 分子导致温室效应的能力比 CO_2 分子大 20倍;而且,目前 CH_4 以每年 1% 的速率增加,增加速率之快在其他温室气体中是少见的。

① 大气中 CH_4 的来源。大气中的 CH_4 既可以由天然来源产生,也可以由人为来源产生。无论是天然来源,还是人为来源,除了燃烧过程和原油、煤气的泄漏之外,实际上,产生 CH_4 的机制都是厌氧细菌的发酵过程,这时,有机物发生了厌氧分解,即

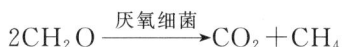

$$2CH_2O \xrightarrow{\text{厌氧细菌}} CO_2 + CH_4$$

中国是一个农业大国,其水稻田面积约占全球水稻田面积的 1/3,因而水稻田成为中国大气中 CH_4 的最大的排放源。研究表明,水稻田排放的 CH_4 的数量受多种因素的影响,如气温、土壤的性质和组成、耕作方式等。而且,在水稻的不同的生长期,其排放 CH_4 的能力也不同。

② 大气中 CH_4 的消除。CH_4 在大气中主要是通过与自由基 HO· 反应被消除,反应式为

$$CH_4 + HO· \longrightarrow CH_3 + H_2O$$

由于该反应的存在,使得 CH_4 在大气中的寿命约为 11 年。目前排放到大气中的 CH_4 大部分被自由基 HO· 氧化,每年留在大气中的 CH_4 约为 $5 \times 10^7~t$,从而导致大气中 CH_4 环境含量的上升。由于大气中自由基 HO· 的减少会导致 CH_4 含量的增加,因此,大气中 CO 消耗自由基 HO· 的物质的增加,会使自由基 HO· 的含量降低,从而造成大气中 CH_4 含量的增加。据 Rasmussen 等估计,近 200 年来大气中 CH_4 含量的增加,70% 是直接排放的结果,30% 则是由于大气中自由基 HO· 含量的下降所造成的。

此外,少量的 CH_4($<15\%$)会扩散进入平流层,与氯原子(Cl)发生反应,反应式为

$$CH_4 + Cl \longrightarrow CH_3 + HCl$$

从而抑制了氯原子对臭氧层的破坏作用。形成的 HCl 可以通过扩散进入对流层后通过降水被清除。

③ 大气中 CH_4 的含量分布特征。根据对格陵兰岛和南极的冰芯的分析,古代大气中 CH_4 的体积分数只有 0.7×10^{-6} 左右,并且持续了很长时期。近 100 年来 CH_4 含量则上升了一倍多。据 1985 年报道,CH_4 在全球范围的含量已达 1.65×10^{-6},其增长是十分惊人的。

(2) 非甲烷总烃(NMHC)

大气中非甲烷烃的种类很多,包括天然来源和人为来源。不同来源产生的非甲烷烃的种类也不一样。大气中来自天然来源的有机化合物数量大,研究发现,植物向大气释放的化合物达 367 种。其他天然来源包括微生物、森林火灾、动物废物及火山喷发。

乙烯是植物散发的最简单有机化合物之一,许多植物都能产生乙烯,并释放进入大气。乙烯具有双键,能够与大气中的氢氧自由基以及氧化性物质反应,有很高的反应性,是大气化学过程的积极参与者。

一般认为,植物散发的大多数烃类属于萜烯类化合物,是非甲烷烃中排放量最大的一类化合物,约占非甲烷烃总量的 65%。萜烯是构成香精油的一大类有机化合物。将某些植物的有关部分进行水蒸气蒸馏,就可以得到萜烯。产生萜烯的植物,大多数属于松柏科、姚金娘科及柑橘属等。树木散发的最常见的萜烯是 α-蒎烯,它是松节油的主要成分。柑橘及松叶中存在的萜二烯也已在这些植物附近的大气中发现。异戊二烯(2-甲基-1,3-丁二烯)是一种半萜烯化合物,已在黑杨类、桉树、栎树、枫香及白云杉的散发物中检出。已知树木散发的其他萜烯还有 β-蒎烯、月桂烯、罗勒烯及 α-萜品烯。α-蒎烯、异戊二烯及苧烯(1,8-萜二烯)的结构如图 5.7 所示。

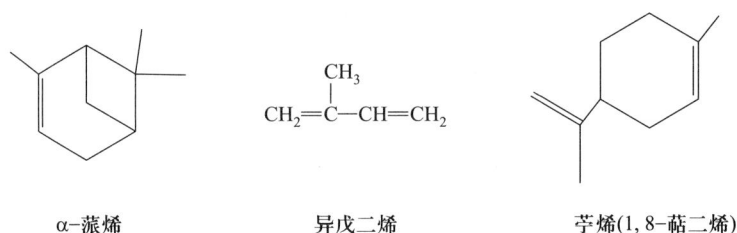

α-蒎烯   异戊二烯   苧烯(1,8-萜二烯)

图 5.7   α-蒎烯、异戊二烯及苧烯(1,8-萜二烯)的结构图

从以上结构可以看出,每个萜烯分子通常含有两个或两个以上双键,由于这一特点加上其他的结构特征,使萜烯成了大气中最活泼的化合物之一。萜烯与氢氧自由基的反应非常迅速,也易与大气中的其他氧化剂,特别是臭氧起反应。松节油是一种常见的萜烯混合物,由于萜烯能与氧反应生成过氧化物,然后形成坚硬的树脂,所以在油漆工业中有着广泛的用途。α-蒎烯和异戊二烯类化合物在大气中也很可能发生了类似的反应,最终生成粒径小于 $0.1~\mu\mathrm{m}$ 的悬浮颗粒。正由于这样的原因,在某些植物大量生长的地区上空常常会形成蓝色的"烟雾"。

当使用紫外线照射 α-蒎烯和 NO_x(NO 及 NO_2)的混合物时,发现有蒎酮酸生成。人们已经发现,蒎酮酸常以气溶胶颗粒的形式出现在森林中;因此,几乎可以肯定,大气中的蒎酮酸是通过 α-蒎烯的光化学反应生成的。

由于萜烯类化合物主要是通过天然来源产生的,因此,萜烯类化合物的排放量往往与自然条件有关,例如异戊二烯的排放量随温度和光强度增大而增强,而 α-蒎烯则当相对湿度增加时排放量增加。

非甲烷烃的人为来源主要包括石化燃料燃烧、废物燃烧、溶剂使用、石油存储和运输以及工业过程。其中,交通运输是全球大气中非甲烷烃的最主要的人为排放源。大气中的非甲烷烃可通过化学反应或转化生成有机气溶胶而去除。据估计,转化为气溶胶的非甲烷烃约为 $20 \times 10^6~\mathrm{t/a}$,它们最主要的大气化学反应是与自由基 HO· 的反应。

六、重金属

大气中的重金属对生物的生命活动有显著影响,它们可以通过干沉降或湿沉降到达植物表面,继而影响其生理、生化过程,或在动物呼吸过程中被摄入,从而造成直接影响。另一方面,重金属从大气中沉降进入土壤表层或地表水体,不仅影响土壤、水体的质量,还会由此间接地对各种生物体产生影响。

大气重金属有着复杂多样的自然来源和人为来源。由自然过程进入大气的重金属数量主要取决于气溶胶的输入量和气溶胶中元素的浓度。自然来源物包括在火山爆发、风力扬尘、森林火灾、植被排出、海浪飞溅等过程中向大气释放的物质。此外,岩石的脱气作用可能也是大气中重金属的来源,但是对于大多数元素,其具体数量尚未能确定。在自然输入大气的颗粒物中,Cd、Pb、As 等的浓度都是在火山喷发物中最高,通过这一途径输入的 Cd 总量也最高。Pb 的情况有所不同,受风力扬尘物质总量大的影响,由自然过程进入大气的总 Pb中,60%～85% 源于风力对物质的吹扬,0.5%～10% 源于植被排放。Cu 和 Pb 的特征相似,以风力扬尘输入的总量最高,约占自然输入总 Cu 的 65%,而火山喷发和植被排放合计约占32% 左右。自然脱气作用对 Hg 比较重要(在矿区周围较高)。

大气中重金属化学形态受其排放源类型、与大气中其他化学组分间反应以及含重金属气溶胶存在时间(年龄)的制约。

（一）铅

各种不同来源的铅的主要形态列于表 5.2 中。

表 5.2　气溶胶中铅的形态

来源	气溶胶中 Pb 的形态
汽车排气	$PbCl_2$、$PbBr_2$、$PbClBr$、$Pb(OH)Cl$、$PbCl_2 \cdot PbClBr$、$PbO \cdot PbBr_2$、$PbO \cdot PbClBr$、$PbO \cdot PbCl_2$、PbO_x、$PbSO_4$、$PbO \cdot PbSO_4$、PbP_2O_7、$Pb(PO_4)_2$、$Pb_3(PO_4)_2 \cdot PbClBr$、$Pb_5(PO_4)(Cl、Br)$、$Pb_4O(PO_4)_2$、$2NH_4Cl \cdot PbClBr$、$\alpha NH_4Cl \cdot 2PbClBr$、$PbCO_3$、$(NH_4)_2ClBr \cdot 2PbClBr$、$\beta NH_4Cl \cdot 2PbClBr$、$PbO \cdot PbCO_3$、$(PbO_2)PbCO_3$
采矿	PbS、$PbCO_3$、$PbSO_4$、$Pb_5(PO_4)Cl$、$PbS \cdot Bi_2S_3$、PbO_x、硅酸铅
金属熔炼与精炼	Pb、PbO_x、$PbCO_3$、$PbSO_4$、$PbO \cdot PbSO_4$、$(PbO_2) \cdot PbCO_3$、金属氧化物中的 Pb、硅酸铅、PbS
火力发电厂	PbO_x、$Pb(NO_3)_2 \cdot PbSO_4$、$PbO \cdot PbSO_4$、表面吸附物质 $PbCl_2$、PbS、Pb
水泥生产	$PbCO_3$、$Pb_5(PO_4)Cl$
肥料生产	$PbCO_3$、PbO_x、$Pb_5(PO_4)Cl$
铁合金	Pb、含 Pb 的合金粒子
铅产品	铅的砷酸盐、锑酸盐、铬酸盐、氰氨化物、碘化物、氟硅酸盐、钼酸盐、硝酸盐、硒化物、硅酸盐、钛酸盐、钒酸盐

汽车排气是大气中铅的重要来源。当汽油中同时含有 CH_2Cl_2 和 CH_2Br_2 时,释放的铅主要呈 PbClBr 形态。在较大的粒子中还可能含有 PbO、Pb(OH)X(X:Cl、Br)、以及一定含量的 $PbSO_4$、$Pb_3(PO_4)_2$、$PbO \cdot PbSO_4$ 等。在较小的颗粒中,可检测到 α 和 $\beta NH_4Cl \cdot 2PbClBr$、$2NH_4Cl \cdot PbClBr$。当汽油中存在磷酸盐时,也可能形成 $Pb_5(PO_4)(Cl、Br)$。在排气中同

时还释放 R_4Pb、R_3PbCl 等有机铅化合物。在一次生成的含铅气溶胶中主要的结晶化合物是 $PbBr_{1.4}Cl_{0.6}$ 固溶体。随着与排放源的距离增加或随时间的延长,含卤素化合物的比例下降而含氧化合物的比例相应地增加。陈化的气溶胶中含有 $PbCO_3$、PbO_2、$PbSO_4$・$(NH_4)_2$ SO_4、PbO、$PbSO_4$ 等含氧化合物。

冶炼厂排放废气所含铅的化合物和陈化的汽车排气中气溶胶所含铅在形态上有相似之处,即排放的颗粒物质常含 PbS、$PbSO_4$ 以及 PbO・$PbSO_4$,并且其形态组分还因气溶胶的粒径而异。

（二）铜

来源于采矿、矿石处理的铜的形态包括:铜的硫化物,如 Cu_2S、CuS、$CuFeS_2$、Cu_5FeS_4 等;铜的氧化物,如 Cu_2O、CuO、$Cu(OH)_2$・$CuCO_3$、$CuCl_2$・$3Cu(OH)_2$ 等;铜的硫酸盐,如 $Cu_3SO_4(OH)_4$、$Cu_4SO_4(OH)_6$,可能还有 $CuSiO_3$・$2H_2O$ 等铜的硅酸盐。冶炼过程排放的铜的化合物有铜的氧化物、元素态铜以及能溶于强酸的铜盐。在有 O_2 存在的情况下,颗粒态的含铜氧化物可以促进 SO_2 的氧化反应,并在此过程中转化为铜的硫酸盐。

（三）镉

大气中镉的形态包括元素态镉,镉的硫化物、氧化物和氢氧化物,以及和其他金属混合的氧化物（其中比较重要的是和铜的氧化物及锌的氧化物相混合存在的镉氧化物）。从冶炼厂直接排放的颗粒物中,镉可包含在锌、铜的硫化物中。废物焚烧过程中可能有 $CdCl_2$,大气气溶胶中镉的溶解性较强。

（四）汞和砷

大气汞总量中可能有 90% 以上以汞蒸气状态存在,包括 Hg、$HgCl_2$、CH_3HgCl、$(CH_3)_2Hg$ 和其他有机汞化合物,而且在挥发性组分中,元素汞约占 50%。大气中砷的形态包括 As、As_2O_3、As_2S_3 和有机砷化合物,它们源于燃烧和金属冶炼。废物中往往含氯,因此在它们的焚烧过程中可能产生挥发性的 $AsCl_3$。

第三节　污染物在大气中的迁移扩散

一、大气边界层的温度场

污染物在大气中的扩散主要受边界层中湍流的影响,而大气湍流在很大程度上取决于近地层的温度垂直分布。因此了解大气的温度垂直分布是很有必要的。

1. 气温的垂直分布

污染物的迁移、扩散和转化主要发生在离地 10 km 以内的对流层。在对流层中,气温垂直分布总的情况是气温随高度的增加而降低,整个对流层的气温直减率平均为 0.65 ℃/（100 m）。实际上,在对流层内各高度的气温直减率是因时、因地而不同的。气温的垂直分布也可用坐标曲线来表示,如图 5.8 所示（图中虚线是干绝热 γ_d 线）。这个曲线称为温度层结曲线,简称温度层结。从图 5.8 中可以看出,大气中的温度层结有四种类型:① $\gamma > \gamma_d$,递减或超绝热;② $\gamma \approx \gamma_d$,中性;③ $\gamma = 0$,等温;④ $\gamma < 0$,气温逆转,简称逆温。

一般情况下,温度层结可通过探空仪或其他测温仪器实测得到。

2. 大气的静力稳定度及其判据

污染物在大气中的扩散与大气稳定度有密切的关系。大气稳定度指垂直方向上大气稳定的程度,即是否易于发生对流。对于大气稳定度可以做这样的理解,如果一空气块由于某种原因受到外力的作用,产生了上升或下降运动后,可能发生三种情况:① 当外力去除后,气块就减速并有返回原来高度的趋势,这种大气是稳定的;② 当外力去除后,气块加速上升或下降,这种大气是不稳定的;③ 当外力去除后,气块被外力推到哪里就停到哪里或做等速运动,这种大气是中性的。

图 5.8　温度层结曲线

判别大气是否稳定,可用气块法来说明。假设一气块的状态参数为 T_i、P 和 ρ_i,周围大气状态参数为 T、P 和 ρ,则单位体积气块所受四周大气的浮力为 ρg,本身重力为 $\rho_i g$,在此二力作用下产生的向上加速度为

$$a = \frac{g(\rho - \rho_i)}{\rho_i} \tag{5.1}$$

利用静力学条件 $P_i = P$ 和理想气体状态方程,则有

$$a = \frac{g(T_i - T)}{T} \tag{5.2}$$

若气块运动过程中满足绝热条件,则气块运动 Δz 高度时,其温度 $T_i = T_{i0} - \gamma_d \cdot \Delta z$;而同样高度的周围空气温度 $T = T_0 - \gamma \cdot \Delta z$。假设起始温度相同,即 $T_0 = T_{i0}$,则有

$$a = g\frac{\gamma - \gamma_d}{\gamma}\Delta z \tag{5.3}$$

从式中可以看出,当 $\gamma - \gamma_d > 0$ 时,$a > 0$,气块加速运动,大气不稳定;当 $\gamma - \gamma_d < 0$ 时,$a < 0$,气块减速运动,大气稳定;当 $\gamma = \gamma_d$ 时,$a = 0$,大气是中性的,因此,大气静力学稳定度可以用温度直减率与干绝热直减率之差来判别。

3. 烟流形状与大气稳定度的关系

大气稳定度是影响污染物在大气中扩散的重要因素。典型的烟流扩散和稳定度的关系如图 5.9 所示。从图中可以看出,尾气流可以分为五种类型。

(1)波浪型。$\gamma > \gamma_d$,大气全层不稳定,烟流上下飞舞,沿主导风向流动,扩散很快,形成波浪型,当烟囱不高时,在烟源附近可能出现高浓度。这种烟型多发生在晴天中午和午后。

(2)圆锥型。$\gamma = \gamma_d$,大气处于中性或弱稳定状态,烟流的扩散在水平、铅直方向大致相同,烟气沿风向愈扩愈大,形成圆锥型。尾气流在离烟囱很远的地方与地面接触,这种烟型多发生在阴天中午或冬季夜间。

(3)扇型。$\gamma < 0$,大气处于强稳定状态,温度层结为逆温,烟流的扩散在铅直方向受抑制,在水平方向扩展成扇型。这种烟气可传到很远的地方,但若遇到山地、丘陵或高层建筑物,则可发生下沉作用,在该地造成严重污染。这种烟型在晴天从夜间到早上常见。

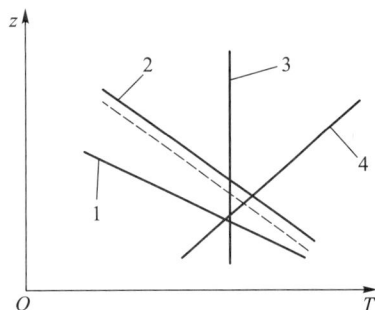

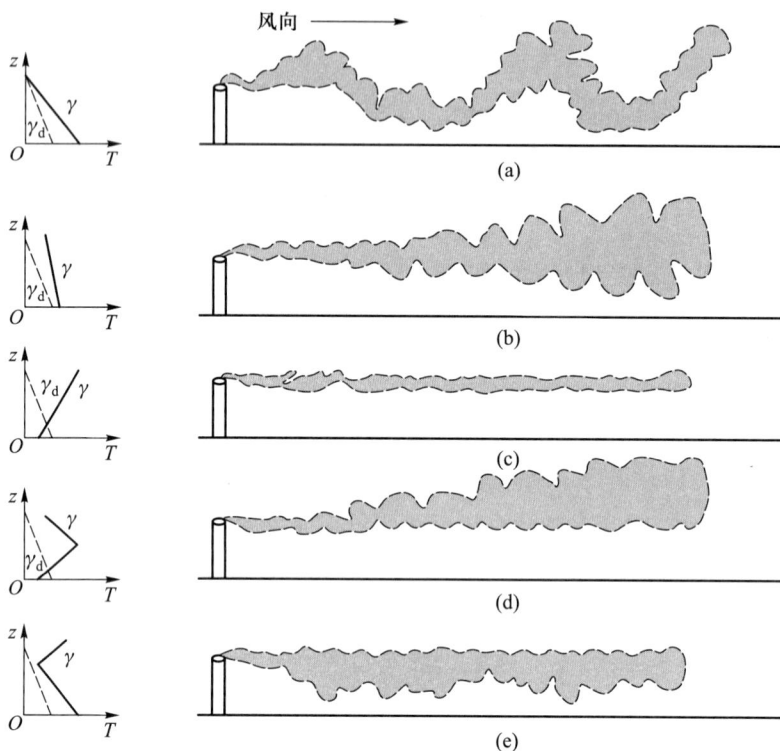

图 5.9　不同温度层结下的烟型
（a）波浪型；（b）圆锥型；（c）扇型；（d）屋脊型；（e）熏烟型
z—高度；T—温度；γ—气温直减率；γ_d—干绝热递减率

（4）屋脊型。上层 $\gamma > \gamma_d$，下层 $\gamma < \gamma_d$，上层大气为不稳定状态，下层为稳定状态。烟流受逆温层的阻挡不向下扩散，只向上扩散呈屋脊型。如尾气流不与建筑物或丘陵相遇，不会造成地面的严重污染，这种情况常见于日落前后。

（5）熏烟型。下层 $\gamma > \gamma_d$，上层 $\gamma < 0$，上层大气处于稳定状态，而下层为不稳定状态。烟流向上的扩散受抑制，能在近地面附近扩散，往往在下风向造成比其他形式严重得多的地面污染，许多烟雾事件就是在此条件下形成的。这种情况多发生在冬季日出前后。

4. 逆温

由以上分析可以看出，$\gamma < 0$ 的大气层结即逆温层的存在，就像一个"盖子"一样，阻碍大气的垂直运动，不利于污染物的扩散稀释。根据逆温层出现的高度不同，逆温可分为地面逆温和高处逆温（如图 5.10 所示）。逆温层的下限称为逆温高度，下限温差称为逆温强度，上下限的高度差称为逆温厚度。逆温存在的高度、强度和厚度的不同对污染扩散的影响也不相同。若逆温处于近地层，则从污染源排出的污染物质不易向上传送而聚积在近地面，导致地面的高浓度污染，若逆温存在于几千米的高空，则可以认为对污染物扩散几乎不产生影响。

形成逆温的原因很多，下面介绍其中的几个主要的形成机制：

（1）辐射逆温。由于地面强烈辐射冷却而形成的逆温称为辐射逆温。辐射逆温的形成和消失模式如图 5.11 所示。在晴朗或少云的地区，白天由于太阳的辐射伴随着良好的湍流条件，温度递减率增加。刚好在日落前后风速不大，地面附近空气由于地面辐射迅速冷却，离地面越远的空气受这种冷却作用越小，因而降温越小，从而形成从地面向上温度随高度增

90

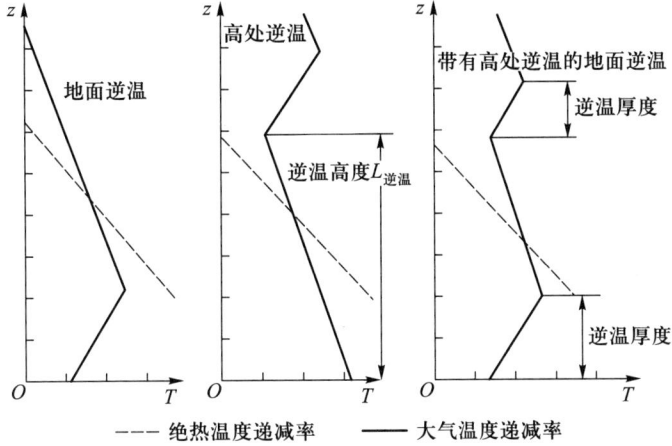

图 5.10　逆温的类型

加而增加的现象,这就形成了辐射逆温。夜间逆温深度逐步增加,到清晨最厚。在此期间,污染物被有效地封闭在逆温层底或逆温层下,很少或没有垂直扩散。随着白天的到来,地面开始加热,逆温逐渐自地面开始向上消失,成为不接地逆温,此时容易产生熏烟型污染。到上午 9—12 点逆温全部消失。

(2) 下沉逆温。在高气压区里存在着下沉气流,由于气流的下沉使气温绝热上升,因此也会形成逆温层,称之为下沉逆温。其形成消失模式如图 5.12 所示。下沉逆温持续时间很长,范围很广,厚度也较大。

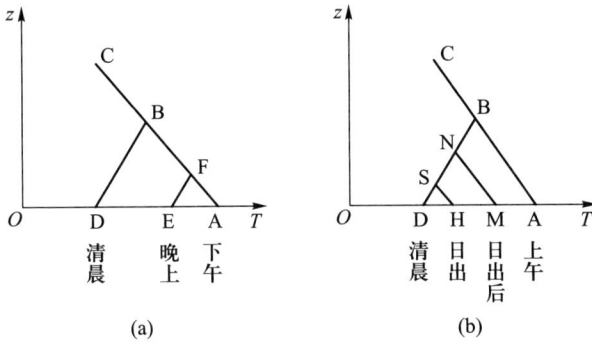

图 5.11　辐射逆温的形成和消失

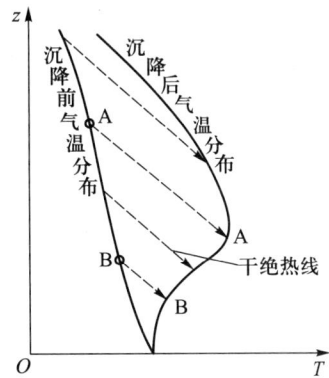

图 5.12　沉降逆温的形成

(3) 平流逆温。当暖空气平流到冷地面上时,下层空气受地表影响大,降温多,而上层空气降温少,故形成逆温,称之为平流逆温。平流逆温的强弱取决于暖空气与冷地面的温差。此外,当暖空气平流到低地和盆地内的冷空气上面时也会形成平流逆温。

(4) 湍流逆温。低层空气湍流混合形成的逆温称为湍流逆温。它的形成过程见图 5.13。图中的 AB 是气层没有经湍流混合前的气温分布,$\gamma < \gamma_d$。在湍流混合运动中,空气将上下运动,上升或下沉的空气其温度将按 γ_d 变化,故升到混合层上部空气的温度比周围空气低(图中 D 点),下沉空气温度高于周围温度(C 点)。因此混合的结果使气层的温度直减率(图中 CD)趋于干绝热直减率 γ_d。但在混合层以上,混合层与不受湍流混合影响

的上层空气之间出现一个过渡层 DE,这便是所产生的逆
温层。

（5）锋面逆温。在对流层中,冷暖空气相遇,暖空气密
度小就会爬到冷空气上面去,冷空气重,则会沉入到暖空气
下方,这样就形成了一个向冷空气方向倾斜的过渡锋面。
如果锋面处冷暖空气的温差很大,即可在冷空气侧出现逆
温。这种逆温沿着锋面的狭长地带分布,当锋面移动或停
滞时,容易发生严重污染。

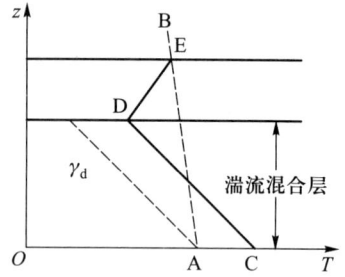

图 5.13　湍流逆温的形成

二、大气水平运动和湍流

1. 大气的水平运动

（1）作用于大气上的力:大气的运动是在各种力的作用下产生的。作用于大气上的力
有气压梯度力、地转偏向力、惯性离心力和摩擦力（即黏滞力）。这些力之间的不同结合,构
成了不同形式的大气运动和风。

① 气压梯度力:单位质量的空气在气压场中受到的作用力。这一力可分解为垂直和水
平方向两个分量。垂直气压梯度力虽大,但由于有空气质量与之平衡,所以空气在垂直方向
所受作用力并不大。水平气压梯度受力虽小,但却是大气运动的主要原因。只要水平方向
上存在着气压差,就有水平气压梯度力作用在大气上,使大气由高压侧向低压侧加速运动,
直到有其他力与之平衡为止。

② 地转偏向力:大气在转动的地球上运动时,由于地球转动而产生的使运动偏离气压
梯度方向的力,称为地转偏向力。只有大气相对地面运动时,地转偏向力才产生,它只能改
变大气运动的方向,而不能改变运动的速度。

③ 惯性离心力:当大气做曲线运动时,将受到惯性离心力的作用。其方向与大气运动
方向垂直,由曲线路径的曲率中心指向外;其大小与大气运动的线速度的平方成正比,与曲
率半径成反比,实际上,由于大气运动的曲率半径一般很大,所以惯性离心力通常很小。

④ 摩擦力:运动速度不同的相邻两层大气之间以及贴近地面运动的大气和地表之间,
皆会产生阻碍大气运动的阻力,即摩擦力。其方向与大气运动方向相反,大小随高度不同而
异,在近地层中最为显著,随着高度增高,作用逐渐减弱,在 $1\sim2$ km 高度,摩擦力始终存在。
所以一般把 1 km 以下的大气层称为摩擦层,把这以上的大气层称为自由大气层。

上述作用于大气的力,以气压梯度力和重力最为重要,这是引起大气运动的直接动力。
至于其他 3 种力的作用,则视具体情况而定。例如,在讨论低纬度大气或近地层大气的运动
时,地转偏向力可不考虑;在大气运动近于直线时,离心力可不考虑;在讨论自由大气的运动
时,摩擦力可忽略不计。

（2）近地层风速廓线:平均风速随高度变化的曲线称为风速廓线,风速廓线的数学表达
式称为风速廓线模式。近地层（离地面大约 100 m）的风速廓线模式有多种,这里介绍两种
根据湍流半径理论推导出的模式。

① 中性层结条件下的风速廓线模式:中性层结条件下近地层的风速廓线,可用对数律
模式描述:

$$\bar{u} = \frac{u^*}{K} \ln \frac{z}{z_0} \tag{5.4}$$

式中：$\bar{u}$——高度处的平均风速，m/s；

　　u^*——摩擦速度，m/s；

　　K——卡门常数，取 0.35；

　　z_0——地面粗糙度，cm。

表 5.3 给出了一些有代表性的地面粗糙度。实际的 z_0 和 u^* 值，可利用不同高度上测得的风速值求得。在近地层中性层结条件下应用对数律模式，精度较高，但在非中性层结条件下应用，将会产生较大误差。

表 5.3　有代表性的地面粗糙度

地面类型	z_0/cm	有代表性的 z_0/cm
草原	1～10	3
农作物地区	20～30	10
村落、分散的树林	20～100	30
分散的大楼（城市）	100～400	100
密集的大楼（大城市）	＞400	＞300

② 非中性层结条件下的风速廓线模式：由实测资料分析表明，其可用简单指数律模式描述：

$$\bar{u} = \bar{u}_1 \left(\frac{z}{z_0} \right)^m \tag{5.5}$$

式中：$\bar{u}_1$——已知高度 z_1 处的平均风速，m/s；

　　m——稳定度参数。

参数 m 的变化取决于温度层结和地面粗糙度，$0 < m < 1$（参考表 5.4）。层结越不稳定 m 值越小，中性层结时大致等于 1/7。

常用的大气稳定度评价方法为帕斯奎尔—特纳大气稳定度分类法（Pasquill – Turner stability classification），将大气稳定度划分为 A 到 F 六个级别，A 类表示极不稳定，B 类表示不稳定，C 类表示弱不稳定，D 类为中性，E 类为较稳定，F 类为稳定。欧文（Irwin J）在 1978 年对城市与乡村两种地面粗糙度下的 m 值进行了计算与比较，而我国在《制定地方大气污染物排放标准的技术方法》中也给出了六种不同稳定度时的 m 值。

表 5.4　参数 m 值

稳定度级别		A	B	C	D	E	F
欧文 m 值	城市	0.15	0.15	0.20	0.25	0.40	0.50
	乡村	0.07	0.07	0.10	0.15	0.35	0.55
我国《制定地方大气污染物排放标准的技术方法》m 值		0.10	0.15	0.20	0.25	0.30	0.30

2. 大气的湍流运动

大气的无规则运动称为大气湍流。风速的脉动（或涨落）和风向的摆动就是湍流作用的结果。

根据湍流形成的原因可分为两种湍流:一种是由于垂直方向温度分布不均匀引起的热力湍流,它的强度主要取决于大气稳定度;另一种是由于垂直方向风速分布不均匀及地面粗糙度引起的机械湍流,它的强度主要决定于风速梯度和地面粗糙度。实际的湍流是上述两种湍流的叠加。

湍流有极强的扩散能力,它比分子扩散快 $10^5 \sim 10^6$ 倍,但是在风场运动的主风方向上,由于平均风速比脉动风速大得多,所以在主导风方向上风的平流输送作用是主要的。风速越大,湍流越强,污染物的扩散速度就越快,污染物的浓度就越低。风和湍流是决定污染物在大气中扩散稀释的最直接最本质的因素,其他一切气象因素都是通过风和湍流的作用来影响扩散稀释的。

大气扩散的基本问题,是研究湍流与烟流传播和物质浓度衰减的关系问题。目前处理这类问题有 3 种广泛应用的湍流扩散理论:梯度输送理论、湍流统计理论和相似理论。以下介绍梯度输送理论和湍流统计理论。

(1)梯度输送理论:梯度输送理论是泰勒(G. I. Taylor)类比费克(A. Fick)提出的分子扩散理论建立的。它进一步假定,由大气湍流引起的某物质的扩散,类似于分子扩散,并可用同样的分子扩散方程描述。为了求得各种条件下某污染物的时空分布,必须对分子扩散方程在进行扩散的大气湍流场的边值条件下求解。然而由于边界条件往往很复杂,不能求出严格的分析解,只能在特定的条件下求出近似解,再根据实际情况修正。

(2)湍流统计理论:泰勒首先应用统计学方法研究湍流扩散问题。其湍流统计理论是在如下假定条件下建立的。泰勒认为,流体中的微粒与连续流体一样,呈连续运动,微粒在进行传输和扩散时,不发生化学和生物学的反应;微粒的大小相质量忽略不计,并将微粒运动看作是相对于一定空间发生的。图 5.14 是从污染源放出的粒子,在风沿着 x 方向吹的湍流大气中扩散的情况。假定大气湍流场是均匀、稳定的。从原点放出的一个粒子的位置用 y 表示,则 y 随时间而变化,但其平均值为零。如果从原点放出很多粒子,则在 x 轴上粒子的浓度最高,浓度分布以 x 轴为对称轴,并符合正态分布。

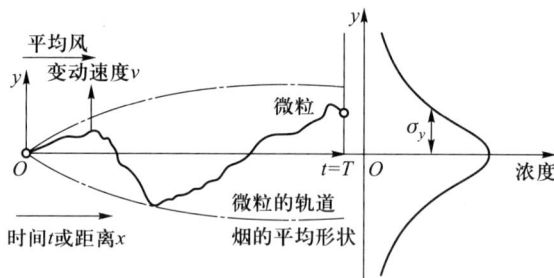

图 5.14　由湍流引起的扩散

三、大气污染物的沉降

在大气中的颗粒及液滴常会进行化学反应,然而要进行化学反应时一个基本主要的步骤是气液间的平衡传质现象,常参与气液相间的反应物质有 H_2O_2、O_3 及自由基等化学物种,严格来说异相反应包括气-液相,气-固相,液-固相等不同相间的化学反应,然而大气中的微粒表面常覆盖一层液体,而微粒本身若含有金属元素或其化合物时,金属常扮演着催化剂的角色,使得化学反应更趋复杂。

酸雨(acid rain)广义而言为描述脱离大气之酸性物质,精确的名词为酸沉降,其包含湿式及干式沉降。湿式沉降包括酸性雨、雾、雪等,此等酸性水流经地表造成动植物的变化,其影响包括 pH、化学因素、土壤缓冲能力、鱼、树及其他水生生物。干式沉降包括酸性气体与微粒,由于气流将其带入建筑物、汽车及树上等,同时亦可由雨水冲刷进入地表,因此干式沉降若加上湿式沉降将造成更严重的酸性危害,其影响范围超过几千千米。

常见的酸沉降有:气态 NO_x 转化成液态 HNO_3;烟囱放出气态 SO_2 后经氧化(经由 $OH\cdot$)成为 H_2SO_4(气态),或经由 H_2O 溶解平衡后产生液态 H_2SO_4;CO_2 在大气中含量过高亦会促使雨水溶解吸收 CO_2 而产生酸雨。科学家发现美国酸沉降主要物质为 SO_2 及 NO_x,约 $2/3$ SO_2 及 $1/4$ NO_x 由电厂燃烧石化燃料产生,其酸度介于硫酸及硝酸之间。酸沉降影响包括降低能见度、损害森林、危害生物、破坏物体、损害人体健康。硫酸盐、硝酸盐微粒导致能见度降低(硫酸盐微粒降低能见度 $50\%\sim70\%$,硝酸盐微粒降低能见度 $20\%\sim30\%$)及影响公众健康,其细小微粒能传输至室内空气中并穿透至人体肺泡增加致病率,如气喘及气管炎。

酸沉降对于水域生态影响最大,我国四大湖泊之一的洞庭湖之 pH 为 $6\sim8$,土壤及水质中和酸性缓冲能力强时,酸沉降将无法减少水质的 pH,缓冲能力小时则促使土壤释出铝化合物,其为水生生物的高毒性物质。酸沉降造成树叶变褐色及掉落,亦减损土壤降解能力及植物生长能力。酸沉降造成涂装物脱落及建筑物景观破坏,文化及景观资源损失严重。

四、大气污染物的界面吸附与分配

大气圈由气相、固相和液相组成,研究大气污染物在这些介质中的物理化学过程时,通常把三相介质看作是大致接近稳定状态的系统,在其中物质发生的物理化学过程可达平衡,因此可以采用热力学的方法来研究这些过程,建立化学平衡概念上的简化模型。

1. 化合物在环境介质间的分配平衡

分配平衡理论认为,在环境系统中存在一些相互接触的介质(相),如大气-水、大气-土壤、大气-颗粒物等。进入环境系统后的化学化合物,在两介质(相)间的分布过程是一种分配过程,如同有机物在水与有机溶剂之间的分配一样。经过一定时间后,化学物质在两介质(相)间达到分配平衡,即物质在两相中的浓度比为常数:

$$K_P = \frac{c_A}{c_B} \tag{5.6}$$

式中:K_P——分配系数,影响 K_P 的主要因素有化合物的物理化学性质、温度、环境介质(相)的性质、压力等。

c_A、c_B——分别为化合物在相 A 和相 B 中的平衡浓度,通常用同一单位(重量/重量,或重量/体积)

2. 大气污染物在大气-水之间的分配

1803 年,Henry 根据实验结果总结出稀溶液的一条重要的经验规律"在一定温度和平衡状态下,气体在溶液里的溶解度(摩尔分数)与该气体的平衡分压成正比",称之为亨利定律。

亨利定律描述了在稀水溶液中指定化合物在气相和溶液之间的分配。在一定条件下，假定化合物在气相和水相的逸度可相等，根据热力学的观点，该化合物在大气-水之间的平衡可以达到。因此，可用该定律来描述化合物在大气-水之间的分配。

作为一种平衡分配系数，亨利定律常数 HLC(Henry's Law Constant)描述了指定化合物的环境行为与归宿的关键物理性质。由于采用不同的计量单位，在文献中常常碰到 HLC 的不同表达式。例如，在物理科学中对于特定化合物，HLC 的传统定义如下：

$$H_P = \frac{y_i P_T}{x_i} \tag{5.7}$$

式中：H_P——亨利定律常数，Pa；

P_T——总气压(大气压)，Pa；

x_i, y_i——平衡时化合物，在溶液和气相中的摩尔分数，mol/mol。

工程文献中，下面两种无量纲的等式常用于定义 HLC：

$$H_{cc} = \frac{c_{i_G}}{c_{i_L}} \tag{5.8}$$

$$H_{yx} = \frac{y_i}{x_i} \tag{5.9}$$

式中：c_i——化合物的质量浓度，g/m^3 或 mol/m^3，下标 G 和 L 分别表示气相和液相。研究结果表明，在一般的环境条件下，影响 HLC 的因素包括温度、pH、化合物的水合作用、化合物浓度、共存污染物、溶解盐、悬浮固体、溶解的有机质、表面活性剂等。

3. 有机化合物在大气-颗粒物之间的分配

对流层的大气由气相、液相(水滴)和固相(颗粒物)组成，有机化合物进入大气后，它们在这三相间的分布是不同的。有机物在大气-颗粒物之间的分布过程，对气溶胶的生成、成分有较大影响。

半挥发性有机物在大气-颗粒物之间的分配可由下式表示：

$$K_P = \frac{K}{TSP\ A} \tag{5.10}$$

式中：K_P——分配系数，与温度有关，$m^3/\mu g$；

TSP——总悬浮颗粒物浓度，$\mu g/m^3$；

K、A——化合物分别在颗粒物上和气体中的浓度，ng/m^3。

如果假定分配只是一简单的物理吸附，K_p 可表示为：

$$K_p = \frac{N_S \alpha_{TSP} T_e^{(Q_1 - Q_V \cdot RT)}}{1\ 600 P_L^0} \tag{5.11}$$

式中：N_S——表面吸附位置数，mol/cm^2；

α_{TSP}——大气颗粒物的比表面积，m^2/g；

Q_1——有机物从颗粒物表面解析熵，kJ/mol；

Q_V——有机过冷液体的蒸发熵，kJ/mol；

R——气体常数；

T——温度，K；

P_L^0——化合物蒸气压,Pa。

五、大气污染物的扩散模式

1.污染源的几何形状和排放方式

按污染源的几何形状分类,可分为点源、线源、面源;按施放污染物的持续时间分类,有瞬时源和连续源;按排放源的高度分类可分为地面源、高架源等。不同类别的源有不同的排放方式,污染物进入大气的初始状态也不一样,因而其浓度分布就不同,计算污染物浓度的公式也不同。总之,污染源的几何形状和排放方式只是相对的。例如,通常将工厂烟囱排放当作高架连续点源,繁忙的公路作为连续线源,城市居民区的家庭炉灶当作面源。把各个污染源结合在一起考虑,则看成复合源。

2.高斯模式

高斯在大量实测资料分析基础上,应用湍流统计理论得到了正态分布假设下的扩散模式,即通常所称的高斯模式。高斯模式是目前应用较广的模式。

(1)坐标系:实际处理的大气污染物排放源有点源、线源、面源与体源几种形式。点源是最简单也是较为常见的一种污染源形式。

高斯模式的坐标系见图 5.15,其原点为排放点(无界点源或地面源)或高架源排放点在地面的投影点,x 轴为平均风向,y 轴在水平面上垂直于 x 轴,正向在 x 轴的左侧,z 轴垂直于水平面 Oxy,向上方为正向,即为右手坐标系。在这种坐标系中,烟流中心线或与 x 轴重合,或在 xOy 面的投影为 x 轴。

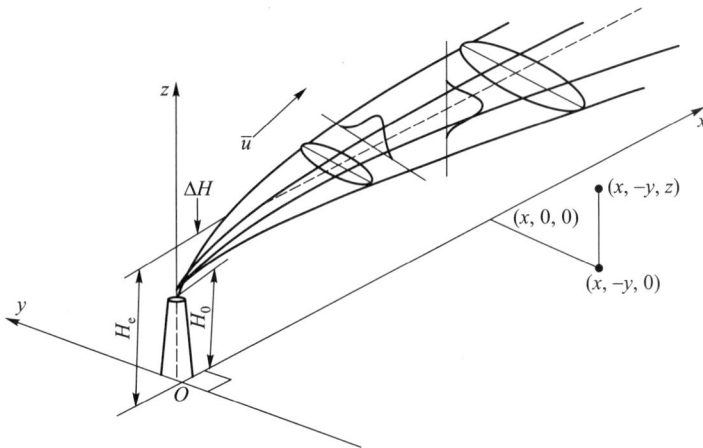

图 5.15　高斯模式的坐标系

(2)高斯模式四点假设:大量的实验和理论研究证明,特别是对于连续点源的平均烟流,其浓度分布是符合正态分布的。因此可以做如下假定:污染物浓度在 x 轴上的分布符合高斯分布(正态分布);在全部空间中风速是均匀的、稳定的;源强是连续均匀的;在扩散过程中污染物质量是守恒的。

3.大气污染物扩散模式

(1)点源扩散模式:大量的观测事实表明,从点源排放的大气污染物在开阔平坦的地形条件下以烟流形式扩散,并处在湍流随机运动中,其浓度分布通常符合在平均烟流轴两侧是正态分布,即高斯分布的规律。

① 无限空间中点源扩散高斯模式:当污染源位于无限空间中,x 轴与烟流轴线重合,此时任一点处污染物的浓度为:

$$\rho(x,y,z)=\frac{Q}{2\pi\bar{u}\sigma_y\sigma_z}\exp\left[-\left(\frac{y^2}{2\sigma_y^2}+\frac{z^2}{2\sigma_z^2}\right)\right] \tag{5.12}$$

式中:σ_y,σ_z——污染物在 y,z 方向分布的标准差,m;

　$\rho(x,y,z)$——任一点处污染物浓度,mg/m^3;

　　　$\bar{u}$——平均风速,m/s;

　　　Q——源强,mg/s。

② 高架连续点源的扩散模式:高架连续点源的扩散,必须考虑地面对扩散的影响,下风向任一点污染物浓度为:

$$\rho(x,y,z,H)=\frac{Q}{2\pi\bar{u}\sigma_y\sigma_z}\exp\left(-\frac{y^2}{2\sigma_y^2}\right)\left\{\exp\left[-\frac{(z-H)^2}{2\sigma_z^2}\right)\right]+\exp\left[-\frac{(z+H)^2}{2\sigma_z^2}\right]\right\} \tag{5.13}$$

式中:$\rho(x,y,z,H)$——源强为 $Q(mg/m^3)$,有效烟囱高度为 $H(m)$ 的排放源在下风向空间
　　　　　　　　点 (x,y,z) 处造成的浓度,mg/m^3;

　　　　$\bar{u}$——烟囱口高度上大气的平均风速,m/s。

高架连续点源地面上任一点浓度:

$$\rho(x,y,0,H)=\frac{Q}{\pi\bar{u}\sigma_y\sigma_z}\exp\left[-\left(\frac{y^2}{2\sigma_y^2}+\frac{H^2}{2\sigma_z^2}\right)\right] \tag{5.14}$$

地面轴线浓度,即 $y=0$ 时:

$$\rho(x,0,0)=\frac{Q}{\pi\bar{u}\sigma_y\sigma_z}\exp\left[-\frac{H^2}{2\sigma_z^2}\right] \tag{5.15}$$

地面轴线最大浓度:由于 σ_y 和 σ_z 都随 x 的增加而增加,因此在式(5.15)中,$\dfrac{Q}{\pi\bar{u}\sigma_y\sigma_z}$ 项随 x 的增大而减小,而 $\exp(-H^2/2\sigma_z^2)$ 项随 x 的增大而增大,两项共同作用的结果,必然在某一距离上出现浓度(ρ)的最大值。

假定 σ_y 和 σ_z 随 x 增大而增大的倍数相同,即 $\sigma_y/\sigma_z=$ 常数 K,代入式(5.15)中,就得到一个关于 σ_z 的单值函数式。再将它对 σ_z 求偏导数,并令 $\rho/\sigma_z=0$,即可得出地面轴线最大浓度点的 σ_z 值:即

$$\sigma_{z\,|\,x_{\rho max}}=\frac{H}{\sqrt{2}} \tag{5.16}$$

将上式代入式(5.14)中,即得地面轴线最大浓度模式:

$$\rho(x,0,0,H)_{max}=\frac{2Q}{\pi e\bar{u}H^2}\times\frac{\sigma_z}{\sigma_y}=\frac{0.234Q}{\bar{u}H^2}\times\frac{\sigma_z}{\sigma_y} \tag{5.17}$$

③ 地面连续点源扩散模式:令式(5.14)中 $H=0$,得地面连续点源在空间任一点 (x,y,z) 的浓度模式:

$$\rho(x,y,z,0)=\frac{Q}{\bar{u}\sigma_y\sigma_z}\exp\left(-\frac{y^2}{2\sigma_y^2}\right)\exp\left(-\frac{z^2}{2\sigma_z^2}\right) \tag{5.18}$$

由式(5.18)容易得到地面源的地面浓度和地面轴线浓度模式,它们分别为:

$$\rho(x,y,0,0)=\frac{Q}{\overline{u}\sigma_y\sigma_z}\exp\left(-\frac{y^2}{2\sigma_y^2}\right) \tag{5.19}$$

$$\rho(x,0,0,0)=\frac{Q}{\overline{u}\sigma_y\sigma_z} \tag{5.20}$$

(2)线源扩散模式:由于我国近几年汽车拥有量快速增加,汽车尾气对大气的污染程度日益严重,所以建立汽车尾气污染物在大气中的扩散模式,了解污染物对沿途大气污染状况尤为重要。在平坦地形上的公路,可以看作一无限长线源。它在横风向产生的浓度处处相等,当风向与线源垂直时连续排放的无限长线源下风向浓度模式为

$$\rho(x,0,H)=\frac{\sqrt{2}Q}{\sqrt{\pi}\sigma_z}\exp\left(-\frac{H^2}{2\sigma_z^2}\right) \tag{5.21}$$

当风向与线源不垂直时,若风向与线源交角 $\alpha>45°$,线源下风向浓度模式为

$$\rho(x,0,H)=\frac{\sqrt{2}Q}{\sqrt{\pi}\sigma_z\sin\alpha}\exp\left(-\frac{H^2}{2\sigma_z^2}\right) \tag{5.22}$$

第四节　污染物在大气中的转化

一、自由基化学基础

自由基也称游离基,是指由于共价键均裂而生成的带有未成对电子的碎片。大气中常见的自由基如 $HO\cdot$、$HO_2\cdot$、$RO\cdot$、$RO_2\cdot$、$RC(O)O_2\cdot$ 等都是非常活泼的,它们的存在时间很短,一般只有几分之一秒。

1. 自由基的产生方法

自由基产生的方法很多,包括热裂解法、光解法、氧化还原法、电解法和诱导分解法等。在大气化学中,有机化合物的光解是产生自由基的最重要的方法。许多物质在波长适当的紫外线或可见光的照射下,都可以发生键的均裂,生成自由基。

2. 自由基的结构和性质的关系

自由基的稳定性是指自由基或多或少解离成较小碎片,或通过键断裂进行重排的倾向。自由基的活性是指一种自由基和其他作用物反应的难易程度。因此只说某一自由基活泼是没有意义的。一定要说出是和哪种物质反应,并应标明反应条件。因为往往一个自由基虽然在同一条件下,和某一反应物作用活泼,而和另一反应物作用却不活泼。

(1)自由基的结构与稳定性

自由基的结构和自由基的稳定性有密切关系。通常可从 R—H 键的解离能(D 值)来推断自由基 $R\cdot$ 的相对稳定性。D 值越大,自由基 $R\cdot$ 越不稳定,一般 D 值越大均裂所需能量越高。

烃基自由基的相对稳定性取决于连接在具有未成对电子碳原子上的烷基数目,即烷基自由基的稳定性是:叔>仲>伯。这一结果还反映超共轭效应的逐渐减弱。D 值最小的化学键生成的自由基,也是最稳定的自由基。有共轭可能的自由基如苄基和烯丙基,其稳定性增加。

（2）自由基的结构和活性

在自由基链反应中，通常由夺取一步决定产物。自由基不会夺取四价或三价原子，也不会夺取两价原子。通常自由基夺取一价原子，因此，对有机化合物来说，就是夺取氢或卤素。

氯或溴和烯烃反应，通常发生加成，而不发生取代。但当在分子中有烯丙基存在时，氯或溴以及其他自由基进攻的位置是分子中的烯丙基位占优势，而乙烯基上的氢不会被取代，这是因为所得到的烯丙基自由基由于共轭而稳定的缘故。同样，由于苄基自由基的稳定性，在自由基卤化反应中，苄基位可被选择性地取代，不同自由基夺氢的活性是不同的。

分子中官能团的存在，会影响 α 位碳氢键的强度，并因而增加了进攻自由基的活性。自由基的选择性部分取决于所生成的新键的能量，新键的解离能越大，这个自由基进攻的选择性越小。

3. 自由基反应

自由基反应与热化学反应有较大区别。自由基反应无论在气相中发生或是在液相中发生，它们都是十分相似的（但自由基在溶液中的溶剂化会导致一些差别）。酸或碱的存在或溶剂极性的改变，对于自由基反应都没有什么影响（但非极性溶剂会抑制竞争的离子反应）。自由基反应由典型的自由基源（引发剂），如过氧化物或光所引发或加速。清除自由基的物质，例如 NO、O_2 或苯醌等会使自由基反应的速率减慢，或使自由基反应完全被抑制。这类物质称抑制剂。

（1）自由基反应的分类

自由基反应可分为单分子自由基反应、自由基–分子相互作用以及自由基–自由基相互作用三种类型。单分子自由基反应是指不包括其他作用物的反应。这一类反应是开始生成的自由基不稳定的结果。实际反应过程中，这类自由基在反应以前，会全部碎裂或重排。

碎裂是指自由基碎裂生成一个稳定的分子和一个新的自由基。如过氧酰基自由基和 NO 反应生成酰氧基自由基，酰氧基自由基碎裂生成烷基自由基和 CO_2。

大气化学中比较重要的自由基反应是自由基–分子相互作用。这种相互作用主要有两种方式。一种是加成反应，另一种是取代反应。加成是指自由基对不饱和体系的加成，生成一个新的饱和的自由基。取代是指自由基夺取其他分子中的氢原子或卤素原子生成稳定化合物的过程。

自由基–自由基相互作用主要包括自由基二聚或偶联反应，此时生成稳定的物质。卤代反应是自由基取代反应中最重要的反应，其反应过程为引发、增长、终止。自由基卤代反应是一个链反应（链反应是一个循环不止的过程）。

（2）影响自由基反应的因素

影响自由基反应的因素主要包括位阻效应和溶剂效应。一般来说，溶剂对于自由基反应的影响较小。对于大气化学反应来说，位阻效应更加重要。在自由基反应中，位阻效应可以阻止或促进反应。例如，在溴原子对烯烃的末端双键加成时，虽然生成的自由基比较稳定，但似乎位阻效应对非末端碳原子的阻滞加成也起着一定的作用。

二、光化学反应基础

1. 光化学反应过程

分子、原子、自由基或离子吸收光子而发生的化学反应，称为光化学反应。化学物种吸

收光量子后可产生光化学反应的初级过程和次级过程。初级过程包括化学物种吸收光量子形成激发态物种,其基本步骤为

$$A + h\nu \longrightarrow A\cdot$$

式中:A·——物种 A 的激发态;

　　$h\nu$——光量子。

随后,激发态 A· 可能发生如下几种反应:

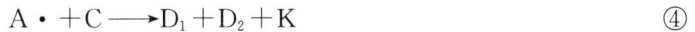

$$A\cdot \longrightarrow A + h\nu \qquad\qquad ①$$
$$A\cdot + M \longrightarrow A + M \qquad\qquad ②$$
$$A\cdot \longrightarrow B_1 + B_2 + K \qquad\qquad ③$$
$$A\cdot + C \longrightarrow D_1 + D_2 + K \qquad\qquad ④$$

式①为辐射跃迁,即激发态物种通过辐射荧光或磷光而失活。式②为无辐射跃迁,亦即碰撞失活过程。激发态物种通过与其他分子 M 碰撞,将能量传递给 M,本身又回到基态。以上两种过程均为光物理过程。式③为光解,即激发态物种解离成为两个或两个以上新物种。式④为 A· 与其他分子反应生成新的物种。这两种过程均为光化学过程。对于环境化学而言,光化学过程更为重要。受激态物种会在什么条件下解离为新物种,以及与什么物种反应可产生新物种,这些对于描述大气污染物在光作用下的转化规律很有意义。次级过程是指在初级过程中反应物、生成物之间进一步发生的反应。

大气中气体分子的光解往往可以引发许多大气化学反应。气态污染物通常可参与这些反应而发生转化。因而有必要对光解过程给予更多的注意。根据光化学第一定律,首先,只有当激发态分子的能量足够使分子内的化学键断裂时,亦即光子的能量大于化学键能时,才能引起光解反应。其次,为使分子产生有效的光化学反应,光还必须被所作用的分子吸收,即分子对某特定波长的光要有特征吸收光谱,才能产生光化学反应。

光化学第二定律是说明分子吸收光的过程是单光子过程。这个定律的基础是电子激发态分子的寿命很短($\leqslant 10^{-8}$ s),在这样短的时间内,辐射强度比较弱的情况下,再吸收第二个光子的概率很小。当然若光很强,如高通量光子流的激光,即使在如此短的时间内,也可以产生多光子吸收现象,这时光化学第二定律就不适用了。对于大气污染化学而言,反应大多发生在对流层,只涉及太阳光,是符合光化学第二定律的。

下面讨论光量子能量与化学键之间的对应关系:

设光量子能量为 E,根据爱因斯坦公式:

$$E = h\nu = hc/\lambda \qquad\qquad (5.23)$$

式中:λ——光量子波长,m;

　　h——普朗克常量,6.626×10^{-34} J·s;

　　c——光速,$2.997\,9 \times 10^8$ m/s。

如果一个分子吸收一个光量子,则 1 mol 分子吸收的总能量为

$$E = N_A \cdot h\nu = N_A \cdot hc/\lambda \qquad\qquad (5.24)$$

式中:N_A——阿伏伽德罗常数,6.022×10^{23} mol^{-1}。

　　　若 $\lambda = 700$ nm,　$E = 170.9$ kJ/mol

由于通常化学键的键能大于 167.4 kJ/mol,所以波长大于 700 nm 的光就不能引起光化学解离。

例题

2. 量子产率

化学物种吸收光量子后,所产生的光物理过程或光化学过程相对效率可用量子产率来表示。当分子吸收光时,其第 i 个光物理或光化学过程的初级量子产率(Φ_i)可用下式表示:

$$\Phi_i = \frac{i \text{ 过程所产生的激发态分子数目/(单位体积×单位时间)}}{\text{吸收光子数目/(单位体积×单位时间)}} \tag{5.25}$$

如果分子在吸收光子之后,光物理过程和光化学过程均有发生,那么:

$$\sum_i = \Phi_i = 1 \tag{5.26}$$

即所有初级过程量子产率之和必定等于 1。单个初级过程的初级量子产率不会超过 1,只能小于 1 或等于 1。

对于光化学过程,除初级量子产率外,还要考虑总量子产率(Φ),或称表观量子产率。因为在实际光化学反应中,初级反应的产物,如分子、原子或自由基还可以继续发生热反应。

三、大气中重要自由基的来源

自由基在其电子壳层的外层有一个不成对的电子,因而有很高的活性,具有强氧化作用。大气中存在的重要自由基有 $HO\cdot$,$HO_2\cdot$,$R\cdot$(烷基),$RO\cdot$(烷氧基)和 $RO_2\cdot$(过氧烷基)等。其中以 $HO\cdot$ 和 $HO_2\cdot$ 更为重要。

1. 大气中 $HO\cdot$ 和 $HO_2\cdot$ 自由基的含量

用数学模式模拟 $HO\cdot$ 的光化学过程可以计算出大气中 $HO\cdot$ 的含量随纬度和高度的分布,结果发现 $HO\cdot$ 最高含量出现在热带,因为那里温度高,太阳辐射强。在两个半球之间 $HO\cdot$ 分布不对称。自由基的日变化曲线显示,它们的光化学生成产率白天高于夜间,峰值出现在阳光最强的时间。夏季高于冬季。

2. 大气中 $HO\cdot$ 和 $HO_2\cdot$ 的来源

对于清洁大气而言,O_3 的光解是大气中 $HO\cdot$ 的重要来源:

$$O_3 + h\nu \longrightarrow O\cdot + O_2$$
$$O\cdot + H_2O \longrightarrow 2HO\cdot$$

对于污染大气,如有 HNO_2 和 H_2O_2 存在,它们的光解也可产生 $HO\cdot$:

$$HNO_2 + h\nu \longrightarrow HO\cdot + NO$$
$$H_2O_2 + h\nu \longrightarrow 2HO\cdot$$

其中 HNO_2 的光解是大气中 $HO\cdot$ 的重要来源。大气中 $HO\cdot$ 主要来源于醛的光解,尤其是甲醛的光解:

$$H_2CO_2 + h\nu \longrightarrow H\cdot + HCO\cdot$$

$$H\cdot + M \longrightarrow HO_2\cdot + M$$

$$HCO\cdot + O_2 \longrightarrow HO_2\cdot + CO$$

任何光解过程只要有 $H\cdot$ 或 $HCO\cdot$ 自由基生成,它们都可与空气中的 O_2 结合而导致生成 $HO_2\cdot$。其他醛类也有类似反应,但它们在大气中的含量远比甲醛低,因而不如甲醛重要。

另外,亚硝酸甲酯和 H_2O_2 的光解也可导致生成 $HO_2\cdot$:

$$CH_3ONO + h\nu \longrightarrow CH_3O \cdot + NO$$

$$CH_3O \cdot + O_2 \longrightarrow HO_2 \cdot + H_2CO$$

$$H_2O_2 + h\nu \longrightarrow 2HO \cdot$$

$$HO \cdot + H_2O_2 \longrightarrow HO_2 \cdot + H_2O$$

如体系中有 CO 存在，则

$$HO \cdot + CO \longrightarrow H \cdot + CO_2$$

$$H \cdot + O_2 \longrightarrow HO_2 \cdot$$

3. $R \cdot$、$RO \cdot$ 和 $RO_2 \cdot$ 等自由基的来源

大气中存在量最多的烷基是甲基，它的主要来源是乙醛和丙酮的光解：

$$CH_3CHO + h\nu \longrightarrow CH_3 \cdot + HCO \cdot$$

$$CH_3COCH_3 + h\nu \longrightarrow CH_3 \cdot + CH_3CO \cdot$$

$O \cdot$ 和 $HO \cdot$ 与烃类发生 $H \cdot$ 摘除反应时也可生成烷基自由基：

$$RH + O \cdot \longrightarrow R \cdot + HO \cdot$$

$$RH + HO \cdot \longrightarrow R \cdot + H_2O$$

大气中甲氧基主要来源于亚硝酸甲酯和硝酸甲酯的光解：

$$CH_3ONO + h\nu \longrightarrow CH_3O \cdot + NO$$

$$CH_3ONO_2 + h\nu \longrightarrow CH_3O \cdot + NO_2$$

大气中的过氧烷基都是由烷基与空气中的 O_2 结合而形成的：

$$R \cdot + O_2 \longrightarrow RO_2 \cdot$$

四、大气中重要吸光物质的光解

大气中的一些组分和某些污染物能够吸收不同波长的光，从而产生各种效应。下面介绍几种与大气污染有直接关系的重要的光化学过程。

1. 氧分子和氮分子的光解

氧是空气的重要组分。氧分子的键能为 493.8 kJ/mol。图 5.16 为氧分子在紫外波段的吸收光谱，图中 κ 为摩尔吸收系数。由图可见，氧分子刚好在与其化学键裂解能相应的波长（243 nm）时开始吸收。在 200 nm 处吸收依然微弱，但在这个波段上光谱是连续的。在 200 nm 以下吸收光谱变得很强，且呈带状。这些吸收带随波长的减小更紧密地集合在一起。在 176 nm 处吸收带转变成连续光谱。147 nm 左右吸收达到最大。通常认为 240 nm 以下的紫外光可引起 O_2 的光解：

$$O_2 + h\nu \longrightarrow O \cdot + O \cdot$$

氮分子的键能较大，为 939.4 kJ/mol。对应的光波长为 127 nm。它的光解反应仅限于臭氧层以上。N_2 几乎不吸收 120 nm 以上任何波长的光，只对低于 120 nm 的光才有明显的吸收。在 60～100 nm 其吸收光谱呈现

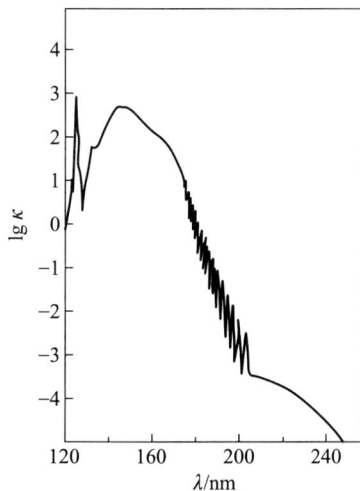

图 5.16　O_2 吸收光谱

出强的带状结构,在 60 nm 以下呈连续谱。入射波长低于 79.6 nm(1 391 kJ/mol)时,N_2 将电离为 N_2^+。波长低于 120 nm 的紫外光在上层大气中被 N_2 吸收后,其解离的方式为:

$$N_2 + h\nu \longrightarrow N \cdot + N \cdot$$

2. 臭氧的光解

臭氧是一个弯曲的分子,键能为 101.2 kJ/mol。在低于 1 000 km 的大气中,由于气体分子密度比高空大得多,三个粒子碰撞的概率较大,O_2 光解而产生的 $O \cdot$ 可与 O_2 发生如下反应:

$$O \cdot + O_2 + M \longrightarrow O_3 + M$$

其中 M 是第三种物质。这一反应是平流层中 O_3 的主要来源,也是消除 $O \cdot$ 的主要过程。O_3 不仅吸收了来自太阳的紫外光而保护了地面的生物,同时也是上层大气能量的一个贮库。

O_3 的解离能较低,相对应的光波长为 1 180 nm。$O \cdot$ 在紫外光和可见光范围内均有吸收带,如图 5.17 所示。O_3 对光的吸收光谱由三个带组成,紫外区有两个吸收带,即 $200\sim300$ nm 和 $300\sim360$ nm,最强吸收在 254 nm。O_3 吸收紫外光后发生如下解离反应:

$$O_3 + h\nu \longrightarrow O \cdot + O_2$$

应该注意的是,当波长大于 290 nm,O_3 对光的吸收就相当弱了。因此,O_3 主要吸收的是来自太阳波长小于 290 nm 的紫外光。而较长波长的紫外光则有可能透过臭氧层进入大气的对流层以至地面。

从图 5.17 中也可看出,O_3 在可见光范围内也有一个吸收带,波长为 $440\sim850$ nm。这个吸收是很弱的,O_3 解离所产生的 $O \cdot$ 和 O_2 的能量状态也是比较低的。

3. NO_2 的光解

NO_2 的键能为 300.5 kJ/mol。它在大气中很活泼,可参与许多光化学反应。NO_2 是城市大气中重要的吸光物质。在低层大气中可以吸收全部来自太阳的紫外光和部分可见光。从图 5.18 中可看出,NO_2 在 $290\sim410$ nm 内有连续吸收光谱,它在对流层大气中具有实际意义。

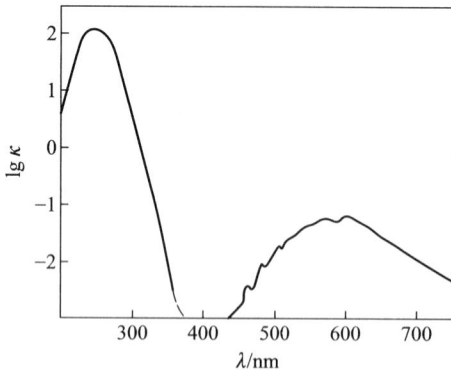

图 5.17　O_3 吸收光谱

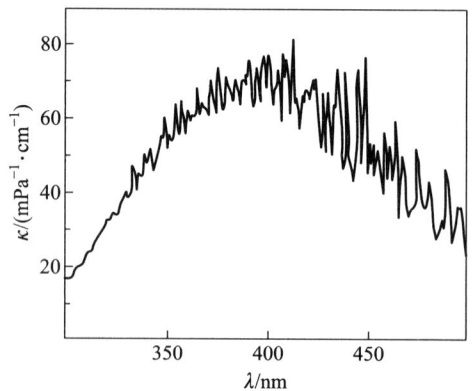

图 5.18　NO_2 吸收光谱

NO_2 吸收小于 420 nm 波长的光可发生解离:

$$NO_2 + h\nu \longrightarrow NO + O \cdot$$
$$O \cdot + O_2 + M \longrightarrow O_3 + M$$

据称这是大气中唯一已知 O_3 的人为来源。

4. 亚硝酸和硝酸的光解

亚硝酸 HO—NO 间的键能为 201.1 kJ/mol，H—ONO 间的键能为 324.0 kJ/mol。HNO_2 对 200～400 nm 的光有吸收，吸光后发生光解，一个初级过程为

$$HNO_2 + h\nu \longrightarrow NO + HO \cdot$$

另一个初级过程为

$$HNO_2 + h\nu \longrightarrow H \cdot + NO_2$$

次级过程为

$$HO \cdot + NO \longrightarrow HNO_2$$
$$HO \cdot + HNO_2 \longrightarrow H_2O + NO_2$$
$$HO \cdot + NO_2 \longrightarrow HNO_3$$

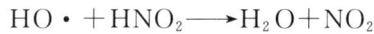

由于 HNO_2 可以吸收 300 nm 以上的光而解离，因而认为 HNO_2 的光解可能是大气中 HO· 的重要来源之一。

HNO_3 的 HO—NO_2 键能为 199.4 kJ/mol。它对于波长 120～335 nm 的辐射均有不同程度的吸收。光解机理为

$$HNO_3 + h\nu \longrightarrow HO \cdot + NO_2$$

若有 CO 存在，则为

$$HO \cdot + CO \longrightarrow H \cdot + CO_2$$
$$H \cdot + O_2 + M \longrightarrow HO_2 \cdot + M$$
$$2HO_2 \cdot \longrightarrow H_2O_2 + O_2$$

5. 二氧化硫对光的吸收

SO_2 的键能为 545.1 kJ/mol。在它的吸收光谱中呈现出三条吸收带。第一条为 340～400 nm，于 370 nm 处有一最强的吸收，但它是一个极弱的吸收区。第二条为 240～330 nm，是一个较强的吸收区。第三条从 240 nm 开始，随波长下降吸收变得很强，它是一个很强的吸收区。如图 5.19 所示。

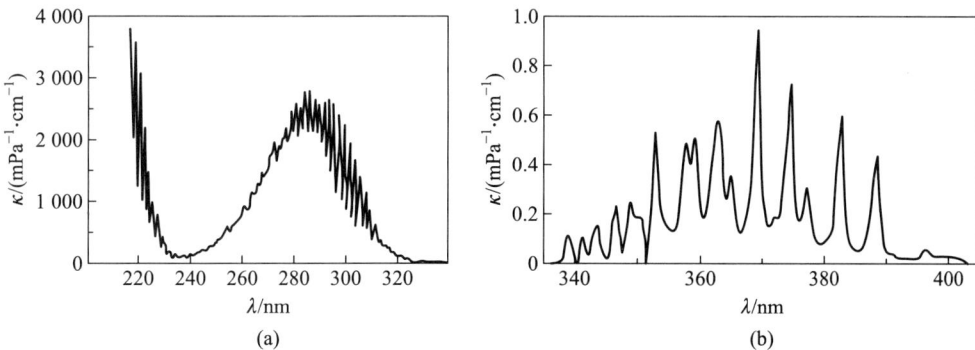

图 5.19　SO_2 吸收光谱

由于 SO_2 的键能较大，240～400 nm 的光不能使其解离，只能生成激发态：

$$SO_2 + h\nu \longrightarrow SO_2^*$$

SO_2^* 在污染大气中可参与许多光化学反应。

6. 甲醛的光解

H—CHO 的键能为 356.5 kJ/mol。它对 240～360 nm 波长范围内的光有吸收。吸光后的初级过程有

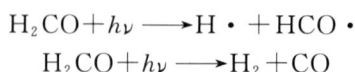

$$H_2CO + h\nu \longrightarrow H \cdot + HCO \cdot$$
$$H_2CO + h\nu \longrightarrow H_2 + CO$$

次级过程有

$$H \cdot + HCO \cdot \longrightarrow H_2 + CO$$
$$2H \cdot + M \longrightarrow H_2 + M$$
$$2HCO \cdot \longrightarrow 2CO + H_2$$

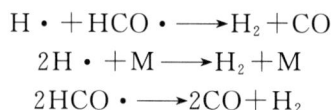

在对流层中,由于 O_2 存在,可发生如下反应:

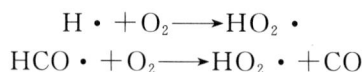

$$H \cdot + O_2 \longrightarrow HO_2 \cdot$$
$$HCO \cdot + O_2 \longrightarrow HO_2 \cdot + CO$$

因此空气中甲醛光解可产生 $HO_2 \cdot$ 自由基。其他醛类的光解也可以同样方式生成 $HO_2 \cdot$,如乙醛光解:

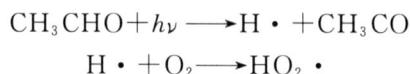

$$CH_3CHO + h\nu \longrightarrow H \cdot + CH_3CO$$
$$H \cdot + O_2 \longrightarrow HO_2 \cdot$$

所以醛类的光解是大气中 $HO_2 \cdot$ 的重要来源之一。

7. 卤代烃的光解

在卤代烃中以卤代甲烷的光解对大气污染化学作用最大。卤代甲烷光解的初级过程可概括如下。

(1) 卤代甲烷在近紫外光照射下,其解离方式为

$$CH_3X + h\nu \longrightarrow CH_3 \cdot + X \cdot$$

式中:X——代表 Cl、Br、I 或 F。

(2) 如果卤代甲烷中含有一种以上的卤素,则断裂的是最弱的键,其键强顺序为 CH_3—F > CH_3—H > CH_3—Cl > CH_3—Br > CH_3—I。

(3) 高能量的短波长紫外光照射,可能发生两个键断裂,应断两个最弱键。

(4) 即使是最短波长的光,如 147 nm,三键断裂也不常见。$CFCl_3$(氟利昂-11),CF_2Cl_2(氟利昂-12)的光解:

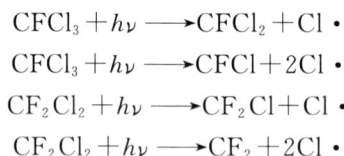

$$CFCl_3 + h\nu \longrightarrow CFCl_2 + Cl \cdot$$
$$CFCl_3 + h\nu \longrightarrow CFCl + 2Cl \cdot$$
$$CF_2Cl_2 + h\nu \longrightarrow CF_2Cl + Cl \cdot$$
$$CF_2Cl_2 + h\nu \longrightarrow CF_2 + 2Cl \cdot$$

五、大气中氮氧化物的转化

氮氧化物是大气中主要的气态污染物之一。它们溶于水后可生成亚硝酸和硝酸。当氮氧化物与其他污染物共存时,在阳光照射下可发生光化学烟雾。氮氧化物在大气中的转化是大气污染化学的一个重要内容。

1. NO_x 和空气混合体系中的光化学反应

NO_x 在大气光化学过程中起着很重要的作用。NO_2 经光解而产生活泼的氧原子,氧原

子与空气中的 O_2 结合生成 O_3。O_3 又可把 NO 氧化成 NO_2,因而 NO、NO_2 与 O_3 之间存在着的化学循环是大气光化学过程的基础。

当阳光照射到含有 NO 和 NO_2 的空气时,便有如下基本反应发生:

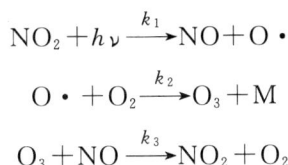

$$NO_2 + h\nu \xrightarrow{k_1} NO + O \cdot$$

$$O \cdot + O_2 \xrightarrow{k_2} O_3 + M$$

$$O_3 + NO \xrightarrow{k_3} NO_2 + O_2$$

2. NO_x 的气相转化

(1) NO 的氧化

NO 是燃烧过程中直接向大气排放的污染物。NO 可通过许多氧化过程氧化成 NO_2。如 O_3 为氧化剂:

$$NO + O_3 \longrightarrow NO_2 + O_2$$

在 $HO \cdot$ 与烃反应时,$HO \cdot$ 可从烃中摘除一个 $H \cdot$ 而形成烷基自由基,该自由基与大气中的 O_2 结合生成 $RO_2 \cdot$。$RO_2 \cdot$ 具有氧化性,将 NO 氧化成 NO_2:

$$RH + HO \cdot \longrightarrow R \cdot + H_2O$$

$$R \cdot + O_2 \longrightarrow RO_2 \cdot$$

$$NO + RO_2 \cdot \longrightarrow NO_2 + RO \cdot$$

生成的 $RO \cdot$ 即可进一步与 O_2 反应,O_2 从 $RO \cdot$ 中靠近 $O \cdot$ 的次甲基中摘除两个 $H \cdot$,生成 $HO_2 \cdot$ 和相应的醛:

$$RO \cdot + O_2 \longrightarrow R'CHO + HO_2 \cdot$$

$$HO_2 \cdot + NO \longrightarrow HO \cdot + NO_2$$

式中 R' 比 R 少一个碳原子。在一个烃被 $HO \cdot$ 氧化的链循环中,往往有两个 NO 被氧化成 NO_2,同时 $HO \cdot$ 得到了复原。因而此反应甚为重要。这类反应速率很快,能与 O_3 氧化反应竞争。在光化学烟雾形成过程中,由于 $HO \cdot$ 引发了烃类化合物的链式反应,而使得 $RO_2 \cdot$、$HO_2 \cdot$ 数量大增,从而迅速地将 NO 氧化成 NO_2,这样就使得 O_3 得以积累,以致成为光化学烟雾的重要产物。

$HO \cdot$ 和 $RO \cdot$ 也可与 NO 直接反应生成亚硝酸或亚硝酸酯:

$$HO \cdot + NO \longrightarrow HNO_2$$

$$RO \cdot + NO \longrightarrow RONO$$

HNO_2 和 RONO 都极易发生光解。

(2) NO_2 的转化

前面已经讲过,NO_2 的光解在大气污染化学中占有很重要的地位。它可以引发大气中生成 O_3 的反应。此外,NO_2 能与一系列自由基,如 $HO \cdot$、$O \cdot$、$HO_2 \cdot$、$RO_2 \cdot$ 和 $RO \cdot$ 等反应,也能与 O_3 和 NO_3 反应。其中比较重要的是与 $HO \cdot$、NO_3 以及 O_3 的反应。

NO_2 与 $HO \cdot$ 反应可生成 HNO_3,此反应是大气中气态 HNO_3 的主要来源,同时也对酸雨和酸雾的形成起着重要作用。

NO_2 也可与 O_3 与反应:

$$NO_2 + O_3 \longrightarrow NO_3 + O_2$$

此反应在对流层中也是很重要的,尤其是在 NO_2 和 O_3 浓度都较高时,它是大气中 NO_3

的主要来源。NO_3 可与 NO_2 进一步反应：

$$NO_2 + NO_3 \rightleftharpoons N_2O_5$$

这是一个可逆反应,生成的 N_2O_5 又可分解为 NO_2 和 NO_3。当夜间 $HO\cdot$ 和 NO 浓度不高,而 O_3 有一定浓度时,NO_2 会被 O_3 氧化生成 NO_3,随后进一步发生如上反应而生成 N_2O_5。

（3）过氧乙酰基硝酸酯（PAN）

PAN 是由乙酰基与空气中的 O_2 结合而形成过氧乙酰基,然后再与 NO_2 化合生成的化合物。反应的主要引发者乙酰基是由乙醛光解而产生的：

$$CH_3CHO + h\nu \longrightarrow CH_3CO\cdot + H\cdot$$

而大气中的乙醛主要来源于乙烷的氧化：

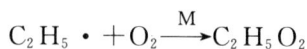

$$C_2H_6 + HO\cdot \longrightarrow C_2H_5\cdot + H_2O$$

$$C_2H_5\cdot + O_2 \xrightarrow{M} C_2H_5O_2$$

$$C_2H_5O_2 + NO \longrightarrow C_2H_5O\cdot + NO_2$$

$$C_2H_5O\cdot + O_2 \longrightarrow CH_3CHO + HO_2$$

PAN 具有热不稳定性,遇热会分解而回到过氧乙酰基和 NO_2。因而 PAN 的分解和形成之间存在平衡,其平衡常数随温度而变化。如果把 PAN 中的乙基由其他烷基替代,就会形成相应的过氧烷基硝酸酯,如过氧丙酰基硝酸酯（PPN）、过氧苯酰基硝酸酯等。

3. NO_x 的液相转化

NO_x 是大气中的重要污染物,它们可溶于大气中的水,并构成一个液相平衡体系。在这一体系中 NO_x 有其特定的转化过程。

（1）NO_x 的液相平衡

NO_x 在液相中的平衡比较复杂。NO 和 NO_2 在气、液两相间的关系为

$$NO(g) \rightleftharpoons NO(aq)$$

$$NO_2(g) \rightleftharpoons NO_2(aq)$$

溶于水中的 $NO(aq)$ 和 $NO_2(aq)$ 可通过如下方式进行反应：

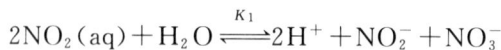

$$2NO_2(aq) + H_2O \xrightarrow{K_1} 2H^+ + NO_2^- + NO_3^-$$

$$NO(aq) + NO_2(aq) + H_2O \xrightarrow{K_2} 2H^+ + 2NO_2^-$$

（2）NH_3 和 HNO_3 的液相平衡

① NH_3 的液相平衡

$$NH_3(g) + H_2O \xrightarrow{K_{H,NH_3}} NH_3\cdot H_2O$$

式中：K_{H,NH_3}——NH_3 的亨利定律常数,6.12×10^4 $mol/(L\cdot Pa)$。

② HNO_3 的液相平衡。

$$HNO_3(g) + H_2O \xrightarrow{K_{H,HNO_3}} HNO_3\cdot H_2O$$

式中：K_{H,HNO_3}——HNO_3 的亨利定律常数,2.07 $mol/(L\cdot Pa)$。

六、大气中硫氧化物的转化

1. 二氧化硫的气相氧化

大气中 SO_2 的转化首先是 SO_2 氧化成 SO_3，随后 SO_3 被水吸收而生成硫酸，从而形成酸雨或硫酸烟雾。硫酸与大气中 NH_4^+ 等阳离子结合生成硫酸盐气溶胶。

（1）SO_2 的直接光氧化

在介绍 SO_2 气态分子的吸光特性时已讲到，在低层大气中 SO_2 主要光化学反应过程是形成激发态 SO_2 分子，而不是直接解离。它吸收来自太阳的紫外光后两种电子允许跃迁，产生强弱吸收带，但不发生光解，二是分别在不同 $h\nu$ 作用下生产单重态和三重态的分子。能量较高的单重态分子可跃迁到三重态或基态。在环境大气条件下，激发态的 SO_2 主要以三重态的形式存在。单重态不稳定，很快按上述方式转变为三重态。

（2）SO_2 被自由基氧化

在污染大气中，由于各类有机污染物的光解及化学反应可生成各种自由基，如 $HO\cdot$、$HO_2\cdot$、$RO\cdot$、$RO_2\cdot$ 和 $RC(O)O_2\cdot$ 等。这些自由基主要来源于大气中一次污染物 NO 的光解，以及光解产物与活性烃类相互作用的过程。也来自光化学反应产物的光解过程，如醛、亚硝酸和过氧化氢等的光解均可产生自由基。这些自由基大多数都有较强的氧化作用。在这样光化学反应十分活跃的大气中，SO_2 很容易被这些自由基氧化。

① SO_2 与 $HO\cdot$ 的反应。$HO\cdot$ 与 SO_2 的氧化反应是大气中 SO_2 转化的重要反应，首先 $HO\cdot$ 与 SO_2 结合形成一个活性自由基 $HOSO_2\cdot$，此自由基进一步与空气中 O_2 作用生成 SO_3 和 $HO_2\cdot$。再通过与 NO 反应，使得 $HO\cdot$ 又再生，于是上述氧化过程又循环进行。这个循环过程的速率决定步骤是 SO_2 与 $HO\cdot$ 的反应。

② SO_2 与其他自由基的反应。在大气中 SO_2 氧化的另一个重要反应是 SO_2 与二元活性自由基的反应，如 O_3 和乙烯反应生成的二元活性自由基。

（3）SO_2 被氧原子氧化

污染大气中的氧原子主要来源于 NO_2 的光解，NO_2 光解产生的 $O\cdot$ 还可与 O_2 结合而生成 O_3，可对 SO_2 进行氧化。类似的可使 SO_2 氧化的有 $HO\cdot$、$HO_2\cdot$ 和 $CH_3O_2\cdot$。

2. 二氧化硫的液相氧化

大气中存在着少量的水和颗粒物质。SO_2 可溶于大气中的水，也可被大气中的颗粒物所吸附，并溶解在颗粒物表面所吸附的水中。于是 SO_2 便可发生液相反应。

（1）SO_2 的液相平衡

SO_2 被水吸收：

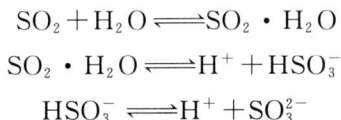

$$SO_2 + H_2O \Longrightarrow SO_2 \cdot H_2O$$
$$SO_2 \cdot H_2O \Longrightarrow H^+ + HSO_3^-$$
$$HSO_3^- \Longrightarrow H^+ + SO_3^{2-}$$

（2）O_3 对 SO_2 的氧化

在污染空气中 O_3 的含量比清洁空气中要高，这是由于 NO_2 光解而致。O_3 可溶于大气的水中，将 SO_2 氧化：

$$O_3 + SO_2 \cdot H_2O \longrightarrow 2H^+ + SO_4^{2-} + O_2$$

$$O_3 + HSO_3^- \longrightarrow HSO_4^- + O_2$$

$$O_3 + SO_3^{2-} \longrightarrow SO_4^{2-} + O_2$$

（3）H_2O_2 对 SO_2 的氧化

目前，H_2O_2 对 S(Ⅳ) 氧化的研究工作进行得较深入，报道的资料也较多。在 pH 为 $0\sim 8$ 范围内均可发生氧化反应，通常氧化反应式可表示为：

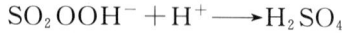

$$HSO_3^- + H_2O_2 \Longleftrightarrow SO_2OOH^- + H_2O$$

$$SO_2OOH^- + H^+ \longrightarrow H_2SO_4$$

（4）金属离子对 SO_2 液相氧化的催化作用

在有某种过渡金属离子存在时，SO_2 的液相氧化反应速率可能会增大，但这种催化氧化过程比较复杂，步骤较多，反应速率表达式多为经验式。现就 Mn^{2+}、Fe^{3+} 等的催化氧化反应做一介绍。

① Mn(Ⅱ) 的催化氧化反应。在 SO_2 催化氧化中，通常认为 Mn^{2+} 的催化作用较大。有人对此提出的反应机理如下：

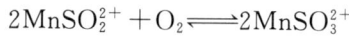

$$Mn^{2+} + SO_2 \Longleftrightarrow MnSO_2^{2+}$$

$$2MnSO_2^{2+} + O_2 \Longleftrightarrow 2MnSO_3^{2+}$$

$$MnSO_3^{2+} + H_2O \Longleftrightarrow Mn^{2+} + H_2SO_4$$

总反应为

$$2SO_2 + 2H_2O + O_2 \xrightarrow{\ Mn^{2+}\ } 2H_2SO_4$$

② Fe(Ⅲ) 的催化氧化反应。当有氧存在时，Fe(Ⅲ) 可对 S(Ⅳ) 的氧化起催化作用。催化反应的速率与溶液中 S(Ⅳ) 和 Fe(Ⅲ) 的浓度、pH、离子强度和温度均有关。同时，对溶液中存在某些阴离子（如 SO_4^{2-}）和阳离子（如 Mn^{2+}）也很敏感。

③ Fe^{3+} 和 Mn^{2+} 共存时的催化氧化。当 Fe^{3+} 和 Mn^{2+} 共同存在于亚硫酸盐溶液中，S(Ⅳ) 的氧化速率比单独用 Fe^{3+} 或 Mn^{2+} 催化时形成硫酸盐速率之和还要快 $3\sim 10$ 倍，表明这两种离子在催化 S(Ⅳ) 氧化反应中有协同作用。

④ SO_2 液相氧化途径的比较。由于各种液相反应的速率有很大的不确定性，因此精确地定量评估各反应对 S(Ⅳ) 氧化的贡献是不可能的。但可以粗略地对 SO_2 液相氧化的各途径进行比较。图 5.20 显示了温度为 298 K 时 S(Ⅳ) 转化为 S(Ⅵ) 各途径反应速率与 pH 的关系。从图中可以看出，当 pH 低于 4 时，H_2O_2 是使 S(Ⅳ) 氧化为硫酸盐的重要途径。pH≈5 或更大时，O_3 的氧化作用比 H_2O_2 快 10 倍。而在高 pH 下，Fe 和 Mn 的催化氧化作用可能是主要的。在所研究的浓度范围内，HNO_2（NO_2^-）和 NO_2 在所有 pH 条件下对 S(Ⅳ) 的氧化作用都不重要。

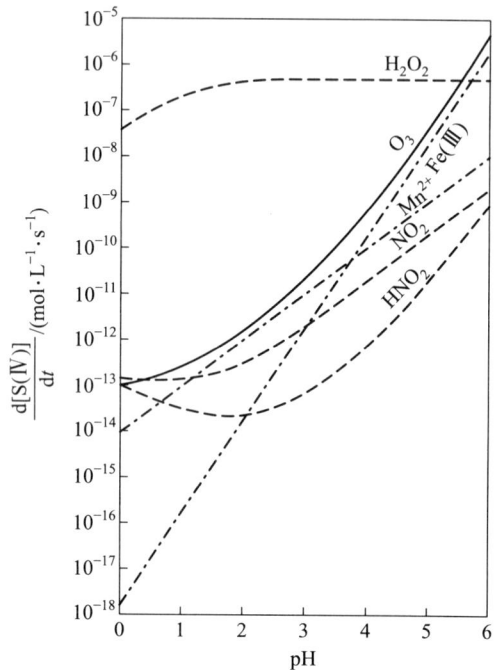

图 5.20　SO_2 液相氧化途径的比较

七、大气中烃类的转化

1. 烷烃的反应

烷烃可与大气中的 HO· 和 O· 发生氢原子摘除反应：

$$RH + HO· \longrightarrow R· + H_2O$$
$$RH + O· \longrightarrow R· + HO·$$

反应的产物中都有烷基自由基,但另一个产物不同,前者是稳定的,后者则是活泼的自由基 HO·。前者反应速率常数比后者大两个数量级以上。

上述烷烃所发生的两种氧化反应中,经氢原子摘除反应所产生的烷基 R· 与空气中的 O_2 结合生成 $RO_2·$,它可将 NO 氧化成 NO_2,并产生 RO·。O_2 还可从 RO· 中再摘除一个 H·,最终生成 $HO_2·$ 和一个相应的稳定产物醛或酮。

2. 烯烃的反应

烯烃与 HO· 主要发生加成反应,HO· 加成到烯烃上而形成带有羟基的自由基。该自由基又可与空气中的 O_2 结合成相应的过氧自由基。烯烃还可与 HO· 发生氢原子摘除反应。

烯烃与 O_3 反应的速率虽然远不如与 HO· 反应的速率大,但是 O_3 在大气中的浓度远高于 HO·,因而这个反应就显得很重要了。它的反应机理是首先将 O_3 加成到烯烃的双键上,形成一个分子臭氧化物,然后迅速分解为一个羰基化合物和一个二元自由基,二元自由基能量很高,可进一步分解。分解后可生成两个自由基以及一些稳定产物。另外,这种二元自由基氧化性也很强,可氧化 NO 和 SO_2 等,氧化后自由基转化为相应的酮或醛。

烯烃与 O· 的反应也是把 O· 加成到烯烃的双键上去而形成二元自由基。然后转变成稳定化合物。

在大气中多数情况下,短碳链烯烃的主要去除过程是与 HO· 反应。而较长碳链烯烃在 NO_3 浓度低时主要与 O_3 反应而去除,NO_3 浓度高时,则主要与 NO_3 反应而去除。

3. 环烃的氧化

大气中已检测到的环烃大多以气态形式存在。它们主要都是在燃料燃烧过程中生成的。城市中的环烃浓度高于其他地区。环烃在大气中的反应以氢原子摘除反应为主。

4. 单环芳烃的反应

大气中已检测到的单环芳烃如苯、甲苯及其他化合物,它们主要来源于矿物燃料的燃烧以及一些工业生产过程。人们对芳烃在大气中的反应远不如对烷烃和烯烃了解得那么多。能与芳烃反应的主要是 HO·,其反应机制主要是加成反应和氢原子摘除反应。

5. 多环芳烃的反应

大气中已检出的多环芳烃有 200 多种,其中小部分以气体形式存在,大部分则在气溶胶中。人们对多环芳烃在大气中的反应了解的更少。HO· 可与多环芳烃发生氢原子摘除反应。HO· 和 NO_3 都可以加成到多环芳烃的双键上去,形成包括有羟基、羰基的化合物以及硝酸酯等。

多环芳烃在湿的气溶胶中可发生光氧化反应,生成环内氧桥化合物。

6. 醚、醇、酮、醛的反应

大气中已检出的醚、醇、酮和醛等其数量在十几种到几十种不等。饱和烃的衍生物,如乙醚、乙醇、丙酮、乙醛等,它们在大气中的反应主要是与 HO· 发生氢原子摘除反应,反应生成的自由基在有 O_2 存在下均可生成过氧自由基,与 RO_2· 有类似的氧化作用。

八、光化学烟雾

1. 光化学烟雾现象

含有氮氧化物和烃类等一次污染物的大气,在阳光照射下发生光化学反应而产生二次污染物,这种由一次污染物和二次污染物的混合物所形成的烟霉污染现象,称为光化学烟雾。

（1）光化学烟雾的日变化曲线

光化学烟雾在白天生成,傍晚消失。污染高峰出现在中午或稍后。图 5.21 显示污染地区大气中 NO、NO_2、烃、醛及 O_3 从早至晚的日变化曲线。

由图 5.21 可以看出,烃和 NO 的体积分数 φ 的最大值发生在早晨交通繁忙时刻,这时 NO_2 的浓度很低。随着太阳辐射的增强,NO_2、O_3 的浓度迅速增大,中午时已达到较高的浓度,它们的峰值通常比 NO 峰值晚出现 $4\sim5$ h。由此可以推断 NO_2、O_3 和醛是在日光照射下由大气光化学反应而产生的,属于二次污染物。早晨由汽车排放出来的尾气是产生这些光化学反应的直接原因。傍晚交通

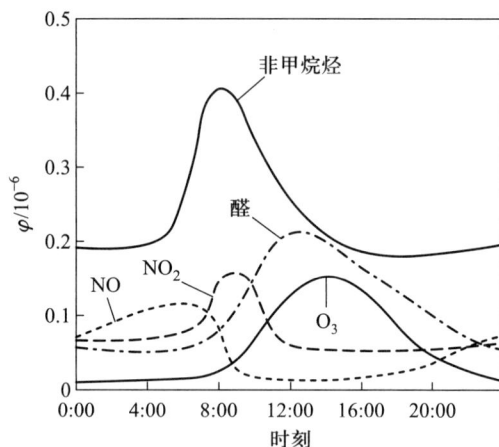

图 5.21　光化学烟雾日变化曲线
（Manahan,1984）

繁忙时刻,虽然仍有较多汽车尾气排放,但由于日光已较弱,不足以引起光化学反应,因而不能产生光化学烟雾现象。

（2）烟雾箱模拟曲线

为了弄清光化学烟雾中各物种的含量随时间变化的机理,有关学者进行了烟雾箱实验研究。即在一个大的封闭容器中,通入反应气体,在模拟太阳光的人工光源照射下进行模拟大气光化学反应。

在被照射的体系中,起始物质是丙烯、NO_x 和空气的混合物。研究结果示于图 5.22 中。从图中可看出如下三点:随着实验时间的增长,NO 向 NO_2 转化;由于氧化过程而使丙烯消耗;生成臭氧及其他二次污染物,如 PAN、H_2CO 等。

其中关键性反应是:① NO_2 的光解导致 O_3 的生成;② 丙烯氧化生成了具有活性的自由基,如 HO·、HO_2·、RO_2· 等;③ HO_2· 和 RO_2· 等促进了 NO 向 NO_2 转化,提供了更多的生成 O_3 的 NO_2 源。

光化学烟雾是一个链反应,链引发反应主要是 NO_2 光解。另外,还有其他化合物,如甲醛在光的照射下生成的自由基,这些化合物均可引起链引发反应,见图 5.23。

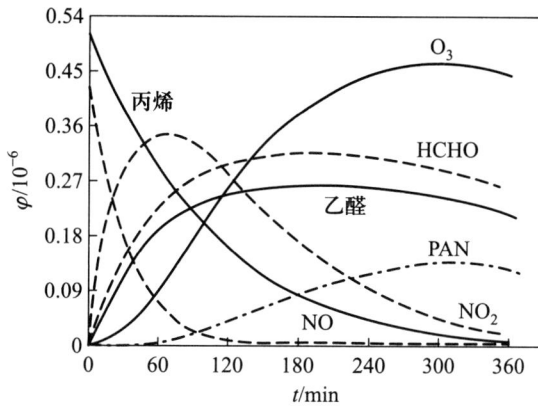

图 5.22 丙烯-NO_x-空气体系中一次及二次污染物的浓度变化曲线

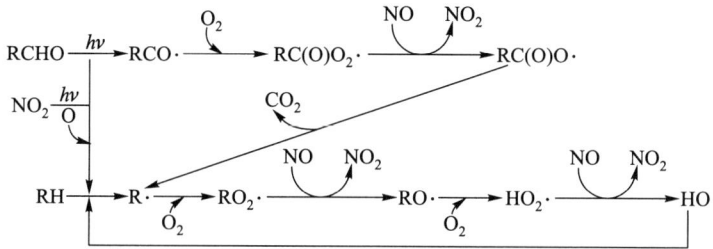

图 5.23 光化学烟雾中自由基传递示意图

2. 光化学烟雾形成的简化机制

光化学烟雾形成的反应机制可概括为如下 12 个反应来描述:

引发反应
$$NO_2 + h\nu \longrightarrow NO + O \cdot$$
$$O \cdot + O_2 + M \longrightarrow O_3 + M$$
$$NO + O_3 \longrightarrow NO_2 + O_2$$

自由基传递反应
$$RH + HO \cdot \xrightarrow{O_2} RO_2 \cdot + H_2O$$
$$RCHO + HO \cdot \xrightarrow{O_2} RC(O)O_2 \cdot + H_2O$$
$$RCHO + h\nu \xrightarrow{2O_2} RO_2 \cdot + HO_2 + CO$$
$$HO_2 \cdot + NO \longrightarrow NO_2 + HO \cdot$$
$$RO_2 \cdot + NO \xrightarrow{O_2} NO_2 + R'CHO + HO_2 \cdot$$
$$RC(O)O_2 \cdot + NO \xrightarrow{O_2} NO_2 + RO_2 + CO_2$$

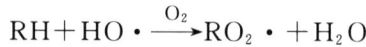

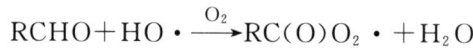

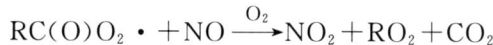

终止反应
$$HO \cdot + NO_2 \longrightarrow HNO_3$$
$$RC(O)O_2 \cdot + NO_2 \longrightarrow RC(O)O_2NO_2$$
$$RC(O)O_2NO_2 \longrightarrow RC(O)O_2 \cdot + NO_3$$

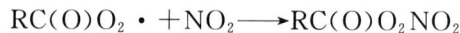

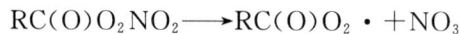

3. 光化学烟雾的控制对策

(1) 控制反应活性高的有机物的排放

有机物反应活性表示某有机物通过反应生成产物的能力。烃类是光化学烟雾形成过程中必不可少的重要组分。因此,控制那些反应活性高的有机物的排放,能有效地控制光化学烟雾的形成和发展。

描述有机物反应活性的因素有很多,如反应速率、产物产额以及在混合物中暴露的效应等。但很难找到一个能够全面反映各种因素的指标。

有人提出依据有机物与 HO· 反应的速率来将有机物的反应活性进行分类。原因是大多数有机物均可与 HO· 发生反应,并且在光化学反应中 HO· 是消耗有机物的主要物质。对极易与 O_3 反应的烯烃来说,在照射初期,与 HO· 反应也同样起主要作用。因此,有机化合物与 HO· 之间的反应速率常数大体上反映了烃类的反应活性。

不管是采用哪种度量方法,反应活性大致有如下顺序:

有内双键的烯烃＞二烷基或三烷基芳烃和有外双键的烯烃＞乙烯＞单烷基芳烃＞C_3 以上的烷烃＞C_2～C_5 的烷烃。

（2）控制臭氧的浓度

已知氮氧化物和烃类初始体积分数的大小会影响 O_3 的生成量和生成速率。对于不同的 $\varphi_0(RH)$ 和 $\varphi_0(NO_x)$ 都可以得到一个 O_3 生成的最大值。此最大值与 $\varphi_0(RH)$ 和 $\varphi_0(NO_x)$ 作图,可以绘出 O_3 最大值的等值线图,如图 5.24 所示。此曲线在美国已成为制定控制光化学烟雾污染对策的依据。采用等体积分数曲线为制定对策服务的方法称为 EKMA(empirical kinetic modeling approach)方法。EKMA 方法是用一臭氧等体积分数曲线模式(OZIPP)做出一系列臭氧等体积分数曲线。这些等体积分数曲线是由各种不同体积分数 RH 和 NO_x 的混合物为初始条件,算出 O_3 产生的日最大值,然后绘制三维图而得出的。

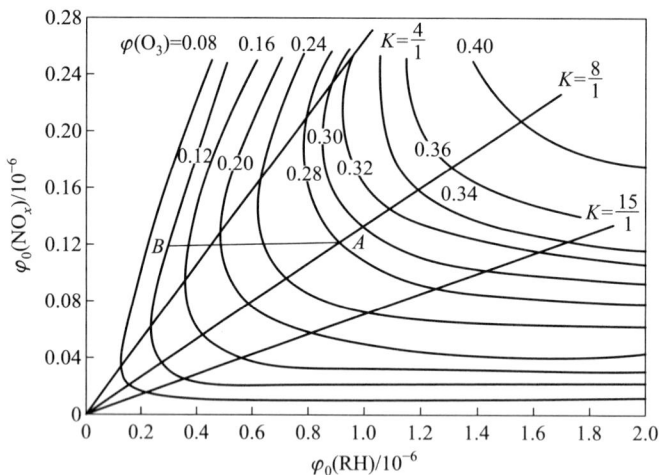

图 5.24　EKMA 方法中的 O_3 等体积分数曲线

问题与讨论

1. 什么是大气环境容量？大气污染的特性有哪些？

2. 叙述大气沉降的机理。

3. 什么是逆温现象？有何利弊？

4. 简述大气中的典型污染物来源及清除方法。

5. 说明烃类在光化学烟雾形成过程中的重要作用。

6. 讨论大气污染治理中存在的问题及有效措施。

7. 论述大气污染问题的环境监测及对策。

第六章　水体污染的形成与迁移转化

第一节　水体污染

一、天然水的基本特征

在自然环境中,水主要以河流、海洋、湖泊、沼泽、雨、雪、水蒸气、地下水、岩浆水、体液、细胞液和血液等形式存在于水圈、大气圈、土壤圈和生物圈中。天然水是构成自然界地球表面各种形态水相的总称,包括江、河、湖泊、海洋、冰川、沼泽等地表水以及土壤、岩石层内的地下水等。地球上天然水总量约为 1.39×10^{18} m³,其中海水占 97.3%,冰川和冰帽占 2.14%,江、河、湖泊等地表水占 0.02%,地下水占 0.61%。目前人类利用的淡水资源,主要是江、河、湖泊水和浅层地下水,仅占全球淡水资源的 0.3%。

1. 天然水的组成

天然水中一般含有可溶性物质和悬浮物质(包括悬浮物、颗粒物、水生生物等)。可溶性物质的成分十分复杂,主要是岩石的风化过程中,经水溶解迁移的地壳矿物质。

（1）无机离子

天然水体含有丰富的离子成分,其中 K^+、Na^+、Ca^{2+}、Mg^{2+}、HCO_3^-、CO_3^{2-}、Cl^-、SO_4^{2-} 是天然水中常见的八大离子,它们占了天然水中离子总量的 95%~99%。这些离子的成分主要来自岩石中的矿物质和大气沉积物。

（2）金属离子

水溶液中金属离子的表示式常写成 M^{n+},$M(H_2O)_x^{n+}$ 表示简单的水合离子。它们可以通过化学反应达到最稳定的状态,酸碱、沉淀、配合及氧化还原反应是它们在水中达到最稳定状态的过程。

水中可溶性金属离子可以多种形式存在。例如,铁以 $Fe(OH)^{2+}$、$Fe(OH)_2^+$、$Fe_2(OH)_2^{4+}$ 和 Fe^{3+} 等形态存在。这些形态在中性(pH=7)水体中的浓度可以通过平衡常数加以计算,

$$[Fe(OH)^{2+}][H^+]/[Fe^{3+}] = 8.9 \times 10^{-4}$$
$$[Fe(OH)_2^+][H^+]^2/[Fe^{3+}] = 4.9 \times 10^{-7}$$
$$[Fe_2(OH)_2^{4+}][H^+]^2/[Fe^{3+}]^2 = 1.23 \times 10^{-3}$$

假设存在固体 $Fe(OH)_3$,则

$$Fe(OH)_3 + 3H^+ \Longleftrightarrow Fe^{3+} + 3H_2O$$

$$[Fe^{3+}]/[H^+]^3 = 9.1 \times 10^3$$

在 pH = 7 时

$$[Fe^{3+}] = 9.1 \times 10^3 \times (1.0 \times 10^{-7})^3 = 9.1 \times 10^{-18}(mol/L)$$

将这个数值代入上面的方程式中,即可得出各种其他形态铁离子的浓度

$$[Fe(OH)^{2+}] = 8.1 \times 10^{-14}(mol/L)$$

$$[Fe(OH)_2^+] = 4.5 \times 10^{-10}(mol/L)$$

$$[Fe_2(OH)_2^{4+}] = 1.02 \times 10^{-23}(mol/L)$$

很明显,在接近中性的天然水体中,水合铁离子的浓度可以忽略不计。

（3）微量元素

在天然水体中,存在一系列元素,如重金属（Zn、Cu、Pb、Ni、Cr 等）,稀有金属（Li、Rb、Cs、Be 等）,卤素（F、Cl、Br、I）及放射性元素等,含量很低,常低于 $1\ \mu g/mL$,但是它们分布广泛,影响水中动植物体的生命活动。

（4）溶解性气体

自然界的水体中总含有一定量的气体,这些气体主要来自三个方面:大气、水中藻类的光合作用以及水中的化学反应,主要的种类有 O_2、CO_2、H_2S、N_2、CH_4 等。气体溶解在水中,对于水生生物生存具有重要意义。例如,鱼类需要溶解氧,污染水体中鱼的死亡通常不是由于污染物的直接毒性致死,而是由于污染物生物降解过程大量消耗水中的溶解氧造成的。许多工业生产过程中会排放有毒有害气体,如 HCl、SO_2、NH_3 等,它们进入水体后,会对水中生物产生不良影响。

气体在水中具有一定的溶解性,一般来说,大气中的气体分子在水中的溶解度服从亨利定律,即一种气体在液体中的溶解度正比于与液体所接触的该种气体的分压。但是亨利定律不能说明气体在溶液中的进一步反应,如 CO_2 等气体因在水中可进一步反应,因此实际溶解量远大于亨利定律表示的量。

（5）有机物

清洁的天然水体中有机物含量较无机物少得多,但其种类十分复杂。一般地,像碳水化合物、脂肪酸、蛋白质、氨基酸、色素、纤维素等及其他一些低分子量的物质,易被微生物利用并转变为简单的无机物。但在动植物残体的腐败过程中存在一部分难以被降解的物质,如油类、蜡、树脂和木质素等,与微生物的分泌物相结合,形成一种褐色或黑色的无定形胶态复合物,即腐殖质,通常为水体中天然有机质主要组成。

（6）水生生物

水生生物可以直接影响许多物质的浓度,其作用有代谢、摄取、转化、存储和释放等,天然水体中的生物种类可以简单地划分为底栖生物、浮游生物、水生植物和鱼类等。而水中的微生物是影响水质最重要的生物体。微生物又可以分为植物性和动物性。植物性微生物按其体内有无叶绿素又可以分为藻类和菌类微生物。生活在水中的单细胞原生动物及轮虫、线虫之类的微小动物属于动物性微生物。

2. 天然水体的性质

（1）碳酸平衡

天然水体中的 CO_2 除来源于空气外,还有岩石、土壤中的碳酸盐和碳酸氢盐矿物的溶解、水生动植物的新陈代谢、水中有机物的生物氧化等。

CO$_2$ 在水中形成酸,可同岩石中的碱性物质发生反应,并可通过沉淀反应变成沉积物而从水中除去。在水和生物体之间的生物化学交换中,二氧化碳占有独特的地位,溶解的碳酸盐化合态与岩石圈、大气圈进行均相、多相的酸碱反应和交换反应,对于调节天然水的 pH 和组成起着重要的作用。

在水体中存在着 CO$_2$、H$_2$CO$_3$、HCO$_3^-$ 和 CO$_3^{2-}$ 等四种化合态,常把 CO$_2$ 和 H$_2$CO$_3$ 合并为 H$_2$CO$_3^*$,实际上 H$_2$CO$_3$ 含量极低,主要是溶解性气体 CO$_2$。因此水中 H$_2$CO$_3^*$ － HCO$_3^-$ － CO$_3^{2-}$ 体系可以用以下反应表示:

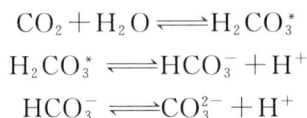

$$CO_2 + H_2O \rightleftharpoons H_2CO_3^*$$
$$H_2CO_3^* \rightleftharpoons HCO_3^- + H^+$$
$$HCO_3^- \rightleftharpoons CO_3^{2-} + H^+$$

（2）碱度与酸度

碱度是指水中能与强酸发生中和作用的全部物质,亦即能接受质子 H$^+$ 的物质总量。组成水中碱度的物质可以归纳为三类:强碱、弱碱、强碱弱酸盐。

在测定已知体积水样总碱度时,可用一个强酸标准溶液滴定,用甲基橙做指示剂,当溶液由黄色变为橙红色时(pH 约 4.3)所得的碱度为总碱度,也称甲基橙碱度;若以酚酞做指示剂,溶液变色时(pH 约 8.3)所得碱度为酚酞碱度;达到 CO$_3^{2-}$ 所需酸量时的碱度为苛性碱度。苛性碱度在实验室中不能迅速地测得,因为不容易找到终点。三种碱度的表达式为:

$$总碱度 = [HCO_3^-] + 2[CO_3^{2-}] + [OH^-] - [H^+]$$
$$酚酞碱度 = [CO_3^{2-}] + [OH^-] - [H_2CO_3^*] - [H^+]$$
$$苛性碱度 = [OH^-] - [HCO_3^-] - 2[H_2CO_3^*] - [H^+]$$

酸度是指水中能与强碱发生中和作用的全部物质,亦即放出质子 H$^+$ 或经过水解能产生 H$^+$ 的物质的总量。组成水中酸度的物质可以归纳为三类:强酸、弱酸、强酸弱碱盐。

以强碱滴定含有碳酸水溶液测其酸度,以甲基橙为指示剂滴定到 pH＝4.3 和以酚酞为指示剂滴定到 pH＝8.3 分别得到无机酸度和 CO$_2$ 酸度。总酸度应在 pH＝10.8 处得到,但此时没有适合的指示剂。三种酸度的表达式为:

$$总酸度 = [H^+] + [HCO_3^-] + 2[H_2CO_3^*] - [OH^-]$$
$$CO_2 酸度 = [H^+] + [H_2CO_3^*] - [CO_3^{2-}] - [OH^-]$$
$$无机酸度 = [H^+] - [HCO_3^-] - 2[CO_3^{2-}] - [OH^-]$$

（3）天然水体的缓冲能力

天然水体的 pH 一般为 6.9,而且对于某一水体,其 pH 几乎保持不变,这说明天然水体具有一定的缓冲能力,其缓冲容量首先取决于所含碳酸浓度,其次因素是内含磷酸盐或腐殖质的浓度。对于地表水而言,一般只具有很小的缓冲容量,不能随意大量地接受酸碱废水,否则将引起 pH 的变化,对水质和水生生物产生很大的影响。一般当地表水实测 pH 小于 4.5 或者大于 10.8 时,表明水体已受到酸碱污染。

二、水体污染扩散理论

当污染物进入环境水体后,将随着环境水体一起运动,同时,由于浓度梯度的存在及环境水体的紊动,污染物沿垂向、横向及纵向扩散;如果污水与受纳水体存在较大的密度差,还将因为对流扩散而在垂向发生物质的迁移。研究物质在水环境中迁移扩散的基本规律,对于保护水资源,控制污染,具有重要的意义。目前研究发现污染物在水体中迁移扩散的主要方式包括:分子扩散、紊动扩散、随流输移、离散及对流扩散等。

分子扩散是物质分子的随机运动而引起的污染物迁移。当水体中污染物浓度不均匀时,污染物将会从高浓度向低浓度迁移。可见,浓度梯度是分子扩散的必要条件。分子扩散遵循 Fick 第二定律,即单位时间内,通过单位面积的扩散物质与溶质的负浓度梯度成正比。需要注意的是:由于环境问题通常研究的都是大尺度的环境水体,而分子扩散的量级通常较小,因此分子扩散的环境意义相对有限。

$$\frac{\partial c}{\partial t} = D_x \frac{\partial^2 c}{\partial x^2} + D_y \frac{\partial^2 c}{\partial y^2} + D_z \frac{\partial^2 c}{\partial z^2} \tag{6.1}$$

式中:　　　c——扩散物质的体积浓度,kg/m^3;

　　　　　t——扩散时间,s;

　　x,y,z——距离,m;

　D_x,D_y,D_z——污染物在不同方向的分子扩散系数,可看作恒量处理。

紊动扩散是由于环境水体的紊动作用而引起的物质的扩散。当水体作紊流运动,或者当水体仅仅受到紊动干扰的情况下,通常发生紊动扩散。紊动扩散比分子扩散快,紊动扩散作用的强弱与水流漩涡运动密切相关。

$$\frac{\partial c}{\partial t} + U_x \frac{\partial c}{\partial x} + U_y \frac{\partial c}{\partial y} + U_z \frac{\partial c}{\partial z}$$
$$= \frac{\partial}{\partial x}\left(E_x \frac{\partial c}{\partial x}\right) + \frac{\partial}{\partial y}\left(E_y \frac{\partial c}{\partial y}\right) + \frac{\partial}{\partial z}\left(E_z \frac{\partial c}{\partial z}\right) + D\left(\frac{\partial^2 c}{\partial x^2} + \frac{\partial^2 c}{\partial y^2} + \frac{\partial^2 c}{\partial z^2}\right) \tag{6.2}$$

式中:E_x,E_y,E_z——污染物在不同方向的紊流扩散系数。

随流输移是指当环境水体处于流动状态时,污染物随水流移动至新位置的现象。而对流扩散是指由于温度差或者密度分层产生浮力而引起的垂直或水平方向的对流运动所伴随的污染物迁移现象。

综上,在水环境中污染物的迁移扩散与环境水体的运动紧密联系。因此,污染物的迁移扩散的基础理论在很多方面可以借鉴水力学的内容。特别是随着数学模型和计算机软件的开发,采用计算机技术对流体和物质运移进行模拟已成为目前研究的主流。

三、水环境容量

1. 水体自净

未经妥善处理的废水进入水体后,经过一系列的物理、化学和生物变化,污染物质被分散、分离和水解,最后,水体基本上或者完全恢复到原来的状态,这个自然净化的过程称为水体自净。

水体自净的过程十分复杂,受到很多因素的影响。从机理上,主要由以下几个过程组成:

(1) 物理过程:稀释、扩散、挥发、沉淀、上浮等过程;

(2) 化学及物理化学过程:中和、絮凝、吸附、络合、氧化、还原等过程;

(3) 生物学和生物化学过程:进入水体的污染物质被水生生物吸附、吸收、吞食消化等过程。

在实际的地面水体中,各项作用相互交织综合作用,从水体污染控制的角度来看,水体对废水的稀释、扩散和生物化学降解是主要的作用过程。

2. 水环境容量

水体的自净作用说明了自然环境对于污染物质有一定的容纳能力。充分利用这种自净作用和容纳能力,正确、合理、经济地确定废水应该处理的程度,对于环境管理和环境工程无疑都是十分重要的。

一定水体在规定的环境目标下所能容纳污染物质的最大负荷量称为水环境容量。其容量大小与下列因素有关:

(1) 受纳水体特征:包括水体的各种水文参数(河宽、河深、流量、流速等)、背景参数(水的 pH、碱度、硬度、污染物质的背景值等)、自净参数(物理的、物理化学的、生物化学的)和工程因素(水上的闸、堤、坝等工程设施以及污水向水体排放的位置和方式等)。

(2) 污染物质特征:例如污染物质的扩散性、持久性、生物降解性等都会影响环境容纳量。一般,污染物的物理化学性质越稳定,环境容量越小。耗氧有机物的水环境容量最大,难降解有机物的水环境容量最小,而重金属的水环境容量则甚微。

(3) 水质目标:水体对污染物的纳污能力是相对于水体满足一定的用途和功能而言的。水的用途和功能要求不同,允许存在于水体中的污染物质的量也不同。

因而,水环境容量既反映了满足特定功能下水体的水质目标,也反映了水体对污染物的自净能力。如果污染物的实际排放量已经超过了水环境容纳量,则必须削减排放量。因此,向水体中排放污染物时,不仅仅需要考虑污染的浓度是否达到排放标准,还必须根据水体的水环境容量实行污染物总量控制。

四、水体污染的形成

1. 水体污染

当水的物理和化学性质发生改变而对水中生物的生长造成了不良的影响,破坏了相关生态系统或通过食物链进一步危害人类健康时,即称为发生了水污染。从本质上说,水污染即是水质的恶化。由于人类活动或自然因素,使水的感官状况(即色、嗅、味、浊度)、物理化学性质、化学成分、生物组成以及底质等发生异常变化,这种现象就是水体污染。

严重的水体污染负荷,极大地超过了水体的自净能力,水体短期内很难恢复到原有状况。水体的正常功能遭到严重破坏后,将给环境质量、资源质量、生物质量、人体健康及社会发展造成严重的危害和损失。

2. 水体污染源

水体污染源是指水体中污染物的来源。通常是指向水体排入污染物或对水体产生有害影响的场所、设备和装置。按污染源的来源可以分为天然源和人为源。

天然源是指自然界自行向水体释放有害物质或造成有害影响的场所。岩石和矿物的风化和水解、火山喷发、水流冲蚀地表、大气降尘的降水淋洗、生物在地球化学循环中释放物质等,都属于天然污染源。通常把由于自然原因而造成的水中杂质含量称为自然本底值或背景水平。

人为源是指人类活动形成的污染源,是环境保护研究和水污染防治的重点对象。它们包括生活污水、工业废水、农田排水和矿山排水等。此外,废渣和垃圾堆积在土地上或倾倒在岸边、水中,废气排放到大气中,经降雨淋洗和地面径流后各种杂质又流入水体造成水体污染。根据污染排放的特点,可以将水体污染人为源分为点源和非点源。水污染点源是指以点状形式排放而使水体造成污染的发生源。一般工业废水和生活污水经污水处理厂或管渠输送到水体排放口,作为重点污染点源向水体排放。这种点源含污染物多、成分复杂。水污染非点源,也称水污染面源,是以面积形式分布和排放污染物而造成水体污染的发生源,坡面径流与农田灌溉是水体面源污染的重要来源。

3. 水体污染的类型

(1) 化学性污染

① 无机污染物质

污染水体中存在酸、碱和一些无机盐类。酸污染主要来自矿山排水和工业废水。碱污染主要来自碱法造纸、炼油、制革、制碱等工业废水。酸碱污染使水体 pH 发生变化,抑制或杀死细菌及其他微生物的生长,妨碍水体自净作用。还会腐蚀船舶和水下建筑物,破坏水体生态平衡。一些工业废水中含有无机盐类,它们排入水体后将提高水的硬度和增加水的渗透压,降低水中溶解氧,对淡水生物产生不良影响。

② 无机有毒物质

污染水体中无机有毒物质主要是重金属。重金属在自然界中不会自行消失,但是可以通过食物链富集而直接作用于人体,引起严重的疾病或促使慢性病的发生。

③ 有机有毒物质

有机有毒物质很多,主要包括各类农药、多环芳烃、芳香胺等。这些物质来自农田排水和某些工业废水,如焦化、染料、农药等。它们之中很多是自然界中本来没有而人工合成的物质,化学性质稳定,很难生物降解,也被称为持久性有机污染物。

④ 需氧污染物质

生活污水、养殖废水和某些工业废水中所含的碳水化合物、蛋白质、脂肪、酚、醇等有机物在微生物作用下分解,分解过程中需要消耗氧气,因而被称为需氧污染物质。如果这类物质大量进入水体,会快速消耗水中溶解氧,导致溶解氧缺乏,影响水中鱼类和其他水生生物的生长。水中溶解氧耗尽后,有机物质进一步厌氧分解产生大量的硫化氢、氨、硫醇等,使水质发黑发臭,环境质量进一步下降。

⑤ 植物营养物质

生活污水和部分工业废水中经常含有一定量的氮磷元素,水中氮磷含量较高时,会造成水中藻类等浮游植物及水草大量繁殖,即"富营养化"。藻类死亡后,会分解大量营养物质,导致藻类的进一步繁殖。如此循环下去,使水中溶解氧含量下降,水质恶化,鱼类死亡,严重的还会导致水草丛生,湖泊退化。

⑥ 油类污染物质

炼油和石油化工工业、海底石油开采、游轮压舱以及大气中污染烃类的沉降等都使水体遭到严重的油类污染,影响水质,破坏海滩,危害水生生物。

(2) 物理性污染

① 悬浮物质污染

悬浮物质是指水中含有的不溶性物质,包括固体物质和泡沫等。它们是由生活污水、垃圾和采矿、建筑、食品、造纸等产生的废物排放入水体或农田的水土流失所引起的。悬浮物质影响水体外观,妨碍水中植物的光合作用,减少氧气的溶入,对水生生物不利。如果悬浮颗粒上吸附有毒有害物质,则危害更甚。

② 热污染

来自热电厂、核电站及各种工业过程中的冷却水,若不采取措施,直接排入水体,可能引起水体温度升高,溶解氧含量降低,水中存在的某些有毒物质的毒性加强,从而危及水生生物的生长。

③ 放射性污染

由于原子能工业的发展、放射性矿藏的开采、核试验和核电站的建立以及同位素在医学、工业、研究等领域的应用,使得放射性废水、废物显著增加,造成一定的放射性污染。

(3) 生物性污染

生活污水,特别是医院污水和某些工业废水污染水体之后,往往可带有一些病原微生物和病毒。某些寄生虫病等也可以通过水进行传播。

第二节　水体中的典型污染物

一、氮、磷营养物

对水体中藻类等浮游生物来说,营养物质指那些促进其生长或修复其组织的能源性物质。在适应的光照、温度、pH 及营养物质充分的条件下,天然水体的藻类进行光合作用,合成本身的原生质,其总反应式如下:

$$106CO_2 + 16NO_3^- + HPO_4^{2-} + 122H_2O + 18H^+ + 能量 + 微量元素 \longrightarrow C_{106}H_{263}O_{110}N_{16}P(藻类原生质) + 138O_2$$

按照原生质的合成反应式可见,关键性营养物质是氮、磷的无机化合物。

水体中氮、磷元素的最主要来源是:

① 降水:大气中的氮氧化物、氨、硝酸盐和铵盐气溶胶等含氮化合物通过干湿沉降进入地表水,是水中营养元素的来源之一,研究资料表明,雨水中硝酸盐氮含量在 0.16～1.06 mg/L 之间,氨氮的含量在 0.04～1.70 mg/L 之间。对于大面积湖泊或水库,从降水中接纳含氮类营养物质的数量相当可观,部分地区水体富营养化问题加剧与大气含氮污染物的增加有直接的关系。磷元素没有常见的气态形式,在大气中只少量存在于颗粒物中。与氮元素相比,大气沉降对磷元素的贡献相对小。

② 农田排水:由于天然固氮作用和农用氮、磷肥的使用,土壤中积累了大量营养物质。当庄稼生长期很短而没有充分吸收农田中的肥料或农田坡度很大时,过剩的肥料中溶解性较强的部分会被雨水、农田排水冲刷到附近的河流或湖泊中,引起水体中氮、磷元素的浓度的升高。此外,饲养家畜的过程所产生的废物中也含有相当高浓度的和相当数量的营养物质,有可能通过排水进入邻近水体。

③ 市政排水:大多数情况下,排放磷的主要点源是市政污水。其中所含磷的主要来源是食品污染、合成洗涤剂、人畜粪便等。洗涤剂中多聚磷酸盐的存在提高了洗涤的效率,但

在使用过程中会随着污垢、油渍一起悬浮到水中进入污水管道,然后排入邻近水体。磷的面源包括各种城市、农业和森林径流和渗滤等,比点源更加难以控制。此外,在污水处理厂处理污水的过程中,也会用到许多含氮磷的化学药剂,这些物质也可能进入水体。

④ 工业排水:在磷酸的生产过程中会产生磷石膏的废物,生产过程中的磷损失量达到了 2%,磷石膏的废渣一般被填埋在地下,但由于填埋后渗滤出的部分相当可观,是周围水体营养物的一个直接来源。此外,毛纺、制革、造纸、印染及食品加工工业等排放出的废水中也含有大量的植物营养素。

⑤ 水产养殖排水:在许多湖区,由于片面地追求高产、高效益,不断增加养殖密度,实行多投饵、多产出的不合理养殖方式,使湖泊中饵料过多地富集,其中含有的大量可溶性营养物质在水中溶解,造成水质变差;此外,养殖生物的排泄物中也含有大量的溶解性营养物质,进入水体后,危害水体健康。

大量氮磷元素进入湖泊、水库、河口、海湾等缓流水体,引起藻类及其他浮游生物迅速繁殖,使水体溶解氧量下降,水质恶化,以致出现鱼类等水生生物大量死亡的现象,即为水体富营养化。水体出现富营养化时,浮游生物大量繁殖,因优势浮游生物颜色不同,水面往往呈现蓝色、红色、棕色或者乳白色等。这种现象在江河、湖泊中称为水华,在海水中则叫赤潮。

二、酸碱污染物

污染水体中的酸主要来自酸雨、矿山排水和各类工厂特别是冶金、化工、造纸等工厂的生产废水。碱主要来自碱法造纸、化学纤维、制碱、制革和炼油等工业废水。酸性废水或碱性废水中和处理后可以产生盐,而且这两类废水与地表物质相互反应也能生成一般无机盐类,所以酸碱污染一定伴随无机盐类的污染。酸、碱或盐类污染物通常以水溶液的形态存在于环境中,它们溶于水后会通过离解或者进一步水解产生各种相应的阳离子和阴离子,这些离子会更进一步地发生配合、氧化还原、酸碱、沉淀等反应。酸碱污染物对水体的危害主要包括:改变水体溶解物质的存在形式并进而改变其毒性;腐蚀水下建筑物;影响水中生物的生长繁殖。

三、重金属

重金属是构成地壳的物质,在自然界中分布广泛,是指比重大于或等于 5.0 的金属。一般是指对生物有显著毒性的元素,如汞、铅、镉、铬、锌、铜、钴、镍、锡、钡、锑等,从毒性角度通常将砷、铍、锂、硒、硼、铝等也包括在内。

重金属污染物有如下几个特征:

① 形态多:重金属属于过渡元素,它们有多种化合价,有较强的化学活性。化学反应随条件不同常产生不同形态的化合物。不同形态化合物其毒性是不相同的,一般重金属的毒性主要取决于游离(水合)态,而大部分稳定配合物及其与胶体颗粒结合的形态则毒性较低。如铝离子能穿过血脑屏障进入人脑,引起痴呆症,而铝的其他形态则没有这种毒性。

② 易形成金属有机化合物：重金属形成金属有机化合物后毒性比金属无机化合物毒性大，如甲基氯化汞的毒性大于氯化汞；四乙基铅、四乙基锡的毒性分别大于二氧化铅、二氧化锡。

③ 不同价态毒性不同：如 6 价铬毒性大于 3 价铬；2 价汞大于 1 价汞；亚砷酸盐的毒性是砷酸盐的 60 倍。此外，重金属的价态相同，若化合物不同其毒性也不相同，氧化铅的毒性大于碳酸铅。

④ 可发生多种化学过程：重金属在环境中迁移转化形式多变，几乎包括水体中全部的物理、化学过程。化学反应有水合、水解、中和、沉淀、络合、氧化还原、有机化等；胶体化学过程有离子交换、表面络合、吸附、解吸、吸收、聚合等；生化过程有生物摄取、富集、生物甲基化等。在水体中重金属迁移的主要载体以悬浮物、沉淀物为主。

⑤ 产生毒性效应的浓度范围较低：一般仅 $1 \sim 10$ mg/L，毒性较强的重金属有汞、镉等浓度范围仅 $0.001 \sim 0.01$ mg/L（汞、镉、铅、铬、砷俗称重金属五毒）。对水生生物而言，不同生物对金属耐毒能力是不一样的，金属毒性顺序是 $Hg > Ag > Cu > Cd > Zn > Pb > Cr > Ni > Co$。

⑥ 对人体、生物的毒害具有积累性。重金属对人体的毒性往往经过几年或几十年时间的长期潜伏。

进入环境的重金属有不同的来源，其中主要来源包括：① 地质风化作用；② 各种工业过程，如采矿、冶炼、金属的表面处理和电镀、油漆和染料制作；③ 燃料燃烧引起的大气散落；④ 泄露、污水排放、丢弃垃圾的金属淋溶；⑤ 地表径流及家庭系统中的管道和水槽等。

四、有机污染物

水体中有机污染物的种类繁多，从污染角度可将有机污染物分为耗氧有机物和有毒有机物。耗氧有机物是指生活污水和某些工业废水中所含的碳水化合物、蛋白质和脂肪等。它们在微生物的作用下最终分解为无机物质 CO_2 和 H_2O 等，其危害性主要在于分解过程中需要消耗大量的溶解氧。天然水体中有毒有机物含量很少，但随着现代工业的高速发展，许多难分解、有剧毒的有机物被人工制造出来，如合成洗涤剂、有机农药等。有毒有机物主要包括：酚类、多环芳烃、硝基苯类、氯苯类、酞酸酯、有机农药类、多氯联苯和多溴联苯醚等。有机污染物本身的物理化学性质如溶解性、分子极性、蒸气压、电子效应等都影响有机污染物在水环境中的归趋及生物可利用性。这些有机物通常含量低、毒性大、异构体多、毒性大小差别很大。部分有毒有机物为高毒性的持久性有机污染物（POPs），具有致癌性、生殖毒性、神经毒性、内分泌干扰性等危害，对人体健康有直接的威胁。

持久性有机污染物的污染特点可概括为：

① 高毒性：在低浓度时也会对生物体造成伤害，例如，二噁英类物质中最毒者的毒性相当于氰化钾的 1 000 倍以上，号称是世界上最毒的化合物之一，每人每日能容忍的二噁英摄入量为每公斤体重 1 pg，二噁英中的 2,3,7,8 - TCDD 只需几十 pg 就足以使豚鼠毙命，连续数天施以每公斤体重若干皮克的喂量能使孕猴流产。

② 持久性：具有抗光解性、抗化学分解和抗生物降解性，例如，二噁英系列物质在气相中

的半衰期为 8～400 d,水相中为 166 d～2 119 a,在土壤和沉积物中为 17～273 a。

③ 生物积累性:具有高亲油性和高憎水性,其能在生物体的脂肪组织中进行生物积累,可通过食物链的生物放大作用危害人类健康。

④ 流动性大:可以通过风和水流传播很长的距离。有毒有机物一般是半挥发性物质,在室温下就能挥发进入大气层。因此,它们能从水体或土壤中以蒸气形式进入大气环境或者附在大气中的颗粒物上,由于其具持久性,所以能在大气环境中远距离迁移而不会全部被降解,但半挥发性又使得它们不会永久停留在大气层中,它们会在一定条件下又沉降下来,然后又在某些条件下挥发。这样的挥发和沉降重复多次就可以导致分散到地球上各个地方,连北极圈这种远离污染源的区域都发现了多氯联苯等持久性有机污染物。

第三节　污染物在水体中的迁移行为

污染物进入自然水体之后,随着水的迁移运动、污染物的分散运动以及污染物的衰减转化运动,污染物在水体中得到稀释和扩散,从而降低了污染物在水体中的浓度,它起着一种重要的"水体物理净化作用"。水体中污染物的迁移运动主要包括以下几个方面:污染物随着水体流动的迁移、扩散和稀释;水体颗粒物发生物理性重力沉降或胶体颗粒聚集;污染物在颗粒物表面发生吸附与分配;污染物通过挥发进入大气。

一、污染物在水体中的平流迁移和扩散

1. 平流迁移作用

平流迁移是指污染物在水流作用下产生的迁移作用。污染物质点之间以及污染物质点与水分子之间不发生相互碰撞、混合,这就是一种简单的流动形式。在平流迁移的作用下污染物的迁移通量可按照下式计算:

$$f_x = u_x c, \quad f_y = u_y c, \quad f_z = u_z c \tag{6.3}$$

式中:f_x、f_y、f_z——x、y、z 方向上的污染物平流迁移通量,kg/(m² · s);

$\quad\quad u_x$、u_y、u_z——水流速在空间三个方向(即 x、y、z 方向)上的分量,m/s;

$\quad\quad c$——水中污染物的浓度,kg/m³。

水体对污染物的平流迁移作用只能改变污染物的空间位置,不能改变污染物的浓度。

2. 扩散作用

污染物在河流水体中的扩散作用有三种方式:分子扩散、湍流扩散(紊流扩散)和弥散。湖泊、水库等静水体,在没有风生流、异重流(由温度差、浓度差引起)、行船等产生的紊动作用时,扩散稀释的主要方式是分子扩散。流动水体的扩散方式主要是紊流扩散与弥散。

在确定污染物的分散作用时,假定污染物质点的动力学特性与水的质点一致。这一假设对于多数溶解污染物或胶体状污染物是可以满足的。

（1）分子扩散

分子扩散是由污染物分子的随机运动引起的质点分散现象。分子扩散过程遵循菲克 (Fick)第一定律,即分子扩散的质量通量与扩散物质的浓度梯度成正比:

$$D_x^1 = -S_m \frac{\partial c}{\partial x}, \quad D_y^1 = -S_m \frac{\partial c}{\partial y}, \quad D_z^1 = -S_m \frac{\partial c}{\partial z} \tag{6.4}$$

式中：D_x^1、D_y^1、D_z^1——x、y、z方向上,由分子扩散导致的污染物扩散通量,$kg/(m^2 \cdot s)$;

S_m——分子扩散系数,m^2/s;

c——分子扩散所传递物质的浓度,kg/m^3;

负号（—）表示沿污染浓度减少方向扩散。

（2）湍流扩散

湍流扩散是在河流水体的湍流场中质点各种状态(流速、压力、浓度等)的瞬时值相对于其平均值的随机脉动而导致的分散现象。当水流体质点的紊流瞬时脉动速度为稳定的随机变量时,湍流扩散规律可以用菲克第一定律表达,即：

$$D_x^2 = -S_x \frac{\partial \bar{c}}{\partial x}, \quad D_y^2 = -S_y \frac{\partial \bar{c}}{\partial y}, \quad D_z^2 = -S_z \frac{\partial \bar{c}}{\partial z} \tag{6.5}$$

式中：D_x^2、D_y^2、D_z^2——x、y、z方向上由湍流扩散导致的污染物扩散通量,$kg/(m^2 \cdot s)$;

S_x,S_y,S_y——x,y,z方向上的湍流扩散系数,m^2/s;

$\bar{c}$——通过湍流扩散所传递物质的平均浓度,kg/m^3。

（3）弥散作用

弥散作用可以定义为由空间各点湍流流速(或其他状态)的 1 h 平均值与流速 1 h 平均值的空间平均值的系统差别所产生的分散现象。弥散作用是由于横断面上实际的流速分布不均匀引起的,在用断面平均流速描述实际的运动时,就必须考虑一个附加的、由流速不均匀引起的作用——弥散。弥散作用所导致的质量通量可以使用菲克第一定律来描述：

$$D_x^3 = -d_x \frac{\partial \bar{\bar{c}}}{\partial x}, \quad D_y^3 = -d_y \frac{\partial \bar{\bar{c}}}{\partial y}, \quad D_z^3 = -d_z \frac{\partial \bar{\bar{c}}}{\partial z} \tag{6.6}$$

式中：D_x^3、D_y^3、D_z^3——x、y、z方向上由弥散作用导致的污染物扩散通量,$kg/(m^2 \cdot s)$;

d_x,d_y,d_y——x,y,z方向上的弥散系数,m^2/s;

$\bar{\bar{c}}$——湍流时平均浓度的空间平均值,kg/m^3。

由于在实际计算中一般都采用湍流时的平均值,因此必然要引入湍流扩散系数。分子扩散系数在河流中的量级为 $10^{-5} \sim 10^{-4}$ m^2/s;而湍流扩散系数要大得多,它在河流中的量级为 $10^{-2} \sim 1$ m^2/s。弥散作用只有在取湍流时平均值的空间平均值时才发生,因此弥散作用大多发生在河流中。一般河流中弥散作用的量级为 $10 \sim 10^4$ m^2/s。

污染物在水体中的扩散模型

二、污染物在水体中的重力沉降和聚集

1. 重力沉降

吸附于水体颗粒物上的污染物可以发生物理性重力沉降(gravity settling)。对于球形颗粒物,在静止水体中的重力沉降速度也可以用斯托克斯定律描述。

$$v = \frac{(\rho_1 - \rho_2)gd^2}{1.8\mu} \qquad\qquad (6.7)$$

式中：v——重力沉降速度，cm/s；

μ——水体黏度，Pa·s；

ρ_1——颗粒密度，g/cm³；

ρ_2——水体密度，g/cm³；

g——重力加速度，m/s²；

d——颗粒直径，cm。

应用斯托克斯定律时有很多条件限制。对于水体中粒径小于 2 μm 的小粒子，由于布朗运动的影响，它的沉降速率将小于上述公式计算值；反之，对于水体中的砂粒，由于在沉降时会产生湍流，它的沉降速率将大于上述公式计算值。

水体的密度和黏度随温度和盐分含量而变化，有关数据可以从一些专业手册查得。对沉降速率大小有决定意义的是颗粒本身的密度、大小和形状。呈单一颗粒状的一般矿物密度近 2.6 g/cm³，也有很多重矿石的密度可达 5～7 g/cm³。有机物颗粒比较轻，密度可在 0.001～0.1 g/cm³。由于天然水体中存在的颗粒物种类甚多，它们的密度大小又有很大差异，所以要用单一的斯托克斯定律来描述整体沉降情况也是有困难的。粒子的形状也是影响沉降速率的重要因素。在水体中经受长期磨洗的粗粒，其沉降速率与相同体积的球形颗粒相近。越是小的颗粒，其非球形状的因素越是显著，例如云母黏片的沉降速率比等体积球形颗粒小两个数量级。

2. 胶体颗粒聚集

胶体颗粒的聚集称为凝聚或絮凝。在讨论聚集的化学概念时，这两个名词时常交换使用。这里把由电介质促成的聚集称为凝聚，而由聚合物促成的聚集称为絮凝。胶体颗粒是长期处于分散状态还是相互作用聚集结合成为更粗粒子，将决定着水体中胶体颗粒及其上面的污染物的粒度分布变化规律，影响到其迁移输送和沉降归宿的距离和去向。

（1）胶体颗粒凝聚的基本原理

典型胶体的相互作用是以胶体稳定性理论（DLVO 理论）为定量基础。DLVO 理论把范德瓦耳斯力吸引力和扩散双电层排斥力考虑为仅有的作用因素，它适用于没有化学专属吸附作用的电解质溶液中，而且假设颗粒是力度均等、球体形态的理想状态。这种颗粒在溶液中进行热运动，其平均动能为 $\frac{3}{2}kT$，两颗粒在相互接近时产生集中作用力，即多分子范德瓦耳斯、静电排斥力和水化膜阻力。这几种力相互作用的综合位能随相隔距离所发生的变化，如图 6.4 所示。

总的综合作用位能为

$$V_T = V_R + V_A \qquad\qquad (6.8)$$

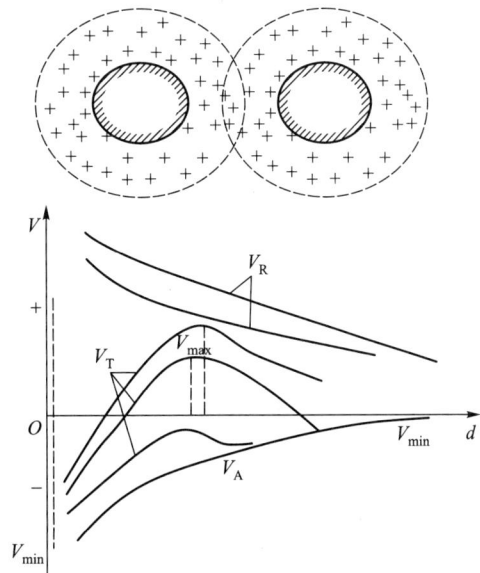

图 6.4　综合位能曲线

127

式中：V_A——由范德瓦耳斯力所产生的位能；

V_R——由静电排斥力所产生的位能。

由图中曲线可见：a. 不同溶液离子强度有不同 V_R 曲线，V_R 随颗粒间的距离按指数率下降。b. V_A 则只随颗粒间的距离变化，与溶液中离子强度无关。c. 不同溶液离子强度有不同的 V_T 曲线。在溶液离子强度较小时，综合位能曲线上出现较大位能峰（V_{max}），此时，排斥作用占较大优势，颗粒借助于热运动能量不能超越此位能峰，彼此无法接近，体系保持分散稳定状态。当离子强度增大到一定程度时，V_{max} 由于双电层被压缩而降低，则一部分颗粒有可能超越该位能峰。当离子强度相当高时，V_{max} 可以完全消失。

颗粒物超过位能峰后，由于吸引力占优势，促使颗粒间继续接近，当其达到综合位能曲线上近距离的极小值（V_{min}）时，则两颗粒就可以结合在一起。不过，此时颗粒间尚隔有水化膜。在某些情况下，综合位能曲线上较远距离也会出现一个极小值（V_{min}），成为第二个极小值，它有时也会使颗粒相互结合。

凝聚物理理论说明了凝聚作用的因素和机理，但它只适用于电解质浓度升高压缩扩散层造成颗粒聚集的典型情况，即一种理想化的最简单的体系，天然水或其他实际体系中的情况要复杂很多。

异体凝聚理论适用于处理物质本性不同、粒径不等、电荷符号不同、电位高低不等之类的分散体系。异体凝聚理论的主要论点为：如果两个电荷符号相异的胶体颗粒接近时，吸引力总是占优势；如果两个颗粒电荷符号相同但电性强弱不等，则位能曲线上的能峰高度总是取决于荷电较弱而电位较低的一方。因此，在异体凝聚时，只要其中有一种胶体的稳定性低而电位达到临界状态，就可以发生快速凝聚，而不论另一种胶体的电位高低。

（2）胶体颗粒凝聚的方式

天然水环境和水处理过程中遇到的颗粒聚集方式，大体概括如下：

a. 压缩双电层凝聚。由于水中电介质浓度增大而离子强度升高，压缩扩散层，使颗粒相互吸引结合凝聚。

b. 专属吸附凝聚。胶体颗粒专属吸附异电的离子化合态，降低表面电位，即产生电中和现象，使颗粒脱稳而凝聚。这种凝聚可以出现超荷状况，使胶体颗粒改变电荷符号后，又趋于稳定分散状况。

c. 胶体相互凝聚。两种电荷符号相反的胶体相互中和而凝聚，或者其中一种荷电很低而相互凝聚，都属于异体凝聚。

d. "边对边"絮凝。黏土矿物颗粒形状呈板状，其板面带负电荷而边缘带正电荷，各颗粒的边与面之间可由静电引力结合。这种聚集方式的结合力较弱，且具有可逆性，因而，往往生成松散的絮凝体，再加上"边对边""面对面"的结合，构成水中黏土颗粒自然絮凝的主要方式。

e. 第二极小值絮凝。在一般情况下，位能综合曲线上的第二极小值较弱，不足以发生颗粒间的结合，但若颗粒较粗或在某一维方向上较长，就有可能产生较深的第二极小值，使颗粒相互聚集。这种聚集属于较远距离的接触，颗粒本身并未完全脱稳，因而比较松散，具有可逆性。这种絮凝在实际体系中有时是存在的。

f. 聚合物黏结架桥絮凝。胶体微粒吸附高分子电解质而凝聚，属于专属吸附类型，主要是异电中和作用。不过，即使负电荷胶体颗粒也可吸附非离子型高分子或弱阴离子型高分子，这也是异体凝聚作用。此外，聚合物具有链状分子，它也可以同时吸附在若干个胶体微粒上，在微粒之间架桥黏结,使它们聚集成团。这时,胶体颗粒可能未完全脱稳,也是借助于第三者的絮凝现象。如果聚合物同时可发挥电中和及黏结架桥作用,就表现出较强的絮凝能力。

g. 无机高分子的絮凝。无极高分子化合物的尺度远低于有机高分子,它们除对胶体颗粒有专属吸附电中和作用外,也可结合起来在较近距离起黏结架桥作用,要求颗粒在适当脱稳后才能黏结架桥。

h. 絮团卷扫絮凝。已经发生凝聚或絮凝的聚集体絮团物,在运动中以其巨大吸附卷带胶体微粒,生成更大絮团,使体系失去稳定而沉降。

i. 颗粒层吸附絮凝。水溶液透过颗粒层过滤时,由于颗粒表面的吸附作用,使水中胶体颗粒相互接近而发生凝聚或絮凝。吸附作用强烈时,可对凝聚过程起强化作用,使在溶液中不能凝聚的颗粒得到凝聚。

j. 生物凝聚。藻类、细菌等微小生物在水中也具有胶体性质,带有电荷,可以发生凝聚。特别是它们往往可以分泌出某种高分子物质,发挥絮凝作用,或形成胶团状物质。

在实际水环境中,上述种种凝聚、絮凝方式并不是单独存在的,往往是数种方式同时发生,综合发挥聚集作用。悬浮沉积物是最复杂的综合絮凝体,其中的矿物微粒和黏土矿物、水合金属氧化物和腐殖质、有机物等相互作用,基本包含了上述的十种聚集方式。

三、污染物在水体中的吸附与分配作用

1. 吸附作用机理

天然水体作为一个巨大的分散系统,其中的颗粒物质可以吸附水体中的各种污染物质,从而显著影响污染物在水体中的存在形态和迁移转化规律。呈离子或分子状态的溶质在固体或天然胶体边界层相对聚集的现象称为吸附(adsorption)。也有人认为,溶质在固体表面或天然胶体表面上浓度升高,而在液体中浓度下降的现象叫作吸附。其实,这种吸附是一种表观吸附,一般称之为吸着(sorption)。与此过程相反,被吸附的溶质从固体表面离去的现象称为解吸(desorption)。吸附溶质的固体或胶体物质称为吸附剂(adsorbent),被吸附的溶质称为吸附质(adsorbate)。在水环境中,悬浮粒子和沉积物都可成为吸附剂,吸附着作为吸附质的各种污染物质。从热力学观点考虑,由于吸附过程是自发发生的,自由焓变化 ΔG^0 为负值;又因为吸附质的分子或离子在过程中增大了有序度,所以熵变 ΔS^0 也为负值,因此按 $\Delta G^0 = \Delta H^0 - T\Delta S^0$ 式,焓变 ΔH^0 必须小于零,也就是说,吸附过程都是放热的过程。

根据吸附过程的内在机理,吸附作用可大体分为表面吸附、离子交换吸附和专属吸附等。

(1) 表面吸附

表面吸附是一种物理吸附。这种吸附作用的发生动力来自胶体巨大的比表面和表面能,胶体表面积越大,所产生的表面吸附能也越大,胶体吸附作用也就越强。物理吸附中的吸附质一般是中性分子,吸附力是范德瓦耳斯力,吸附热一般小于 40 kJ/mol。被吸附分子不是紧贴在吸附剂表面上的某一特定位置,而是悬在靠近吸附剂表面的空间中,所以这种吸附作用是非选择性的,且能形成多层重叠的分子吸附层。物理吸附又是可逆的,在温度上升或介质中吸附质浓度下降时会发生解吸。

(2) 离子交换吸附

离子交换吸附又称极性吸附。离子交换吸附由呈离子状态的吸附质与带异号电荷的吸附

剂表面间发生静电吸力而引起。离子交换作用也可归入交换吸附这一类。通常,吸附质离子带电荷量越大或其水合离子半径越小,则这种静电引力越大。环境中大部分胶体带负电荷,少数例外,容易吸附各种阳离子,在吸附过程中,胶体每吸附一部分阳离子,同时也放出等量的其他阳离子,它属于物理化学吸附。这种吸附是一种可逆反应,而且能够迅速达到可逆平衡。该反应不受温度影响,在酸碱条件下均可进行,其交换吸附能力与溶质的性质、浓度及吸附剂性质等有关。对于那些具有可变电荷表面的胶体,当体系 pH 高时,也带负电荷并能进行交换吸附。

（3）专属吸附

离子交换吸附对于从概念上解释胶体颗粒表面对水合金属离子的吸附是有用的,但是对于那些在吸附过程中表面电荷改变符号,甚至可使离子化合物吸附在同号电荷表面上的现象无法解释。因此,近年来有学者提出了专属吸附作用。专属吸附是指吸附过程中,除了化学键的作用外,尚有加强的憎水键和范德瓦耳斯力或氢键在起作用。专属吸附作用不但可使表面电荷改变符号,而且可使离子化合物吸附在同号电荷的表面上。在水环境中,配离子、有机离子、有机高分子和无机高分子的专属吸附作用特别强烈。例如,简单的 Al^{3+}、Fe^{3+} 高价离子并不能使胶体电荷因吸附而变号,但其水解产物却可达到这点,这就是发生专属吸附的结果。

专属吸附过程中,有化学键的形成,因此属于化学吸附,吸附热一般在 $120 \sim 200$ kJ/mol,有时可达 400 kJ/mol 以上。温度升高往往能使吸附速度加快。通常在化学吸附中只形成单分子吸附层,且吸附质分子被吸附在固体表面的固定位置上,不能再作左右前后方向的迁移。这种吸附一般是不可逆的,但在超过一定温度时也可能被解吸。

专属吸附的特点:① 在中性表面甚至在与吸附离子带相同电荷符号的表面也能进行吸附作用。例如,水锰矿对碱金属离子(K、Na)及过渡金属离子(Co、Cu、Ni)的吸附特性不同。对于碱金属离子,在低浓度时,当体系 pH 在水锰矿零电点(ZPC)以上时,发生吸附作用。这表明该吸附作用属于离子交换吸附。而对于 Co、Cu、Ni 等离子的吸附则不同,当体系 pH 在 ZPC 处或小于 ZPC 时,都能进行吸附作用,这表明水锰矿不带电或带正电荷均能吸附过渡金属元素。表 6.1 列出水合氧化物对金属离子的专属吸附机理与非专属吸附的区别。② 水合氧化物胶体对重金属离子有较强的专属吸附作用。这种吸附作用发生在胶体双电层的 Stern 层中,被吸附的金属离子进入 Stern 层后,不能被通常提取交换性阳离子的提取剂提取,只能被亲和力更强的金属离子取代,或在强酸性条件下解析。

表 6.1　水合氧化物对金属离子的专属吸附与非专属吸附的区别

项目	非专属吸附	专属吸附
发生吸附的表面净电荷的符号	−	−,0,+
金属离子所起的作用	反离子	配离子
吸附时所发生的反应	阳离子交换	配体交换
发生吸附时要求体系的 pH	>零点电位	任意值
吸附发生的位置	扩散层	内层
对表面电荷的影响	无	负电荷减少,正电荷增加

注:本表摘自陈静生,1987。

2. 吸附等温线和等温式

吸附是指溶液中的溶质在界面层浓度升高的现象。水体中颗粒物对溶质的吸附是一个动态平衡过程,在固定的温度条件下,当吸附达到平衡时,颗粒物表面上的吸附量(G)与溶液中溶质平衡浓度(c)之间的关系,可用吸附等温线来表达。水体中常见的吸附等温线有三类,即 Henry 型、Freundlich 型和 Langmuir 型,简称 H 型、F 型和 L 型,见图 6.5。

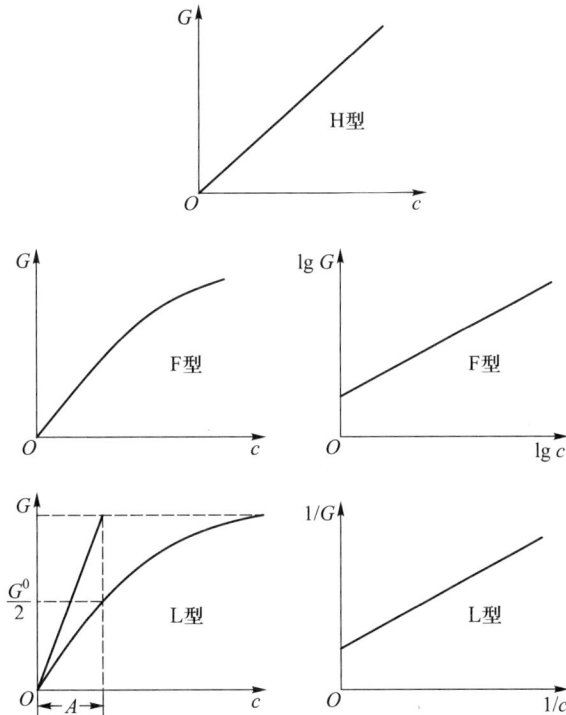

图 6.5 常见吸附等温线(汤鸿霄,1988)

H 型等温线为直线型,其等温式为

$$G = kc \tag{6.9}$$

式中:k——分配系数。

该等温式表明溶质在吸附剂与溶液之间按固定比值分配。

F 型等温式为

$$G = kc^{\frac{1}{n}} \tag{6.10}$$

若两侧取对数,则有

$$\lg G = \lg k + \frac{1}{n}\lg c \tag{6.11}$$

以 $\lg G$ 对 $\lg c$ 作图得一直线。$\lg k$ 为截距,因此,k 值是 $\lg c = 0$ 时的吸附量,它可以大致表示吸附能力的强弱。$\dfrac{1}{n}$ 为斜率,它表示吸附量随浓度增长的强度。该等温线不能给出饱和吸附量。

L 型等温式为

$$G = G^0 c / (A + c) \tag{6.12}$$

式中:G^0——单位表面上达到饱和时间的最大吸附量;

A——常数。

G 对 c 作图得到一条双曲线,其渐近线为 $G=G^0$,即当 $c \to \infty$ 时,$G \to G^0$。在等温式中 A 为吸附量达到 $G^0/2$ 时溶液的平衡浓度。

将上式转化为

$$\frac{1}{G} = \frac{1}{G^0} + \frac{A}{G^0}\frac{1}{c} \tag{6.13}$$

以 $1/G$ 对 $1/c$ 作图,同样得到一直线。

等温线在一定程度上反映了吸附剂与吸附物的特性,其形式在许多情况下与实验所用的溶质浓度区段有关。当溶质浓度很低时,可能在初始区段中呈现 H 型,当浓度较高时,曲线可能表现为 F 型,但统一起来仍属于 L 型的不同区段。

3. 吸附作用的影响因素

(1) 金属离子的形态

以汞为例,在水环境中的胶体对甲基汞的吸附作用与对氯化汞的吸附作用基本相同。由于作用机制的不同,在天然水体中,含硫沉积物对甲基汞的吸附能力比对无机汞的吸附能力小得多,造成实际河、湖系统在好氧条件下汞的甲基化速度大于厌氧条件下的速度。

(2) 溶液 pH

在一般情况下,颗粒物对重金属离子的吸附量随 pH 的升高而增大。pH 降低,导致碳酸盐和氢氧化物的溶解,H^+ 的竞争作用也会增加金属离子的解析量。当溶液 pH 超过某元素的临界 pH 时,则该元素在溶液中的水解、沉淀起主要作用,表 6.2 为某些金属的临界 pH 和最大吸附量。对以配位体交换进行的专性吸附,由于 H^+ 和 OH^- 都可与金属水合氧化物表面的水合基进行反应,被专性吸附的阴离子在较宽的 pH 范围内解析程度都得以加强。

表 6.2　重金属的临界 pH 和最大吸附量

元素	Zn	Co	Cu	Cd	Ni
临界 pH	7.6	9.0	7.9	8.4	9.0
最大吸附量/$(mg \cdot g^{-1})$	6.7	3.3	3.9	8.2	2.2

注:本表摘自王晓蓉等,1993。

(3) 盐浓度

碱金属和碱土金属离子可将吸附在固体颗粒上的金属离子交换出来,这也是金属离子从沉积物中释放出来的主要途径之一。水体中的 Ca^{2+}、Na^+ 和 Mg^{2+} 对悬浮物中 Cu^{2+}、Pb^+ 和 Zn^{2+} 的交换释放即是很好的例子。在 0.5 mol/L Ca^{2+} 作用下,悬浮物中的 Cu^{2+}、Pb^+ 和 Zn^{2+} 可以解析出来,但三种金属离子被 Ca^{2+} 交换的能力不同,其顺序为 $Zn^{2+} > Cu^{2+} > Pb^+$。

(4) 氧化还原条件

在湖泊、河口及近岸沉积物中一般均有较多的耗氧物质,使一定深度以下沉积物中的氧化还原电位急剧下降,并使铁、锰氧化物部分或全部溶解,被其吸附的重金属离子也同时释放出来。

(5) 络合剂的存在

在水体中添加天然或合成的络合剂,能使重金属形成可溶性的配合物,有时这种配合物稳定性较大,可以溶解态存在,导致重金属从固体颗粒上解析下来。若沉积物为有机-无机的复合胶体,当其去除有机质之后,原先被沉积物吸附的重金属离子也会释放出来。

（6）吸附温度

在一般情况下,吸附作用为放热反应,温度升高有利于金属离子从颗粒物上解吸。吸附作用受温度影响还与吸附剂与吸附质的作用机制有关。

4. 分配作用

在土壤-水体系中,土壤对非离子型有机物的吸着主要是溶质的分配过程(溶解)这一分配理论,即非离子有机物可通过溶解作用分配到土壤有机质中,并经过一定时间达到分配平衡,此时有机物在土壤中有机质和水中含量的比值称为分配系数。有机物在土壤(沉积物)中的吸着存在着两种主要机理:① 分配作用,即在水溶液中,土壤有机质(包括水生生物脂肪以及植物有机质等)对有机物的溶解作用,而且在溶质的整个溶解范围内,吸附等温线都是线性的,与表面吸附位无关,只与有机物的溶解度相关。因而,放出的吸附热量小。② 吸附作用,即在非极性有机溶剂中,土壤矿物质对有机物的表面吸附作用或干土壤矿物质对有机物的表面吸附作用,前者主要靠范德瓦耳斯力,后者则是各种化学键力如氢键、离子偶极键、配位键及 π 键作用的结果。其吸附等温线是非线性的,并存在着竞争吸附,同时在吸附过程中放出大量热,来补偿反应中熵的损失。必须注意的是,分配理论已被广泛接受和应用,但若有机物含量很低时,情况就不同了。

有机污染物在沉积物(或土壤)与水之间的分配,可用分配系数 K_p 表示:

$$K_p = \rho_a / \rho_w \tag{6.14}$$

式中:ρ_a,ρ_w——分别为有机污染物在沉积物中和水中的平衡质量浓度。

为了引入悬浮颗粒物的浓度,有机物在水与颗粒物之间平衡时总质量浓度可表示为

$$\rho_T = \omega_a \cdot \rho_p + \rho_w \tag{6.15}$$

式中:ρ_T——单位溶液体积内颗粒物上和水中有机毒物质量的总和,$\mu g/L$;

ω_a——有机物在颗粒物上的质量分数,$\mu g/kg$;

ρ_p——单位溶液体积上颗粒物的质量,kg/L;

ρ_w——有机物在水中的平衡质量浓度,$\mu g/L$。

此时水中有机物的平衡浓度 ρ_w 为

$$\rho_w = \rho_T / (K_p \rho_p + 1) \tag{6.16}$$

为了在类型各异组分复杂的沉积物或土壤之间找到表征吸着的常数,引入标化的分配系数 K_{oc}:

$$K_{oc} = K_p / \omega_{oc} \tag{6.17}$$

式中:K_{oc}——标化的分配系数,即以有机碳为基础表示的分配系数;

ω_{oc}——沉积物中有机碳的质量分数。

这样,对于每一种有机物可得到与沉积物特征无关的一个 K_{oc}。因此,某一有机物,不论遇到何种类型沉积物(或土壤),只要知道其有机质含量,便可求得相应的分配系数,若进一步考虑到颗粒物大小产生的影响,其分配系数 K_p 则可表示为

$$K_p = K_{oc} [0.2(1 - \omega_f) \omega_{oc}^s + \omega_f \omega_{oc}^f] \tag{6.18}$$

式中:ω_f——细颗粒($d < 50 \ \mu m$)的质量分数;

ω_{oc}^s——粗沉积物组分的有机碳含量;

ω_{oc}^f——细沉积物组分的有机碳含量。

由于颗粒物对憎水有机物的吸着是分配机制,当 K_p 不易测得或测量值不可靠需要加以

验证时,可运用 K_{oc} 与水–有机溶剂间的分配系数的相关关系。此外,Karichoff 等(1979)揭示了 K_{oc} 的相关关系:

$$K_{oc} = 0.63 K_{ow} \tag{6.19}$$

式中:K_{ow}——辛醇–水分配系数,即化学物质在辛醇中质量和在水中质量的比例。

辛醇–水分配系数 K_{ow} 和溶解度的关系可表示为

$$\lg K_{ow} = 5.00 - 0.670 \lg\left(s_w \times \frac{10^3}{M_r}\right) \tag{6.20}$$

式中:s_w——有机物在水中的溶解度,mg/L;

M_r——有机物的分子量。

四、污染物在水体中的挥发作用

挥发作用是水体中有机物质从溶解态转入气相的一种重要迁移过程。在自然环境中,需要考虑许多有毒物质的挥发作用。挥发速率依赖于有毒物质的性质和水体的特征。如果有毒物质具有"高挥发"性质,那么显然在影响有毒物质的迁移转化和归趋方面,挥发作用是一个重要过程。然而,即使毒物的挥发较小,挥发作用也不能忽视。

对于有机毒物挥发速率的预测,可以根据以下关系得到:

$$\frac{\partial c}{\partial t} = \frac{-K_V\left(c - \dfrac{p}{K_H}\right)}{Z} = -K_V'\left(c - \frac{p}{K_H}\right) \tag{6.21}$$

式中:c——溶解相中有机毒物的浓度,mmol/m³;

K_V——挥发速率常数,cm/h;

K_V'——单位时间混合水体的挥发速率常数,1/d;

Z——水体的混合深度,m;

p——在所研究的水体上面,有机毒物在大气中的分压,Pa;

K_H——Henry 定律常数,Pa·m³/mol。

在许多情况下,化合物的大气分压为零,所以上述方程可化简为

$$\frac{\partial c}{\partial t} = -K_V'c \tag{6.22}$$

根据总污染物浓度(c_T)计算,则上式可写为

$$\frac{\partial c_T}{\partial t} = -K_{V,m}c_T \tag{6.23}$$

$$K_{V,m} = \frac{-K_V \alpha_w}{Z} \tag{6.24}$$

式中:α_w——有机毒物可溶解相分数。

Henry 定律是表示当一个化学物质在气–液相达到平衡时,溶解于水相的浓度与气相中化学物质浓度(或分压力)有关,Henry 定律的一般表示式为

$$p = K_H c_w \tag{6.25}$$

式中:p——污染物在水面大气中的平衡分压,Pa;

c_w——污染物在水中平衡浓度,mol/m³;

K_H——Henry 定律常数，$Pa \cdot m^3/mol$。

在文献报道中，可以用很多方法确定 Henry 定律常数，常用的方法是

$$K'_H = \frac{c_a}{c_w} \tag{6.26}$$

式中：c_a——有机毒物在空气中的摩尔浓度，mol/m^3；

K'_H——Henry 定律常数的替换形式，量纲为 1。

根据上两式可得如下关系：

$$K'_H = \frac{K_H}{(RT)} = \frac{K_H}{[(8.314 \ J \cdot mol^{-1} \cdot K^{-1})T]} = (4.1 \times 10^{-4} \ mol \cdot J^{-1})K_H \quad (在 20 \ ℃) \tag{6.27}$$

式中：T——水的热力学温度，K；

R——摩尔气体常数。

对于微溶化合物（摩尔分数≤0.02），Henry 定律常数的估算公式为

$$K_H = \frac{p_s \cdot M_w}{\rho_w} \tag{6.28}$$

式中：p_s——纯化合物的饱和蒸气压，Pa；

M_w——化合物的摩尔质量，g/mol；

ρ_w——化合物在水中的质量浓度，mg/L。

也可将 K_H 转换为量纲为 1 形式，此时 Henry 定律常数则为

$$K'_H = \frac{0.12p_s M_w}{\rho_w T} \tag{6.29}$$

必须注意的是，Henry 定律（摩尔分数≤0.02）所适用的质量浓度范围是 34 000～227 000 mg/L，化合物的摩尔质量相应在 30～200 g/mol，见表 6.3。

表 6.3　Henry 定律适用范围

摩尔质量/(g·mol⁻¹)	摩尔分数为 0.02 时的质量浓度/(mg·L⁻¹)
30	34 000
75	85 000
100	113 000
200	227 000

例题

第四节　污染物在水体中的转化行为

一、光化学降解

光解作用是有机污染物真正的分解过程，因为它不可逆地改变了反应分子，强烈地影响了水环境中某些污染物的归趋。一个有毒化合物的光化学分解的产物可能还是有毒的。例

如,辐照 DDT 反应产生的 DDE,它在环境中滞留时间比 DDT 还长。污染物的光解速率依赖于许多化学和环境因素。光的吸收性质和化合物的反应,天然水的光迁移特征以及阳光辐射强度均是影响环境光解作用的一些重要因素。光解过程可分为三类:第一类称为直接光解,化合物本身直接吸收了太阳能而进行分解反应;第二类称为敏化光解,是水体中存在的天然物质(如腐殖质等)被阳光激发,又将其激发态的能量转移给化合物而导致的分解反应,又可以称为间接光解过程;第三类是氧化反应,天然物质被辐射而产生自由基或纯氧态(又称单一氧)等中间体,这些中间体又与化合物作用而生成转化产物。

（一）直接光解

根据 Grotthus – Draper 定律,只有吸收辐射(以光子的形式)的那些分子才会进行光化学转化。这意味着光化学反应的先决条件应该是污染物的吸收光谱要与太阳发射光谱在水环境中可利用的部分相适应。

1. 水环境中光的吸收作用

光以具有能量的光子与物质作用,物质分子能够吸收作为光子的光,如果光子的相应能量变化允许分子间隔能量级之间的迁移,则光的吸收是可能的。因此,光子被吸收的可能性强烈地随着光的波长而变化。一般来说,在紫外–可见光范围的波长的辐射作用,可以提供有效的能量给最初的光化学反应。

水环境中污染物光吸收作用仅来自太阳辐射可利用的能量,太阳发射几乎恒定强度的辐射和光谱分布,但是在地球表面上的气体和颗粒物通过散射和吸收作用,改变了太阳的辐射强度。阳光与大气相互作用改变了太阳辐射的光谱分布。

太阳辐射到水体表面的光强随波长而变化,特别是近紫外(290～320 nm)区光强变化很大,而这部分紫外光往往使许多有机物发生光解作用。其次,光强随太阳入射角高度的降低而降低。此外,由于太阳光通过大气时,有一部分被散射,因而使地面接收的光线除一部分是直射光外,还有一部分是从天空来的散射光,在近紫外区,散射光要占到 50% 以上。

当太阳光束射到水体表面,有一部分以与入射角 z 相等的角度反射回大气,从而减少光在水柱中的可利用性,一般情况下,这部分光的比例小于 10%,另一部分光由于被水体颗粒物、可溶性物质和水本身散射,因而进入水体后发生折射从而改变方向(图 6.6)。

入射角 z 与折射角 θ 的关系为

$$n = \frac{\sin z}{\sin \theta} \qquad (6.30)$$

式中:n——折射率,对于大气与水,$n = 1.34$。

在一个充分混合的水体中,根据 Lambert 定律,其单位时间吸收的光量为

$$I_\lambda = I_{0_\lambda}(1 - 10^{-a_\lambda L}) \qquad (6.31)$$

式中:I_{0_λ}——波长为 λ 的入射光强;

L——光程,即光在水中走的距离;

α_λ——吸收系数。

单位体积光的平均吸收率(I_{a_λ})

$$I_{a_\lambda} = \frac{I_{d_\lambda}(1 - 10^{-a_\lambda L_d}) + I_{s_\lambda}(1 - 10^{-a_\lambda L_s})}{D} \qquad (6.32)$$

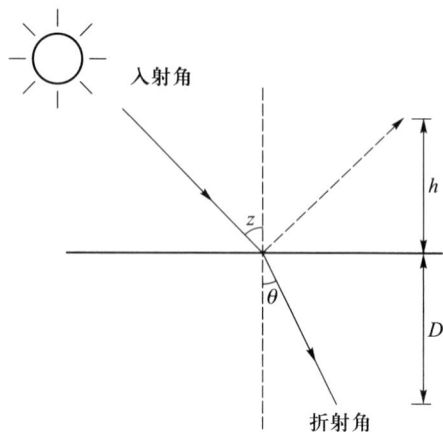

图 6.6　太阳光束从大气进入水体的途径

式中：D——水体深度；

$\quad I_{d_\lambda}$——波长为 λ 的直射光光强；

$\quad I_{s_\lambda}$——波长为 λ 的散射光光强；

$\quad L_d$——直射光程，$L_d = D \cdot \sec\theta$；

$\quad L_s$——散射光程，$L_s = 2D \cdot n \cdot [n - (n^2-1)^{\frac{1}{2}}]$。

当水体加入污染物后，吸收系数由 α_λ 变为 $(\alpha_\lambda + E_\lambda c)$，其中 E_λ 为污染物的摩尔消光系数，c 为污染物的浓度。光被污染物吸收的部分为 $E_\lambda c/(\alpha_\lambda + E_\lambda c)$。由于污染物在水中的浓度很低，$E_\lambda c \ll \alpha_\lambda$，所以 $\alpha_\lambda + E_\lambda c \approx \alpha_\lambda$，因此，光被污染物吸收的平均速率 (I'_{a_λ}) 为

$$I'_{a_\lambda} = I_{a_\lambda} \cdot \frac{E_\lambda c}{j \cdot \alpha_\lambda} \tag{6.33}$$

或

$$I'_{a_\lambda} = K_{a_\lambda} c \tag{6.34}$$

$$K_{a_\lambda} = I_{a_\lambda} \frac{E_\lambda}{j \cdot \alpha_\lambda} \tag{6.35}$$

式中：j——光强单位转化为与 c 单位相适应的常数。例如，c 以 mol/L 和光强以光子/$(cm^2 \cdot s)$ 为单位时，$j = 6.02 \times 10^{20}$。

在下面两种情况下，方程可以简化：

① 如果 $\alpha_\lambda L_d$ 和 $\alpha_\lambda L_s$ 都大于 2，即意味着几乎所有担负光解的阳光都被体系吸收，K_{a_λ} 表示式变为

$$K_{a_\lambda} = \frac{W_\lambda E_\lambda}{j \cdot D \cdot \alpha_\lambda} \tag{6.36}$$

$$W_\lambda = I_{d_\lambda} + I_{s_\lambda} \tag{6.37}$$

此式适用于水体深度大于透光层的情况，平均光解速率反比于水体深度。

② 如果 $\alpha_\lambda L_d$ 和 $\alpha_\lambda L_s$ 小于 0.02，那么 K_{a_λ} 变得与 α_λ 无关，表示式变为

$$K_{a_\lambda} = \frac{2.303 E_\lambda (I_{d_\lambda} L_d + I_{s_\lambda} L_s)}{j \cdot D} \tag{6.38}$$

式(6.38)也适用于 $E_\lambda c$ 超过 α_λ 的情况，只要 $(\alpha_\lambda + E_\lambda c)$ 小于 0.02，即只有 5% 的光被吸收的体系就可用此式。当用光程 $L_d = D \cdot \sec\theta$，$L_s = 1.20D$ 代入上式，则 K_{a_λ} 可变成下列形式：

$$K_{a_\lambda} = 2.303 E_\lambda Z_\lambda / j \tag{6.39}$$

$$Z_\lambda = I_{d_\lambda} \cdot \sec\theta + 1.20 I_{s_\lambda} \tag{6.40}$$

2. 光量子产率

虽然所有光化学反应都吸收光子，但不是每一个被吸收的光子均诱发产生一个化学反应，除了化学反应外，被激发的分子还可能产生包括磷光、荧光的再辐射，光子能量内转换为热能以及其他分子的激发作用等过程，见图 6.7。

从这个示意图可以看出，激发态分子并不都是可诱发产生化学反应。因此，一个分子被活化是由体系吸收光量子或光子进行的。光解速率只正比于单位时间所吸收的光子数，而不是正比于吸收的总能量。分子被活化后，它可能进行反应，也可能通过光辐射的形式进行"去活化"再回到基态，进行光化学反应的光子与吸收总光子数之比，称为光量子产率 (Φ)。

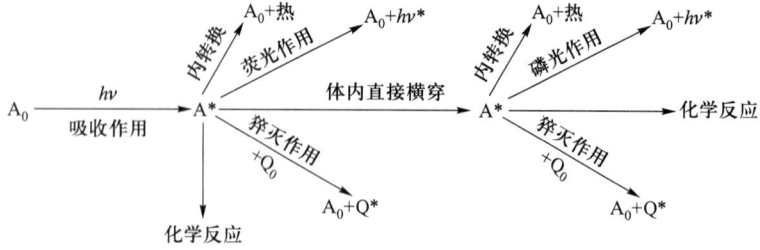

图 6.7　激发分子的光化学途径示意图

注：A_0 为基态时的反应分子；A^* 为激发态时的反应分子；Q_0 为基态时的猝灭分子；Q^* 为激发态时的猝灭分子。

$$\Phi = \frac{\text{生成或破坏的给定物种的物质的量}}{\text{体系吸收光子的物质的量}} \tag{6.41}$$

在液相中，光化学反应的量子产率显示出简化它们使用的两种性质：① 光量子产率小于或等于 1；② 光量子产率与所吸收光子的波长无关。所以对于直接光解的光量子产率（Φ_d）：

$$\Phi_d = \frac{-\dfrac{dc}{dt}}{I_{\lambda_d}} \tag{6.42}$$

式中：c——化合物浓度；

I_{λ_d}——化合物吸收光的速率。

对于一个化合物来讲，Φ_d 是恒定的。对于许多化合物来说，在太阳光波长范围内，Φ 值基本上不随 λ 而改变，因此光解速率（R_p）除了考虑光被污染物吸收的平均速率（$I'_{a_\lambda} = K_{a_\lambda} c$）外，还应把 Φ 和不同波长均考虑进去，可表示如下：

$$R_p = \sum K_{a_\lambda} \cdot \Phi \cdot c \tag{6.43}$$

若

$$K_a = \sum K_{a_\lambda}, \quad K_p = K_a \cdot \Phi \tag{6.44}$$

则

$$R_p = K_p \cdot c \tag{6.45}$$

式中：K_p——光解速率常数。

环境条件影响光解的光量子产率。分子氧在一些光化学反应中的作用像是猝灭剂，减少光量子产率，在另外一些情况下，它不影响光量子产率甚至可能参加反应。因此在任何情况下，进行光解速率常数和光量子产率测量时均需要说明水体中氧的浓度。

悬浮沉积物也影响光解速率，它不仅可以增加光的衰减作用，而且还改变吸附在它们上面的化合物的活性。化学吸附作用也影响光解速率，一种有机酸或碱的不同存在形式可能有不同的光量子产率以及出现化合物光解速率随 pH 变化等。

应用污染物光化学反应半衰期这个概念，有助于确定测量光解速率的简便方法，这个概念从光反应的量子产率得到，与水体的光学性质无关。半衰期可表示为

$$t\frac{1}{2} = \frac{0.693}{K_d \Phi_d} = \frac{0.693j}{2.303\Phi \sum_\lambda E_\lambda Z_\lambda} \tag{6.46}$$

式中：Z_λ——中心波长为 λ 的波长区间内，水体受太阳辐照的辐照度；

E_λ——λ 波长下的平均消光系数。

当污染物对光的吸收较水对光的吸收大得多的条件下，即 $\sum_\lambda E_\lambda \geqslant \sum_\lambda \alpha_\lambda$，此时，如果所

有的入射光全被吸收,那么光解反应在动力学上是零级反应,同时,半衰期变成与污染物的起始浓度(c)和水体深度(D)有关。即

$$t_{\frac{1}{2}} = \frac{j \cdot D \cdot c}{2\varPhi \sum_\lambda W_\lambda} \tag{6.47}$$

表 6.4 列出了一些重要有机污染物直接光解的动力学特征参数,量子产率的光解波长为 313 nm 或 366 nm,速率常数和半减期的测定条件为:北纬 40 度、仲夏、表层水体、24 h 平均值。表中大多数化合物的直接光解速率很快。

表 6.4　一些有机污染物直接光解的动力学特征参数(Brezonik,1994)

化合物	光解波长/nm	量子产率	半衰期
农药			
西维因	313	0.005	50 h
2,4-D,丁氧乙酯	313	0.05	12 d
2,4-D,甲基酯	290	0.06	62 d
DDE	阳光	0.3	22 h
甲氧氯	>280	0.3	29 d
甲基对硫磷	313	0.000 17	30 d
阿特拉津	阳光	0.3	30 d
氟乐灵	阳光	0.002	0.94 h
马拉硫磷	—	—	0.94 h
多环芳烃			
蒽	366	0.003	0.75 h
苯并[a]蒽	313/366	0.003 3	3.3 h
苯并[a]芘	313	0.000 89	1 h
9,10-二甲基蒽	366	0.004	0.35 h
荧蒽	313	0.000 2	21 h
萘	313	0.015	70 h
菲	313	0.010	8.4 h
芘	313/366	0.002	0.68 h

在天然水环境中,除以上有机污染物的直接光解外,无机化合物的直接光解也有发生,如 NO_2^- 的直接光解,该过程产生羟基自由基,每年可使海洋表面 NO_2^- 损失约 10%。

$$NO_2^- + h\nu \longrightarrow NO + \cdot OH$$

过渡金属元素离子配合物也可以发生直接光解,如

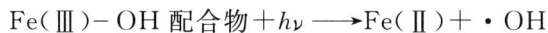

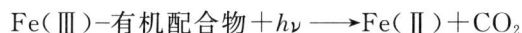

$$Fe(\text{Ⅲ})-OH\ 配合物 + h\nu \longrightarrow Fe(\text{Ⅱ}) + \cdot OH$$

$$Fe(\text{Ⅲ})-有机配合物 + h\nu \longrightarrow Fe(\text{Ⅱ}) + CO_2$$

NO_2^- 和 $Fe(Ⅲ)-OH$ 配合物的直接光解反应是天然水体中活性自由基·OH 的重要来源,可引起有机污染物的氧化降解反应。

(二)敏化光解(间接光解)

除了直接光解外,光还可以用其他方法使水中有机污染物降解。一个光吸收分子可能将它的过剩能量转移到一个接受体分子,导致接受体反应,这种反应就是光敏化作用(图 6.8)。2,5 -二甲基呋喃就是可被光敏化作用降解的一个化合物,在蒸馏水中将其暴露于阳光中没有反应,但是它在含有天然腐殖质的水中降解很快,这是由于腐殖质可以强烈的吸收波长小于 500 nm 的光,并将部分能量转移给它,从而导致它的降解反应。

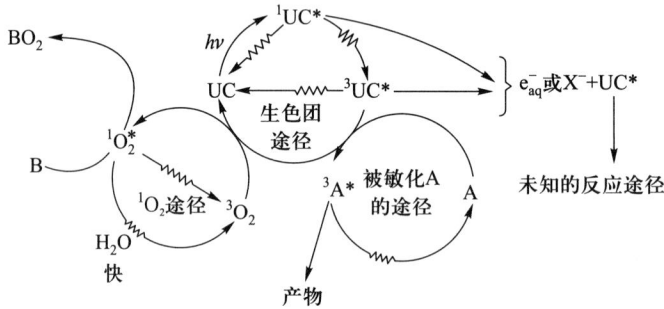

图 6.8　间接光解的主要途径

光敏化反应的光量子产率(Φ_s)的定义类似于直接光解的光量子产率:

$$\Phi_s = \frac{-\dfrac{dc}{dt}}{I_{s_\lambda}} \tag{6.48}$$

式中：c——污染物浓度;

I_{s_λ}——敏化分子吸收光的速率。

然而敏化光解的光量子产率不是常数,它与污染物的浓度有关。即

$$\Phi_s = Q_s \cdot c \tag{6.49}$$

式中：Q_s——常数。

这可能是由于敏化分子贡献它的能量至一个污染物分子时,与污染物分子的浓度成正比。许多研究表明,大多数有机物都能被催化而彻底光解。

二、无机污染物的理化转化

(一)溶解和沉淀

溶解和沉淀是污染物在水环境转化的重要途径。一般金属化合物在水中迁移能力,可以直观地用溶解度来衡量。溶解度小者,迁移能力小。溶解度大者,迁移能力大。不过,溶解反应时常是一种多相化学反应,在固-液平衡体系中,一般需要用溶度积来表征溶解度。天然水中各种矿物质的溶解度和沉淀作用也遵守溶度积原则。

在溶解和沉淀现象的研究中,平衡关系和反应速率两者都是重要的。知道平衡关系就可预测污染物溶解或沉淀作用的方向,并可以计算平衡时溶解或沉淀的量。但是经常发现用平衡计算所得结果与实际观测值相差甚远,造成这种差别的原因很多,但主要是自然环境

中非均相沉淀溶解过程影响因素较为复杂所致。例如:① 某些非均相平衡进行得缓慢,在动态环境下不易达到平衡。② 根据热力学,对于一组给定条件预测的稳定固相不一定就是所形成的相。例如,硅在生物作用下可沉淀为蛋白石,它可进一步转变为更稳定的石英,但是这种反应进行得十分缓慢且需要高温。③ 可能存在过饱和现象,即出现物质的溶解量大于溶解度极限值的情况。④ 固体溶解所产生的离子可能在溶液中进一步反应。⑤ 引自不同文献的平衡常数有差异等。

1. 氧化物和氢氧化物

金属氢氧化物沉淀有好几种形态,它们在水环境中的行为差别很大。氧化物可看成氢氧化物脱水而成。由于这类化合物直接与 pH 有关,实际涉及水解和羟基配合物的平衡过程,该过程是复杂多变的,这里用强电解质的最简单关系式表述:

$$Me(OH)_n(s) \rightleftharpoons Me^{n+} + nOH^-$$

根据溶度积:

$$K_{sp} = [Me^{n+}][OH^-]^n \tag{6.50}$$

可转换为

$$[Me^{n+}] = \frac{K_{sp}}{[OH^-]^n} = \frac{K_{sp}[H^+]^n}{K_w^n} \tag{6.51}$$

$$-\lg[Me^{n+}] = -\lg K_{sp} - n\lg[H^+] + n\lg K_w \tag{6.52}$$

$$pc = pK_{sp} - npK_w + npH \tag{6.53}$$

根据上式,可以给出溶液中金属离子饱和浓度对数值与 pH 的关系图(图 6.9),直线斜率等于 n,即金属离子价。当离子价为 +3、+2、+1 时,则直线斜率分别为 −3、−2 和 −1。直线横轴截距是 $-\lg[Me^{n+}] = 0$ 或 $[Me^{n+}] = 1.0$ mol/L 的 pH:

$$pH = 14 - \frac{1}{n}pK_{sp} \tag{6.54}$$

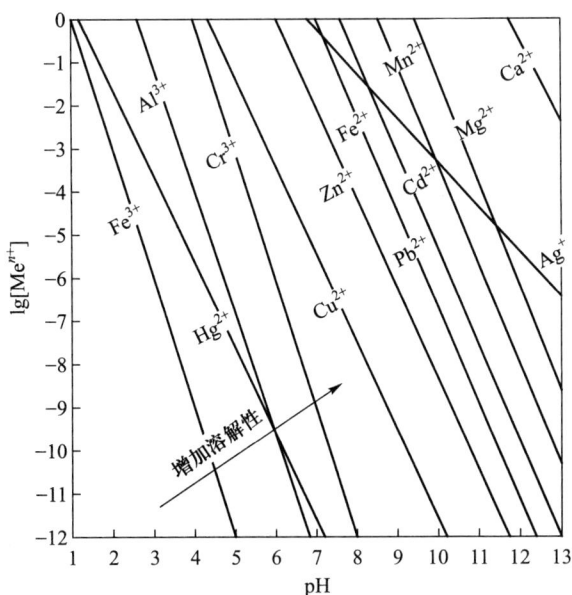

图 6.9　金属氢氧化物溶解度

各种金属氢氧化物的溶度积数值列于表 6.5。根据其中部分数据给出的对数浓度图(见图 6.9)可看出,同价金属离子的各线均有相同的斜率,靠图右边斜线代表的金属氢氧化物的溶解度大于靠图左边的溶解度。根据此图大致可查出各种金属离子在不同 pH 溶液中所能存在的最大饱和浓度。

表 6.5 金属氢氧化物的溶度积

氢氧化物	K_{sp}	pK_{sp}	氢氧化物	K_{sp}	pK_{sp}
AgOH	1.6×10^{-8}	7.80	Fe(OH)$_3$	3.2×10^{-38}	37.50
Ba(OH)$_2$	5×10^{-3}	2.3	Mg(OH)$_2$	1.8×10^{-11}	10.74
Ca(OH)$_2$	5.5×10^{-6}	5.26	Mn(OH)$_2$	1.1×10^{-13}	12.96
Al(OH)$_3$	1.3×10^{-33}	32.9	Hg(OH)$_2$	4.8×10^{-26}	25.32
Cd(OH)$_2$	2.2×10^{-14}	13.66	Ni(OH)$_2$	2.0×10^{-15}	14.70
Co(OH)$_2$	1.6×10^{-15}	14.80	Pb(OH)$_2$	1.2×10^{-15}	14.92
Cr(OH)$_3$	6.3×10^{-31}	30.2	Th(OH)$_4$	4.0×10^{-45}	44.4
Cu(OH)$_2$	5.0×10^{-20}	19.30	Ti(OH)$_3$	1×10^{-40}	40
Fe(OH)$_2$	1.0×10^{-15}	15.0	Zn(OH)$_2$	7.1×10^{-18}	17.15

上图和上式所表征的关系,并不能充分反映出氧化物或氢氧化物的溶解度,应该考虑这些固体还能与羟基金属离子配合物处于平衡。如果考虑到羟基配合作用的情况,可以把金属氧化物或氢氧化物的溶解度(Me_T)表征如下:

$$Me_T = [Me^{z+}] + \sum_{1}^{n} [Me(OH)_n^{z-n}] \tag{6.55}$$

固体的氧化物和氢氧化物具有两性特征,它们和质子或羟基离子都发生反应,存在一个 pH,在此 pH 下溶解度为最小值,在碱性或酸性更强的 pH 区域内,溶解度都变得更大。

2. 硫化物

金属硫化物是比氢氧化物溶解度更小的一类难溶沉淀物,重金属硫化物在中性条件下实际上是不溶的,在盐酸中 Fe、Mn 和 Cd 的硫化物是可溶的,而 Ni 和 Co 的硫化物是难溶的。Cu、Hg 和 Pb 的硫化物只有在硝酸中才能溶解。表 6.6 列出重金属硫化物的溶度积。

表 6.6 重金属硫化物的溶度积

分子式	K_{sp}	pK_{sp}	分子式	K_{sp}	pK_{sp}
Ag$_2$S	6.3×10^{-50}	49.20	HgS	4.0×10^{-53}	52.40
CdS	7.9×10^{-27}	26.10	MnS	2.5×10^{-13}	12.60
CoS	4.0×10^{-21}	20.40	NiS	3.2×10^{-19}	18.50
Cu$_2$S	2.5×10^{-48}	47.60	PbS	8×10^{-28}	27.10
CuS	6.3×10^{-36}	35.20	SnS	1×10^{-25}	25.00
FeS	3.3×10^{-18}	17.50	ZnS	1.6×10^{-24}	23.80
Hg$_2$S	1.0×10^{-45}	45.00	Al$_2$S$_3$	2×10^{-7}	6.70

由表 6.6 可看出,只要水环境中存在 S^{2-},几乎所有重金属均可从水体中除去。因此,当水中有 H_2S 气体存在时,溶于水中气体呈二元酸状态,其分级电离为

$$H_2S \rightleftharpoons H^+ + HS^- \quad K_1 = 8.9 \times 10^{-8}$$

$$HS^- \rightleftharpoons H^+ + S^{2-} \quad K_2 = 1.3 \times 10^{-15}$$

两者相加可得

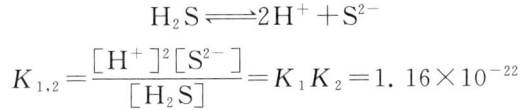

$$H_2S \rightleftharpoons 2H^+ + S^{2-}$$

$$K_{1,2} = \frac{[H^+]^2[S^{2-}]}{[H_2S]} = K_1K_2 = 1.16 \times 10^{-22}$$

在饱和水溶液中,H_2S 浓度总是保持在 0.1 mol/L,因此可认为饱和溶液中 H_2S 分子浓度也保持在 0.1 mol/L,代入上式得

$$[H^+]^2[S^{2-}] = 1.16 \times 10^{-23} = K'_{sp}$$

因此可把 1.16×10^{-23} 看成是一个溶度积(K'_{sp}),在任何 pH 的 H_2S 饱和溶液中必须保持的一个常数。由于 H_2S 在纯水溶液中的二级电离甚微,故可根据一级电离,近似认为 $[H^+]=[HS^-]$,可求得此溶液中 $[S^{2-}]$:

$$[S^{2-}] = \frac{K'_{sp}}{[H^+]^2} = \frac{1.16 \times 10^{-23}}{8.9 \times 10^{-9}} \text{ mol/L} = 1.3 \times 10^{-15} \text{ mol/L}$$

在任一 pH 的水中,则

$$[S^{2-}] = \frac{K'_{sp}}{[H^+]^2} \tag{6.56}$$

溶液中促成硫化物沉淀的是 S^{2-},若溶液中存在二价金属离子 Me^{2+},则有

$$[Me^{2+}][S^{2-}] = K_{sp} \tag{6.57}$$

因此在硫化氢和硫化物均达到饱和的溶液中,可算出溶液中金属离子的饱和浓度为

$$[Me^{2+}] = \frac{K_{sp}}{[S^{2-}]} = \frac{K_{sp}[H^+]^2}{K'_{sp}} = \frac{K_{sp}[H^+]^2}{0.1K_1K_2} \tag{6.58}$$

(二) 氧化还原

氧化还原平衡对水环境中污染物的迁移转化具有重要意义。水体中氧化还原的类型、速率和平衡,在很大程度上决定了水中主要溶质的性质。例如,一个厌氧型湖泊,其湖下层的元素都将以还原形态存在:碳还原成 −4 价形成 CH_4,氮形成 NH_4^+,硫形成 H_2S,铁形成可溶性 Fe^{2+}。而表层水由于可以被大气中的氧饱和成为相对氧化性介质。如果达到热力学平衡时,上述元素将以氧化态存在:碳形成 CO_2,氮形成 NO_3^-,铁形成 $Fe(OH)_3$ 沉淀,硫形成 SO_4^{2-}。显然这种变化对水生生物和水质影响很大。

1. 电子活度和氧化还原电位

(1) 电子活度。酸碱反应和氧化还原反应之间存在着概念上的相似性,酸和碱是用质子给体和质子接受体来解释。故 pH 的定义为

$$pH = -\lg(a_{H^+}) \tag{6.59}$$

式中:a_{H^+}——氢离子在水溶液中的活度,它衡量溶液接受或迁移质子的相对趋势。

与此相似,还原剂和氧化剂可以定义为电子给予体和电子接受体,同样可以定义 pE 为

$$pE = -\lg(a_e) \tag{6.60}$$

式中：a_e——水溶液中电子的活度。

由于 a_{H^+} 可以在好几个数量级范围内变化，所以可以很方便地用 pH 来表示 a_{H^+}。同样，一个稳定的水系统的电子活度可以在 20 个数量级范围内变化，所以也可以很方便地用 pE 来表示 a_e。

pE 严格的热力学定义是由 Stumm 和 Morgan 提出的，基于下列反应：

$$2H^+(aq) + 2e^- \Longrightarrow H_2(g)$$

当这个反应的全部组分都以 1 个单位活度存在时，该反应的自由能变化 ΔG 可定义为零。水中氧化还原的 ΔG 也是在溶液中全部离子的生成自由能的基础上定义的。

在离子的强度为零的介质中，$[H^+] = 1.0 \times 10^{-7}$ mol/L，故 $a_{H^+} = 1.0 \times 10^{-7}$，则 pH = 7.0。但是，电子活度必须根据上式定义，当 $H^+(aq)$ 在 1 单位活度与 1.013×10^5 Pa H_2 平衡（同样活度也为 1）的介质中，电子活度才为 1 及 pE = 0。如果电子活度增加 10 倍[正如 H^+(aq)活度为 0.1 与活度为 1.013×10^5 Pa H_2 平衡时的情况]，那么电子活度将为 10，并且 pE = -1.0。

因此，pE 是平衡状态下（假想）的电子活度，它衡量溶液接受或给出电子的相对趋势，在还原性很强的溶液中，其趋势是给出电子。从 pE 概念可知，pE 越小，电子浓度越高，体系给出电子的倾向就越强；反之，pE 越大，电子浓度越低，体系接受电子的倾向就越强。

（2）氧化还原电位 E 和 pE 的关系。如有一个氧化还原半反应

$$OX + ne^- \Longrightarrow Red$$

根据 Nernst 方程一般式，则上述反应可写成：

$$E = E^\ominus - \frac{2.303RT}{nF} \lg \frac{[Red]}{[OX]} \tag{6.61}$$

当反应平衡时，

$$E^\ominus = \frac{2.303RT}{nF} \lg K \tag{6.62}$$

从理论上考虑可将平衡常数（K）表示为

$$K = \frac{[Red]}{[OX][e^-]^n} \tag{6.63}$$

$$[e^-] = \left\{ \frac{[Red]}{K[OX]} \right\}^{\frac{1}{n}} \tag{6.64}$$

根据 pE 的定义，则上式可写为

$$pE = -\lg[e^-] = \frac{1}{n} \left\{ \lg K - \lg \frac{[Red]}{[OX]} \right\} = \frac{EF}{2.303RT} = \frac{1}{0.059\ V} E \quad (25\ ℃) \tag{6.65}$$

pE 是量纲为 1 的指标，它衡量溶液中可供给电子的水平。同样

$$pE^\ominus = \frac{E^\ominus F}{2.303RT} = \frac{1}{0.059\ V} E^\ominus \quad (25\ ℃) \tag{6.66}$$

因此，根据 Nernst 方程，pE 的一般表示形式为

$$pE = pE^\ominus + \frac{1}{n} \lg \frac{[反应物]}{[生成物]} \tag{6.67}$$

对于包含有 n 个电子的氧化还原反应，其平衡常数为

$$\lg K = \frac{nE^{\ominus}F}{2.303RT} = \frac{nE^{\ominus}}{0.059V} \quad (25\ ℃) \tag{6.68}$$

此处 $E^{\ominus}$ 是整个反应的 $E^{\ominus}$ 值,故平衡常数:

$$\lg K = n(pE^{\ominus}) \tag{6.69}$$

同样,对于一个包括 n 个电子的氧化还原反应,自由能变化可从以下两个方程中任一个给出:

$$\Delta G = -nFE \tag{6.70}$$

$$\Delta G = -2.303nRT(pE) \tag{6.71}$$

若将 F 值 96 500 J/(V·mol)代入,便可获得以 J/mol 为单位的自由能变化值。当所有反应组分都处于标准状态下(纯液体、纯固体、溶质的活度为 1):

$$\Delta G^{\ominus} = -nFE^{\ominus} \tag{6.72}$$

$$\Delta G^{\ominus} = -2.303nRT(pE^{\ominus}) \tag{6.73}$$

2. 天然水体的 $pE - pH$ 图

在氧化还原体系中,往往有 H^+ 或 OH^- 参与转移,因此,pE 除了与氧化态和还原态浓度有关外,还受到体系 pH 的影响,这种关系可以用 $pE - pH$ 图来表示。该图显示了水中各形态的稳定范围及边界线。由于水中可能存在物类状态繁多,于是会使这种图变得非常复杂。例如一个金属,可以有不同的金属氧化态、羟基配合物以及不同形式的固体金属氧化物或氢氧化物存在于用 $pE - pH$ 图所描述的不同区域内,大部分水体中都有碳酸盐并含有许多硫酸盐及硫化物,因此可以有各种金属的碳酸盐、硫酸盐及硫化物在各种不同区域中占主要地位。

(1)水的氧化还原限度。在绘制 $pE - pH$ 图时,必须考虑几个边界情况。首先是水的氧化还原反应限定图中的区域边界。选作水氧化限度的边界条件是 $1.013×10^5$ Pa 的氧分压,水还原限度的边界条件是 $1.013×10^5$ Pa 的氢分压,由这些边界条件可获得把水的稳定边界与 pH 联系起来的方程。

水的氧化限度:

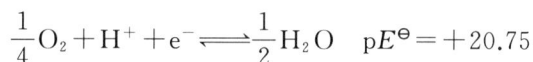

$$\frac{1}{4}O_2 + H^+ + e^- \Longrightarrow \frac{1}{2}H_2O \quad pE^{\ominus} = +20.75$$

$$pE = pE^{\ominus} + \lg\{p_{O_2}^{\frac{1}{4}}[H^+]\} \tag{6.74}$$

$$pE = 20.75 - pH \tag{6.75}$$

水的还原限度

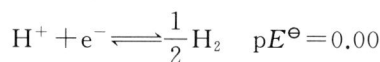

$$H^+ + e^- \Longrightarrow \frac{1}{2}H_2 \quad pE^{\ominus} = 0.00$$

$$pE = pE^{\ominus} + \lg[H^+] \tag{6.76}$$

$$pE = -pH \tag{6.77}$$

表明水的氧化限度以上的区域为 O_2 稳定区,还原限度以下的区域为 H_2 稳定区,在这两个限度之内的 H_2O 是稳定的,也是水质各化合态分布的区域。

(2)$pE - pH$ 图。下面以 Fe 为例,讨论如何绘制 $pE - pH$ 图(图 6.10)。假定溶液中溶解性铁的最大浓度为 $1.0×10^{-7}$ mol/L,没有考虑 $Fe(OH)_2^+$ 及 $FeCO_3$ 等形态的生成,根据上面的讨论,Fe 的 $pE - pH$ 图必须落在水的氧化还原限度内。下面将根据各组分间的平衡方程逐一推导 $pE - pH$ 的边界。

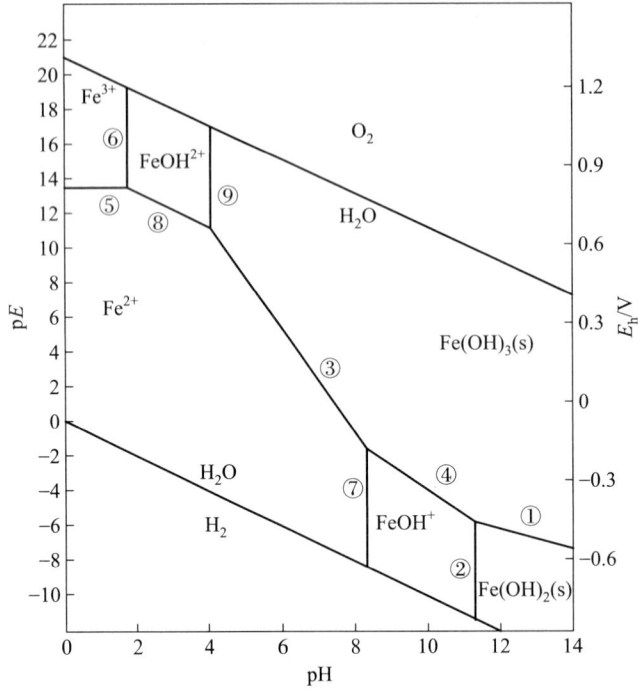

图 6.10　水中铁的 pE – pH 图(总可溶性铁浓度为 1.0×10^{-7} mol/L)

① $Fe(OH)_3(s)$ 和 $Fe(OH)_2(s)$ 的边界。$Fe(OH)_3(s)$ 和 $Fe(OH)_2(s)$ 的平衡方程为

$$Fe(OH)_3(s)+H^++e^- \Longleftrightarrow Fe(OH)_2(s)+H_2O$$

$$\lg K=4.62$$

$$K=\frac{1}{[H^+][e^-]}$$

$$pE=4.62-pH$$

以 pH 对 pE 作图可得到图 6.10 中的①，斜线上方为 $Fe(OH)_3(s)$ 稳定区，斜线下方为 $Fe(OH)_2(s)$ 稳定区。

② $Fe(OH)_2(s)$ 和 $FeOH^+$ 的边界。根据平衡方程：

$$Fe(OH)_2(s)+H^+=FeOH^++H_2O \quad \lg K=4.6$$

可得这两种形态的边界条件：

$$pH=4.6-\lg[FeOH^+]$$

将 $[FeOH^+]=1.0\times10^{-7}$ mol/L 代入，得

$$pH=11.6$$

故可画出一条平行 pE 轴的直线，如图 6.10 中②所示，表明与 pE 无关。直线右边为 $Fe(OH)_2(s)$ 稳定区，直线左边为 $FeOH^+$ 稳定区。

③ $Fe(OH)_3(s)$ 与 Fe^{2+} 的边界。根据平衡方程：

$$Fe(OH)_3(s)+3H^++e^- \Longleftrightarrow Fe^{2+}+3H_2O \quad \lg K=17.9$$

可得这两种形态的边界条件：

$$pE=17.9-3pH-\lg[Fe^{2+}]$$

将 $[Fe^{2+}]=1.0\times10^{-7}$ mol/L 代入，得

$$pE=24.9-3pH$$

得到一条斜率为 -3 的直线,如图 6.10 中③所示。斜线上方为 $Fe(OH)_3(s)$ 稳定区,斜线下方为 Fe^{2+} 稳定区。

④ $Fe(OH)_3(s)$ 与 $FeOH^+$ 的边界。根据平衡方程:

$$Fe(OH)_3(s)+2H^++e^-\Longleftrightarrow FeOH^++2H_2O \quad \lg K=9.25$$

可得这两种形态的边界条件:

$$pE=9.25-2pH-\lg[FeOH^+]$$

将 $[FeOH^+]=1.0\times10^{-7}$ mol/L 代入,得

$$pE=16.25-2pH$$

得到一条斜率为 -2 的直线,如图 6.10 中④ 所示。斜线上方为 $Fe(OH)_3(s)$ 稳定区,斜线下方为 $FeOH^+$ 稳定区。

⑤ Fe^{3+} 与 Fe^{2+} 的边界。根据平衡方程:

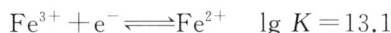

$$Fe^{3+}+e^-\Longleftrightarrow Fe^{2+} \quad \lg K=13.1$$

可得

$$pE=13.1+\lg\frac{[Fe^{3+}]}{[Fe^{2+}]}$$

边界条件为 $[Fe^{3+}]=[Fe^{2+}]$,则

$$pE=13.1$$

因此,可绘出一条垂直于纵轴平行于 pH 轴的直线,如图 6.10 中⑤所示。表明与 pH 无关。当 $pE>13.1$ 时,$[Fe^{3+}]>[Fe^{2+}]$;当 $pE<13.1$ 时,$[Fe^{3+}]<[Fe^{2+}]$。

⑥ Fe^{3+} 与 $FeOH^{2+}$ 的边界。根据平衡方程:

$$Fe^{3+}+H_2O\Longleftrightarrow FeOH^{2+}+H^+ \quad \lg K=-2.4$$

$$K=\frac{[FeOH^{2+}][H^+]}{[Fe^{3+}]}$$

边界条件为 $[Fe^{3+}]=[FeOH^{2+}]$,则

$$pH=2.4$$

故可画出一条平行于 pE 的直线,如图 6.10 中⑥所示,表明与 pE 无关,直线左边为 Fe^{3+} 稳定区,直线右边为 $FeOH^{2+}$ 稳定区。

⑦ Fe^{2+} 与 $FeOH^+$ 的边界。根据平衡方程:

$$Fe^{2+}+H_2O\Longleftrightarrow FeOH^++H^+ \quad \lg K=-8.6$$

$$K=\frac{[FeOH^+][H^+]}{[Fe^{2+}]}$$

边界条件为 $[FeOH^+]=[Fe^{2+}]$,则

$$pH=8.6$$

得到一条平行于 pE 的直线,如图 6.10 中⑦所示,直线左边为 Fe^{2+} 稳定区,直线右边为 $FeOH^+$ 稳定区。

⑧ Fe^{2+} 与 $FeOH^{2+}$ 的边界。根据平衡方程:

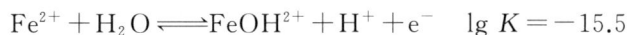

$$Fe^{2+}+H_2O\Longleftrightarrow FeOH^{2+}+H^++e^- \quad \lg K=-15.5$$

可得:

$$pE = 15.5 + \lg \frac{[\text{FeOH}^{2+}]}{[\text{Fe}^{2+}]} - pH$$

边界条件为 $[\text{FeOH}^{2+}] = [\text{Fe}^{2+}]$，则

$$pE = 15.5 - pH$$

得到一条斜线，如图 6.10 中⑧所示。斜线上方为 FeOH^{2+} 稳定区，斜线下方为 Fe^{2+} 稳定区。

⑨ FeOH^{2+} 与 $\text{Fe(OH)}_3(\text{s})$ 的边界。根据平衡方程：

$$\text{Fe(OH)}_3(\text{s}) + 2\text{H}^+ \Longrightarrow \text{FeOH}^{2+} + 2\text{H}_2\text{O} \quad \lg K = 2.4$$

$$K = \frac{[\text{FeOH}^{2+}]}{[\text{H}^+]^2}$$

边界条件 $[\text{FeOH}^{2+}] = 1.0 \times 10^{-7}$ mol/L 代入，得

$$pH = 4.7$$

得到一条平行于 pE 的直线，如图 6.10 中⑨所示。表明与 pE 无关。当 $pH > 4.7$ 时，$\text{Fe(OH)}_3(\text{s})$ 将陆续析出。

上述都是制作 Fe 在水中的 $pE-pH$ 图所必需的全部边界方程，水中铁体系的 $pE-pH$ 图如图 6.10 所示。可以看出，当这个体系在一个相当高的 H^+ 活度及高的电子活度时（酸性还原介质），Fe^{2+} 是主要形态（在大多数天然水体系中，由于 FeS 或 FeCO_3 的沉淀作用，Fe^{2+} 的可溶性范围很窄），在这种条件下，一些地下水中含有相当水平的 Fe^{2+}；在很高的 H^+ 活度及低的电子活度时（酸性氧化介质）。Fe^{3+} 是主要的；在酸度低的氧化介质中。固体 $\text{Fe(OH)}_3(\text{s})$ 是主要的存在形态，最后在碱性还原介质中，具有低 H^+ 活度及高的电子活度，固体的 Fe(OH)_2 是稳定的。注意，在通常的水体中 pH 范围内（5～9），Fe(OH)_3 或 Fe^{2+} 是主要的稳定形态。

3. 天然水的 pE 和决定电位

天然水中含有许多无机及有机氧化剂和还原剂。水中主要的氧化剂有溶解氧、Fe(Ⅲ)、Mn(Ⅳ) 和 S(Ⅵ)，其作用后本身依次转变为 H_2O、Fe(Ⅱ)、Mn(Ⅱ) 和 S(-Ⅱ)。水中的主要还原剂有种类繁多的有机物、Fe(Ⅱ)、Mn(Ⅱ) 和 S(-Ⅱ)，在还原物质过程中，有机物本身的氧化产物非常复杂。

由于天然水是一个复杂的氧化还原混合体系，其 pE 应是介于其中各个单位系的电位之间，而且接近于含量高的单位系的电位。若某个单位系的含量比其他体系高得多，则此时该单位系电位几乎等于混合复杂体系的 pE，称之为"决定电位"。在一般天然水环境中，溶解氧是"决定电位"物质，而在有机物积累的厌氧环境中，有机物是"决定电位"物质，介于两者之间者，则其"决定电位"为溶解氧体系和有机物体系的结合。

天然水的 pE 随水中溶解氧的减少而降低，因而表层水呈氧化性环境，深层水及底泥呈还原性环境，同时天然水的 pE 随其 pH 减小而增大。在不同水质区域，氧化性最强的是上方同大气接触的富氧区，这一区域代表大多数河流、湖泊和海洋水的表层情况，还原性最强的是下方富含有机物的缺氧区，这区域代表富含有机物的水体底泥和湖、海底层水情况。在这两个区域之间的是基本上不含氧、有机物比较丰富的沼泽水等。

4. 水体中物质的氧化还原

（1）无机铁

天然水中的铁主要以 $\text{Fe(OH)}_3(\text{s})$ 或 Fe^{2+} 形态存在。铁在高 pE 水中将从低价态氧化

成高价态或较高价态,而在低的 pE 水中将被还原成低价态或与其中硫化氢反应形成难溶的硫化物。

（2）有机物

水中有机物可以通过微生物的作用,而逐步降解转化为无机物。在有机物进入水体后,微生物利用水中的溶解氧对有机物进行有氧降解,其反应式可表示为

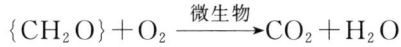

$$\{CH_2O\} + O_2 \xrightarrow{\text{微生物}} CO_2 + H_2O$$

如果进入水体有机物不多,其耗氧量没有超过水体中氧的补充量,则溶解氧始终保持在一定的水平上,这表明水体有自净能力,经过一段时间有机物分解后,水体可恢复至原有状态。如果进入水体有机物很多,溶解氧来不及补充,水体中溶解氧将迅速下降,甚至导致缺氧或无氧,有机物将变成缺氧分解。对于前者,有氧分解产物为 H_2O、CO_2、NO_3^-、SO_4^{2-} 等,不会造成水质恶化;而对于后者,缺氧分解产物为 NH_3、H_2S、CH_4 等,将会使水质进一步恶化。

一般向天然水体中加入有机物后,将引起水体溶解氧发生变化,可得到氧垂曲线(见图6.11)把河流分成相应的几个区段。

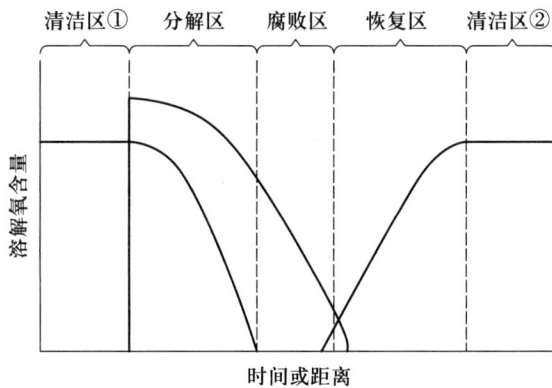

图 6.11　河流的氧垂曲线

清洁区①:表明未被污染,氧及时得到补充。

分解区:细菌对排入的有机物进行分解,其消耗的溶解氧量超过通过大气补充的氧量,因此,水体中溶解氧下降,此时细菌个数增加。

腐败区:溶解氧消耗殆尽,水体进行缺氧分解,当有机物被分解完后,腐败区结束,溶解氧复而上升。

恢复区:有机物降解接近完成,溶解氧上升并接近饱和。

清洁区②:水体环境改善,又恢复至原始状态。

（三）配位作用

污染物特别是重金属污染物,大部分以配合物形态存在于水体,其迁移、转化及毒性等均与配合作用有关。例如迁移过程中,大部分重金属在水体中可溶态是配合形态,随环境条件改变而运动和变化。至于毒性,自由铜离子的毒性大于配合态,甲基汞的毒性大于无机汞。一些有机金属配合物增加水生生物的毒性,而有的则减少其毒性,因此,配位作用的实质问题是哪一种污染物的结合态更能为生物所利用。

天然水体中有许多阳离子,其中某些阳离子是良好的配合物中心体,某些阴离子则可作为配体,它们之间的配合作用和反应速率等概念与机制,可以应用配合物化学基本理论来描述,如软硬酸碱理论,Owen - Williams 顺序等。

配合物在溶液中的稳定性是指配合物在溶液中解离成中心离子(原子)和配体,当解离达到平衡时解离程度的大小。这是配合物特有的重要性质。稳定常数是衡量配合物稳定性大小的尺度。

天然水体中重要的无机配体有 OH^-、Cl^-、HCO_3^-、F^-、S^{2-} 等。以上离子除 S^{2-} 外,均属于 Lewis 硬碱,它们易与硬酸进行配合。如 OH^- 在水溶液中将优先与某些作为中心离子的硬酸结合(Fe^{3+}、Mn^{3+}),形成羧基配合离子或氢氧化物沉淀,而 S^{2-} 离子则更容易与重金属如 Hg^{2+}、Ag^+ 等形成多硫配合离子或硫化物沉淀。按照这一规则,可以定性判断某个金属离子在水体中的形态。由于大多数金属离子均能水解,其水解过程实际上就是羟基配合过程,它是影响一些重金属难溶盐溶解度的主要因素。

有机配合情况比较复杂,天然水体中包括动植物组织的天然降解产物,如氨基酸、糖、腐殖酸,以及生活废水中的洗涤剂、清洁剂、NTA、EDTA、农药和大分子环状化合物等,这些有机物相当一部分具有配合能力。天然水中对水质影响最大的有机物是腐殖质,它由生物体物质在土壤、水和沉积物中转化而成。

腐殖质是有机高分子物质,分子量在 300 以上。一般根据其在酸碱溶液中的溶解度划分为三类。① 腐殖酸:可溶于稀碱溶液但不溶于酸的部分,分子量由数千到数万。② 富里酸:可溶于酸又可溶于碱的部分,分子量由数百到数千。③ 腐黑物:不能被酸和碱提取的部分。腐殖质在结构上的显著特点是除含有大量苯环外,还含有大量羧基、醇基和酚基。富里酸单位质量含有的含氧官能团数量较多,因而亲水性强。这些官能团在水中可以解离并产生化学作用,因此腐殖质具有高分子电解质的特征,并表现为酸性。腐殖质与环境中有机物之间的作用主要涉及吸附效应、溶解效应、对水解反应的催化作用、对微生物过程的影响以及光敏效应和猝灭效应等。但腐殖质与金属离子生成配合物是它们最重要的环境性质之一,金属离子能在腐殖质中的羧基及羟基间螯合成键。研究表明,重金属在天然水体中主要以腐殖酸的配合物形式存在,其稳定性与水体腐殖酸的来源与组分有关。腐殖酸与金属配合作用对重金属在环境中的迁移转化有重要影响,特别表现在颗粒物吸附和难溶化合物溶解度方面,还将影响重金属对水生生物的毒性。

三、有机污染物的化学转化

(一) 水解作用

水解作用是有机物与水之间最重要的反应。在反应中,有机物的官能团 X^- 和水中的 OH^- 发生交换,整个反应可表示为

$$RX + H_2O \rightleftharpoons ROH + HX$$

反应步骤还可以包括一个或多个中间体的形成,有机物通过水解反应而改变了原化合物的化学结构。对于许多有机物来说,水解作用是其在环境中消失的重要途径。在环境条件下,可能发生水解的官能团类有烷基卤、酰胺、胺、氨基甲酸酯、羧酸酯、环氧化物、腈、磷酸酯、磺酸酯、硫酸酯等。在通常情况下,不饱和卤代烃及芳香烃不容易发生水解。

$$CH_3-CH_2-\underset{\underset{Br}{|}}{CH}-CH_3 \xrightarrow{H_2O} CH_3CH_2-\underset{\underset{OH}{|}}{CH}-CH_3 + Br^- + H^+$$

2-溴丁烷

苯甲酸酯　　　　　苯甲酸　　甲醇

磷酸双酯　　　　　磷酸单酯　　甲醇

$$CH_3 \overset{\overset{O}{\|}}{O}CNHC_6H_5 \xrightarrow{H_2O} CH_3OH + CO_2 + NH_2C_6H_5$$

氨基甲酸酯　　　　甲醇　　　　苯胺

　$\xrightarrow{H_2O}$ HOCH$_2$CH$_2$OH

环氧乙烷　　　　　乙二醇

苯乙腈　　　　　　苯乙酸

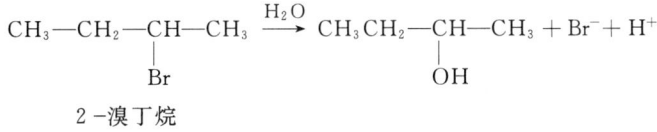

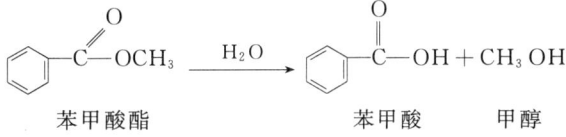

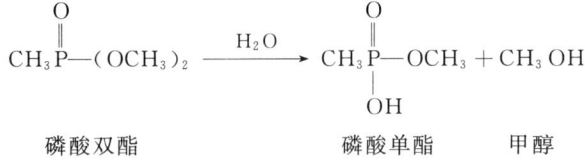

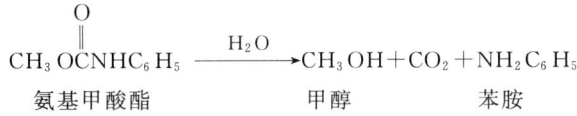

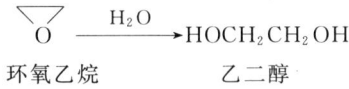

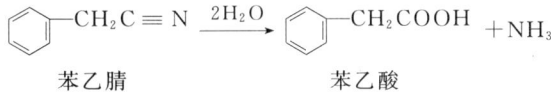

水解作用改变了原有有机物的化学结构,同时可能使有机物的毒性、溶解性、挥发性、生物降解性等发生变化。有些水解作用可以生成低毒产物,但有些可能生成毒性更大的产物。例如 2,4-D 酯类的水解就生成毒性更大的 2,4-D 酸。水解产物可能比原来化合物更易或更难挥发,与 pH 有关的离子化水解产物的挥发性可能为零。水解产物一般比原来的化合物更易为生物降解(虽然有少数例外)。

通常测定水中有机物的水解是一级反应,RX 的消失速率可以表示为:

$$-d[RX]/dt = K_h[RX] \tag{6.78}$$

式中: K_h——水解速率常数。实验表明, K_h 与 pH 有关,是某 pH 条件下的准一级水解反应速率常数。Mabey 等把水解速率归纳为由酸性催化、碱性催化和中性的过程,因而水解速率可表示为

$$R_H = K_h C = (K_A[H^+] + K_N + K_B[OH^-])C \tag{6.79}$$

$$K_h = K_A[H^+] + K_N + \frac{K_B K_w}{[H^+]} \tag{6.80}$$

式中: K_A、K_B、K_N——酸性催化、碱性催化和重型过程的二级反应水解速率常数, K_A、K_B 和 K_N 的数值可以由实验求得;

K_w——水的离子积常数。

改变 pH 可得一系列 K_h。在 lg K_h-pH 图中,可得三个焦点对应于三个 pH(I_{AN}、I_{AB} 和 I_{NB}),由此三个值和以下三个公式可推算 K_A、K_B 和 K_N。

$$I_{AN} = -\lg(K_N/K_A) \tag{6.81}$$

$$I_{NB} = -\lg(K_B K_W/K_N) \tag{6.82}$$

$$I_{AB} = -0.5\lg(K_B K_W/K_A) \tag{6.83}$$

Mabey 和 Mill 提出，$\lg K_h - pH$ 曲线可以呈现呈 U 形或 V 形（图 6.12），这取决于与特定酸、碱催化过程相比较的中性过程的水解速率常数的大小。I_{AN}、I_{AB} 和 I_{NB} 为酸、碱催化和中性过程中对有显著影响的 pH。如果某有机物在 $\lg K_h - pH$ 图中的交点落在 $-5 \sim 8$ 范围内，则在预测水解反应速率时，必须考虑酸、碱催化的影响。

如果考虑吸附作用的影响，水解速率常数 K_h 可表示为：

$$K_h = [K_N + a_w(K_A[H^+] + K_B[OH^-])] \tag{6.84}$$

图 6.12　水解速率常数与 pH 的关系（戴树桂，2006）

式中：K_A、K_B、K_N——酸性催化、碱性催化和重型过程的二级反应水解速率常数；

a_w——有机物溶解态的分数。

（二）自由基引发的氧化降解

有机污染物在水环境中所常遇到的氧化剂有单线态氧（$^1O_2$），烷基过氧自由基（$RO_2\cdot$），烷基自由基（$RO\cdot$）或羟基自由基（$HO\cdot$）。这些自由基是光化学的产物，它们均可以诱发氧化降解反应，与基态的有机物起作用。光化学氧化作用机理是水环境中污染修复常应用的高级氧化技术的主要反应机理，因此研究水相中难降解有机物与自由基的反应机理必不可少。

Mill 等认为被日照的天然水体的表层水中含 $RO_2\cdot$ 约 $1 \times 10^{-9}\,mol/L$。与 $RO_2\cdot$ 的反应有如下几类：

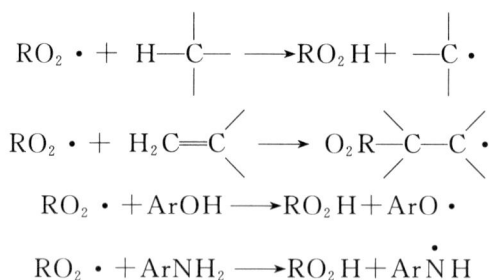

$$RO_2\cdot + H{-}\overset{|}{\underset{|}{C}}{-} \longrightarrow RO_2H + {-}\overset{|}{C}\cdot$$

$$RO_2\cdot + H_2C{=}C{\Big\langle} \longrightarrow O_2R{-}\overset{|}{C}{-}\overset{|}{C}\cdot$$

$$RO_2\cdot + ArOH \longrightarrow RO_2H + ArO\cdot$$

$$RO_2\cdot + ArNH_2 \longrightarrow RO_2H + Ar\overset{\cdot}{N}H$$

以上反应中后两个在环境中作用很快（$t_{1/2}$ 小于几天），其余两个则很慢，对于多数化合物是不重要的。

Zepp 等表明，日照的天然水中 $^1O_2$ 的浓度约为 $1 \times 10^{-12}\,mol/L$，与 $^1O_2$ 作用最重要的化合物是那些含有双键的部分。

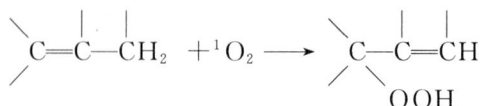

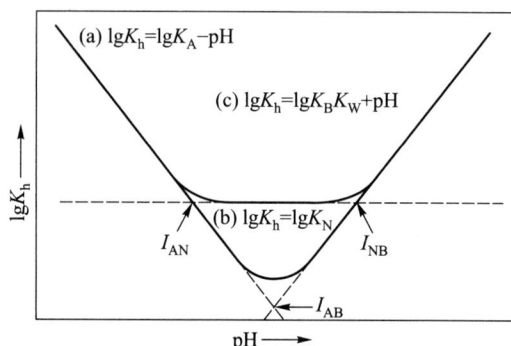

$$\overset{\diagdown}{\underset{\diagup}{C}}{=}\overset{|}{\underset{|}{C}}{-}CH_2 + {}^1O_2 \longrightarrow \overset{\diagdown}{\underset{\diagup}{C}}{-}\overset{|}{\underset{OOH}{C}}{-}CH$$

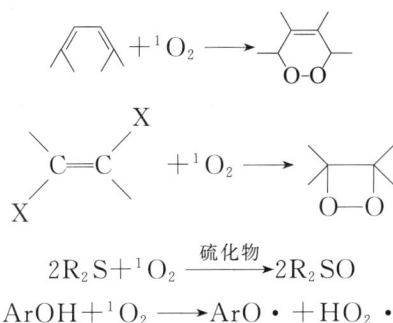

$$2R_2S + {}^1O_2 \xrightarrow{\text{硫化物}} 2R_2SO$$

$$ArOH + {}^1O_2 \longrightarrow ArO\cdot + HO_2\cdot$$

在 Mill 的综述中列出了一些 ${}^1O_2$ 和 $RO_2\cdot$ 的速率常数。有机物被氧化而消失的速率 (R_{O_x}) 为

$$R_{O_x} = K_{RO_2}\cdot[RO_2\cdot]c + K_{{}^1O_2}[{}^1O_2]c + K_{O_x}[O_x]\cdot c \tag{6.85}$$

四、有机污染物的生物降解

生物降解是引起有机污染物分解的最重要的环境过程之一。水环境中化合物的生物降解依赖于微生物通过酶催化反应分解有机物。当微生物代谢时,一些有机污染物作为食物源提供能量和提供细胞生长所需的碳;另一些有机物,不能作为微生物的唯一碳源和能源,必须由另外的化合物提供。因此,有机物生物降解存在两种代谢模式:生长代谢和共代谢模式。这两种代谢特征和降解速率是不相同的。

（1）生长代谢

许多有毒物质可以像天然有机污染物那样作为微生物的生长基质。只要用这些有毒物质作为微生物的唯一碳源便可以鉴定是否属于生长代谢。在生长代谢过程中微生物可对有毒物质进行比较彻底的降解或矿化,因而是解毒生长基质。去毒效应和相当快的生长基质代谢意味着与那些不能用这种方法降解的化合物相比,对环境威胁小。

一个化合物在开始使用之前,必须使微生物群落适应这种化学物质,在野外和室内实验表明,一般需要 2～50 d 的滞后期,一旦微生物群体适应了它,生长基质的降解是相当快的。由于生长基质和生长浓度均随时间而变化,因而其动力学表达式很复杂。Monod 方程是用来描述当化合物作为唯一碳源时,化合物的降解速率:

$$-\frac{dc}{dt} = \frac{1}{Y}\cdot\frac{dB}{dt} = \frac{\mu_{\max}}{Y}\cdot\frac{Bc}{K_s+c} \tag{6.86}$$

式中：c——污染物浓度；

　　B——细菌含量；

　　Y——消耗一个单位碳所产生的生物量；

　$\mu_{\max}$——最大的比生长速率；

　　K_s——半饱和常数,即在最大比生长速率 $\mu_{\max}$ 一半时的基质浓度。

Monod 方程在实验中已成功地应用于唯一碳源的基质转化速率,而不论细菌菌株是单一种还是天然的混合的种群。

Monod 方程是非线性的,但是在污染物浓度很低时,即 $K_s \gg c$,则上式可化简为

$$-\frac{\mathrm{d}c}{\mathrm{d}t}=K_{b2}\cdot B\cdot c \tag{6.87}$$

式中：K_{b2}——二级生物降解速率常数。

$$K_{b2}=\frac{\mu_{max}}{Y\cdot K_s} \tag{6.88}$$

但是，如果将此式用于广泛生态系统，理论上是说不通的。在实际环境中并非被研究的化合物是微生物唯一碳源。一个天然微生物群落总是从大量各式各样的有机碎屑物质中获取能量并降解它们。即使当合成的化合物与天然基质的性质相近，连同合成化合物在内是作为一个整体被微生物降解。其次，当微生物量保持不变的情况下使化合物降解，那么 Y 的概念就失去意义。通常应用简单的一级动力学方程表示：

$$-\frac{\mathrm{d}c}{\mathrm{d}t}=K_b\cdot c \tag{6.89}$$

式中：K_b——一级生物降解速率常数。

（2）共代谢

某些有机污染物不能作为微生物的唯一碳源与能源，必须有另外的化合物存在并提供微生物碳源或能源时，该有机物才能被降解，这种现象称为共代谢。它在那些难降解的化合物代谢过程中起着重要作用，通过几种微生物的一系列共代谢作用，可使某些特殊有机污染物彻底降解。微生物共代谢的动力学明显不同于生长代谢的动力学，共代谢没有滞后期，降解速率一般比完全驯化的生长代谢慢。共代谢并不提供微生物体任何能量，不影响种群多少。然而，共代谢速率直接与微生物种群的多少成正比，Paris 等描述了微生物催化水解反应的二级速率定律：

$$-\frac{\mathrm{d}c}{\mathrm{d}t}=K_{b2}\cdot B\cdot c \tag{6.90}$$

式中：K_{b2}——二级生物降解速率常数。

由于微生物种群不依赖于共代谢速率，因而生物降解速率常数可以用 $K_b=K_{b2}\cdot B$ 表示，从而使其简化为一级动力学方程。用上述的二级生物降解的速率常数文献值时，需要估计细菌种群多少，不同技术的细菌计数可能使结果发生高达几个数量级的变化，因此根据用于计算 K_{b2} 的同一种方法来估计 B 值是重要的。

总之，影响生物降解的主要因素是有机物本身的化学结构和微生物的种类。此外，一些环境因素如温度、pH、反应体系的溶解氧等也能影响生物降解有机物的速率。

典型案例
分析

问题与讨论

1. 简述水中优先控制污染物筛选的原则，并比较不同国家水中优先控制污染物黑名单的异同。

2. 叙述污染物进入水体后的平流迁移和扩散运动特征。

3. 思考吸附等温线的应用意义，并简述三种吸附等温线的发生条件或适用范围。

4. 简述光化学反应的类型及机理。

5. 讨论光化学反应对水中有机污染物和无机污染物转化的影响。

6. 探讨污染水体高级氧化处理技术的原理。

7. 简述有机配体对重金属迁移的影响。

8. 叙述有机污染物在水体中存在的重要迁移转化过程及其在污水处理技术方面的应用。

第七章 地下水污染的形成与迁移转化

第一节 地下水污染

一、地下水分类

地下水分类至今还没有统一的方法,一般按地下水的埋藏条件不同将地下水分为包气带水、潜水及承压水。

1. 包气带水

如图 7.1 所示,包气带水是指地表以下第一个长年含水层以上的包气带中的地下水。在包气带接近地表部分,主要分布气态水及结合水,靠近下部接近饱水带的部位,由于毛细管力的作用,水从地下水面上升到一定高度形成一个毛细管边缘带,这部分毛细管水的下部有地下水面的支持,称为支持毛管水。由于降雨,包带中还有正在下渗的"过路"重力水以及被毛细管力滞留在包气带上部的悬挂毛细管水等。气态水、结合水、毛细管水和下渗的重力水统称为土壤水。包气带水在地壳最上部的包气带中,距地表最近,因此它的分布区及补给区一致。受气候影响很大,水分变化强烈。它的运动主要受分子引力、毛细管力、重力、阻力和惯性力的作用支配,由于土壤水分常以毛细管力和重力作用为主,因此一般都呈垂直方向运动。

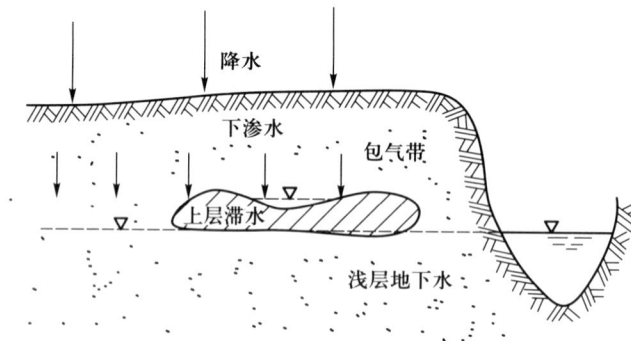

图 7.1 包气带水示意图

上层滞水是暂时饱和水体,随季节变化显著,干旱季节可能干涸。虽可作水平方向运动,但它的分布远不如土壤水普遍。

土壤水分的变化是在土壤水分的补给与消耗不平衡的情况下产生的。而土壤水分的补给与消耗主要受气候变化影响。降水多蒸发少,温度低则土壤含水量多,反之则少。这种气候引起的变化随着土壤深度的增加而逐渐减弱,这是一般规律。

土壤水分的补给以降水和灌溉为主,另外还有潜水和凝结水补给。

土壤水分的消耗主要有:土壤水分的下渗,即当土壤含水量超过田间持水量时,多余水受重力作用向下运动的现象;植物吸收;土壤蒸发,等等。

包气带是浅层地下水饱水带与大气圈、地表水联系的通道,饱水带通过包气带获得大气降水和地表水的补给,又通过包气带蒸发排泄。

2. 潜水

如图 7.2 所示,潜水是埋藏在地表以下第一个稳定隔水层或弱透水层以上具有自由水面的重力水。埋藏较浅,亦称为浅层地下水。由于浅层地下水易于打井取水,因此是农业灌溉、农村饮水和生活用水的主要来源,与人类活动关系也最为密切。

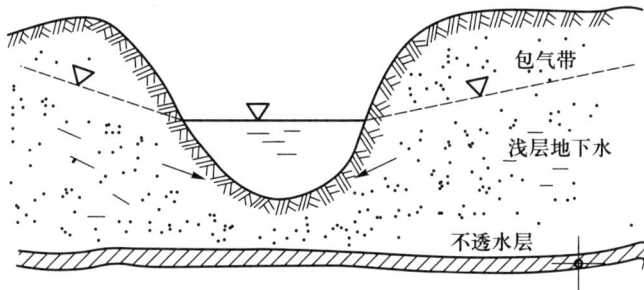

图 7.2　潜水示意图

潜水的自由水面称为潜水面,潜水面至地表面的距离称潜水面埋藏深度。由潜水面往下至相对隔水层底板之间均充满重力水,称为含水层,其深度即为含水层厚度。潜水面的绝对高程称潜水位。

潜水面之上一般无稳定相对隔水层存在,可以通过包气带与大气圈、地表水连通,因此大气降水、凝结水、地表水均可通过包气带直接渗入补给潜水。一般情况下潜水的分布区与补给区是一致的。潜水具有自由水面,而不承受静水压力,为无压水。潜水的水位、水温、水量、水质等要素与气象、水文要素有关,具有明显的季节性。在重力水的作用下,潜水由高水位向低水位流动。

潜水从大气降水、地表水、承压水以及其他人为途径得到补给。在山区因地形切割强烈,地面坡度大,潜水面的坡度也相对较大,潜水径流条件远比平原地区好,因此山区河流通常吸纳潜水。此时潜水以水平排泄为主,特别是在潜水埋藏深度较大地区,不利于蒸发作用的进行,垂直方向作用极不显著。平原地区则相反,由于地势平坦,潜水埋藏深度一般较浅,潜水面坡度缓,潜水径流条件不佳,水平排泄作用弱,而蒸发作用加强,此时垂直方向排泄往往成为潜水的主要排泄方式。

3. 承压水

如图 7.3 所示,承压水是指充满在地表以下任意两个相对隔水层或弱透水层之间,具有承压性质的重力水。

当钻孔打穿上部隔水层至含水层时,地下水在静水压力作用下上升到含水层顶板以上某一高度,此时的水面标高称为承压水头。从含水层顶板到承压水头的距离称承压水头高度。承压水头高出地面称正水头,低于地面称负水头。因此,在地形地貌和水文地质条件有利结合条件下,地下水可以溢出地表成为自流水。

承压水具有如下特点:

（1）承压水的分布区与补给区不一致。

（2）承受静水压力。

（3）承压水各要素动态变化不显著,受水文气象的影响较小。

（4）承压含水层厚度不受季节变化影响,一般是一个定值。

（5）承压水的水质不易遭受污染。

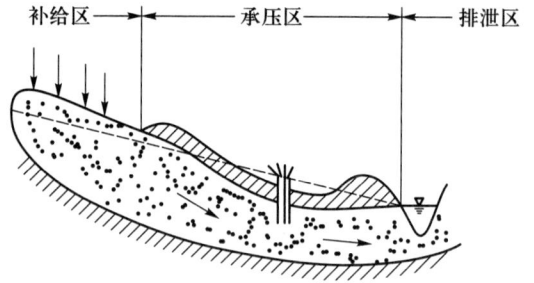

图 7.3　承压水

二、地下水基本特征

分别从物理环境和化学环境两个方面描述地下水的基本特征。

1. 物理环境

地下水物理环境一般指:温度、透明度、颜色、嗅、味以及导电性等。

① 温度

地下水的温度主要受地温和气温的影响,按照地下水的水温可把地下水划分为以下 5 类,如表 7.1 所示。

表 7.1　地下水水温分类

地下水类型	水温/℃	地下水类型	水温/℃
过冷水	<0	热　水	$42\sim100$
冷　水	$0\sim20$	过热水	>100
温　水	$20\sim42$		

② 透明度

地下水一般是透明的,当含有大量有机质、胶体悬浮物或其他污染物时,会呈混浊状态。地下水按透明度分为 4 级:透明、半透明、微透明及不透明。

③ 颜色

地下水一般是无色的,当含有某些污染物时,就会出现各种颜色。如含有氧化铁的地下水呈红褐色;含有硫化氢的地下水略带翠绿色;有机质过多的地下水呈黄色。

④ 嗅

一般地下水无嗅。含氧化亚铁时有铁腥味;当含硫化氢时有臭鸡蛋气味;含腐殖质时有鱼腥味。

⑤ 味

纯水是无味的,但当含有杂质时会变得有味道。如当地下水含碳酸、重碳酸钙或重碳酸镁时,口味爽快,即通常所谓的"甜水";当地下水含有氯化物时,会有咸味;当含硫酸镁时,会有苦味。

⑥ 导电性

地下水离子含量越高,离子价位越高,电导率越大。

2. 化学环境

地下水的化学环境是指地下水的酸碱条件与氧化还原条件,是地下水化学成分形成的重要因素,如 pH、溶解氧、化学需氧量、硬度以及氧化还原电位等。

① pH

pH 亦称氢离子浓度指数,是溶液中氢离子活度的一种标度,也就是通常意义上溶液酸碱程度的衡量标准。通常情况下,pH 是一个介于 0 和 14 之间的数,当 pH 小于 7 的时候,溶液呈酸性;当 pH 大于 7 的时候,溶液呈碱性;当 pH＝7 的时候,溶液呈中性。

地下水的酸碱度取决于水中氢离子浓度的大小,一般地下水的 pH 在 6.5~8.5。

② 溶解氧

地下水的溶解氧(DO)指溶解于地下水中的分子状态氧。溶解氧量受水温、气压和溶质(如盐分)的影响。纯水在一个大气压下,0 ℃时 DO 为 14.6×10^{-6},20 ℃时为 9.17×10^{-6},30 ℃时为 7.63×10^{-6}。由于水被污染,有机腐败物质和其他还原性物质的存在,溶解氧就被消耗。所以,越是干净的水,所含溶解氧越多,而污染越厉害,消耗的溶解氧越多,水中的溶解氧就越少。因此,也可用溶解氧量表示水的污染程度。溶解氧对于水体的自然净化作用和水中生物的生存都是不可缺少的。影响地下水溶解氧的因素主要有:地下水的埋藏条件、径流条件、包气带的岩性以及通气状况。

③ 化学需氧量

化学需氧量(COD)是在一定条件,用一定的强氧化剂处理水样所消耗的氧化剂的量,单位为 mg/L,它是表示水体被还原性物质污染的主要指标,还原性物质包括各种有机物、亚硝酸盐、亚铁盐和硫化物等,但水样受有机物污染是极为普遍的,因此化学需氧量可作为有机物相对含量的指标之一。化学需氧量的测定,根据所用氧化剂的不同,分为高锰酸钾法和重铬酸钾法。高锰酸钾法操作简便,所需时间短,在一定程度上可以说明水体受有机物污染的状况,常被用于污染程度较轻的水样测定;重铬酸钾法对有机物氧化比较完全、适用于各种水样测定。地下水的化学需氧量是由山地或山前向平原呈现逐渐增高的趋势,其大小在一定程度上反映了地下水的氧化还原特征。

④ 硬度

地下水的硬度是指溶解在地下水中的盐类物质的含量,即钙盐与镁盐含量的多少。含量多的硬度大,反之则小。地下水的硬度以 $CaCO_3$ 计,mg/L。按我国《地下水质量标准》(GB/T 14848—2017),Ⅰ类水总硬度≤150 mg/L,Ⅱ类水总硬度≤300 mg/L,Ⅲ类水总硬度≤450 mg/L,Ⅳ类水总硬度≤650 mg/L,Ⅴ类水总硬度＞650 mg/L;按《生活饮用水卫生标准》(GB 5749—2006),水体总硬度需≤450 mg/L。

硬度又分为暂时性硬度和永久性硬度。由于水中含有重碳酸钙与重碳酸镁而形成的硬度,经煮沸后可把硬度去掉,这种硬度称为暂时性硬度,又叫碳酸盐硬度;由于水中含硫酸钙和硫酸镁等盐类物质而形成的硬度,经煮沸后不能去除,这种硬度称为永久性硬度。以上两种硬度合称为总硬度。

在人类活动频繁的地区,地下水的硬度增高往往是地下水遭受污染的重要标志之一。在自然环境里,地下水的硬度大体上是由山地向山间谷地、由山前向平原逐渐增高的趋势。

⑤ 氧化还原电位

氧化还原电位简称 ORP(oxidation – reduction potential)以 E_h 表示,作为介质(包括土壤、天然水、培养基等)环境条件的一个综合性指标,已沿用很久,它表征介质氧化性或还原性的相对程度。地下水的氧化还原电位的大小主要取决于地下水中氧化物质和还原物质的相对浓度。由于地下水中化学体系十分复杂,加之氧化还原电位的测定受到许多因素的干扰,测定值往往包括随机误差。

三、地下水污染的形成

地下水是水环境系统的一个重要组成部分,是人类赖以生存的物质基础条件之一。

地下水污染是指凡是在人类活动的影响下,地下水水质朝着水质恶化方向发展的现象,统称为"地下水污染"。不管此种现象是否使水质恶化达到影响其使用的程度,只要这种现象一发生,就应称为污染。至于在天然地质环境中所产生的地下水某些组分相对富集及贫化而使水质不合格的现象,不应视为污染,而应称为"地质成因异常"。所以,判别地下水是否污染必须具备两个条件:第一,水质朝着恶化的方向发展;第二,这种变化是人类活动引起的。

地下水污染来源于地表,生活污水、工业废水、农业施用的化肥和农药是地表水污染的来源。生活污水、工业废水集中排放和垃圾堆放场降水溶解垂直入渗于地下形成点源污染而使地下水水质变差,或直接排入河流、湖泊使地表水体污染,通过岩土裂隙或空隙向地下水体扩散而影响地下水。农业上施用化肥和喷洒农药都是在大面积的农田中进行的,污染面积大、来源广,其造成的面源污染是广大农村地区地下水污染的主要来源,也是根治的难点。

地表污染主要通过以下途径影响地下水:

1. 污染物通过包气带直接入渗进入地下水

补给区是地下水接受大气降水或地表水入渗补给的地区,一般地表和包气带的岩土层有较好的渗透性,这些地区不仅渗透性强,而且包气带中黏土颗粒小,不易吸附和阻滞污染物。生活废水和工业污水就地排放很容易渗入地下污染地下水,地表堆放的垃圾或工业废料经降水溶解也容易渗入地下。

2. 污染的河流湖泊地表水在岩土中扩散影响地下水

在河水与地下水有水力联系的地段,当地下水低于河水时,污染的河水补给地下水,造成地下水污染。

下列几种情况极易造成地下水污染:

(1) 山区河流进入平原或盆地时,全部或大部分河水在冲积扇顶部渗入地下转为地下水,如果河水已被污染,则地下水也将受到污染。

(2) 河流通过岩溶区漏斗或落水洞全部转为地下水,造成地下水污染。

(3) 河谷地区,河床、河漫滩及其滨河地带含水层与河水有水力关系,污染的河水通过对流和扩散而污染地下水。

3. 固体废物淋滤液渗入地下影响地下水

在一些人口密度大的城市周围大都存在垃圾堆场,其中的垃圾没有进行卫生填埋而随地堆放,经雨淋后,很多有害物质溶于淋滤液中渗入地下造成地下水污染。

第二节 地下水中的典型污染物

一、重金属

从毒性和对生物体的危害方面来看,重金属污染物的特点在于:① 在天然水中只要有微量浓度即可产生毒性效应,一般重金属产生毒性的浓度范围在 $1\sim10$ mg/L,毒性较强的重金属如汞、镉等,产生毒性的浓度范围在 0.001 mg/L 以下。② 微生物不仅不能降解重金属,相反的某些重金属还可能在微生物作用下转化为金属有机化合物,产生更大的毒性。汞在厌氧微生物作用下的甲基化就是这方面的典型例子。③ 生物体从环境中摄取重金属,经过食物链的生物放大作用,逐级地在较高级的生物体内成千百倍地富集起来。这样,重金属能够通过多种途径(食物、饮水、呼吸)进入人体,甚至遗传和母乳也是重金属侵入人体的途径。④ 重金属进入人体后能够与生理高分子物质如蛋白质和酶等发生强烈的相互作用而使它们失去活性,也可能累积在人体的某些器官中,造成慢性累积性中毒,最终造成危害,这种累积性危害有时需要一二十年才显示出来。

二、酸碱污染物

酸、碱污染物主要由无机酸和碱进入废水造成,常用 pH 来衡量。

化工厂、电镀厂、矿山、金属加工等工业排水中含酸性废水,雨水淋洗含 SO_2 烟气后形成酸雨。酸性废水可酸化土壤、损害动植物生长等。在碱法造纸、人造纤维、制碱、制革、纺织、煮炼等工业的废水中含碱。酸、碱废水彼此中和可产生各种盐类。此外合成洗涤剂、染料生产、环氧丙烷生产、肠衣加工等废水中也含有各种盐类,它们可腐蚀管道,增加水的硬度,若用于灌溉会引起土壤的盐碱化。

三、有机污染物

目前,地下水中已发现有机污染物 180 多种,主要包括芳香烃类、卤代烃类、有机农药类、多环芳烃类与邻苯二甲酸酯类等,且数量和种类仍在迅速增加,甚至还发现了一些没有注册使用的农药。这些有机污染物虽然含量甚微,一般在 ng/L 级,但其对人类身体健康却造成了严重的威胁。因而,地下水有机污染问题越来越受到关注。WHO《饮用水水质准则》中对来源于工业与居民生活的 19 种有机污染物、来源于农业活动的 31 种有机农药、来源于水处理中应用或与饮用水直接接触材料的 18 种有机消毒剂及其副产物给出了限值。美国国家环境保护局现行《国家饮用水水质标准》88 项控制指标中,有机污染物控制指标占有 54 项。

　　人们常常根据有机污染物是否易于微生物分解而将其进一步分为生物易降解有机污染物和生物难降解有机污染物两类。

　　1. 生物易降解有机污染物——耗氧有机污染物

　　这一类污染物多属于碳水化合物、蛋白质、脂肪和油类等自然生成的有机物。这类物质是不稳定的，它们在微生物的作用下，借助于微生物的新陈代谢功能，都能转化为稳定的无机物。如在有氧条件下，由好氧微生物作用转化，多产生 CO_2 和 H_2O 等稳定物质。这一分解过程都要消耗氧气，因而称之为耗氧有机物。在无氧条件下，则由厌氧微生物作用，最终转化形成 H_2O、CH_4、CO_2 等稳定物质，同时放出硫化氢、硫醇等具有恶臭味的气体。

　　耗氧有机污染物主要来源于生活污水以及屠宰、肉类加工、乳品、制革、制糖和食品等以动植物残体为原料加工生产的工业废水。

　　这一类污染物一般都无直接毒害作用，它们的主要危害是其降解过程中会消耗溶解氧（DO），从而使水体 DO 下降，水质变差。在地下水中此类污染物浓度一般都比较小，危害性不大。

　　2. 生物难降解有机污染物

　　这一类污染物性质均比较稳定，不易为微生物所分解，能够在各种环境介质（大气、水、生物体、土壤和沉积物等）中长期存在。一部分生物难降解有机污染物能在生物体内累积富集，通过食物链对高营养等级生物造成危害性影响，蒸气压大，可经过长距离迁移至遥远的偏僻地区和极地地区，在相应的环境浓度下可能对接触该化学物质的生物造成有害或有毒效应。这一类有机污染物又称之为持久性有机污染物（POPs），是目前国际研究的热点。

　　POPs 一般具有较强的毒性，包括致癌、致畸、致突变、神经毒性、生殖毒性、内分泌干扰特性、致免疫功能减退特性等，严重危害生物体的健康与安全。

　　2001 年 5 月，在瑞典首都斯德哥尔摩由 127 个国家的环境部长或高级官员代表各自的政府共同签署了《关于持久性有机污染物的斯德哥尔摩公约》（简称《斯德哥尔摩公约》）。《斯德哥尔摩公约》中首批控制的 POPs 共有三大类十二种化学物质。

四、放射性污染物

　　地下含水层的放射性污染根据放射性核素来源不同可以分为两种不同的形式：一种是自然的形式，其放射性核素是天然来源的，如放射性矿床；另一种是人为的形式，其放射性核素是人为的，如核电厂、核武器试验的散落物，以及实验室和医院等部门使用的含有放射性同位素的物质。特别是近年来世界各国对核废料地质处置的关注日益增多，因此，放射性污染物进入地下含水层的概率日益增大。一般来说，放射性核废料的地质处置场地往往选在山区，山区是平原区地下水的补给区，因此，地下水放射性污染将成为地下水污染的主要形式之一。

　　表 7.2 是地下水中的 6 种放射性核素的物理及健康数据，除 ^{226}Ra 主要是天然来源外，其余都是工业或生活污染源排放的。表中"标准器官"指接受来自放射性核素的最高放射性剂量的人体部位。

表 7.2　某些放射性核素的物理及健康数据(引自刘兆昌等,1991)

放射性核素	半衰期/a	总 α/β 放射性/(Bq/L)	标准器官	主要放射物	生物半衰期
^{3}H	12.26	100	全身	β 粒子	12 d
^{90}Sr	28.1	100	骨骼	β 粒子	50 a
^{129}I	1.7×10^7	200	甲状腺	β 粒子 γ 射线	138 d
^{137}Cs	30.2	66.7	全身	β 粒子 γ 射线	70 d
^{226}Ra	1 600	100	骨骼	α 粒子 γ 射线	45 a
^{289}Pu	24 400	166.7	骨骼	α 粒子	200 a

第三节　污染物在地下水中的迁移扩散

一、平流过程

平流是指污染物随着流动的地下水在多孔介质中运动,可以定义于式(7.1):

$$v_x = -\frac{K}{n}\frac{\mathrm{d}h}{\mathrm{d}L} \tag{7.1}$$

式中：v_x——x 方向的地下水平均实际流速,L/T;

　　K——渗透系数,L/T;

　　n——有效孔隙度,量纲为 1;

　$\mathrm{d}h/\mathrm{d}L$——x 方向的水力梯度,量纲为 1。

在多孔介质中,渗流速度等于污染物的平均线速度,这点很重要,求解溶质传输方程正是利用了这个速度。根据前面的定义,平均线性速度等于达西速度与有效孔隙率 n 的比值。n 与孔隙能通过的实际流量有关。由于路径的扭曲,平均线性速度比水分子沿着各自的流径流动的微观速度要小。由平流作用引起的一维质量通量 F,等于水流量与溶质浓度的乘积,即 $F_x = v_x nC$。

有一些实例是利用平流模型有效估计污染物迁移的。一些模型通过整合已知流线而引入了到达时间的概念。流线模型用于求解微粒以指定的速度沿流线运动的到达时间,一般常见于二维流网模型。此外还有一种通过注射或者是抽取流体,以及通过沿线数值积分来估算渗透曲线的诱导流场模型。这些模型并没有直接考虑到弥散作用,但是能根据流场中流速的变化和到达时间求得(Charbeneau,1981,1982)。如果地下水的抽取点处于主要流场,忽略弥散过程会简化计算过程,而且不会影响结果精度。

二、弥散和扩散过程

扩散是一个分子尺度的过程,它是由于浓度梯度和无规则运动而导致的扩张。扩散使得水中的溶质从高浓度区域向低浓度区域运动。扩散迁移可以在没有流速的情况下进行。一维模型中由扩散引起的地下水中的物质迁移遵循菲克第一扩散定律。

$$f_x = -D_d \frac{\partial c}{\partial x} \tag{7.2}$$

式中:f_x——质量通量,kg/(m² · s);

$\quad$ D_d——扩散系数,m²/s;

$\quad$ $\partial c/\partial x$——浓度梯度,kg/m⁴。

在流速很低的情况下,如在密实的土壤或黏土中,或者长时间的物质迁移过程中,扩散作用仅仅是其中的一个因素,标准值 D_d 一般为常数,温度为 25 ℃时,取值在 $1 \times 10^{-9} \sim 2 \times 10^{-9}$ m²/s 之间。一般来说,地下水弥散系数比这个值要大几个数量级,当地下水有流速的时候,弥散作用就会占主导作用。

土柱模型和达西所用的模型相似,可用它来引入平流-弥散传输的概念。在土柱的整个横断面上以相对浓度 $c/c_0 = 1$ 连续负载了示踪剂,图 7.4 表示在 $x = L$ 时,浓度随时间的变化,我们称之为穿透曲线。阶段函数从 $t = 0$ 开始,穿透曲线在弥散过程中产生,在弥散中能产生一个置换液体和被置换液体之间的混合带。平流锋(质心)以平均线速度(即渗透速度)前行,$c/c_0 = 0.5$ 的点在图 7.4 中标示出来了。土柱中速度的变化使得一部分物质由于速度大于质心而远离柱体,向前运动;而另一部分滞留在后面,从而导致在液流方向产生了弥散穿透曲线。混合带随着平流锋向远离污染源的方向运动而不断扩大,但是在离湿润锋后面有一定距离的地方,由于起始点的浓度 c_0 保持一定,在这个区域还将

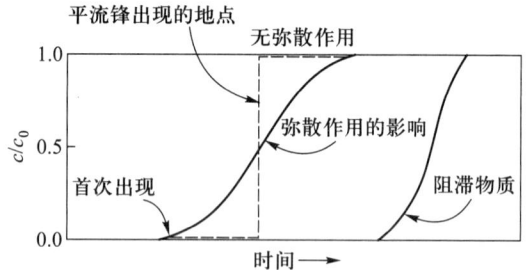

图 7.4　一维穿透曲线中弥散和阻滞的影响

保持一个较稳定的浓度。假设没有弥散作用,渗透曲线的形状和输入端阶段函数将会保持一致。

弥散是由于介质的不均匀性引起流体流速以及流线的改变而产生的。这些变化可以是由单个孔道之间的摩擦引起的,也可以是孔道间的速度不等或者路径长度变化而产生的。实验室柱体实验研究表明,弥散作用是平均线性速度和弥散度 a 的函数。实验室土柱试验的弥散度是厘米级的,而在野外研究中的取值可能会从 1 m 到几千米。图 7.5 表示了在多孔介质中污染物形成纵向弥散(D_x)的主要因素。

由弥散作用引起的质量迁移会使液体沿垂直流动方向运动。横向弥散,D_y 是由于多孔介质中径流偏移而使得物质偏离主流方向向两侧扩散。大部分情况下,包括二维羽流污染模型中,D_y 都远远小于 D_x,羽流的形状沿着流动方向不断延伸。

1997 年 Freeze 和 Cherry 将水力弥散定义为溶质散开以及稀释的过程,而平流则是一个独立的过程。它定义为分子扩散和机械弥散的总和,大部分的弥散是由于瞬时速度在流体平均流速附近波动而产生的。

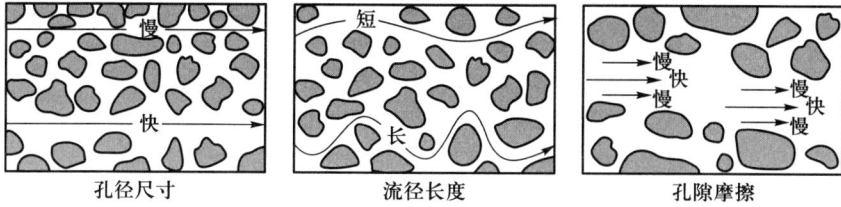

图 7.5　产生纵向弥散的因素

二维模型中的弥散使得平流锋之前或之后的液质在纵向和横向上扩散。很多典型的地下水污染羽流都遵循二维平流——弥散作用机理。图 7.6 表示的是平流中存在弥散作用时和仅有平流作用时羽流的标准形状。纵向弥散使得在羽流前沿周边的物质扩散,浓度降低。一维土柱模型结果和二维模型结果的主要区别在于二维模型中有横向扩散,从而各处的浓度都会低于平流锋的浓度。

对于一个瞬时源或者脉冲源(比如突然释放或溢漏污染物进入地下),图 7.7 显示了图形能以高斯(正态)分布表示。浓度分布从湿润锋开始,通过弥散混合作用,污染物被稀释,浓度曲线变得平滑。质心以平均线性速度做平流运动。

浓度可以用高斯公式或者一维、二维、三维几何正态分布曲线来描述。从图 7.7 中的正态分布曲线特点可以看出,弥散系数与分布函数的变化有关,$D_x = \sigma_x^2/2t$ 和 $D_y = \sigma_y^2/2t$。因此,现场实验中,通过测量羽流的扩散或者变化情况,就可以估测 D_x 和 D_y 的值。

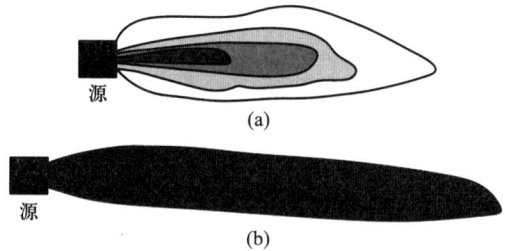

图 7.6　羽流的标准形状
(a) 平流和弥散;(b) 仅有平流

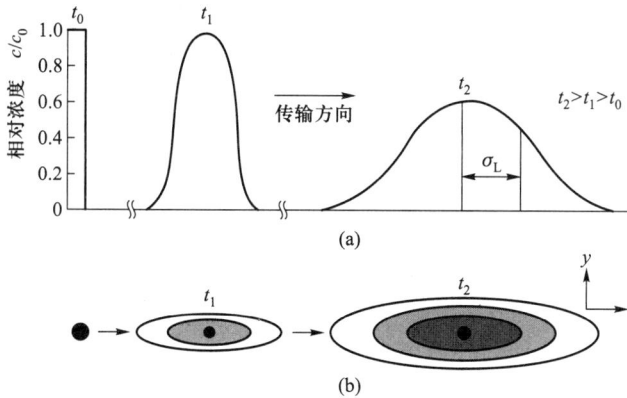

图 7.7　瞬时(脉冲)源,图形能以高斯(正态)分布表示
(a) 一维;(b) 二维

三、质量迁移方程

流场中弥散流体有一个平均线速度 v_x、v_y,可以速度的平均统计值 v_{x*} 和 v 表示。在均匀流中,v_x 为常数,$v_y = 0$,假设弥散通量与 x 方向上的浓度梯度成比例。

$$f_{x*} = nc_{x*} = -nD_x \frac{\partial c}{\partial x} \tag{7.3}$$

式中：D_x——纵向弥散系数；

　　n——孔隙率；

　　c——污染物示踪剂的浓度。

同样，y 方向上的弥散通量 f_{y*} 与 y 方向上的浓度梯度成比例。

$$f_{y*} = nc_{y*} = -nD_y \frac{\partial c}{\partial y} \tag{7.4}$$

对简单的均匀流的平均线速度 v_x，

$$D_x = a_x \bar{v}_x \tag{7.5}$$
$$D_y = a_y \bar{v}_y \tag{7.6}$$

式中：a_x, a_y——纵向和横向的弥散度。

　　D_x, D_y——纵向和横向的弥散系数。

在迁移模型中，分散率差值一般都设为定值，但是 Smith 和 Schwartz(1980)及 Geihar 等(1979)的研究表明分散率差由现场的异向性分布以及规模来决定。20 世纪 80 年代的很多研究者都通过现场示踪剂研究和泵抽实验，来估测分散率差这个非常复杂的问题，他们采用了统计学模型和确定性模型。

值得注意的是在非均匀流场中，弥散系数很复杂，可以用 v_x 和 v_y 表征。弥散系数与质量通量向量的浓度梯度有关，能表示成一个二次张量。通过认真选取坐标系，可以建立 D_x、D_y 和 D_z 与张量 $[D]$ 的分量的联系方程。

地下水迁移控制方程遵循质量守恒定律。推导过程以 Ogata(1970)和 Bear(1972)、Freeze 和 Cherry(1979)公开发表的文章为依据。假设多孔介质均相，均质，而且是饱和的，进一步假设液流是稳态流，那么可以用达西定律来求解。液流状态用平均线速度或者渗透速度描述，它通过平流来迁移溶解物。如果仅有平流起物质迁移作用，保守性溶质就会按照活塞流来运动。而实际情况中，还存在有混合、水力弥散过程，都会使得各孔隙以及孔隙间的速度发生变化。水动力弥散是可以说明流场中由速度变化引起的附加迁移(扩散)。

为了建立质量守恒的数学表达式，我们研究多孔介质中的一个典型单元体积内溶质的流入和流出(图 7.8)。在直角坐标系中，比流量 v 有三个分量 v_x, v_y, v_z；平均线速度 $v = v/n$，有三个分量，v_x, v_y, v_z 平流迁移速度与 v 相等。

溶质浓度 c 定义为单位体积溶液内溶质的质量，那么单位体积多孔介质溶质的质量则为 nc。对均相介质来说，有效孔隙率为常数，$\partial(nc)/\partial x = n\partial c/\partial x$，$x$ 方向溶质质量在两种介质中的迁移机理描述如下：

由平流产生的质量迁移 $= \bar{v}_x nc\,\mathrm{d}A$

由弥散产生的质量迁移 $= nD_x \frac{\partial c}{\partial x}\mathrm{d}A$ (7.7)

式中：D_x——x 方向上的水力弥散系数；

　　$\mathrm{d}A$——单位立方体的横断面面积。

弥散系数 D_x 与分散率差和扩散系数 D_d 有关，

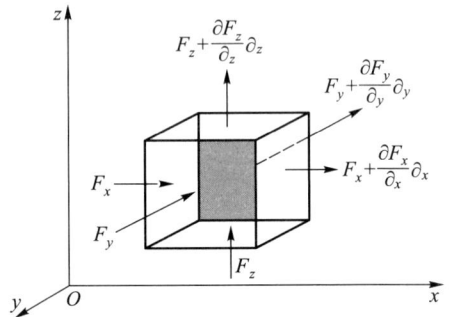

图 7.8　单元立方体的质量平衡

可以由下式表示：

$$D_x = a_x \bar{v}_x + D_d \tag{7.8}$$

弥散分量形式由式（7.7）表示出来了，与菲克第一定律相似。

若 F_x 表示在 x 方向上单位时间内，单位截面面积上通过的总的溶质质量，则

$$F_x = \bar{v}_x nc - nD_x \frac{\partial c}{\partial x} \tag{7.9}$$

弥散项中负值表明污染物向着低浓度区域的方向运动。同理，其他两个方向流体的表达式为：

$$F_y = \bar{v}_y nc - nD_y \frac{\partial c}{\partial y} \tag{7.10}$$

$$F_z = \bar{v}_z nc - nD_z \frac{\partial c}{\partial z} \tag{7.11}$$

进入流体单元的总的溶质质量为（图 7.8）：

$$F_x \mathrm{d}z\mathrm{d}y + F_y \mathrm{d}z\mathrm{d}x + F_z \mathrm{d}x\mathrm{d}y$$

流出单元体的总的溶质的质量为：

$$\left(F_x + \frac{\partial F_x}{\partial x}\mathrm{d}x\right)\mathrm{d}z\mathrm{d}y + \left(F_y + \frac{\partial F_y}{\partial y}\mathrm{d}y\right)\mathrm{d}z\mathrm{d}x + \left(F_z + \frac{\partial F_z}{\partial z}\mathrm{d}z\right)\mathrm{d}x\mathrm{d}y$$

流进和流出单元体溶质的质量差为

$$\left(\frac{\partial F_x}{\partial x} + \frac{\partial F_y}{\partial y} + \frac{\partial F_z}{\partial z}\right)\mathrm{d}x\mathrm{d}y\mathrm{d}z$$

由于假设溶解性的示踪剂质量守恒（不发生化学反应），流入和流出单元体液体的质量差等于单元体内溶解物质的聚集量。单元体内质量的变化可以表示成：

$$-n\frac{\partial c_x}{\partial t}\mathrm{d}x\mathrm{d}y\mathrm{d}z$$

根据总体质量守恒，可以得到：

$$\frac{\partial F_x}{\partial x} + \frac{\partial F_y}{\partial y} + \frac{\partial F_z}{\partial z} = -n\frac{\partial c}{\partial t} \tag{7.12}$$

将 F_x，F_y 和 F_z 代入式（7.12）中，并将方程的两边同时除以 n，得到：

$$\left[\frac{\partial}{\partial x}\left(D_x \frac{\partial c}{\partial x}\right) + \frac{\partial}{\partial y}\left(D_y \frac{\partial c}{\partial y}\right) + \frac{\partial}{\partial z}\left(D_z \frac{\partial c}{\partial z}\right)\right] - \left[\frac{\partial}{\partial x}(\bar{v}_x c) + \frac{\partial}{\partial y}(\bar{v}_y c) + \frac{\partial}{\partial z}(\bar{v}_z c)\right] = \frac{\partial c}{\partial t} \tag{7.13}$$

在均向介质中，速度稳定且为匀速运动（如不随时间空间的变化而变化），各点的弥散系数 D_x，D_y 和 D_z 相等（但一般 $D_x \neq D_y \neq D_z$），因此式（7.13）可以变为：

$$\left[D_x \frac{\partial^2 c}{\partial x^2} + D_y \frac{\partial^2 c}{\partial y^2} + D_z \frac{\partial^2 c}{\partial z^2}\right] - \left[\bar{v}_x \frac{\partial c}{\partial x} + \bar{v}_y \frac{\partial c}{\partial y} + \bar{v}_z \frac{\partial c}{\partial z}\right] = \frac{\partial c}{\partial t} \tag{7.14}$$

在二维模型中，一维速度的控制方程可以变为：

$$D_x \frac{\partial^2 c}{\partial x^2} + D_y \frac{\partial^2 c}{\partial y^2} - \bar{v}\frac{\partial c}{\partial t} = \frac{\partial c}{\partial t} \tag{7.15}$$

在一维模型中，如土柱模型，控制方程能够简化为我们所熟悉的平流-弥散模型，可以通过 Laplace 模型求解：

$$\left(Dx\frac{\partial^2 c}{\partial x^2}+Dy\frac{\partial^2 c}{\partial y^2}\right)-\bar{v}\frac{\partial c}{\partial t}=\frac{\partial c}{\partial t} \tag{7.16}$$

式(7.14)~式(7.16)可以在不同简化假设条件下进行解析求解。

四、一维模型

实际情况下,由于边界条件不规则和含水层性质的变化,控制质量迁移很难求解,必须要用到一些数值方法。因此,通过一定程度的合理简化,可以分析求解一些一维问题。为了便于从整体上全面理解平流,弥散,吸附过程,下面将举一些例子,做如下简化。简化假设包括:① 示踪剂恒定,密度和黏度为常数;② 流体不可压缩;③ 介质均匀,各相同性;④ 只考虑饱和流体。对一个不会发生化学反应的示踪剂,在一维流模型中,从 x 正向开始,式(7.16)可变型为:

$$Dx\frac{\partial^2 c}{\partial x^2}-v_x\frac{\partial c}{\partial x}=\frac{\partial c}{\partial t} \tag{7.17}$$

式中:D_x——水力弥散系数;

v_x——平均渗流速度。

为了方便,省略速度符号上面的横线。

在不同的初始条件和边界条件,以及示踪剂的注入方式是一次性注入还是连续注入,式(7.17)能得到不同的解,土柱模型中,初始条件 $t=0$,浓度 $c(x,0)=0$,或等于固定的本底浓度值。详细说明一维模型两端的边界条件。对于连续负载源,$x=0,t>0$ 时,浓度 $c(0,t)=c_0$,在另外的边界条件下,$x=\infty,t>0$ 时,$c(x,\infty)=0$。

案例 7.1　一维空间中的连续源

对于一无穷柱体,本底浓度为 0,在 $x\le 0,t>0$ 时,加入浓度为 c_0 的示踪剂,1961 年,Bear 用拉普拉斯变换在圆柱体 $x=L$ 处求解问题。

$$\frac{c(x,t)}{c_0}=\frac{1}{2}\left(\mathrm{erfc}\left[\frac{L-v_x t}{2\sqrt{D_x t}}\right]+\exp\left(\frac{v_x L}{\mathrm{d}x}\right)\mathrm{erfc}\left[\frac{L+v_x t}{2\sqrt{D_x t}}\right]\right) \tag{7.18}$$

$$\mathrm{erfc}(\beta)=1-\mathrm{erf}(\beta)=1-(2/\sqrt{\pi})\int_0^\beta \mathrm{e}^{-u^2}\,\mathrm{d}u \tag{7.19}$$

其中,erfc、erf 均为误差修正项。

穿透曲线的质心($c/c_0=0.5$)以平均线速度 v_x 运动,并且和点 $x=v_x t$ 处速度一致。注意:式(7.18)右边的第二项在大多数实际问题中可以忽略。误差 $\mathrm{erf}(\beta)$ 和 $\mathrm{erfc}(\beta)$ 列在表 7.3 中。

表 7.3　正值 β 对应的 erf(β)和 erfc(β)值

β	erf(β)	erfc(β)
0	0	0
0.05	0.056 372	0.943 628
0.1	0.112 463	0.887 537
0.15	0.167 996	0.832 004

β	erf(β)	erfc(β)
0.2	0.222 703	0.777 297
0.25	0.276 326	0.723 674
0.3	0.328 627	0.671 373
0.35	0.379 382	0.620 618
0.4	0.428 392	0.571 608
0.45	0.475 482	0.524 518
0.5	0.520 500	0.479 500
0.55	0.563 323	0.436 677
0.6	0.603 856	0.396 144
0.65	0.642 029	0.357 971
0.7	0.677 801	0.322 199
0.75	0.711 156	0.288 844
0.8	0.742 101	0.257 899
0.85	0.770 668	0.229 332
0.9	0.796 908	0.203 092
0.95	0.820 891	0.179 109
1.0	0.842 701	0.157 299
1.1	0.880 205	0.119 795
1.2	0.910 314	0.089 686
1.3	0.934 008	0.065 992
1.4	0.952 285	0.047 715
1.5	0.966 105	0.033 895
1.6	0.976 348	0.023 652
1.7	0.983 790	0.016 210
1.8	0.989 091	0.010 909
1.9	0.992 790	0.007 210
2	0.995 322	0.004 678
2.1	0.997 021	0.002 979
2.2	0.998 137	0.001 863
2.3	0.998 857	0.001 143
2.4	0.999 311	0.000 689
2.5	0.999 593	0.000 407
2.6	0.999 764	0.000 236
2.7	0.999 866	0.000 134
2.8	0.999 925	0.000 075
2.9	0.999 959	0.000 041
3	0.999 978	0.000 022

案例 7.2　一维瞬时源

柱体本底浓度为 0，溶质在 $x=0$ 的位置通过示踪剂脉冲法注入（瞬间注入），缓流以 v_x 向下游流动，在 x 正方向上，扩散浓度按照下式计算：

$$c(x,t)=\frac{M}{4\pi D_x t}+\exp\left[-\frac{(x-v_x t)^2}{4D_x t}\right] \tag{7.20}$$

式中：M——单元体横截面积上注入的物质质量。

　　　　t——扩散时间。

图 7.7(a) 表示一维瞬时脉冲模型中浓度的正态分布情况。

式(7.18)和式(7.19)的图形已在图 7.4、图 7.7 中表示出来，描述的是 $x=L$ 处以及土柱末端的情况。一维瞬时（污染）源和连续（污染）源的传输问题差别很明显。连续（污染）源产生响应曲线或者穿透曲线，始于一个较低的浓度，在作用一段时间后，浓度最终会趋于初始输入浓度 c_0。脉冲源产生正态分布或者高斯分布，在流动方向上，随着时间增加，由于扩散作用，浓度会从最高值持续下降。对于脉冲源，如果示踪剂质量守恒，各曲线下的质量积分是相等的。

案例 7.3　吸附效应

如果地下水中污染物会发生反应，那么浓度也会发生变化，其中物质被吸附到土壤基质中就是一个主要影响因素。引入等温线将被土壤吸附的物质浓度 s 和溶质浓度 c 联系起来。经常用到的是弗罗因德利希等温方程

$$s=K_d c^b \tag{7.21}$$

式中：s——单位体积干质量多孔介质吸附的溶质质量；

　　　　K_d——分布系数；

　　　　b——通过实验得出的系数。

如果 $b=1$，式(7.20)就是一个线性等温线，用以下的方法代入吸附-弥散方程中

$$D_x\frac{\partial^2 c}{\partial x^2}-v_x\frac{\partial c}{\partial x}-\frac{\rho_b}{n}\frac{\partial s}{\partial t}=\frac{\partial c}{\partial t} \tag{7.22}$$

式中：ρ_b——体积干质量密度；

　　　　n——孔隙率。

$$-\frac{\rho_b}{n}\frac{\partial s}{\partial t}=\frac{\rho_b}{n}\frac{ds}{dc}\frac{\partial c}{\partial t} \tag{7.23}$$

对于线性等温线，$ds/dc=K_d$，

$$D_x\frac{\partial^2 c}{\partial x^2}-v_x\frac{\partial c}{\partial x}=\frac{\partial c}{\partial t}\left(1+\frac{\rho_b}{n}K_d\right) \tag{7.24}$$

或者，最终可以变为

$$\frac{D_x}{R}\frac{\partial^2 c}{\partial x^2}-\frac{v_x}{R}\frac{\partial c}{\partial x}=\frac{\partial c}{\partial t} \tag{7.25}$$

其中 $R=[1+(\rho_b/n)K_d]$ 为阻滞因数，表征由于地下水有平流速度而阻碍物质的吸附（图 7.4）。阻滞系数等于从地下水中吸附污染物的速度，取值范围从一到数千。

使用分配系数时假定相对于地下水流速，溶质和土壤之间的反应非常快。因此，非平衡前锋可能比发展缓慢的平衡态的阻滞锋移动得快。这些复杂因素涉及其他的速度动力学知识，而不仅仅局限在本章所讨论的简单的模型范围。

一个有趣的案例研究,以 $c=0$ 为起点的半无限圆柱体($x>0$)连接到一个污染源,该装置连接一个浓度为 $c=c_0(x=0)$ 的污染源示踪剂。示踪剂沿着 x 正方向以渗流速度 v_x 沿圆柱体运动。假设在 $x=\infty$ 处 $c=0$。对于线性吸附的情况,使用式(7.22),其中阻滞因子 $R\geqslant1$,早期用来描述吸附过程。在这个研究中的解是:

$$c(x,t)=\frac{c_0}{2}\left[\mathrm{erfc}\left(\frac{R_x-v_xx}{2\sqrt{RD_xt}}\right)+\exp\left(\frac{v_xx}{D_x}\right)\mathrm{erfc}\left(\frac{R_x+v_xt}{2\sqrt{RD_xt}}\right)\right] \tag{7.26}$$

Ogata 和 Banks(1961)表示在 $D_x/v_xx<0.002$ 时,式(7.26)的第二项可以忽略不计。这种情况下产生的误差小于 3%。那么式(7.26)只需要调整 R 的值就可以简化为类似式(7.18)的形式。

案例 7.4　迁移和一维空间中的一级衰减

溶质的一级衰减是包含简单动力学反应的物质迁移的一个例子,这可以由放射性衰减、生物降解和水解引起,在迁移方程中则需要增加 λC 一项。其中 λ 是单位时间一级衰减率,单位是 t^{-1}。例如式(7.17),可以变为下面的形式:

$$D_x\frac{\partial^2c}{\partial x^2}-v_x\frac{\partial c}{\partial t}-\lambda C=\frac{\partial c}{\partial t} \tag{7.27}$$

对于脉冲源方程的解法由式(7.18)给出,但是要乘以因子 $\mathrm{e}^{-\lambda t}$。通常来说,衰变系数使质量和浓度随着时间的增加而减少。

五、流动和迁移扩散方程

二维模型中,模拟地下径流的微分方程通常写成:

$$\frac{\partial}{\partial x}\left(T_x\frac{\partial h}{\partial x}\right)+\frac{\partial}{\partial y}\left(T_y\frac{\partial h}{\partial y}\right)=S\frac{\partial h}{\partial t}+W \tag{7.28}$$

式中:$T_x=K_xb$,x 方向上的透射比,$\mathrm{L^2/T}$;

$\quad T_y=K_yb$,y 方向上的透射比,$\mathrm{L^2/T}$;

$\qquad b$——含水层厚度,L;

$\qquad S$——储水系数;

$\qquad W$——源或汇项,L/T;

$\qquad h$——水头,L。

二维空间中,结果水头 h 的分量 $h(x,y)$ 能用来计算梯度以及渗透速度,二维模型中的迁移控制方程通常写成:

$$\frac{\partial}{\partial x}\left(D_x\frac{\partial c}{\partial x}\right)+\frac{\partial}{\partial y}\left(D_y\frac{\partial c}{\partial y}\right)-\frac{\partial}{\partial x}(cv_x)-\frac{\partial}{\partial y}(cv_y)-\frac{c_0W}{nb}+\sum R_k=\frac{\partial c}{\partial t} \tag{7.29}$$

式中:c——溶质浓度,$\mathrm{M/L^3}$;

$\quad v_x,v_y$——垂直方向上的平均渗流速度,L/T;

D_x,D_y——x,y 方向上的弥散系数,$\mathrm{L^2/T}$;

$\qquad c_0$——污染源或液槽中污染物的浓度,$\mathrm{M/L^3}$;

$\qquad R_k$——溶质流进或者流出的速率,$\mathrm{M/L^3T}$;

$\qquad n$——有效孔隙率;

W——源或汇项。

式(7.29)只能在非常简单的条件下分析求解,即速度恒定,弥散系数为常数,源条件(原项)是一个简单的函数。想用质量迁移方程来描述实际现场情况很难,因为示踪试验的空间异相性以及多孔介质中的其他化学反应,很难用它估测 x、y 方向上的分散率差值。由于现场不均匀性往往是未知的,水力传导率、牵连速度也很难估算。模型的原项在一定的时间内可以视为恒定,但是在实际情况中却有很大的差别。一个特别突出的问题就是反应时间,它与吸附、离子交换以及生物降解有关。现场均衡条件的假设和速率系数的选择可能会产生一些误差,还可能受到预想问题的影响。另外,燃料和溶剂在地下水中可能产生非水相流体(NAPLs),这种情况很难测量而且可能在将来的很长时间内成为可溶污染源。

尽管上面提到了一些问题,质量迁移模型仍然是获得现场数据,预测羽流迁移情况,以及污染废物最终处理问题最可行的办法。考虑到包括各种速率参数的完整三维情况可能很难模拟,现有的一维和二维溶质传输模型对简化以及探讨地下水问题有很大的帮助。

第四节　污染物在地下水中的转化

一、吸附与解吸

吸附是固体物质与溶解态或气态污染物相结合的过程。在地下水系统中,主要的固体物质是含水层物质或土壤,污染物一般以溶解态存在。普遍用于描述吸附过程中的物质的术语有吸附剂和吸着物。吸附剂是溶解的或气态的吸着物(例如,含水层物质)。吸附期包含两个具体过程:吸附和吸收。吸附是污染物与固体颗粒表面相结合的过程。吸收是污染物在固体颗粒内部的结合过程。吸附和吸收可同时发生且很难区分,因此通常用吸附来描述总体现象。

吸附是一个重要的过程,影响地下污染物的迁移,并对污染现场的修复能力产生重大影响。由于含水层物质是静态的,分子与固相结合后也是不动的。污染物迁移的这种延迟作用是评价迁移速率及采用泵抽处理系统提取污染物能力的基本要素。此外,确定污染现场污染现物的量必须考虑吸附因素,同时吸附对生物降解速率也有影响。

解吸是吸附的逆向过程,是吸附分子分离及返回水相或气相的过程。而观察到的解吸过程(例如速率和程度)可能不是观察到的吸附过程的逆向过程。认识到这种区别很重要,因为我们将重点讨论吸附污染物的描述及其普遍可逆性。

1. 吸附作用的影响因素

简单来说吸附就是"物以类聚"。确切地说,分子往往趋向于与其性质相类似的分子结合。比如在溶解度的概念中,非极性分子比极性分子更易溶于非极性溶剂中,而离子或极性分子更易溶于极性溶剂。在吸附的过程中,疏水性污染物首先与含水层物质中的疏水成分发生相互作用,而离子或极性材料则首先与带电矿物表面发生吸附作用。

在这两种情况下,吸附可能发生的程度受到吸附质与吸附剂表面化学特性的共同影响(图 7.9)。

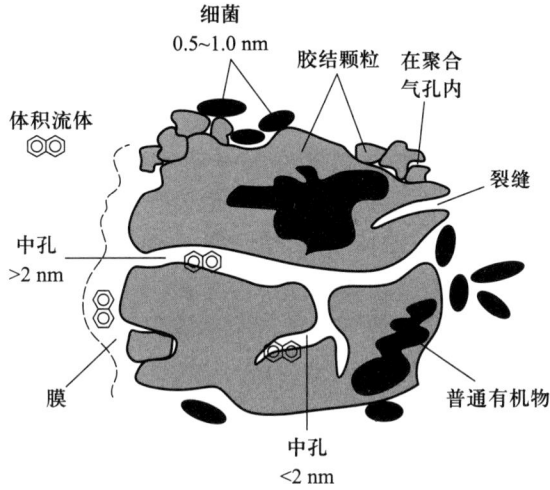

图 7.9　土壤颗粒吸附示意图

可是,土壤和含水固体都是复杂材料,能产生多种吸附作用。单个的土壤颗粒,是包含有矿物质和天然有机物的完全均质复合物。矿物表面主要为极性或离子官能团,能够与极性或离子污染物相互作用。天然有机质一般是倾向于排斥水和其他高极性分子的疏水性物质。土壤或含水层固体的这一部分通常出现在非极性/疏水性分子结合的地方。

最常见的地下有机污染物大部分为疏水化合物。石油烃类(包括苯、甲苯、乙苯、二甲苯)、氯化溶剂(如六氯丁二烯)、多氯联苯(PCBs)、多环芳烃(PAHs)就是体现此类化学性质的例子,大多情境下为了简化吸附分析,可认为土壤或含水层固体吸附这些化合物,主要是通过它们与固体中的天然有机物的结合。

辛醇-水分配系数是一种被广泛认可的方法,用来评估单个污染物与含水层固体有机部分的结合。在这个评价衡量体系中,辛醇担任天然有机物质的代替材料。简单来说,这些试验是在一个含有同等量辛醇和水的试管中进行的。由于辛醇不溶于水,试管中存在两相体系(类似于将橄榄油加入水中)。污染物添加到试管,并使两相达到平衡。平衡后,测定两相的浓度,两相浓度的比值与辛醇-水分配系数(K_{ow})有关。K_{ow}的定义如公式(7.30),其中$[A]$代表污染物每一相的浓度。

$$K_{ow} = \frac{[A]_{solid}}{[A]_{aqueous}} \tag{7.30}$$

如果 K_{ow} 值小于 1,则污染物易接近水相,而不会与天然有机物广泛结合。对于最常见的地下水污染物,其 K_{ow} 大于 1,它们与天然有机物的结合是一个重要过程。事实上,许多常见的污染物有的 K_{ow} 超过 100,有些高达 $1×10^6$,可见常见有机污染物易被疏水相吸引,并和土壤中的自然有机组分或含水层物质牢固结合。

2. 吸附平衡-分配系数

为了计算污染物的迁移率或污染物存在的总重量,必须确立污染物在水或固相中的分配。如果必须考虑动力学吸附,那就变得相当复杂。所幸的是,疏水性污染物与土壤有机质的结合通常比污染物与污染现场处含水层固体的反应快。因此，往往存在局部均衡条件。评定污染物在固体和水相的分布最常用的方法是定义一个系数(k_d)，它在式(7.31)中定义，其中[A]表示每相中的污染物浓度。

$$k_d = \frac{[A]_{solid}}{[A]_{aqueous}} \qquad (7.31)$$

这是一个类似于辛醇水试验的测试，用含水固体代替辛醇，并对一系列浓度的污染物进行测试。本次试验的结果是固相污染物浓度对平衡水相污染物浓度是一个等温线，如图 7.10 所示。在图表中，观测的关系是线性的，k_d值可通过一个简单的线性回归得到。更复杂的情况下，线性结果是得不到的。然而，基层结合是一个疏水相相互作用，水相污染物浓度小于其溶解度的 50％（通常情况下为地下水系统），可以得到一条线性等温线。对余下的这一段，只考虑线性等温线。

如果某一特定化合物在某一固体材料上的 k_d 已知，那么计算污染物的分布就很简单了。举例来说，若一个具体的土壤样品中苯的 k_d 值是 5 kg/L 的，地下水中含苯浓度为 1 mg/L，吸附苯的浓度将为 5 mg/kg。除了评价两相中的污染物浓度，k_d 还与污染物在一定体积含水层的溶解相中的量有关。对于计算污染物迁移率，这是一个重要的考虑因素，因为只有溶解相部分才属于迁移过程。溶解相污染物的量可由下式(7.32)得到：

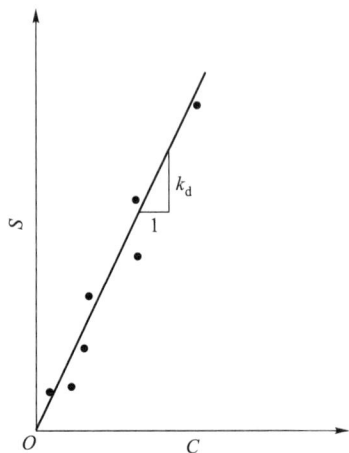

图 7.10　由线性回归确定的系数
k_d 的线性吸附等温线

$$f_w = \frac{[A]_w V_w}{[A]_w V_w + [A]_s V_s} \qquad (7.32)$$

其中$[A]_w$和$[A]_s$分别代表水和固体中污染物的浓度，V_w 和 V_s 分别为水和固体物质的体积。

如果

$$[A]_s = k_d [A]_w \qquad (7.33)$$

则

$$f_w = \frac{[A]_w V_w}{[A]_w V_w + k_d [A]_w V_s} = \frac{V_w}{V_w + k_d V_s} \qquad (7.34)$$

如果蓄水层的孔隙率定义为式(7.32)且为已知，则式(7.31)可进一步简化。

$$n = \frac{V_w}{V_w + V_s} \qquad (7.35)$$

如公式(7.36)所示，f_w可以用 k_d 和 n 来描述，

$$f_w = \frac{1}{1 + \left(\dfrac{1}{n} - 1\right) k_d} \qquad (7.36)$$

3. 确定分配系数 k_d

如前所述，含水层物质对非离子有机分子的吸附主要是由于固相天然有机物的相互作用。吸附发生的程度涉及两个参数：固相天然有机物的初始量和相对疏水性污染物本身的

量。天然有机物的初始量是实地的参数,是无法事先估计的。举例来说,有些砂几乎不含有机物质,而泥炭几乎全是天然的有机物。因此,对给定含水层物质中的有机物的吸附量需通过实验测试确定,然后用一个非独立的名词指出,称之为有机碳分数(f_{oc}),它用来描述含水层物质中有机物的重量分数。由于 f_{oc} 必须测定,这使得用 K_{ow} 来准确估计化学物质的相对憎水性成为可能。较大的 K_{ow} 表明憎水程度增加,吸附在天然有机物上的趋势增加。这种影响非极性物质分配的特性能够用式(7.34)中的 k_d 进行统一的数学描述,其中 K_{oc} 为污染物与天然有机物之间的分配系数。

$$k_d = f_{oc} \cdot K_{oc} \tag{7.37}$$

研究表明,K_{oc} 是一个可预见值,建立在观测行为与 K_{ow} 之间相互关系之上。表 7.4 列出了估算 K_{oc} 的各种回归公式。

表 7.4　估算 K_{oc} 的各种回归公式

公式[a]	数量[b]	r^{2} [c]	化学种类表述
$\lg K_{oc} = -0.55\lg S + 3.64$	106	0.71	各种各样的常见农药
$\lg K_{oc} = -0.54\lg S + 0.44$	10	0.94	大部分芳香族或多环芳香族;两次氯消毒
$\lg K_{oc} = -0.557\lg S + 0.277$	15	0.99	氯消毒烃类
$\lg K_{oc} = -0.544\lg K_{ow} + 1.377$	45	0.74	各种各样的常见农药
$\lg K_{oc} = -0.937\lg K_{ow} - 0.006$	19	0.95	芳香族、多环芳香族,三嗪和二硝基苯胺除草剂
$\lg K_{oc} = 1.00\lg K_{ow} - 0.021$	10	1.00	大部分芳香族或多环芳香族;两次氯消毒
$\lg K_{oc} = 0.94\lg K_{ow} + 0.02$	9	—[d]	S-三嗪和二硝基苯胺除草剂
$\lg K_{oc} = 1.029\lg K_{ow} - 0.18$	13	0.91	各种各样的杀虫剂,除草剂和杀真菌剂
$\lg K_{oc} = 0.052\,44\lg K_{ow} + 0.855$	30	0.84	替代苯基脲类和烷基-N-苯氨基甲酰
$\lg K_{oc} = 0.006\,7(P - 45N) + 0.237$	29	0.69	芳香族化合物;尿素,1,3,5-三嗪
$\lg K_{oc} = 0.681\lg BCF + 1.963$	13	0.76	各种各样的常用农药
$\lg K_{oc} = 0.681\lg BCF + 1.886$	22	0.83	各种各样的常用农药

注:(a) K_{oc}=有机碳吸附系数;S=水溶解度;K_{ow}=辛醇-水分配系数。

(b) 数量=获得回归方程的化学物质数量。

(c) r^{2}=回归方程修正系数。

(d) —:不可用。

(e)BCF:富集系数,生物体内污染物的平衡浓度与其生存环境中该污染物浓度的比值。

(f)P:等张比容。

(g)N:生成氢键的分子数。

4. 解吸作用

化学物质从固体中完全解吸的能力是现在的一个研究领域。观察表明,用于描述吸附的 k_d 值在此处不适用,特别是观测到的固相污染物浓度超过了建立在水相污染物浓度和 k_d 基础上的预测浓度的物质中。在含有低固相污染物浓度(通常小于 20 mg/kg)且长期受污染的物质中,可观察到这种现象。在高浓度下,解吸过程一般可以通过平衡分析来预测。这种实验观察具有潜在的重大的意义。原位修复需要把被吸附的污染物重新解吸去除。如果一种污染物解吸不能像吸附那么容易,那么结果就很难达到清洁的标准。

这样,抑制解吸的物理机理就不太可能进行准确的定义,这可能是由于土壤中的天然有机物因被吸附后而重新分布,而后污染物在有机构体内部被物理隔绝,而不能在预测的平衡分离的情况下得以分离,这种理论与底物酶黏结很类似,因高分子物质吸附了一个小分子后其 3D 结构被改变了。其他抑制解吸的机理可能可用于描述观察到的解吸抑制,但已超出本书范围。

二、非生物归趋过程

研究发现,几种化学反应机理与地下水系统中特定的有机化学物有关。这些反应不包括活的生物,只涉及非生物过程。非生物反应包括水解、氧化还原反应、消除反应。非生物反应对地下污染物的去向问题的影响程度要视具体化合物的情况而定,且受当地环境情况的强烈影响。下面将对每一个过程做简单解释。

1. 水解

水解是一种污染物分子在水中的化学反应,这个过程对一些污染物来说十分重要。溴苯烷和水反应生成一个苯醇和溴离子,就是一个很好的例子,见式(7.38)。

$$CH_3CH_2CH_2Br + H_2O \longrightarrow CH_3CH_2CH_2OH + H^+ + Br^- \tag{7.38}$$

化学水解速率受反应系统中温度和 pH 的强烈影响。当温度升高时,水解速率提高。当 pH 是酸性(碱性)的时候,酸性水解(碱性水解)速率能够提高。

$$\frac{dc}{dt} = -k_{hyd}c \tag{7.39}$$

式中：c——化学物质的浓度;

k_{hyd}——一级反应水解系数。

对某一种特定的污染物来说,pH 和温度等因素对水解率很重要。

2. 氧化还原

氧化还原反应涉及污染物分子和其他化学物质之间的电子的转移。如果污染物失去电子,它自身就被氧化。如果污染物得到电子,它就被还原。无机化合物比如还原性金属和还原性硫,可能成为氧化还原反应的媒介。无机化合物的存在与否一般由实际的情况决定。比如在许多厌氧环境下通常包含大量的二价铁、H_2S/HS^- 和其他一些还原性物质,它们能够放出电子,还原一些污染物。可参与非生物的氧化还原反应的污染物有卤代烃和硝基芳香烃,每种物质的范例可见式(7.40)和式(7.41)。对污染物来说,在地下水环境中生物氧化还原反应比非生物的反应要快得多,因此非生物的氧化还原反应在迁移计算中经常被忽略。如果考虑它们的影响,则氧化还原反应过程可看作污染物浓度的一级反应,这与水解反应类似。

$$\text{硝基苯} \xrightarrow{6e^-} \text{苯胺} \tag{7.40}$$

$$CH_3CH_2Cl \xrightarrow{2e^-} CH_3CH_3 + Cl^- \tag{7.41}$$
氯乙烷　　　　乙烷 + 氯离子

3. 消去反应

消去反应发生在含特殊官能团的地下水污染物中,比如说卤代乙烷和丙烷。这些化合物的消去反应是从邻近的碳原子上去掉一个卤素原子和一个质子,随后形成碳碳双键,见式(7.42),1,1,1-三氯乙烷生成1,1-二氯乙烯。

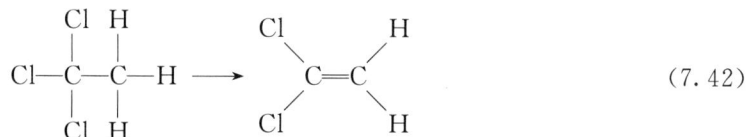

$$\underset{\overset{\displaystyle |}{Cl}}{\overset{\overset{\displaystyle Cl}{|}}{Cl-C}}-\underset{\overset{\displaystyle |}{H}}{\overset{\overset{\displaystyle H}{|}}{C}}-H \longrightarrow \underset{Cl}{\overset{Cl}{}}C=C\underset{H}{\overset{H}{}} \qquad (7.42)$$

三、挥发

污染物从水相、非水相液体或吸附相直接转化成气相的过程称为挥发。挥发的速度和程度受到许多参数极大的影响,这些参数包括污染物的相态、污染物的蒸气压、环境因素(如温度及其他因素)、距包气带的接近程度及其他现场具体的参数。鉴于影响挥发的因素范围大,使得计算这一过程对地下水中化合物归趋的贡献变得较为困难。

采用最简单的形式,挥发过程可用类比于辛醇-水分隔测试法来表示。然而,为评估挥发过程,采用的密闭瓶中盛有的是水和空气而非水和辛醇。如果向该瓶内引入一种污染物(假设最终的水溶相浓度不超过其水相溶解度,则可避免出现非水相或晶体相的形式)并使其达到平衡,添加的污染物的一些成分便会停留在气相。平衡时污染物在水相和气相中的分布称为亨利法则系数。亨利法则可用数学表达式(7.43)表示:

$$H_c = \frac{P_c}{[c]_{aq}} \qquad (7.43)$$

式中:P_c——污染物的分压,Pa;

　　$[c]_{aq}$——污染物的水相浓度,mol/L;

　　H_c——亨利常数,Pa·L/mol。

尽管 H_c 相对来说比较简单,但有一个因素使 H_c 值变得复杂化,此因素即为该表达式的单位多样性。式(7.43)的单位是 Pa·L/mol。亨利法则系数还可简单表述为无维度形式,其中气相浓度可用 mol/L 取代分压来进行表示。同样,H_c 会受到温度和水溶液中的离子强度的影响。

与包气带隔离开的地下水系统中,亨利法则可用来估计污染物在液相和气相中的分布,如果与包气带之间可能发生直接交换,则很难达到平衡且气相浓度的计算会更加困难。在后者情况中,气相浓度通常比平衡值低。尽管观察到的气体浓度较低,但在这些情况下污染物变成气相的净通量还是比较大的。此外,包气带中或漂浮于地下水位上的非水相液体的挥发能产生较高的气相的污染物浓度。

四、生物降解

土壤和沉积物中的微生物在许多有机物的中间和最终降解过程中起到了很大的作用。微生物在其代谢过程中,分解有机化合物,获得生长、繁殖所需的碳及能量。有机物的生物降解是一个氧化还原反应,有机物失去电子被氧化,电子受体得到电子被还原。通常,有机物被氧化时首先选择的电子受体为氧,其次是 NO_3^-、Fe^{3+}、SO_4^{2-} 和 CO_2 等。

影响有机物生物降解的因素主要有两类:一是污染物的特性(有机化合物的结构及物理、化学性质),二是微生物本身的特性。不同的有机化合物,其生物可降解性不同。已有的研究表明:① 结构简单的有机物一般先降解,结构复杂的后降解。分子量小的有机物比分子量大的有机物易降解。② 有机化合物主要分子链上除碳元素外还有其他元素的不易被氧化。③ 取代基的位置、数量和碳链的长短影响化合物的生物降解。④ 易溶于水的化合物较难溶于水的化合物易被生物降解,不溶于水的化合物,其代谢反应只限于微生物能接触的水和污染物的界面处,有限的接触面妨碍了难溶化合物的代谢。温度对土壤中微生物的活性影响很大,一般来说,在 $0\sim35\ ℃$ 温度范围内,增高温度能促进细菌的活动,适宜温度通常为 $25\sim35\ ℃$。大多数微生物对 pH 的适应范围在 $4\sim10$,最适宜值为 $6.5\sim7.5$,过高或过低的 pH 对微生物的生长繁殖不利。土壤中湿度的大小影响含氧量的高低,溶解氧和 E_h 的大小决定着生物降解过程中何种化合物作为电子受体。吸附作用阻碍有机物的生物降解。

第五节　污染物在地下水中迁移转化模型的应用

一、模型应用的框架

这里讨论的模型指具体场地的模型,也就是,考虑具体野外场地水文地质和水文地球化学条件的模型。本节重点讨论数值模型的应用。

人们已经认识到将地下水模型应用于野外问题时伴随着许多不确定性,因此前人在研究中提出了各种流程框架以减少模型的误用并使其结果发挥最大功效。一些管理部门和专业学会也制定了指导原则和规范。

图 7.11 概略地描绘了一个框架,这个框架抓住了地下水模型应用于野外问题的关键步骤,框架中包含的系统方法和迭代方法具有通用性,值得推荐。然而,在此也要强调,每个模型具有独特性,图 7.11 所概括的步骤不一定对每个模型项目都适用。

二、模型的建立

1. 确定目标

人们在进行污染物迁移模拟前必须要回答的第一个问题是:"模拟的目标是什么?"一般地可以把模拟目标归为三大类:

(1) 从科学研究的角度来看,模拟目标是更全面地认识迁移体系,检验假设,保证它们与基本原理及观测结果一致,并且量化主要的控制过程。

(2) 通常与污染事件的责任认定或估计人群对污染物的暴露有关,必须重建污染物迁移历程,确定某一事件开始的时间,或某一地区污染达到指定水平的时间。

（3）在现有条件下，或者有工程改变污染源或水流体系的情况下计算污染物将来的分布状态。

需要指出的是，不管是哪一类答案，在某种意义上几乎都会涉及第一类目标，原因在于除非能确定模拟结果是错的，任何模拟都有助于对迁移场的认识。事实上，模拟的目标与整个模拟过程中遇到的大多数问题都有重大关联。这些问题包括选择计算程序、模型的空间与时间范围、离散方案、模型校准工作量，以及某些假定是否合理等。因此，在开始建立模型时给出明确的模拟目标极为重要。

2. 资料收集及概念模型的建立

建立野外场地地下水流和污染物迁移模型的第一步是考察、汇编该场地以及区域的相关资料。常见的资料来源包括已发表的场地地质、水文地质、地球化学报告，以及未发表的资料，例如钻探记录、物探数据，以及岩芯、土样、水样的化学分析报告。然后，对场地内的总体水流和迁移过程作简化假定以及定性解释，并将这些资料综合成概念模型。建立概念模型实际上等同于场地特征化。就污染迁移研究来说，场地特征化的数据需求和方法详见有关参考资料（例如：Palmer，1992；Mercer 和 Waddell，1993；Fetter，994；Domenico和 Schwartz，1998）。

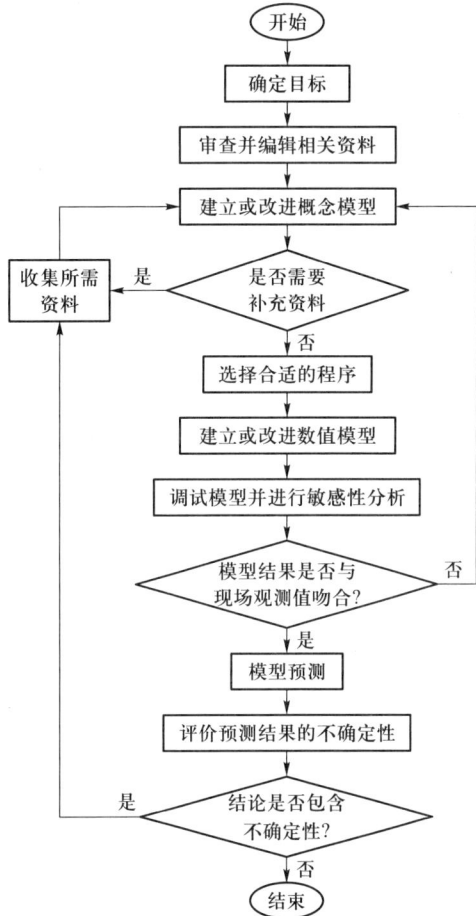

图 7.11 应用模型的框架

在建立概念模型时，可以首先通过简单的基本关系或解析解进行初步估算，这有助于认识主要作用过程。例如，如果估算出地下水的流速并且已知污染的相关数据，那么就可以计算在纯对流作用下溶质在梯度下降方向的运动范围。如果观测污染晕明显小于计算得出的范围，可以判断或许有延迟作用或生物降解作用影响了浓度，这时应该检验污染物的特性以确定最有可能控制该系统的过程。抑或是在污染晕上坡方向的含水层中有井或其他汇项在对流计算中未被表示出来，但它们起到了除去污染物的作用。另外，如果观测污染晕明显大于对流计算得出的范围，则可能有显著的弥散作用，或者估算的地下水流速和记录的污染物事件发生时刻有错误，或者有事先未预料到的优势通道。由此得出的推论表明，相关假说有待检验，并且会影响到随后模型应用阶段的决策，或者表明场地特征化中存在缺陷。

模拟研究中最重要的步骤就是对问题建立一个恰当的概念模型，为实际野外体系建立恰当概念模型的关键在于避免过于简单或过于复杂。一个过于简单的概念模型不能反映实际体系的本质特征，致使数值模型不能模拟观测到的野外状况。但是过于复杂的概念模型，其数值问题往往过于复杂并且计算要求过高，以至于不能作为有效的工具。

概念模型总是包含大量定性的和主观的说明。建立数值模型并将野外观测与模型的模拟结果相比较,才能检验一个概念模型的适当程度。因此数值模型最大的用途就是它可以作为检验和改进野外场地概念模型的工具。它还可以指导将来的资料收集工作,特别是需要补充资料、以建立与野外观测更吻合的数值模型时。因此,不能等待建立起"完美"的概念模型后再建立数值模型。概念模型与数值模型应该被视为一个相互作用的过程。概念模型需要不断地被重新公式化并予以更新。数值模型也应被当作为一种合理、连续地组织并解释大量数据的方法。

3. 计算程序的选择

模拟工作计划阶段的一项重要决定是选择计算程序。由于要考虑的因素很多,要选定一个迁移计算程序往往很困难。程序选择取决于项目的目的。如果模拟仅仅只要一个近似解,那么一个简单的程序也许就合适了。针对大量简化假定运用这样的简单程序在某种意义上来说是恰当的,尤其是当只有很少的资料可供利用时。如果模型被用作一种管理工具,将依此模型进行重要决策,那么采用复杂的程序以便详细地表达场地的条件更为合适。

对流迁移模拟本身比对流-弥散化学迁移模拟简单得多。如果模拟的目标是大致圈定捕获带范围,或是粗略估计污染物的迁移时间,用一个粒子追踪计算程序就已足够。特定计算程序的选择将取决于是否需要二维或三维分析,是否需要非稳定流计算,是否需要"友好的"用户界面。

另外,如果模拟工作旨在模拟污染晕发生明显的弥散、扩散,以及化学反应作用下的运动结果和迁移情况,就需要选用复杂的迁移计算程序。在选择一个特定程序时,人们必须考虑野外现场迁移过程的性质以及解决该迁移问题时特定求解方法的适用程度。大多数迁移模拟应用研究均针对流体密度均匀的、完全饱和带中的污染迁移问题。但是,如果预计到浓度变化会引起流体密度的显著变化,必须选用能模拟变密度水流与迁移的计算程序。同样,如果预计到在问题中非饱和带作用显著,水流与迁移计算程序应该能解决不饱和流。

选择计算程序更加困难的地方在于选择使用哪种迁移求解方法。以下总结了方法的相对特征。

(1) 如果能进行充分的空间离散,选择有限差分法或欧拉法。一般,欧拉法计算的效率高而且灵活性强。如果能通过足够精细的空间离散控制数值弥散和人为振荡,那么使用欧拉法更具优势。使用有限差分或有限元计算程序要求有足够精细的空间离散。

(2) 对于许多野外尺度的对流主导问题,有限差分和有限元计算程序对离散的要求可能太苛刻,并且节点数目多得不切实际。此外,一般来讲,迁移模型是建立在已有水流模型基础上的,网格间距难以变化。在这些情况下,用拉格朗日法或混合欧拉-拉格朗日法比常规有限差分或有限元法更为可取。Moltyaner 等(1993)发现在模拟野外场地的示踪晕时,特征法和随机行走法计算程序比标准有限元计算程序的结果有显著改善。

(3) 如果模型网格极不规则或是扭曲的,粒子追踪类方法(拉格朗日法或混合欧拉-拉格朗日法)的精度将会受影响。而标准有限差分或有限元计算程序更适用于极不规则或扭曲的网格。此外,当流场中有多个汇和源,出现许多停滞带时,粒子追踪类计算程序会遇到严重的数值计算困难。

(4) 拉格朗日类计算程序,如随机行走计算程序会导致模拟得出的浓度分布极不规则,而且对求解时使用的粒子数目很敏感。这会使模拟结果的解释以及敏感性分析难度加大。但这些问题对于混合欧拉-拉格朗日计算程序,例如特征法类计算程序的影响要低些。但是由于混合欧拉–拉格朗日计算程序常常偏离质量守恒方程的显式解,因此会有质量偏差问题。

（5）TVD类求解方法是常用求解法中较有前景的替代方法。它们属于质量守恒类方法,而且可以通过高阶近似和通量约束使数值弥散和人为振荡达到最小。但是,TVD法比常规的有限差分法计算要求更高,在消除数值弥散方面的效果也不如随机行走法或特征法。

总之,没有一种方法适用于所有的野外情况。如果可能,在模拟中应该采用一种以上的求解方法并进行比较,以提高模拟结果的可信度。在实际选择计算程序时应考虑的其他内容包括:所使用的计算程序是否有清楚的文件资料和说明书;计算程序的成本、用户培训、硬件和软件等的费用;计算程序的可靠性,它在用户界的接受程度,以及管理部门的认可度。

4. 建立污染物迁移模型

概念模型构成后,将其转换成数值模型还需要加入控制方程、边界条件、初始条件、含水层和隔水层的空间分布、外部应力（汇/源）,以及孔隙介质和其中流体与污染物的物理化学性质。应该把场地的具体数据编制为输入文件,提供给计算程序作具体数值计算。于是,计算程序和输入文件一起构成具体场地的模型。虽然通常也将执行模型计算的计算程序称为计算模型,但在实际工作中,读者应该认识到如果没有输入文件,一个计算程序不能构成严格意义上的模型。

5. 模型校准和敏感性分析

用输入参数的初始估计值建立了数值模型之后,要在校准中调整这些输入参数（有时还包括初始条件和边界条件）直到模型的模拟结果与野外观测值能很好地对应。在正式校准之前或之后,采用敏感性分析可以检验数值模型对某个输入参数的反应以及敏感性。在模型应用过程中,校准是最关键、最难但同时也是最有意义的工作之一。

一些模型在模型校准时已有足够的水力和化学数据可以支持采用正规优化技术;在其他情况下则要用非正规的试错法。在任何情况下,确定校准策略时都要先确定校准是稳定的（水流模型校准的情形）、非稳定的,或是二者兼有;需要对比哪些数据;需要调整哪些参数,哪些参数是明确的并可以作为确定的模型输入项,哪些参数应作为校准目标。通常,校准工作应该在稳定与非稳定模式之下,以及水力（水流模型）和化学（迁移模型）结果之间反复进行,直到所确定的未知参数值总体上能"最好"地对应于观测结果。

在有些情况下,评价校准数据时也许会得出反面的结论,具体原因就是没有足够的数据。此时必须判断不进行校准是否能在一定意义上达成模拟目标。如果模拟的目标只是提高对迁移体系的认识,那么根据很少的数据进行计算往往就能够提供有价值的见解。这些认识通常包括将来应该收集哪些野外数据。如果模拟目标是预测各种治理方案下的污染物分布,用一个未校准的迁移模型计算,虽然会备受争议,但有时它可能已是最好的实用方法。很明显,其他类型的计算也同样地受到参数不确定性的影响,可能意味着过程或几何形态不够完整,因而更不适用于敏感性分析。

6. 预测和不确定性

污染物迁移模型通过校准达到一定的满意度以后,通常就会用于模拟将来的污染物迁移或采用治理措施后污染物的去除情况。换句话说,就是用它进行预测模拟。用污染物迁移模型进行预测模拟时,要假定未来的应力条件,例如源的浓度和流量,并运行模型至将来某指定时刻。所模拟的污染物分布变化将被记录以对未来的情况进行预测。

模拟作为一种诠释工具,其检验各种概念模型以及假说的作用已普遍被接受;但是使用地下水模型进行预测时必须谨慎。由于目前条件下模型描述本身的诸多不确定性、模型参数的不唯一性以及无法预测的未来的应力条件,不确定性必然会存在于模型预测之中。

三、模型的输入参数

例题

一般来说,地下水模型需要两部分数据。第一部分数据是确定研究区水文地质和水文地球化学条件的各种参数。这些参数构成水流和迁移模型的输入数据。此处的模型输入参数泛指水流和迁移模型需要输入的所有数据,包括:① 主要几何性质的参数,如模型边界的位置,地质单元的厚度以及现有污染源的范围;② 常规物理及化学参数,如渗透系数、孔隙度以及化学反应速率常数;③ 与外部应力有关的各种参数,如污染源的加载历程、补给和排泄的分布状况,或是注水和抽水量。

第二部分数据包括有效监测点的观测水头、流量、污染物运动时间、污染物浓度和/或质量去除率。在校准过程中需要把这些数据与计算结果做比较。

地下水模拟工作需要的大部分数据是针对特定场地的,描述所调查场地的特点,例如某特定地层单元的厚度或现有的污染晕范围的数据。如果这些特定场地的信息,不足以支持模型开发,那么通常要进行野外工作收集必要的资料。这些工作可能包括钻井或钻孔工作、含水层试验、水位监测以及水质的取样分析。

一般应该给出网格中所有节点或单元的模型输入参数,但即便是最完善的调查也只能提供研究区内少数点的参数测量值。因此对于模拟网格的大部分范围,模拟人员必须根据研究区其他点的测量结果推求参数,或者使用间接信息和关系推求参数,例如根据测定的岩性指派渗透系数。这个过程中需要掌握最重要的水力、迁移、化学参数的常见范围及取值。

四、模型校准及敏感性分析

1. 校准过程

通过适当的输入文件建成特定场地的数值模型之后,通常要做模型校准。校准是一个调整模型输入参数,直到模型输出变量(或因变量)与野外观测值达到适当匹配程度的过程。模型输出变量可以是水头、流量、污染物浓度、污染物运动时间或去除率,具体要由模拟目标确定。在本书中使用的模型输入参数这一术语是指模型输入文件中要求的所有性质的数据,而不管它们在校准时是否需要调整。

在实际模型应用中,不管做多少实际测量,或已如何彻底地了解场地条件特征,模型输入参数都不能完全确定,总会有不同程度的不确定性。用最初指定的模型输入参数,人们很少能够满意地再现野外观测到的条件。因而校准提供了获取模型输入参数优化值的一个主要手段。在这个意义上,模型校准与参数估计或参数识别同义。在传统意义上,参数估计或识别主要关心参数的值。当校准的地下水模型性质随空间变化时,参数值与参数结构(即具有均匀参数值区域的数量以及这些区域的空间分布)都是重要的。在本节提及的模型输入参数既指参数值又指参数结构。

　　一般来说,地下水模拟可指定为正演或反演。在正演模拟中,输入参数被指定并用来计算因模型而异的变量。在反演模拟中,模型因变量的野外观测值被用来获得优化的输入参数。因此,模型校准是一个反演模拟过程,即参数估计问题是反演问题。模型校准或反演模拟的实现,可以用人工试错法反复调整正演模拟中指定的输入参数,或者用专门为参数识别而设计的计算程序。后一类型的计算程序通常称为反演程序。

　　大量材料说明,模型校准是一个非唯一性的过程。换句话讲,很多参数组合可能显著不同,但能够提供与观测值同等合理匹配的模拟结果。因为这个原因,针对特定目标,只有当模型能再现相近条件下的野外数据时,才能进行校准。如果模型要预测地下水系统的非稳定运动,仅用稳定流数据校准模型是不够的,在可能的情况下,应对非稳定流数据进行校准。同样,校准过的水流模型,如果要用作迁移模拟的基础,还要再次校准,以保证水流与迁移数据匹配。非唯一性问题,也称为反演理论的"病态"问题,是模型校准及预测的一个根本难点。这个问题的一个实际解决方法是收集充足的数据以支持校准。同时,也对每个参数做额外的室内实验及野外测量工作,以限定可能取值的范围。

　　2. 敏感性分析

　　敏感性分析是衡量改变一个因子时对其他因子影响的量。模型因变量对一个模型输入参数的敏感性是该因变量对该参数的偏微分

$$X_{i,k} = \frac{\partial y_i}{\partial a_k} \tag{7.44}$$

式中：$X_{i,k}$——第 i 个观测点处模型因变量 y_i 对第 k 个参数的敏感系数。

　　敏感参数在参数自动识别中起着重要的作用,参数自动识别通常要求计算每一个估算参数在各观测点的敏感系数矩阵。用试错法校准模型时,敏感系数可表示出计算不同因变量时不同参数的重要性。

　　敏感性分析极为有利的方面有:① 检验改变模型输入参数时模拟结果的总体响应;② 检验因模型输入参数不确定性可能引起的模拟结果的不确定性;③ 检验从已有的模型校准数据中估算出参数的难易程度。通常来说,在校准前后都应作敏感分析。在系统地进行校准之前,通常需要几次敏感性分析运行以认识模型对某个参数的反应。这些运行常常可以帮助排除一些难以发现的错误或发现模型设置的前后不统一。在进行校准并已识别出一组优化参数后,应进行敏感性分析以确定模型结果对模型参数的敏感度。如果模拟结果对某特定参数很敏感,则该参数的不确定性会显著影响模型作出有意义的解释与预测的能力。另一方面,如果模型对某给定参数不敏感,该参数的不确定性很少会影响模型的解释性与预测性能力。

　　若校准已由线性或非线性回归反演程序完成,敏感系数可从校准运行的输出中找到,用该输出可以进行详细的敏感分析。如果校准用试错法完成,应该做一些如上所述的敏感运行,计算敏感系数。

典型案例
分析

问题与讨论

1. 简述地下水污染形成的过程。

2. 简述地下水的污染物特征。

3. 简述地下水中污染物的迁移机理。

4. 简述污染物的归趋过程。

5. 地下水污染的水体修复和处理方法。

6. 地下水污染现状与防治措施。

第八章 土壤污染的形成与迁移转化

第一节 土壤污染

一、土壤的组成及性质

土壤是由气相(土壤空气)、液相(土壤水分或溶液)、固相(包括矿物质、有机质和活的生物有机体)组成的多相分散体系,是生物赖以生存的重要载体(周启星等,2011)。三相物质所占土壤容积比例因土壤的质地、类型不同往往有所差异。通常来说,较理想的土壤中固相物质占总体积的50%,液相和气相各占土壤总容积的20%～30%。其中,土壤矿物质占固相物质总质量的95%以上,因此土壤物质是以矿物质为主的多组分体系。

(1)土壤矿物质

土壤矿物质是土壤的重要组成物质,是地壳的岩石、矿物经过风化和成土过程作用形成的产物(王红旗等,2007),具体可分为原生矿物和次生矿物。

原生矿物是指原始成岩矿物在风化过程中仅仅受到不同程度的机械破碎,而矿物晶格、结构和化学成分没有发生改变(李天杰,1995)。母岩的种类和成因类型、成土的环境条件、风化和成土过程强度以及矿物的抗风化能力决定了土壤原生矿物种类和数量。土壤矿物质是土壤矿质营养元素的主要来源,Mitchell 等曾提出了土壤原生矿物相对分解速率和化学成分,见表 8.1。

次生矿物是指原始成岩矿物在风化过程中分解或由风化产物合成的新生成的矿物,其化学组成和构造都经过改变而不同于原生矿物。次生矿物包括各种简单盐类、次生氧化物和硅铝酸盐类矿物。次生矿物在化学成分上与原生矿物间有一定的继承关系。土壤中次生矿物的种类很多,不同的土壤所含的次生矿物的种类和数量也不尽相同,它们是土壤环境中矿物质部分最活跃的重要物质组成。

原生矿物能说明成土母质成因的特征,土壤中原生矿物丰富,说明土壤年轻。而次生矿物能够反映成土形成过程的特点。

(2)土壤有机质

土壤有机质是指存在于土壤中的所有含碳的有机物质,包括各种动植物的残体、微生物体及其分解和合成的各种有机质。土壤有机质是土壤固相部分的重要组成成分,尽管土壤有机质的含量只占土壤总量的很小一部分,但它在土壤形成、土壤肥力、环境保护及农林业可持续发展等方面都有着极其重要的意义。土壤有机质主要分为两类:非特异性有机质和土壤腐殖质(特异性有机质)。非特异性有机质是指化学上已知的普通有机化合物,包括动

表 8.1　土壤原生矿物相对分解速率和化学成分

分解难易	原生矿物	常量元素结构式	微量元素
易风化 （易分解） ↑ 较稳定 ↓ 极稳定	橄榄石	$(Mg,Fe)_2[SiO_4]$	Ni,Co,Mn,Li,Zn,Cu,Mo
	角闪石	$(Ca,Na)_{2\sim3}(Mg,Fe,Al)_5$	Ni,Co,Mn,Li,Sc,V,Zn,Cu,Ga
	辉石	$(Ca,Na)(Mg,Fe,Al,Ti)(Si,Al)_2O_6$	Ni,Co,Mn,Li,Sc,V,Pb,Cu,Ga
	黑云母	$KMg_3(AlSi_3O_{10})(F,OH)_2$	Rb,Ba,Ni,Co,Sc,Li,Mn,V,Zn
	磷灰石	$Ca_3[Si_3O_9]$	稀土元素,Pb,Sr
	钙长石	$CaO \cdot Al_2O_3 \cdot 2SiO_2$	Sr,Cu,Ga,Mn
	中长石	$Na[AlSi_3O_8],Ca[AlSi_3O_8]$	Sr,Cu,Ga,Mn
	奥长石	$NaAl_{1\sim2}Si_{2\sim3}O_8$	Cu,Ga
	钠长石	$Na_2O \cdot Al_2O_3 \cdot 6SiO_2$	Cu,Ga
	石榴石	$Mg_3Al_2(SiO_4)_3$	Mn,Cr,Ga
	正长石	$KAlSi_3O_8$	Rb,Ba,Sr,Cu,Ga
	白云母	$K_2O \cdot Al_2O_3 \cdot SiO_2$	F,Rb,Ba,Sr,Ga,V
	钛铁矿	$FeTiO_3$	Co,Ni,Cr,V
	磁铁矿	Fe_3O_4	Zn,Co,Ni,Cr,V
	电气石	$NaR_3Al_6[Si_6O_{18}](BO_3)_3(OH)_4$	Li,Ga
	锆英石	SiO_2	Zn,Hg
	石英	SiO_2	

植物残体、微生物体和生物残体不同分解阶段的产物。而土壤腐殖质是指由分解产物合成的、土壤中特有的、结构及其复杂的高分子有机化合物,占土壤有机质总量的 $50\%\sim65\%$。

（3）土壤空气

土壤孔隙中的气体称为土壤空气。土壤空气是土壤重要组成成分之一,对于植物生长和土壤形成有重大意义。土壤空气按其物理状态可分为自由态、吸附态和溶解态三种。土壤空气基本上由大气而来,仅有少部分产生于土壤中生物化学过程,因此土壤空气的主要成分也是 N_2、O_2、CO_2；由于土壤生物的呼吸作用,土壤中 CO_2 含量很高,可达大气的 $8\sim300$ 倍。

（4）土壤溶液

土壤溶液是指土壤中含有的各种可溶性物质浸出的水溶液。它是土壤的液相部分。主要包含无机离子、有机离子和聚合离子以及它们的盐类。土壤溶液的组成有一定规律,它反映土壤类型的历史与特性,也反映季节性动态及农用情况。它与固相部分紧密接触,并与固相表面保持动态平衡。其组成与活性随外界(大气、水、生物)环境的变化而有所变化。土壤溶液的可溶性物质是土壤环境中对生物生态影响的主要成分,一方面可作为植物的营养源,另一方面会受一些环境化合物的污染而造成毒害作用。

（5）土壤生物

我们把生活在土壤中的微生物、动物和植物等总称为土壤生物。土壤生物参与岩石的风化和原始土壤的生成,对土壤的生长发育、土壤肥力的形成和演变以及高等植物营养供应有重要作用。土壤环境中的生物体包括微植物区系、微动物区系和动物区系,其中以微生物最重要(王红旗等,2007)。

土壤性质包括土壤的物理性质和化学性质。其中土壤的物理性质包括土壤质地、土壤孔隙性、土壤结构性、土壤热性质、土壤耕性等;土壤化学性质包括土壤吸收性、土壤酸碱性、土壤缓冲性、土壤养分等。不同的土壤性质对于土壤污染有着不同的影响。

二、土壤污染的形成

土壤环境中污染物的输入、积累和土壤环境的自净作用是一个同时进行的对立、统一的过程,在正常情况下,两者处于一定的动态平衡状态。在这种平衡状态下,土壤环境是不会发生污染的。

但是,如果人类的各种活动产生的污染物质,通过各种途径输入土壤(包括输入土壤的肥料、农药),其数量和速度超过了土壤自净的速度,打破了污染物在土壤环境中的自然动态平衡,使污染物的积累过程占据优势,便会导致土壤环境正常功能的失调和土壤质量的下降;或者土壤生态发生明显变异,导致土壤微生物区系(种类、数量和活性)的变化,土壤酶活性的减小;同时,由于土壤环境中污染物的迁移转化,从而引起大气、水体和生物的污染,并通过食物链,最终影响到人类的健康。

因此,当土壤环境中所含污染物的数量超过土壤自净能力或当污染物在土壤环境中的积累量超过土壤环境基准或土壤环境标准时,土壤环境就会遭受污染。

三、土壤污染扩散理论

土壤是一种复杂的物质。在物理形态上,它主要由不同大小的矿物颗粒及不同数量的有机物组成,矿物颗粒不同的排列方式使土壤具有独特的结构。土壤的孔隙度和渗透率是土壤质地和土壤结构共同决定的,土壤有大孔隙,如根系和虫洞,也有存在于土壤精细结构中的裂缝,这些形成了污染物扩散的优先通道。

描述污染物质在饱和及非饱和土壤中迁移转化的基本方程通常写作:

$$\frac{\partial}{\partial x_i}\left[\theta D_{ij}\frac{\partial c}{\partial x_j}\right] - \frac{\partial}{\partial x_i}(cq_i) - c'W^* + \theta\sum_{k=1}^{n}R_k = \frac{\partial(\theta c)}{\partial t} \tag{8.1}$$

式中各项分别依次为:弥散项、对流项、汇源项、反映项和积累项。

在饱和土壤中的基本迁移方程可简化为

$$\frac{\partial}{\partial x_i}\left[D_{ij}\frac{\partial c}{\partial x_j}\right] - \frac{\partial}{\partial x_i}(cv_i) - c'W^*/\eta_e + \sum_{k=1}^{n}R_k = \frac{\partial(c)}{\partial t} \tag{8.2}$$

式中:c —— 污染物在土壤中的浓度;

q_i —— x_i 方向的达西流速;

θ —— 土层的体积含水率;

v_i —— x_i 方向的渗透速度(平均空隙流速);

D_{ij} —— 弥散系数张量;

c' —— 源或汇的污染物质浓度;

W^*——单位体积的源或汇的体积流率；

η_e——有效孔隙度；

R_k——n 个不同的反应中第 k 个反应的溶解污染物质的产生率；

x_i——笛卡儿坐标。

式(8.2)中的 v_i 通常是时间的函数，可以用下式计算：

$$v_i = -\frac{K_{ij}}{\eta_e}\frac{\partial h}{\partial x_j} \tag{8.3}$$

$$\frac{\partial}{\partial x_i}\left[K_{ij}\frac{\partial h}{\partial x_j}\right] = S_s\frac{\partial h}{\partial t} + W^* \tag{8.4}$$

式中：K_{ij}——渗透系数张量；

　　　h——水头；

　　　S_s——比贮存量。

弥散过程中的机械弥散分量是由土壤介质中的速度偏差引起的，Scheidegger(1961)假设它和渗透速度成正比：

$$D_{ij} = a_{ijlm}\frac{v_l v_m}{v} \tag{8.5}$$

式中：a_{ijlm}——四阶张量；v_l，v_m——流速分量；v——流速向量的值。

式(8.5)表明了求解非均匀系统的污染物迁移问题复杂性的根源。事实上，在一般的非均匀条件下，弥散系数是一个不定阶的张量。对一个非均匀系统，不可能有解析解或数值解。

对于一维问题，对流-弥散迁移方程可写作：

$$D_L\frac{\partial^2 c}{\partial x^2} - v\frac{\partial c}{\partial x} = \frac{\partial c}{\partial t} \tag{8.6}$$

为了定量描述污染物在土壤介质中的各种物理、化学和生物反应对其迁移的影响，需要根据具体情况确定基本迁移方程中项 $\sum_{k=1}^{n}R_k$ 的具体表达式。

在多数土壤污染问题中，吸附作用是影响污染物迁移转化的重要因素。如果把吸附和解吸完全看作一个可逆过程，则基本迁移方程中的 $\sum_{k=1}^{n}R_k$ 可写作：

$$\sum_{k=1}^{n}R_k = -\frac{\rho_b}{\eta_e}\frac{\partial S}{\partial t} \tag{8.7}$$

式中：ρ_b——土壤介质的堆积密度；

　　　S——吸附在固体上的污染物质浓度。

只有建立了吸附浓度 S 和溶解浓度 c 的平衡关系，才能将式(8.6)代入基本迁移方程。

对于可用分配系数 K_d 描述的吸附，其吸附等温线是线性的，即

$$S = K_d c \tag{8.8}$$

可得考虑吸附作用的一维对流-弥散迁移方程为

$$D\frac{\partial^2 c}{\partial x^2} - v\frac{\partial c}{\partial x} = \left[1 + \frac{\rho_b}{\eta_e}K_d\right]\frac{\partial c}{\partial t} \tag{8.9}$$

如果吸附符合 Freundlich 模型，则其吸附等温线公式为

$$S = K_1 c^n \tag{8.10}$$

可得一维迁移方程为

$$D \frac{\partial^2 c}{\partial x^2} - v \frac{\partial c}{\partial x} = \left[1 + \frac{\rho_b}{\eta_e} K_1 nc^{n-1}\right] \frac{\partial c}{\partial t}$$ (8.11)

如果吸附符合 Langmuir 模型,则其吸附等温线为

$$S = \frac{K_2 c}{1 + Fc}$$ (8.12)

可得一维迁移方程为

$$D \frac{\partial^2 c}{\partial x^2} - v \frac{\partial c}{\partial x} = \left[1 + \frac{\rho_b}{\eta_e} \frac{K_2}{(1 + Fc)^2}\right] \frac{\partial c}{\partial t}$$ (8.13)

污染物在非饱和条件下迁移时,因其弥散系数和平均孔隙流速等迁移参数均为土壤含水率的函数,故远比饱和条件下复杂。

对于在迁移过程中会被介质吸附,并可衰变的污染物,如果平衡能很快达到并可表示为线性关系,则其一维垂向迁移方程为:

$$\frac{\partial}{\partial \theta}\left[\theta D \frac{\partial c}{\partial z}\right] - \frac{\partial(qc)}{\partial} + \left[\frac{\partial \theta}{\partial t} + \lambda \theta\right] R_d c = R_d \frac{\partial(\theta c)}{\partial t}$$ (8.14)

当土壤水处于稳定流动状态时,式 8.14 亦可用来统一描述饱和-非饱和介质中污染物的迁移问题。

四、土壤污染的危害

土壤是农业最重要的生产资料,是人类的食物来源。土壤污染影响农产品的产量和品质。污染物浓度达到一定水平时农作物就会遭受毒害,导致农作物大量减产甚至死亡。例如,铜等重金属被植物吸收后集中在植物的根部,很少向植物地上部分转移,致使植物根部重金属浓度过高,植物还没有成熟就已经被毒害、枯萎甚至死亡(王红旗等,2007)。另外,农作物可能会吸收和富集某种污染物,影响农产品质量,给农业生产带来巨大的经济损失;长期食用受污染的农产品可能严重危害身体健康。

土壤环境污染一旦形成,对人类健康就会产生很大的影响。住宅、商业、工业等建设用地土壤污染还可能经口摄入、呼吸吸入和皮肤接触等多种方式危害人体健康。同时,污染场地未经治理直接开发建设,会给有关人群造成长期的危害。土壤中的重金属和某些有机物也可以在植物体内富集,通过食物链影响动物和人类健康。

土壤污染会威胁生态环境安全。土壤污染影响植物、土壤动物(如蚯蚓)和微生物(如根瘤菌)的生长和繁衍,危及正常的土壤生态过程和生态服务功能,不利于土壤养分转化和肥力保持,影响土壤的正常功能。如每公顷土壤施用 4.5～9.0 kg 西玛津时,土壤中的无脊椎动物数目减少 33%～50%,一些捕食螨、蚯蚓、双翅目、鞘翅目幼虫等也受到影响(李天杰,1995)。土壤中的污染物可能发生转化和迁移,继而进入地表水、地下水和大气环境,影响其他环境介质,可能会对饮用水源造成污染。

五、土壤环境容量

土壤环境容量又称土壤负载容量,是指一定土壤环境单元在一定时限内所容许承纳的

污染物质的最大数量或负荷量(李天杰,1995)。不同土壤的环境容量是不同的,同一土壤对不同污染物的容量也是不同的,这涉及土壤的净化能力。土壤环境容量最大允许极限值减去背景值(或本底值),得到的是土壤环境的静容量;考虑土壤环境的自净作用与缓冲性能(土壤污染物输入输出过程及累积作用等),即土壤环境的静容量加上这部分土壤的净化量,称为土壤的全部环境容量或土壤的动容量。

土壤环境容量用于对污染物进行总量控制和目标管理,是限制人类破坏土壤资源的主要指标。计算公式为

$$Q=(CR-B)\times M \tag{8.15}$$

式中:Q——土壤环境容量;

　　CR——土壤环境标准,mg/kg;

　　B——土壤背景值,mg/kg;

　　M——耕层土重。

土壤环境容量是对污染物进行总量控制与环境管理的重要指标,对损害或破坏土壤环境的人类活动及时进行限制,进一步要求污染物排放必须限制在容许限度内,既能发挥土壤的净化功能,又能保证该系统处于良性循环状态。在一定区域内,掌握土壤环境容量是判断土壤污染与否的界限,可使污染的防治与控制具体化。

六、土壤自净作用

土壤自净作用是土壤本身通过吸附、分解、迁移、转化而使土壤环境中污染物的数量、浓度或毒性、活性降低的过程。土壤自净作用受很多因素制约,主要有有机质和黏粒含量、微生物种类和生物量、酸碱性、氧化还原反应等。土壤的自净作用对维持土壤生态平衡起着重要作用。

根据土壤自净作用机理的不同,可以分为物理净化作用、物理化学净化作用、化学净化作用和生物净化作用 4 种过程。

1. 物理净化作用

物理净化就是利用土壤多相、疏松、多孔的特点,通过吸附、挥发、稀释、扩散等物理作用过程使土壤污染物趋于稳定,毒性或活性减小。土壤是一个天然的巨型过滤器,固相中的各类胶态物质——土壤胶体具有很强的表面吸附能力。因而,一些难溶性固体污染物可以被土壤胶体吸附阻留;可溶性污染物可被土壤中的水分稀释,起到降低污染物浓度的作用;某些污染物可挥发或转化成气态物质在土壤孔隙中迁移、扩散,以至迁入大气。这些净化作用都是一些物理过程,因此统称为物理净化作用。土壤物理净化作用受土壤的温度、湿度、土壤质地以及污染物的性质决定,同时,物理净化致使污染物分散、稀释和转移,并不能从真正意义上起到净化的作用。

2. 物理化学净化作用

土壤是一个胶体体系,具有表面能和带电性等特性,对进入土壤的污染物具有离子交换吸附作用。土壤物理化学净化作用,指的就是污染物的阴、阳离子与土壤胶体上原来吸附的离子交换吸附作用。如:

$$（土壤胶体）Ca^{2+}+HgCl_2 \rightleftharpoons（土壤胶体）Hg^{2+}+CaCl_2 \tag{8.16}$$

$$（土壤胶体）3OH^- + AsO_4^{3-} \rightleftharpoons （土壤胶体）AsO_4^{3-} + 3OH^- \tag{8.17}$$

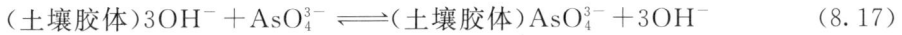

土壤对污染物的阳离子或阴离子净化能力的大小可用土壤阳离子交换量或土壤阴离子交换量大小来衡量。土壤胶体的吸附作用可大大改变污染物在土壤中的有效含量,但这一净化机制使得土壤中的重金属在土壤中积累,一旦发生污染很难消除。

3. 化学净化作用

污染物进入土壤后,会发生一系列化学反应,如凝聚与沉淀反应、氧化还原反应、络合-螯合反应、酸碱中和反应、水解、分解化合反应,或者发生由太阳辐射能和紫外线等引起的光化学降解作用等。通过上述化学反应,污染物会分解为无毒物质或营养物质。但对于性质稳定的化合物如多氯联苯、稠环芳烃、塑料和橡胶等难以被化学净化;重金属通过化学净化不能被降解,只能使其迁移方向发生改变。

4. 生物净化作用

土壤中存在大量依靠有机物生存的微生物,它们具有氧化分解有机物的巨大能力,是土壤环境自净作用中最重要的净化途径之一。有机污染物在各种土壤微生物(细菌、真菌、放线菌)的作用下,发生各种各样的分解反应,如氧化、还原、水解、脱烃、脱卤、芳香羟基化和异构化、环破裂等,最终转化为无毒的残留物和二氧化碳。同样的,一些无机污染物也可以通过微生物的作用发生一系列变化而降低活性和毒性。

由于土壤具有自净作用,所以向土壤中投入一定量的污染物是被允许的,然而土壤的自净作用是有限的,超过了限度就会造成危害,因此量的把握是极其重要的。当污染物的数量或污染速度超过了土壤的净化能力时,便会破坏土壤本身的自然动态平衡,使污染物的积累过程逐渐占优势,从而导致土壤正常功能失调,土壤质量下降。

土壤的净化速度是比较缓慢的,净化能力也是有限的,必须充分合理地利用和保护土壤的自净能力。

第二节　污染物在土壤中的迁移转化

一、污染物在土壤中的迁移转化机理及影响因素

环境中污染物进入土壤后,会在土壤中发生空间位置的移动和存在形态的改变,即污染物在土壤中的迁移转化,并通过这种迁移转化与其他环境要素和物质发生物理和化学或物理化学的作用。

污染物的迁移是指污染物在环境中发生空间位置的移动及其引起的富集、分散和消失的过程。由于污染物的迁移作用,使得污染物可以移动到很远的距离,由局部性污染引起区域性污染甚至可能造成全球性的污染。迁移方式基本分为机械迁移、物理化学迁移和生物迁移。土壤中污染物可能有以下迁移过程:挥发进入大气;随着地表径流污染附近的地表水;吸附到土壤固相表面或有机质中;随降雨或灌溉水向下迁移,通过土壤剖面形成垂直分布,直至渗滤到地下水,造成地下水污染;生物或非生物降解;作物吸收等。

污染物的转化是指污染物在环境中经过物理、化学或生物的作用而改变自身的存在形

态或改变为另外不同的物质的过程。转化方式可分为物理转化、化学转化和生物化学转化。在这种转化过程中,污染物改变了原有的形态或分子结构,从而改变了自身的化学性质、毒性及生态效益。

污染物在土壤中的迁移转化受多方面的制约,一方面是污染物自身的物理化学性质,另一方面则是污染物所处的外界环境的理化性质条件以及与土壤环境相关的自然因素。

污染物的物理性质是指影响淋溶、扩散的水溶性,影响吸附的极性和受温度影响的挥发性。化学性质包括污染物的形态、价态、溶度积、亲和力、结合力、水解能力、分解能力、氧化还原能力、化学与生物降解能力等。

影响污染物在土壤中迁移转化的土壤理化性质有土壤结构、组成、氧化还原电位、无机和有机胶体含量、pH、有机质含量、化学物质组成与形态、生物种类与数量等;影响迁移转化的环境因素主要是水热条件、地表形态、植被类别以及耕作方式,等等。土壤孔性是土壤孔隙数量、大小孔隙分配和比例特征。土壤的孔隙性状影响土壤污染物的过滤截留、物理和化学吸附、化学分解、微生物降解等。在利用污水灌溉的地区,若土壤的通气孔隙大,好氧微生物活性很强,从而可以加速有机物质的分解,较快地转化为无机物,比如 CO_2、NH_3、磷酸盐和硝酸盐等。通气孔隙量越大,土壤的下渗强度越强,渗透量越大,土壤上层的有机、无机污染物越容易被淋溶而造成地下水污染。土壤质地的差异造成土壤结构和通透性状的不同,因而对环境污染物的截留、迁移转化产生不同的效应。黏质土类,颗粒细小、含黏粒多、比表面积大、黏重、大孔隙少、通气透水性差,能把河水悬浮物阻留在土壤表层。该类土壤物理性吸附、化学吸附及离子交换作用强,具有较强的保肥保水性能,同时也能把进入土壤中有机、无机污染物质的分子、离子吸附到土粒表面截留下来,降低污染物迁移的可能。沙质土类,含黏粒少,沙砾含量占优势,通气性、透水性强,分子、化学吸附及交换作用弱,对进入土壤中污染物吸附能力弱,同时由于通气孔隙大,土壤污染物容易随水淋溶迁移。土壤性质介于黏土和沙土之间,其形状差异取决于土壤中沙、黏粒含量比例,黏粒含量多,性质偏于黏土类,沙砾含量多则偏于沙土类。土壤胶体是指具有胶体性质粒径小于 0.001 mm 或 0.002 mm 的微细固体颗粒,由矿物质微粒(铝硅酸盐类)、腐殖质、铝、铁、锰、硅、含水氧化物组成,分为无机胶体(如黏土矿物和铁、铝、硅等水合氧化物)、有机胶体(主要是腐殖质及少量生物活动产生的有机物)和有机无机复合胶体。土壤胶体具有吸附各种离子、分子、气体和悬浮物的土壤吸收性能。从土壤胶体种类和性质可知,土壤胶体既可以使一些元素迁移,又可以使某些元素固定、沉淀,使得土壤交换吸附,把交换力强的元素保存下来,把交换力弱的元素淋洗迁移。

二、无机污染物的迁移转化

土壤中无机污染物迁移转化主要是物理过程、物理化学过程、化学过程以及生物迁移过程,而迁移和转化往往是同时发生的。土壤中无机污染物包括重金属、酸碱污染物、盐类和营养元素等,而其中污染范围最广、危害程度最大的就是重金属类物质。同时重金属不能被微生物所降解,在土壤中的蓄积能力非常强,土壤一旦遭到重金属的污染,将很难被彻底修复,所以重金属成为对人类潜在威胁较大的一类污染物。土壤中重金属的含量以及存在形态都会影响其在土壤中的迁移转化。在土壤中重金属的迁移转化形式复杂、多样,几乎囊括了所有的污染物迁移转化的形式。它在环境中的物理和化学过程通常是可逆的,随环境中物理或化学条件的改变而改变,但在特定的环境条件下又表现出相对的稳定性。下面以重金属为例阐述无机污染物的迁移转化:

(1)物理过程:是指土壤环境中重金属不改变自身的化学性质和总量,而是以重金属离子或配合物形式被包含在矿物颗粒或土壤胶体表面上,随土壤水分流动或空气运动而进行的迁移转化或沉淀的方式,主要是分子扩散、湍流扩散、混合、稀释、沉淀、底部推移、再悬浮等。重金属进入土壤后一部分被土壤胶体吸附,另一部分溶解在土壤溶液中,在降水或灌溉水的作用下,土壤溶液中的重金属离子在土壤中迁移或迁移到地下水或径流到地表水体中;土壤颗粒吸附的重金属也可通过水冲、入渗或在风的作用下发生机械迁移。此外,少数具有挥发形态的重金属也可通过挥发作用进入大气中,比如甲基汞。

(2)物理化学过程:是指重金属在土壤中与有机-无机胶体发生吸附-解吸、溶解-沉淀、氧化-还原、络合-解离等方式使得重金属离子的形态、毒性发生变化的过程,主要是水合、水解、溶解、中和、沉淀、配位、解离、聚合、凝聚、絮凝等。溶解-沉淀是重金属在土壤中迁移转化的主要形式,以氢氧化合物存在的重金属溶解度较低,其溶解-沉淀受到土壤 pH、E_h 和土壤中其他物质(如富里酸、胡敏酸等)的影响,在酸性条件下,重金属阳离子较活泼。土壤有机质可与重金属发生络合-螯合作用,重金属离子浓度较低时,以络合-螯合作用为主,浓度高时以吸附交换作用为主。而土壤胶体对重金属离子的吸附强度受土壤胶体性质以及金属离子之间的吸附能的影响,吸附能大的优先被吸附。土壤中胶体对重金属离子吸附顺序一般为 $Cu^{2+} > Ni^{2+} > Zn^{2+} > Ba^{2+} > Rb^{2+} > Sr^{2+}$。不同矿物胶体对重金属离子吸附能力不同,蒙脱石是 $Pb^{2+} > Cu^{2+} > Ca^{2+} > Ba^{2+} > Mg^{2+} > Hg^{2+}$,高岭石是 $Hg^{2+} > Cu^{2+} > Pb^{2+}$。另外,土壤的机械组成、氧化-还原电位、温度、pH 都会影响该过程。重金属与土壤胶体间的吸附能力强弱,直接影响重金属的危害程度。吸附能力大的不易被生物吸收;吸附能力小的容易从土壤胶体中解吸下来而进入土壤溶液中,从而容易被土壤生物吸收,也增加了污染或危害生物的概率。土壤胶体吸附重金属离子使得土壤对重金属毒害具有一定的缓冲能力,也为土壤带来潜在的污染。

(3)生物迁移过程:是指土壤中重金属等其他污染物进入生物体内富集、分散的过程,主要是生物摄取、生物富集、生物甲基化等。其中植物对土壤重金属的吸附和吸收是土壤中重金属重要的生物迁移过程,也是修复治理重金属污染土壤最有发展潜力的技术手段。此外,土壤微生物和动物也可通过不同途径吸附或吸收土壤中的重金属。这一方面可以看作生物对土壤重金属污染的净化,另一方面也可看作重金属对作物的污染。如果这种受污染的植物残体再次进入土壤,就会使得土壤表层进一步富集重金属。影响重金属生物迁移的主要因素是重金属在土壤中的形态和浓度、种类、土壤环境性质以及生物种类等。

三、有机污染物的迁移转化

土壤中有机污染物包括农药、石油烃类和化工污染物等,它们进入土壤后通过吸附-解吸、挥发、扩散、渗滤、径流、生物吸收、生物降解、化学降解和光降解等途径进行迁移转化。同样,有机污染物迁移转化的这个过程通常同时发生,并且相互作用,对其他环境要素产生污染,也可通过食物链对人类产生危害。

有机污染物在土壤中的迁移途径主要包括分配作用、挥发和机械迁移等。

(1) 分配作用是有机污染物与土壤固相间相互作用的过程,包括吸附和土壤颗粒中有机质溶解这两种机制。吸附包括物理吸附和物理化学吸附。土壤颗粒越大、比表面能越小,土壤颗粒对有机污染物吸附作用就越弱,此时有机污染物的活性和毒性越高。土壤颗粒中有机碳越少、土壤颗粒越大,对有机污染物的溶解度就会越低,对有机污染物的分配作用就越弱。

(2) 挥发是指有机污染物以分子扩散的形式从土壤中逸出从而进入大气的过程。有机污染物在土壤中的挥发作用能力受有机污染物的蒸气压、土壤机械组成、土壤孔隙度、土壤含水量以及温度的影响。

(3) 机械迁移是土壤有机污染物随着水分子运动而扩散的过程,包括有机污染物直接溶于水以及被吸附到土壤固体颗粒表面随水分移动而进行机械迁移这两种形式。水溶性有机物相对来说容易随水分运动进行水平方向和垂直方向的机械迁移,而难溶性有机污染物通常被土壤有机质和黏土矿物强烈吸附,一般在土壤中不易随水分子运动而发生迁移,如若土壤受到侵蚀,可通过地表径流进入水中,从而造成水体污染。

有机污染物在土壤中的转化主要是降解作用,也是有机污染物从环境中修复最根本的途径,具体包括化学降解、光降解以及生物降解。

(1) 化学降解包括化学水解和化学氧化两种形式。化学水解能改变有机污染物的结构和性质,一般情况下水解可以降低产物的毒性,且相比于母体污染物,水解产物更容易生物降解。化学氧化是有机污染物在氧化剂条件下由大分子氧化分解成小分子的过程。

(2) 光降解指吸附于土壤表层的有机污染物在光的作用下,将光能直接或间接转移到分子链上,使得分子键发生断裂,由大分子变成小分子从而降解为水、无机盐和二氧化碳。光降解按照其作用机理可分为直接光解、间接光解和光氧化降解三种形式。土壤中有机污染物的光降解通常是直接光解。

(3) 生物降解通过生物的生命活动从而去除有机污染物。可参与降解的生物包括微生物、植物和动物,其中微生物能以酶促、分解和解毒等多种方式降解土壤中的有机污染物。按照微生物对有机污染物降解方式的不同可分为生长代谢和共代谢。生长代谢是指微生物以有机污染物为直接碳源和能源来维持微生物正常生命活动,这类污染物多为易降解的有机污染物;对于一些难降解的有机污染物,不能直接作为碳源或能源物质被微生物利用,只有在初级能源物质存在的条件下才能进行的降解,即为共代谢。微生物对有机污染物的代谢受外部环境影响很大,比如土壤环境温度、水分、通透性、酸碱度等,主要取决于为微生物提供自身旺盛生长的环境条件,从而影响其对有机污染物的代谢过程。

下面以农药为例介绍有机污染物在土壤中的迁移转化:

进入土壤中的农药会经过一系列的物理、化学和生物转化,一部分降解为无毒无害的无机物,一部分残留在土壤中危害生物,并通过食物链危害人体健康。农药在土壤中的迁移转化途径主要为:随水分移动进入水体;通过表面挥发(光降解)进入大气;被吸附残留在土壤中;被植物吸收;微生物降解或化学降解。

(1) 土壤对农药的吸附。进入土壤的农药通过物理吸附、化学吸附、氢键结合或配位键结合等形式吸附在土壤颗粒表面。被吸附的农药通常会改变形态,也会不断改变自身的移动性和生理毒性。土壤对农药的这种吸附作用从某种意义上说是土壤对农药的净化和解毒作用,但这种净化作用是不稳定的,而且有限度。当吸附了的农药被土壤溶液中的其他物质重新置换出来时,即可恢复原来的性质。所以,土壤对化学农药的吸附作用,仅仅在一定程度上起净化和缓冲解毒的作用,并没有使之完全降解。

(2) 农药在土壤中的迁移和扩散。进入土壤中的农药,在被土壤固相物质吸附的同时,还可以通过气体挥发和水的淋溶以及植物的吸收而在土壤中发生扩散迁移,从而造成大气、水体和生物的污染。农药随着水的迁移方式有两种:一些在水中溶解度大的农药直接随水迁移;一些难溶性农药主要附着在土壤颗粒表面进行水的机械迁移,最终流入大江大河。农药也可通过挥发而逸散入大气中,然后随降雨再次进入土壤或水体。农药在土壤中的挥发、迁移,虽然可以净化土壤环境,但却导致其他环境系统的污染。

(3) 农药在土壤中的降解。通常认为农药在土壤中主要发生三种降解作用:光化学降解、化学降解和微生物降解。农药吸收光能后可产生光化学反应,使农药分子发生光解、光氧化和异构化等,使得农药分子结构中碳碳键和碳氢键发生断裂变为小分子。农药可通过水解或氧化作用进行化学降解,许多有机磷农药进入土壤中可进行水解。水解强度随温度升高、水分增加和 pH 降低而增强。含硫和氯的农药在土壤中可进行氧化,如 DDT 被脱氢、脱氯后变为 DDE 或 DDD,对硫磷被氧化为对氧磷。微生物降解能利用有机农药作为自身的能源进行降解。微生物降解农药主要是降解农药分子的—OH、—COO—、—NH₂等官能团,最终将其降解为二氧化碳、水和其他无机物。

第三节　生物对土壤污染物迁移转化的影响

一、植物对土壤污染物的迁移转化

绿色植物能够通过转移、容纳或转化污染物使其对土壤环境无害。通过植物的吸收、挥发、根过滤、降解、稳定等作用,可以净化土壤中的污染物。植物主要对土壤环境中的重金属、有机物以及放射性元素的迁移转化造成影响。

通过植物来改变污染物在土壤中的浓度或者赋存状态,成本低,二次污染容易控制,并且植被形成后可以有效地保护表土、减少侵蚀以及水土流失,可大面积应用于矿山的复垦、重金属污染场地的植被与景观修复(石润等,2015)。然而,与一些工程措施相比,通过植物来修复污染场地见效慢、修复耗时长(王庆海等,2013)。另外,由于气候或地质因素使得一些植物的生长会受到一定程度限制,进而影响效果。同时,污染物也可能通过"植物—动物"的食物链进入自然界,这也需要引起格外的重视。

植物对重金属在土壤中迁移转换的影响主要有:固定、提取、挥发。

1. 固定

植物固定是指植物根际的一些特殊物质能使土壤中的污染物转化为相对无害的物质。植物通过根系分泌物可以改变环境中重金属的物理、化学性质,从而改变金属元素的有效性,降低其活性,降低溶解态化学污染物在土壤中的流动性,防止其迁移和扩散。

土壤环境的酸碱度会对金属的可溶性有很大的影响。通常情况下,土壤 pH 越低,重金属的活性越大,溶解度越大;反之溶解度越低,越容易被固定。植物根系能够通过增加或减

少 H^+ 的分泌,或者改变有机酸分泌的质和量来维持根系中相对中性的 pH 环境,从而有效地降低土壤环境中金属离子的浓度。

土壤的氧化还原条件对一些金属的溶解度和植物毒性起着决定性的作用。Fe、Mn、Cr、Hg 等有毒重金属在土壤中能够以多价态存在,不同价态的金属溶解度不同,生理生态毒性也不同。Fe^{2+}、Mn^{2+} 比 Fe^{3+}、Mn^{4+} 的溶解度要高,当土壤环境处于还原条件时,植物会表现出 Fe、Mn 的毒害症状,而植物处于氧化条件的环境中时,不会表现出这些症状。植物根系的氧化能力包括完全不同的两个方面:一是释放的氧扩散到根际,二是非专一性电子传递酶对物质的氧化。水稻为了保证自身生长,往往能够向根际环境释放氧气以及氧化物,使得土壤中的 Fe^{2+} 和 Mn^{2+} 被氧化形成铁锰氧化物膜,氧化膜能够将根系与环境中的 Fe^{2+}、Mn^{2+} 隔离开来,从而防止根系的过度吸收。

另外,土壤中根系分泌物也会影响植物对金属离子的吸收。首先,根系分泌的螯合剂会与土壤中游离的金属离子形成稳定的金属螯合物复合体,从而降低金属离子的活度。另外,根系分泌物可以吸附、包裹金属污染物,使其在根外沉淀。同时,根系分泌的黏胶状物质包裹在根尖表面,会与 Pb^{2+}、Cd^{2+}、Cu^{2+} 等金属离子竞争性结合,使其滞留在根系外。

利用植物固定应尽量防止植物吸收有害元素,以防止昆虫、草食动物在这些地方觅食后可能会对食物链带来的污染。同时需要明确的是,植物固定只是暂时将重金属离子固定,使其对环境中的生物不产生毒害作用,但并没有将其去除,没有彻底解决环境中的重金属污染问题。如果环境条件发生变化,重金属的生物可利用性可能又会发生改变。因此,植物固定不是一个很理想的方法。

2. 提取

植物提取,又称植物萃取,指利用一些特殊植物的根系吸收污染土壤中的有毒有害物质并运移至植物地上部,通过收割地上部物质带走土壤中污染物。

植物提取利用的是一些对重金属具有较强忍耐和富集能力的特殊植物。要求所用植物具有生物量大、生长快和抗病虫害能力强的特点,并具备对多种重金属拥有较强的富集能力。植物提取的关键是找到对某种重金属具有特殊吸收富集能力的植物种或品种——超累积植物(段昌群,2004)。超累积植物是指对重金属元素的积累量超过一般植物 100 倍以上的植物。超累积植物积累的 Cr、Co、Ni、Cu 以及 Pb 的浓度一般在 0.1% 以上,而积累的 Mn 和 Zn 的浓度一般在 1% 以上。超累积植物大多属于十字花科植物,以超累积 Ni 的植物最多。土壤重金属的特性是影响植物提取的首要因素,在土壤中重金属往往会以多种形态存在,植物对不同化学形态的重金属的利用能力不同;同时,植物本身的特性如植物的耐重金属能力、抗逆能力也影响着植物对重金属的吸收和积累。土壤环境条件如有机质、酸碱度、土壤肥力、水分也影响着植物的提取修复。

3. 挥发

植物挥发是指植物通过蒸发作用将污染物或者新陈代谢产物释放到大气的过程。一些植物可以促进重金属转变为可挥发的状态,挥发出土壤和植物表面。水稻、花椰菜、胡萝卜、大麦和苜蓿等有较强的吸收并挥发土壤硒的能力。许多植物能够在污染土壤中吸收硒然后将其转化为二甲基硒和二甲基二硒,通过挥发将硒从土壤中去除。因为硒的许多生物特性与硫相近,因此硒酸根易被植物以硫酸根的方式吸收和转化。自然界中植物对汞的转化挥发能力尚少见报道,当前利用植物对土壤中的汞进行挥发的例子是转基因植物,将细菌中的

Hg^{2+}还原酶基因导入拟南芥植物,使其可以从土壤中吸收汞离子并还原为气态汞挥发。

植物对于有机污染物迁移转化的影响,除了固定、提取和挥发以外,还能够对有机污染物进行吸收降解从而改变土壤中有机污染物的含量。

土壤中的有机农药可以被植物体吸收,进入植物体后可以转化、分解,从而被去除。李涛等人的研究发现,黑麦草可以吸收土壤中的杀虫剂氟乐灵,并且能够在体内将其代谢。Conger 和 Portier 的研究发现,黑柳、北美鹅掌楸、落羽杉、黑桦及栎属植物等都能有效地降解除草剂灭草松。杀虫剂 DDT 及其代谢物是典型的持久性有机污染物,对环境造成的影响不容小觑,而一些研究的结果表明,大豆和小麦的细胞能部分同化 DDT。

多数情况下,有机污染物进入植物体内后,通过植物内酶的作用发生羟基化反应,从而降低毒性作用。Brady 等人的研究表明,车前草能够吸收苯并[a]芘(BaP),吸收过程主要在最初 24 h 内,之后会达到平衡。他们还利用同位素^{14}C 标记 BaP,利用薄层色谱法显示发现,BaP 被代谢为 10 种不同的代谢产物,其中有 5 种与动物代谢 BaP 产物相同。蒽能够以质外体和共质体途径通过高羊茅细胞壁,其中一部分吸附在细胞壁上,另一部分溶于细胞液,进入细胞器中,并在高羊茅体内进一步降解。

同时,植物根系分泌物对有机污染物能够产生络合、降解作用,以及分泌的一些酶有直接降解作用。植物根系会分泌各种各样的酶类,能够直接降解 PAHs,这些酶在植物死后仍能够继续发挥降解作用,将有机污染物转化为无毒的中间产物或完全降解为 CO_2 和 H_2O。同时,植物根系分泌的过氧化物酶、硝基还原酶、漆酶、过氧化氢酶、脱卤酶等可以作为表面活性剂,增强有机污染物的生物可利用性,帮助植物对污染物更好地进行生物转化。

二、土壤微生物对土壤污染物的迁移转化

由于微生物具有对基质的专一性和高度的化学专一性,从理论上来说,自然界中所有的化合物都可以被微生物分解和转化,如分解蛋白质的是腐败细菌,分解纤维的是纤维素分解菌(段昌群,2004)。利用微生物在土壤中进行的氨化、硝化、反硝化、固氮、硫化等作用,可以将土壤中的污染物进行分解和转化,是土壤净化作用的重要原因之一。微生物降解较为完全,产生的二次污染问题较小,同时处理形式多样,操作相对简单,对环境造成的影响较小,不破坏生物生长所需的土壤环境。使用微生物修复土壤费用较低,并且可同时处理不同种类的有机污染物。

微生物修复对土壤中重金属的影响主要包括生物富集(如生物积累、生物吸附)和生物转化(如生物氧化还原、甲基化与去甲基化以及重金属的溶解和有机配位降解)等作用方式。微生物可以通过改变土壤溶液的 pH、E_h,产生 H_2S 和各种有机物等多种途径来影响重金属的化学行为。

1. 生物富集

大多数微生物的细胞壁都能够结合污染物,这与细胞壁的化学成分和结构有关。芽孢杆菌属的细胞壁有一层很厚的网状肽聚糖结构,在细胞壁表面存在的磷壁酸和糖醛酸磷壁酸质能连接到网状肽聚糖上,磷壁酸质的羧基能够使细胞壁带负电荷,因此芽孢杆菌属能够固定大量的金属。除了细胞壁,微生物的荚膜、黏液层等结构对重金属也有一定的吸附作用。一些微生物可以在细胞内累积重金属。重金属进入细胞后,会在细胞内被隔离开或者

转化成毒性较小的化合物,完成一个解毒的过程。一些藻类、酵母以及真菌,能够将吸收的大部分重金属离子存在于小气泡中,使之以粒子形态存在或结合在低相对分子质量的聚磷酸上。另外,有许多微生物可以合成具有结合重金属的胞内蛋白质,这些蛋白质能够催化细胞内金属离子解毒,同时调节细胞内重金属离子浓度。

2. 生物转化

微生物不能降解金属离子,但是能够令其发生形态转换,从而改变其毒性。Hg、Pb、Sn、Se、As 等金属或类金属离子都能够在微生物作用下通过氧化、还原、甲基化和去甲基化等作用而降低毒性,从而减轻有毒金属对植物根系造成的毒害。假单胞菌、大肠埃希菌体内存在特殊的 MMR 酶体系,可以将土壤中的甲基汞、乙基汞、硝基汞还原成元素汞而解毒,并且能够让汞从土壤中挥发而走。一些微生物能够产生某些物质,与土壤中的污染物发生反应,形成不溶于水的化合物。例如脱硫弧菌产生的 H_2S 会与金属反应,生成不溶于水的硫化物沉淀,从而降低了土壤溶液中金属离子的浓度。卧孔属、曲霉、轮枝孢属和青霉会产生草酸,草酸与重金属盐反应可以生成不溶性的草酸盐。另外很多菌属能够产生草酸盐,它与金属铁、铝螯合沉淀,以减少它们的毒性。微生物分泌的胞外聚合体比如多糖、核酸和蛋白质可以吸附金属离子,使其不容易进入生物体。

微生物对土壤有机污的影响主要包括微生物的降解和转化。其通常依靠氧化作用、还原作用、基因转移作用、水解作用等反应模式来实现的。各种不同的有机污染物能否被降解取决于微生物能否产生相应的酶系,酶的合成只接受基因控制。有机物降解酶系的编码多在质粒上,携带某种特殊有机物基因的质粒称为降解质粒,而降解质粒的出现是微生物适应难降解物质的一种反应。

微生物对不同有机物的代谢途径和机理不尽相同。直链烷烃通常首先被氧化为醇,然后在醇脱氢酶的作用下继续被氧化成为醛,最后继续被氧化成为脂肪酸。脂环烃类的生物降解则是先被氧化为一元醇,然后经过内酯中间体的断裂,继而被微生物所利用。

石油主要是由烃类化合物组成的一种复杂混合物,碳链长度不等,最少时仅含 1 个 C 原子,最多时可超过 24 个 C 原子。除了烃类化合物,石油还含有少量的 O、N、S 等。石油中各组分的理化性质相差甚远,生物可利用性也相差很大。$C_{10} \sim C_{24}$ 的中等长度的链烃降解速度相当快;更长链的烷烃则很难被生物利用降解,相对分子质量超过 $500 \sim 600$ 时,一般不能作为碳源。张璐等从原油污染土壤中分离了一株红球菌属的石油烃降解菌 15-3,该菌株能够利用在低温(10 ℃)及高盐(4%～5%NaCl)等恶劣环境下利用正十八烷作为唯一碳源进行生长,同时对 $C_{13} \sim C_{32}$ 的正构烷烃、芳香烃及姥鲛烷都有一定的降解能力(张璐等,2008)。

自然界中有许多菌属对多环芳烃(PAHs)的迁移和转化具有重要的贡献,如芽孢杆菌属、分枝杆菌属、假单胞菌属等。Balachandran 等从 PAHs 污染土壤中分离出的链霉菌在 7 d 内对柴油、萘、菲去除率分别达到 98.25%、99.14%、17.5%。真菌能降解 PAHs 的种类并不多,但降解 PAHs 的效率通常高于细菌,特别是在降解高环多环芳烃方面表现突出。一些丝状真菌、担子菌、白腐菌和半知菌对四环或者更高环数 PAHs 的降解具有一定的优势。其中白腐菌可分泌由过氧化物酶和漆酶等组成的胞外木质素降解酶系,形成具有高效 PAHs 降解体系,具有明显的降解效果。

微生物对有机农药的生物化学作用有:脱氯作用、氧化还原作用、脱烷基作用、水解作用、环裂解作用等。有机农药 DDT 等化学性质稳定,通过微生物作用脱氯,使 DDT 变为 DDD,或是脱氢脱氯变为 DDE,最后进一步氧化为 DDA。同样的,高丙体 666 经梭状芽孢杆菌和大肠杆菌作用,能够脱氯形成苯和一氯苯。

多氯联苯(PCBs)是导热剂、阻燃剂、加工绝缘油、液压油、增塑剂等材料的主要原料。因其具有极强的脂溶性,PCBs 可以轻易地进入自然界的食物链,进而在生物体内累计,最后危及人类的生命健康。自然界中有很多种微生物都能够有效地降解 PCBs。Seeger 等人的研究认为,氯取代位点在一个苯环上的氯代联苯,会在 2,3-双加氧酶的作用下生成氯代苯甲酸以及 4-羟基戊酸,同时 4-羟基戊酸能够被降解菌彻底矿化,而氯代苯甲酸则需要被其他微生物进一步降解。

三、土壤动物对土壤污染物的迁移转化

土壤动物是土壤中和落叶下生存着的各种动物的总称,是指一生或生命过程中有一段时间定期在土壤中度过,而且对土壤产生一定影响的动物。土壤动物作为生态系统物质循环中的重要消费者,在生态系统中起着重要的作用,一方面积极同化各种有用物质以建造其自身,另一方面又将其排泄产物归还到环境中不断改造环境。土壤动物涉及的门类很广泛,常见的土壤动物有蚯蚓、蚂蚁、鼹鼠、变形虫、轮虫、线虫、壁虱、蜘蛛、潮虫、千足虫等。

土壤动物在土壤中生长、繁殖、穿插等活动会对污染物起到破碎、分解、消化和富集的作用,从而使污染物减少甚至消除。土壤动物在土壤中的活动会直接或间接地影响到土壤的物质组成和分布,在土壤的形成、发育和肥力维持方面有着举足轻重的作用。土壤动物能够对有机物污染物起到机械破碎、分解的作用。与此同时,它们还能够分泌许多生物酶,通过肠道排出体外。与酶一起排出的还有肠道微生物,它们和土壤微生物一起分解污染物或转化其形态,使得污染物浓度降低。

土壤动物对有机污染物在土壤中的降解和转化有至关重要的影响。蚯蚓是典型的土壤动物,有机污染物随土壤进入蚯蚓的肠道和消化系统后,会在肠道传输的过程中降解和代谢,并且可能会被蚯蚓吸收和蓄积。优越的微生物生长环境使得有机污染物在蚯蚓肠道内的降解和转化很快。同时,蚯蚓肠道内富含各种高活性的酶,可以转化包括氯代苯酚和苯酚类内分泌干扰物在内的多种有机物质,并可使这些污染物与土壤有机质聚合,从而降低它们在土壤中的毒性和活性。谢文明等人在土壤中添加有机氯来培养蚯蚓,发现蚯蚓对有机氯农药的富集因子达到了 1.4~3.8,尤其对六六六和 DDE 有较为明显的富集作用(谢文明等,2005)。同样的,甲螨、线虫等土壤动物对农药也有比较明显的富集作用,可以用作农药污染土壤的动物修复。

对于重金属,土壤动物也具有一定的富集作用。邓继福等发现污染区土壤中蚯蚓和蜘蛛对重金属元素有很强的富集能力,它们体内 Cd、Pb、As、Zn 和土壤中相应元素含量有着明显的正相关关系。相较于植物修复,利用动物来富集重金属或有机物,不仅不会降低土壤肥力,而且还可以提高土壤肥力。

大型的土壤动物具有较强的破碎作用,可以加速凋落物的分解,同时通过取食分解代谢转化,完成物质循环的过程。许多土壤动物体内具有丰富的酶,它们在物质循环过程中对有

机质的分解起到促进作用。在热带地区对白蚁的调查中发现,虽然白蚁本身不分泌分解酶,但白蚁能够与寄生于其肠道中的原生动物鞭毛虫及其他菌类形成共生,在它们共同作用下将纤维素和木质素分解,进而参与碳循环。土壤动物体内的酶在其消化道中对所食有机物质进行同化,可以降解污染物,利用土壤动物这一生态功能可对污染土壤进行生物修复。

第四节　污染物在土壤中迁移转化的模型

一、污染物在土壤中的转化模型

污染物进入土壤后,会发生各种各样的形态转化:重金属元素会发生吸附、交换、沉淀;有机污染物会被微生物降解;过剩的氮会发生矿化、硝化、反硝化、吸附;放射性污染物会衰变等。污染物的形态转化是污染物迁移的关键,污染物的迁移转化模型是建立在其形态转化模型之上的。

1. 污染物的吸附模型

污染物质的吸附和解吸主要由污染物在土壤中的液相浓度和污染物被吸附在固体介质上的固相浓度决定。

吸附模型常用于对污染物质吸附的描述(刘兆昌等,1991)。无机污染物如重金属、氨态氮等常用的吸附模型有以下三种:

(1) 线性吸附模型

$$S = K_d \times c \tag{8.18}$$

式中:S——污染物的固相浓度;

　　c——污染物的液相浓度;

　　K_d——分配系数。

(2) Freundlich 模型

$$S = K_1 \times c^m \quad (m \geqslant 1) \tag{8.19}$$

式中:S——污染物的固相浓度;

　　c——污染物的液相浓度;

　　K_1——常数,当 $m = 1$ 时 K_1 相当于 K_d。

(3) Langmuir 模型

$$S = \frac{K \times S_m \times c}{1 + K \times c} \tag{8.20}$$

式中:S——污染物的固相浓度;

　　c——污染物的液相浓度;

　　S_m——最大吸附容量;

　　K——常数。

有机污染物的吸附模型通常用有机溶质在固相和水相的分配系数和固相中有机碳含量来表示:

$$K_d = f_a \times K_a \tag{8.21}$$

式中：K_a——有机污染物在水和纯有机碳间的分配系数；

　　　f_a——固相中的有机碳含量；

　　　K_d——分配系数。

另一类为机理模型，特别是在重金属元素被土壤氧化物吸附的研究中，很多研究人员利用机理模型对重金属的吸附过程进行了很好的描述。机理模型基于吸附物的物理化学特性，如表面晶格结构、静电场、电荷分布或者被吸附物的物理化学特性，对吸附过程进行定量描述，揭示吸附过程的机理。机理模型中较成熟的是表面配位模型，它是一种化学模型，用平衡态研究对吸附现象给出分子级的描述，并从数学上计算热力学特性的数值。表面配位模型包括恒电容模型(Stumm et al.,1980)，三电层模型(Davis et al.,1978)，斯特恩可变表面电荷-可变表面电势模型(Bowden et al.,1980)和双电层模型(Dzombak,1990)。表面配位模型的主要优点是模型考虑了表面电荷。氧化物和氢氧化物的表面羟基的配位反应、质子化和非质子化形成了表面电荷，表面电荷的符号和大小取决电解质溶液的 pH 和离子强度。

我们在这里简单介绍恒电容模型。恒电容模型基于下列假设：① 表面配合物均为内圈型，② 以恒定的离子介质为参照状态时，确定条件平衡常数中离子形态的活度系数，因此背景电解质中的离子不形成配合物。③ 表面电荷和表面电势之间呈线性关系：

$$\sigma = (CSa/F)\Psi \tag{8.22}$$

式中：σ——表面电荷量，mol/L；

　　　C——电容密度，F/m^2；

　　　S——比表面积，m^2/g；

　　　a——悬浮液密度，g/L；

　　　F——法拉第常数，c/mol；

　　　Ψ——表面电势，V。

这些假设简化了有关表面电荷平衡的描述。根据以上假设，我们能够得到一组方程：

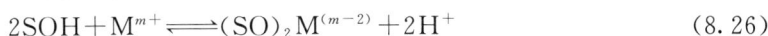

$$\text{SOH} + \text{H}^+ \rightleftharpoons \text{SOH}_2^+ \tag{8.23}$$

$$\text{SOH} + \text{H}^+ \rightleftharpoons \text{SO}^- + 2\text{H}^+ \tag{8.24}$$

$$\text{SOH} + \text{M}^{m+} \rightleftharpoons \text{SOM}^{(m-1)} + \text{H}^+ \tag{8.25}$$

$$2\text{SOH} + \text{M}^{m+} \rightleftharpoons (\text{SO})_2\text{M}^{(m-2)} + 2\text{H}^+ \tag{8.26}$$

式中：SOH——表面功能团；

　　　M——重金属离子；

　　　m——重金属离子的电量。

以上反应方程的本征条件平衡常数为

$$K_+(\text{int}) = \frac{[\text{SOH}_2^+]}{[\text{SOH}][\text{H}^+]}\exp(F\Psi/RT) \tag{8.27}$$

$$K(\text{int}) = \frac{[\text{SO}^-][\text{H}^+]^2}{[\text{SOH}]}\exp(-F\Psi/RT) \tag{8.28}$$

$$K_\text{M}^1(\text{int}) = \frac{[\text{SOM}^{(m-1)}][\text{H}^+]}{[\text{SOH}][\text{M}^{m+}]}\exp((m-1)F\Psi/RT) \tag{8.29}$$

$$K_+(\text{int}) = \frac{[(\text{SO})_2\text{M}^{(m-2)}][\text{H}^+]^2}{[\text{SOH}]^2[\text{M}^{m+}]}\exp((m-2)F\Psi/RT) \tag{8.30}$$

式中:方括号表示浓度,mol/L,通过外延条件平衡常数到净表面电荷为零即本征条件平衡常数。在标准状态下表面配合物处于不带电环境。为了解决平衡问题,还需要两个方程。一个是表面功能团的质量平衡方程:

$$[SOH]^2 = [S-OH] + [SOH_2^+] + [SO^-] + [SOM^{(m-1)}] + [(SO)_2M^{(m-2)}] \qquad (8.31)$$

另一个为电荷平衡方程:

$$\sigma = [SOH_2^+] - [SO^-] + (m-1)[SOM^{(m-1)}] + (m-2)[(SO)_2M^{(m-2)}] \qquad (8.32)$$

2. 污染物在土壤中的微生物降解

在土壤中硝酸根通过细菌进行反硝化和脱氮反应,成为亚硝酸根而进入地下水,或者变为氮气、氧化亚氮和氧化氮进入大气。Mn 等元素在真菌和藻类的作用下会氧化转化为难溶化合物。微生物可以利用有机物作为碳源和能源,使有机污染物产生生物降解,变为毒性较小的或无毒的组分。

Wang 等(1997)建立了关于描述有机化学品降解与其有关的微生物动态的微分方程组,也就是"微生物-有机化学品系统"模型的一般形式:

$$-\frac{\mathrm{d}x}{\mathrm{d}t} = jx + kxm \quad (j,k>0) \qquad (8.33)$$

$$\frac{\mathrm{d}m}{\mathrm{d}t} = -fm + gxm \quad (f,g>0) \qquad (8.34)$$

式中:x——有机化学品在时间 t 的浓度;

m——可降解该有机化学品的微生物在时间 t 的群落密度;

j——有机化学品的非生物学降解速度常数;

k——有机化学品的生物学降解速度常数;

f——可降解该有机化学品的微生物群落的衰减常数;

g——这类微生物的生长常数。

式 8.33 除以式 8.34,经过整理积分后得

$$j\ln m + km = f\ln x - gx + c \qquad (8.35)$$

式中:c——积分常数。

根据式 8.35,x 与 m 的动态关系可表达为在 xm 平面上的一簇有峰的不闭合曲线。

令式 8.35 等于零,则有

$$x = \frac{f}{g} = x_M \qquad (8.36)$$

这就是当 m 达到极大值 M 时的有机化学品浓度。

根据式 8.36,x 对于 t 的二阶微商是

$$\frac{\mathrm{d}^2 x}{\mathrm{d}t^2} = -j\frac{\mathrm{d}x}{\mathrm{d}t} - k\left(m\frac{\mathrm{d}x}{\mathrm{d}t} + x\frac{\mathrm{d}m}{\mathrm{d}t}\right) \qquad (8.37)$$

将式 8.36 和式 8.37 代入,并令二阶微商等于零,则可得

$$x_f = \frac{j^2 + km_f(2j + km_f + f)}{kgm_f} > \frac{f}{g} \qquad (8.38)$$

式中:x_f,m_f——分别是当降解速度达到极大值时的有机化学品浓度和可降解该有机化学品的微生物群落密度。从式 8.38 可以看出,$x_f > x_M$,即降解速度达到极大值的时间早于有关微生物群落密度达到极大值的时间。

二、污染物在土壤中的迁移模型

污染物在土壤中迁移的数学模型在 20 世纪五六十年代获得了很大发展,随着计算机技术的发展和普及,土壤中污染物的迁移转化模型慢慢进入实际应用。污染物在土壤中的迁移有如下几种情况:

1. 在饱和含水土壤中的迁移

在饱和含水土壤中,土壤水分基本恒定,水分的移动是稳定流。一般来说,污染物的弥散系数、孔隙流速等都可以认为是常数,水分迁移方程及污染物迁移方程都比较容易求解。

2. 在非饱和含水土壤中的迁移

此时,土壤含水量、污染物弥散系数、孔隙流速等都是变数。大多数情况下,水分迁移方程和污染物迁移方程只能应用数值法求解。

3. 平衡态迁移

当迁移过程中,吸附、沉淀及其他化学反应的速度较快,如污染物转化都可以用平衡态模型描述时,则污染物迁移转化的模型如下:

$$\frac{\partial}{\partial X_i}\left(\theta D_{ij}\frac{\partial c}{\partial X_j}-q_i c\right)-\frac{\partial}{\partial t}(\theta c+\rho s)+\theta\sum_{l=1}^{n}R_l=\sum_{k=1}^{m}\Psi_k(c,s) \tag{8.39}$$

式中:c——溶液浓度;

　　　s——吸附浓度;

　　　θ——含水量;

　　　D_{ij}——弥散系数;

　　　q_i——水流通量;

　　　ρ——土壤容量;

X_i,X_j——坐标;

　　　t——时间;

　　　R_l——n 个不同反应中第 k 个反应的溶解污染物的产率;

　　　Ψ_k——源或汇,通常指放射性物质衰变、化学沉淀和溶解、植物根系的吸收或释放、微生物降解以及外源的进入等。

式 8.39 是污染物在土壤中迁移转化的基本方程。根据不同污染物的物理、化学特性,将相应的弥散系数、吸附、微生物降解、沉淀以及其他源和汇模型代入上式,即可得到描述该污染物在土壤中迁移转化的模型,求解即可。

4. 非平衡态迁移

当迁移过程中体系中有化学过程处于非平衡状态时,即污染物的转化不能够用平衡态模型进行描述时,污染物的迁移为非平衡态迁移,此时,污染物迁移转化模型用非平衡态模型表示,如吸附的可逆非平衡过程的线性模型、Freundlich 模型和 Langmuir 模型分别为

$$\frac{\partial s}{\partial t}=k_1 c-k_2 s \tag{8.40}$$

$$\frac{\partial s}{\partial t}=k_1 c^m-k_2 s \tag{8.41}$$

$$\frac{\partial s}{\partial t} = k_1(s_0 - s)c - k_2 s \tag{8.42}$$

式中：s——单位介质体积上被吸附的污染物质的质量或固相浓度；

s_0——极限平衡时的固相浓度；

m——经验常数；

k_1——吸附速率；

k_2——解吸速率；

c——污染物质的液相浓度。

非平衡态反应模型代入即可得到非平衡态下的污染物迁移方程。

5. 土壤中死端空隙的迁移

在土壤中孔隙的分布很不均匀，存在着许多死端空隙，其中所含有的水流动迟缓，甚至不动。因此，土壤水分所占有的区域分为流动区和不动水区。污染物的迁移主要由流动区控制，但流动区和不动水区都含有污染物质，且污染物质还会在两个区域间通过扩散发生物质交换，因此形成物理非平衡态迁移。目前在考虑不动水体的污染物迁移模型中，流动区和不动水区之间的污染物质交换大多假设为线性模型，所以迁移方程为

$$\theta_m \frac{\partial c_m}{\partial t} + \alpha(c_m - c_{im}) = \theta_m D_m \frac{\partial^2 c_m}{\partial x^2} - \theta_m V_m \frac{\partial c_m}{\partial x} \tag{8.43}$$

$$\theta_{im} \frac{\partial c_{im}}{\partial t} = \alpha(c_m - c_{im}) \tag{8.44}$$

式中：m，im——动水区和不动水区；

c——污染物浓度；

D_m——弥散系数；

V_m——流动速度；

θ——土壤含水量；

t——时间；

x——位置；

α——污染物在流动区和不动水区土壤水之间迁移的传递系数，与平均孔隙流速呈线性关系。

根据不同情况选择相应的模型就可以对污染物质在土壤中迁移进行定量描述。

三、典型污染物的迁移转化模拟

刘继芳等人利用流动法研究 Zn^{2+} 在土壤中的吸附动力学过程，提出以下模型：

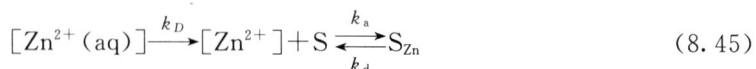

$$[Zn^{2+}(aq)] \xrightarrow{k_D} [Zn^{2+}] + S \underset{k_d}{\overset{k_a}{\rightleftharpoons}} S_{Zn} \tag{8.45}$$

式中：$[Zn^{2+}(aq)]$——流动液中的 Zn^{2+}；

$[Zn^{2+}]$——土粒表面液层的 Zn^{2+}；

S——土壤固相表面吸附 Zn^{2+} 的点位；

S_{Zn}——吸附于土粒表面的 Zn^{2+}；

k_D——Zn^{2+} 由流动液向表面液层扩散到速率常数；

k_a——土壤从表面液层吸附 Zn^{2+} 的速率常数；

k_d——被吸附 Zn^{2+} 解吸的速率常数。

由该模型建立的吸附速率方程如下：

$$\frac{\mathrm{d}x_t}{\mathrm{d}t} = B_0 + B_1 x_t + B_2 x_t^2 \tag{8.46}$$

其中，$B_0 = k_D k_m$，$B_1 = k_d \dfrac{1}{c_0} - k_D - k_a$，$B_2 = k_a \dfrac{1}{X_m}$

式中：c_0——流动液中 Zn^{2+} 的浓度；

x_t——反应时间 t 时土壤对 Zn^{2+} 的吸附量；

X_m——t 为无限大时的最大吸附量。

土壤中磷来源于成土母质和磷矿石肥料，土壤风化过程中，磷矿石中的磷被释放。土壤中磷的形态可分为有机磷和无机磷两大类，两者之和为土壤全磷量。在没有认为干扰的条件下，土壤中的磷迁移转化极为微弱。当有大量的外界磷输入时，土壤中磷的迁移转化才较为明显。

Cho 等提出土壤外源磷不可逆迁移动力学的迁移模型，他认为外源磷进入土壤后，如果具有快的正反应和极慢的逆反应，那么这样的可逆吸附反应在相对的时间里，可能表现为不可逆反应。模型为

$$\frac{c}{c_0} = 0.5 \exp\left(\frac{kt}{\theta}\right) \mathrm{erf}\, c\, \frac{z - vt}{\sqrt{4Dt}} \tag{8.47}$$

式中：c_0——初始浓度，mg/L；

D——弥散系数，cm^2/d；

θ——容积含水量，%；

v——平均孔隙流速，cm/d；

k——一级速度常数；

t——反应时间，d；

z——通过土壤的距离，cm。

Overman 和 Chu 就可溶性 P 恒定使用量，采用间歇法设计了描述 P 自土壤溶液析出的数学模型。假设在一个解吸反应之后接连着一个不可逆反应步骤，其动力学模型是

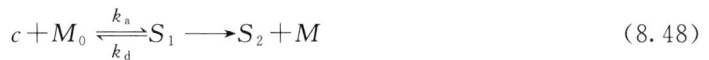

$$c + M_0 \underset{k_d}{\overset{k_a}{\rightleftharpoons}} S_1 \longrightarrow S_2 + M \tag{8.48}$$

式中：c——溶液中 P 的浓度，mg/L；

S_1——吸附态 P 的含量，mg/kg；

S_2——固定态 P 的含量，$S = S_1 + S_2$ 为固相含 P 总量，mg/kg；

M_0——土壤中原始吸附点位密度，$M_0 = M + S_1$；

M——土壤中未被 P 占据的吸附点密度；

k_a、k_d——分别为可逆吸附反应中的吸附和解吸的速率常数。

农药残留量在前期减少很快，后期较慢。对农药降解可用双室模式表示

$$c = A\mathrm{e}^{-\alpha t} + B\mathrm{e}^{-\beta t} \tag{8.49}$$

式中:A、B——两个农药的浓度值,当降解时间 t 为 0 时,$A+B$ 为农药起始残留浓度;

α,β——该实验条件下的两个农药降解常数,α 表示反应前期降解速度,而 β 表示反应后期降解速度。

有时候,在某种环境因素中,农药残留量有时候会有一个上升的过程,经一定时间达到最高点后逐渐下降。显然这里发生着农药降解和吸收的双过程。达到最高值之前吸收占优势,以后降解占优势。水稻土、池塘底泥、鱼、水草、下层水和水生动物都属于农药间接受体,主要从稻田水和池塘水、河水中吸收农药。对于这种情况,我们可以用一级吸收模式来表达残留量变化,即

$$c = A(e^{-\alpha t} - e^{-\beta t}) \tag{8.50}$$

问题与讨论

典型案例
分析一

典型案例
分析二

1. 简述土壤扩散理论。
2. 简述土壤污染的危害。
3. 污染物在土壤中的迁移转化机制是什么?
4. 污染物在土壤中的迁移转化模型有哪些?
5. 土壤污染有什么特点?
6. 引起土壤污染的物质有哪些?
7. 治理土壤污染有哪些手段,各有什么利弊?
8. 简述我国土壤污染治理现状与防治措施。

第九章　环境污染的生态与健康效应

第一节　生物体内污染物的运动过程

一、污染物通过生物膜的方式

（一）生物膜的结构

污染物在生物体内的转运、代谢、富集等过程大多需要通过各种各样的生物膜。生物膜如图 9.1 所示，是由磷脂双分子层和蛋白质镶嵌组成的、厚度为 $75\sim100$ Å[①] 的复合体。在磷脂双分子层中，亲水的极性基团排列于外侧，疏水的烷链端伸向内侧，所以，在双分子层中央存在一个疏水区。膜上镶嵌的蛋白质，有附着在磷脂双分子层表面的表在蛋白，有深埋或贯穿磷脂双分子层的内在蛋白，但它们亲水端也都露在双分子层的外表面。这些蛋白质通常具有一定的生理学功能，例如可作为转运膜内外物质的载体，或是起催化作用，或是能量转换器等。在生物膜中还间以带极性、常含水的微小孔道，称为膜孔。

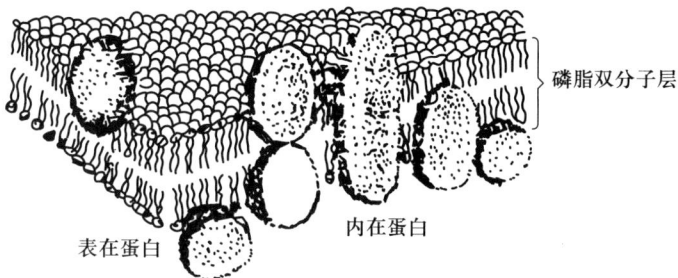

图 9.1　生物膜脂质双层结构示意图

（二）污染物通过生物膜的方式

物质通过生物膜的方式根据作用机制的不同可分为：膜孔滤过、被动扩散、被动易化扩散、主动转运、胞吞和胞饮。

膜孔滤过是指直径小于膜孔的水溶性物质，可借助膜两侧静水压及渗透压经膜孔滤过。被动扩散则是指脂溶性物质通过生物膜从高浓度侧向低浓度侧扩散，即顺浓度梯度扩散，扩散速率服从菲克定律。

---

① 　1 Å$=10^{-10}$ m$=0.1$ nm。

$$\frac{dQ}{dt} = -DA\frac{\Delta c}{\Delta x} \tag{9.1}$$

式中：$\frac{dQ}{dt}$——物质膜扩散速率，即 dt 间隔时间内垂直向扩散通过膜的物质的量；

　　　Δx——膜厚度；

　　　Δc——膜两侧物质的浓度梯度；

　　　A——扩散面积；

　　　D——扩散系数。

其中扩散系数取决于污染物和膜的性质。通常情况下，脂/水分配系数越大，分子越小，或在体液 pH 条件下解离越少的物质，扩散系数也越大，容易扩散通过生物膜。被动扩散不需消耗能量，不需载体参与，因而不会出现特异性选择、竞争性抑制及饱和现象。

一些污染物可在高浓度侧与膜上特异性蛋白质载体结合，通过生物膜，至低浓度侧解离出来，这一转运称为被动易化扩散。它受到膜特异性载体及其数量的制约，因而呈现特异性选择，类似物质竞争性抑制和饱和现象。

在消耗一定的代谢能量条件下，一些污染物可在低浓度侧与膜上高度特异性蛋白载体结合，通过生物膜，至高浓度侧解离出原物质。这一转运称为主动转运。所需代谢能量来自膜的三磷酸腺苷酶分解三磷酸腺苷（ATP）成二磷酸腺苷（ADP）和磷酸时所释放的能量。这种转运还与膜的特异性载体及其数量有关，而具有特异性选择，类似物质竞争性抑制和饱和现象。

少数污染物与膜上特定蛋白具有特殊亲和力，当其与膜接触后，可改变这部分膜的表面张力，引起膜的外包或内陷而被包围进入膜内，固体物质的这一转运称为胞吞，而液态物质的这一转运称为胞饮。

综上，污染物以何种方式通过生物膜，主要决定于机体各组织生物膜的特性和污染物的结构、理化性质，包括脂溶性、水溶性、分子大小等。被动易化扩散和主动转运，是正常的营养物质及其代谢物通过生物膜的主要方式。除与前者类似的物质以这样方式通过膜外，大多数污染物一般以被动扩散方式通过生物膜。膜孔过滤和胞吞、胞饮也在一些污染物通过生物膜的过程中发挥作用。

二、污染物在机体内的运动

污染物在机体内的运动包括污染物的吸收、分布、排泄和生物转化等过程。本文重点介绍污染物的吸收、分布、排泄和蓄积。

（一）吸收

吸收是污染物从机体外，通过各种途径透过体膜进入血液的过程。吸收途径主要包括机体的消化道、呼吸道和皮肤。

消化道是污染物吸收最主要的途径。从口摄入的食物和饮水中包含的污染物，通过消化道（主要是小肠，其次是胃）被吸收。小肠最内层黏膜向肠内形成许多突起，称为小肠绒毛，进入小肠的污染物大多以被动扩散通过肠黏膜再转入血液，因而，污染物的脂溶性越强其在小肠内浓度越高，被小肠吸收也越快。此外，血液流速也是影响机体对污染物吸收的因素之一。血流速度越大，则膜两侧污染物的浓度梯度越大，机体对污染物的吸收速率也越大。

呼吸道是吸收大气污染物的主要途径,其主要吸收部位在肺泡。肺泡的膜较薄,数量众多,四周布满壁膜极薄、结构疏松的毛细血管。因此,吸收的气态和液态气溶胶污染物,可通过被动扩散和滤过方式,分别迅速通过肺泡和毛细血管膜进入血液。固态气溶胶和粉尘污染物吸进入呼吸道后,可在气管、支气管及肺泡表面沉积,能到达肺泡的固态颗粒物粒径需小于 $5~\mu m$。

皮肤吸收也是污染物进入机体的重要途径。皮肤接触的污染物,常以被动扩散方式相继通过皮肤的表皮及真皮,再透过真皮中的毛细血管壁膜进入血液。一般相对分子质量低于 300,处于液态或溶解态,呈非极性的脂溶性污染物,最容易被皮肤吸收,如酚、马钱子碱、尼古丁等。

（二）分布

分布是指污染物被吸收后或其代谢转化物质形成后,由血液转送至机体各组织,与组织成分结合,从组织返回血液,以及再反复等过程。在污染物的分布过程中,污染物的转运以被动扩散为主。

脂溶性污染物更易通过生物膜,因此,膜通透性对其分布影响不大,组织血流速度是分布的限速因素。因此,脂溶性污染物在血流丰富的组织(如肝、肺、肾)的分布,远比血流少的组织(如肌肉、皮肤、脂肪)中迅速。

与一般器官组织的多孔性毛细血管壁不同,中枢神经系统的毛细血管壁内皮细胞互相紧密相连、几乎无空隙,形成血脑屏障,限制污染物由血液进入中枢神经系统。污染物由母体转运到胎儿体内,必须通过由数层生物膜组成的胎盘,称为胎盘屏障,污染物的运移也同样受到膜通透性的限制。通常只有高脂溶性低解离度的污染物经膜通透性好,能够通过血脑屏障和/或胎盘屏障,如甲基汞化合物;非脂溶性污染物很难通过,如无机汞化合物。

污染物在血液中运移时,常与血液中的血浆蛋白质结合。这种结合具有可逆性,结合与解离处于动态平衡。由于亲和力不同,污染物与血浆蛋白的结合受到其他污染物及机体内源性物质竞争置换的影响,因此改变污染物在机体内的分布。

有些污染物还可与血液的红细胞或血管外组织蛋白相结合,也会明显影响其在体内的分布。如肝、肾细胞内的一类含巯基氨基酸的金属硫蛋白,易与 Cd、Hg、Zn 等重金属结合形成复合物,从而增加肝、肾中重金属污染物的浓度。

（三）排泄

排泄是污染物及其代谢产物向机体外的转运过程。人体的排泄器官包括肾、肝胆、肠、肺、外分泌腺等,以肾和肝胆为主。

肾排泄是污染物通过肾随尿排出的过程。肾小球毛细血管壁有许多较大的膜孔,大部分污染物都能从肾小球滤过;但是,相对分子质量过大或与血浆蛋白结合的污染物,难以从肾小球滤过。一般来说,肾排泄是污染物的一个主要排泄途径。

污染物的另一个重要排泄途径,是肝胆系统的胆汁排泄。胆汁排泄是指污染物经血液输送到达肝后,以原物或其代谢物并胆汁一起分泌至十二指肠,经小肠至大肠内,再排出体外的过程。污染物在肝的分泌主要是主动转运,被动扩散较少;其中,少数是污染物本身,多数是污染物在肝经代谢转化而形成的产物。一般,相对分子质量在 300 以上,水溶性大、脂溶性小的物质,胆汁排泄良好。

（四）蓄积

机体长期接触某种污染物，若吸收超过排泄及其代谢转化，则会出现该污染物在体内逐增的现象，称为生物蓄积。蓄积量是吸收、分布、代谢转化和排泄各量的代数和。蓄积时，污染物的体内分布，常表现为相对集中的方式，主要集中在机体的某些部位。

机体的主要蓄积部位是血浆蛋白、脂肪组织和骨骼。污染物常与血浆蛋白结合而蓄积。此外，许多有机污染物及其代谢产物，通过分配作用，集中于脂肪组织，如苯、多氯联苯等。而一些金属，如钡、锶、铍、镭等，经离子交换吸附，可进入骨骼组织的羟基磷灰石中蓄积。

污染物的蓄积部位可与毒性作用部位相同，例如百草枯在肺、一氧化碳在红细胞中血红蛋白的蓄积和致毒。也有污染物的蓄积部位与毒性作用部位不一致的情况，如 DDT 在脂肪组织中蓄积，而毒性作用于神经系统及其他脏器。蓄积部位中的污染物浓度与血浆中游离型污染物浓度保持相对稳定的平衡。当污染物从体内排出或机体不与之接触时，血浆污染物浓度减少，蓄积部位就会释放该物质，以维持上述平衡。因此，在污染物蓄积部位和毒性作用部位不相一致时，蓄积部位可成为污染物内在的二次接触源，引起机体慢性中毒。

三、污染物的生物转化

污染物在生物作用下经受的化学变化，称为生物转化。生物转化、化学转化和光化学转化构成了污染物在环境中的三大主要转化类型。通过生物转化，污染物的结构、性质和毒性等也随之发生改变。本节首先介绍生物转化中的酶，以了解污染物生物转化的基本原理。其次，就不同类型的污染物，重点介绍有毒有机污染物的生物转化。

（一）生物转化中的酶

绝大多数的生物转化是在机体的酶参与和控制下进行的。酶是一类由细胞制造和分泌的、以蛋白质为主要成分的、具有催化活性的生物催化剂。其中，在酶催化下发生转化的物质称为底物或基质；底物所发生的转化反应称为酶促反应。

酶催化作用的特点包括：催化专一性，一种酶只能对一种底物或一类底物起催化作用，促进一定的反应，生成一定的代谢产物；其次，酶的催化效率高；此外，酶的催化需要温和的外界条件。

酶的种类很多，已知的酶有 2 000 多种，可分为胞外酶和胞内酶两大类。这两类酶都在细胞中产生，但是胞外酶能通过细胞膜，在细胞外对底物起催化作用，通常是催化底物水解；而胞内酶不能通过细胞膜，仅能在细胞内发挥各种催化作用。酶根据催化反应类型的不同，分成六大类：氧化还原酶、转移酶、水解酶、裂解酶、异构酶和合成酶。酶按照成分不同，分为单成分酶和双成分酶两大类。单成分酶只含有蛋白质；双成分酶除含蛋白质外，还含有非蛋白质成分，称辅基或辅酶。辅基同酶蛋白的结合比较牢固，不易分离；辅酶与酶蛋白结合松弛，易于分离。

（二）有毒有机污染物生物转化

进入生物机体的有毒有机污染物，一般在细胞或体液内进行酶促转化生成代谢物，但其在机体内的转化部位不尽相同。在人及动物中主要转化部位是肝，此外，肾、肺、肠黏膜、血浆、神经组织、皮肤、胎盘等也含有相当量酶，对有机毒物也具有不同程度的转化能力。生物转化的结果,一方面是使得有机污染物水溶性和极性增加,易于排出体外;另一方面也会改变有机污染物的毒性,使得毒性减小或是增大。

有机污染物的生物转化途径复杂多样,但其反应类型主要包括氧化、还原、水解和结合反应四种。通过前三种反应可以将活泼的极性基团引入亲脂的有机污染物分子中,其转化产物的水溶性及极性显著增强,该转化产物还可进一步结合机体中的内源性物质生成水溶性更高的结合物,易于被机体排出体外。因此,把氧化、还原和水解反应称为有机污染物生物转化的第一阶段反应;将第一阶段反应产物与内源性物质的结合反应称为第二阶段反应。

参与有毒有机污染物生物转化的酶及其主要反应类型有:混合功能氧化酶、脱氢酶、氧化酶催化的氧化反应;硝基还原酶、偶氮还原酶、还原脱氯酶催化的还原反应;羧酸酯酶、芳香酯酶、磷脂酶、酰胺酶催化的水解反应等。

四、污染物的生物吸收、积累和放大

(一)生物吸收

生物吸收通常是指污染物经各种途径和方式同生物机体接触,透过生物膜进入生物体的过程。对动物体而言,按照吸收途径的不同,大体可分为消化系统吸收、呼吸系统吸收和皮肤吸收三大主要的吸收途径,如前文所述。

植物对污染物的吸收途径也可分为三种不同类型,其中主要是根部吸收。根部吸收是水分和营养物质进入植物体的主要途径,也是污染物进入植物体的主要方式(图9.2)。除此之外,植物的地上部分也可吸收部分污染物,通过植物叶片上的气孔,空气中的污染物可进入植物体。而一些有机污染物能够以蒸气的形态透过植物地上部分的表皮进入植物体,被认为是污染物进入植物体的第三种途径。

生物的吸收过程是污染物对生物体产生生理、生态、遗传以及毒性效应的第一步,是研究化学物质生物富集、生物毒害以及生物抗性等效应的基础。

图 9.2　植物根系对化学物质的吸收

(二)生物积累

所谓生物积累,是指生物从周围环境,包括水、土壤、大气和食物链蓄积某种元素或难降解物质,使其在机体中的浓度增大的现象。以水生生物对污染物的生物积累为例,其微分速率方程可以表示为

$$\frac{\mathrm{d}c_i}{\mathrm{d}t} = k_{ai}c_w + a_{i,i-1} \cdot W_{i,i-1}c_{i-1} - (k_{ei} + k_{gi})c_i \tag{9.2}$$

式中：c_w——水体中污染物浓度；

　　c_i——食物链 i 级生物体内该物质的浓度；

　　c_{i-1}——食物链 $i-1$ 级生物中该物质的浓度；

　$W_{i,i-1}$——i 级生物对 $i-1$ 级生物的摄食率；

　$a_{i,i-1}$——i 级生物对 $i-1$ 级生物中该物质的同化率；

　　k_{ai}——i 级生物对该物质的吸收速率常数；

　　k_{ei}——i 级生物体中该物质消除速率常数；

　　k_{gi}——i 级生物的生长速率常数。

此式表明，食物链上水生生物对某物质的积累速率等于从水中的吸收速率、从食物链上的吸收速率及其本身消除、稀释速率的代数和。

当生物积累达到平衡时 $\mathrm{d}c_i/\mathrm{d}t = 0$，式（9.2）成为

$$c_i = \left(\frac{k_{ai}}{k_{ei} + k_{gi}}\right)c_w + \left(\frac{a_{i,i-1} \cdot W_{i,i-1}}{k_{ei} + k_{gi}}\right)c_{i-1} \tag{9.3}$$

式中右端两项依次以 c_{wi} 和 $c_{\phi i}$ 表示，则可改写成

$$c_i = c_{wi} + c_{\phi i} \tag{9.4}$$

上列式子表明，生物积累的物质浓度中，一项是从水中摄得的浓度，另一项是从食物链传递得到的浓度，因此我们将这两项浓度分别定义为生物富集浓度和生物放大浓度，并在此基础上发展出生物富集和生物放大的定义。

生物富集是指生物机体，通过非吞食方式从周围环境中蓄积某种元素或难降解的物质，使生物体内该物质的浓度超过环境中浓度的现象，又称为生物学富集或生物浓缩。生物富集的大小用生物浓缩系数表示，即生物机体内某种物质的浓度和环境中该物质的浓度的比值。

$$\mathrm{BCF} = c_b/c_e \tag{9.5}$$

式中：BCF——生物浓缩系数；

　　c_b——某种元素或难降解物质在生物机体中的浓度；

　　c_e——某种元素或难降解物质在环境中的浓度。

影响生物浓缩系数的主要因素是物质本身的理化性质以及生物和环境因素等。影响生物富集的理化性质包括：降解性、脂溶性和水溶性。一般降解性好、脂溶性高、水溶性低的物质，生物浓缩系数高；反之则低。生物方面的影响因素有生物种类、大小、性别、生物发育阶段等。环境方面的影响因素包括温度、盐度、硬度、pH、氧含量和光照状况等。生物富集对于阐明物质或元素在生态系统中的迁移转化规律，评价和预测污染物进入环境后可能造成的危害，以及利用生物对环境进行监控和净化等均有重要的意义。

（三）生物放大

生物放大是指在同一食物链上的高营养级生物，通过吞食低营养级生物蓄积某种元素或难降解物质，使其在机体内的浓度随营养级提高而增大的现象。生物放大的程度也用生物浓缩系数来表示。生物放大的结果，可使食物链上高营养级生物体内的元素或物质的浓度超过低营养级生物中的浓度。但是，生物放大并不是在所有条件下都能发生。文献报道，

有些物质只能沿食物链传递,不能沿食物链放大;有些物质既不能沿食物链传递,也不能沿食物链放大。这是因为影响生物放大的因素是多方面的,如食物链往往都十分复杂,相互交织成网状,同一种生物体在发育不同阶段或相同阶段,有可能隶属于不同的营养级而具有多种食物来源,这就扰乱了生物放大;不同生物或同一生物在不同条件下,对物质的吸收、消除等均有可能不同,也会影响生物放大状况。

综上所述,研究生物吸收、生物积累对于阐明物质或元素在生态系统中的迁移转化规律,评价和预测污染物进入环境后可能造成的危害,以及利用生物对环境进行监测和净化等,具有重要意义。

第二节　污染物的毒性效应

一、污染物的毒性

(一)毒性的定义

毒性,又称生物有害性,一般是指外源化合物质与生命机体接触或进入生物活体后,能引起直接或间接损害作用的能力,或简称为损伤生物体的能力。也可简单表述为:外源化合物在一定条件下损伤生物体的能力(孔繁翔,2000)。

(二)毒性的表征

为表征环境污染物的毒性效应,通常构建污染物和毒性效应之间的剂量-效应关系,并据此对污染物的毒性效应进行定量表征。

剂量指的是对生物体吸收和摄取的污染物质量的一种量度。但是由于生物体吸收和摄取化合物的量难以量度,实际研究多采用"暴露量"替代"剂量"。在此基础上,发展了大量的方法对剂量进行量化与评价,例如:化合物的量可以指注入受试生物体组织/细胞外的量;化合物可以作为受控日常饮食总量中的一部分;化合物可以通过皮肤测试的形式,一次性给予;被摄取的化合物可以从靶组织中进行分析,也可以分析替代的组织或是与受体组织和部位有联系的排出产物:血液、尿液、头发等;剂量还可以根据产物的暴露浓度和暴露时间来推断。

效应则是指将有代表性的生物群体在一定时间内暴露于一系列的化合物后,记录的反应情况或终点。效应终点的选择可以是与化合物剂量或暴露有关的任何可以量化的反应,例如:酶活性、组织化学、病理学或行为改变等。

通过实验的方法,可以直接测定化合物的剂量和效应,并在此基础上构建剂量-效应关系曲线,这是目前应用最多的化合物的毒性表征方法。除此之外,大量研究还通过毒理学预测模型,来建立化合物的剂量-效应关系。

在剂量-效应关系建立的基础上,通过推导半致死浓度(LC_{50})或半效应浓度(EC_{50})定量表征化合物毒性效应的强弱。LC_{50}是指受试生物50％死亡时,对应的化合物的浓度值,通常用于急性毒性剂量-效应关系的表征。EC_{50}是指受试生物出现50％最大效应时对应的化合物的浓度值,通常用于慢性毒性剂量-效应关系的表征。通常而言,化合物的LC_{50}值或EC_{50}

值越小表征其毒性越强,反之则毒性较弱。

（三）不同生物学尺度的毒性

化合物可以在不同的生物学尺度上引起毒性效应,本书主要从分子水平、器官水平、个体水平、种群和群落水平等,分别介绍污染物的毒性效应。

分子水平的毒性,通常是指化合物暴露后对生物大分子,如 DNA、蛋白质等的毒性效应。目前研究较多的分子水平的毒性效应包括:DNA 损伤、染色体异常、受体作用等类型。DNA 存储着生物体赖以生存和繁衍的遗传信息,因此维护 DNA 分子的完整性对细胞至关紧要。环境化合物特别是一些具有致突变活性的化合物暴露能够导致 DNA 分子的损伤或改变,如果上述 DNA 的损伤或遗传信息的改变不能得到更正,则会对生物体产生不可逆的损伤,甚至可能影响到后代。目前已经发现的具有 DNA 损伤的环境化合物包括:亚硝胺类、苯并[a]芘、甲醛、苯、砷、铅、DDT 等。染色体是细胞核中载有遗传信息的物质,在显微镜下呈圆柱状或杆状,主要由 DNA 和蛋白质组成,在细胞发生有丝分裂时期容易被碱性染料(例如龙胆紫和醋酸洋红)着色,因此而得名。正常人的体细胞染色体数目为 23 对,并有一定的形态和结构。染色体在形态结构或数量上的异常被称为染色体异常,由染色体异常引起的疾病为染色体病。现已发现的染色体病有 100 余种,染色体病在临床上常可造成流产、先天愚型、先天性多发性畸形以及癌症等。化合物暴露是诱导染色体异常发生的重要原因。受体是一类存在于胞膜或胞内的,能与细胞外专一信号分子结合进而激活细胞内一系列生物化学反应,使细胞对外界刺激产生相应的效应的特殊蛋白质。与受体结合的生物活性物质统称为配体。受体与配体结合即发生分子构象变化,从而引起细胞反应,如介导细胞间信号转导、细胞间黏合、胞吞等过程。现有的研究证实,环境化合物可以干扰配体与受体的结合,进而影响机体的化学信号,从而产生毒性效应。例如,研究证明,环境中的有机磷农药可以通过作用乙酰胆碱受体的正常功能而使机体产生毒性效应。

除在较小的生物学尺度——分子水平产生毒性效应外,环境化合物暴露还可在生物体的器官或组织水平上产生毒性效应,例如对器官或组织的外形和结构产生损伤或改变等。对器官或组织的损伤可以非常强烈,在短时间内造成器官和组织的剧烈变形,如形成各种强酸强碱类对生物体造成灼伤。损伤也可以经过外来化合物长期作用,逐渐积累,慢慢形成。例如长期摄入四氯化碳或酒精而导致肝硬化等。器官水平的损伤通常与其他水平的效应相关,例如,个体水平的毒性效应。

外源化合物对生物个体产生的毒性损伤效应,包括致死效应、生长效应、生殖和发育效应等均属于个体水平的毒性效应。致死效应是一种急性毒性效应,表现为受到外来化合物影响后,生物个体在短时间内死亡,这是化合物对个体最强烈的损伤反应。例如,一些重金属,如镉、汞、铜等能够引起人和动物急性中毒死亡。生长效应是指外来化合物暴露,抑制机体的重量和体积,使生物量下降,长度和高度变小。而生殖效应则是指外来化合物对生物的生殖过程所产生的损伤作用。对哺乳动物而言,环境化合物对生殖和发育过程的损害包括各种形式的性功能减退以及生长迟缓、致畸作用、功能不全或异常等。环境内分泌干扰物是目前最受关注的一类具有生殖和发育毒性的环境化合物,包括杀虫剂、增塑剂、阻燃剂等不同类型。

种群和群落水平上的毒性效应主要表现为环境化合物对种群密度、种群生活史特征、种间关系等的影响。种群密度是所有种群的主要特征,种群的其他特征可视为影响其密度的直接或间接因素。对种群密度有直接影响的种群统计过程有生殖、死亡、迁入和迁出,是种群的初级特征。其他种群特征,如年龄和性别结构是种群的次级特征。环境化合物对种群密度的影响可以通过改变种群的统计特征而体现。在污染区,种群密度或数量下降可能来自由污染所引起的构成该种群的个体在生殖、死亡、迁入和迁出方面的改变。污染物也可以通过影响年龄和性别结构而影响种群的初级特征,进而影响种群的密度或大小。生态毒理学的研究还证实,污染物对生活史特征的影响最终会反映到种群水平,从而对种群命运产生影响。例如,污染可以通过影响与物种适度相关的生活史特征而影响到种群的未来发展,减少种群的生存能力。种间相互作用包括捕食、竞争、寄生和共生等,是连接生物个体、种群和群落的纽带。化合物暴露会影响物种之间已建立起来的种间关系,也就是本文提到的化合物对种间关系的影响。化合物作用于生物体后,通常影响其正常生理代谢功能,导致其异常的生理、心理及行为反应的出现,如减缓合成代谢,减少取食行为等,最终导致种间关系的改变。

二、影响毒性的因素

影响环境化合物毒性的因素很多,既包括化合物本身的理化性质,也包括化合物之间的相互作用,同时还受到各种各样生物因素和非生物因素的影响。

影响化合物毒性效应的理化性质包括化合物的分子量、分子结构、溶解性、挥发性、电离度、荷电性等。以化合物的挥发性为例,挥发性越强,越容易形成较大的蒸气压,增加机体经呼吸暴露的可能性,从而增强其毒性。

（一）联合毒性

除此之外,考虑到实际环境中,化合物总是以混合物形式存在,因此,对于生物体而言其毒性作用表现为多个化合物毒性的共同作用,即存在化合物毒性之间联合作用。混合物的联合毒性一直以来都是毒理学研究的难点,按照联合作用类型的不同,可细分为相加作用、独立作用、协同作用和拮抗作用。① 相加作用是指各化合物在化学结构上相似,或为同系衍生物,或其毒作用靶相同,则其对机体所产生的毒性总效应等于各个化合物单独效应的总和。每种化合物按照它们的相对毒性和剂量比例对总毒性做出贡献。在这种联合作用中,如按一定比例将一种化合物用另外一种代替,混合物的作用不发生改变;② 独立作用是指两种或两种以上化合物作用于机体,由于其各自毒作用的受体、靶细胞或靶器官等不同,所致的生物学效应无互相干扰,表现为各个化合物本身的毒效应;③ 协同作用是指各化合物交互作用于机体的综合生物学效应超过各化合物毒性效应的总和。化合物发生协同作用的机制很复杂。一种情况是各化合物在机体内交互作用产生新的物质,使毒性增强。例如,亚硝酸盐和某些胺类化合物在胃内发生反应生成亚硝胺,毒性增大,可能为致癌剂。也可能是引起化合物的代谢酶系发生变化,如马拉硫磷和苯硫磷联合给予大鼠,毒性可增加 10 倍,其机制可能与苯硫磷抑制肝脏分解马拉硫磷的酯酶,致使其分解减慢所致。④ 拮抗作用是指两种及两种以上化合物在体内产生的综合生物学效应低于化合物单独效应的总和。凡能使另一种化合物的生物学效应减弱的化合物称为拮抗剂。在毒理学或药理学中使用的解毒剂即为拮抗剂。关于拮抗作用的机理也比较复杂,可大致概括为功能拮抗、化学拮抗和受体拮抗。功能拮抗是指几种化合物质在同一生理功能中具有相反的作用,以致彼此抵消原来的生物作用。化学拮抗是指几种化合物发生化学反应,形成相对低毒或无毒的产物。受体拮抗是指几种化合物中有的化合物能够阻止其他化合物结合生物学效应有关的受体。

(二) 生物因素

影响环境化合物毒性的生物因素很多,包括物种、年龄、性别及个体大小的差异等。

大量研究表明,不同分类群的生物对环境化合物常常表现出不同的毒性反应。不同门类生物由于生活史、生理构造、行为特征和地理分布等不同而产生了差异性,其在毒理学上反映为不同物种对污染物有不同的敏感性。以水生动物为例,不同物种对铜毒性敏感性排序为:无脊椎动物＞脊椎动物＞甲壳类＞鱼类,脊椎动物和无脊椎动物敏感度差异显著,脊椎动物与无脊椎动物相比,所处营养等级更高,生理构造更加复杂,体内解毒机制更加完善,对铜的耐受性更强,敏感性因而较低,此外,脊椎动物在物种个体上也较无脊椎动物大,能够积累更多的铜离子,也使得其敏感性较低(陆彬,2015)。

年龄是影响化合物毒性的重要因素。许多与年龄相关的差异与机体内解毒过程的变化相关。对外源化合物的代谢能力在胎儿和新生儿期很低,出生后迅速发展,在成年初期最旺盛。因此,对环境化合物的反应,幼鱼通常比成鱼更敏感。大量的实验还表明,毒性与性别相关。最著名的实例是对同品系雌性小鼠没有毒性效应的氯仿剂量可以致死雄性小鼠。除此以外,环境内分泌干扰化合物的毒性也具有显著的性别差异。年龄对环境化合物毒性的影响主要表现为:年龄通过影响生物体的体型大小进而对毒性效应产生影响。通常情况下,小型个体有较高的表面积/体积比,使单位体重更快地吸收外来化合物;幼年个体比成年个体小,表面积大,有更大的表面积/体积比,因此,对环境化合物的吸收更快,也更加敏感。

(三) 非生物因素

化合物的毒性受到非生物因素的影响,例如温度、pH 和盐度等都会不同程度地影响化合物的毒性效应。

研究证实,随着温度改变,大部分毒物的毒性也会发生变化。特别是冷血动物,例如鱼、两栖动物和爬行动物,随着温度的升高,维持生物内稳态的压力也增加,从而导致环境化合物毒性增强。例如将银鲈、彩虹鱼、鲤鱼和虹鳟鱼等四种淡水鱼类暴露于一定浓度的硫丹和毒死蜱之后,它们的耐热上限均下降;而亚致死剂量的 DDT 可以使鲑鱼和大马哈鱼适应高温的能力受到一定程度的损伤,鲦鱼暴露于氟氯氰菊酯后耐受温度带下降了 30%。

pH 会通过多种途径影响化合物的毒性。以环境水体中金属的毒性为例,金属在水中的形态多与 pH 相关,而其毒性又与其形态紧密相关,因此,pH 通过影响金属的形态进而影响其毒性效应。

盐度对化合物毒性的影响因化合物而异。据报道,在 173 项关于盐度与金属、石油烃以及工农业化学品毒性关系的研究中发现,18% 化合物的毒性与盐度正相关,55% 负相关,27% 无显著相关。可以看出,盐度对大量化合物的毒性存在影响。

三、毒性评价方法

按照化合物毒性类型的不同,毒性评价方法分为急性毒性评价方法和慢性毒性评价方法两大类。

（一）急性毒性评价方法

急性毒性是指外来化合物大剂量一次或 24 h 内多次接触于机体后，在短时间内对机体的毒性。研究化合物大剂量给予受试生物后，在短时间内所引起毒性的实验，称为急性毒性实验。在急性毒性试验中，一般采用半致死浓度 LC_{50} 表示化合物急性毒性大小，LC_{50} 不仅是衡量化合物急性毒性大小的基本数据，还可以据此对化合物的毒性强弱进行比较。

急性毒性受试生物的选择多以哺乳动物为主，目前实际应用中主要使用大鼠和小鼠，尤以大鼠使用较多。家兔、猫、狗等也有用于急性毒性的报道。水生生物急性毒性试验最常用的实验生物有鱼类（如虹鳟）、水蚤（如大型蚤）及藻类。另外，在研究化合物对植物的毒作用时，也选择某些高等植物如蚕豆、洋葱、大白菜等作为受试物种。

染毒方式应选择生物体在环境中实际接触该化合物的方式。以水生生物的染毒方式为例进行说明。水生生物的染毒实验设计包括静止式实验、半静止式实验和流水式实验。静止式实验适用于测定性质稳定、不易挥发、耗氧量少的化合物或废水的毒性。半静止式实验可维持试验液浓度相对稳定，是最常用的毒性试验方法之一。流水式实验不但可以维持试验浓度稳定，还能将受试生物的代谢产物随水流带走，防止缺氧，适用于性质不稳定和耗氧量高的化合物或废水的毒性测定。

（二）慢性毒性评价方法

研究生物体在长时间内少量、反复接触某种外来物质所产生的毒性效应的试验称为慢性毒性试验。试验的目的是观测化合物在低剂量反复作用的条件下，对机体所产生的损害及其特点，确定与损害相关的最大无效应剂量和最低有效剂量，为评价化合物的慢性毒性作用和制定其在环境中的最大容许限量及人每日容许摄入量提供依据。

哺乳动物的慢性毒性实验，一般选用大鼠或小鼠作为受试动物，测试周期通常为 18～24 个月，特殊情况下测试周期可长达 7～10 年。水生生物的慢性毒性试验受试生物一般为水蚤或鱼类。在同一试验中，必须用相同物种和品系的试验生物；个体的年龄、大小、体重、性别、健康状况及生理状况等应当一致。

第三节　污染物的生态效应

一、污染物生态效应的划分

污染物进入环境后，会使环境的正常组成发生变化，甚至对生物的生长、发育和繁殖等行为产生危害，进而影响整个生态系统。目前通常将生态系统中生物体由于受到外界因素的影响，而表现出的生存和发展异常的现象统称为生态效应；而由于污染物的毒害作用导致的生态效应通常被定义为污染生态效应。

按照考察对象的不同，可将生态效应划分为生物个体生态效应、生物群落生态效应和生态系统生态效应。生物个体生态效应通常体现为动植物等生物在个体水平上发生的生长、形态、繁殖等行为的异常；生物群落生态效应则体现为在污染物的影响和作用下，对群落中各物种的丰度、生态型的分化、植被的演替等群落组成结构的变化；生态系统生态效应则是指环境污染导致的生态系统组成和结构的变化,以及由此引发的生态系统中物质循环、能量传递和信息交流等功能的异常。通常来讲,对个体和群落生态效应的分析和考察最终是为生态系统生态效应的评估和管理服务。

按照表现形式的不同,可将生态效应划分为主要针对生物个体而言的基因突变效应、生理变化效应,以及针对整个生态系统的组成变化效应、结构变化效应、功能变化效应等。本节着重介绍污染物对生态系统的组成变化效应、结构变化效应和功能变化效应。组成变化效应包括生态系统组成成分的变化以及生物体本身成分的变化。结构变化效应包括物种结构、营养结构和空间结构的变化,如某种污染物进入生态系统时,对该污染物最敏感的物种会首先发生变化,可能发生数量骤减,从而导致其竞争物种的增加,产生物种结构的改变,以及在食物链和食物网中与其营养关联密切的物种摄食行为被迫改变,从而致使整个生态系统的营养结构发生改变。功能变化效应是指由于污染物进入生态系统,影响其组成和结构,从而改变生态系统物质循环、能量流动和信息交流等功能。

按照生态系统的类型进行划分,生态效应可分为森林生态系统生态效应、草原生态系统生态效应、水生生态系统生态效应、农田生态系统生态效应和城市生态系统生态效应等。森林和草原生态系统属于陆生生态系统,木本植物和草本植物以及陆生生物是主要的考察对象,生态效应主要体现为对污染物的生物积累、富集和放大作用,以及由此导致的组织器官以及功能的变化。水生生态系统包括淡水生态系统和海洋生态系统,富营养化是淡水生态系统一种典型的生态效应,主要由 N、P 等营养物质导致,对于湖泊、水库等封闭水体尤为显著,如我国的太湖、巢湖、滇池等。而重金属、多氯联苯、酚类、多环芳烃等一些优先控制污染物,通常具有分布广泛、难降解、难挥发、毒性强等特点,对于水生生态系统中的生物有着十分严重的危害,可能导致水体中的鱼类以及其他生物大量的死亡或产生慢性中毒、发育异常、繁殖行为改变等效应,甚至通过食物链对人体产生永久性的损伤,如日本震惊世界的由甲基汞导致的水俣病。此外,石油类污染物是海洋生态系统主要的污染物,对海洋中的微生物、海藻、无脊椎动物和鱼类都会产生不良影响,导致其发生死亡、个体的永久性损伤以及生长发育的异常等效应。农田生态系统和城市生态系统受人为影响最为显著、污染最为严重,且与人类的生活息息相关、联系密切,因此任何生态效应的发生都具有很高的风险。农田生态系统生态效应主要体现在重金属及农药对作物、土壤生物以及土壤、地下水等无机环境产生的损害,更重要的是可能通过食物链的传递,对人体健康造成严重的损伤。城市生态系统的生态效应主要由大气污染导致,对人的影响尤为显著,可能致使人类患呼吸系统疾病的比率上升。

二、生态系统监测

生态系统监测又称生态环境监测,是指以生态系统为对象,运用物理、化学及生物手段,对由人类活动引起的生态系统组成、结构和功能的变化进行定量及系统的综合分析,具有综合性、连续性、多功能性、敏感性和复杂性等特征。

根据监测对象的不同,生态监测可分为森林生态系统监测、草原生态系统监测、湖泊生态系统监测、湿地生态系统监测、农田生态系统监测等。按照生态系统监测的空间尺度不同,则可将其分为宏观生态系统监测和微观生态系统监测。宏观生态系统监测的空间尺度至少为区域生态系统,甚至扩大至全球范围。微观生态监测的空间尺度范围最大可为由若干不同生态系统组成的景观生态区,最小则为某一生态系统。

生态监测的内容可分为生态系统中非生命组分的监测、生命组分的监测以及生物与环境相关作用及相互影响关系的监测。非生物组分的监测包括各种生态因子的监测,如水文气象、自然地理、地形地貌等自然的监测,环境介质中的污染物、水体的 COD 及溶解氧等化学指标的监测,以及热污染、光污染、放射性污染等物理指标的监测。生命组分的监测,包括对生命个体、种群、群落的组成特征、数量及动态的统计和监测。生物与环境相关作用及相互影响关系的监测包括对生物在环境空间中分布格局的监测以及生态系统结构和功能的监测,如生态系统的稳定性及恢复性等功能特征。

生态监测指标是生态监测工作中至关重要的一环,是指能够敏感清晰地反映生态系统基本特征及生态环境变化趋势并相互印证的项目,所选取指标的质量决定着生态监测的结果是否能够准确表征生态环境的质量现状及其变化和趋势。为了满足生态监测指标的科学性、实用性、代表性及可行性等要求,在选取时要充分考虑生态系统类型及完整性,如陆地生态系统(包括森林、草原生态系统)的指标体系至少应包括水文气象、土壤植被、动物和微生物等要素,而淡水生态系统(包括河流、湖泊、湿地等生态系统)的监测指标则在此基础上还应增加水质、底质以及水生、浮游及底栖动植物等。此外,还应根据各监测站的不同特点及生态干扰方式等,适当添加人为因素指标、应急监测指标及其他一般监测指标。

生态监测的方法分为环境污染的生态监测和生态破坏的生态监测两部分。环境污染的生态监测可分为生物个体、种群和群落及生态系统三个不同层次。对于生物个体而言,应对其形态学指标、行为学指标、生理生化指标及生物急性毒性以及遗传毒性指标进行监测,监测方法包括指示生物法和生物样品污染监测法。指示生物法是利用指示生物来监测环境状况的一种方法,所选取的指示生物应对环境中的某些物质,尤其是污染物的作用以及环境条件的变化具有敏感且快速的显著效应,从而通过这些反应了解环境质量现状及变化。生物样品的污染监测法是指通过采集生物样品分析生物体内的污染物含量的监测方法,与水体和土壤污染监测方法相似,只是在样品的处理方法上存在差异。种群水平上的生态监测主要针对种群的数量、密度、出生率、死亡率、年龄结构及性别比例等指标进行监测,从而了解环境污染对生态系统的影响及生物对污染的响应。群落水平的生态监测则主要对群落的物种组成、群落结构、空间格局、食物链及食物网进行监测,通过这些指标的变化,了解生态系统的生物组分对环境污染的整体响应。生态系统水平的生态监测则可归为宏观尺度的生态监测,通常采用遥感(RS)、地理信息系统(GIS)及全球导航卫星系统(GNSS)相结合的"3S"技术开展,对生态系统的分布范围、面积大小及其空间分布格局和动态特征等指标进行监测,从而从大尺度范围了解环境污染对整个生态系统的影响。生态破坏的生态监测主要是对人为因素导致的非污染性的干扰作用导致的生态破坏进行监测,主要包括植被破坏、土壤退化及水域破坏。针对这一类生态破坏的生态监测,通常有针对陆地生态系统的地面样地调查、森林及草地资源调查、航空调查、基于"3S"技术的动态监测等方法。

三、生态系统评估

生态风险是生态系统受一个或多个胁迫因素影响后,其中的物种、种群、群落或整个生态系统可能在其健康、生产力、遗传结构、经济价值及美学价值等方面出现的不利的生态后果。为定性或定量预测这种不良生态后果发生的可能性,并评估生态系统对该风险的可接受程度而建立的方法体系即为生态风险评价。1992 年,美国国家环境保护局(USEPA)颁布了生态风险评价框架,随后于 1998 年在原评价框架的基础上进行了修改和扩充,形成了目前认可度最高、应用最广泛的生态风险评价基本导则。该导则包括问题提出、风险分析和风险表征三大部分。

在问题提出阶段,需要明确评价终点、形成概念模型并制定分析计划。评价终点包括待保护的生态实体,即评价物种、种群和群落等,和衡量该生态实体受影响程度的效应终点,如致死率、繁殖率、发育异常比率等。评价终点的确定有 3 项原则:一是生态系统相关性,即选择的生态实体在生态系统中具有重要的地位,对生态系统的稳定和安全具有十分显著的影响;二是敏感性,即选择的生态实体及其效应终点对于生态胁迫因子的响应敏感度较高,更易受到影响,受损害的程度更大;三是具有商业、娱乐等社会价值,如一些典型的食用鱼或观赏鱼物种等。概念模型是指评价终点与胁迫因子之间的关系图,包括胁迫因子对评价终点的预测效应及暴露途径。根据确定的评价终点和形成的概念模型,最终制定出完整的分析计划,列出进行风险分析所需要的数据清单,并给出风险分析、风险评价和风险表征的方法。

风险分析包括暴露分析和效应分析两部分。暴露分析需要描述生态胁迫因子的特征、性质、暴露途径、暴露量,以及时间和空间分布等情况。此外,在某些特定情况下,还需确定污染物的来源、可能的共存胁迫因子、迁移转化方式,最终对胁迫因子的暴露量及时间、空间分布进行量化表征。效应分析首先要对胁迫因子引起的生态效应进行描述,然后将生态效应与评价终点联系起来,并评估评价终点中确定的效应与胁迫因子暴露水平之间剂量-效应关系,给出置信水平。由于大多数剂量-效应关系都是针对单一物种而言,为了对整个生态系统所面临的风险进行评价,通常采用特定的分布模型将单一物种与胁迫因子之间的剂量-效应关系推导至整个生态系统,常用的方法为物种敏感度分布法(species sensitivity distribution,SSD)。

风险表征需要把风险分析的结果进行整合,最终生成评价终点在胁迫因子作用下受到影响的可能性的表征。最简单的生态风险表征方法为商值法,即将胁迫因子的暴露浓度与评价终点阈值的比值作为风险商,但这种表征方法只能对风险进行定性表征,且具有较大的不确定性。此外,还可以采用概率法进行风险表征,可以对不同的暴露浓度和不同的保护水平下评价终点受到影响进行定量描述,给出风险概率。需要注意的是,风险表征的过程还需要对整个风险过程中的所用数据的准确性、数据外推的置信度、概念模型和计算中的不确定性以及每一个因果关系的推导等细节进行描述。

第四节　污染物的健康效应

一、污染物的健康危害

环境污染物可通过多种环境介质(水、空气、食物等)、多种渠道进入人体,并作用于人体的组织、器官,从而对人体健康产生危害。污染物对人体的毒性效应可以分为:致癌效应、神经毒性、生殖和发育毒性、其他危害等。

（一）污染物的致癌效应

污染物的致癌效应是指污染物引起正常细胞发生恶性转化并发展成肿瘤的过程，具有这种作用的污染物称为化学致癌物。癌的概念是广义的，包括由上皮细胞来源的恶性肿瘤，也包括由间质细胞来源的恶性肿瘤及良性肿瘤。致癌效应的发生主要包括引发、促进、进展三个阶段，主要过程如图 9.3 所示：

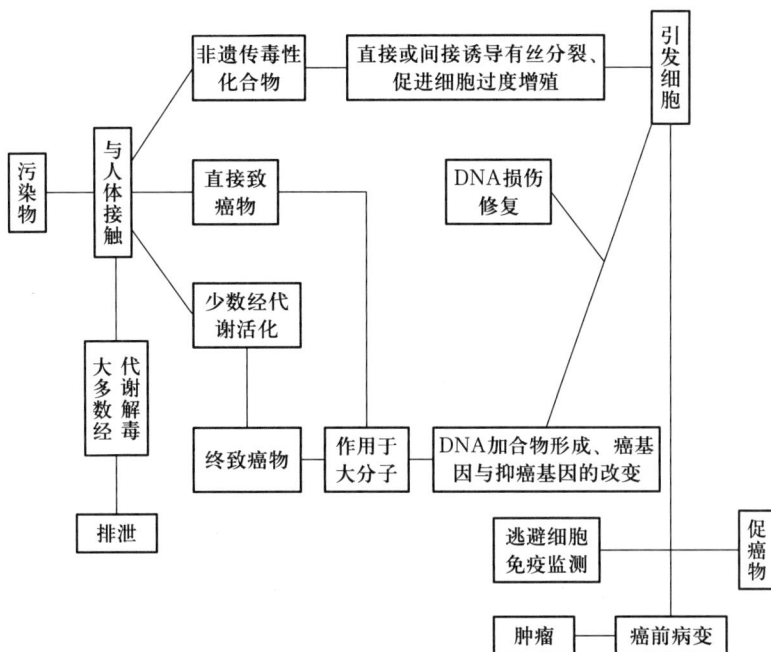

图 9.3　多阶段致癌理论图解

化学致癌物的种类很多，分类方法也很多。根据污染物在体内发挥作用的情况，可分为两大类：直接致癌物和间接致癌物。直接致癌物是指污染物本身就具有直接致癌作用，在体内不需要代谢活化即可致癌。该类污染物的化学性质通常较为活泼，在体内能够释放出亲电物质同生物大分子结合，例如硫酸二甲酯、二氯甲醚等。间接致癌物是指污染物本身不具有直接致癌功能，必须在体内经代谢所形成的代谢产物才具有致癌作用。大多数致癌物为间接致癌物，在环境中比较稳定，进入人体后才经代谢活化。根据间接致癌物在体内的代谢情况，又可分为前致癌物、近致癌物和终致癌物。必须经过代谢活化才具有致癌性的物质为前致癌物，在活化过程中接近终致癌物的中间产物为近致癌物，经过代谢转化后，最后产生的活化代谢产物称为终致癌物。

根据污染物的致癌机制即是否具有诱变体细胞突变和非突变的作用，将外源性致癌物分为遗传毒性致癌物和非遗传毒性致癌物。遗传毒性致癌物主要由亲电子致癌物组成，能与 DNA 反应而引起 DNA 损伤。非遗传毒性致癌物是指不能与 DNA 发生反应的致癌物，包括促癌剂、激素、免疫抑制剂、过氧化物酶体增生剂等。

国际癌症研究机构（IARC）根据对人类和对实验动物致癌性资料，以及在实验系统和人类及其他有关的资料，包括癌前病变、肿瘤病理学、遗传毒性、结构–活性关系、代谢和动力学、理化参数及同类的生物因子进行综合评价,将致癌物分为四组:确定的人类致癌物(Ⅰ组),共 121 种;很可能是人类致癌物(ⅡA 组),共 89 种,可能是人类致癌物(ⅡB 组),共 318 种;由于资料不够,尚无法确定其对人类致癌活性的化合物(Ⅲ组),共 499 种。

(二) 污染物的神经毒性

神经毒性是指污染物暴露引起的中枢神经系统或周围神经系统在功能或结构上的不良变化,因此,又可细分为功能性神经毒害效应和结构性神经毒性效应。功能性神经毒害效应包括躯体自主、感觉、运动或认知功能的不良变化;结构性神经毒性效应为神经系统组织任何水平的神经解剖学变化。神经损害的特点有:受损表现出现早,如综合功能紊乱、传导功能紊乱等;发育中的神经系统对某些类型的损伤非常敏感;可造成缺氧、缺血和低血糖等间接损害;神经元的再生能力差等。具有神经毒性的污染物可分为四类:中枢神经系统作用物、周围神经纤维作用物、周围神经末梢作用物以及肌肉或其他组织作用物。

研究表明,很多环境污染物具有神经毒性,可抑制神经干细胞自我更新及定向分化,对神经系统发育造成损伤,导致认知水平低下、记忆缺陷等疾病发生。近年来,国内外学者从流行病学、神经精神病学、细胞生物学和蛋白质组学等方面针对污染物对神经系统的损害作用进行了大量的研究,取得了一定的进展。但是许多方面仍存在不足,应更深入地了解污染物神经毒性的作用机制,为环境污染的防治提供理论依据。

(三) 污染物的生殖和发育毒性

生殖和发育毒性指由于暴露于环境化合物,雄性或雌性生殖系统产生的不良反应。表现为对雄性或雌性生殖器官、内分泌系统和后代的毒性,具体包括影响青春期的开始、性行为、生育能力、妊娠、分娩、哺乳、发育以及其他与生殖系统有关的功能。生殖毒性的特点包括:对污染物的毒作用敏感,一定剂量下,其他系统尚未出现损害前,生殖过程中的某个环节或功能已经出现障碍;污染物毒性作用对其生物体的损害影响更为深远,不仅影响接触污染物个体,还可影响后代。

一些对生殖和发育过程有影响的污染物,例如持久性有机污染物在环境中滞留时间长,极难降解,毒性强,可在食物链中富集放大,能通过各种环境介质进行全球性迁移,对人类健康带来巨大危害。生殖健康不仅关乎人类繁衍,更对人口素质乃至社会的发展产生深远影响,因此持久性有机污染物的生殖毒性以及对人类生殖健康的影响一直备受关注。生殖和发育毒性不仅是指对成年个体生殖系统的损害和生殖力的不良影响,还包括对后代的发育毒性和致畸性,因此生殖毒性成为化学品风险管理中毒性评价的重要内容之一。

(四) 污染物的其他危害

人类呼吸系统具有进行气体交换及防御疾病的双重功能,是机体对环境污染物入侵的第一道防线。当污染物被人体过度吸入时,气道自然抵御能力超负荷,即会造成呼吸系统的损害而影响肺的呼吸功能,引发化学性鼻咽炎、气管炎、支气管炎、肺炎、肺水肿及成人呼吸窘迫综合征等,并造成全身中毒。

消化系统包括口腔、食管、胃、肠、肝、胆、胰等器官及其附属腺体。消化道是毒物吸收、生物转化、排泄和经胃肠循环再吸收的场所,是污染物进入人体的主要通道。发生中毒时,可引起口腔疾病、胃肠疾病和中毒性肝病等。

人体的血液系统是血液在体内流动的通道,血液系统由血液、血管和心脏组成。同时,许多激素及其他信息物质也通过血液的运输得以到达其靶器官,以此协调整个机体的功能,因此,维持血液循环系统于良好的工作状态,是机体得以生存的条件。污染物进入血液中,可破坏血液中细胞膜结构,影响细胞正常功能,导致细胞损伤,对人体危害极大。

污染物和皮肤接触后也可能引发中毒反应,例如:接触某种污染物后产生可逆性炎症,包括水肿和红斑;诱发皮肤变态性反应、免疫性反应、皮肤癌、皮肤色素异常、损害皮肤附件等。污染物暴露还可能产生光刺激反应和光变态反应,指污染物和皮肤直接接触无作用,但经过特定波长的光照后可发生有害作用。

二、生物标志物

为表征污染物的健康危害,引入生物标志物的概念。生物标志物是指可以标记系统、器官、组织、细胞及亚细胞结构或功能的改变或可能发生改变的生化指标,实际上,生物标志物所包含的组织层次不仅局限于细胞或组织,还体现在生理学、行为学等各方面,笼统地说,生物标志物就是衡量环境污染物的暴露及效应的生物反应。

生物标志物的检测已成为风险评价的有效工具,风险评价的很多过程都与生物标志物有关,尤其是在污染物的危害评价方面。生物标志物在一般情况下均可以提供污染物对靶器官的生物有效剂量,并给出定量的评价结果,例如毒物代谢酶的评价及大分子加合物的检测等。在环境健康风险评价的应用中,这些结果往往比毒性活体实验中得到的外推剂量要精确得多。对于一些新型污染物的风险评价,由于相关资料的缺乏,生物标志物的应用显得尤为重要。

生物标志物从功能上可分为:接触标志物、效应标志物、易感性标志物。接触标志物也称为暴露标志物,是反映机体内污染物、代谢物及其与靶分子或靶细胞反应产物浓度的指标。接触标志物可用于确定污染物在机体的存在及其所产生损害的性质和程度;推导污染物作用的剂量-效应关系;反映机体的总负荷或吸收的总剂量。效应标志物是反映污染物暴露后,机体生化、生理、行为等改变的指标。效应标志物除了能应用于确定污染物在体内的存在及其所产生的损害性质和程度,推导污染物作用的剂量-效应关系外,还可应用于阐明污染物的毒作用机制。易感性标志物是反映机体接触某种特定污染物时,其反应能力的先天性或获得性缺陷的指标。

生物标志物可作为污染物健康危害的早期预警,目前的研究热点集中在通过研究行为(繁殖、行动、捕食、回避等)、生理(生长、繁殖、发育、免疫学指标等)和生化(蛋白质水平的变化、酶活性变化、DNA分子变化等)等标志物来研究环境污染物的毒理学行为。

问题与讨论

1. 物质通过生物膜的方式主要分为几类?
2. 污染物的毒性如何表征?
3. 简述污染物的毒性评价方法。
4. 生态系统监测与评估的内容有哪些?

5. 简述污染物的健康危害。

6. 思考污染物的化学结构和其毒性效应之间的关系,如何通过污染物的化学结构预估其毒性效应。

7. 当污染物对人体的毒性效应难以直接检测时,可以通过哪些方法从污染物对动物的毒性效应外推到对人体的毒性效应?

第十章　环境监测技术

第一节　环境监测概述

一、环境监测的定义

环境监测是环境科学的一个重要分支学科,是研究环境科学的基础和必要手段。环境监测是通过监测对人类和环境有影响的各种物质的分布现状、存在形式、含量、浓度及性质等,确定环境质量水平,跟踪环境质量变化,为所有环境科学分支学科的研究与发展提供基础,为环境管理、环境规划、污染源控制和环境评价提供科学依据。

环境监测涉及的学科多,在分析化学的基础上,还要应用大量的物理学、生物学、气象学、水文学、地理学及生态学等多学科知识。此外,在环境监测及其后续工作的过程中,社会经济因素也起到一定的作用。因此,环境监测要求全面、及时、准确地反映环境质量及发展趋势,环境监测具有多学科交叉性、社会性、综合性、实时性、连续性、溯踪性等特点。具体体现在:

1. 环境监测的综合性

从监测对象来看,大气、水、土壤、噪声、生物等均为环境监测的对象,其中的污染物种类繁多、成分复杂。

从监测手段来看,环境监测是以分析化学为基础,结合物理、化学、生物及物理化学、生物化学等一切可以表征环境质量的方法作为其技术手段。

从监测数据来看,由于被监测对象之间的相互作用与影响,以及社会经济因素的作用,要对监测数据进行综合处理与分析,才能更准确地阐明监测数据的含义。

2. 环境监测的连续性

由于环境污染在时间和空间上的变异性及联系性,只有对某一空间尺度中具有代表性的多个监测点位进行长期的连续性监测,才能实现对环境质量更加全面和完整的了解,更充分地体现出环境监测的价值。

3. 环境监测的溯踪性

环境监测的实施是一个复杂的过程,每一项工作之间都有密不可分的联系,因此任何一步出现差错,都有可能影响整个环境监测结果的准确性。

环境监测的任务为:环境监测对环境中各项要素进行经常性监测,掌握和评价环境质量状况及发展趋势;对各有关单位排放污染物的情况进行监视性监测;为政府部门执行各项环境法规、标准,全面开展环境管理工作提供准确、可靠的监测数据和资料;开展环境测试技术研究,促进环境监测技术的发展。

二、环境监测的分类

环境监测可按监测对象、监测部门、监测目的及监测手段等的不同进行分类,其中按监测对象和监测目的进行分类比较常用。

（一）按监测对象分类

根据监测对象可将环境监测分为水质监测、土壤监测、大气监测等。

（1）水质监测:水质监测包括水环境质量现状监测和水污染源监测。其中环境水体指江河、湖库、海洋、渠道等地表水及地下水,水污染源包括生活污水、工业生产废水、农业面源污水、医院污水及矿山排水等。监测项目包括基本的理化及生物指标,此外,还应针对不同污染水体的具体情况确定相应的监测项目。为监测污染物的变化趋势,水体的流量、流速等水文要素也应同时监测。

（2）土壤监测:土壤环境污染的来源包括自然污染源和人为污染源,其中人为污染源是造成土壤污染的主要原因。人为污染源包括生活、工业及医院等垃圾的填埋或随意堆放,农业生产中化肥、农药的不合理使用及污水灌溉等。监测项目包括基本的理化及生物指标等。此外,针对不同的污染状况,适当选取特定项目和监测项目。

（3）大气监测:大气监测主要分为空气质量监测、空气污染监测及室内空气质量监测。监测项目除包括规定的监测项目及风向、风速等一些气象参数外,还可根据区域大气污染的特点,增加监测项目。

（二）按监测目的分类

根据监测目的可将环境监测分为常规监测、特定目的的监测及科研监测。

（1）常规监测又称监视性监测或例行监测,是环境监测工作中所占比例最大,应用最广泛的主体工作,主要包括环境质量监测及污染源监督监测。其目的在于对常规或基础监测项目进行长时间的定期连续监测,从而全面且完整地掌握环境质量现状,即污染物的分布状况、存在形式、浓度及总量等,并了解其在环境中的变化趋势,以便评价环境质量,评估控制与修复工作的效果和进展,并为环境影响评价及环境管理与规划等工作提供基础以及科学依据。

（2）特定目的监测又称特例监测或应急监测,指针对某种特定的目的进行的应急环境监测,可分为污染事件监测、纠纷仲裁监测、考核验证监测及咨询服务监测。

污染事件监测是指在突发污染事件时,在最短的时间内确定污染物的种类及扩散方向,从而确定污染事件的影响范围及影响程度,为污染事件的控制及决策提供依据。这类监测除固定点位的监测外,一般采用监测车、监测船等流动监测手段,必要时还应进行低空航测及遥感监测等手段。

纠纷仲裁监测是指在污染事件的处理或环境执法过程中发生纠纷和矛盾时,为了给执法及司法部门的仲裁提供权威的、具有法律效应的监测数据,进行的监测。一般由国家指定的具有质量资质认证的部门进行这类监测工作。

考核验证监测是指对环境管理制度和措施等政府目标进行考核验证时所开展的环境监测工作,包括对环境专业相关领域的技术及工作人员的业务考核及上岗培训考核、开展环境影响评价工作时进行的环境质量现状监测、排污许可证制度及企业环保指标的考核监测、建设项目"三同时"及污染治理项目竣工时的验收监测等。

咨询服务监测是指为科研单位及政府机构等社会各部门提供的生产、技术及科研等方面的咨询服务性监测,如为新企业和新开发地区开展环境影响评价工作时对环境质量现状进行的监测等提供咨询和服务,给出相应的参考意见。

(3)科研监测又称研究性监测,是指在进行科研工作时针对特定目的开展的高层次、高水平环境监测,一般采用比较复杂的高新技术手段,通常要求多学科、多部门的联合协作。例如:对污染物迁移转化规律及对人体和环境危害程度的研究,对污染物质环境本底值的调查研究,对环境中新型污染物分析检测方法的研究等。

三、环境监测的发展

随着环境污染问题的日益严重,环境监测应运而生,逐渐发展成为环境科学的重要分支学科。自20世纪50年代至今,环境监测大致经历了污染监测、环境监测及污染防治监测三个发展阶段。

(一)污染监测阶段

又称为被动监测阶段,这一阶段的主要任务是对环境样品进行化学分析,以确定样品中的污染物的成分及含量。但由于环境污染物通常以痕量(单位为 mg/L 或 μg/L)水平存在,且环境污染物分布广泛、在环境中迁移转化速率快、结构复杂且具有变异性,所以高灵敏度、高分辨率、高精确度的快速分析方法十分必要。环境分析化学也因此得以快速发展。

(二)环境监测阶段

又称主动监测或目的监测阶段。随着科学技术的发展,人们不再局限于对污染物的分析,物理和生物因素对环境的影响逐渐显现。环境影响因子之间的相互作用和相互影响也开始引起重视。因此,环境监测的内涵在环境分析的基础上得以扩展,监测手段也从单一的化学手段,发展成为化学、物理、生物等多重手段的相互结合。同时,监测范围也从对一维点源污染的监测发展为对二维面源及三维的区域空间污染的监测。

(三)污染防治监测阶段

又称自动监测阶段,这一阶段的主要任务是进行实时、连续的自动在线监测,在宏观的生态系统建立起监测网络,通过长期的监测,追踪污染物的时空变化过程、预测环境污染的发展趋势。监测手段也在物理、化学和生物手段的基础上,增加了遥感(RS)技术、地理信息系统(GIS)、全球导航卫星系统(GNSS)及计算机控制等现代化手段的应用,以扩大监测范围,更快速便捷地获取、传输、处理及应用监测数据,保证了监测结果的准确度、精确度、实时性和全面性。

我国的环境监测工作起步于20世纪70年代,在这一阶段,国家颁布了关于环境保护的相关法律法规,制定了全国范围的环境保护规划,开展了重点区域污染源的调查与监测以及污染源限期治理等一系列相关工作。20世纪80年代,我国的环境监测工作由起步阶段步入发展阶段,初步形成国家、省、市、县四级环境监测网络并实行常规监测。同时,环境保护成为我国的一项基本国策。90年代之后,一系列关于推进环境工作实行的具体指南及规范被提出,环境监测工作进入深化阶段。

四、环境监测中的科学问题

目前我国环境管理目标从污染防治向环境质量改善转变,同时也对环境监测工作提出了更新更高的要求。目前我国的环境监测工作仍有许多方面不能适应社会经济发展的需求,特别是在监测技术领域,还存在许多科学问题,主要表现在以下方面:

我国环境监测项目、监测频次、监测要素和评价方法都存在不同程度的不足,使得环境监测结果并不能真实反映环境质量状况。首先,环境监测项目缺乏针对性。我国目前仍以化学需氧量、生化需氧量和石油类等非特异性指标为主,由这些指标对环境质量进行评价,其结果是否具有代表性值得商榷。对于一些特定的有毒有害污染物项目,暂未列入监测范围,会造成监测项目的缺失。特别是,随着社会经济的发展,更多的新型化合物被生产并释放进入环境,成为环境中的"新型污染物"。该类"新型污染物"多已被证实为有毒有害化合物,可能对人体健康和生态安全造成威胁,但是"新型污染物"通常未被列入监测清单,其监管也就成为难题。由此可见,对于环境监测项目的选择及更新是我国环境监测工作需要关注的重要问题。其次,对于环境监测结果的评价方法也不够客观。现阶段,对大量的环境监测数据进行环境质量评价时,主要是与某些标准值进行对比,然后用超标与不超标来定性评价环境质量状况,这样的评价结果不能真实地反映那些对环境质量有毒有害的指标的真实状况。因此,发展科学合理的监测结果评价方法,更好地结合环境生态风险、环境安全等相关信息,亦是当务之急。

第二节　环境监测技术

一、环境监测技术概述

环境监测技术是指在环境监测过程中,监视和检测代表环境质量及其变化趋势的客体的相关指标时所运用的物理、化学、生物等各种现代化科学技术的总称,是以环境科学的发展为依托,以环境分析为基础,以应用监测数据描述环境质量现状及其发展趋势为目的的一种科学活动。

环境监测技术随着环境监测的发展在不断地改进和完善。在被动监测阶段,化学污染是环境监测关注的主要对象,对污染源的监测是主要的环境监测方式,因此,这一阶段的环境监测技术集中于单一的化学分析技术。而在主动监测阶段及自动监测阶段,环境监测的对象逐渐复杂,在化学污染的基础上,物理及生物因素对环境的影响开始引起重视,监测范围和监测时间也由对污染源定点、定时的局部监测发展为在区域空间或生态系统的宏观范围内的连续、实时、自动监测。因此,物理、化学监测技术、生物监测技术、仪器分析、计算机控制及 3S 技术等现代化科技手段作为环境监测技术被广泛应用。现代化的环境监测技术对于环境监测数据的获取、分析及应用起到了至关重要的作用,推动了环境科学的发展。

根据环境监测的基本流程,环境监测技术可分为采样技术、测试技术及数据处理技术,下面主要对测试技术进行分类介绍。

二、物理、化学监测技术

物理、化学监测技术常用于环境样品中污染物的成分及其性质和结构的分析。现代环境监测技术常用的方法是仪器分析法，仪器分析法以物理及物理化学方法为基础，主要包括光谱法、色谱法、流动注射分析法及电化学法等。

（一）光谱法

光谱法是基于物质与辐射能作用时，测量由物质内部发生量子化的能级之间的跃迁而产生的发射、吸收或散射的波长和强度的分析方法，主要包括原子吸收光谱法、原子发射光谱法、原子荧光光谱法、紫外-可见分光光谱法、红外吸收光谱法等。

原子吸收光谱法是根据蒸气相中被测元素的基态原子对其原子共振辐射的吸收强度来测定样品中被测元素含量的一种成分分析方法，可以对 60 多种金属元素及某些非金属元素进行定量测定，其检测限可达到 ng/mL。由于其具有快速、准确、干扰少且设备费用相对较低等优点被广泛用于低含量元素的定量测定。

（二）色谱法

色谱法是一种利用物质在两相中的吸附或分配系数等的差异使其分离的方法。其中一相是固定不动的固定相，另一相为作为混合物载体流过固定相的流动相，当两相作相对移动时，被测物质在两相之间进行反复多次的分配，使原来微小的差异产生放大的效果，从而达到分离、分析的目的。

按照不同的分类标准，可将色谱法分为不同的类型。按照流动相的状态，可分为气相色谱法和高效液相色谱法；按照固定相的状态，可分为气固色谱法、气液色谱法、液固色谱法和液液色谱法；按固定相的使用形式，可分为柱色谱法、纸色谱法和薄层色谱法；按分离过程的机理，可分为吸附色谱法、分配色谱法、排阻色谱法和离子交换色谱法。

气相色谱法和高效液相色谱法在环境监测的实际操作中应用最为广泛。其中，气相色谱法一般需要在较高温度下进行，采用对组分没有亲和力、仅起运载作用的惰性气体作为流动相，且只适用于分析气体和沸点较低的化合物，而这些化合物仅占有机物总数的 20%。与气相色谱法相比，高效液相色谱法吸取了气相色谱与经典液相色谱的优点，并用现代化手段加以改进，因此得到迅猛的发展。高效液相色谱法对温度要求较低，在室温下即可进行，不仅可对占有机物总数近 80% 的那些高沸点、热稳定性差、摩尔质量大的物质进行分离和分析，且流动相的选择余地大，可选用对组分有一定亲和力的液体，使其参与固定相对组分作用的竞争，提高色谱的分离效率。目前高效液相色谱法已被广泛应用于生物学、药学和环境监测领域中物质的分离和分析。

综上，物理、化学监测技术具有以下优点：测试方法规范，方法检测限较低，适用于环境痕量、微量污染物的检测；除了检测化合物的浓度，还能给出化合物的形态与结构信息。但同时，也存在以下不足：只能检测已知化合物；无法给出环境样品或化合物的毒性信息；测试成本较高；环境样品前处理较为复杂等。因此，发展了生物监测技术。

三、生物监测技术

生物监测诞生于 20 世纪初，是利用动植物在污染环境中产生的各种反应信息来判断环境质量的方法,相比于物理、化学监测技术,生物监测技术能在反映污染物浓度水平的同时表征污染物对生物体的毒性效应,且环境样品前处理简单,检测成本较低,并且能够应用于已知和未知化合物的检测。由于生物监测技术具备种种优点,其在环境监测中逐渐被广泛应用。

生物监测技术可分为环境质量生物监测以及污染物的生物效应检测。环境质量生物监测根据环境介质的不同可分为大气污染生物监测、水污染生物监测及土壤污染生物监测等。

（一）大气污染生物监测

通常采取指示生物法,即利用植物、动物和微生物监测大气中的污染物。由于植物相比于动物更易于管理,且某些植物品种对空气污染物比人体和动物体反应更敏感,因此利用植物作为指示生物在大气污染生物监测的领域应用更为广泛。其原理是通过指示植物受到某种污染物质作用后较敏感和快速地产生特定的反应来判断大气的污染状况,指示植物监测法包括栽培指示植物监测法和植物群落监测法等。

栽培指示植物监测法是指先将指示植物在没有污染的环境中盆栽或地栽培植,待生长到适宜大小时,移至监测点,观察它们的受害症状和程度。根据预先试验获得的污染物浓度与伤害程度的关系,可以估计空气中污染物的浓度。

植物群落监测法是综合采用多种栽培指示植物监测法,利用监测区域植物群落受到污染后,各种植物的反应来评价空气污染状况。首先,通过调查和试验,确定群落中不同植物对污染物的抗性等级,将其分为敏感、抗性中等和强抗性三类。然后根据不同类型植物对区域内大气环境的响应,将空气污染分为良好、轻度污染、中度污染和重度污染几个级别。同时,根据植物的受害症状、程度和面积比例等确定主要污染物和污染程度。

（二）水污染生物监测

水污染生物监测项目和方法根据不同的水体和监测目的确定。例如,河流监测项目主要包括底栖动物监测和大肠杆菌菌群监测;湖泊、水库则根据其富营养化情况,选择叶绿素 a、浮游植物等作为监测指标。水污染生物监测中还使用到生物群落监测方法,主要包括水污染指示生物法、生物指数监测法和 PFU 微型生物群落监测法等。

水污染指示生物法是指选择能对水体中污染物产生各种定性、定量反应的生物,观察其在水体中的种类和数量变化,从而判断出水体的污染程度。

生物指数监测法是指利用数学公式计算出的反映生物种群和群落结构变化的数值来评价环境质量。常用的生物指数包括贝克生物指数、贝克-津田生物指数、生物种类多样性指数和硅藻生物指数等。

PFU 微型生物群落监测法是指根据微型生物群落在水环境污染后发生的平衡破坏、种群数减少、多样性指数下降从而导致的结构、功能参数变化来评价水质状况。

（三）土壤污染生物监测

土壤污染生物监测方法根据监测对象的不同可分为植物监测、动物监测和微生物监测。通过生活在土壤中的动物、植物和微生物在土壤发生污染后,在生物活性、新陈代新、行为方式、种群数量、体内污染物以及代谢产物含量等方面发生的变化监测土壤的污染程度。

典型案例
分析

第三节　水质监测

一、监测对象的选择

　　水质监测可分为对环境水体的监测和对污染源的监测,环境水体可分为地表水和地下水,污染源可分为工业废水、生活污水和医院污水等。监测项目根据监测对象和监测目的的不同而有所差异。监测项目选取的原则为:① 优先选择国家或地方的"水环境质量标准"和"水污染物排放标准"中要求控制的监测项目;② 选择对人和生物危害大、对环境质量影响范围广的污染物;③ 所选监测项目有相对成熟的分析方法,具备必要的分析测定的条件;④ 对于突发性事件或特殊污染,应重点监测进入水体的污染物,并实行连续的跟踪监测,掌握污染的程度及其变化趋势;⑤ 根据所在地区经济水平的提高、监测条件的改善及技术水平的提高,可酌情增加某些监测项目;⑥ 可根据水体或污染源的水质特征和水环境保护功能的划分,酌情增加监测项目。

　　根据以上选择原则,我国已在各类水质标准(或技术规范)中规定了需要监测的项目。以我国的《地表水环境质量标准》(GB 3838—2002)、《地表水和污水监测技术规范》(HJ/T 91—2002)及《海水水质标准》(GB 3097—1997)为例,前两者为实现地表水的不同使用功能及生态环境质量的要求,将监测项目分为基本项目和选测项目。海水的水质标准按照海域的不同使用功能和保护目标,选择不同的监测项目。

二、监测方案的制定

　　(一)基础资料的收集和实地调查

　　为了达到监测目的,更合理地设计监测方案,应广泛收集被监测水体及其周边环境的相关资料,包括:① 地理位置、水文气象、地形地貌及地质资料,如水位、流速、降水量、河流的深度、河流的宽度、河床结构、沉积物特征、历年水质监测资料、水资源用途及水体周边的资源现状等。② 水体沿岸的用地现状、工业及农业布局、污染源及排污情况、化肥农药使用情况、农田水灌溉情况、人口分布等。为更明确地掌握研究区域的水域环境和环境信息的变更情况,在收集资料的基础上还应进行现场调查。

　　(二)监测断面和采样点的布设

　　在这一项工作中,应该按照监测断面、采样垂线和采样点位这一顺序依次确定。监测断面的布设原则为:① 在综合分析的基础上,兼顾代表性、可控性和经济性,并不断优化。② 有大量废(污)水排入江河的居民区、工业区的上游和下游、支流与干流汇合处,入海河流的河口和受潮汐影响的河段,国际河流出入国境出入口,湖泊、水库出入口,应该设置监测断面。③ 饮用水水源地、河流流经的主要风景游览区、自然保护区、与水质有关的地方病发病区、严重水土流失区和地球化学异常区的水域或河段,应设置监测断面。④ 应避开死水区、回水区和排污口处,选择水流平稳、水面宽阔、无浅滩的顺直河段。⑤ 尽量与水文测量断面保持一致。

为完整全面地评价江、河水体的水质,布设的监测断面应包括背景断面、对照断面、控制断面和削减断面。背景断面是指基本未受人类活动影响的河流断面,用于评价一个完整水系的污染程度。对照断面用来反映河流进入某行政区域或考察河段时的水质状况,应设置在河流进入本区域且尚未受到本区域污染源影响处。控制断面:主要是为了解水体受污染及其变化情况而布设的,一般应设在排污区(口)的下游 500~1 000 m 处,即污水与河水基本混合均匀处。削减断面:主要反映河流对接纳的工业废水或生活污水中的污染物的稀释、净化作用情况,应布设在控制断面下游约 1 500 m 以外的河段上,主要污染物浓度有显著下降处。

对于湖泊和水库水体,通常只按照如下原则设置监测断面:① 湖(库)区的不同水域,如进水区、出水区、深水区、浅水区、湖心区、岸边区,按水体类别设置监测断面。② 受污染影响较大的重要湖泊、水库,应在污染物扩散途径上设置控制断面。③ 渔业作业区、水生生物经济区等布设监测断面。④ 以湖(库)的各功能区为中心,如饮用水源、排污口、风景游览区等,在其辐射线上布设弧形监测断面。

设置监测断面后,应根据水面宽度确定断面上的监测垂线,再根据监测垂线的水深确定采样点。采样垂线的确定原则为:当断面宽度<50 m 时,设置一条中垂线;当 50 m <断面宽度<100 m 时,设置两条垂线(左右近岸垂线);当 100 m<断面宽度<1 000 m 时,设置 3 条垂线(中垂线、左右近岸垂线);当断面宽度>1 500 m 时,至少设置 5 条等距离采样垂线。

采样点的确定原则为:当水深<5 m 时,在水面下 0.3~0.5 m 设置一个采样点;当 5 m <水深<10 m 时,在水面下 0.3~0.5 m,河底以上 0.5 m 设置两个采样点;当 10 m<水深<50 m 时,设置 3 个采样点,位于水面以下 0.3~0.5 m,河底以上 0.5 m,及 1/2 水深处。

（三）采样时间和采样频率的确定

对于较大水系河流和中、小河流,全年采样不少于 6 次。采样时间为丰水期、枯水期、平水期,每期采样两次。潮汐河流全年在丰水期、枯水期、平水期采样,每期采样两天,分别在大潮期和小潮期进行。排污渠每年采样不小于 3 次。湖泊水库年采样两次,丰水期、枯水期各一次。背景断面每年采样一次。对于每年有结冰期的地区,可在融冰期增加采样一次。

（四）样品的采集与保存

采集的环境水样可分为瞬时水样、混合水样和综合水样三种类型。瞬时水样是指在某一时间和地点从水体中随机采集的分散水样。适用于水质稳定,在相当长时间内水质变化不大的水样。混合水样是指在同一采样点不同时间所采集的瞬时水样的混合水样。一般用于观察一段时间的平均浓度,但不适用于被测组分在贮存过程中发生明显变化的水样。综合水样是指将不同采样点同时采集的各个瞬时水样混合后所得到的样品。

水样采集还涉及采样容器的选择,需要注意的是采集用于有机分析的样品时,尽量采用玻璃容器,避免塑料制品(可能引入新的污染)。采集好的水样应塞紧采样容器塞子,必要时用封口胶、石蜡封口保存;样品瓶装箱,避免运输过程中的碰撞;需要冷藏的样品,要低温保存;水样的保存容器不能吸附待测组分,也不能引入新的污染;不能及时运输或进行分析测试的水样,根据测试项目的不同,选择适宜的方法保存。需要注意的是用于有机分析的水样或沉积物样品一般要求低温保存。

用于特定项目监测的样品还需要采取加入抑制剂、调节 pH 以及加入氧化剂或还原剂等特定的方法来保存样品。例如对于要测定氨氮、硝酸盐氮的样品要加入 $HgCl_2$ 抑制生物的氧化还原作用；测定酚类化合物时，加入 $CuSO_4$ 抑制苯酚菌的分解活动；测定重金属离子时，要加入 HNO_3 调节 pH 为 1～2，以防止重金属离子水解沉淀。

三、水样预处理新技术

（一）过滤

要测定水中溶解态的组分，一般采用 0.45 μm 的微孔滤膜过滤，去除水体中的藻类、细菌及悬浮颗粒物。滤膜的材质可考虑玻璃纤维滤膜过滤，因为其具有孔隙率高、截留效果好、滤速快、吸附少、无介质脱落、耐有机溶液和酸碱溶液、结构简单、操作方便、不产生二次污染等优点。

（二）消解

水样消解的目的是破坏有机物。将待测元素氧化为单一高价态或转变成易于分离的无机化合物，以便测定水体中的无机元素，是测定水样重金属总量的重要预处理方法。常用方法包括硝酸消解法、硝酸-高氯酸消解法等。

（三）富集

当水样中待测组分的含量低于测定方法的检出限或定量限时，就需要对样品进行富集或浓缩。

对于水样中的挥发性有机物，可采用动态顶空进样技术进行富集。其原理为利用惰性气体连续吹扫水样或固体样品，使挥发性物质随气体转入到装有固定相的捕集管中，进行富集处理，因此也叫作吹扫-捕集法。吹扫-捕集装置可以和气相色谱仪联用，不再需要额外的样品富集操作，用于环境样品中挥发性有机物的检测。该方法适用于从液体或固体样品中萃取沸点低于 200 ℃、溶解度小于 2% 的挥发性或半挥发性有机物，具有灵敏度高、重复性好、取样量少等特点。

对于水样中的半挥发性有机物，一般采用液-液萃取、固相萃取或者固相微萃取的方法进行富集。

液-液萃取是利用样品中不同组分在两种不混溶的溶剂中溶解度或分配比的不同来达到分离、提取或纯化的目的。可通过调节水样的 pH、加入无机盐或调节有机相和水相的比例来提高有机污染物的萃取效率。但液-液萃取法耗时较长，对有机萃取剂消耗量大，萃取水样有时会形成乳浊液或沉淀，且容易对环境造成二次污染。因此，发展出固相萃取法。

固相萃取法的原理为利用固体吸附剂吸附液体样品中的目标化合物，使其与样品的基体和干扰化合物分离，然后再用洗脱液洗脱或加热解吸附，达到分离和富集目标化合物的目的。固相萃取柱中的固定相包括：石墨化炭黑、苯乙烯-聚乙烯基苯、聚二甲基硅氧烷等。固相萃取的操作步骤可简述为：固相萃取柱的活化、样品载入、固定相冲洗和目标化合物洗脱。不同类型的固相萃取柱对有机污染物的选择性不同，固相萃取可利用固定相的选择性来萃取水样中不同的有机污染物，从而提高目标有机污染物的选择性。与液液萃取相比，固相萃取减少了高纯溶剂的使用量、易于自动化操作，极大减少了分析时间，避免了乳化问题。

（四）衍生化

样品衍生化是指一些待测化合物含有某些特定官能团，可与衍生化试剂发生反应生成衍生物,衍生物可以改善待测化合物的色谱行为,从而简化待测化合物的分析测试。例如一些气相色谱难以检测的含有氨基、羟基、羧基等极性基团的化合物,使用衍生化的方法可以将这些基团转为极性低的基团,改善化合物的色谱行为,提高色谱分离效果,提升测试灵敏度。常用的衍生化试剂包括醚化试剂(针对酚羟基)、酯化试剂(针对羰基)、卤化试剂(针对羧基)和酰化试剂(针对氨基)等。

典型案例
分析

第四节 土壤监测

一、监测对象的选择

土壤监测对象可考虑根据《土壤环境质量 农用地土壤污染风险管控标准(试行)》(GB 15618—2018)和《土壤环境质量 建设用地土壤污染风险管控标准(试行)》(GB 36600—2018)确定;也可以考虑根据土壤中的优先污染物来确定。此外,一些进入土壤环境中的新型污染物也可以选作土壤监测的对象。

二、监测方案的制定

(一)资料收集与现场调查

为准确进行土壤监测,需要对土壤监测区域调查,调查的内容主要包括:地区自然条件,包括地形、植被、水文、气候等;地区农业生产情况,包括土地利用情况、作物生产与产量情况、水利及肥料、农药的使用情况等;地区土壤性状,土壤类型及性状特征等;地区污染历史及现状。

(二)采样点的布设

采样点的布设要具有代表性和典型性,常用的采样方法包括:对角线布点法、梅花形布点法、棋盘式布点法和蛇形布点法。对角线布点法适用于面积小、地势平坦的地块;梅花形布点法适用于面积较小、地势平坦、土壤较为均匀的地块;棋盘式布点法适用于中等面积、地势平坦但土壤较不均匀的地块,也适用于受固体废物污染的土壤;蛇形布点法适用于面积较大,地势不平坦,土壤不够均匀的地块。

(三)采样时间与采样频率的确定

为了解土壤污染状况,可随时采集样品进行测定。如需掌握在土壤上生长的作物受污染的状况,可在季节变化或作物收获期采集。《农田土壤环境质量监测技术规范》(NY/T 395—2012)规定,一般土壤在农作物收获期采样测定,必测项目一年测定一次,其他项目3~5年测定一次。

(四)土壤样品的采集与保存

土壤样品与水、气样品有显著的差别,由于水、气是流体,污染物进入后易混合,在一定范围内相对均匀。而土壤是固、液、气三相的混合物,固体占90%,因此污染物在土壤中的分布不具均质性,所以土壤监测的采样误差大于分析误差。

土壤样品采集后通常需要进行干燥处理,常用的土样干燥方法包括风干和冷冻干燥。冷冻干燥是利用升华的原理进行干燥的一种技术,是将被干燥的物质在低温下快速冻结,然后在适当的真空环境下,使冻结的水分子直接升华成为水蒸气逸出的过程。由于冷冻干燥在低温下进行,因此蛋白质、微生物等热敏性的物质不会发生变性或失去生物活力,土壤中的一些挥发性成分损失也较小。

三、土壤及沉积物样品预处理技术

（一）消解

测定土壤重金属时需要对土壤样品进行消解,以达到破坏并除去土壤中的有机物,溶解固体物质,将各种形态的重金属变为同一可测形态的目的。常用的消解试剂为各种酸的混合物,如 $HNO_3 - H_2SO_4$ 和 $HNO_3 - HClO_4$。为提高消解效率,可采用微波辅助消解,其原理为利用微波的穿透性和激活反应能力加热密闭容器内的试剂和样品,使容器内压力增加,反应温度升高,从而大大提高反应速率,缩短样品制备的时间。

（二）萃取

开展土壤中有机物测试之前,首先要对土壤中的有机物进行提取。常用的提取方法有索氏提取法、自动索氏提取法、超声萃取法、微波萃取法和快速溶剂萃取法（ASE）等。

（1）索氏提取法

索氏提取法主要利用物质的相似相溶原理,使土壤样品连续不断地被有机溶剂萃取,使得土壤中的有机物进入溶剂的过程。索氏提取法的具体操作流程为：① 土壤样品研碎,以增加固液接触的面积；② 称取一定量土壤样品置于提取器中；提取器的下端与盛有溶剂的圆底烧瓶相连,上面接回流冷凝管；③ 加热圆底烧瓶,使溶剂沸腾,蒸气通过提取器的支管上升,被冷凝后滴入提取器中,溶剂和土壤样品接触进行萃取；④ 当溶剂液面超过虹吸管的最高处时,含有萃取物的溶剂虹吸回烧瓶,因而萃取出一部分物质,如此重复,使固体物质不断被纯的溶剂所萃取,将萃取出的物质富集在烧瓶中。

索氏提取是目前国家标准及国际标准中推荐使用的方法,具有应用范围广、萃取效率高、操作简单的优点；其缺点主要表现为有机溶剂消耗量大,萃取时间长。

（2）超声萃取法

超声萃取法通过加速介质质点运动,将高频率的超声波作用于目标化合物质点上,使之获得巨大的加速度和动能,迅速逸出土壤基质进入溶剂中。超声波在溶剂中产生特殊的"空化效应",产生内部压力达到上千个大气压的微气穴,并不断"爆破"产生微观上的强大冲击波作用在土壤基质上,使其中目标化合物被"轰击"逸出,并通过振动匀化使样品介质内各点受到的作用一致,使整个样品萃取更均匀。超声萃取法无须高温,常压萃取,安全性好,操作简单易行,萃取效率高,具有广谱性,能批量处理样品。但对样品的提取效率有限。

（3）微波萃取法

微波萃取的机理包含两个方面,一方面微波辐射过程中高频电磁波穿透萃取介质,到达内部,由于吸收微波能量,介质内的目标化合物能移出,在较低的温度条件下被萃取溶剂捕获并溶解；另一方面,微波所产生的电磁场加速目标化合物向萃取溶剂界面扩散速率,缩短目标化合物的分子由样品内部扩散到萃取溶剂界面的时间,从而使萃取速率提高,同时还降低了萃取温度,最大限度保证萃取的质量。

与传统的通过热传导、热辐射等方式由外向内进行的热萃取法相比,微波萃取法是里外同时加热,没有高温热源,消除了热梯度,从而提高萃取效率,起到保护目标化合物的作用。但同时也有提取效率有限、需要极性溶剂、设备较为昂贵等缺点。

（4）快速溶剂萃取法（ASE）

快速溶剂萃取法是一种新型的利用溶剂对固体和半固体样品进行萃取的技术,其原理是选择合适的溶剂,通过增加温度和压力的方式来提高萃取过程的效率。可用来取代索氏提取、超声萃取等其他萃取方法。

通过增加温度和压力有利于克服基质效应,加快解析过程,且能够降低溶剂黏度,加速溶剂分子向基质中的扩散。同时,通过升高温度可以增加目标化合物的溶解度,例如蒽在二氯甲烷中,150 ℃时的溶解度是 50 ℃时的 15 倍。而升高压力的作用则是让溶剂在高温下仍保持液态,可保证易挥发性物质不挥发。

快速溶剂萃取法溶剂用量少、萃取效率高、样品基质影响小、可以实现多个样品连续自动萃取,且每个样品的萃取时间较短,目前已成为 USEPA 的标准方法之一。

典型案例
分析

第五节　大 气 监 测

一、监测对象的选择

随着近几年"雾霾"这一概念的提出,空气质量引起了社会各界的高度重视。大气污染物种类繁多,2012 年颁发的《环境空气质量标准》(GB 3095—2012)为大气监测项目的选择提供了依据。大气监测项目选择的原则可表述为:① 对于国家空气质量监测网的监测点,要求开展基本项目的监测;② 对于国家空气质量监测网的背景点及区域环境空气质量监测网的对照点,还应开展部分或全部选测项目的监测;③ 地方空气质量监测网的监测点,可根据各地环境管理工作的实际需要及具体情况,参照《环境空气质量标准》(GB 3095—2012)确定其监测项目。

二、监测方案的制定

（一）基础资料的收集与实地调查

为了达到监测目的,更合理地设计监测方案,应进行基础资料的收集与实地调查。资料包括:污染源分布及排放情况、气象资料、地形资料、土地利用和功能分区情况、人口分布及人群健康情况等。

（二）监测站和采样点的布设

为了更全面、更准确地了解空气质量,采样站(点)应布设的原则可表述为:采样点应设在整个监测区域的高、中、低三种不同污染物浓度的地方;污染源比较集中、主导风向比较明显的情况下,应将污染源的下风向作为主要监测范围,布设较多的采样点,上风向布设少量采样点作为对照；工业较密集的城区和工矿区，人口密度及污染物超标地区，要适当增设采样点；城市郊区和农村，人口密度小及污染物浓度低的地区，可酌情少设采样点；采样点的周围应开阔，采样口水平线与周围建筑物高度的夹角应不大于 $30°$；各采样点的设置条件要尽可能一致或标准化，使获得的监测数据具有可比性；采样高度根据监测目的而定。

常用的布点方法包括功能区布点法和几何图形布点法。功能区布点法是将一个城市或一个区域可以按其功能分为工业区、居民区、交通稠密区、商业繁华区、文化区、清洁区、对照区等。而几何图形布点法又可细分为网格布点法、同心圆布点法和扇形布点法。上述采样布点方法，可以单独使用，也可以综合使用，目的就是有代表性地反映污染物浓度，为大气监测提供可靠的样品。

（三）样品的采集与保存

空气样品的采样方法包括直接采样法和富集浓缩采样法。直接采样法适用于大气中被测组分浓度较高或者所用监测方法十分灵敏的情况，此时直接采取少量气体就可以满足分析测定要求。直接采样法包括注射器采样（100 mL）、塑料袋采样（要求塑料袋不吸附样品组分，不与其发生反应、且不渗漏）、采气管采样和真空瓶采样等方式。通过这种方法采集的样品可以反映大气污染物在采样瞬时或者短时间内的平均浓度。

富集浓缩采样法适用于大气中污染物的浓度很低，直接取样不能满足分析测定要求的情况。此时需要采取一定的手段，将大气中的污染物进行浓缩，使之满足监测方法灵敏度的要求。浓缩采样法采样需时较长，所得到的分析结果反映大气污染物在采样时间内的平均浓度。

富集浓缩采样法包括溶液吸收法、填充柱阻留法、滤料采样法、低温冷凝采样法和自然积集法等。本书主要对常用的溶液吸收法、低温冷凝采样法和自然积集法进行介绍。溶液吸收法是指使用抽气装置使待测空气以一定的流量进入装有吸收液的吸收管，待测组分与吸收液发生化学反应或物理作用，从而溶解于吸收液中。采样结束后，取出吸收液，分析吸收液中待测组分含量。常用的吸收液有水、有机溶剂等，其对待测污染物的溶解度大，与之发生化学反应的速度快。低温冷凝采样法是将 U 形管或蛇形采样管插入冷阱中，大气流经采样管时，待测组分因冷凝从气态转变为液态凝结于采样管底部，达到分离和富集的目的。自然积集法是利用物质的自然重力、空气动力和浓差扩散作用采集大气中的待测污染物。

三、大气样品预处理技术

大气样品包括气态样品、颗粒物样品和降水样品。对于气态样品而言，主要测定其中的气态或蒸气态物质，在对其进行采样的过程中即直接完成过滤、提取、富集浓缩等前处理，可直接送入仪器测定。而对于颗粒物样品和降水样品来说，在分析测试前需要辅助一定的预处理。其中，颗粒物样品的预处理方法与土壤样品类似，降水样品的预处理方法则与环境水样类似，可参考前两节的相关内容进行。

典型案例
分析

第六节　质量保证和质量控制

质量保证和质量控制(QA/QC)是环境监测工作的重要内容之一,是获得正确分析数据的一个极为重要的环节。质量保证和质量控制是一项难度大、涉及面广的技术管理工作,需要环境监测全过程进行科学管理,制定一套指导质量保证和质量控制工作的技术方案,确保质量保证和质量控制工作的顺利开展。

一、质量保证和质量控制中的基本概念

(一)精密度

精密度是指独立测量的再现性和一致性。具体来讲,就是指在同一监测位点、相同采样时间,所采集同一样品或平行样品之间重复测试的再现性和一致性。精密度可以通过计算标准偏差和相对标准偏差等参数定量表征。

(二)准确性

准确性是指测定值与"已知值"或"真实值"的一致性。准确性通常由测定平均值与真实值之间的差值来表示。可以通过检测已知浓度的标准品或可信标准参考物质,例如美国国家标准与技术研究所(NIST)提供的标准参考物质,来核查。

(三)代表性

代表性是指数据所体现目标区域实际现场情况的程度。数据的代表性受到多种因素影响,例如仅在河口采样不能代表整个流域,因此在采样设计时需要全面考虑各种可能的变化因素。

(四)完整性

完整性是指满足所有数据质量目标的数据的百分率。一般在质量控制方案中需要确立满足项目需求的最小样品总数(T),在具体的实验操作中应尽可能采集比实际需要更多的样品,以确保有效测定的样品数(v)能够提供足够的信息满足项目需求。

$$完整性百分度(\%)=v/T×100 \tag{10.1}$$

(五)灵敏度

通常采用检测限和测量范围来表示。检测限是指使用给定方法或仪器对目标分析物所能检测出的最低浓度,包括仪器检测限和方法检测限。测量范围是指某仪器或测量装置的量程范围或定量范围。

二、环境样品定量分析方法建立过程中的 QA/QC

建立环境样品定量分析方法的步骤如前文所述,包括目标化合物的确定、回收率指示物的选定、内标化合物的选定、检测方法和检测仪器的选取、前处理方法流程的选定等。方法建立过程中的质量保证和质量控制主要包含以下几个方面的内容:仪器检测限的确定、工作

曲线的建立、方法检测限及加标回收率的确定等。

仪器检测限确定的一般方法为连续分析 6 个浓度约为仪器 5 倍噪音的目标化合物标准样品，取得其标准偏差，计算仪器检测限，计算公式如下：

$$IDL = 3.36 \times s \tag{10.2}$$

式中：s——标准偏差；

IDL——仪器的检测限。

在确定仪器检测限的基础上，进一步选取 5～6 个浓度目标化合物标准样品进行测定，建立仪器的工作曲线，以气相色谱为例，要求工作曲线内仪器对目标化合物的响应和目标化合物的浓度之间成正相关关系。

针对不同的目标化合物、不同环境基质确定不同前处理技术，如萃取、分离、纯化等。然后，确定包含前处理在内的测试方法的检测限，测定方法为：重复分析 6 个基质加标样，加标浓度为 5 倍的仪器检测限，取得其标准偏差，计算方法检测限，计算公式如下：

$$MDL = 3.36 \times s \tag{10.3}$$

式中：s——标准偏差；

MDL——方法检测限。

最后，计算测试方法的加标回收率。在基质中加入一定浓度的目标化合物，加标浓度为 10～20 倍的仪器检测限，进行全流程分析。同时分析基质的本底浓度，各设置三个重复样，最后计算得出目标化合物的加标回收率。通常来说，要求目标化合物的加标回收率在 80%～120% 的范围内，才认为所建立的方法满足质量保证和质量控制的要求。

三、分析仪器的 QA/QC

在环境监测工作开展之前，首先需要开展分析仪器的 QA/QC，包括：仪器调试、工作曲线的校正等。仪器调试是指调整仪器状态，使之满足环境监测的需求。例如需要对气相色谱-质谱(GC-MS)进行日校正，即用十氟三苯基膦(DFTPP)校正关键离子丰度，考查其是否符合质量控制的要求，每个工作日调试一次。工作曲线的校正是指，对已建立工作曲线的目标化合物，每个工作日需重新测定已知浓度的标准溶液，测定值与已知值之差必须在 20% 以内。

四、环境监测全流程的 QA/QC

为实现对环境监测全流程的质量保证和质量控制，通常都需要在监测过程中添加 QA/QC 控制样品。通常每分析 15～20 个环境样品，就需添加一组 QA/QC 控制样品。

QA/QC 控制样品包括方法空白样、加标空白样、基质加标样、基质加标平行样、样品平行样和标准参考物质等。

方法空白样用以监控监测全流程是否有污染；加标空白样是在方法空白样中添加一定浓度的目标化合物，用以监测目标化合物的回收率；基质加标样是在环境基质的基础上添加一定浓度的目标化合物，以监控基质对目标化合物回收率的影响；基质加标平行样用以监控基质对目标化合物回收率的影响、目标化合物回收率重复性及分析方法的精度;样品平行样用以考查分析结果的重复性及方法的精度;标准参考物质用以考查分析结果的可靠性。

对于所有的 QA/QC 控制样品回收率的回收率,通常要求在 80%～120% 的范围内;平行样的相对标准偏差必须小于 25%。

典型案例
分析

问题与讨论

1. 环境监测可分为哪些类别? 在目前的环境监测领域内有哪些热点问题?

2. 比较物理、化学监测和生物监测的异同点和优缺点。

3. 水样预处理通常包括哪些方法? 每种方法的作用是什么?

4. 在实际环境监测工作中,如何合理布设土壤样品的采样点?

5. 简述目前我国大气污染的现状及污染来源,并据此探讨如何合理地将大气样品采样方案应用到实际工作中。

6. 一个完整的质量保证和质量控制方案应包括哪些工作? 具体的流程是什么?

7. 目前我国的各类环境质量标准中多采用物理、化学监测技术,生物监测技术应用较少,谈谈你的看法,生物监测是否可以被列入各类环境质量标准? 请选择一项环境质量标准,谈一谈你觉得其中监测对象的设置是否合理,是否存在不足,主要体现在哪些方面。

第十一章　环境风险评价技术

第一节　风险评价概述

一、风险评价的基本概念

风险是指人们从事生产或社会活动时可能发生有害后果的定量描述(齐邦智等,2001)。环境风险是指通过环境介质传播的、由自然原因或人类行动引起的一类有不良后果事件的发生概率(陈立新,1993)。

环境风险评价的特点主要表现在以下几个方面,首先环境风险评价具有复杂性。环境风险评价不仅要考虑物质的污染情况,还要考虑其对环境的不利影响;既要进行单项或局部的评价,又要进行多项、区域性的评价;既要研究在常规情况下,长时间、低剂量的化学物质、放射性物质等对人体健康与生态环境的危害,又要研究非正常状态下,由于易燃易爆,有毒有害物质的泄漏,大型技术系统(如桥梁、大坝、核电站等)的故障,以及自然灾害导致的突发事件对人群和环境的危害等。其次,环境风险评价具有综合性,风险评价涉及多个学科,是对环境毒理学、环境化学、环境污染生态学、环境地质学、环境工程学以及数学和计算机科学等学科的综合应用。最后,环境风险评价具有模糊性以及不确定性。不确定性的主要来源表现在如下几个方面:客观信息量和其准确性的不足;信息推理、计算和决策所采用的方法和模型假设及参数设置往往与实际情况存在差距;目前,缺乏能为公众接受的各种必需的风险标准;风险防范措施的选择需要考虑有限的自然、人力和财力资源等有效利用和分配,涉及价值判断方面的内容。综上,可见环境风险评价的过程及其结果具有一定的不确定性(程胜高等,2001)。

二、风险评价要素及评价流程

环境风险评价的要素包含:危害分析、暴露分析、受体分析和风险表征,下文分别就四要素进行介绍。

(一)危害分析

危害分析是确定风险源对生态系统及其风险受体的损害程度(郭先华等,2009)。在危害分析中可进行危害认定和剂量-效应评价。

危害鉴定是通过对环境胁迫因子的理化特征、迁移途径和人体的接触方式、途径等的分析,判断该环境胁迫因子对人体健康或生态系统产生的危害,并通过实验外推和流行病学研究判定其危害的后果(毛小苓等,2003)。

剂量-效应评价是对环境胁迫因子暴露水平与生态系统中的种群、群落或暴露人群等出现不良反应之间的关系进行定量估算的过程。通常剂量-效应关系采用如下 2 种方式进行表征:① 某一污染物的暴露剂量与某种生物个体呈现的反应强度之间的关系;② 某一污染物的暴露剂量与群体中出现某种反应的个体在群体中的占比,可用百分比表示,如死亡率、肿瘤发生率等(袁业畅等,2013)。

(二)暴露分析

暴露分析是研究各种环境胁迫因子与受体之间存在的和潜在的接触和反应关系的过程。目前开展最多的是有毒有害化合物,包括化学品和放射性核素的暴露分析,主要研究有毒有害化合物在环境中的时空分布规律,并将有毒有害化合物的环境过程作为重点研究内容,即从污染源到受体的过程。如前文所述,有毒有害化合物的迁移、转化和归趋受各种环境因素的影响,因此上述因素应考虑到有毒有害化合物的暴露分析中。目前基于此,开发了大量的数学模拟方法及数学模型,用于有毒有害化合物的暴露计算,包括:地表水环境模型、地下水环境模型、土壤环境模型、大气环境模型、沉积物模型以及多介质模型等(毛小苓等,2005)。

(三)受体分析

受体即风险承受者,在风险评价中指生态系统中可能受到来自风险源的不利作用的组成部分,它可能是生物体,也可能是非生物体。生态系统及其组成,如生物个体、种群、群落,乃至生态系统都有可能成为风险评价的受体。通常选取对风险胁迫因子的作用较为敏感或在生态系统中具有重要地位的关键物种、种群、群落乃至生态系统类型作为风险受体,用受体的风险来推断、分析或代替生态系统整体的风险。

(四)风险表征

风险表征是对暴露于各种环境胁迫因子之下的不利生态效应的综合判断和表达(毛小苓等,2005),包括定性表征和定量表征两种类型。当数据、信息资料充足时,通常对风险进行定量表征,反之,则采取定性表征的方式。定性表征是根据经验和判断对生态系统的各个因素进行定性风险描述,包括安全检查表法、预先危险性分析法、事件树分析法等。

定量风险表征主要包括有商值法和概率法。商值法是将实际监测或模型估算出的环境暴露浓度与表征该物质危害程度的毒性数据,如预测的无效应浓度,进行比较,计算得到风险商的方法。风险商大于 1 说明存在风险,风险商越大风险水平越高;风险商小于 1 则表示无风险或风险水平较低。概率法采用统计模型,以概率的方式定量表征风险。采用概率法进行风险表征时,通常是将每一个暴露浓度和毒性数据都作为独立的观测值,在此基础上考虑其概率统计意义。概率法充分考虑了环境暴露浓度和环境危害的不确定性和可变性,体现了一种更直观、合理和非保守的风险估计的方法。传统的商值法表征的风险是一个确定的值,即风险商,而非一个具有概率意义的统计值,因此该方法表征的风险不足以说明环境胁迫因子的存在对生物群落或整个生态系统水平的危害程度及其风险的概率。因此,现在大量的研究都采用概率法而非商值法开展风险表征。

三、风险评价技术的发展

风险评价技术起步于 20 世纪 40 年代核工业事件后,管理部门根据风险评价方法制定环境辐射标准,同时作为一种概率方法被用于石油精炼、化学加工及航天工业等行业,当时称作安全危害分析。1976年,美国国家环境保护局(USEPA)首次颁布了"致癌物风险评价标准"并正式提出风险评价这个术语。美国国家科学院1983年发布了题为《联邦政府的风险评价管理》的报告,确认了这一方法。20世纪80年代USEPA颁布了多个与风险评价有关的规范、导则。其中超级基金计划(Superfund Program)和资源保护及恢复法的实施对风险评价技术的发展起了极大的推动作用。特别是美国国会1980年建立的超级基金计划,其目的是发现、研究和净化美国本土的有害废物场地。该计划由USEPA主持,USEPA依据风险评价的结果排列得到处理废物场地的排序清单。

20世纪80年代以来美国及美国食品药品监督管理局(FDA)、世界卫生组织(WHO)、联合国环境规划署(UNEP)、经济合作与发展组织(OECD)等一系列机构与国际组织颁布了一系列与风险评价有关的规范、导则,促进了风险评价技术的迅速发展,并在世界范围内得到广泛的应用。其中比较有代表性的包括:1986年USEPA颁布的暴露和风险评价导则(包括致突变、致癌、生殖毒性及化学混合物风险评价导则)、SPHEM颁布的Superfund公共卫生评价手册;1989年USEPA颁布的特别基金计划风险评价指南、健康评价手册、环境评价手册;1990年USEPA科学顾问委员会出版的《环境保护的优先排序及策略》和空气清洁法修正案中的风险管理程序等。

风险评价技术目前还存在不少有争论及有待改善的问题,其中最主要的是风险评价技术的科学性。对此,美国技术评估办公室最近向美国国会提交的报告强调,应在基础研究、方法和模型的建立、可信度、特殊化合物数据的建立等方面加强对于风险评价技术的研究。

四、风险评价在环境管理中的应用

通常,风险评价包括风险管理、风险评价和风险信息沟通,总称为风险分析。其中,风险管理先为风险评价划定界限,然后利用风险评价的结果作为决策依据;而风险评价则提供了一种发展、组织和表征科学信息的方式以供管理决策。风险评价的设计和实施为环境管理提供了关于管理措施可能引起的不良生态或人体健康效应的信息,而且通过风险评价的过程可以整合各种新的信息,从而改善环境决策的制定。即风险评价的最终目的在于风险管理决策,风险管理是整个风险评价的最后一个环节。其管理目标是将生态和人体健康风险减少到最小,管理决策是否正确决定了能否有效控制风险。另外,风险评价为生态风险管理的决策和执行提供了科学基础,对于风险管理的结果可通过风险评价的反馈以不断改进管理政策。风险分析和评价为风险管理创造了条件,表现为:① 为决策者提供了计算风险的方法,并将可能的代价和减少风险的效益在制定政策时考虑进去;② 对可能出现和已经出现的风险源开展风险评价,可事先拟定可行的风险控制行动方案,加强对风险源的控制(王樟生,2006)。

第二节 生态风险评价技术

一、生态风险评价的定义

生态风险是生态系统及其组成所承受的风险,具体而言是指一个生态系统或其组成的正常功能受外界胁迫,从而在目前和将来减少该系统内部某些要素或其本身的健康、生产力、遗传结构、经济价值和美学价值的可能性(卢宏玮等,2003)。

1992 年,USEPA 在颁布的生态风险评价框架时对生态风险评价定义为:评价负生态效应可能发生或正在发生的可能性,这种可能性是受体暴露在单个或多个胁迫因子下的结果(周婷等,2009)。

二、生态风险评价框架

不同国家提出的生态风险评价框架存在一定差异。USEPA 在 1992 年提出的框架包括:① 提出问题;② 暴露分析和效应表征;③ 风险表征;④ 风险管理和交流。欧盟和加拿大将生态风险评价分为以下四步:危害识别;剂量-效应评价;暴露评价以及风险表征。1998年,USEPA 在综合相关原则和方法的基础上,修改和扩充了原来的框架,新的框架主要包括:阐述问题、暴露分析和效应表征以及风险表征(雷炳莉等,2009)。因此,下文主要就环境胁迫因子的识别与表征、暴露评价、效应分析和风险表征四部分来介绍生态风险评价的内容。

环境胁迫因子是对环境产生有害影响的环境要素。通过描述污染物特性和生态系统(受体)特点,进行有害环境要素的选择和提出假设,实现环境胁迫因子的识别与表征。

生态风险评价中的暴露评价较人体健康风险评价而言比较困难。因为生态风险涉及的受体分为不同层次和不同种类,它们所处的环境差异很大,不同的环境条件需要考虑的评价因素也不同。由于暴露系统的复杂性,所以在分析过程中必须考虑多种类型的环境胁迫因子与生态受体、环境胁迫因子与环境之间的相互作用、相互影响。根据广义生态风险评价的定义,环境胁迫因子不仅包括化学污染物,还包括其他各种生物和物理因素。除化学污染物以外,其他环境胁迫因子的研究目前较为匮乏。因此,需要继续研究和发展相关的技术和研究方法(毛小苓等,2005)。

生态效应是指环境胁迫因子引起的受体变化,包括生物水平上个体的病变、死亡,种群水平上的种群密度、数量、年龄和性别结构的变化,群落水平上的物种多样性的降低,生态系统水平上的物质循环和能量传递的变化、生态系统稳定性下降等。在生态风险评价中需要识别出重要的不良生态效应作为研究和分析对象。目前生态效应分析的研究主要借助生态毒理学研究的成果,而目前大多数生态毒理学研究都是针对单个环境胁迫因子,通过对实验室研究环境胁迫因子对生物个体(如鱼类、藻类、白鼠、蚯蚓等)的毒性效应类型,建立剂量-效应关系。剂量-效应关系是生态风险评价的重要组成部分,目前仅仅依靠实验室测试建立的剂量–效应关系已经无法满足生态风险评价工作的需求,因此发展了大量的模型,如构效关系模型、效应外推模型等,用于推导环境胁迫因子的剂量–效应关系。

随着生态风险评价工作的深入,现在的效应分析的不足逐渐显现,主要表现为:现阶段对生物个体的效应分析很难确定较高生态水平(如种群和生态系统)的生态响应。虽然过去几十年间发展了很多种群分析方法,有些已经在生态风险评价中得到应用,但是研究方法总体有限,目前生态系统水平的实验和模型研究还存在很多实际困难。另外,实际环境中存在多个环境胁迫因子共同作用于生物体并对生物体产生不同类型的生物学效应,即存在环境胁迫因子间的协同作用和拮抗作用等。但是,目前对于环境胁迫因子共同作用的毒理学研究方法尚未成熟,在生态风险评价中的应用较少(毛小苓等,2005)。

风险表征是生态风险评价的最后一步,是环境胁迫因子的识别与表征、暴露评价、效应分析的总结,是整合暴露和效应的数据表征风险以及评估其不确定性的过程。具体的风险表征方法如前文所述。

典型案例
分析

第三节　健康风险评价技术

一、健康风险评价的定义

健康风险评价兴起于20世纪80年代,它以风险度作为评价指标,将环境污染与人体健康联系起来,定量描述人体在污染环境中暴露时受到危害的风险。健康风险评价主要包括以下几个方面的内容:在环境测定、临床资料、流行病学和毒理学的基础上,确定潜在不良健康效应的性质;估算在特定暴露条件下产生的不良健康效应的类型和严重程度;判断不同暴露时间条件和暴露强度下受影响的人群的特征和数量;综合分析存在的公共卫生问题等。完整的健康风险评价包括对大气、水、土壤和食物链4种介质携带的污染物通过摄食、吸入和皮肤接触3种暴露途径进入人体对人体健康产生危害的评价(韩冰等,2006)。

二、致癌风险评价

按照污染物引起危害的类型的不同,健康风险又可细分为非致癌风险和致癌风险两种类型。健康风险评价最先始于对致癌物的评价,1976年USEPA首先公布了可疑致癌物的风险评价准则,提出了有毒化学品的致癌风险评价方法。致癌风险评价方法与前文所述的风险评价的框架一致,考虑到健康风险评价的受体明确,因此,其主要包含危害分析、暴露分析、效应分析和风险表征几个方面。

剂量–效应评估即是确定污染物的暴露剂量与人体或者动物群体中出现不良效应之间的关系,用于评估污染物的毒性,是健康风险评价的重要步骤。其中致癌效应分析是风险评价的重要步骤,通过建立剂量–效应关系确定污染物的暴露剂量与人体出现不良效应之间的关系,用于评估污染物的致癌能力,通常用致癌系数或致癌斜率因子进行表征。剂量–效应关系通常建立在生物学实验数据、临床学和流行病学统计资料的基础上。由于人体在实际环境中的暴露水平通常较低,而实验室或流行病学研究中的剂量相对较高。因此,在估计人体实际暴露情形下的剂量-效应关系时,常常需要根据实验获取数据外推低剂量条件下的剂量-效应关系,需要采用到低剂量外推法。低剂量外推法的操作步骤包括:分析实验或流行病学资料中数据范围内所表现出来的剂量-效应关系,从而确定低剂量外推的出发点;以第一步确定的出发点为起点,向低剂量方向外推,并建立低剂量条件下的剂量-效应关系。低剂量外推法主要有线性和非线性两种模型,根据污染物的作用模式选择模型。当作用模式信息显示低于出发点剂量的剂量-效应曲线可能为线性时,选择线性模型。如污染物为DNA作用物或具有直接的诱导突变作用,其剂量-效应曲线常常为线性。当有充分证据表明污染物的作用模式为非线性,且证实该物质不具有诱导突变作用时,可采用非线性模型。当在不同的剂量区间内,污染物的作用模式分别为线性和非线性时,可以结合使用线性和非线性模型。

三、非致癌风险评价

在致癌风险评价方法的基础上,进一步发展出非致癌风险评价方法。与致癌风险评价不同的是,非致癌风险评价中评估污染物的非致癌能力通常采用参考剂量(RfD)、可容忍日摄取量(TDI)或可接受日摄取量(ADI)进行表征。

污染物的非致癌能力的评估依靠非致癌风险阈值的推导。阈值有 3 种常用的表征方法,分别为:无可见有害效应水平(no observed adverse effect level,NOAEL)、最低可见有害效应水平(lowest observed adverse effect level,LOAEL)和基准剂量(bench-mark dose,BMD)。早期主要采用 NOAEL 和 LOAEL 表征,但是 NOAEL 和 LOAEL 通常为实验观察值,没有考虑剂量-效应曲线的特征和斜率,不能真实全面地反映表达污染物的毒性与作用,有逐渐被基准剂量法取代的趋势。基准剂量是根据污染物的剂量可导致某种不良健康效应的发生率产生预期变化而推算出的剂量值,与 NOAEL 和 LOAEL 相比较,基准剂量法的优点是可完整评价整个剂量-效应曲线。RfD、TDI 和 ADI,它们均用于表征单位时间单位体重可摄取的在一定时间内污染物不会引起人体不良反应的最大剂量,通常以 NOAEL、LOAEL 或基准剂量为依据,再根据安全系数和不确定因子校正计算得到(王子健等,2002)。此外,考虑到人群个体差异、动物实验数据外推到人体、短期实验数据外推到长期以及 LOAEL 代替 NOAEL 所带来的数据的不确定性,USEPA 推荐采用以下公式计算参考剂量:

$$RfD = NOAEL/(UF_1 \times UF_2 \times UF_3 \times UF_4 \times MF) \tag{11.1}$$

式中:UF——不确定因子,取值范围 1~10;

MF——修正因子,取值为 1~10,主要反映由于其他不可知或不明确的原因导致结果的不确定性(王子健等,2002)。

典型案例
分析

问题与讨论

1. 环境风险评价的定义是什么? 主要包括哪些要素?

2. 简述风险评价的流程。

3. 生态风险评价的定义是什么？

4. 目前开展生态风险评价工作面临的困难主要有哪些？

5. 健康风险评价主要包括哪些内容？

6. 简述剂量-效应关系在健康风险评价中的应用。

7. 非致癌风险评价的阈值有哪些表征方法？

8. 谈一谈你是如何理解风险评价过程中的不确定性的,其对风险评价结果的影响主要体现在哪些方面？

9. 人体毒性数据不足是制约健康风险评价工作开展的重要因素,谈一谈可以采用哪些方法克服人体毒性数据不足的问题。

第十二章 环境污染控制技术

第一节 环境污染控制概述

一、环境污染控制目标

环境污染是指有害物质或因子进入环境系统,并在环境中扩散、迁移、转化,使环境系统结构和功能发生不利于人类及生物正常生存和发展的变化现象。环境污染控制是指在污染源调查的基础上,运用经济、技术、法律等手段与措施,对污染源的布局、产品结构、基础设施等,进行系统规划、管理、监督,推行清洁生产,减少污染物排放量,全方位地改善环境质量(冯裕华等,2004)。环境污染控制可细分为:大气污染控制、水污染控制、固体废物污染控制、噪声污染控制和放射性物质污染控制等。环境污染控制的目标主要是防止大量污染物进入水体、大气和土壤系统,破坏人类及生物正常生存环境,保证人体及生物体的生命健康;恢复水、大气、土壤等自然生态系统的使用功能;为人类生产、生活提供舒适、安全的自然环境和人工环境(杨志峰等,2004)。

二、环境污染控制类型

环境污染控制按类型的不同,可分为浓度控制与总量控制;末端控制与全过程控制;分散控制与集中控制。

浓度控制是指以控制污染源排放口排出污染物的浓度为核心的环境管理的方法体系。总量控制是指根据区域环境目标的要求,预先算出达到该环境目标所允许的污染物最大排放量,然后通过优化计算,将允许排放的污染物指标分配到各个污染源。总量控制又包括目标总量控制和容量总量控制。所谓目标总量控制主要是根据环境目标来确定总量控制指标,从当前排放水平出发,进行技术和经济可行性分析,在污染源间优化分配排放量和消减量,制定目标总量控制方案。容量总量控制是通过科学研究的成果,根据区域环境容量来确定污染物排放总量,进行技术和经济可行性分析,在污染源之间优化分配排放量,制定环境容量总量控制方案。

末端控制又称尾端处理,是指在生产过程的末端,环境管理部门运用各种手段促进工业生产部门对排放的污染物进行物理、化学或生物过程的治理,以减少排放到环境中的污染物总量。末端控制是先污染后治理的生产方式,处理成本高,控制难度大。全过程控制又称源头控制,是指工业生产部门对工业生产过程从源头到最终产品的全过程控制管理,对生产系统的物质转化进行连续、动态的封闭控制,实现资源利用的最大化和废物排放的最小化。相比末端控制,全过程控制是主动的控制方式,防治结合,具有显著经济效益、环境效益和社会效益,具有清洁生产的特征。

分散控制又称点源控制,是以单一污染源为主要控制对象的一种控制方法,由于分散控制的投资分散,管理起来非常困难,具有规模效益差、综合效益低等缺点。集中控制又称面源控制,它是指在特定范围内,特定的污染状况条件下,对某些同类型污染运用集中管理手段,实行综合的控制措施,以达到污染控制效果和最佳经济效益。相比分散控制,集中控制具有综合效益高、管理集中等优点,但是集中控制要求有比较完备的城市基础设施和合理的工业布局。

三、环境污染控制中的科学问题

随着环境科学技术的不断发展,环境污染物的种类、数量不断增加,新型污染的出现更是对污染控制技术的发展提出了挑战。

从 20 世纪 70 年代以来,化学污染物的种类和数量极大增加。美国首先提出了 129 种优先污染物,其中包括 114 种有机物和 15 种无机物。随后,世界各国也都确定了一批优先污染物的名单,其中就包含不少环境中的"新型污染物"。新型污染物是指目前已经存在,但是尚无相关法律法规予以规定或规定不完善,危害生活和生态环境的所有在生产建设或者其他活动中产生的污染物(杨红莲等,2009)。目前,受到广泛关注的新型污染物包括持久性有机污染物(POPs)、药物和个人用品(PPCPs)中的抗生素、抗菌药物、内分泌干扰化合物、表面活性剂等。这些污染物在环境中滞留时间长,传播范围广,难以生物降解,易于在生物体内蓄积,可能对人类和动物产生致癌、致畸、致突变的三致毒性以及遗传毒性以及其他的毒性效应。但是,已有的污染控制技术及构建的处理工艺多以传统的常规污染物作为控制的目标化合物,对上述新型污染物的控制效率十分有限,以抗生素化合物为例,传统污水处理工艺对其去除率通常很低,甚至出现负去除;其抗生素的残留会对生物处理单元中的微生物产生一定的抑制作用,或者诱导抗性菌的出现。由此可见,对于新型污染物的控制技术研究将成为环境污染控制研究热点问题。

第二节 水环境污染控制

一、水污染综合防治的原则及对策

水是自然界分布最广的自然资源,是人类赖以生存的基础。但是随着社会和经济的快速发展,人口的不断增加,越来越多的有害物质排放进入水体,其含量超出水体的自净能力,导致水体物理、化学、生物学等方面特性发生改变,从而影响水的使用价值和功能,导致水体污染,危害人类健康。有必要积极进行水污染的综合防治,保护水资源和水环境。

水污染防治应当坚持预防为主、防治结合、综合治理的原则,优先保护饮用水源,严格控制工业污染、城镇生活污染,防治农业面源污染,积极推进生态治理工程建设,预防、控制和减少水环境污染和生态破坏。

水污染综合防治的主要对策包括:

（一）完善监测体系

水污染防治离不开准确可靠的监测数据,作为水环境和水污染防治的一项重要基础工作,必须加大监测能力建设的投资力度,提高常规监测能力和快速反应能力,把监测能力建设放在水资源保护的重要位置,不断完善水环境监测体系,充分发挥水环境监测的基础信息作用。

（二）完善水环境管理体制,加大防治力度

保护水环境应始终贯彻"以防治为主,标本兼治"的综合防治方针,全面加强防治力度,建立完善的水环境管理制度。严格执行"三同时"制度、排污许可证制度、排污收费制度等,坚决取缔污染严重的"五小"企业,对重大污染源实行整改等措施,从源头控制污染源。

（三）完善水污染防治的环境经济政策和法律保障体系

重视并发挥市场机制可以让资源和环境变成企业的内部成本的作用,抓紧制定有利于水环境保护的环境经济政策,进一步强化市场经济体制下的环境经济手段,加强建设节水型社会、建立水权水市场、建立排污权市场等重点领域的立法,逐步完善有关水污染防治的绿色信贷等环境经济政策的法律保障体系（毛术文,2008）。

（四）大力推行清洁生产

清洁生产是指对生产过程、产品和服务持续运用整体预防的环境战略和措施,以期增加生态效率并减轻人类和环境的风险（石芝玲,2005）。大力推行清洁生产,改革现有的生产工艺,积极发展新型节水技术和工艺,以降低产品生产过程中的用水量,减少污水的产生和排放,降低消耗,增加经济效益,实现可持续发展。

（五）开发水污染处理新技术

依靠科技进步,不断开发处理功能强、出水水质好、能耗及运行费用低的污水处理新技术,改善原有的旧的污水处理技术,同时加大开发的投资建设力度,保障科研开发工作的有效进行,提高水污染治理水平。

二、水环境污染控制技术

水环境污染控制技术按照原理的不同,可分为物理控制技术、化学控制技术、物理化学控制技术和生物控制技术 4 类。

（一）物理控制技术

污水的物理控制技术基本原理是利用物理作用使污染物与废水分离,在处理过程中污染物的性质不变。由于物理控制技术不需要投加或只需少量投加化学药剂,在水处理尤其在饮用水处理方面具有很大的潜力和应用前景（赵新鄂,2003）。目前常用的物理控制技术主要有筛选截留法、重力分离法和离心分离法。

筛选截留法即在污水的预处理过程中,添加格栅拦截废水中较大的悬浮物,保证后续处理设施的正常运行。格栅由一组或多组相互平行的金属栅条和框架组成,其截留的物质被称为栅渣,通常对其进行卫生填埋等后续处理。

重力分离法又称沉淀法,是利用重力作用去除污水中的悬浮物质,以达到固液分离的一种方法。沉淀法可用于污水的预处理,也可用于生物处理后的固液分离,还可用于污泥处理阶段的浓缩过程。沉淀设备主要有沉砂池、沉淀池、隔油池和气污池等。

离心分离法是利用固液两相的密度差,借助离心力,使分散在悬浮液中的固相颗粒分离出来的过程。常用的离心设备有离心机和旋流分离器等。

(二)化学控制技术

化学控制技术是指投加化学药剂,利用化学反应作用去除污水中溶解性污染物。此类技术主要是去除污水中无机或有机的溶解性物质或胶体物质。常用的方法有化学中和法、化学混凝法和氧化还原法等。

化学中和法主要用于处理酸性或碱性废水,使废水的 pH 达到或接近中性的方法。酸性废水的中和处理方法包括酸性废水与碱性废水相互中和、药剂中和及过滤中和等方法。碱性废水中和法包括碱性废水和酸性废水相互中和、药剂中和及烟道气中和等方法。常用的碱性药剂有石灰石、大理石、白云石及碱性废渣,酸性中和剂有工业盐酸、硫酸、硝酸等。

化学混凝法是指在混凝剂的作用下,水中难以沉淀的胶体颗粒脱稳而相互凝聚,通过重力沉降得以从水中分离的方法。混凝既可以降低原水的浊度、色度等感观指标,又可以去除多种有毒有害污染物。常用的混凝剂包括无机盐类混凝剂(如硫酸铝、明矾等)和高分子混凝剂(如聚丙烯酰胺)等。

氧化还原法是指对于环境中化学性质稳定而难以用生物或其他方法处理的污染物,可以利用化学药剂与污染物之间发生氧化还原反应,改变污染物的形态,将它们变成无害无毒的物质的方法。氧化还原法主要应用于给水、特种废水及污水的深度处理中,常用的氧化剂有氧、臭氧、漂白粉等,还原剂有硫酸亚铁、氯化亚铁、铁屑等。

(三)物理化学控制技术

物理化学控制技术是指利用物理化学的原理去除污水中的杂质,从而分离、回收污水中的污染物的处理技术。包括吸附法、混凝法和离子交换法等。

吸附是指气体或液体分子附着在固体物质表面上的现象,吸附法是一种常见的污染物控制方法。常见的吸附剂包括活性炭、焦炭、吸附树脂和活化煤等。吸附法的处理效率高,可回收有用组分,设备简单,可实现自动化。吸附法多用于去除污水中的微量有毒有害化合物。

混凝法通过向水体中添加混凝剂,使污水中的胶体颗粒变成电中性,失去稳定性,随后凝聚成大颗粒沉降下来,使胶体颗粒从污水中分离出来。常见的混凝剂主要包括无机金属盐混凝剂和有机高分子絮凝剂等。

离子交换法是利用离子交换剂来分离污水中的有毒有害化合物,带有阳性可交换离子的交换剂称为阳离子交换剂,带有阴性可交换离子的交换剂称为阴离子交换剂。前者可用于分离污水中的阳离子,如去除或回收污水中的铜、锌、镉等金属离子,后者用于分离阴离子,如氟离子、硝酸根等。

(四)生物控制技术

指利用水体中的植物、微生物等对污染物的吸收、降解作用,使得污水中的污染物的浓度降低或转化成无害物质的处理技术。常用的生物控制技术可分为活性污泥法、生物膜法和厌氧生物法等。

活性污泥法通过将空气连续鼓入曝气池的污水中,经过一段时间水中就会形成活性污泥,它能够吸附水体中的有机物。活性污泥上的微生物以有机体为食,并不断生长繁殖,同时降解污水中的有机物。活性污泥法是当前使用最广泛的一种生物控制技术,具有适应各种反应条件的多种工艺流程,如氧化沟、序批式活性污泥法等。

生物膜法主要是依靠固着在载体表面的生物膜的作用,通过污水与生物膜的接触,使得污水中的有机物被生物膜上的微生物降解的过程。生物膜反应器包括有生物滤池、生物转盘、生物接触氧化池和生物流化床等。

（五）其他新型控制技术

水体污染严重后,水体耗氧量将大于水体自然复氧量,这会使水体处于缺氧状态,便会失去自净能力,发出臭味。曝气复氧技术对改善水质,提高水体自净能力有着很大的帮助,能够有效控制水体黑臭现象,且反应速率快。但成本相对较高,在我国应用度不高,普遍应用于美国、日本、德国、法国等发达国家的污水治理中。该技术的原理是,通过人工充氧方式,改善溶解氧,增强河流自净能力。由于成本原因,应用时一定要结合水质污染情况和财政情况,合理运用。

生物固定化技术是 20 世纪 80 年代发展起来的一项新兴技术,目前比较通用的概念是利用化学或物理的手段将游离的细胞或酶定位于限定的空间区域并使其保持活性和可反复使用的一种基本技术。与传统的废水处理方法相比,它有着处理效率高、稳定性强、能纯化和保持高效菌种、生物浓度高、产泥量少及固液分离效果好等很多独特的优势。固定化方法主要包括载体结合法、交联法和包埋法,这些方法近年来都通过发展新型材料和技术得到了长足发展,近年来国内外相关研究极受重视,并取得了很大的进展,已成为生物技术中非常活跃的跨学科的研究领域之一。

用于生物固定的材料,起初是采用提取和分离纯化后的酶。对于胞内酶的固定化,需要将细胞破碎后分离酶,这一操作一般非常烦琐。随着固定化技术的发展,目前生物固定化技术已由原来单一的固定化酶、固定化微生物细胞发展到固定化动植物细胞、固定化细胞器、固定化原生质体、固定化微生物分生孢子以及酶与微生物细胞、好氧微生物和厌氧微生物联合固定等。固定化细胞与固定化酶比较,其优越性在于,免去了破碎细胞提取酶的手续,酶活性损失小,成本低,保持了胞内酶系的原始状态与天然环境,因而更稳定;保持了胞内原有的多酶系统,这对于多步催化反应等其优势更加明显。

随着科技的发展和人们生活水平的提高,更多水污染控制的新技术被发展出来,提高处理效率、降低费用和能耗是新技术发展的重要方向;除此之外,新型污染物的出现及其在水环境中的处理需求也对水污染控制技术的发展提出新的挑战。

典型案例
分析

第三节　土壤环境污染控制技术

一、土壤污染防治措施

土壤是重要的自然资源之一,是环境四大要素之一。它是连接自然环境中无机界和有机界、生物界和非生物界的中心环节,是陆地生态系统的重要部分,进行着全球性的能量和物质循环和转化,并为生物提供所需的营养和水分。随着现代工农业等的发展,各种污染物进入土壤,使得土壤遭受了不同程度的污染。土壤污染是指人类活动产生的污染物进入土壤并积累到一定程度,引起土壤环境质量恶化,对生物、水体、空气和人体健康产生危害的现象(夏家淇等,2006),土壤环境问题已成为制约人类生存发展的重要问题,防治土壤污染已成为环境保护事业中十分重要的任务。

土壤污染防治措施包括:

(1) 控制污染源

控制土壤污染源是防治土壤污染的根本措施。要科学地利用污水灌溉农田,合理使用农药,积极发展高效低残留农药。实现清洁生产,减少工业生产过程中"三废"的产生,同时加强对"三废"的治理和管理,使排放的污染物符合排放标准。控制进入土壤的污染物数量和速度,使其在土壤中自然降解,不至于迅速、大量地进入土壤。总之,加强污染土壤的源头控制和管理才是治理土壤的根本措施。

(2) 提高土壤环境容量

土壤自净能力与土壤环境容量有关。土壤环境容量是在一定区域与一定时限内,遵循环境质量标准,既保证农产品生物学质量,也不使环境遭到污染时,土壤所能容纳污染物的最大负荷量。土壤环境容量属于一种控制指标,随环境因素的变化以及人们对环境目标期望值的变化而变化(黄静等,2007)。

(3) 提高公众的土壤保护意识

土壤保护意识是指特定主题对土壤保护的思想、观点和心理,包括特定主题对土壤本质、作用、价值的看法,对土壤的评价和理解,对土壤保护权利和义务的认识等(黄静等,2007)。目前,人们对土壤污染的危害认识不足,有必要进行广泛的宣传教育,让民众充分了解当前严峻的土壤形势,使防治土壤污染成为一种自觉行为。

二、土壤污染控制技术

现有污染土壤控制的思路主要包括以下几个方面:降低污染物在土壤中的浓度;通过固化或钝化作用改变污染物的形态从而降低其在环境中的迁移性;去除土壤中的污染物。从上述思路出发,发展了大量的污染土壤控制、修复技术,按照技术原理的不同,可以分为物理、化学和生物控制技术等主要类型。

土壤污染的物理和化学控制技术是最早应用于土壤修复的技术,20 世纪 80 年代以前土壤污染修复仅限于物理和化学技术。

物理控制技术是指利用物理或物理化学的原理来治理土壤污染的技术。早期使用的排土(挖去污染土壤)、客土(用无污染土壤覆盖污染土壤)、换土(用无污染土壤替换污染土壤)、通风技术就是典型的物理控制技术。但是,这些技术不仅成本高,最重要的是没有从根本上解决污染问题,仅仅是使污染物发生了转移,容易造成二次污染,目前这些方法仅仅应用于突发紧急事件的应急处理。一些经济可行的新技术、新工艺等逐渐成为研究热点,如:电修复法、热解析法、土壤气相抽提法等。电修复法即是将电极插入到受污染的地下水或土壤区域,在直流电的作用下形成直流电场,则土壤中的离子和颗粒物质会沿着电场方向发生定向的电渗析、电泳运动以及电迁移,使土壤空隙中的荷电离子或粒子发生迁移运动。热解析法主要用于修复有机物,它是通过加热升温土壤,收集挥发性污染物进行集中处理。土壤气相抽提法则是一种原位修复技术,主要是去除石油污染土壤中挥发性或半挥发性的石油组分。上述新兴的土壤污染控制技术与传统的技术相比具有经济效益高、能够从根本上控制土壤污染的优点,但是新兴土壤污染控制技术仍有自身的局限性,例如热解析法需要消耗大量的能量,并且容易破坏土壤中的有机质和结构水,同时还会向空气挥发有害蒸气而造成二次污染。可见,需要根据土壤污染实际情况结合周边自然、人文条件,谨慎选择土壤污染控制技术。

　　土壤污染的化学控制技术也是一类发展较早的土壤污染控制、修复技术,通过土壤中的吸附、溶解、氧化还原、拮抗、配位螯合或沉淀作用,以降低土壤中污染物的迁移性或生物有效性。常用的土壤污染的化学控制技术包括固化、稳定化、萃取、淋洗等技术方法。固化技术是为了控制污染物在土壤中的迁移,向土壤中投加固化剂,形成渗透性较低的固体混合物,隔离污染土壤与外界环境,将污染物固封在固化物中。固化方法常用于处理重金属污染土壤。稳定化技术通过向土壤中加入稳定化试剂,改变污染物的形态或价态,将污染物转化为不易溶解、迁移能力小以及毒性小的形式或状态。萃取技术根据相似相溶原理,向污染土壤中添加萃取剂,实现对土壤污染物的萃取,常用于土壤有机污染控制。例如,向石油污染的土壤中添加有机溶剂,实现对石油污染物的萃取,萃取后还可对有机相进行分离、回收。淋洗技术是指采用淋洗液淋洗污染土壤,实现土壤与污染物分离的过程,常用的淋洗液包括清水、含有化学助剂的水溶液等。

　　近年来发展的生物控制技术成为目前土壤污染控制技术研究的热点,这主要是考虑到生物控制技术不仅有利于减少土壤中污染物的浓度,而且利用生命体的代谢活动,如微生物、植物等,使受污染的土壤恢复到健康状态。根据生物控制技术选用生物类型的不同,可以分为微生物、植物修复和动物控制技术。土壤中的某些微生物对一种或多种污染物具有沉淀、吸收、氧化和还原的作用,微生物控制就是利用上述作用降解土壤污染物或降低土壤对污染物的吸收、吸附。微生物修复控制技术受到多种因素的影响,如温度、水分、pH 以及氧气等均可以通过影响微生物的活性,影响技术最终控制的效果。植物控制技术,起源于采用对重金属具有富集能力的植物修复重金属污染土壤。随着植物控制技术的发展,根据植物修复的机理和作用过程的不同,现阶段常用的植物控制技术包括:植物提取、植物挥发、植物稳定和植物降解等。植物提取主要是靠植物吸收土壤中的污染物,这些污染物运输并储存在植物体的地上部分,通过种植和收割植物而达到去除土壤中污染物的目的。植物挥发净化土壤可以分为两种方式:一是植物根系分泌物作用土壤中的污染物,将其转化为挥发态;其二是植物吸收土壤中的污染物,在体内将其转换挥发态,释放进入大气。植物稳定是指植物通过特定的生化过程,例如分泌根系分泌物,降低土壤中污染物的流动性或生物可利用性。植物降解则是在植物根系分泌物与根际微生物联合作用下,降解土壤污染物的生物化学过程。动物控制技术与植物控制类似,区别在于,动物控制技术主要是利用土壤动物修复污染土壤,主要利用土壤动物对于污染物的吸收、转化和分解作用,也称为直接作用;或是土壤动物对土壤理化性质、土壤肥力的改善,从而促进植物和微生物对土壤污染的去除,因此,也称为间接作用。常用的土壤动物包括蚯蚓、线虫等。

　　综上所述,物理、化学和生物土壤控制技术各有优缺点,其适用范围也各不相同,因此在处理污染土壤时应当根据实际情况选择适宜的技术,以达到最佳处理效果。同时,考虑到土壤污染的复杂性,也可以考虑开展多种技术的联合,通过联合使用多种技术,实现对土壤污染的有效控制与治理。

典型案例
分析

第四节 大气污染控制技术

一、大气污染防治措施

日益严重的大气污染对公众的健康、生态环境和社会经济产生了巨大的威胁与损害，有必要对大气污染进行综合防治，其关键是减少大气污染物的排放，从源头控制大气污染。目前，我国的大气污染控制已经从"末端治理"向"综合治理、污染源控制"的方向发展。

大气污染防治措施主要有：

（1）全面规划，合理布局。我国大气污染的主要原因之一就是工业布局不合理，而合理的工业布局能充分利用大气环境的自净作用，最大限度地减轻生产对区域大气环境造成的危害。因此，为了控制城市和工业区的大气污染，必须调整产业结构，合理进行产业规划布局，对污染严重的企业实行技术革新和改造，做好全面环境规划，采用区域性综合防治措施。

（2）推行清洁生产。不断开发清洁能源，缓解过度依赖化石燃料导致的能源危机，从源头治理工业污染，将污染物消除或消减在生产过程中，生产末端处于无废或少废排放状态。坚持"资源开发与节约并重，把节约放在首位"的能源方针，节约能源，提高能源利用效率（王文林，2013）。

（3）加大绿化面积，植树造林。绿色植物是区域生态环境中不可或缺的重要组成部分，是空气的天然过滤器，是减轻大气污染最经济有效的措施。植树造林不仅能美化环境，调节空气湿度和城市小气候，防风固沙，而且在净化空气和减弱噪声方面皆会起到显著作用。

（4）加强和完善环境管理体制。完善的环境管理体制是由环境立法、环境监测和环境保护管理机构三部分组成的。完善的环境管理体制是环境管理的前提和依据。要不断完善相关法律法规，对违规排污企业进行经济处罚的同时，追究法律责任，严格执行"三同时""排污许可证""排污收费"，以及综合利用产品的减免税收制度等。

（5）加大环保宣传力度。大气环境的保护仅仅依靠政府行为、市场机制是远远不够的，应鼓励公众参与。各级政府、环保部门通过多途径加大环保宣传，通过宣传、教育，让人们对大气环境污染有一个更清楚的认识，从自身做起保护环境，积极地监督、举报环境违法案件。

二、大气污染控制技术

根据大气污染源的不同，大气污染控制技术主要分为两种类型：颗粒物污染控制技术和气态污染物控制技术。

1. 颗粒物污染控制技术

颗粒物是悬浮于大气中的固态或液态的颗粒物质的总称。通常采用除尘装置净化大气中颗粒污染物。按照除尘装置分离粉尘机理的不同，除尘装置主要分为机械除尘、湿式除尘、过滤除尘和电除尘。

机械除尘即利用重力、惯性力和离心力等力的作用使粉尘与气流分离沉降,达到净化的目的。主要类型有重力沉降室、惯性力除尘器、离心除尘器。其中最简单的机械除尘是重力沉降室,其利用重力作用在气体的流动过程中使其中颗粒物沉降而收集,但是其除尘效率较低,通常只作初级除尘技术。目前我国工业和民用锅炉上广泛应用的是离心除尘器,即旋风除尘器,其结构简单、投资少、维护方便,在设计和使用中通过优化设备参数降低气流阻力,达到比较理想的运行效率。

湿式除尘是将含尘气体与液体(通常是水)接触,利用水滴与颗粒物的惯性碰撞及拦截作用捕集颗粒物,净化废气。这种技术可以将直径为 $0.1\sim20~\mu m$ 的颗粒物从气流中除去,设备结构简单成本低,除尘效率高,在处理高温、易燃易爆气体时安全性好,操作和维护方便。但由于在净化过程中产生废水和污泥,因此必须事先考虑此类废物的处理与处置,以免发生二次污染。

过滤除尘是使含尘废气通过过滤材料而将颗粒物从气流中分离出来的技术,目前使用较多的是袋式过滤器。袋式过滤器采用纤维织物作为滤料,当废气通过滤料层时,产生惯性碰撞、截留、扩散等效应,从而对颗粒物加以捕集,过滤效率可以达到 99% 以上,在工业尾气的除尘上有着较为广泛的应用。此外,还可以利用石英砂、卵石作为滤料,使粉尘与气体分离,达到净化气体的目的。

电除尘是将含尘废气通过高压电场,使颗粒物带电,然后在静电力的作用下使得尘粒沉积在集尘电极上,从而实现净化气体的目的。由于电除尘过程的分离力直接作用在粒子上,而不是整个气流上,使得分离粒子的过程具有能耗低、气流阻力小、除尘效率高的特点。它对细微颗粒物也有很好的处理效果,净化效率可达到 99% 以上,处理气量大,可处理高温和强腐蚀性气体。

2. 气态污染物控制技术

工业生产中会产生大量有害气体,种类繁多、特点不同,根据不同种类的污染物,采用的净化方法也不同,下面以二氧化硫和氮氧化物为例介绍气态污染物的控制技术。

(1) 二氧化硫控制技术。我国主要的含硫燃料是煤和重油,脱除其中的硫元素是降低 SO_2 排放的有效途径,目前控制 SO_2 污染技术主要有燃料脱硫、低硫燃烧和烟气脱硫技术,其中烟气脱硫技术的应用最为广泛。当烟气中含硫量超过 2% 时,可采用接触法回收烟气中的硫,主要是在催化剂的作用下,将烟气中的 SO_2 催化氧化成 SO_3,与水作用生成硫酸,此技术可将烟气中 99.7% 的 SO_2 转化为硫酸。

但对于低浓度的 SO_2 烟气,脱硫技术可分为湿法和干法。目前应用最广泛的是湿法处理技术,其脱硫剂多采用石灰、石灰石等,它们可与 SO_2 反应,以硫酸盐和亚硫酸盐的形式将其固定下来以实现净化的目的。干法脱硫是利用固态吸附剂去除烟气中 SO_2 的方法,包括活性炭吸附法、接触氧化法和还原法等。

(2) 氮氧化物控制技术。燃料燃烧是氮氧化物的主要来源,硝酸生产和硝化等工艺过程也能产生一部分氮氧化物。其控制技术主要有低氮燃烧、烟气脱硝和机动车尾气控制技术。低氮燃烧技术就是改变燃烧条件,使氮氧化物的生成受到抑制,或是对已经产生的氮氧化物进行破坏,从而降低氮氧化物排放量(张媛媛等,2015)。烟气脱硝技术即对烟气进行处理,减少氮氧化物排放,目前最成熟的烟气脱氮技术是选择性催化还原技术,采用氨气作为还原剂,通过催化剂作用使其不与氧气而只与氮氧化物反应,将其还原为氮气和水,净化率可以达到 60%～90%。

3.大气污染综合治理措施

除了用工程的手段积极开展大气污染控制外,针对大气污染,需要采用综合的治理手段和管理措施,从源头控制大气污染,提升空气质量,促进大气环境保护工作顺利有效开展。

以大气污染源头作为大气污染综合治理的重点,积极设置科学合理的措施和治理方案。一是要从源头开展预防工作,切实降低大气污染的程度,能够在一定程度上提升大气的总体质量。二是开展科学管理工作,针对汽车尾气、工业污染加以有效控制,推广绿色出行活动,加大宣传工作,提升社会公众的环保意识,从自身实际出发,减少私家车辆的出行,积极采用自行车、公交车、地铁等出行工具,减少汽车尾气。

除此之外,使用先进科学的生产技术和空气净化处理技术也是大气污染综合治理的重要内容。对于工业生产而言,广泛引进空气净化器,控制好废气排放的源头,严格按照标准排放,减少污染物和温室气体排放。一些新型的空气净化处理技术有待进一步深入研究。例如,燃煤烟气中常常同时含有 SO_2 和 NO_x,如何同步消除这两种有害物质一直是研究的热点。开发同步还原 NO_x 和 SO_2 的催化剂,研究脱硝脱硫的高效脱除反应的催化反应机理、中间产物,目前仍是难度较大的科学问题。

大气污染综合治理也离不开环境职能部门在管理领域的积极参与。环境职能部门需要明确自身职责,结合现阶段的大气污染情况,制定出切实可行的管理制度和规范标准,确保其能够严格落实到现实行业中;需要提升全体人民的环保意识,尤其是相关工业企业的环境保护意识;更需要持续加大在大气污染方面的检测和控制力度,开展全面有效的排查和处理工作,积极制定出科学可行的治理措施和实施方案。

典型案例
分析

第五节　固体废物和物理性污染控制

一、固体废物处理与处置技术

《中华人民共和国固体废物污染环境防治法》(2020 修正)明确指出:固体废物,是指在生产、生活和其他活动中产生的丧失原有利用价值或者虽未丧失利用价值但被抛弃或者放弃的固态、半固态和置于容器中的气态的物品、物质以及法律、行政法规规定纳入固体废物管理的物品、物质。因此,废物往往只是相对的概念。在一个企业或部门被丢弃不用的东西,转移到另一个企业或部门则可能变为有用的资源;在一段时间被认为没用的废物,在另一段时间里则可能成为有用的资源。但是,在这些被丢弃不用的废物未找到新的用途之前,它们仍属于废物之列。因此,废物常常被看作是"放错地点的原料"(李晨,2015)。固体废物有多种分类方法:按废物的化学性质,可以分为无机废物和有机废物;按废物的来源,可分为矿业固体废物、工业固体废物、城市垃圾、农业废物和放射性固体废物。为了采取不同的处理方式对固体废物进行管理、无害化处理和综合利用,也可根据固体废物的理化性质将其分为城市生活垃圾、工业固体废物和有毒有害固体废物三大类。

固体废物在一定的条件下会发生化学、物理或生物的转化,对周围的环境产生一定的影响,如果采取的处理方法不当,有害物将通过水、气、土壤、食物链等途径污染环境与危害人体健康。据统计,全国累积堆存废物量已达 60 亿 t,占地 514 亿 m³。此外,随着我国城市化趋势的增强,城市数量增多、规模扩大,人口膨胀,城市垃圾的产生量也迅速增长,每年以 8%～10% 的速度递增。

工业固体废物数量庞大、种类繁多、成分复杂,最好的处理方法是回收利用,但是由于量大,受技术和经济条件的限制,目前大部分固体废物尚未利用或不可能利用,所以对未利用的固体废物应进行妥善的处理和处置。处理是指将固体废物变成适于运输、利用、储存或最终处置形态的过程。其方法包括物理处理、化学处理、热化学处理和固化处理;处置是指最终处置或安全处置,是固体废物污染控制的末端环节,是解决固体废物的归宿问题。

（一）固体废物处理技术

固体废物的处理方式分为物理处理、化学处理、热化学处理、固化处理。

（1）物理处理技术

物理处理技术,是指通过压缩或相变来改变固体废物的结构,使之成为便于运输、利用、储存和最终处置的形态。常用下述几种技术。

压实技术:将废物加压固化,外面用金属网捆包,再涂上沥青涂层,减小废物容积,适用于含水率低的废物,最后填埋。

破碎技术:目的是便于运输、分选、后续的焚烧和最后的填埋。具体而言,对混凝土块等大物料采用挤压破碎,对塑料橡胶等柔性物料采用剪切破碎,对硬质物料采用冲击破碎,还有一种现在比较流行的低温破碎方法是先用液氮等制冷剂降温脆化,然后再破碎。

分选技术:目的是提高回收物质的纯度和价值。常见的有筛分、重力分选、磁力分选、涡电流分选、光学分选。

（2）化学处理技术

化学处理技术,是指利用化学反应破坏固体废物中的有害成分,适用于成分单一的固体废物,包括氧化、还原、中和、化学沉淀和溶出等方法。

（3）热化学处理技术

热化学处理技术,是指利用高温来分解或转化有机物含量高的固体废物,实现无害化和减量化,同时还可以回收余热和再生资源。常用下述技术。

焚烧:将固体废物高温分解和深度氧化。优点是可杀灭病菌、减少垃圾体积、减少最终填埋量,还可回收释放的能量作为能源。缺点是易造成二次污染,所以现在很多是远洋焚烧,用安装有特殊焚烧装置的船把固体废物运到远海焚烧,焚烧的废气经过净化和冷凝,再排放到大气。

热解:在无氧或缺氧条件下,高温加热,分解为气态、固态和液态三类产物。优点是二次污染小。

湿式氧化:也称"湿式燃烧法",是有机物料在有水介质存在的条件下,加压升温、快速氧化。

（4）固化处理技术

固化处理技术,是指采用固化基材将废物固定或包裹起来,降低对环境的危害。固化以后再填埋,适用于有毒有害废物和放射性废物。

　　固体废物的最终处置是污染控制的末端环节。也就是说,前面资源化处理以后,还有一些废物残渣无法回收利用,这些残渣可能还富集了大量的有毒有害物质,要将它们与生物圈隔绝开来,就需要最终处置。

　　(二)固体废物处置技术

　　处置技术分为以下两类:

　　(1)海洋处置

　　海洋处置技术分为海洋倾倒与远洋焚烧。

　　(2)陆地处置

　　包括土地耕作处置、深井灌注处置、土地填埋。土地填埋技术工艺简单、成本低,是目前处置固体废物的主要方法。陆地处置种类较多,例如,利用山间填埋、利用人工开发过的废矿坑、废黏土坑填埋,既处置废物,又可以覆土再用,恢复地貌,维持生态平衡。

　　陆地处置的注意事项,一是要注意填埋场地的选择,防止土壤、水体污染;二是要采取一定的防护措施,例如加垫黏土、沥青、塑料布防止废液渗出,设计并安装好排水系统和排气设施。

二、噪声及其他物理性污染控制技术

　　(一)噪声污染控制

　　所谓噪声,就是人们不需要的声音。噪声污染严重影响人们的休息和工作,人们长期生活在噪声中会影响身体的健康,降低劳动生产率,损伤听力。防止噪声污染,已成为一个刻不容缓的问题。

　　目前,我国噪声污染已成为继大气污染、水污染之后的第三大污染,噪声对人体造成的危害主要有以下几种:① 噪声危害听力。长期在 90 dB 以上的高噪声环境下工作的人,有 $50\% \sim 80\%$ 患有噪声性耳聋。② 噪声危害人的神经系统。引起头晕脑涨、烦躁耳鸣、失眠多梦、记忆力下降、注意力难以集中,在噪声的刺激下,人的神经系统,尤其是高级部位,容易引起机能紊乱,对睡眠、休息和工作效率都会产生直接的影响。③ 噪声危害人的心脑血管系统。噪声的大小强度变化导致人体血压的上升和下降,强烈的噪声可引起全身肌肉收缩、呼吸和心跳频率加快、心律不齐、血压升高等。我国有关调查表明,地区的噪声每上升 1 dB,该地区的高血压发病率就增加 3%。④ 噪声可引起消化系统病症,造成胃肠机能阻滞,消化液分泌异常,胃酸降低。⑤ 噪声可影响母体中胎儿的正常发育和儿童的智力发展。

　　目前,减少噪声污染可由以下几方面入手:

　　(1)噪声音源控制

　　要减少噪声,首先可考虑从噪声源入手。在香港,车辆的噪声受法例管制,首先登记时必须符合国际认可的噪声标准。此外,道路表面如铺上吸音物料,亦可减低马路与车辆轮胎所产生的噪声。使用会产生噪声的产品,亦应受法例管制。手提撞击式破碎机及空气压缩机便是其中的例子,这类高噪声产品必须符合国际噪声标准,使用时必须持有"绿色噪声标识"。

　　使用较新、较宁静的技术,比使用传统的高噪声设备更能于施工时减低噪声的产生。例如使用油压夹碎机以代替传统的破碎机进行拆卸工程,便能减低噪声。有一些地下公共设施工程,亦会使用较宁静的顶管法以代替明挖法。

将噪声源密封则具有隔声及其他作用。例如用于机器的隔音罩,隔音罩表面通常铺有金属板,内层采用孔板,两者之间以吸音物料填满,这样便可减少机器的噪声。

（2）减少噪音的传送

减低噪声的方法之一是把噪声源和噪声感应强的地方分隔开。然而,在高楼密集的城市,单单靠距离来降低繁忙高速公路的噪声,在实际的情况下并非经常可行。较常见的方法是采用额外的减音措施,例如以天然景物、能耐噪声的构筑物(如停车场、商业楼宇或装有隔音设备的办公大楼)、专设平台、隔音屏障或隔音罩来阻隔噪声。此外其他方法,诸如妥善规划土地用途,以免繁忙高速公路穿越住宅或太接近噪音感应强的地方;以耐噪声楼宇隔开噪声感应强的地方,以及混合采用各种减音措施,通常也可在设计阶段预防噪声问题。在规划阶段,也可考虑另类运输模式,例如铁路、行人通道、单车径、地下通道等其他可预防或减低噪声的方法。

（3）保护受噪声影响者

将受噪声影响的地方,如卧室和书房等安排到背对噪声源一边,能将噪声的影响减低。安装适当的窗户固然能减低噪声,应用于住宅楼宇上却会导致住户不能享受"窗户开放"的环境,故此,隔音窗户通常视为最后的补救措施。

世界卫生组织在积极控制噪声污染方面的报告中表示,该组织将积极协调有关减少噪声污染的国际性研究项目,支持发展中国家的治理噪声计划,制定和完善有关噪声的测量标准,鼓励有关噪声对环境和健康影响的研究,进一步加强有关噪声污染的宣传,让全社会重视噪声污染的危害,减少噪声污染对人体健康的影响。

（二）电磁辐射污染及防治

现如今,电磁技术已经运用到多个行业,同时也带来了巨大的电磁污染。电磁污染不仅危害周边环境,其辐射污染还会对人体健康带来较大的伤害。影响人体健康的电磁辐射多来自日常生活中常用的电器,包括手机、电脑、电磁炉等。

电磁辐射污染产生的原因主要是电磁的屏蔽系统和滤波系统没有达到指定的要求,所以会产生一定量的电磁泄漏,从而对人体的健康造成影响。所以,进行防辐射的第一步是将屏蔽产品辐射的器材设置完善。在完善屏蔽产品辐射装置的时候,最需要注意加强电磁兼容性,降低电磁辐射。第二步,在产品进入市场之前进行电磁辐射和泄露情况的检查和分析。对一些大型的器材,还需要对周围的电磁场进行检查和分析,尽量将伤害降到最低。第三步,除去保证产品本身的辐射能够在合理的范围内,我们还需要做好外界的防护措施,比如穿有屏蔽功能的衣服,带屏蔽辐射的眼镜等等,从而全方位地保障人体健康。

科学运用电磁辐射控制技术是有效防治电磁辐射的重要举措,目前运用比较广泛的有电磁屏蔽技术、高频接地、滤波技术、植物绿化等。电磁屏蔽技术的关键就是利用电磁辐射扩散抑制材料,把环境和电磁场源分离开来,将电磁辐射控制在合理的范围之内,进而实现电磁辐射污染防护的目标,屏蔽高频电磁场是目前电磁屏蔽技术应用的重点。而高频接地技术则是将屏蔽体内部的射频电流导入地下,避免其出现二次辐射。滤波技术可以有效抑制电流的干扰,屏蔽无用信号并确保有用信号顺利通过;植物绿化借助植物能够吸收电磁能量的特质,在电磁辐射污染严重的地区大面积进行绿化种植,降低电磁辐射给人体带来的伤害。

（三）放射性污染及防治

环境空间中的放射性污染物排放源，可分为自然源和人为源。自然源主要是：① 宇宙中的射线。② 地壳中的放射性元素。③ 空气中的放射性元素。④ 地表水体中的放射性元素。一般说来，天然放射性排放，自古以来就存在，它们是产生放射性本底的主要来源。天然放射性本底，不构成对人类健康的危害。因此，一般来说，它们不属于我们通常所说的放射性污染。我们通常所说的放射性污染，主要是指由于人类的不适当活动，导致环境空间中放射性物质增加，放射性强度增大，并对人类造成危害的现象。人类活动中的放射性污染源主要有：① 原子弹和氢弹爆炸。② 核电站泄漏事故。③ 核潜艇动力装置爆炸。④ 其他各种核设施、核装置的泄漏事故。⑤ 放射性同位素应用过程中可能发生的放射性物质泄漏事故等。

为了防治放射性的污染与危害，保护人民的生命安全与身体健康，国家制定了一系列的核辐射防护法律、法规、规章和条例。有关部门根据核辐射防护的基本原则，制定了严格的放射性操作规程和防护技术措施。只要遵循放射性防护的基本原则，严格按照操作规程工作，实行必要的防护技术措施，就可以使人体接受的照射剂量在安全值以内，保证人体健康不受损害。我国全国人民代表大会常务委员会颁布了《中华人民共和国放射性污染防护法》，国务院发布了《放射性同位素与射线装置安全和防护条例》《核电厂核事故应急管理条例》。国家环境保护局发布了《城市放射性废物管理办法》《放射环境管理办法》。

放射性污染防护的技术措施主要包括：① 利用探测仪器对环境放射性本底进行实时监测。② 对放射源进行必要的屏蔽。③ 放射源必须设专人保管。④ 工作人员穿戴防护衣、防护帽、防护口罩和防护手套。⑤ 放射性工作人员必须经过严格的技术培训，具备防护基本知识。⑥ 建立放射性工作人员卫生保健制度等。

问题与讨论

1. 简述环境污染控制类型。
2. 你认为目前的环境污染控制中有哪些热点科学问题？
3. 水污染综合防治的基本原则是什么？
4. 水环境污染控制技术中的物理处理技术和化学处理技术有什么不同？
5. 土壤污染防治措施主要有哪些？
6. 大气污染的定义是什么？主要防治措施有哪些？
7. 什么是湿式除尘技术，有哪些优缺点？
8. 结合我国现状，谈一谈垃圾分类在固体废物管理中的意义。
9. 环境污染治理新材料的研发是目前研究的热点，选择1～2种你了解的环境污染治理新材料，谈谈其在环境污染控制中的应用。

第三篇
环境管理策略与实践 ——————————•

　　本篇包括环境管理概述、环境管理的经济学手段、可持续发展的基本理论与实践、流域环境管理与实践和区域环境管理与实践共5章内容。第十三章环境管理概述主要从环境管理的基本内涵、手段、方法和发展过程阐述了环境管理的基本概念和相关知识。第十四章环境管理的经济学手段主要论述了环境保护与经济发展的辩证关系,环境管理的重要经济学理论和环境管理的主要经济手段,并以新安江流域生态补偿作为案例开展了分析研究。第十五章可持续发展的基本理论与实践系统论述了可持续发展的基本理论、评价方法和实施途径即循环经济的内涵,详细介绍了循环经济在发达国家的实践与经验和在我国的发展与现状,并以丹麦的低碳经济为案例开展了分析研究。第十六章流域环境管理与实践论述了流域环境管理基本概念和内涵,详细介绍了国外流域管理的实践与先进经验和我国流域管理的发展与现状,并以鄱阳湖流域环境管理为案例开展了分析研究。第十七章区域环境管理与实践论述了区域环境管理的基本概念与内涵,介绍了基于我国国土空间开发战略的区域环境管理,并以京津冀城市群环境管理为案例开展了分析研究。

第十三章　环境管理概述

第一节　环境管理概念及内涵

一、环境管理概念的提出

环境管理概念从 20 世纪 70 年代初开始形成,此后国内外学者对环境管理的概念与内涵认识日益深化。"环境管理"概念于 1974 年在墨西哥召开的"资源利用、环境与发展战略方针"专题研讨会上首次被正式提出,此次会议形成了三点共识:① 全人类的一切基本需要应当得到满足;② 要进行发展以满足基本需要,但不能超出生物圈的容许极限;③ 协调这两个目标的方法是环境管理。

1975 年休埃尔在其《环境管理》一书中对环境管理做了专门阐述,指出"环境管理是对损害人类自然环境质量的人为活动(特别是损害大气、水和陆地外貌质量的人为活动)施加影响"。他特别说明,所谓"施加影响"是指"多人协同的活动,以求创造一种美学上会令人愉快、经济上可以生存发展、身体上有益于健康的环境所作出的自觉的、系统的努力"。我国学者刘天齐主编的《环境技术与管理工程概论》一书中,对环境管理的含义作出了如下论述"通过全面规划,协调发展与环境的关系,运用经济、法律、技术、行政、教育等手段,限制人类损害环境质量的行为,达到既满足人类的基本需要,又不超出环境的容许极限的目的。"

根据国内外学者的阐述,环境管理的含义主要应涵盖以下四个方面。

(1)协调发展与环境的关系。建立可持续发展的经济体系、社会体系和保持与之相适应的可持续利用的资源和环境基础,是环境管理的根本目标。

(2)运用各种手段限制人类损害环境质量的行为。人在管理活动中扮演着管理者和被管理者的双重角色,具有决定性的作用,因此环境管理的核心是对人的管理。

(3)环境管理是一个动态过程。它必须适应社会、经济、技术的发展,并及时调整政策措施,使人类的经济活动不超过环境的承载能力和自净能力。

(4)环境保护作为国际社会共同关注的问题,环境管理需要超越文化和意识形态等方面的差异,采取协调合作的行动。

综上所述,环境管理是指依据国家的环境政策、法律、法规和标准,坚持宏观综合决策与微观执法监督相结合,从环境与发展综合决策入手,运用各种有效管理手段,调控人类的各种行为,协调经济、社会发展同环境保护之间的关系,限制人类损害环境质量的活动以维护区域正常的环境秩序和环境安全,实现区域社会可持续发展的行为总体。其中,管理手段包括法律、经济、行政、技术和教育五个手段。

二、环境管理的目的

环境问题的产生并且日益严重的根源在于人们错误的自然观，以及在此基础上形成的基本思想观念上的扭曲，进而导致人类社会行为的失当，最终使自然环境受到干扰和破坏。也就是说，环境问题的产生有两个层次上的原因：一是思想观念层次上的；二是社会行为层次上的。基于这种思考，人们终于认识到必须改变自身一系列的基本思想观念，必须从宏观到微观对人类自身的行为进行管理，以尽可能快的速度逐步恢复被损害了的环境，并减少甚至消除新的发展活动对环境的结构、状态、功能造成新的损害，保证人类与环境能够持久地、和谐地协同发展下去，这就是环境管理的根本目的。具体来说，环境管理的目的就是通过对可持续发展思想的传播，使人类社会的组织形式、运行机制以及管理部门和生产部门的决策、计划和个人的日常生活等各种活动，符合人与自然和谐相处的要求，并以法律法规、规章制度、社会体制和思想观念的形式体现出来。

三、环境管理的任务

环境管理的基本任务有两点：转变人类社会的一系列基本观念和调整人类社会的行为。

观念的转变包括消费观、伦理观、价值观、科学观和发展观直到整个世界观的转变（表 13.1）。这种观念的转变将是根本的、深刻的，它将带动人类文明的转变。当然，要从根本上扭转人类既成的基本思想观念，显然不能单纯通过环境管理就能达到目的，但是环境管理却可以通过建设一种环境文化来为整个人类文明的转变服务。环境文化是以人与自然和谐为核心和信念的文化，环境管理的任务之一就是要指导和培育这样一种文化，以取代工业文明时代形成的以人为中心、以人的需要为中心、以自然环境为征服对象的文化，并将这种环境文化渗透到人们的思想意识中去，使人们在日常的生活和工作中能够自觉地调整自身的行为，以达到与自然环境和谐的境界。文化决定着人类的行为，只有转变了过去那种视环境为征服对象的文化，才能从根本上解决环境问题。所以，从这个意义上来讲，思想观念的改变是环境管理的一项长期的根本任务。

表 13.1　人类社会思想观念的转变

观念	传统观念	可持续观念
消费观	过量消费，奢侈消费	节约消费，绿色消费
伦理观	局限于人与人之间的伦理	人与自然之间的伦理
价值观	环境资源无价值	环境有价，生态资源有价
科学观	分析的科学	综合的、整体的科学
发展观	单纯追求经济增长	追求人与自然相和谐的可持续发展

相对于思想观念的转变而言，行为的调整是较低层次上的调整，然而却是更具体、更直接的调整。人类的社会行为可以分为行为主体、行为对象和行为本身三大部分。从行为主体来说，还可以分为政府行为、市场行为和公众行为三种（表 13.2）。政府行为是国家的管理

行为,诸如制定政策、法律、法规、发展计划并组织实施等。市场行为是指各种市场主体包括企业和生产者个人在市场规律的支配下,进行商品生产和交换的行为。公众行为则是指公众在日常生活中诸如消费、居家休闲、旅游等方面的行为。这三种行为都可能对环境产生不同程度的影响。

表 13.2　人类社会行为的调整

环境行为	不利于环境的行为	环境友好的行为
政府行为	环境保护投入不足 环境保护实施力度不强 环境公共责任认识不够	充足的环境预算 制定并推行环境保护 重视政府的环境公共责任
市场行为	高污染,高排放 资源高消耗 只追求经济利益,忽视社会责任	清洁生产和零排放 循环经济 关注企业环境形象与责任
公众行为	生活垃圾随意丢弃 浪费资源,过量消费 漠视环境问题	生活垃圾分类收集 节约资源,节约消费 积极参与环境保护

在这三种行为中,政府行为,特别是涉及资源开发利用和经济发展规划的行为,往往会对环境产生深刻而长远的影响,其负面影响一般很难或无法纠正。市场行为的主体一般是企业,而企业的生产活动一直是环境污染和生态破坏的直接制造者。公众行为对环境的影响在过去并不是很明显,但随着人口的增长尤其是消费水平的增长,公众行为对环境的影响在环境问题中所占的比重将会越来越大。由于消费方式的原因,大量的产品在未得到充分利用或仍可以作为资源回收再利用的情况下,就被公众当成了废物丢弃,这不仅加剧了固体废物对环境的污染,而且也对资源的可持续利用造成影响。由以上的分析可见,环境管理的两项任务是相互补充、互为一体的。其中,思想观念的改变是根本性的,但却是一项长期的任务,短期内对环境问题的解决效用不是很明显,而行为的调整则可以比较快地见效。同时,行为的调整也可以促进思想观念的改变。所以对于环境管理来讲,这两项任务不可偏废。

四、环境管理的内容

环境管理的内容比较广泛,涉及自然、经济和社会的各个方面,按照不同的分类依据有不同的环境管理内容分类。

（一）从环境管理的范围划分

1. 区域环境管理

区域环境管理是指环境管理行动落实在一定的区域范围内,以特定区域为管理对象,以解决该区域内环境问题为内容的一种环境管理。区域可以按照行政区边界划分,根据行政区划的范围大小,可分为省域环境管理、市域环境管理、县域环境管理等;可以按照自然流域边界划分,以特定流域为管理对象,以解决流域内环境问题为内容的一种环境管理。根据流域的大小不同,流域环境管理可分为跨省域、跨市域、跨县域、跨乡域的流域环境管理。例如,中国针对淮河流域、太湖流域、辽河流域、长江流域、黄河流域、珠江流域和松花江流域开展的环境管理就是典型的跨省域的流域环境管理,而滇池流域和巢湖流域的环境管理就是省域内的跨市域、跨县域的流域环境管理;可以按照区域发挥的主体功能划分,可分为以提供工业品和服务产品为主体功能的城市化地区环境管理、以提供农产品为主体功能的农业地区环境管理、以提供生态产品为主体功能的生态地区环境管理等;本书第十六章和第十七章分别论述了流域环境管理与实践和区域环境管理与实践。

2. 行业环境管理

行业环境管理是一种以特定行业为管理对象,以解决该行业内环境问题为内容的环境管理。由于行业不同,行业环境管理可分为几十种类型,如钢铁行业环境管理、电力行业环境管理、冶金工业环境管理、化工行业环境管理、建材行业环境管理、医药行业环境管理、造纸行业环境管理、酿造行业环境管理、印染行业环境管理、交通部门环境管理、服务行业环境管理等。

3. 部门环境管理

部门环境管理是以具体的单位和部门为管理对象,以解决该单位或部门内的环境问题为内容的一种环境管理。例如,企业环境管理就是一种部门环境管理。

（二）从环境管理的属性划分

1. 资源环境管理

资源环境管理是指依据国家资源政策,以资源的合理开发和持续利用为目的,对自然资源开发和利用过程中的各种社会行为进行管理,以实现可再生资源的恢复与扩大再生产、不可再生资源的节约使用和替代资源的开发的环境管理。资源环境管理具体包括水资源、土地资源、森林资源、草地资源、海洋资源和生物多样性资源的管理等。

2. 质量环境管理

质量环境管理是一种以环境质量标准为依据,以改善环境质量为目标,以环境质量评价和环境监测为内容的环境管理。这种管理是一种标准化的环境管理,其管理内容包括水、气、土、声、辐射、生态等自然环境要素的环境质量管理,以及水体、土壤、大气、噪声、辐射等污染物排放的管理。

3. 技术环境管理

技术环境管理是一种通过制定环境技术政策、技术标准和技术规程,以调整产业结构、规范企业的生产行为、促进企业的技术改革与创新为内容,以协调技术经济发展与环境保护关系为目的的环境管理。从广义上讲,技术环境管理可分为环境工程技术（具体包括污染治理技术、生态保护技术）、清洁生产技术、环境预测与评价技术、环境决策技术、环境监测技术等方面。技术环境管理要求有比较强的程序性、规范性、严谨性和可操作性。

（三）从环境保护部门的工作领域划分

1. 规划环境管理

规划环境管理是依据规划或计划而开展的环境管理。这是一种超前的主动管理,也称为环境规划管理。环境规划是环境管理的首要职能,是指为使环境与社会经济协调发展而对人类自身活动和环境所作的时间和空间的科学安排。环境规划管理主要内容包括：制定环境规划；将环境规划分解为环境保护年度计划；对环境规划的实施情况进行检查和监督；根据实际情况修正和调整环境保护年度计划方案；改进环境管理对策和措施。

2. 建设项目环境管理

建设项目环境管理是一种依据国家的环境保护产业政策、行业政策、技术政策、规划布局和清洁生产工艺要求，以管理制度为实施载体，以建设项目为管理内容的一类环境管理。建设项目包括新建、扩建、改建和技术改造项目四类。

3. 环境监督管理

环境监督管理是从环境管理的基本职能出发，依据国家和地方政府的环境政策、法律、法规、标准及有关规定对一切生态破坏和环境污染行为，以及对依法负有环境保护责任和义务的其他行业和领域的行政主管部门的环境保护行为依法实施的监督管理。

第二节　环境管理手段

环境管理是一个具有对象性、目的性的管理过程，为了实现管理目标，需要运用一定的手段对管理对象施以控制和管理。环境管理手段是指为了实现环境管理目标，管理主体针对客体所采取的必需的、有效的手段。按其作用方式可分为：行政手段、法律手段、经济手段、技术手段和教育手段。

一、行政手段

环境管理的行政手段是指各级政府，根据国家行政法规所赋予的组织和指挥权利，以命令、指示、规定等形式作用于直接管理对象，对环境资源保护工作实施行政决策和管理的一种手段。在环境管理工作中，行政手段通常包括制定和实施环境标准，颁布和推行环境政策。主要包括环境管理部门定期或不定期地向同级政府机关报告本地区的环保工作情况，对贯彻国家有关环保方针、政策提出具体意见和建议；组织制定国家和地方的环境保护政策、环境规划和工作计划；运用行政权力对某些区域采取特定措施，如划为自然保护区、重点污染防治区、环境保护区等；对一些环境污染严重的排污单位实施禁止排污或严格限制排污，甚至将这些排污单位关、停、并、转、迁；对易产生污染的工程设施和项目采取行政制约，如实施建设项目的审批开发、环境影响评价、"三同时"管理制度（即污染防治设施要与生产主体工程同时设计、同时施工、同时投产使用）等。

环境管理的行政手段通常具有以下特征：

（1）权威性。行政机构的权威越高，行政手段的效力越强。因此，环境保护行政机构权威性的高低，对提高政府环境管理的效果有很大的影响。

（2）强制性。行政机构发出的命令、指示、规定等将通过国家机器强制执行，管理对象必须绝对服从，否则将受到制裁和惩罚。

（3）规范性。行政机构发出的命令、指示、规定等必须以文件或法规的形式予以公布和下达。

我国环境保护政策已经形成了一个完整的体系，目前具体包括"三大政策"和"八项制度"，即"预防为主，防治结合""谁污染，谁治理"和"强化环境管理"这三项政策及"环境影响评价""三同时""排污收费""环境保护目标责任""城市环境综合整治定量考核""排污申请登记与许可证""限期治理"和"集中控制"八项制度。

二、法律手段

环境管理的法律手段是指管理者代表国家和政府，依据国家法律法规所赋予的权利，并受国家强制力保证实施的对人们的行为进行管理以保护环境的方法。法律手段是环境管理的强制性措施，在调整人类社会作用于环境行为中发挥着最基础的作用，是其他方法的保障和支撑。法律手段包括立法和执法两个方面。立法是以法律的形式把国家对环境保护的要求固定下来；执法是按照法律规范对污染和破坏生态环境的单位和个人给予各种形式的处罚和惩治。法律是一种行为规范，它告诉人们应当做什么或不应当做什么。与其他手段相比，法律手段的最显著特征是强制性，即通过国家机器的保障，强制执行，是环境管理的一种强制性措施。违反法律规范的行为，将受到相应的制裁和惩罚。环境管理执法需联合司法部门，以法律的手段来制止破坏环境的违法行为，追究违反环境法律者的责任。

各个国家在环境管理的实践中逐渐形成了比较完整的环境法律法规体系，即环境法体系，具体是指开发利用自然资源、保护改善环境的各种法律规范所组成的相互联系、相互补充、内部协调一致的统一整体。一个完整的环境法体系通常包括以下几个方面：

（1）宪法中关于保护环境和防治污染的规定，是一个国家环境管理的宪法原则和法律基础。

（2）综合性的环境保护法，或称环境政策法。这种综合性的环境保护基本法是对环境保护的范围、方针政策、基本原则、基本法律制度、重要的防治措施和对策、组织机构等重大问题作出原则的规定。

（3）环境保护单行法，包括保护自然环境和资源的法规，如有关保护土地、矿藏、森林、草原、河流、湖泊、海洋、野生动物、自然保护区、国家公园等的法规，和防止污染及其他公害的法规，如防治大气污染和水污染，控制噪声和振动，防止热污染，固体废物、农药和有毒化学品的管理，防止放射性物质和电磁波危害等法规。

（4）各种环境标准。如环境质量标准、污染物排放标准、环境基础标准、标准样品标准和监测方法标准等。

（5）在其他部门法中的环境保护法律规范。

三、经济手段

环境管理的经济手段是指运用价格、税收、补贴、押金、补偿费以及有关的金融手段，引导和激励社会经济活动的主体主动采取有利于环境保护的措施。在市场经济中，由于不承认环境和自然资源具有价值,从而促使了环境和自然资源被过度消耗,呈现严重的枯竭状况。目前,环境和自然资源的价值虽然在认识论上已被肯定,但一时还无法在价格上加以表示,为此,在环境管理中可以运用一些经济手段加以补救,使行为主体的社会经济活动产生的环境外部性内部化,实现个人成本和社会成本、个人效益和社会效益相一致,以间接调整对环境与自然资源的利用。我国政府环境管理中,现行的主要经济手段如表13.3所示。

表 13.3　环境管理的主要经济手段

经济手段	内　　容
明确产权	明确所有权:土地所有权、水权、矿权等; 明确使用权:许可证、特许权、开发权
建立市场	可交易的排污许可证; 可交易的资源配额(用水配额、土地许可证)
税收手段	污染税;原料税和产品税;租金和资源税
收费手段	排污费;使用者收费;管理费;资源等补偿费
财政手段	财政补贴;优惠贷款;环境基金
责任制度	环源损害赔偿责任;保障赔偿;执行保证金
押金制度	押金退款制度(对需回收的产品或包装)
发行债券	发行政府和企业债券

与其他环境管理手段相比,经济手段具有自己的独特优势。经济手段的运用使得环境管理行为直接与成本-效益相连,利用市场机制,以最低的成本达到所需的环境效果,并实现资源的最佳配置,达到市场均衡;灵活、多样的经济手段还为政府和污染者提供了管理上的可选择性,双方均可根据具体情况,选择有利于自身的方案,可以极大地降低双方的管理执行成本,提高管理效率;经济手段还可为企业提供经济刺激作用,激发其进行污染控制技术、清洁生产、环保产品的创新,并实施生态管理。市场经济体制下,在运用传统的法律、行政等手段的同时,环境管理的经济手段已被广泛应用,并发挥着越来越重要的作用。本书第十四章对环境管理经济手段的理论基础和主要经济手段的应用实践进行了专门的论述。

四、技术手段

环境管理的技术手段是指管理者为实现环境保护目标而采取的环境工程、环境监测、环境预测、环境评价、决策分析技术等,用这些技术手段达到强化环境监督的目的。环境管理是在环境学和管理学交叉综合的基础上发展产生的,它既包括了环境保护方面的自然科学领域,也包括了社会、管理学的范畴,环境管理的有效实施必须依赖于相应的技术支持和保证。许多环境政策、法律、法规的制定、实施都涉及很多科学技术问题,因此环境问题解决得好坏,不仅取决于政府决策、市场因素,也取决于科学技术。环境管理的技术手段可以分为宏观管理技术手段和微观管理技术手段。具体来讲,宏观管理技术手段指管理者为开展宏观管理所采用的各种定量化、半定量化以及程度化的分析技术,属于决策技术的范畴(软技术),包括环境预测技术、环境评价技术、环境决策分析技术等。微观管理技术手段指管理者运用各种具体的环境保护技术来规范各类经济行为主体的生产与开发活动,对企业生产和资源开发过程中的污染防治和生态保护活动实施全过程控制和监督管理的手段,属于应用技术的范畴(硬技术),包括环境监测技术、污染防治技术和生态保护技术等。本书第二篇环境学原理与技术篇中对环境监测、环境风险评价和环境污染控制技术等环境管理的技术保证进行了具体论述。

五、教育手段

环境教育是指在一般教育规律的指导下,对不同层次的对象采用形式和方法多样的教育,是奠定环境保护思想基础的重要工具。环境教育的目的是使受教育者拥有一定的环境保护知识,同时提高受教育者的环境保护意识。环境教育的形式可以分为基础环境教育、专业环境教育、成人环境教育和社会环境教育四类。

(1)基础环境教育。基础环境教育的对象是中学生以下的青少年儿童。其主要任务是通过教授环保知识、开展环保活动培养他们的环境素质。如我国教育部《中小学加强中国近代现代史及国情教育的总体纲要(初稿)》和《九年义务教育全日制小学、初级中学课程计划》中已明确包含了基础环境教育内容。

(2)专业环境教育。专业教育的主要对象是环境专业的中等专业学校、职业高中和高等院校的学生。其主要任务是有计划地培养环境保护技术和管理人才。环境专业教育主要包括环境工程、环境管理、环境监理、环境法学、环境评价、环境监测、环境规划、生态保护、环境艺术等领域的环境专业教育。

(3)成人环境教育。成人环境教育主要包括成人学历教育、岗位培训和继续教育等。其主要目的是提高从事环境保护事业工作者的专业素质。

(4)社会环境教育。社会环境教育也称为公众环境教育,是指环保部门、教育机构和其他社会团体对广泛的社会公众进行的环境宣传教育活动。其主要任务是通过各种形式的媒介和活动帮助公众获得有关环境和环境问题的基本知识,促进公众环境意识的提高,鼓励和支持公众参与环境保护的积极性。

第三节　环境管理的基本方法

一、环境管理的实证方法

实证方法可以概括为通过对研究对象大量的观察、实验和调查,获取客观材料,从个别到一般,归纳出事物的本质属性和发展规律的一种研究方法。实证研究是一切科学的方法学基础,环境管理学也不例外。环境管理所有的基础知识理论和方法都需要而且只能由第一手的观察、实验、案例及研究者的经验来提供。因此包括实验、问卷调查,实地调查、案例研究等在内的实证方法,就成为环境管理获取知识和可靠资料,保持严谨性和科学性的基础和保证。

（一）实验方法

实验是近代自然科学发展的方法学基础。现代管理科学也是在实验的基础上发展起来的,许多管理理论的提出都遵循着一个共同的发展轨迹,即"实验—假设—实验—再假设"。可以说,实验使管理从经验走向了科学。而环境管理实验方法具有双重特性。一方面,与工商管理等学科中的管理科学有着相似相通之处;另一方面,与环境化学、环境生物学、环境物理学、环境地学中的环境科学实验方法有着天然的联系。因此,环境管理可以从这两类实验方法中吸取知识和经验,发展自己的实验方法和技能。可以分为两种类型:一种是实验室实验,是在人为建造的特定环境下进行;另一种是现场实验,是在日常工作环境下进行。这两种类型的实验大体上都可以包括三个步骤,即实验设计、实验实施和实验分析。

1. 实验设计

实验设计内容应包括提出实验问题、明确实验目的、选择实验对象、给出实验假设。要充分考虑来自实验者、实验环境和实验对象三个方面的影响因素,对相关实验因素进行相应的控制和处理。

2. 实验实施

按照实验设计的方案和程序开展实验,并在实验过程中特别关注实验因素的控制和实验质量的保证与控制。

3. 实验分析

对实验的结果进行系统的分析,比较实验结果与研究假设,检验实验是否或者多大程度证实了研究假设,并对实验提出相应的改进措施。

（二）问卷调查方法

问卷调查方法是通过设计、发放、回收问卷,获取某些社会群体对某种社会经济行为或者社会经济环境状况的反应的方法。调查者通过对这些问卷的统计分析来认识社会经济环境系统的现象及其规律。

问卷调查方法有三个基本特征:① 问卷调查要求从调查总体中抽取一定规模的随机样本;② 对问卷的收集有一套系统的、特定的程序要求;③ 通过调查问卷所得到的是数量巨大的定量化资料,需要运用各种统计分析方法才能得到研究结论。这三个重要特征,使问卷调查方法成为众多社会科学领域中广泛使用的、强有力的实证方法,也成为当前国际上通用的管理科学规范的研究方法之一。

问卷调查方法广泛应用于社会经济生活的多个方面,调查内容涵盖面非常广,各种社会现象、社会行为,都可以成为问卷调查的问题。可以将调查问题主要分为三大类:① 被调查样本人群的社会背景,包括人口方面的问题,如性别、年龄、职业、婚姻状况和文化程度等;经济方面的问题,如工资收入、家庭消费和各项支出等;社会方面的问题,如家庭构成、居住形式和社区特点等。这一类调查问题客观性很强,资料收集也相对容易,是大多数问卷调查都包括的一类基础性问题。② 被调查样本人群的社会行为和活动,即"做了什么"及"怎么做"等方面的问题。这一类问题也属于客观问题,通常构成很多问卷调查的主要内容。③ 被调查样本人群的意见和态度,即对待特定调查事物的看法。如人们如何看待垃圾分类、是否愿意为改善周围环境质量支付一定费用等。这类问题的性质是观念性、价值性的,便于了解人们的主观意愿和要求,在很多有关意愿的问卷调查中是重要调查内容。

在环境管理工作中也大量使用了问卷调查方法,主要包括环境现状调查、环境问题调查、环境公众参与、环境民意调查、环境价值评估、环境市场调查、环境政策调查等。环境管理中问卷调查方法的应用可以帮助管理者获得对管理对象的总体性初步认识和系统数据,并可以用来分析管理对象所出的状况、存在的问题,从而得出环境管理工作的对策方案。

问卷调查方法的主要步骤包括有:① 设计问卷,主要依靠对调查对象和内容的系统认识与分析开展问卷设计,问卷设计要围绕研究的问题和被调查对象,尽可能充分考虑被调查者可能出现的主观障碍和客观障碍并采取相应的应对措施。② 开展调查过程,主要采用正确的调查方式获取数据。开展问卷调查工作的方法包括自填问卷法和结构访问法两种。自填问卷法是指将调查问卷发送、邮寄给被调查者,由被调查者自己阅读和填写回答,然后由调查者收回的方法。其优点是节省时间、经费和人力,具有较好的匿名性,可以避免人为因素的影响,但存在回收、问卷回答质量得不到保证的缺点。结构访问法是指调查者依据结构式的调查问题,向被调查者逐一地提出问题,并根据调查者的回答在问卷上选择合适答案的方法,包括当面访问法和电话访问法两种形式。其优点是回答率高、回答质量好,缺点是时间和费用成本较大,匿名性差,受访者或被调查者受互动行为的影响较大。在实际工作中,应根据实际情况选取自填问卷法或者结构访问法开展调查。③ 处理和分析调查数据,主要靠运用各种统计方法进行数据的整理和分析以总结和发现包含在这些数据里的结论和规律。

（三）实地调查方法

实地调查方法是一种深入到调查对象的生活背景中,以参与观察和无结构访谈的方式收集资料,并通过这些资料的定性、定量分析来理解和解释现象的方法,也称为实地研究方法。实地调查方法的基本特征是"实地",即深入调查对象社会生活环境,在其中生活相当长一段时间,并用观察、询问、感受和领悟来理解研究现象。这种方法保证了调查者可以对自然状态下的研究对象进行直接观察,从而获取许多第一手的数据、资料等信息供定性、定量分析和直觉判断,从而发现许多其他方法难以发现的问题。

实地调查的主要方式是观察和访谈。观察可根据调查者所处的位置或角色分为局外观察和局内观察。访谈可分为正式访谈和非正式访谈,前者是指调查者有计划、有准备、有安排和有预约的访谈,如正式的采访、座谈会和参观等;后者是指调查者在实际参与研究对象社会生活的过程中,无事先准备的、随生活环境和时间自然进行的各种旁听和闲谈。

与其他实证方法相比,实地调查既是一个资料收集和调查的过程,同时也是一个思考和形成理论的过程。实地调查的优点体现在:① 在真实的自然和社会条件下观察和研究人们的态度和行为;② 调查的成果详细、真实、说服力强,调查者常常可以举出大量生动、具体、详细的事件说明研究结论;③ 方式比较灵活,弹性较大,相比试验和问卷调查方法,操作程序不十分严格,在过程中可进行灵活的调整;④ 适合调查现象发展变化的过程及其特征。实地调查的缺点体现在:① 资料的概括性较差,以定性资料为主,一般缺少定量的分析,所得结论难以推广到更大范围;② 结论可信度低,由于调查者所处地位、能力、主观判断的差别,加上实地调查很难重复进行,导致所得研究结论难以检验;③ 实地调查不可避免会对被调查者施加影响;④ 所需要的时间长、精力多、各项花费大;⑤ 可能涉及一些社会伦理道德问题。总之,实地调查方法的优缺点是相对的。如果拥有全面的调查方案、足够的调查资金、专业和有经验的调查人员,以及被调查者的认真配合,实施实地调查完全可以得出相当有科学性和实用性的成果。

（四）案例研究方法

案例研究方法是通过对一个或多个案例进行调查、研究、分析、概况、总结而发现新知识的过程。案例研究方法通过对一个或多个具体案例,如个人、公司、社会组织等的深入、全面详细和聚焦式的研究,一般可以获得丰富、生动、具体、翔实的资料,能够较好地反映出研究对象发生、发展变化的过程,为后来较大的总体研究提供重要的实证支持和理论假设。因此,案例研究方法在管理科学中具有非常重要的作用,很多有影响的管理科学理论都是基于一个或多个案例,进行长时间研究,总结和提炼的结果。

案例研究一般包括建立研究框架、选择案例、搜集数据、分析数据、撰写报告与检验结果等步骤。① 建立研究框架。案例研究首先要需要建立一个指导性的框架,一般包括案例研究的目的和要回答的问题、已有的理论或假设及案例的范围三个部分。② 选择案例。案例研究可以使用一个案例,也可以包含多个案例。案例的性质和数量必须满足研究的要求。一般而言,被选择的案例应该与研究主题具有较强的相关性。案例数量可以不遵从统计意义上的样本数量规则。对大多数研究而言,4～10 个案例是比较适合的,当案例数量过少情况又比较复杂时,就很难得出有意义的结论和理论,当案例数量过多,数据资料就会变得很多,案例之间的横向比较困难。③ 搜集数据。案例研究的数据收集方法与实验方法、问卷调查方法、实地研究方法中的相关数据收集方法相同,包括观察、访谈、问卷和文本分析等方法都可以用于案例研究中的数据收集。④ 分析数据。案例研究的数据分析方法也是与实验方法、问卷调查方法、实地研究方法中的相关数据分析方法相同。⑤ 撰写报告与检验结果。案例研究的成果一般是研究报告。正式的案例研究报告一般需要提供必要的原始数据、图表、附表,用以说明案例研究的科学性和可信度,以方便他人对案例研究过程和结论进行检验。

二、环境管理的模型方法

模型方法是环境管理宏观管理技术采用的重要定量化方法,根据模型应用的目的,主要包括环境模拟模型、环境预测模型、环境评价模型和环境规划模型等。

（一）环境模拟模型

环境模拟模型是利用定量化的指标和数学模型对环境社会系统中的人类社会活动行为及其引起的环境变化情况进行模拟和模仿,以便科学和准确地描述环境社会系统的运行状况和规律,为环境管理提供技术依据。

环境模拟主要可以分为对人类社会行为的模拟和对环境要素的模拟。

（1）人类社会行为的模拟

由于人类社会行为的多样性和丰富性,要精确进行模拟较为困难。以目前科学发展的认识水平和模拟能力而言,无论是宏观上还是在微观上,能够精确模拟的人类社会行为都是

比较少的。以关于人口数量发展的模拟为例,常用的指数模拟模型为

$$N_t = N_{t_0} e^{k(t-t_0)} \tag{13.1}$$

式中:N_t——t 年的人口总数;

　　N_{t_0}——t_0 年人口基数;

　　k——人口增长率。

（2）环境要素的模拟

相比较人类社会行为的模拟,环境要素模拟有较多成熟模拟模型,多称为环境质量模拟模型。这些模型根据环境要素的运动、迁移、转化规律,模拟出它们在人类社会活动影响下的变化情况和趋势,为科学和定量地了解、认识人类社会活动对环境的影响提供了技术依据。

以大气和水环境模拟模型为例,其理论基础都是三维的流体动力学模型:

$$\frac{\partial c}{\partial t} = E_x \frac{\partial^2 c}{\partial x^2} + E_y \frac{\partial^2 c}{\partial y^2} + E_z \frac{\partial^2 c}{\partial z^2} - u_x \frac{\partial c}{\partial x} - u_y \frac{\partial c}{\partial y} - u_z \frac{\partial c}{\partial z} - Kc \tag{13.2}$$

式中:　c——污染物浓度;

E_x、E_y、E_z——x、y、z 方向上的湍流扩散系数;

u_x、u_y、u_z——x、y、z 方向上的流速分量;

　　　K——反应速率常数。

由于环境要素运行的复杂性和多样性,环境要素模拟模型的数量非常多,包括水、气、声、土壤、生态等多个类别,具体模型可参见相关书籍。

（二）环境预测模型

环境预测,是指预测社会经济活动对环境影响和环境质量变化的活动,是环境决策和管理的基础,贯彻预防为主方针的一项重要措施。环境预测根据预测的内容可概括为社会发展预测、经济发展预测、环境质量与污染预测等。具体包括:人口、经济、科技的发展趋势;能源消耗、资源开发、土地利用的速度和规模;排污量或污染负荷的增长及其分布;环境质量和生态破坏的情况;经济损失和对人体健康的危害以及达到不同环境目标所需的投资和效益分析等。

1. 预测方法

预测结果的正确性在很大程度上取决于预测者选用的预测方法是否恰当。目前常用的预测方法根据适用条件和范围不同,总体上可分为以下五大类:

① 统计分析方法。在掌握大量历史数据资料的基础上,运用统计方法进行处理,从而揭示出这些数据资料所反映的内在客观规律,并据此对未来的状况进行预测。

② 因果分析方法。对事物及其影响因子之间的因果联系进行定量分析,通过演绎或归纳获得其内在规律,然后对未来进行预测。

③ 类比分析方法。把正在发展中的事物与历史上曾发生过的相似事物做类比分析,从而对未来进行预测。

④ 专家系统方法。将众多专家对事物未来所作的估计进行综合分析,从而对未来作出预测。

⑤ 物理模拟预测方法。建立与原型相似的实物模型,如水槽、风洞等,通过实验进行预测。

2. 预测模型

在以上预测方法中都会使用一定的数学工具来建立预测模型。环境预测模型常指环境数学模型,是应用一定的预测方法,用一个或一组数学方程(包括代数方程、微分方程或差分方程等)来表示所预测的环境社会因素随时间变化的形式或环境社会系统各要素之间的关系,来计算环境社会系统未来的变化与状态,达到环境预测的目的。按照环境预测模型原理的不同,主要有趋势外推预测模型、因果关系预测模型、灰色预测模型和专家系统预测模型四大类。

(1) 趋势外推预测模型

趋势外推预测模型是用数学模型表示事物随时间变化的形式,主要有线性模型、指数模型、对数模型和生长曲线模型等。其关键要点是对历史数据的定性、定量分析,建立符合数据的变化曲线。一些常见的环境预测模型见表 13.4。

表 13.4　环境预测的趋势外推预测模型举例

类型	数学表达式	符号注释
一元线性回归模型	$y = \beta_0 + \beta_x + \varepsilon$	β、β_0 为回归参数;ε 为随机变量
多元线性回归模型	$y = \beta_0 + \beta_1 x_1 + \cdots + \beta_m x_m + \varepsilon$	β、β_0、$\cdots$、β_m 为回归参数;ε 为随机变量
指数模型	$y(t) = ka^t$	t 为时间;a、k 为待定参数
生长曲线 (皮尔模型)	$y(t) = \dfrac{L}{1 + a\,e^{-bt}}$	t 为时间;a、b 为待定参数;L 为 y 的生长上限
生长曲线 (龚帕兹模型)	$y(t) = La^{bt}$	t 为时间;a、b 为待定参数;L 为 y 的生长上限

(2) 因果关系预测模型

因果关系预测模型是用数学模型代表事物之间的相互关系,如大气和水污染的预测模型、各种计量经济模型等。

以大气环境质量预测为例,最常用的高斯模型就是因果关系预测模型,在一系列条件假定后,可推导出高架连续点源地面污染物浓度模式为

$$c(x, y, z, H) = \frac{Q}{2\pi\sigma_y\sigma_z} \exp\left(-\frac{y^2}{2\sigma_y^2}\right) \exp\left(-\frac{H_e^2}{2\sigma_z^2}\right) \tag{13.3}$$

式中:Q——污染源源强;

　　c——污染物浓度;

　　u——平均风速;

　　σ_y、σ_z——分别用浓度分布标准差表示的 y 和 z 轴上的扩散参数;

　　H_e——烟囱有效高度。

以水环境质量预测为例,最常用的 $S-P$ 模型也是因果关系预测模型:

$$\begin{cases} v\,\dfrac{\mathrm{d}L}{\mathrm{d}x} = -K_1 L \\[2mm] v\,\dfrac{\mathrm{d}c}{\mathrm{d}x} = -K_1 L + K_2(c_s - c) \end{cases} \tag{13.4}$$

式中： v——平均流速；

L——距离起点 x 处的 BOD 浓度；

c——距离起点 x 处的 DO 浓度；

K_1 和 K_2——BOD 的耗氧和大气复氧系数；

c_s——河水中饱和溶解氧浓度。

（3）灰色预测模型

灰色预测模型是根据灰色系统理论建立的模型。灰色系统理论认为，部分信息已知，另一部分信息未知的系统称为灰色系统。灰色系统预测法就是根据过去和现在的信息，通过对原始数据序列进行一定的转换，生成列，这个生成列一般能用指数曲线或其他函数逼近，从而建立起预测模型，用它进行预测。灰色系统预测法可以应用于中长期预测之中。此外，灰色系统理论亦经常用于灰色决策、灰色控制等领域。

由于部分信息未知，所以很难建立对信息量要求较大的因果关系预测模型，这时可采用对信息量要求较少的灰色预测模型。目前，GM(1,1)模型是灰色系统中应用最多的一种预测模型。

GM(1,1)预测模型是一个单序列一阶线性动态模型，主要用于长期预测建模。其计算步骤为：① 对原始数据进行累加生成；② 利用生成后的数列进行建模；③ 在预测时再通过反生成以恢复原貌，计算预测值。

GM(1,1)模型的白化微分方程为

$$\frac{\mathrm{d}x^{(1)}}{\mathrm{d}t}+\alpha x^{(1)}=u \tag{13.5}$$

其中：上标(1)表示一次累加生成序列；系数向量 $\boldsymbol{\alpha}=[\alpha,u]^{\mathrm{T}}$ 可用最小二乘法解。

（4）专家系统预测模型

专家系统预测模型是将专家群体作为索取预测信息的对象，组织环境科学领域(有时也需要请其他科学领域)的专家运用专业知识和经验进行环境预测的方法。专家系统预测模型的特点在于可以对某些难以用数学模型定量化的因素考虑在内，在缺乏足够统计数据和原始资料的情况下，可以给出定量估计。

现代的专家系统预测模型的三方面飞跃：形成了一套如何组织专家、充分利用专家的创造性思维进行预测的理论和方法；不依靠一个或少数专家，而依靠专家群体(包括不同领域的专家)，可以消除个别专家的局限性和片面性；在定性分析基础上，以打分的方式作出定量预测。

此外，应用于环境预测的模型还有人工神经网络预测模型、马尔可夫链预测模型、突变模型、遗传算法模型等。

（三）环境评价模型

环境评价是从人类社会的环境需要出发，按照一定的环境标准和评价方法对环境的优劣及其满足人类需要的程度进行评估，预测环境质量的发展趋势及评价人类活动对环境的影响。根据环境管理的需要，环境评价可以按照不同的划分依据分为多种不同类型，如从时间上可分为环境回顾评价、环境现状评价和环境影响评价；从环境要素上可分为大气环境评价、水环境评价、土壤环境评价和噪声环境评价等；从评价的层次上可分为项目环境评价、规划环境评价和战略环境评价；从评价内容上可分为经济影响评价、社会影响评价、区域环境评价、生态影响评价、环境风险评价、生态风险评价和产品环境评价等。

　　环境评价模型就是通过一些定量化的指标来反映环境客观属性及其对人类社会需要的满足程度,并将这些定量化的指标利用数学手段构建起相应数学模型,从而定量评价和反映环境的优劣和满足人类社会需要的程度,并评价人类活动对环境的影响。

　　常用的一类环境评价模型是指数评价模型,可分为单因子指数评价模型、多因子指数评价模型和综合指数评价模型。

　　(1) 单因子指数评价模型

　　单因子指数评价模型的表达式:

$$I = \frac{P}{S} \tag{13.6}$$

式中:I——单因子环境质量指数;

　　　P——污染物在环境中的浓度;

　　　S——该污染物对人类影响程度的标准。

　　(2) 多因子指数评价模型

　　在单因子指数评价模型的基础上,可设计不同的多因子指数评价模型。常用的多因子环境指数评价模型见表 13.5。

表 13.5　常用的多因子环境指数评价模型

类型	数学表达式	符号注释
代数叠加型	$I = \displaystyle\sum_{i=1}^{n} \frac{P_i}{S_i} = \sum_{i=1}^{n} I_i$	P_i 为第 i 种污染物在环境中的浓度;S_i 为第 i 种污染对人类影响程度标准;I_i 为第 i 种污染物环境质量指数
均值型	$I = \dfrac{1}{n} \displaystyle\sum_{i=1}^{n} \frac{P_i}{S_i} = \frac{1}{n} \sum_{i=1}^{n} I_i$	
加权型	$I = \displaystyle\sum_{i=1}^{n} W_i I_i$	
加权平均型	$I = \dfrac{1}{n} \displaystyle\sum_{i=1}^{n} W_i I_i$	
突出极值型 1	$I = \sqrt{\max(I_i) \times \dfrac{1}{n} \displaystyle\sum_{i=1}^{n} W_i I_i}$	W_i 为第 i 种污染物的权重;I_i 为第 i 种污染物环境质量指数
突出极值型 2	$I = \sqrt{\dfrac{\left[\max(I_i)\right]^2 + \left[\dfrac{1}{n} \sum_{i=1}^{n} W_i I_i\right]^2}{2}}$	
幂指数型	$I = \displaystyle\prod_{i=1}^{m} I_i^{W_i}$	

续表

类型	数学表达式	符号注释
向量模型	$I = \left(\sum\limits_{i=1}^{n} I_i^2 \right)^{\frac{1}{2}}$	I_i 为第 i 种污染物环境质量指数
均方根型	$I = \sqrt{\dfrac{1}{n} \sum\limits_{i=1}^{n} I_i^2}$	
极值型	$I = \max(I_i)$	

（3）综合指数评价模型

综合指数评价模型的表达式：

$$Q = \sum_{k=1}^{n} W_k I_k \tag{13.7}$$

式中：Q——多环境要素的综合评价指数；

W_k——第 k 个环境要素的权重；

I_k——第 k 个环境要素的环境质量指数；

n——参加评价的环境要素的数目。

除指数评价模型外，在环境评价中经常使用的模型还包括污染损失率评价模型、区域污染源评价模型、层次分析法评价模型、模糊综合评价分析模型、灰色系统评价模型、人工神经网络评价模型、主成分分析模型和因子分析模型等。这些模型依据数学和统计学的不同原理和方法，根据水体、大气、噪声、土壤、污染源等各种评价对象的特征，设计出不同的评价公式、算法和标准。

（四）环境规划模型

环境规划是指为使环境社会系统协调发展，对人类社会活动和行为做出的时间和空间上的合理安排，其实质是一种克服人类社会活动和行为的盲目性和主观随意性而进行的科学决策活动。根据环境管理的需要，环境规划从规划时间上可分为长期环境规划、中期环境规划和年度环境保护计划；从规划内容上可分为大气环境规划、水环境规划、固体废物环境规划、生态环境规划等；从规划性质可分为生态建设规划、污染综合防治规划、自然保护规划、环境科学技术与产业发展规划等；从管理级别可分为国家环境规划、省市环境规划、县区环境规划、开发区环境规划、小城镇环境规划和农村环境规划等。

环境规划模型是在环境模拟、预测和评价模型的基础上，进一步选用一些反映人类社会未来活动和行为的强度、性质的定量化指标构建的数学模型。对这些模型可利用数学优化或经济优化方法计算出一组规划方案的最优解或满意解，作为在时间和空间上合理安排人类社会活动和行为的环境规划方案。

常用的环境规划模型包括数学规划模型、环境费用-效益分析模型等。

1. 数学规划模型

数学规划方法是利用环境规划最优化技术进行环境决策分析的一类技术方法。从决策分析的角度看，这类决策分析方法的使用，需要根据规划系统的具体特征，结合数学规划方法的基本要求,将环境系统规划决策问题概化成在预定的目标函数和约束条件下,对由若干决策变量所代表的规划方案进行优化选择的数学规划模型。数学规划模型经常解决一些这样的问题,例如,在一定的人力、物力、财力、自然资源、环境资源条件下,如何恰当地运用这些资源以达到最有效的目的,或是为了达到一定的经济目的,如何寻求一组最优资源配置方案。目前,用于环境规划与管理中的数学规划模型主要有:线性规划、非线性规划和动态规划等。

(1)线性规划

线性规划是一种最基本也是最重要的最优化技术。从数学上,线性规划问题可描述为(a)通过一组未知量表示规划的待定方案,这组未知量的确定值代表了一个具体方案,通常要求这组未知量取值是非负的;(b)对于规划的对象,存在若干限制条件,这些限制条件均以未知量的线性等式或不等式约束来表达;(c)存在一个目标要求,这个目标有未知量的线性函数来描述。按所研究的规划问题的决策规则不同,要求目标函数值实现极大化或极小化。

根据上述描述,可以抽象出线性规划模型的一般表达式为

$$\begin{cases} max\ z = \boldsymbol{c} \cdot \boldsymbol{x} \\ \boldsymbol{A}\boldsymbol{x} = \boldsymbol{b} \\ \boldsymbol{x} \geqslant 0 \end{cases} \tag{13.8}$$

式中:$max\ z$——目标函数,一般指规划所要达到的最优化目标;

$\boldsymbol{x}$——决策变量向量,$\boldsymbol{x} = (x_1, x_2, \cdots, x_n)^T$,由 n 个决策变量构成了向量,是规划的备选方案;

$\boldsymbol{b}$——资源向量,$\boldsymbol{b} = (b_1, b_2, \cdots, b_m)^T$,由 m 个资源变量构成了向量;

$\boldsymbol{c}$——价值向量,$\boldsymbol{c} = (c_1, c_2, \cdots, c_n)$,由目标函数中决策变量的系数构成;

$\boldsymbol{A}$——系数矩阵,由 m 个线性约束条件常数构成,表示为

$$\boldsymbol{A} = \begin{bmatrix} a_{11} & \cdots & a_{1n} \\ \vdots & & \vdots \\ a_{m1} & \cdots & a_{mn} \end{bmatrix} \tag{13.9}$$

在线性规划中,规划模型中的目标函数和约束条件均为线性方程。线性规划方法就是对一规划对象通过建立线性规划模型,即在各种相互关联的多个决策变量的线性约束条件下,选择实现线性目标函数最优的规划方案的过程。线性规划模型有标准的求解算法,如常用的图解法和单纯形法,都有一些标准的计算机程序可供选用,在 Excel、Matlab 等软件中也有专门的工具箱可供调用。其他算法还包括对偶单纯形法、两阶段法等。

(2)非线性规划

非线性规划与线性规划的区别在于,规划模型中的目标函数和约束条件不全是线性方程。非线性方程的一般数学模型为

$$\begin{cases} max(min) f(x) \\ h_i(x) = 0 (i = 1, 2, \cdots, m) \\ g_i(x) \geqslant 0 (i = 1, 2, \cdots, n) \end{cases} \tag{13.10}$$

式中:$\boldsymbol{x} = (x_1, x_2, \cdots, x_n)^T$ 为 n 维欧氏空间 E_n 的向量,代表一组决策变量;$f(x)$、$h_i(x)$、$g_i(x)$ 均为决策向量 $\boldsymbol{x}$ 的函数。

一般地,非线性关系复杂多样,因此非线性规划问题求解要比线性规划问题求解困难得

多,不存在普遍适用的求解算法。目前,除在特殊条件下,可通过解析法进行非线性规划求解,绝大部分非线性规划采用数值求解。数值法求解非线性规划的算法大体分为两类:一是采用逐步线性逼近的思想。即通过一系列非线性函数线性化的过程,利用线性规划方法获得非线性规划的近似最优解;二是采用直接搜索的思想,即根据非线性规划的一些可行解或非线性函数在局部范围的某些特性,确定一有规律的迭代程序,通过不断改进目标值的搜索计算,获得最优或满足需要的局部最优解。各种非线性规划求解算法各有所长,这需要根据具体非线性问题的数学特征选择使用。

(3) 动态规划

动态规划是处理具有多阶段决策过程问题特征的优化方法。所谓多阶段决策过程问题是指对由一系列相互联系的阶段活动构成的过程,如何在预定的活动效果评价准则(目标函数)下,使各阶段所做出的一系列活动选择达到活动整体效果最佳的问题。多阶段决策问题,每一阶段可供选择的活动决策往往不止一个,由于活动过程各阶段相互联系,任一阶段决策的选择不仅取决于前一阶段的决策结果,而且影响下一阶段活动决策的选择。因此对这种具有相互联系的多阶段活动过程优化问题,其决策序列的选择确定通常很难通过线性或非线性规划方法来描述并求解,特别是对于离散型多阶段决策问题,处理连续性问题的数学规划方法无法满足,动态规划方法则是一种有效的建模和优化方法。

动态规划模型的核心思想为"最优化原则"或称"贝尔曼优化原则",即一个多阶段决策问题的最优决策序列,对其任一决策,无论过去的状态和决策如何,若以该决策导致的状态为起点,其后一系列决策必须构成最优决策序列。根据这一基本原则,可以将多阶段决策问题归结表达成一个连续的递推关系,如从整个问题的终点出发,由后向前使过程连续递推,直至到达过程起点,找到最优解。动态规划模型的求解方法主要有穷举法、公式递推法等。

2. 环境费用-效益分析模型

环境费用-效益分析是环境管理中一种非常重要的识别和评价各个规划方案的经济效益和费用的系统方法。环境费用-效益分析模型通过分析、计算和比较各个规划方案的费用和效益,从中选择效益最大的方案,提供给决策者。实施环境规划管理措施和技术方案,一方面需要投入和代价,另一方面它会直接获得环境功能的恢复和改善,从而减少环境污染、资源破坏所带来的损失。对于这种环境效益和相应的投入代价,在环境规划中选择不同方案时,最直接的思想是类似一般活动的经济分析那样,通过环境费用-效益分析的评价方法进行。

环境费用-效益分析模型的建立和运行主要包括以下一些步骤:

① 明确问题。明确环境规划所要达到的目标,确定规划方案所涉及的环境问题、影响范围、时间和相关利益方等。

② 预测后果。预测某一规划方案实施后可能造成的环境影响损失和收益。

③ 计算各个规划方案的经济费用和环境费用。尽可能全面地计算各个规划方案的经济费用和经济效益、环境费用和环境效益。

在计算环境费用和效益时,需要利用环境价值货币化技术,即环境价值评价技术,常用的环境价值评价方法可以分为三大类型:直接市场评价法、替代市场法和意愿调查法,每类方法包括不同的评价技术。这些环境价值评价方法在第14章中有详细讲解。

④ 综合评价。一般通过净费用现值和净效益现值对比的方法来评价。当净效益现值大于0或费用效益比小于1时,项目是可行的,否则就是不可行的。对于多个满足净效益大

于零的方案,可按净效益最大的准则进行备选方案的筛选。

净效益现值＝总效益现值－总费用现值

费用效益比＝总效益现值/总费用现值

在利用环境费用－效益分析方法评价规划方案的决策分析中,由于规划方案的实施往往是在一定时期内进行的,因而不同方案及其费用、效益发生的时间不尽相同。为此,在费用效益既定计算过程中,需要运用社会贴现率把不同时期的费用效益转化为同一水平年的货币值,以使整个时期的费用效益具有可比性。理论上,社会贴现率应该在大量的国民经济评价资料的基础上,由国家根据资金的需求及供给情况、当前的投资收益水平、资金的机会成本、社会贴现率对长短期项目的营销、以往的经验和国际金融市场的长期贷款利率等因素综合确定。

3.其他环境规划模型

在环境规划中,其他经常用到的规划模型还有多目标规划模型、总量控制和分配模型、确定性和不确定性规划模型和环境博弈模型等。这些模型依据不同原理和方法,根据环境规划所涉及的人类社会活动和行为的特征,构建不同的环境规划模型。

三、环境管理的信息方法

(一)环境信息和环境信息技术的特点

环境信息是在环境管理的研究和工作中应用的经收集、处理而以特定形式存在的环境知识。它们可以是数字、图像、声音,也可以是文字、影像等以及其他表达形式。环境信息的内容包括各种环境要素的状况、正在影响或可能影响各种环境要素的各种因素、可能受环境要素状况影响的人类健康安全状况及生活条件等。与其他信息(如企业管理信息、金融信息等)及其相关技术方法相比,环境信息及其技术方法具有以下特点:

1.多学科的集成性

环境信息内容涵盖自然、社会和经济复合系统中的各个方面,涉及农业、林业、地质、水利、地理、生态、环境、气象、管理学等学科内容,因此具有多学科的集成性。环境管理环境信息技术涉及信息获取技术(遥感与测绘技术)、信息存贮与处理技术(计算机技术和信息技术)以及与资源环境相关的地理学、环境生态学、气象学、城市科学和管理学等学科。因而,环境管理环境信息技术也是多学科的集成。其中,"3S"技术集成是遥感技术(remote sensing,RS)、地理信息系统(geography information systems,GIS)和全球导航卫星系统(global navigation satellite systems, GNSS)的统称,是空间技术、传感器技术、卫星定位与导航技术和计算机技术、通信技术相结合,多学科高度集成地对空间信息进行采集、处理、管理、分析、表达、传播和应用的现代信息技术。3S已成为环境和自然灾害监测、自然资源管理和使其持续发展方面必不可少的工具,并成为跨学科的应用技术。3S技术的综合是环境信息技术的必然结果。

2.空间特征

环境信息数据表达的是一个地理实体,因而这些数据都具有空间几何特征。通过"3S"技术集成得到的环境信息数据具有空间坐标位置,是用图像、图形和相应属性数据表达地面特征的资源环境信息。这些数据按空间坐标位置进行存储,并可进行相关坐标位置的查询、检索及分析等。地理信息系统是一个空间型的信息系统,因而,这项技术是环境信息技术中的支撑性技术。

3. 动态特征

任何环境信息都具有时序性,因为资源与环境及其各组成要素始终处在变化之中,变化的进程有快有慢,例如环境质量变化、植被演替、土地利用变化、地质灾害、植物病虫害等。作为服务于环境管理的环境信息技术也具有适应信息动态变化这一特点,具有信息高速采集、获取的能力,具备对资源环境突发事件快速响应的能力,而且能够进行时序综合分析。

4. 基础开放性

环境信息是国民经济的基础信息,大多数国家机构部门都需要使用环境信息,这就要求资源环境信息技术支撑下的信息系统、数据库具有很好的兼容性、开放性。系统中的数据不仅部门内的操作员可以调用检索,而且部门以外的其他人员甚至普通人民群众也能够使用。这就要求系统的数据质量、数据结构、数据编码、网上协议都要达到一定标准与规范。

(二) 环境信息系统

环境信息系统是指环境信息从产生到应用于环境保护工作所构成的系统。环境信息系统是由工作人员、设备和环境原始信息等组成的系统,其中设备又包括计算机和网络设备、计算机及网络技术、GIS技术、各种模型库、数据库等软硬件。环境信息系统按内容可分为环境管理信息系统和环境决策支持系统。

环境管理信息系统(environmental management information systems,EMIS)是一个以系统论为指导,通过人机结合收集环境信息,通过模型对环境信息进行转换和加工,并据此进行环境评价、预测和控制,最后再通过计算机和网络等技术实现环境管理的计算机模拟系统。环境管理信息系统的基本功能包括环境信息的收集和录用,环境信息的存储和加工处理,以报表、图形等形式输出信息,为决策者提供依据。

环境决策支持系统(environmental decision support systems,EDSS)是将决策支持系统引入环境规划、管理、决策的产物。决策支持系统也是一种人机交互的信息系统,是从系统观点,利用现代计算机和网络技术及决策理论和方法,对环境管理问题进行描述、组织进而协助人们完成管理决策的支持技术。环境决策支持系统是环境信息系统的高级形式,在环境管理信息系统的基础上,使决策者能通过人机对话,直接应用计算机处理环境管理工作中的未定结构的决策问题。它为决策者提供了一个现代化的决策辅助工具,提高了决策的效率和科学性。环境决策支持系统的主要功能包括收集、整理、贮存并及时提供本系统与决策有关的各种数据;灵活运用模型与方法对环境信息进行加工、处理、分析、综合、预测、评价,以便提供各种所需环境信息;友好的人机界面和图形输出功能,不仅能提供所需环境信息,而且具有一定推理判断能力;良好的环境信息传输功能;快速的信息加工速度及响应时间;具有特定性分析与定量研究相结合的特定处理问题的方式。

(三) "3S"技术集成在环境信息系统中的应用

"3S"技术集成是应用于环境信息系统重要技术手段之一,其在环境信息系统中的应用可归纳为几个方面,包括空间数据获取、空间数据管理、空间数据分析、空间数据传输和模拟(虚拟)现实。

1. 空间数据获取

环境信息属于空间信息,所谓空间信息指的是除具有属性特征外,还具有空间位置特征的信息。对于空间信息的获取,遥感技术无疑是最快捷而又经济的手段。因为,遥感技术就是利用传感器从空中对地球资源环境进行整体的、连续的、同步的、协调的观测,将获得的数据通过一定的技术处理,生成可视化产品——遥感图像或可供计算机识别的数字产品。无论是数字图像还是光学影像,根据地物的波谱特征和成像规律,应用计算机自动识别技术或人工判读方法,可获取资源与环境的有关信息。环境信息的获取,主要是利用遥感技术,但是遥感技术又必须与其他信息技术相配合,提高信息解译的准确度。图像的几何校正需要使用全球卫星导航系统提供的数据。GNSS 由于具有其定位的高度灵活性和常规测量技术无法比拟的精度,给测量学带来革命性的变化。

2.空间数据管理

环境数据库是环境信息技术的重要组成部分,它类似于传统概念下的资料库,其数据量通常是巨大的。这种巨大的信息容量是空间信息数据库的一个显著特点。随着计算机处理数据能力的增强、信息量的增加和信息共享的需求,信息的标准化和规范化问题以及如何有效快速地进行信息查询,成为数据库管理技术的关键。环境数据库除了数据量大的特点以外,另一个突出的问题是它必须容纳图像、图形与属性这 3 类在表达结构上完全不同的数据,将这些数据在一个数据库管理系统下管理,是当前环境信息技术面临的一个前沿课题。

3.空间数据分析

环境信息更深一个层面是时空数据,带有时间维的三维坐标数据。分析一个地区随时间变化的土地利用历史沿革、地质演变过程、环境污染扩散过程等都要求环境信息表达一种属性的时空变化规律。更多的是需要分析一个地区不同属性分布数据之间的关系,比如对于土地的农作物适宜性评价就需要将研究地区的土壤类型分布数据、土壤肥力状况分布数据、气候条件数据、地形分布等要素"叠置"起来综合分析,这就是空间分析。环境管理中需要进行类似的空间分析。

4.空间数据传输

环境信息共享不仅是信息时代社会发展的需求,而且也是政府决策管理部门,特别是高层次的决策部门实施资源环境动态监测与管理、及时访问与查询各部门、各地区环境信息所必须。环境问题往往带有全球性质,将局部地区适时的、有时甚至是实时的信息汇总起来综合分析,常常成为解决问题的关键。在这种情况下,计算机网络通信技术是至关重要的。计算机网络,既是环境信息传输的重要技术工具,同时,从某种程度上讲也是解决环境问题的一种积极的方法。实行网络开会、办公,可以减少交通拥挤和因交通工具的使用造成的能源浪费与污染。美国的信息高速公路建成后可使交通运输量减少 40%。发展信息网络通信,可以减轻邮件纸张的需求,把物质流转变为数字信息流,减少森林资源的压力。信息传输技术也可以将面对面的服务方式如讲课、商业交易变成网上学校、网络商城,减少交通、建筑等资源的浪费。

5.模拟(虚拟)现实

"虚拟现实"技术是信息技术的前沿技术之一,它通过建立相应的数学模型,使用计算机多媒体技术,让用户进入一个三维虚拟世界中,并具有真实的视觉、听觉、触觉以及运动感觉,再现已经消失的自然现象,展现自然界瞬间或漫长的变化过程。当我们把一种资源开发利用模式或工程技术付诸实践时,可对未来可能产生的影响与结果进行预测,传统的方法是以文字、图表或数字形式表示,没有直观感觉。而利用虚拟现实技术是对特定条件下的社会行为或人类活动,在未来世界中可能发生的变化进行模拟,给人一种身临其境的感觉。

第四节　环境管理的发展阶段

环境管理的思想和方法的演变历程是与人们对于环境问题的认识过程密切联系的,大致可以将环境管理的形成与发展划分为三个发展阶段。

一、以污染治理为主要管理手段阶段

这一阶段大致从 20 世纪 50 年代末到 70 年代初。

管理思想观念上,把环境问题作为一个通过发展技术得到解决的单纯的技术问题。因此,这个时期的环境管理原则是"谁污染、谁治理",实质上只是环境治理,环境管理成了治理污染的代名词。

政府管理上,以治代管,局部环境治理,也体现在政府环境管理机构设置上,如中国最初成立的环境保护机构称为"三废治理办公室"。在这一时期,各国政府每年从国民收入中抽出大量的资金来进行污染治理,如美国的污染防治费就占 GNP 的 2%。

法律上,颁布一系列的防治污染的环境保护法令条例,这些法律的基本特点都是针对某一单项环境要素或某一环境要素污染问题,如美国的《清洁空气法》、中国的《中华人民共和国大气污染防治法》。

技术上,致力于研究和开发治理各种污染的工艺、技术和设备,如建设污水处理厂、垃圾焚烧炉、废物填埋场等。

科学研究上,各个学科分别从不同的角度研究污染物在自然环境中的迁移转化规律,研究污染物对人体健康的影响,研究污染物的降解途径等,从而形成了早期的环境科学的基本形态,如环境化学、环境生物学、环境物理学、环境工程学等。

这一时期的工作对于减轻污染、缓解环境与人类之间的尖锐矛盾,起了很大的作用,也取得了不少成果。但总体说来,这一时期的工作因为没有从杜绝产生环境问题的根源入手,因而并没能从根本上解决环境问题。一方面花费了大量的人力、物力和财力去治理已产生的环境问题,另一方面新污染源又不断地出现。这一时期虽然环境管理逐步被人们重视,但仍然以控制工业环境污染为主,对发展与环境之间的关系缺乏足够的认识。

二、以经济刺激为主要管理手段阶段

这一阶段大致从 20 世纪 70 年代初到 80 年代末。随着时间的推移,生态破坏、资源枯竭等问题日趋严重,加之使用末端治理污染的技术手段并没有取得预期的效果,于是人们进一步认识到酿成各种环境问题的原因在于经济发展中环境成本的外部性问题,因此开始把保护环境的希望寄托于经济活动过程的管理。

管理思想观念上,把环境问题作为经济问题,环境管理的思想和原则为"外部性成本内部化",即设法将环境的成本内化到产品的成本中去。人们逐渐认识到自然环境和自然资源的价值性。

科学研究上,提出了经济活动的外部性问题,外部性成本内部化途径,环境资源价值理论。环境经济学、环境法学等学科得到蓬勃发展。

政府管理上,主要侧重生产活动过程的管理,通过收费、税收、补贴等经济手段以及法律的、行政的手段进行管理。

这一时期以1972年联合国人类环境会议为代表的一系列国际环境保护会议促进了环境管理思想的发展,使人们认识到环境问题绝不仅仅是工业污染所引起的,人类要解决环境问题必须正确处理人类社会经济这一对立统一的矛盾;强调在经济发展的过程中始终实施对环境的影响,全面规划,统筹兼顾,使经济效益与环境效益协调统一起来。这一阶段标志着环境管理的概念已初步形成并逐步得以发展完善,从此环境管理被越来越多的人所接受。

三、以协调经济发展与环境保护关系为主要管理手段阶段

这一阶段是在20世纪80年代末至今,具有里程碑意义的事件包括1987年《我们共同的未来》的出版和1992年巴西里约热内卢联合国环境与发展大会《里约环境与发展宣言》的公布,标志着人们对环境问题的认识提高到一个新的境界。

管理思想观念上,人们终于认识到环境问题是社会发展问题,是人类社会在传统发展观等人类基本观念支配下的发展行为造成的必然结果,要解决环境问题,首先必须改变人类的发展观,建立发展应是社会、经济、人口、资源和环境协调发展的观念,即可持续发展的发展观。

科学研究上,提出了可持续发展的发展观及由此产生的科技观、伦理观、价值观和消费观等、可持续发展的评价方法、实现可持续发展的基本途径——循环经济理论等。

政府管理上:以管促治,运用多种环境管理手段进行综合治理,将环境管理作为国家管理系统的重要组成部分,大力推进循环经济、绿色国民经济核算体系等。

这一时期,可持续发展战略已被世界上各个国家所普遍接受并实施,环境管理的最终目标就是走可持续发展道路。

问题与讨论

1. 理解环境管理的内涵。
2. 联系实际,讨论我国环境管理手段的应用情况。
3. 讨论我国环境管理法律体系的主要组成部分及其作用。
4. 举例说明环境费用–效益分析模型方法在环境规划中的应用。
5. 阐述"3S"技术集成在环境管理中的应用。
6. 讨论我国环境管理不同发展阶段的特征。

第十四章 环境管理的经济学手段

第一节 环境与经济

一、环境与经济的辩证关系

环境与经济之间是矛盾的,但同时也是统一的。两者紧密相连,既相互促进又相互制约,具体表现在:

(一)环境是经济发展的物质基础

人类的经济发展依赖于环境,环境是经济发展的物质基础。首先,环境为经济发展供给自然资源,促进经济发展,是经济发展的重要因素。环境为人类的生活与生产供给了各种各样的自然资源。人类的经济活动需要从环境中获取自然资源,并通过一系列的劳动加工将其转化为生产和生活材料以满足人类社会生存和发展的消费需要。但自然资源具有稀缺性、整体性、地域性、多用性和可变性等特征,因此环境资源在数量、质量、空间分布、利用方式等的差异和变化都会对不同行业、地区、国家和整个人类社会的经济发展产生重大影响,在一定条件下会制约经济的发展。此外,环境为经济活动产生的废物提供吸收场所。经济活动过程中的生产和生活活动会排放一定数量的废物,这些废物都会直接或经过一定处理后进入环境。环境具有一定的自净功能,当废物排入环境后,环境通过各种物理、化学、生物反应对废物进行净化。但环境的自净能力是有限度的,一旦人类过度利用破坏了环境的自净能力,环境就会遭到破坏和污染,经济的发展就会受到影响。

(二)经济发展是改变环境的动力

一方面,经济发展对环境改善起到积极作用,表现为改造环境,使自然环境更适合人类生存和发展,并为保护和改善环境提供物质和技术条件;另一方面,不合理的经济发展会使自然资源遭到破坏,环境受到污染,产生一系列的环境问题。在人类文明不同发展阶段,不同模式的经济发展都与环境变化密切相关,是改变环境的主要动力。在原始文明时期,人类以采集和狩猎为主,他们对周围环境资源索取要求不高,对环境的影响很微弱,基本上不会产生环境问题。在农业文明时期,人类开始农业种植和牲畜养殖,对自然进行初步开发,开始产生了一些生态破坏的问题,例如森林砍伐、水土流失等。在工业文明时期,随着社会生产力的进步,人类对自然环境的改造加剧,使自然资源枯竭,环境污染加剧。在对人与自然关系深刻反思的基础上,人类正在迈入生态文明时期,可持续的经济发展将致力于消除经济活动对自然的稳定与和谐构成的威胁。

综上所述,环境与经济之间存在着内在的客观联系,这是环境和经济协调发展的基础。

正确认识和处理环境与经济之间的关系,充分发挥它们之间积极的相互促进作用,消除它们之间消极的相互限制作用,才能够使环境与经济协调发展。由于环境问题实质上是个经济问题,因此解决环境问题必须从经济入手,从经济学角度分析环境问题产生的原因、危害,并提出解决环境问题的对策。

二、关于环境与经济发展关系的不同模式

由于环境问题主要是由于人类的经济活动引起的,因此,解决环境问题就要求合理安排人类的生产和生活活动,正确处理环境与经济之间的关系,建立正确的经济发展模式。关于如何处理环境与经济的关系,是世界上科学家们长期争论的热点问题,也是各个国家不断探索的重要问题。自 20 世纪以来,关于环境与经济发展的模式主要有三种,即零增长模式、无限增长模式和可持续发展模式。

（一）零增长模式

零增长模式也称为悲观派观点,是西方国家 20 世纪 60 年代末开始流行的一种对经济增长持否定和悲观态度而主张停止经济增长和人口增长的观点。这种理论以"罗马俱乐部"为主要代表,主要代表著作有:米香于 1967 年发表的《经济增长的代价》、福雷斯特于 1971 年发表的《世界动态》和梅多斯等人于 1972 年发表的《增长的极限》。

1972 年,美国麻省理工学院的丹尼斯·梅多斯领导的 17 人小组,向罗马俱乐部推出了一份题为《增长的极限》的报告,提出了基于世界人口增长、粮食生产、工业发展、资源消耗和环境污染这五个因素基础上的"零增长"的观点。基本结论是:如果世界人口、工业化、污染、粮食生产以及资源消耗按现在的增长趋势不变,人类的经济增长就会在今后一百年内某一年时达到极限。最可能的结果是人口和工业生产能力这两方面发生颇为突然的、无法控制的衰退或下降。因此人类必须停止经济增长,即实行世界经济的零增长。

（二）无限增长模式

无限增长模式也称为乐观派观点,认为人类社会经济可以无限制地增长。这一派的典型代表是美国经济学家马里兰州立大学教授朱利安·林肯·西蒙。他的观点集中表现在 1981 年发表的《没有极限的增长》一书中。这本书以《增长的极限》的悲观论点为对立面,广泛而系统地论述了"乐观学派"对人类资源、生态、人口等问题的看法。西蒙提出一切问题依靠科技进步和经济增长都可以得到解决,因此工业发展、经济增长不能停滞,必须保持增长。而关于人类前途,西蒙认为人类资源没有尽头,人类的生态环境日益好转,恶化只是工业化过程中的暂时现象,粮食在未来将不成其为问题,人口将在未来与自然达到平衡。

（三）可持续发展模式

可持续发展模式也称为务实派观点,是在深刻反思零增长模式和无限增长模式两种极端观点的基础上提出来的一种新的关于环境与经济发展的观点。可持续发展的标志是世界环境与发展委员会 1987 年发表《我们共同的未来》,报告明确提出"可持续发展"的概念,即在满足当代人类需求的同时,不损害人类后代满足其自身需求的能力。可持续发展既强调经济发展,又强调其可持续性,因此强调的是环境与经济之间的协调发展。如今,可持续发展观点已被广泛接受,并成为世界各国发展的共同目标。

环境库兹
涅茨曲线

第二节　环境管理的经济学理论

一、外部性理论

（一）外部性概念及分类

经济外部性理论是由著名的经济学家马歇尔于 1910 年提出的，随后得到了英国经济学家庇古及其后来的经济学家的进一步丰富和发展。经济外部性理论是环境经济学重要的理论基础，能够对经济活动中一些低效率资源配置问题提供合理解释，同时为解决环境外部性问题提供可选择的思路和框架。经济外部性又称为外在性、外部效应或溢出效应等，有关外部性的定义很多。简单地说，外部性就是实际经济活动中，生产者或消费者的活动对其他消费者或生产者产生的超越活动主体范围的利害影响。按照传统福利经济学的观点来看，外部性是一种经济力量对另一种经济力量的"非市场性的"附带影响，是经济力量相互作用的结果。所谓非市场性，是指这种影响并没有通过市场价格机制反映出来。这种影响有好的作用、也有坏的作用。好的作用称为外部经济性或正外部性，坏的作用称为外部不经济性或负外部性。庇古通过分析边际私人成本或收益与边际社会成本或收益的背离来阐释外部性，当边际社会收益大于边际私人收益时称为外部经济性或正外部性，当边际社会成本大于边际私人成本时称为外部不经济性或负外部性。

外部性的例子在现实生活中随处可见。例如：流域上游水源地的植树造林不仅仅对植树造林者产生收益，更对上游其他居民和下游居民带来相应的收益，即具有正外部性；工厂的污水排放对周围居民的身体健康、生活质量等造成不良影响，即具有负外部性。通常来讲，环境污染问题普遍具有负外部性。

（二）外部性对资源配置的影响

从资源配置的角度分析，外部性是表示当一个行动的某些效益或费用不在决策者的考虑范围内的时候所产生的一种低效率的现象，它导致纯粹市场机制不能实现社会资源的帕累托最优配置，即"市场失灵"。外部性通过对资源价格的影响进一步影响资源的配置。外部性的计量就是边际私人成本（MPC）与边际社会成本（MSC）、边际私人收益（MPB）与边际社会收益（MSB）的不一致性，即它们之间的差额，称为边际外部成本（MEC）或边际外部收益（MEB），即

边际外部成本：MEC＝MSC－MPC

边际外部收益：MEB＝MSB－MPB

当存在外部经济性时，边际社会收益 MSB 大于边际私人收益 MPB，差额是边际外部收益 MEB（图 14.2）。外部经济性通常会导致产品供给不足，资源投入不够。以植树为例：流域上游植树带来的收益除了边际私人收益外还包括流

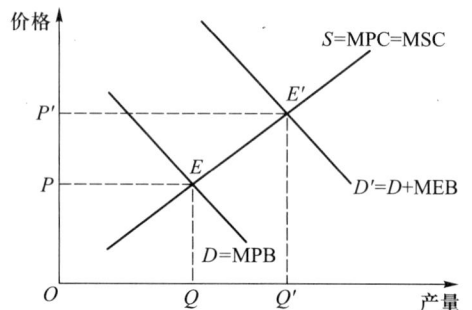

图 14.2　外部经济性对资源配置的影响

域下游和其他区域的边际外部收益,因此植树造林的规模应该是由整个社会的边际社会收益(MSB)和边际成本(MPC＝MSC)来决定的有效造林水平 Q',而不是基于造林者边际私人收益(MPB)和边际成本(MPB＝MSB)决定的造林水平 Q。Q 对整个社会而言,造林水平太低和生态供给不足。

当存在外部不经济性时,边际社会成本 MSC 大于边际私人成本 MPC,差额是边际外部成本 MEC(图 14.3)。外部不经济性通常导致产出水平过剩,没有达到最佳。以大气污染为例:某一工厂在生产过程中向大气排放污染物,造成区域空气质量下降,影响了周围居民的农业生产和日常生活,增加了其他空气使用者的成本,即边际外部成本(MEC),从而使边际社会成本(MSC)大于边际个人成本(MPC)。因此,符合市场机制的产品生产水平应该是由边际社会成本(MSC)和边际收益(MPB＝MSB)决定的有效水平 Q',而不是基于边际私人成本(MPC)和边际收益(MPB＝MSB)决定的生产水平 Q。Q 对整个社会而言就是产出水平过剩,从而导致市场资源配置失效,即市场失灵。

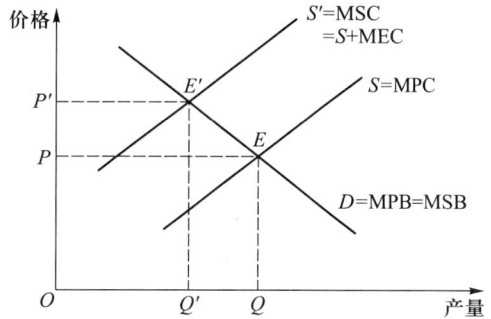

图 14.3　外部不经济性对资源配置的影响

（三）外部性的内部化途径

由于外部性的实质在于私人成本或收益社会化,因而解决外部性问题也只有将这种外部性内部化,即使生产者或消费者产生的外部成本或收益进入他们的生产或消费决策,由他们自己承担或获得。现实中与环境有关的外部性内在化方法总体可分为私人解决方法与公共政策方法两类,这两类方法的目标都是使资源配置接近于社会最优。

私人解决方法主要包括社会道德约束、慈善行为、形成产业链和签订协议四种方式,其中利益各方签订协议达成妥协是解决环境外部性问题常用的私人方法。美国芝加哥大学科斯教授认为产权不明确是外部性形成的主要根源,并提出了一个通过确立财产权解决经济外部性问题的理论框架即科斯定理。根据科斯定理,在产权明确的情况下,如果外部性的制造者和受害者之间的谈判协商成本即市场交易成本为零或可以忽略不计,则无论谁拥有初始产权,都会产生资源配置最优结果。科斯认为初始产权的分配方式只会影响收入分配的不同,而不会影响资源的最优配置。但一旦考虑到市场交易的成本,合法产权的初始界定就必然会对经济制度运行的效率产生影响。基于科斯定理的排污权交易就是一种基于市场的解决外部不经济性内部化的具体办法。

公共政策方法包括管制和一系列非市场性的经济手段。管制是指政府有关部门根据相关的法律、法规和标准等,直接对产生外部不经济性的产品的允许数量及其生产消费方式进行规定,例如汽车尾气的排放标准、污染物的排放浓度和数量等。直接管制既包括对污染者的排放直接进行控制,也包括对生产的原料等前端过程进行控制。无论在发达国家还是发展中国家,管制手段都是环境管理政策领域中传统的、占主导地位的环境管理手段。非市场化的经济手段包括税收或收费、补贴、排污收费等,是政府调控和市场力量的结合,主要是借助政府的强制力量,通过价格、税收、信贷和收费等手段,对使用环境资源的生产者和消费者征收费用,迫使生产者和消费者把他们的外部性纳入其经济活动的决策中。强调政府在解决环境问题过程起主导作用的一系列经济手段如税收或补贴等也称为庇古手段,源于庇古在《福利经济学》中提出的政策措施。

关于应用于环境管理的一些主要的外部性内部化的经济手段,例如排污收费制度、排污权交易制度和生态补偿制度等将在环境管理的经济手段章节中进行详细介绍。

二、产权理论

产权即财产权利。阿尔钦提出的"产权是一个社会所强制实施的选择一种经济物品的使用权利"一般被认为是关于产权的经典定义。产权具有以下特征:① 产权具有强制性和排他性。产权是人们在资源稀缺性条件下使用资源的规则,这种规则依靠社会法律、习俗和道德来维护。② 产权是一组权利,而不是单项权利。产权包括财产的所有权和由此派生的占有权、支配权、使用权、收益权以及为实现上述权利所必须具备的各种权能体系和规则。③ 产权是行为权利,反映的不是人与物的关系,而是人们之间被相互认可的行为性关系,反映了人们使用资源时的行为规范,即责、权、利关系。

现代产权理论的代表者为科斯,科斯提出解决经济外部性问题的途径是产权安排,这一方法被称为科斯定理。科斯定理是现代产权经济学基本的核心内容,包括三个定理:

科斯第一定理是指只要交易费用为零,不管权利初始分配如何,交易双方经过交易(产权的调整)形成明晰产权关系的情况下,就可以实现资源配置帕累托最优。科斯第一定理的关键假设是市场交易费用为零。

科斯第二定理是指在交易费用大于零时,不同的初始权利界定,会带来不同效率的资源配置。在不同产权制度下,交易成本不同,交易成本的存在会对资源配置的效率产生影响,因此,产权的初始安排和重新安排的选择对资源优化配置具有重要的意义。

科斯第三定理是指由于制度的生产不是无代价的,因此选择不同的产权制度将导致不同的经济效益。产权制度的产生需要耗费资源,产生成本,因此,要从产权制度的成本收益角度选择合适的产权制度。

科斯产权理论的核心是一切经济交往活动的前提是制度安排,这种制度实质上是人们之间行使一定行为的权力。建立产权交易市场是产权制度的客观要求,产权交易的结果最终将实现资源配置帕累托最优。因此完善产权制度,对人口、资源、环境和经济的协调与持续发展具有极其重要的意义。根据科斯定理来解决环境的经济外部性问题的科斯手段包括资源协商制度、排污权交易制度等。

三、公共物品理论

公共物品理论是研究公共事务的一种现代经济理论。根据物品是否具有竞争性和排他性,可以将物品分为私人物品、俱乐部物品、共有资源、纯公共物品四种典型的类型(表14.1)。竞争性是指由于资源的有限性或稀缺性,增加额外的消费者会影响其他消费者的消费水平,或者说增加消费者的边际成本;排他性是指可以根据缴纳相应费用来限定某物品的消费人数。典型的纯公共物品有国防、公共安全等,这些物品一旦由国家提供,该国的居民都能享用,同时增加居民一般也不会降低其他居民的国防或公共安全服务。与纯公共物品

表 14.1　物品分类表

	竞争性	非竞争性
排他性	私人物品 ■ 衣服 ■ 汽车 ■ 拥挤的收费公路	俱乐部物品 ■ 有线电视 ■ 图书馆 ■ 不拥挤的收费公路
非排他性	共有资源 ■ 环境 ■ 海洋中的鱼 ■ 拥挤的不收费公路	纯公共物品 ■ 国防 ■ 知识 ■ 不拥挤的不收费公路

相对应的是纯私人物品,它是指一种物品同时具有消费的竞争性和排他性,例如食物、衣服等。在现实经济生活中,更为常见的物品是居于这两个极点之间的,即"准公共物品"。从准公共物品的性质出发,可以将准公共物品分为竞争性的准公共物品和排他性的准公共物品两大类。环境资源属于具有竞争性的准公共物品,当对环境资源的消耗超过环境容量时,环境资源具有稀缺性和竞争性。

四、环境资源价值理论

传统经济学价值观认为没有劳动参与的东西没有价值,不能市场交易的东西没有价值,而环境资源既没有劳动参与,也不能市场交易,所以没有价值。但随着人们对资源耗竭、环境污染和生态破坏一系列生态环境问题出现的深刻反思,资源环境有价值的观点逐渐被普遍认同。改变传统的环境资源无价的观念和理论,确立环境资源有价值的观念和理论,并将环境资源价值加以科学的计量,是经济社会可持续发展的需要。根据环境经济学理论,环境资源是有价值的,可以从劳动价值论、效用价值论等理论来解释。承认环境资源有价值对开展有偿使用环境资源、合理制定环境资源价格、健全环境资源市场和运用经济手段管理环境等环境保护工作具有重要意义。

通常,环境经济学家把环境资源的价值称为环境的总经济价值,并划分为环境资源的使用价值和非使用价值两大部分(图 14.4)。环境资源的使用价值是指环境直接满足人们生产和消费需要的价值,也就是现在或者未来环境资源通过商品和服务的形式为人类提供的福利。环境的使用价值可进一步划分为直接使用价值、间接使用价值和选择价值。直接使用价值是指直接进入当前的消费和生产活动

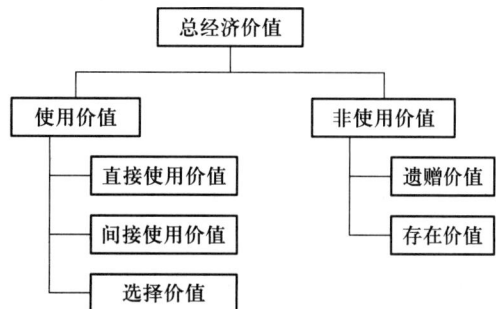

图 14.4　环境资源总经济价值构成

293

中的那部分环境资源的价值,如矿产资源等;间接使用价值是指以间接的方式参与消费和经济活动过程的那部分环境资源的价值,如生态功能、水环境质量等;选择价值是指当代人为了保证后代人对环境资源的使用而对环境资源所表示的意愿支付,比如当代人对保护热带雨林、生物多样性等的意愿支付。环境资源的非使用价值是指环境资源的一种内在属性,它与人们是否使用它没有关系。它是指人们既不通过直接利用的方式也不是通过间接利用的方式从环境中获益,它是针对环境资源对人类及其后代,或其他物种的重要性以及将来的利用而言的。因此它是目前还未实现的潜在的福利。环境的非使用价值包括存在价值和遗赠价值。环境资源的存在价值是非使用价值的主要形式,是指人们对某种环境资源的存在而愿意支付的金额。也就是说,人类不是出于任何功利的考虑,只是因为环境资源的存在而表现出来的支付意愿,就是该环境资源的存在价值。环境资源的遗赠价值是指人们为了保护某种环境资源而愿意作出的支付,不是为了自己,而是为了把它留给后代人享用其使用价值和非使用价值。

准确地评估和计量环境资源价值,是计算环境污染、资源耗竭和生态破坏造成的损失,分析防治环境污染、资源耗竭和生态破坏措施的效益,开展建设项目的环境质量影响的费用-效益分析,以及实行环境核算并将其纳入国民经济核算体系的前提条件和基础工作。环境资源价值评估的基础是人们对于环境质量改善的支付意愿或者忍受环境恶化的接受赔偿意愿。所以,环境资源价值评估方法主要是从对人们的支付意愿或者接受赔偿意愿的估计入手,主要通过以下三个途径获得:① 评估直接受到环境质量变化影响的物品在其相关市场的信息;② 评估其他替代品或辅助物品中所包含的相关信息;③ 评估通过各种调查技术询问消费者对环境物品或服务的支付意愿或赔偿意愿。因此,环境资源价值的评估方法可以分为三大类型:直接市场法、替代市场法和意愿调查法,每类方法包括不同的评价技术,如图 14.5 所示。

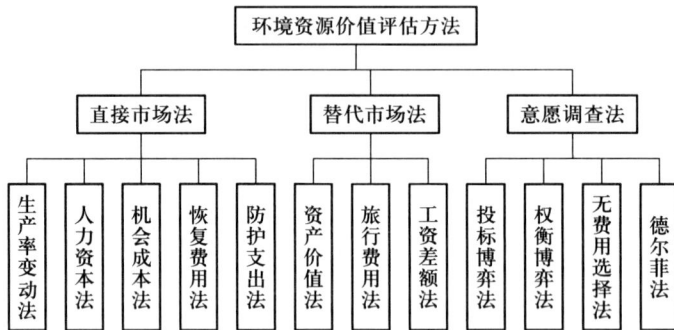

图 14.5　环境资源价值评估方法

不同的价值评价技术具有不同的适用性,例如生产率变动法、恢复费用法、防护支出法适用于评估水污染、空气污染、土壤污染等环境污染带来的经济损失;旅行费用法、意愿调查法适用于户外娱乐场所、生态保护区和旅游地的价值评估等。我们可以把环境影响的方面分为 4 大类:生产力、健康、舒适性和环境的存在价值。针对不同的影响,需要采用相应适用的价值评价技术进行价值评估(表 14.2)。

(1)评价环境质量变化对生产者的产量和利润产生的影响时,首先应选择生产率变动法,或者也可以用恢复费用法、防护支出法和机会成本法。

（2）评价环境质量变化对人体健康的影响时，通常采用人力资本法、防护支出法、意愿调查法等。

（3）评价户外休闲娱乐场所、国家公园、自然保护区以及水库、湖泊等具有休闲娱乐用途的旅游地的环境资源价值时，采用旅行费用法、意愿调查法或资产价值法。

（4）评价环境资源的存在价值或者选择价值时，采用意愿调查法。意愿调查法是唯一的能够揭示环境资源存在价值的方法，因为其他方法考虑的都是使用者的各种直接和间接成本与效益。

表 14.2　基于环境影响的价值评价方法选择（曹洪军，2012）

环境影响	价值评价方法
生产力	生产率变动法 防护支出法 恢复费用法 机会成本法
生命健康	人力资本法 防护支出法 意愿调查法
舒适性	旅行费用法 资产价值法 意愿调查法
存在价值	意愿调查法

第三节　环境管理的经济手段

一、排污收费

（一）排污收费的概述

排污收费制度是由政府主导的环境管理经济手段，也称征收排污费制度，它是指向环境排放污染物的排污者，按照排放污染物的种类、数量和浓度，根据排污收费标准向环境保护主管部门设立的收费机关缴纳一定的治理污染或恢复环境破坏费用的法律制度。排污收费制度的内容已扩大到大气、水、固体废物、噪声、放射性元素等污染的控制方面，国内外实践表明，排污收费制度是控制污染的有效手段。

排污收费的理论基础主要包括：① 环境资源价值理论。根据环境经济学理论，环境资源是有价值的，因此对环境资源必须实行有偿使用。排污者向环境排放污染物实质上是利用了稀缺的环境容量资源。环境容量资源本身是一种环境资源,也具有价值,因此对环境容量资源也应该有偿使用,排污者应该缴纳环境容量资源的有偿使用费。② 经济外部性理论。长期以来,人们对公共环境资源的使用没有考虑支付任何费用,但却给社会带来损害,产生外部不经济性。使用经济手段解决这一问题,需要建立污染损害的补偿机制,使外部不经济性内部化,因此排污者应该支付因污染而产生的外部不经济性后果。

1972 年 5 月,经济合作与发展组织(OECD)环境委员会提出了污染者负费原则(polluter pays principle,PPP),即排污者应当承担治理污染源、消除环境污染、赔偿受害人损失的费用。根据 PPP 原则的要求,各国先后实施了排污收费制度。

(二)排污收费的类型

根据不同的分类标准可以对排污收费进行分类:

按照收费依据,排污收费可以分为浓度收费和总量收费。浓度收费是指根据污染物的排放浓度计征排污费。我国在 2003 年 7 月之前实行的是浓度收费。总量收费是根据污染者排放污染物的总量计征排污费。由于污染物种类繁多,一般是通过污染当量来计量排污单位的排污总量,然后根据污染当量来计算排污费。

按照排污浓度与排放标准的高低关系,排污收费可以分为超标排污费和排污费。超标排污费是对超标排放污染物的行为(污染物排放浓度高于排放标准)征收超标排污费,而当达标排放时(污染物排放浓度低于排放标准),不征收排污费。2003 年 7 月之前,我国实行的废气超标排污费等是典型的超标排污费。排污收费是指对所有向环境排放污染物的排污者征收排污费,而不论其污染物浓度是否超标,我国从 2003 年 7 月起实施的总量收费是排污收费(噪声超标排污费除外)。

按照排污收费的功能,排污收费可以分为刺激型排污收费、筹集资金型排污收费和混合型排污收费。刺激型排污收费的主要目的是刺激排污者治理污染,一般这种类型排污收费的收费标准较高(高于污染治理成本),刺激排污者选择污染治理而不是向环境排放污染物。目前发达国家多采用刺激型排污收费。筹集资金型排污收费的主要目的是筹集专项资金用以解决环境保护资金来源问题,一般这种类型排污收费的收费标准较低(低于污染治理成本),因而排污者会选择排放污染物而不是积极进行污染治理。目前发展中国家多采用筹集资金性排污收费。混合型排污收费兼顾了排污收费的刺激污染治理和筹集资金两种功能,一般这种类型排污收费的收费标准介于刺激型排污收费和筹集资金型排污收费之间。我国现行的排污收费制度就属于混合型收费。

按照受控污染因子,排污收费可以分为单因子收费和多因子收费。单因子收费是指当同一排污口排放的污染物中有多种污染物时,仅按收费额最高的一种污染物收取排污费。多因子收费是指当同一排污口排放的污染物中有多种污染物时,多种污染物的排污费进行叠加征收。我国现行的总量收费制度规定,污水、废气按三个污染因子收费,实际是部分多因子收费。

(三)中国的排污收费制度

排污收费制度是中国最早制定并实施的三项环境政策之一,对促进污染治理,控制环境恶化,提高环境保护技术水平发挥着重要的作用。早在 20 世纪 70 年代末期,中国环境保护主管部门就借鉴国外的经验,根据"谁污染谁治理"的原则,提出排污收费制度的设想。

1979 年 9 月,第五届全国人民代表大会常务委员会公布的《中华人民共和国环境保护法(试行)》明确规定:"超过国家规定的标准排放污染物,要按照排放污染物的数量和浓度,根据规定收取排污费",从法律上确立了我国的排污收费制度,标志着我国排污收费制度的开始建立。自 1982 年 7 月 1 日起《征收排污费暂行办法》在全国范围内执行,标志着排污收费制度在中国正式建立。自 2003 年 7 月 1 日起《排污费征收使用管理条例》正式施行,对排污收费的征收、使用、管理等环节进行了重要的改革,标志着我国排污收费制度进入到一个新的发展阶段,新排污收费制度正式建立。

经过 30 多年的改革和发展,我国排污收费的法律、政策、法规、制度和执行体系基本形成。与原有排污收费制度相比,新的排污收费制度在排污收费标准、排污收费的征收政策、排污费管理体制、环保专项资金的使用政策等方面进行了改革,具体表现在:

(1) 排污收费标准的改革。主要体现在三个原则:按照补偿对环境功能损害的原则;略高于治理成本的原则;排放同质等量污染物等价收费的原则。

(2) 排污收费政策的改革。主要体现在四个方面的转变:由超标收费转向排污收费;由单一浓度收费转向浓度与总量相结合收费;由单因子收费转向多因子收费;由静态收费转向动态收费。

(3) 排污费资金使用的改革。按照"专款专用"原则,排污费作为环境保护专项资金,全部纳入财政预算管理,用于重点污染源防治、区域性污染防治、污染防治新技术和新工艺的开发及示范应用以及国务院规定的其他污染防治项目等,任何单位和个人不得挤占、截留和挪作他用。

(4) 排污费管理体制的改革。在管理方面,对排污申报、核准、排污费计征、财务管理、预决算管理、监督管理及考核制度等做了明确规定,建立了较为完整的工作程序。

二、排污权交易

(一)排污权交易概述

排污权交易是当前受到各国关注的环境经济政策之一。最早在 1968 年由美国经济学家戴尔斯提出,并首先被美国国家环境保护局(USEPA)用于大气污染源及河流污染源管理,而后德国、澳大利亚、英国等国家相继进行了排污权交易政策的实践。

排污权交易有很多不同的提法,如可交易的许可证、可交易的排污权、排污许可交易和排污交易等。排污权交易的主要思想是在满足环境要求的条件下,建立合法的污染物排放权利即排污权(这种权利通常以排污许可证的形式表现),并允许这种权利像商品那样被买入和卖出,以此来进行污染物的总量排放控制,实现环境容量的优化配置。因此排污权交易的实质就是采用市场机制来实现环境质量控制。

排污权交易实施的一般步骤为:

(1) 由政府部门确定出一定区域的环境质量目标,并据此评估该区域的环境容量。推算出污染物的最大允许排放量即排污权的出售总量,并将最大允许排放量分割成若干规定的排放量,即排污许可证指标。

(2) 政府根据总量控制的数额和排污者的实际分布情况,采取合理的分配方式(公开竞价拍卖、定价出售或无偿分配等)对排污许可证进行初次配置,这个分配过程即排污权交易的一级市场。排污权交易的一级市场主要发生在政府与各经济主体之间,这里的经济主体包括有排污企业、投资者、环保组织等。

(3)政府辅建建立排污权交易市场使这种权利能合法地买卖。在排污权市场上,排污者从其利益出发,自主决定其污染治理程度,从而买入或卖出排污权。这个交易过程称为排污权交易的二级市场。排污权交易的二级市场可能应用于更广泛的领域,包括排污企业之间、排污企业与环保组织之间、排污企业与投资者之间以及政府与其他各经济主体之间。

(二)排污权交易和排污收费制度的比较

排污收费制度和排污权交易制度是当前应用最为广泛的污染控制制度,具有各自不同的优越性和不足处。对这两种制度的相同点和不同点进行比较可以更深入了解这两种制度的特性。

两种制度的相同点主要表现在:

(1)两者都建立在利用市场机制的基础上,但也离不开政府的作用。排污权交易制度与排污收费制度都是基于市场的环境管理制度。从污染源的角度而言,无论是排污权价格,还是收费价格,都相当于污染控制的边际成本。只要排污费规定得合理,其对排污源的经济刺激作用与排污权交易基本相同。但两者的运行又都需要政府的调控。

(2)两者都以解决外部不经济性为目标。经济活动的外部不经济性是导致环境问题形成的主要根源。解决环境外部不经济性需要将外部不经济性内部化,即使生产者或消费者产生的外部成本加入他们的生产和消费决策,由他们自己承担变为内部成本。排污收费制度是国家或政府采取税收形式将污染成本增加到产品的价格中去,而排污权交易制度则通过市场购买或转让排污许可证的形式承担外部成本,两者都可实现经济活动的外部不经济性内部化。

(3)两者都有利于环境容量资源的保护。自然环境容纳能力具有有限性,当污染物的数量超过允许承纳的污染物质的最大数量(环境容量)时,就会使自然生态系统的结构和功能发生变化,对人类或其他生物的正常生存和发展产生不利影响即造成环境污染。由于环境容量作为一种资源对污染物的容纳能力是有限的,因此无论是采用排污收费制度还是排污权交易制度都有利于减少污染物排放,最终达到保护环境容量资源的目的。

两种制度的不同点主要表现在:

(1)产生的理论基础不同。排污收费制度的提出是基于庇古理论,即主要利用政府的行为进行干预,对排污者收费以弥补私人成本与社会成本之间的差距,通过经济利益的刺激来驱使排污企业治理污染;排污权交易制度的提出主要是基于科斯理论,即主要通过市场机制来解决外部性问题,在交易费用为零和产权界定明晰的情况下通过私人自愿协议使经济活动的边际私人净产值和边际社会净产值相等,从而解决外部性问题。

(2)政府与市场的角色不同。排污收费制度和排污权交易制度都需要政府与市场的参与,但两者在发挥作用的角色上存在明显的区别。排污收费是由政府确定排污价格,由市场决定总排放水平;而排污权交易是由政府确定总排放水平,由市场确定排污价格。

(3)可征收污染物的范围不同。排污收费对征收排污费的污染物范围没有特殊要求,适用于大多数污染物的排放控制管理;排污权交易主要适用于可通过总量控制管理的、具有区域性污染特征的污染物,主要限于水污染和大气污染等领域。

（三）排污权交易的国外实践

美国是最早进行排污权交易理论研究和实践的国家。美国的排污权交易过程可以分为两个阶段:第一阶段为20世纪70—80年代的排污削减信用阶段,第二阶段为20世纪90年代以后的排污许可阶段。第一阶段的美国排污权交易包括以"气泡""补偿""银行"和"容量节余"四种政策为核心内容的一整套排污权交易体系。① 气泡政策是把一定区域内的多个排污口视为一个整体,即一个气泡,允许在一个气泡内部进行排污权的交易;② 补偿政策是指在保证污染总量下降的前提下,才能允许建立新的排污单位,以此来保证区域环境质量不断改善。即要新建、扩建企业时必须首先削减现有污染源的污染排放量,并且增加的排污量应小于消减的排污量;③ 银行政策是允许将企业产生的污染削减量以信用的形式存入排污权银行,减排信用可以留作将来使用或用于交易、抵消新污染源排放量的增加,也可以出售给其他排污者;④ 容量节余政策允许排污企业利用其他方面得到的排放减少信用来抵消因改建、扩建带来的污染物增量,从而免除或减少了改建、扩建企业的污染源承担满足新污染源检查要求的相应负担。第一阶段的排污权交易主要呈现为排污削减信用交易,即 ERC (emission reduction credits)模式,仅限于部分地区和私下交易。ERC 模式在实践中没有总量的限制,同时存在管理部门对削减信用产生和交易开展严格审查的审批成本,因此建立排污权市场成为必然趋势。第二阶段的美国排污权交易主要集中于二氧化硫的交易,在全国范围的电力行业实施,而且有可靠的法律依据,是迄今为止最广泛的排污权交易实践,采用的多为总量-分配模式和非连续排污削减信用模式。总量-分配模式是指政府运用某种程序将有限的污染权发放给污染企业,例如美国的酸雨计划排放控制。非连续排污消减信用模式是通过测量某污染源在执行污染控制措施前的排污量和执行后的排量的差值来确定的减排信用,可以用于出售给其他污染企业以抵消减排义务。美国的排污权交易除用于大气污染"酸雨计划"外,还广泛应用于水质交易、氟氯烃(CFCs)交易等。

除美国外,其他国家也广泛开展了排污权交易的探索和实践。澳大利亚的新南威尔士、维克多及南澳州加入了由 Murray-Darling 流域委员会执行的 Murray-Darling 流域盐化和排水战略。对进入河流系统的盐水进行管理或改善整个流域的管理工程进行投资时,可产生"盐信用"。这些信用可以在各州间进行转让,但是基本上用在那些需要排出进入河流系统的水因而需要抵消其"借贷"的州。加拿大在酸雨和 CFCs 控制计划中建立了可交易许可证制度。安大略省的水利局,作为安大略的电力公用事业公司可以在其发电站之间任意转移或"转让"排污量。安大略省还允许 SO_2 和 NO_x 排放的转让。CFCs 生产商可以在其各部门间进行替代生产(内部交易),法律还允许公司内部对应遵守法律的 5 类 CFCs 物质进行交易。

国际排污权交易机制主要用于碳排放贸易。为了解决全球气候变暖问题,1992年世界各国政府通过了《联合国气候变化框架公约》,并于 1997 年最终形成了关于限制二氧化碳排放量的成文法案,称为《京都议定书》。《京都议定书》规定,到 2010 年,所有发达国家排放的二氧化碳等 6 种温室气体的数量要比 1990 年减少 5.2%。为了帮助发达国家实现其减排温室气体的承诺,《京都议定书》设置了有效减排温室气体的三种履约机制:发达国家与发展中国家之间的清洁发展机制(CDM)和联合履约机制(JI)以及发达国家之间的碳排放贸易减排机制(IET)。全球碳排放贸易的发展在国家层面上,包括英国、加拿大、日本、澳大利亚等国家都建立了国内交易机构来促进温室气体减排;在区域层面上,2005年,欧盟向温室气体排放的企业颁发CO_2排放许可证,正式启动欧盟排放交易市场;在全球层面上,一些国际化交易所平台开始出现,如芝加哥气候交易所。

（四）中国的排污权交易制度

我国排污权交易是建立在污染物排放总量控制和排污许可证制度实施的基础上。从整个过程来看,中国排污权交易的实践可分为三个阶段:

（1）起步阶段（1988—1995年）:中国排污权交易的开始是建立在排污许可证制度实施的基础上。1988年6月,国家环境保护局确定在北京、上海、天津、沈阳、徐州、常州等18个城市（县）进行水污染物排放许可证的试点工作。1989年的第三次全国环保会议上,排污许可证制度作为环境管理的一项新制度被提了出来。1991年4月开始国家环境保护局在16个城市进行了大气排污许可证制度的试点工作。1994年,国家环境保护局宣布排污许可证的试点阶段工作结束,同时开始在所有城市推行排污许可证制度。自1994年起又在其中6个城市（包头、开远、柳州、太原、平顶山、贵阳）开展了大气排污权交易的试点。交易以指标转让的方式进行,具体包括企业内部转让、企业向环境保护局交纳环境补偿费取得排污权、企业出资治理面源污染取得排污权、有多余许可指标的企业可将剩余许可指标转让给其他指标不足的污染源或新建企业。这些试点项目可以看作是中国起步阶段的排污权交易试点,为后续排污交易试点探索的不断深化打下了基础。在该阶段中国还没有确定总量控制的污染控制战略,交易带有很强的行政色彩。

（2）摸索阶段（1996—2001年）:"九五"期间,我国环境保护工作的重点全面转到污染物排放总量控制,《国家环境保护"九五"计划和2010远景目标》对总量控制提出了明确要求:"要研究实行全国环境污染物排放总量控制的办法,2000年全国污染物排放总量不超过1995年的水平,实行总量控制,逐步减少污染物排放总量,将各类污染物排放总量控制指标分解落实到各省、自治区、直辖市"。在实施总量控制和排污许可证制度的过程中,排污许可证交易就成为一项有效的总量控制计划达标的环境管理经济手段。2001年前后全国开展了不少试点项目,在这些项目的推动下完成了多项排污权交易案例,积累了丰富的实践经验。

（3）深化阶段（2002年至今）:随着国家环境保护战略思路从传统的行政管制手段到注重综合运用行政、法律以及市场手段转变,排污权市场交易机制正在形成。2002年在山西、山东、江苏、河南、上海、天津、柳州共7省市,开展二氧化硫排放总量控制及排污权交易试点工作。2007年中国环境经济政策架构提出后,北京市、天津市、上海市、杭州市、湖南省和湖北省纷纷做出反应,建立了排污权交易平台。2014年8月6日,国务院办公厅发布《关于进一步推进排污权有偿使用和交易试点工作的指导意见》,从规范交易行为、控制交易范围、激活交易市场和加强交易管理方面做出了明确规定,对加快推进我国排污权交易具有重要意义。

三、生态补偿

（一）生态补偿概述

生态补偿作为一种使外部成本内部化的环境经济手段,已经在越来越多的国家得到应用。我国的生态补偿与国际上使用的生态服务付费(payment for ecosystem services,PES)或生态效益付费(payment for ecological benefit,PEB)等概念有相似之处。欧美等国近年来在这些领域都取得了较大成功。最初开始的生态补偿主要用于抑制负的环境外部性,依据污染者付费原则向行为主体征收税费。然而,在过去的十几年中,生态补偿逐渐由惩治负外部性(环境破坏)行为转向激励正外部性(生态保护)行为。

到目前为止,国内外对于生态补偿还没有一个统一的定义。中国生态补偿机制与政策研究课题组定义生态补偿为:生态补偿是以保护和可持续利用生态系统服务为目的,以经济手段为主要方式,调节相关者利益关系的制度安排。更详细地说,生态补偿机制是以保护生态环境、促进人与自然和谐发展为目的,根据生态系统服务价值、生态保护成本、发展机会成本,运用政府和市场手段,调节生态保护利益相关者之间利益关系的公共制度。生态补偿指为改善、维护和恢复生态系统服务功能,调整相关利益者因保护或破坏生态环境活动产生的环境利益及其经济利益分配关系,以内化相关活动产生的外部性为原则的一种具有经济激励特征的制度。生态补偿的内容包括两个方面:① 行为主体的活动对生态系统产生正外部性,对利益相关者带来效益,接受利益相关者的补偿;② 行为主体的活动对生态系统产生负外部性,对利益相关者带来损失,对利益相关者进行补偿。

综合已有的生态补偿研究与实践,生态补偿概念经历了 4 个阶段演变:① 从生态系统自身出发,把补偿看作是生态系统内部要素在受到外界干扰时的一种自我调节,以维持系统结构、功能和稳定性;② 随着生态环境问题日益严重,一些学者从生态环境保护的角度出发,把生态补偿看作有效保护和改善生态环境的一种措施;③ 随着经济社会的进一步发展以及生态环境问题的持续恶化,生态补偿被作为经济行为外部成本内部化的一种方式,解决由于市场机制失灵造成的生态效益的外部性并保持社会发展的公平性,达到保护生态与环境效益的目标;④ 生态补偿是以保护生态环境、促进人与自然和谐发展为目的,根据生态系统服务价值、生态保护成本、发展机会成本,运用政府和市场手段,调节生态保护利益相关者之间利益关系的公共制度。

(二)生态补偿框架体系

已有的生态补偿概念综合了经济学、生态学等多学科理论,形成相对完整的生态补偿概念框架,涉及生态补偿的行为主体、作用对象、相互关系等。生态补偿实质是行为主体活动通过生态系统传导给利益相关者并在不同行为主体之间调整利益关系的一种方式。一个科学、完整的生态补偿框架体系需包括以下 6 个基本部分:补偿主体、补偿对象、补偿客体、补偿标准、补偿方式和补偿途径。这 6 个生态补偿基本要素称为生态补偿六要素,着重解决的是生态补偿 6 个方面的基本问题(表 14.3)。生态补偿 6 个基本要素从不同侧面反映了生态补偿的基本内涵,共同完成生态补偿的全过程,构成生态补偿的统一整体。各基本要素之间互相依存、互相联系、共同发展、不可分割。

其具体含义如下:

(1)补偿主体。补偿主体是指直接提供补偿给补偿对象的单位。补偿主体可以是作为公权力代表的政府,也可以是享受生态服务的一方,还可以是破坏生态环境的一方。

(2)补偿对象。补偿对象是指接受补偿的单位或个人,包括生态环境保护的贡献者和生态环境破坏的受损者。具体来说,一是指从事生态维护建设的单位或个人;二是指生态环境破坏受损的单位或个人;三是指补偿对象没有具体明确或产权关系、权益关系没有完全界定之前,作为公众利益的代表(代理人)接受补偿的政府。

（3）补偿客体。补偿客体是指权利义务指向的对象。环境保护或环境破坏所增强或减弱的不仅包括有形的自然资源物质,而且还包括无形的、非物质性的生态系统服务,因此生态补偿客体为生态系统及其服务。

（4）补偿标准。补偿标准是指生态补偿的依据或准则。补偿标准的确定方法包括有:一是按生态保护者的直接成本,即生态环境保护投入或生态破坏的恢复成本计算(补偿的理论下限值);二是按直接成本,再加上机会成本计算;三是按生态受益者的获利计算;四是按生态系统服务价值量计算(补偿的理论上限值)。补偿标准的最终确定通常是在计算的基础上综合考虑地区经济发展水平并通过补偿主体和补偿对象两者协商而形成的,通常位于理论上限值和下限值之间。

（5）补偿方式。补偿方式是指补偿的支付方式,包括资金补偿、实物补偿、政策补偿、技术补偿、建设项目补偿、异地开发补偿等。其中资金补偿是最常见的补偿方式,包括支付补偿金或补贴款、减免退税、信用担保贷款、财政转移支付等。实物补偿是指补偿者用物资、劳动力和土地等进行补偿,以解决补偿对象部分生产要素和生活要素。政策补偿是指政府通过制定一系列优惠政策,使补偿对象享有优先权和优惠待遇,从而促进本地区的生态环境建设和经济发展。技术补偿是指补偿者开展智力服务,提供无偿技术咨询和指导,培养受补偿地区或群体的技术人才和管理人才。建设项目补偿主要是科技项目补偿,是指支付主体将补偿资金转化为技术项目安排到被补偿方,帮助生态保护区群众建立替代产业,形成造血机能和自我发展机制。异地开发补偿是指,补偿主体为补偿对象腾出一块"补偿用地",以补偿其因实施保护行为而错失的发展机会,突破其发展的地理空间瓶颈。

（6）补偿途径。按照补偿实施主体和运行机制,补偿途径主要包括政府补偿和市场补偿两种途径。政府补偿是指以国家或上级政府为补偿支付主体,以区域、下级政府或生态保护者为补偿对象,以国家生态安全、社会稳定、区域协调发展等为目标,以财政补贴、政策倾斜、项目实施、税费改革和人才技术投入等为手段的补偿途径。国家是生态补偿的主要承担者,政府补偿是生态补偿的主要途径,也是比较容易启动的补偿途径。市场补偿就是按照市场机制的运行模式,生态环境受益的一方向生态服务提供者或者生态环境破坏的一方向生态服务功能受害者,通过市场交易的方式,兑现生态服务的价值。

表 14.3　生态补偿基本要素一览表

基本要素	解决的问题	主要内容
补偿主体	由谁补偿	享受生态服务或对生态环境造成破坏的单位与个人
补偿对象	补偿给谁	公众利益代表的政府、对生态环境保护做出贡献或因生态环境破坏而受损的单位与个人
补偿客体	为什么补偿	生态系统服务
补偿标准	补偿多少	上限值:生态服务价值量 下限值:直接成本(生态环境保护直接成本,或生态环境直接恢复成本)
补偿方式	补偿什么	资金补偿、实物补偿、政策补偿、技术补偿、建设项目补偿、异地开发补偿等
补偿途径	怎么补偿	政府补偿、市场补偿

（三）国内外的生态补偿实践

自 20 世纪 80 年代以来,国内外很多国家和地区进行了大量的生态补偿实践,主要涉及流域水资源保护、水环境管理、农业环境保护、植树造林、自然生境的保护与恢复、碳循环、景观保护等。

国外生态补偿实践最具代表性的生态补偿项目是在哥斯达黎加、哥伦比亚、厄瓜多尔、墨西哥等拉丁美洲国家开展的生态服务付费(PES)项目,例如哥斯达黎加水电公司对上游植树造林的资助、哥伦比亚考卡河流域灌溉者协会对调节河流径流的支付等。这些项目由世界银行发起,主要目标是改善流域水环境服务功能。日本和美国也在部分流域实施了包含生态补偿的流域管理计划。例如,1986 年,美国田纳西州为减少土壤侵蚀,对流域周围的耕地和边缘土地的所有者和使用权人进行补偿,就是一种政府实施的流域管理计划,亦是流域生态补偿机制形成的雏形。日本在 1972 年制定《琵琶湖综合开发特别措施法》,对在水源区的综合利益补偿机制的建立提出了切实可行的措施,1973 年日本制定《水源地区对策特别措施法》,通过"水源地区对策基金"对水源地区实行有效的补偿。该类生态补偿项目主要通过增加流域内的森林覆盖率改善水质和水文条件,因此补偿费主要来自用水者,生态服务的其他受益者暂未付费。在农业生态补偿方面,加拿大联邦政府在"永久性草原覆盖恢复计划"(PPCRP)中,由农业部向土地所有者提供管理费用并补偿他们的损失。美国的保护与储备计划(CRP)、环境质量激励计划(EQIP),以及欧盟的农业环境保护项目都采取了补偿措施。在林业生态补偿方面,爱尔兰为鼓励私人造林采取了造林补贴和林业奖励两种政策激励措施;在地中海河谷地区,为鼓励造林,常常采取现金奖励、税收减免等形式的生态补偿措施。欧盟于 1992 年推出了栖息地保护公约,用以保护生境的生态补偿措施在法律上被确立。在新西兰,促进私有土地参与生物多样性保护的激励措施包括自然遗产基金、开放式契约以及降低税率等。一些国家对景观保护也采取了生态补偿措施。瑞士景观保护的参与者每年都会从政府得到一定数额的补偿。许多地区通过征收门票筹集景观保护所需资金。

我国在生态补偿方面的实践可概括为 3 个类型:一是由中央相关部委推动,以国家政策形式实施的生态补偿;二是地方自主性的探索实践;三是近几年来初步开始的国际生态补偿市场交易的参与。总体而言,目前的实践工作主要集中在森林与自然保护区和与水有关的生态补偿等方面。我国于 2004 年正式建立中央森林生态效益补偿基金,并由财政部和国家林业局出台了《中央森林生态效益补偿基金管理办法》,标志着我国森林生态效益补偿基金制度从实质上建立起来。中国的"退耕还林还草"工程向退耕农户提供一定数额的实物和现金补偿,主要补偿农户粮食损失和造林的各种投入,这是中国首次对大规模的生态建设工程采取生态补偿措施。我国在与水有关的生态补偿方面开展了大量的理论和实践研究,特别是在流域生态补偿方面积累了很多经验,包括西部江河源生态建设工程、新安江流域生态补偿、东江流域生态补偿、太湖流域生态补偿、福建省闽江、九龙江河和晋江流域生态补偿、江西省流域生态补偿等。同时随着我国南水北调、引黄入晋、引滦入津等大型跨流域调水工程的实施,我国开始开展跨流域调水生态补偿研究的初步探索以更好地调节跨流域调水水源区和受水区之间的利益关系。国家水利部也积极推进水生态补偿机制建设的有关工作,重点在法律制度、政策措施、项目投资和水资源管理和保护等方面开展了工作,并于 2008 年开展了水生态补偿机制重大课题研究,基本形成了建立水生态补偿机制的总体思路、框架体系和政策措施建议。

四、绿色国民经济核算

（一）绿色国民经济核算概述

国民经济核算体系是对国民经济运行或社会再生产过程进行全面、系统的计算、测定和描述的宏观经济信息系统，是整个经济信息系统的核心。传统的国民经济核算体系概括了经济生活的方方面面，系统描述了一个国家或地区在特定时间上的经济活动状况，为宏观经济管理者及使用者提供了有关经济现状的全景图画。但国民经济核算只体现了一种狭隘的经济增长观点，忽略了作为可持续发展战略所特别关注的环境问题，没有考虑经济活动对自然资源的消耗和导致的环境质量退化，其局限性主要表现在：① 没有体现环境因素对经济过程的贡献；② 不能全面反映经济与资源环境的关系；③ 高估了经济活动的生产成果和人们的投资与消费能力。因此，可持续发展战略对现有国民经济核算提出了改造的要求，即开展综合考虑环境、经济问题的环境经济核算。

如何建立一个一体化的环境经济核算体系存在着两种截然相反的思路：第一种思路是重新建立一套国民财富核算体系。该体系将经济增长和环境变化并置于同一框架内进行核算，更能准确地用于评估经济发展和环境保护之间的和谐度。这种思路主要来源于生态学领域。第二种思路是在原有的国民经济核算体系基础上加以扩展，尽可能维持现有国民经济指标体系的概念和原则，在其中心体系之外建立一个自然环境资源附属核算账户。这种思路得到了普遍的肯定，例如联合国提出的综合环境经济核算（system of integrated environmental and economic accounting，SEEA）就是遵循这一思路。联合国在总结各国资源环境经济核算研究经验的基础上，分别于 1993 年、2000 年、2003 年和 2012 年发布了综合环境经济核算手册，供各国在开展资源环境核算时参考。

（二）绿色 GDP

国际上目前通行的国民经济核算体系是产生于西方发达市场经济国家的国民经济账户体系（the system of national accounts，SNA）。国内生产总值（gross domestic product，GDP）是 SNA 的最核心的指标，是指经济社会（即一国或地区）在一定时期内运用生产要素所生产的全部最终产品的市场价值。在核算中计算 GDP 有 3 种方法，即：

（1）生产法：GDP＝总产出－中间投入

（2）收入法：GDP＝劳动报酬＋生产税净额＋固定资本消耗＋营业盈余

（3）支出法：GDP＝最终消费＋资本形成＋净出口

在现行的绿色国民经济核算体系中，国内生产总值系统测度了经济活动的成果和经济活动对环境的影响，是考虑了环境成本的经济产出，即绿色 GDP。在绿色 GDP 核算中，就是把经济活动的环境成本，包括环境损害成本、污染物治理成本和生态破坏损失成本从 GDP 中扣除掉，从而得出经环境调整的 GDP，综合反映经济发展和环境损害、资源消耗之间的关系，为经济决策和环境管理服务。

（三）中国的绿色国民经济核算

为了改变中国长期以来以牺牲环境来获取经济增长的粗放式高消耗、高污染的传统发展模式，实现科学发展观指导下的经济社会可持续发展，国家统计局和国家环境保护总局于 2004年联合启动了《综合环境与经济核算（绿色 GDP）研究》项目，并于 2005 年开展了全国 10 个试点省市绿色国民经济核算工作。同时,世界银行于 2005 年为中国设立了《建立中国绿色国民核算体系研究》项目,期望帮助中国建立既与国际社会认可的 SEEA 体系接轨又适应中国国情的绿色国民经济核算体系。2006 年 9 月 7 日,国家环境保护总局和国家统计局联合发布了中国第一份经环境污染调整的 GDP 核算研究报告——《中国绿色国民经济核算研究报告 2004》,这也是国际上第一个由政府部门发布的绿色 GDP 核算报告,标志着中国的绿色国民经济核算研究取得了阶段性和突破性的成果。

中国环境经济核算体系总体框架如图 14.6 所示,主要组成包括:① 环境实物量核算表(包括环境污染实物量核算表和生态破坏实物量核算表);② 环境价值量核算表(包括环境污染价值量核算表和生态破坏价值量核算表);③ 环境保护投入产出核算表;④ 经环境污染调整的绿色 GDP 核算表。其中,环境污染实物量核算表与价值量核算表还分各地区与各部门的核算表,而生态破坏实物量核算和价值量核算只分各地区核算表。

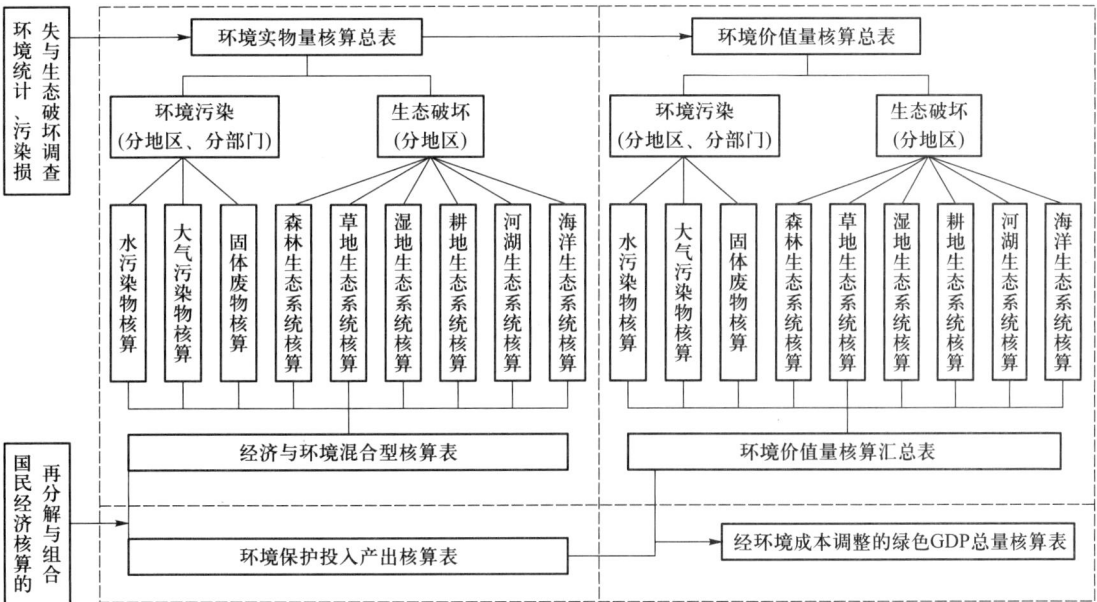

图 14.6 中国环境经济核算体系总体框架(於方等,2009)

我国 2004 年发布的绿色 GDP 核算主要提出了两个指标:一是经虚拟治理成本扣减的GDP,或者是 GDP 的污染扣减指数;二是环境污染损失占 GDP 的比例。"虚拟治理成本"是指把排放到环境中的污染假设"全部"进行治理所需的成本,这些成本可以用产品市场价格加以货币化,可以作为中间消耗从 GDP 中扣减,因此虚拟治理成本占 GDP 的百分点被称为GDP 的污染扣减指数。"环境污染损失"是指排放到环境中的所有污染造成环境质量下降所带来的人体健康、经济活动和生态质量等方面的损失,然后通过环境价值特定核算方法得到的货币化损失值,通常要比虚拟治理成本高。由于人们对环境损失核算方法的认识存在分歧,因此污染损失不从 GDP 中直接扣减,而是通过环境污染损失占 GDP 的比例来和 GDP进行对比分析。因此,从科学的意义上讲,最初我国开展的绿色 GDP 核算仅仅是环境污染经济核算,是一个"经环境污染调整后的 GDP",并且是一个局部的、有诸多限制条件的绿色GDP,与完整的绿色 GDP 还有相当的距离。从 2007 年起,环境经济核算扩展了核算内容,把森林、草地、湿地、土地荒漠化和矿产开发等生态破坏损失的核算开始纳入环境经济核算体系,统计范围更全面了。同时,在国家发改委与国家环境保护部、国家林业局、国家水利部等部门的合作下,我国的资源经济核算开始取得进展,目前已经完成了中国森林资源核算和水资源核算。2014年3月联合国发布的首个资源环境经济核算体系的国际标准——《环境经济核算体系 2012(SEEA2012)》对我国的资源环境核算工作具有十分重要的指导意义,将进一步推进我国资源环境核算体系的不断完善。

问题与讨论

1. 讨论环境管理经济手段的基本理论。

2. 比较庇古手段和科斯手段的区别与联系。

3. 举例说明不同环境资源价值评估方法适用的环境影响类型。

4. 简述生态补偿框架体系的主要组成部分。

5. 讨论与水生态系统保护与开发相关的生态补偿类型。

6. 2015 年我国环境保护部重启"绿色 GDP"研究(称为绿色 GDP2.0),讨论绿色 GDP2.0 与 2004 年提出的绿色 GDP1.0 相比较有什么新的特点。

7. 探讨我国排污权交易的应用领域和实践经验。

8. 讨论南水北调工程生态补偿实施的必要性和保障机制。

第十五章　可持续发展的基本理论与实践

第一节　可持续发展的基本理论

一、不同文明时期的环境伦理观

（一）原始文明时期的环境伦理观

原始文明时期是人类社会文明史上经历的最长的一个时期，据史料记载，这个时代距今至少有 200 万年的时间。这个时期的社会生产力水平低下，人们获取生活资料的途径主要是采集野果、狩猎动物、打捞鱼类等，这些都是最为简单的、原始的方式，而且这种获取生活资料的方式对自然生态系统的破坏也是最小的。这个时期的环境伦理观主要是人类对自然的绝对崇拜，环境对人类制约作用较强，人类改造环境作用微弱，人与环境是恐惧和依赖关系。人类完全依靠自然来生活，对自然界的依赖加剧了人类的敬畏心理，由于缺乏改造自然的能力，在人与自然的关系中，大自然处于绝对的主导地位，人类只能顺应自然，遵循自然界的规律。

（二）农业文明时期的环境伦理观

随着社会生产力的发展，距今大约 1 万年以前人类社会开始进入到依靠土地、以耕种作业为主、利用动植物的生长繁殖来获得物质产品的农业文明时期。农业文明时期是建立在人类对大自然尤其是对土地深刻依赖基础上的一种生存方式，又称为黄色文明或褐色文明时期。农业经济在当时得到了发展，由于定居和人口的增长，为了获取食物、土地和燃料，人类开始种植庄稼、烧毁草原、砍伐森林等破坏自然界的活动，萌生了人定胜天的思想。但是由于当时的生产力水平还比较低下，人类使用的生产工具也只是简单的铁制生产工具，使用的能源只是人力、畜力、风力以及水力等可再生资源，因此对自然平衡和原来的生态系统稳定只是造成了一定的冲击，并没有产生根本性破坏。在这个时期，人类已不再对大自然盲目崇拜、敬畏与依赖，而开始有意识地改造自然和改变自然，通过劳动来获得食物，从而改变了原始狩猎文明时期单纯依靠采集野果和狩猎来获取食物的生活方式。那个时期的环境伦理观是朴素的自然观，即从顺从自然慢慢转向利用自然和以勤劳的态度对待自然，但对大自然仍旧有比较强的依赖性。

（三）工业文明时期的环境伦理观

近代西方以牛顿力学、纺纱机、蒸汽机为代表的科技革命，使人类脱离了农耕文明，迅速进入了传统工业文明。在这个时期，人类疯狂地征服大自然，在经济快速发展的同时也造成严重的环境污染，因此又被称为黑色文明时期。在工业文明时期，随着科技的迅猛发展，随之开发利用能力的进一步增强,人类对大自然进行了疯狂的掠夺和征服,从而形成了人类中心主义的资源环境价值观。人类中心主义是人类在认识和改造自然的过程中逐渐形成的思想观念,是指在人与自然的关系上,始终从人的利益出发,以人为核心,用人的尺度去评价外在客观的自然,它的出发点和归结点始终都在围绕人的利益展开的一种理论观点。在人与自然的关系上,人类中心主义始终认为人类的利益高于一切,高于自然的"利益"。这种价值观是人类理性缺失的表现,因为其过分注重于大自然对人类的有用之处而忽视了大自然自身的价值。这种价值观认为,大自然的价值在于满足人的需求,其为人类服务是理所当然的,所以人类征服自然,向自然毫无限制地索取也是无可厚非的;当人的利益与自然的发展发生矛盾时,首先要维护人的利益。随着工业文明的发展,环境资源问题日益严重,人类中心主义的环境伦理观因其过分强调人的主体性,对大自然的征服欲而受到广泛批判,被认为是当代人类生存危机的根源。

(四)生态文明时期的环境伦理观

生态文明,是迄今为止继原始文明、农业文明、工业文明后的一种新的文明,是人与自然和谐的、平等的文明。它是人类在充分认识自然,尊重自然的基础上,在利用自然造福人类的过程中,在实现人与自然和谐统一的进程中所取得的全部文明成果的总和,其全新理念与价值取向反映了人类社会发展的要求。生态文明时期的环境伦理观是可持续发展环境伦理观。可持续发展环境伦理观是可持续发展理论和环境伦理学相结合而形成的一种新型的环境伦理理论,它是对人类中心主义和非人类中心主义的理论进行了整合和扬弃,形成了包容性更强、内容更丰富、体系更完善的伦理体系。在人与自然的关系中,可持续发展强调二者的和谐一致。肯定双方相互的价值和权利。主张人类在追求发展的同时,必须保持和自然的和谐互利关系,把经济发展和生态可持续发展有机结合起来,应当以人与自然和谐的方式来实现,而不能以耗竭资源、破坏生态和污染环境的方式来实现。

二、可持续发展的提出

古人已经提出朴素的可持续发展思想。例如,中国古代有"与天地相参"的思想,西方经济学家马尔萨斯、李嘉图和穆勒等也较早地认识到人类消费的物质限制,即人类的经济活动范围存在生态边界。现代可持续发展的思想产生于工业革命以后,人类面临着越来越严重的环境与资源问题,如此以往,可能危及人类生存,因此人类开始以全球视角审视环境问题,并对人类生存命运的问题展开了激烈的争论。可持续发展的主要里程碑历程如下:

(一)早期的觉醒——《寂静的春天》

20世纪中叶,随着环境污染的日益加重,尤其是西方国家环境公害事件频发,环境问题成为困扰人类生存和发展的一个严重问题。20世纪50年代末,美国海洋生物学家蕾切尔·卡逊在认真研究美国使用杀虫剂所产生的各类危害之后,于1962年出版了环境保护科普著作《寂静的春天》。她向人们呼吁,我们长期以来所行驶的这条发展之路,使我们错认为这是一条舒适、平坦的"康庄大道",但事实并非如此,这条路的终点会是一场灾难,然而我们有一个岔路,一条"很少有人走过的"岔路,它可能为我们提供了最后唯一的机会保住我们的地球。但这条岔路究竟是什么样的道路,卡逊并没有明确提出,但是她的思想在世界范围内引起了人类对自身行为和观念的深入反思。

（二）进一步的醒悟——《增长的极限》

1968 年，来自世界各国的几十位科学家、教育家和经济学家等在罗马聚集，成立了一个非正式的国际协会——罗马俱乐部。俱乐部委托以麻省理工学院梅多斯为首的研究小组，针对长期在西方流行的高增长理论进行深入研究，并与 1972 年提交了俱乐部成立后的第一份研究报告——《增长的极限》。该报告深刻阐述了环境的重要性，以及资源和人口之间的基本关系。它指出，地球的承载力是有极限的，经济增长将发生不可控制的衰退。因此，要避免因超越地球资源极限而导致世界崩溃的最好方法就是限制增长，即"零增长"。《增长的极限》发表后，在国际社会，特别是在学术界引起了强烈的反响。该报告在促使人们密切关注人口、资源和环境问题的同时，也因其反对增长的观点而遭到尖锐的批评和责难。从而引发了一场激烈的、持久的学术之争。虽然该报告的结论和观点存在明显的缺陷，但是，它指出的地球潜伏着危机、发展面临着困境的警告无疑给人类开出了一服清醒剂，具有深远的积极意义。《增长的极限》曾一度成为当时环境运动的理论基础，有力促进了全球的环境运动，其中所阐述的"合理的、持久的均衡发展"，为可持续发展思想的产生奠定了基础。

（三）全球的关注——《人类环境宣言》

1972 年，来自世界 113 个国家和地区的代表齐聚一堂，在斯德哥尔摩召开了联合国人类环境会议，共同讨论了环境对人类影响的问题。这是人类第一次将环境问题纳入世界各国政府和国际政治事务议程。大会通过了《人类环境宣言》，其宣布了 37 个共同观点和 26 项共同原则。它是为了探讨保护全球环境战略的第一次国际会议，意义在于唤起了各国政府对环境污染问题的觉醒和关注。它向全球呼吁各国政府和人民必须为全体人民及其子孙后代的利益做出共同的努力。虽然大会对环境问题的认识还比较浅显，也没找到具体的解决问题的途径，对问题的根源和责任也没有明确认识，但是它引起了各国政府和公众的环境意识，是人类共同面对环境问题挑战的标志。

（四）新的发展理念——《我们共同的未来》

20 世纪 80 年代初始，联合国成立了以挪威首相布伦特兰夫人为主席的世界环境与发展委员会（WCED），目标是制定长期的环境对策，帮助国际社会确立更加有效的解决环境问题的途径和方法。经过 3 年的深入研究和充分论证，该委员会于 1987 年向联合国大会提交了经过充分论证的研究报告——《我们共同的未来》。报告着重于人口、粮食、物种和遗传资源、能源、工业和人类居住等方面，探讨了人类面临的一系列重大的经济、社会和环境问题，并正式提出了"可持续发展"的模式。布伦特兰鲜明、创新的科学观点，把人们从单纯考虑环境保护的角度引导到环境保护与人类发展相结合，体现了人类在可持续发展思想人上的重大飞跃。

（五）重要转折点——联合国环境与发展大会

1992 年 6 月，联合国环境与发展大会（UNCED）在巴西里约热内卢召开，共有 183 个国家的代表团和 70 个国际组织的代表出席了会议。在这次会议上，可持续发展得到了世界最广泛和最高级别的政府承诺。会议通过了《里约热内卢环境与发展宣言》和《21 世纪议程》两个纲领性文件。《里约热内卢环境与发展宣言》提出了实现可持续发展的 27 条基本原则，目的是：保护地球永恒的活力和整体性，建立一种全新的、公平的"关于国家和公众行为的基本准则"，它是开展全球环境与发展领域合作的框架性文件。《21 世纪议程》旨在建立 21 世纪世界各国在人类活动对环境产生影响的各个方面的行动规则，为保障人类共同的未来提供一个全球性措施的战略框架,它是世界范围内可持续发展在各个方面的行动计划。此外,各国政府代表还签署了《联合国气候变化框架公约》等国际文件及有关国际公约。大会是可持续发展的一座重要的里程碑,动员全人类走可持续发展之路。

三、可持续发展的内涵和基本原则

(一)可持续发展的内涵

可持续发展一词源于生态学,在国际文献中最早出现于 1980 年由世界自然保护联盟(IUCN)制定发布的《世界自然保护战略》。可持续发展是指既满足当代人的需要,又不对后代人满足其需要的能力构成危害的发展。这个定义来自《我们共同的未来》,是目前国际上公认的可持续发展的定义。其中,“可持续”是指“能够维持下去”或“保持继续提高”,对资源与环境而言,则应该理解为是自然资源能够永续为人类利用,不至于因其过度消耗而导致不能满足后代人在生产和生活中的需求量。“发展”是指一种连续不断的变化过程,不仅表现为经济的增长、GNP 的提高、人民生活水平的改善,还体现在文学、艺术、科学、技术的繁荣,道德水平的提高,社会秩序的和谐,国民素质的提高等许多方面,既要有量的增长,也要有质的提高。可持续发展的定义明确表达了两个观点:一是人类要发展;二是发展要有限度,不能危及后代的发展能力。这既是对传统发展模式的否定与反思,又是可持续发展模式设计的理论基础。

可持续发展始终贯穿着“人与自然和谐、人与人的和谐”这两大主题,并由此出发,进一步探寻人类活动的理性规则、人与自然的协同进化、人类需求的自控能力、发展轨迹的时空耦合、社会约束的自律程度,以及人类活动的整体效益准则和普遍认同的道德规范等,通过平衡、自制、优化、协调,最终达到人与自然的协同,以及人与人之间的公平。它的实施是以自然为物质基础,以经济为动力牵引,以社会为组织力量,以技术为支撑体系,以环境为约束条件。因此,可持续发展不仅仅是单一的生态、社会或经济问题,而是三者相互影响、相互作用的综合体。可持续发展主要包括自然资源和生态环境的可持续发展、经济的可持续发展和社会的可持续发展这三个方面:一是以自然资源的可持续利用和良好的生态环境为基础,二是以经济可持续发展为前提,三是以谋求社会的全面进步为目标。

(二)可持续发展的基本原则

不同角度的可持续发展的定义,有不同角度的基本主张:注重自然属性的可持续发展,主张人与自然和谐相处;注重社会属性的可持续发展,主张人与人的和谐,既满足当代人又满足后代人的基本需求;注重经济属性的可持续发展,主张建立在保护地球自然系统基础上的持续经济发展等。无论侧重于哪个方面的可持续发展,其基本原则都包括以下几个方面:

(1)公平性原则。公平性原则指机会选择的平等性。此原则有三方面的含义:一是指同代人之间的横向公平性;二是指代际公平,即可持续发展不仅要实现当代人之间的公平,而且也要实现当代人与后代人之间的公平;三是指人与自然、与其他生物之间的公平性,这是可持续发展与传统发展的根本区别之一。

(2)共同性原则。共同性原则要求发展必须考虑全球的整体性和相互依赖性,采取全球共同的联合行动,达到全球共同发展的目标。

(3)可持续性原则。可持续性指生态系统受到某种干扰时能保持其生产效率的能力。

资源可持续利用和保持生态系统可持续性是人类社会可持续发展的首要条件。因此人类在发展时,必须考虑自然资源的临界性和环境承载力,做到合理开发和利用自然资源、保护生态环境。

(4) 和谐性原则。可持续发展战略就是要促进人类之间以及人与自然之间的和谐,是人类与自然之间保持一种互惠共生的和谐关系,只有这样,可持续才能实现。

(5) 需求性原则。人类需求是由社会和文化条件所确定的,是主观因素和客观因素相互作用,共同决定的结果,与人的价值观和动机有关。可持续发展立足于人的需求而发展,强调人的需求而不是市场商品,是要满足与所有人的基本需求,向所有人提供实现美好愿望的机会。

(6) 高效性原则。高效性原则不仅是根据其经济生产率来衡量,更重要的是根据人们的基本需求得到满足的程度来衡量,是人类整体发展的综合和总体的高效。

(7) 阶跃性原则。随着时间的推移和社会的不断发展,人类的需求内容和层次将不断增加和提高,所以可持续发展本身隐含着不断从较低层次向较高层次的阶跃性过程。

第二节　可持续发展的评价方法

一、可持续发展评价的目标与原则

可持续发展是人类发展的共同目标,而评价则是界定、明确这一目标的必要手段。定性的目标能够指明方向,定量的目标则可以准确测度达到这一目标的距离。评估实现目标的进程是目前社会经济发展的基本需求之一。它不仅是检查政策和实践活动绩效的需要,也是辅助进行政策选择和必要的政策修改,避免重大决策失误的需要。评价方法将人类的实践活动与可持续发展的目标联系起来,判断目前的行为、政策是否促进了可持续发展目标的实现。在评价的过程中,过去不可持续的行为或主要的限制因素可以更加清晰地显露出来,可能的机会或相应的整改措施也能够在评价中得到体现。总之,评价是政策选择和评估,制定未来规划行动的必要工具和基础。

可持续发展评价指标是度量具有结构复杂、层次众多、子系统相互作用强烈特点的区域复合系统发展特征的参数。因此,应在众多的指标当中选择最有代表性、内涵丰富且便于度量的指标作为评价指标。可持续发展评价的原则主要体现在构建评价指标体系的过程中,在确定评价指标时需要遵循的原则。国内外许多学者专门就指标确定问题,提出了一些原则,各种原则虽然不尽相同,但其来源则均是可持续发展的概念。可持续发展的概念具有高度的概括性和复杂性,而且研究对象不同(可以是各个层面或者领域的),使用方法不同,设计的原则也会有差异。但大致都会包含系统性、主成分性、可操作性、层次性、动态性、区域性、科学性等主要原则。

(一) 系统性原则

可持续发展是一个复杂的系统工作,构建可持续发展评价指标必须全面真实地反映经济、社会、生态等各个方面的基本特征,从经济、社会、生态这三个角度出发,根据基本要素、关系和行为的特点,把可持续发展系统划分为经济、社会、生态等子系统,这些子系统之间既相互联系,又相对独立,共同构成一个有机整体。同时,各个子系统又有多种要素组成。系统性原则要求建立指标体系时,应当综合考虑各个子系统的情况以及各个子系统之间的相互作用与联系,尽可能地选用足够的指标加以适当的综合,以准确全面地反映经济、社会和生态等各个子系统的主要属性及其相互关系,从而比较全面地反映被评价对象的发展特征(图 15.1)。

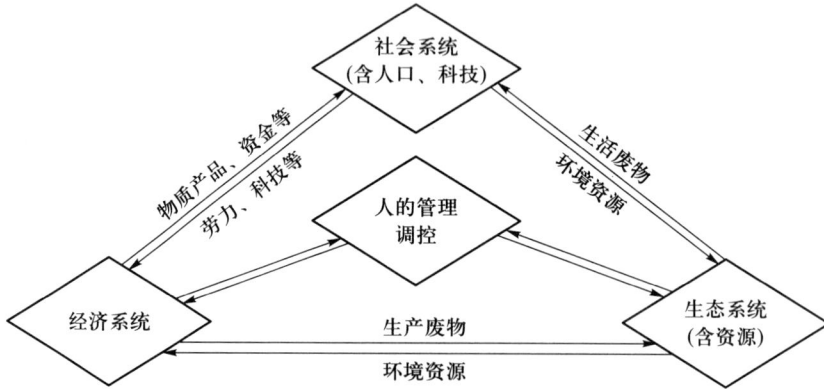

图 15.1　可持续发展复合系统示意图

(二) 主成分性原则

由于描述的可持续发展系统的指标涉及的范围很广,要将所有可能的方面都要包括进来既无必要也无可能。因此,在确定指标体系时,应结合系统性原则,根据要素对系统作用大小的不同给予不同的权重,抓住系统的主要方面进行取舍。选取那些能够准确深刻反映系统与外界联系的规律、能够准确深刻地描述系统内部不同层次子系统的运动规律及其间的相互作用的指标,而相应简化或舍弃那些与系统主要行为或状况关系不密切的指标,将系统运动的主要行为或系统状态的主要方面描述出来,突出系统整体的本质特征。

(三) 可操作性原则

可操作性原则一方面要求指标体系不能过于庞杂,指标的资料应容易获得且来源准确,资料的分析整理相对简单易行,以便于评估者的实际操作。另一方面要求评价要可比可量。可比性要求评价结果在时间尺度上,过去和现在可比,在空间尺度上,不同区域之间可比。通过时间上的可比,反映区域可持续发展的演进轨迹,通过区域间的可比,反映区域之间的优势和劣势,因地制宜提出相应的对策措施,这就要求指标的统计口径、含义、适用范围在不同时段、不同区域要相同。可量化一是要求定性指标可以间接赋值量化,二是定量指标直接量化。

(四) 层次性原则

层次性原则有两层含义。一方面,可持续发展系统本身有层次之分。从行政层面上看,系统大体上可分为宏观、中观和微观三个层次。宏观层次大体上代表了国家或省级层次,中观大体上代表了市县级层次,微观大体上代表了区、乡、镇及企业层次。显然,三个层次系统的功能和作用是各不相同的,因此,衡量其发展状况是否具有可持续性,应在不同层次上采用不同的指标。另一方面,可持续发展系统内部的各子系统也是由不同层次的各种要素构成的,因而可持续发展指标体系作为一个有机整体,应表现出层次性。在横向上,要能反映经济、社会和生态系统的主要属性及其相互关系;在纵向上,要按指标的不同功能分出层次,以构成较完整的指标体系。

（五）动态性原则

可持续发展是不断发展变化的动态过程,因而其评价指标体系也应当是一个相对的、发展的系统,即要在指标选取上同时注意指标的静态性和动态性,使之既可以进行静态的度量评测,又具有对时间和空间变化的敏感性和可调节性,体现静态与动态的统一,从而鲜明地反映出评价对象的历史、现状、潜力,反映出其发展变化的情况与演变趋势,揭示其内在的发展规律。

（六）区域性原则

不同区域的发展条件、发展阶段与发展要求不同,因而其可持续发展的评价指标也应不同,即要针对各区域的地域特色构建相应的指标体系,以准确反映不同地区的真实发展水平。

（七）科学性原则

指标体系的构建必须严格按照发展的科学内涵来进行,应能客观真实地反映发展的本质,反映可持续发展目标的构成、目标和指标之间的真实关系,反映人口、资源、环境与社会经济发展的数量与质量水平、彼此间的协调状况及其持续发展能力。

二、可持续发展评价方法和指标体系

1992 年联合国环境与发展会议以来,可持续发展评价研究备受关注,形成了单指标（复合指标与多指标）或指标体系两类评价方法。

（一）单指标评价法

（1）原国民经济核算体系（system of national accounting,SNA）的修正。经济学家或环境经济学家们试图从福利、收入、GDP 或 GNP 等传统指标入手,结合资源核算理论,对国民经济核算体系进行调整、修改,以反映可持续发展的情况。新古典经济学家认识到 GDP 具有各种缺憾,认为市场失灵导致外部性,致使资源低效利用,并产生环境问题。因此,以制定合理的价格为核心,通过各种方法估计外部性,并建议将外部性内部化对 GDP 进行修正。目前的研究主要有以下四个领域:SNA 的调整、卫星账户的创建、资源与环境核算的创建、微观水平上环境核算,如调节国民经济模型（adjusted national production,ANP）、环境经济综合核算体系（system of integrating environment and economic accounting,SEEA）、持续经济福利指数（index of sustainable economic wealth,ISEW）、真正进步指数（genuine progress indicator,GPI）、可持续收入（sustainable income,SI）等方法和指标。

（2）真实储蓄。世界银行对传统资本的概念进行了创造性的扩展,提出了衡量可持续发展的新指标——真实储蓄（genuine saving）。真实储蓄就是扣除了自然资源损耗和环境污染损害后的一个国家的真实的储蓄率,也就是总储蓄减去产品资产贬值后的净储蓄再扣除资源损耗和污染损失。将财富通过自然资本、人造资本、社会资本、人力资本等四种资本来衡量,理论上更加全面、合理,特别是自然资本和人力资本的测算,丰富了传统意义上财富的概念。真实储蓄动态地表达了一个国家或地区的可持续发展能力,真实储蓄负增长最终必将导致财富的减少。但在实践中,对于资源损耗、污染损失还需要更多的科学研究和数据支持。

（3）人类发展指数。联合国开发计划署（UNDP）1990 年在其《人类发展报告》中提出了人类发展指数（human development index，HDI），并测算了全球各国的 HDI。HDI 是以反映人口总体健康状况的平均预期寿命、反映人口受教育水平或知识水平的文化水准和反映生活质量的、经过购买力平衡后的人均 GDP（购买力平价，PPP）三个基础变量经过算术平均而得的综合指标。其核算方法几经调整和修改，所需数据容易获得，模型和计算方法都很简单。目前对 HDI 的批评主要是：HDI 没有考虑到发展对自然资源的损耗和对环境状况的影响；如果说健康、生活质量、受教育是人类发展追求的最基本的三个目标，那么用算术平均法计算的 HDI 则忽视了这三个目标的基础性和不可替代性。

（4）生态足迹。生态足迹（ecological footprint）是由著名生态经济学家 Rees 教授及其学生 Wackernagel 教授和 Wada 博士提出并加以发展的。生态足迹就是能够持续地提供资源或消纳废物的、具有生物生产力的地域空间（biologically productive areas）。针对不同的研究层次，生态足迹可以是个人的、区域的、国家甚至全球的，其含义就是要维持一个人、地区、国家或者全球的生存，以及吸纳人类活动产生的废物所需要的、具有生物生产力的地域面积。它将资源供给和消耗统一到一个全球一致的面积指标，使可持续发展的衡量真正具有区域可比性。通过相同的单位比较人类的需求和自然界的供给，评估的结果清楚地表明在所分析的每一个时空尺度上，人类对生物圈所施加的压力及其量级。生态足迹既能够反映出个人或地区的资源消耗强度，又能够反映出区域的资源供给能力和资源消耗总量，通过生态赤字或生态盈余清楚地反映出个人或区域对于全球生态环境变化的贡献，从另一个角度向我们描述了谁应该对目前的全球生态危机负有更大的责任。

其他的单指标评价方法还有人类活动强度指标、发展贡献指数、生态价值、净初级生产量、净初级生产量的人类占用等指标。

（二）指标体系评价法

指标体系评价法，以社会经济统计指标和资源、环境指标为核心，试图从社会、经济、环境、人口、资源等各个方面描述、解释或预测发展的可持续性。该类指标体系一般又包括描述性指标和评价性指标。描述性指标主要是反映系统的实际状况或条件，能够汇集描述可持续发展状况和趋势的基本数据，是形成评价指标的基础和数据来源，侧重描述、解释；评价性指标主要是分析评价对象各因子之间的内在联系和各因子的发展趋势，具有更高的综合性，侧重于对评价对象的评价、监测和预警。指标体系一般是建立在一定的理论框架或概念框架基础上，在概念框架的指导下，指标的选择才会更加符合逻辑，层次性清晰，指标之间的关系更加明了。目前较有影响的代表性的理论框架有：压力-状态-响应框架（pressure-state-response，PSR）、信息金字塔（information pyramid）、反应-行动-循环（reflection-action-cycle，RAC）、Daly 三角形、驱动力-状态-影响框架（driving force-state-response，DFSR）和压力-状态-影响-响应框架（pressure-state-impact-response，PSIR）等。

以 PSR 为基本框架的指标体系。这些指标体系是 PSR 框架的变形和发展。"驱动力"指标反映人类活动的过程和方式对发展的影响，"状态"指标用来描述发展的状态，"响应"指标则主要是反映人类的政策选择和对发展状态变化的响应。联合国可持续发展委员会（UNCSD）提出的指标体系最具影响力。UNCSD 认为：可持续发展指标体系的构建，最重要的就是要把社会、经济、资源、环境、生态、制度等方面有机结合成一个综合体。根据 PSR 理论框架,UNCSD 建立了包括经济、社会、环境和制度 4 个方面共 150 多个指标的指标体系。该指标体系有较强的科学理论依据,并且十分重视信息的可获取性、指标的综合性;提出的方法表单(methodology sheet)是一个非常实用的工具,有很广的应用前景。但缺乏指标综合方法,指标体系过于庞大。从总体上看,该指标体系是针对全球、大洲或国家空间尺度可持续性问题的,是在《21 世纪议程》的基础上建立的一个面面俱到的指标体系,在实际操作实施时,需要根据地方特点进行多方面的提炼和修改。英国、美国、中国建立了相似的指标体系。例如英国建立了包括 13 个主题、146 个指标的可持续发展指标框架;美国总统可持续发展理事会主要从经济、环境和社会 3 个领域的健康与环境、经济繁荣、平等、保护自然、管理、可持续发展的社会、公民参与、人口、国际责任、教育 10 个目标出发,提出了 52 个方面的 60 多个进展指标组成国家可持续发展目标及指标体系;中国可持续发展课题组于 1997 年建立了包括经济、资源、环境、社会、人口、教育与科技 6 个子系统的 82 个指标的评价指标体系。

　　基于反应-行动-循环的指标体系。加拿大环境-经济圆桌会议(National Round Table on the Environment and the Economy,NRTEE Canada)将生态系统和人类置于相同的地位,开发了一个评价可持续发展的新方法。该方法主要强调以下 4 点:生态系统的整体性和福利(或健康);人类的福利及其自然的、社会的、文化的、经济的评估;人类与生态环境之间的相互作用;以上三者的综合与联系。评价人类社会的指标主要涵盖以下 5 个方面:个人、家庭的健康;社区的力量和自恢复力;事业多样性和成功;政府的效率;经济波动。生态系统的评价用土地、水、空气、生物多样性、资源利用 5 个方面的指标。该方法运用系统论的思维方法和整体性的观点,将人类社会与生态系统置于同等重要的位置,体现了"天人合一"的思想,并成功地开发了描述人类系统和生态系统的指标。不足之处是两类指标之间的关系指标较少,指标体系庞大。

　　在众多的指标体系中,还有基于复合生态系统理论、系统动力学理论、多目标决策技术、环境-经济系统协调度模型等理论构建的可持续发展评价指标体系。此外,还有荷兰、加拿大、经济合作与发展组织等专门建立的环境可持续发展指标体系。

三、中国可持续发展评价

　　中国科学院可持续发展战略研究组在世界上独立地开辟了可持续发展研究的系统学方向,将可持续发展视为由具体相互内在联系的五大子系统所构成的复杂巨系统的正向演化轨迹。依据此理论内涵,设计了一套"五级叠加,逐层收敛,规范权重,统一排序"的中国可持续发展能力评估指标体系,其基本构架如图 15.2 所示。该指标体系分为总体层、系统层、状态层、变量层和要素层 5 个等级(引自《2014 中国可持续发展战略报告——创建生态文明的制度体系》)。

　　总体层是指从整体上综合表达了整个国家或地区的可持续发展能力,代表着国家或地区可持续发展总体运行态势、演化轨迹和可持续发展战略实施的总体效果。

　　系统层是指将可持续发展系统解析为内部具有内在逻辑关系的五大子系统,即生存支持系统、发展支持系统、环境支持系统、社会支持系统、智力支持系统。该层主要解释各子系统的运行状态和发展趋势。

总体层	系统层	状态层	变量层	要素层

生存资源禀赋 — 耕地资源指数、水资源指数、气候资源指数、生物资源指数

农业投入水平 — 物能投入指数、资金投入指数

资源转化效率 — 生物转化效率指数、经济转化效率指数

生存持续能力 — 生存稳定指数、生存持续指数

基础设施水平 — 交通基础设施指数、信息基础设施指数

经济发展水平 — 经济规模指数、经济结构指数、经济市场化指数、经济国际化指数、经济要素投入指数

经济效益水平 — 工业企业经济效益指数、工业企业运营效率指数、工业产品质量指数

资源环境绩效 — 工业资源环境绩效指数、区域经济资源环境绩效指数

区域环境质量 — 区域空气污染指数、区域水污染指数、区域固体废物污染指数

区域生态水平 — 生态脆弱性指数、生态质量指数

区域环境保护力度 — 环境污染治理指数、资源循环利用指数、能源结构调整指数、生态保护建设指数

人口发展水平 — 人口增长指数、人口素质指数、人口结构指数

居民生活质量 — 富裕度指数、消费水平指数、居住条件指数、出行便利度指数、配套设施水平指数

公共卫生服务 — 公共卫生投入指数、公共卫生设施指数、公共卫生服务能力指数

社会安全水平 — 社会公平指数、社会安全指数、社会福利保障指数

文化发展水平 — 文化事业投入指数、文化设施服务指数

区域教育水平 — 教育投入指数、教育规模指数、教育成就指数

区域创新能力 — 创新资源指数、创新效率指数、创新效益指数

区域管理能力 — 政府工作绩效指数、经济调控绩效指数、社会管理绩效指数、资源环境管理绩效指数

总体层：中国可持续发展总体能力

系统层：生存支持系统、发展支持系统、环境支持系统、社会支持系统、智力支持系统

要素层：指标群

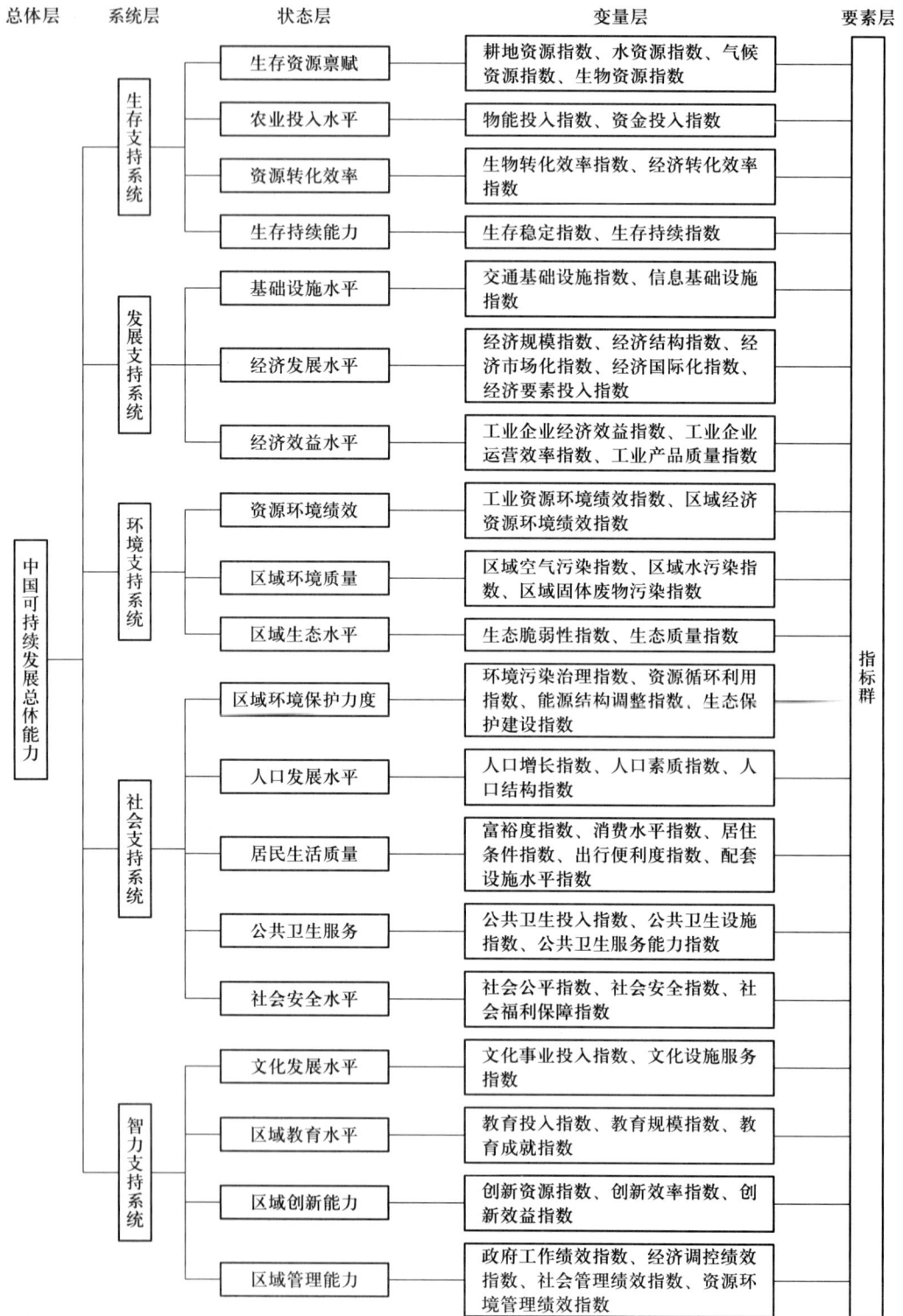

图 15.2 中国可持续发展能力评估指标体系基本框架

状态层反映决定各子系统行为的主要环节和关键组成成分的状态,包括某一时间断面上的状态和某一时间序列上的变化状况。

变量层从本质上反映、揭示影响状态的行为、关系、变化等原因和动力。

要素层是指采用可测的、可比的、可以获得的指标及指标群、对变量层的数量表现、强度表现、速率表现给予直接的度量。

第三节　可持续发展的实施途径——循环经济

一、循环经济的提出

20世纪90年代以来,循环经济开始作为实践性概念出现在德国、日本、美国、丹麦等国。循环经济是人类面向21世纪的发展模式和发展道路的理性选择,而这一经济模式的产生和发展有着深刻的时代背景。一方面源于对人类所面临的资源环境与经济增长之间矛盾的认识;另一方面则是源于对传统的工业文明和社会发展模式的反思。从1972年联合国人类环境会议发表《人类环境宣言》到1992年里约热内卢会议通过《21世纪议程》,再到2002年可持续发展世界首脑会议在南非约翰内斯堡召开,这一切都在说明人类正在转变传统思维,并朝着可持续发展的方向做出积极努力。在这期间,"宇宙飞船内物质循环的生存理论"为循环经济的产生提供了重要思想来源。

"宇宙飞船内物质循环的生存理论"是20世纪60年代由美国经济学家鲍尔丁提出的。他认为,地球就像是一艘宇宙飞船,要靠不断消耗和再生自身有限的资源而生存;如果不合理开发资源,肆意破坏环境,就会走向毁灭。因此,未来的经济增长方式和发展模式应以新的"循环式经济"代替"单程式经济",把过去以物理学线性规律为特征的经济流程转变为以服从生态学反馈规律为特征的循环经济流程。

二、循环经济的内涵、原则和模式

(一)循环经济的内涵

循环经济一词的英文名称有很多种,如 circular economy、recycle economy、circulate economy、circling economy 等。从微观角度讲,循环经济是对物质闭环流动型经济的简称,本质上是一种生态经济,要求运用生态学规律来指导人类的经济活动,是一种建立在物质不断循环利用基础上的新型经济发展模式。从人与自然的角度定义,循环经济主张人类的经济活动要遵从自然生态规律,维持生态平衡。它强调在人类自身获得发展的同时必须尊重自然规律,实现人与自然的和谐发展。从技术范式角度认为,循环经济是在生态环境成为经济增长的制约因素,良好的生态环境成为公共财富阶段的一种新的技术经济范式,是建立在人类生存条件和福利平等基础上的以全体社会成员生活福利最大化为目标的一种新的经济形态。

归纳起来,可以分为"狭义的循环经济"和"广义的循环经济"。"狭义的循环经济"认为,循环经济是通过废物或废旧物资的循环再生利用来发展经济,也就是利用社会生产和消费过程中产生的各种废旧物资进行循环、利用、再循环、再利用,以至循环不断的经济过程。"广义的循环经济"认为,循环经济是把经济活动组成为"资源—产品—再生资源"的反馈式流程,使所有资源都能不断地在流程中得到合理开发和持久利用,使经济活动对自然环境的不良影响降低到尽可能小的程度。它倡导的是环境和谐的经济发展模式,要求按照循环利用资源的要求改变整个社会系统,包括技术支撑、生产组织方式、生活方式、社会制度、伦理道德观念等,使经济、环境、生态在更高水平上实现动态平衡。

（二）循环经济的原则

循环经济遵循一组以"减量化(reducing)、再利用(reusing)、再循环(recycling)"为内容的行为原则(称为 3R 原则)。

第一原则——减量化原则。这一原则针对的是输入端。它要求在生产过程中通过管理、技术的改进尽量减少进入生产和消费过程的物质和能量流量,同时又不影响既定的生产、消费目的的实现。减量化的原则是从源头上减少资源的消耗和污染物的产生。为了达到资源投入减量化的同时又能满足生产、消费需求的要求,一种可行的方法就是提升现有的生产技术水平,改进现有的生产工艺、流程。

第二原则——再利用原则。这一原则属于过程性方法,目的是延长产品和服务的时间强度。该原则要求企业在生产产品的过程中,应尽可能地增加产品的耐用度,以便在使用过程中可以重复加以利用,而不影响其功能、作用的发挥。

第三原则——再循环原则。这一原则针对输出端,把废物再次变成资源以减少最终处理量。再循环途径主要有两种:一是原级再循环,即将消费者遗弃的废物再循环后形成与原来相同的新产品,如废纸生产再生纸,用废玻璃生产玻璃等;二是次级再循环,即废物变成与原来不同类型的新产品。值得注意的是,在原有废物加工处理的过程中,应注意尽可能地减少资源的消耗以及新污染物的产生。

循环经济三原则的重要性并不是并列的,而是有先后次序的,即减量化—再利用—再循环。这种先后次序的排列反映了循环经济的基本思想:首先要从源头上控制可产生的污染量;其次对于进入生产和消费过程中的产品应尽可能地延长其时间强度;最后当产品已不具备重复使用的可能性时,可以进行适当的加工处理,使其作为资源投入到下一个生产环节之中。因此,在生产和消费过程中应尽量减少资源消耗,充分合理地利用资源。只有当前面两种原则不起作用时,才考虑第三种原则——再循环。这样做是因为在废物资源化的过程中有可能造成新的污染和资源的消耗。在实际的经济活动中,只有综合运用三原则,才能充分发挥循环经济的经济效益和生态环境效益。

（三）循环经济的模式

循环经济是一种经济活动反馈式的经济模式,其运行的核心是生态产业链。在实际行动中,循环经济往往需要微观、宏观层面的相互配合、协调作用。微观层面上,要求企业纵向延长生产链条,从生产产品延伸到废旧产品回收处理和再生,横向上将生产过程中产生的废物进行回收利用或无害化处理;宏观层面上,要求整个经济体系实现网络化,使资源实现跨产业循环利用,综合对废物进行产业化无害处理等。在这个过程中,从开采—生产—消费过程中产生的废物,一部分经废物分解者加工形成新的资源返回到经济系统中,另一部分经环境无害化处理分解后形成无污染或低度污染物质返回自然环境中,由自然环境对其进行净化处理(图 15.3)。

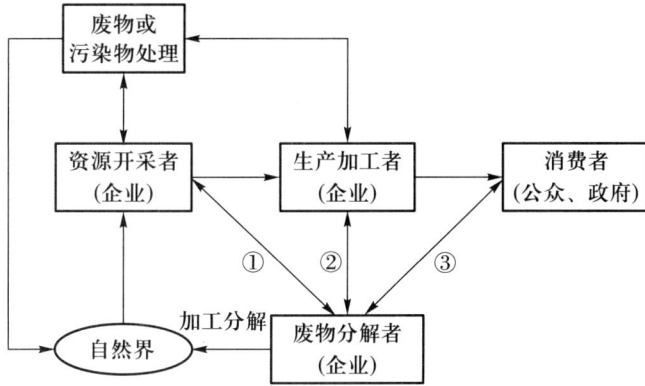

图 15.3　循环经济模式中企业的运行模式

① 资源开采者与废物分解质之间的作用关系；② 生产加工者与废物分解质之间的作用关系；③ 消费者与废物分解质之间的作用关系；④ 企业对废物或污染物的处理利用行为。

（1）生产加工者。在传统经济模式中，生产加工者是大量产品（包括服务）的提供者，同时也是影响生态环境最为严重者。而在循环经济模式中的生产者，基本上是围绕产品结构的生态化转换升级、推进生产服务活动的清洁生产过程。其中包括：产品的生态设计开发；清洁生产（服务）。重点是自然资源与清洁能源的综合开发利用、资源能源高效与废物减量化制造和服务活动、生产过程内部的物质循环回用或再利用。

（2）废物分解者。废物分解者主要从事废物的资源化活动，通过在不同部门或同一部门的不同行业、企业间建立共生互补、耦合关联，科学合理地发展废物回收循环利用，可以使废物得到增值。主要包括生产活动过程中未能利用的废物回收与综合利用、社会消费活动过程废物的回收与循环利用等。

（3）消费者。消费者自身的消费模式（消费观念、需求结构、活动行为）将会直接影响着生产者、消费者企业的生产经营活动。

从图中我们可以看出，循环经济在运行过程中将会涉及资源开采者、加工制造者、废物分解者、消费者等多个利益实体的权利与责任、利益与分配、效率与公平问题。只有每个环节都顺畅，才能使得整个循环经济系统都顺利形成与发展。

三、国外发达国家循环经济的实践与经验

德国和日本是世界上循环经济理念引入最早的国家，也是到目前为止循环经济体系发展最完善的国家。它们在发展过程中，各自形成了一套成熟、完善的体系，对世界上其他国家循环经济的发展提供了众多值得学习、借鉴的地方。

（一）德国循环经济的实践与经验

在德国，循环经济酝酿于 20 世纪 80 年代后期，系统的实践出现在 90 年代中期，以 1994 年颁布、1996 年实施的《循环经济与废物管理法》为标志。德国的循环经济是以生活和工业废物的再利用与处置为主线演变而来的，又称"垃圾经济"，然后通过生产责任者延伸制

度向生产领域延伸,推动可持续生产和消费模式的建立。目前,进一步试验通过整体性物质流管理方法,推进区域的循环经济发展。目前,德国的循环经济体系基本完善,是世界上循环经济发展水平最高的国家之一。

德国循环经济的运行主要依托二元回收系统,这一系统的核心主体是 DSD 公司,是一家专门组织回收处理包装废物的非营利社会中介组织。德国也是最早进行循环经济立法的国家之一,相关法律是推进德国循环经济发展的重要因素。其法律体系可分为三个层面:① 基本法层面。1996 年,德国政府实施了《循环经济与废物管理法》。该法是德国循环经济法律体系的"纲领"。② 综合法层面。在基本法基础上,德国政府又陆续制定了《持续推动生态税改革法》《森林繁殖材料法》《可再生能源法》在内的一系列法律法规。③ 专项法层面。在框架下,德国政府根据各部门、各行业的不同情况,制定了《限制报废车条例》《饮料包装押金规定》《废电池回收管理新规定》等促进各部门、各行业垃圾再利用的法规,使饮料包装、废铁、矿渣、废汽车、废旧电子产品等"变废为宝"。为贯彻建立德国循环型社会的思路,促进废物减量化,提高资源再生率,德国政府制定了许多经济政策来鼓励企业及公众更积极地参与循环经济建设。如废物收费政策、生态税政策、押金抵押返还政策及废物处理产业化等。

（二）日本循环经济的实践与经验

日本建立循环型社会的历史背景及发展过程与德国循环经济是基本一致的。同样是在处理资源环境与经济发展关系的历史进程中,以解决生活和工业废物问题为主线,产生和发展了循环型社会的概念和实践。与德国循环经济概念提出时强调对废物进行物质闭路循环利用相比,日本循环型社会的概念更深入和宽泛。其强调要建立资源能源消耗和环境负荷最小的社会。这相当于中国倡导的资源节约型和环境友好型社会。

日本建立循环型社会的实践模式主要为:环保产业化,即发展"静脉"产业,将废物转换为再生资源的产业;产业环境化,即发展环境友好型"动脉"产业;"动脉"与"静脉"结合或连通,并趋向物质流动平衡。日本的循环经济立法是世界上最完备的,也是最有规划的(图 15.4)。这保证了日本成为资源循环利用率最高的国家。基本法以《推进形成循环型社会基本法》为基础,综合法以《促进资源有效利用法》为核心,同时还制定了针对不同产品的具体专项法规。其法律体系的特点概括如下:① 覆盖面广;② 操作性强;③ 各方责任明确。日本循环经济的发展与完善,与日本政府对循环经济产业的经济政策支持是分不开的。一直以来,日本政府积极支持各项循环利用的项目,从预算、税收、融资、研发等方面制定了各种资金投入和税金制度以支持循环经济的发展。

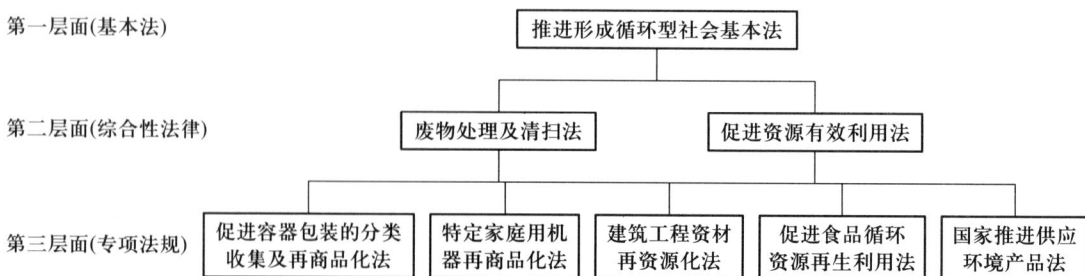

第一层面(基本法)

推进形成循环型社会基本法

第二层面(综合性法律)

废物处理及清扫法　　促进资源有效利用法

第三层面(专项法规)

促进容器包装的分类收集及再商品化法　特定家庭用机器再商品化法　建筑工程资材再资源化法　促进食品循环资源再生利用法　国家推进供应环境产品法

图 15.4　日本循环经济法律法规多层次体系

四、中国循环经济发展历程

循环经济在中国的发展大致经历了引入倡导和试点示范阶段,并开始进入全面推进阶段。

（一）引入倡导阶段（20 世纪 90 年代—2002 年）

20 世纪末,根据德国和日本的相关做法,中国学者将循环经济的理念引入国内。随着经济增长带来的环境问题愈加严重,人们开始注意到环境问题的重要性。治理环境污染由开始的只注重末端治理开始转向生产源头和生产中间环节的全面治理。清洁生产和减少消耗成为人们关注的问题。人们认识到发展经济生态系统、推行循环经济是解决环境问题的重要手段。1999 年,国家环境保护总局（现为中华人民共和国生态环境部）在研究和借鉴国际上发展生态工业、循环经济的经验和做法基础上,从解决工业污染和城市污染入手,通过推动清洁生产、建立生态工业园、建设循环经济型社会等多种模式,率先在全国范围内,从企业、区域和社会三个层次进行了循环经济理论的探索和实践的尝试。

（二）试点示范阶段（2003—2008 年）

进入 21 世纪,我国资源短缺、环境污染、生态退化等问题日益凸显,已成为制约我国现代化建设的瓶颈约束。因此,缓解经济增长与资源环境的矛盾是中国发展循环经济的现实需求。2003 年,《中华人民共和国清洁生产促进法》开始实施,发展循环经济问题正式进入中央政府的决策议事日程。2004 年,中央经济工作会议首次明确提出,将发展循环经济作为经济发展的长期战略任务。同年 8 月制定并审议通过了《清洁生产审核暂行办法》。这些法律法规的实施,为清洁生产和循环经济在企业层面的推进和实施提供了法律依据。针对严峻的资源环境形势,中国政府在 2005 年又提出了建设资源节约型、环境友好型社会的战略目标,并决定将发展循环经济纳入"十一五"国民经济和社会发展规划之中;同年 7 月,国务院发布了《关于加快发展循环经济的若干意见》,标志着中国发展循环经济的国家意愿;在 2007 年召开的十届全国人大五次会议上,中国政府又首次将经济发展的指导原则从"又快又好"调整为"又好又快",表明可确定经济增长目标要以资源能源效率和污染减排为基础。随后,在 2007 年召开的中共十七大又提出了建设生态文明的新理念和战略,并将发展循环经济作为生态文明建设的重要内容。至此,中国开始进入环境与发展的战略转型期,这为循环经济的迅速推动提供了政策基础。

同时,在这一阶段确定了以国家发展和改革委员会为主、国家环境保护总局等相关部委配合的管理体制。2005 年 10 月,国家发展和改革委员会同国家环境保护总局等 6 部委联合发布了循环经济试点工作方案,在重点行业、重点领域、产业园区和省市组织开展循环经济试点工作。重点行业包括钢铁、有色金属、煤炭、电力、化工、建材、轻工七大高能耗、高污染行业。重点领域指废物再利用和资源化领域。产业园区包括不同类型的工业和农业园区。省市开展区域循环经济试点工作。2005 年启动的第一批试点单位包括 10 个省市、13 个再生产业园区或企业、42 家企业。2007 年启动得到二批试点单位新增加了 17 个省市、16 个再生产业园区或企业、37 家企业、4 个农业村镇或企业、19 个工业园区。此外,环境保护部（现为中华人民共和国生态环境部）、商务部和科学技术部联合开展了 25 家生态工业建设试点。

（三）全面推进阶段（2009 年以后）

从 2009 年开始，中国的循环经济发展进入了全面推进阶段。主要表现在两个方面：一是循环经济试点数量和范围正在迅速增多和扩大，覆盖了 27 个省市和众多行业，呈现出全面实践的态势；二是《循环经济促进法》正式开始实施。无论从所覆盖的行政区域还是所涉及的经济社会领域看，该法的实施都标志着中国特色的循环经济已经从过去的学术讨论和点上试验阶段进入了制度化的全面推进阶段。

中国循环经济实践最先从工业领域促进清洁生产开始，目前已拓展到企业（小循环）、区域（中循环）和社会（大循环）三个层面。在企业层面主要是促进清洁生产；在区域层面主要是建设生态园区和生态农业区；在社会层面主要是建设循环型社会。伴随着循环经济的发展，我国颁布了许多有关发展循环经济的法律法规，制定了一系列促进企业节能、节材、节水和资源综合利用的政策、标准和管理制度。作为循环经济的重要内容，资源综合利用、废旧物资回收、环保产业等一直是国家鼓励和支持的工作。为调动企业开展资源综合利用的积极性和主动性，国家制定并实施了一系列鼓励开展资源综合利用的优惠政策。从实践、法律法规、政策等方面全面推进我国的循环经济发展，以实现可持续的发展。

第四节　中国可持续发展战略与实践

一、中国 21 世纪议程

（一）产生和意义

我国是世界上第一个以政府名义制定执行可持续发展行动计划的国家。1992 年 7 月，国务院环境保护委员会（简称环委会）为履行在联合国环境发展大会上通过的《21 世纪议程》等文件的承诺，决定组织编制《中国 21 世纪议程》。根据国务院环委会的决定，1992 年 8 月成立了由国家计划委员会和国家科学技术委员会组成的领导小组，组织和领导《中国21 世纪议程》文本和相应的优先项目编制工作。同时组织 52 个部门、300 余名专家参加的工作小组，并成立了"中国 21 世纪议程管理中心"承办日常管理工作。在制定《中国 21 世纪议程》的同时，还组织各部门编制了《中国 21 世纪议程优先项目计划》。它是议程的行动方案并分解为可操作的项目，成为实施《中国 21 世纪议程》的一个重要步骤。1994 年 3 月 25 日，国务院总理主持召开国务院第 10 次常务会议，讨论通过了《中国 21 世纪议程》，即《中国 21 世纪人口、环境与发展》白皮书。1996 年全国人大正式把可持续发展作为国家的基本战略。此后，可持续发展就逐步成为各级政府与社会公众的共同目标。

《中国 21 世纪议程》是一个按国际规范制定的中国可持续发展的战略规划，是从中国的具体国情和环境与发展的总体出发，提出的促进经济、社会、资源、环境以及人口、教育相互协调、可持续发展的总体战略和政策实施方案。《中国 21 世纪议程》是一个改变传统发展模式，建立新的发展模式的庞大复杂的系统工程，是制定中国国民经济和社会发展中长期计划的指导性文件,对我国跨世纪的经济和社会发展乃至整个现代化进程都具有重要指导意义。

（二）基本构架、实施框架以及实施步骤

《中国 21 世纪议程》共 24 章、78 个方案领域、20 余万字,由四大部分构成。第一部分,可持续发展总体战略与政策。提出了中国可持续发展战略的背景和必要性;提出了中国可持续发展的战略目标、战略重点和重大行动,可持续发展的立法和实施;制定了促进可持续发展的经济政策,参与国际环境与发展领域合作的原则立场和主要行动领域。第二部分,社会可持续发展。包括人口、居民消费与社会服务、消除贫困、卫生与健康、人类住区和防灾减灾等,其中最重要的是实行计划生育、控制人口数量和提高人口素质。第三部分,经济可持续发展。《中国 21 世纪议程》把促进经济快速增长作为消除贫困、提高人民生活水平、增强综合国力的首要条件。第四部分,资源的合理利用与环境保护。包括水、土等自然资源保护与可持续利用,还包括生物多样性保护,防治土地荒漠化,防灾减灾等。

在实际运作中,《中国 21 世纪议程》的实施,主要是通过以下途径得以推进:纳入国民经济和社会发展中长期规划及年度规划;实行经济体制和经济增长方式转变;提高全民族可持续发展的意识,加强可持续发展能力建设;编制和实施《中国 21 世纪议程优先项目计划》。这四个方面相互关联,共同构建了具有中国特色的可持续发展战略实施框架。

《中国 21 世纪议程》的发展时序包括近期、中期、长期的行动计划和目标体系。① 近期目标(1994—2000 年):重点是分析中国社会和工业化进程中所面临的重大问题、机遇与挑战,制定中国可持续发展战略近期、中期和长期目标和规划,通过有效途径筹措建设与发展资金,并建立相应的资金运行机制,探索缓解资源、环境与发展之间的突出矛盾的应急措施;坚决制止环境的进一步恶化,为实现中、长期可持续发展的重大举措打下坚实基础;加强可持续发展的能力建设也是近期的重点目标;② 中期目标(2000—2010 年):重点是为改变发展模式和消费模式而采取的一系列可持续发展行动,完善适用于可持续发展的管理体制、经济产业政策、教育科技体系、法制体系和公众参与体系;③ 长期目标(2010 年以后):重点是恢复和健全中国经济-社会-生态系统调控能力,使中国经济、社会发展保持在环境和资源的承受能力之内,探索一条适合中国国情的高效、和谐、可持续发展的现代化道路,对全球的可持续发展进程做出应有的贡献。

二、中国可持续发展试点

（一）产生背景

《中国 21 世纪议程》的制定和实施的要求加快了社会可持续发展试点的设立和建设。社会发展综合试验点与可持续发展试验点成为实施《中国 21 世纪议程》的实验基地,是我国履行其义务与职责的重要方式。在我国,目前已设立了许多个不同级别的可持续发展试点,它们一方面按照已有的可持续发展理论来设立和建设,同时又对理论进行检验;另一方面他们的设立和建设对其他地区又起到了示范的作用,一定程度上会带动全社会的可持续发展。

（二）发展阶段

从我国社会经济发展不同时期的需求出发,试点的发展经历了三个阶段:第一阶段

(1986—1992年):社会发展综合示范试点阶段。针对我国经济高速发展同时产生的一些社会问题,选择江苏省常州市和锡山市华庄镇开始城镇社会发展综合示范试点工作,探索中国特色社会主义发展道路。第二阶段(1992—1997年):社会发展综合实验试点工作规范发展阶段。1992年5月召开的"社会发展科技理论与实践研讨会"确定了建立实验试点的基本思想。据此,原国家科学技术委员会和经济体制改革委员会于8月共同发出了《关于建立社会发展综合实验区的若干意见》,提出,在常州、华庄试点工作的基础上选择有一定经济实力和较强社会发展综合试验区,为城镇的改革和发展提供示范。同年11月,由23个国务院有关部门和团体共同组成了社会发展综合实验区管理办公室,实验区工作开始步入经常性、规范性发展阶段。第三阶段(1998年至今):以促进地方21世纪议程的关切,进行可持续发展能力建设为主要内容的可持续发展实验试点建设和发展阶段。首届国家可持续发展实验区论坛于2004年8月6日至7日在山东省日照市召开。论坛提出,要正确理解可持续发展,关键在于把握好两个协调:从横向来讲,把握好经济、社会、生态环境相互协调;从纵向来讲,把握好近期目标与长期目标的相互协调。试验区总体上有以下几个特点:东部数量多,西部地区数量少;小城镇数量偏多;"九五"以后,各地重视了在贫困地区树立社会发展典型,开始在西部地区、老革命根据地等经济发展水平相对滞后但生态环境保护较好的地区开展试点工作。

三、生态红线

(一)生态红线的提出

生态红线是近年来逐渐兴起的概念,其兴起原因在于中国城镇化的快速发展,带来环境资源约束压力的持续增大,使生态问题变得更加复杂。同时,已建各类保护区空间上存在着交叉重叠,布局不够合理,生态保护效率不高,生态环境缺乏整体性保护且严格性不足,尚未形成保障国家与区域生态安全和经济社会协调发展的空间格局。在此背景下,为强化生态保护,2011年,《国务院关于加强环境保护重点工作的意见》(国发〔2011〕35号)明确提出,在重要生态功能区、陆地和海洋生态环境敏感区、脆弱区等区域划定生态红线。这是我国首次以国务院文件形式出现"生态红线"概念并提出划定任务。国家提出划定生态保护红线的战略决策,旨在构建和强化国家生态安全格局,遏制生态环境退化趋势,力促人口资源环境相均衡、经济社会和生态效益相统一。划定生态红线实行永久保护,体现了我国科学规范生态保护空间管制并以强制性手段构建国家生态安全格局的政策导向和决心。而在2013年召开的中共中央十八届三中全会更是把划定生态保护红线作为改革生态环境保护管理体制、推进生态文明制度建设最重要、最优先的任务。

红线亦即底线,通常具有约束性含义,表示各种用地的边界线、控制线或具有低限含义的数字。生态红线以"红线"为基础,在区域性生态规划、管理和科学研究过程中逐渐产生和发展,并得到多方面的肯定,从而上升成为国家战略。生态红线自提出至今,其概念和内涵逐步由国土空间生态保护扩展到资源能源利用及环境质量改善等方面,已成为生态文明制度建设的关键内容,成为国家生态安全和经济社会可持续发展的基础性保障。

(二)生态红线的内涵

依据我国生态环境特征和保护需求,生态红线可以定义为:为维护国家或区域生态安全和可持续发展,根据生态系统完整性和连通性的保护需求,划定的需实施特殊保护的区域。

生态红线是我国生态环境保护的制度创新,是个综合管理体系,可以由空间红线、面积红线和管理红线三条红线共同构成,这三条红线反映出生态系统从格局到结构再到功能保护的全过程管理。空间红线是指生态红线的范围应包括保证生态系统完整性和连通性的关键区域,保证生态系统物质、信息的传输,以及过程和功能的连续性。面积红线属于结构指标,类似于土地红线和水资源红线的数量界限,面积红线一方面需要考虑生态系统完整性和连通性的面积需求,另一方面,也需考虑经济社会发展的需要,面积红线需与经济社会发展总体水平相适应。管理红线是基于生态系统功能保护需求和生态系统综合管理方式的政策红线,生态红线一旦划定,需要建立健全相应的配套政策,对于人为活动的强度、产业发展的环境准入以及生态系统状况等方面要有严格且定量的标准。

生态红线主要分为重要生态功能区、生态脆弱区或敏感区、生物多样性保育区三大区域。其中,重要生态功能区的保护红线指的是水源涵养区,保持水土、防风固沙、调蓄洪水等。城市发展需要安全健康的水源,这是一条经济社会的生态保护安全线,是国家生态安全的底线,能够从根本上解决经济发展过程中资源开发与生态保护之间的矛盾。生态脆弱区或敏感区保护红线即重大生态屏障红线,可以为城市、城市群提供生态屏障。建立这条红线,可以减轻外界对城市生态的影响和风险。广东韶关便是珠三角地区重要的生态屏障。生物多样性保育区红线,这是我国生物多样性保护的红线,是为保护的物种提供最小生存空间。红线就是底线,如果再开发就会危及种群安全,非常紧迫。

（三）生态红线的特征

从生态红线的内涵看,生态红线具有客观性、尺度性、强制性和长期性特征。

一是客观性。生态红线是依据生态系统结构、过程、功能的相互联系和相互作用,在充分分析生态系统特征和遵循客观自然规律的基础上科学划分的,其维护生态安全的作用具有不可替代性,属于区域的自然属性和客观存在,与区域生态系统密不可分。区域生态系统遭到破坏,生态系统功能一旦丧失,将对国家生态安全产生重大影响。因此,对生态红线必须实施严格保护。这也决定了生态红线不能与耕地红线政策类似,实施占补平衡。

二是尺度性。生态学强调尺度概念,格局、功能与过程研究都必须考虑尺度效应。基于生态系统特征的生态红线,也具有明显的尺度特征。在国家尺度,更关注宏观生态安全,更关注经济社会与资源开发的大格局对区域的影响,如碳循环过程和生物多样性保护的需求。在地方层面,更需关注水源保护、水土流失、本地物种保护、城市生态稳定性等具体生态环境问题。但是,不同尺度的生态红线是紧密相关的,国家层面的生态红线应是地方层面生态红线的主要部分,国家生态红线的管理需求应严格于地方层面的生态红线。

三是强制性。生态红线一旦划定,要根据其特点,通过严格的生态保护措施,维持自然状况,禁止在生态红线范围内进行城镇化和工业化建设。生态红线的生态环境管理措施和政策应通过法律法规赋予其强制性,其相关的政策管理要达到刚性约束的条件,具有可实施和可操作性。

四是长期性。生态红线的划分、范围和管理政策需要在我国生态环境保护领域长期执行,因此,空间红线的划定、面积红线的确定和管理红线的制定,需要充分考虑我国经济社会中长期发展需求。另一方面,随着我国经济社会发展水平的提高,对生态系统服务的需求不断提升,我国生态环境保护工作的要求也将不断变化,也需建立生态红线的定期修编制度,以保证生态红线实施和管理的可行性和可操作性。

（四）生态红线的重大意义

1. 遏制生态环境退化形势的客观需求

近年来,随着工业化和城镇化快速发展,中国资源环境形势日益严峻。尽管中国生态环境保护与建设力度逐年加大,但总体而言,资源约束压力持续增大,环境污染仍在加重,生态系统退化依然严重,生态问题更加复杂,资源环境与生态恶化趋势尚未得到逆转。伴随着经济的快速发展,中国资源能源需求量逐年增加,能源供需矛盾更加突出,自然资源短缺已成为中国经济增长的重要制约因素。环境质量总体状况不容乐观,区域性大气污染、流域(海域)水环境污染、土壤重金属污染、环境突发事件等问题日益凸显。中国生态环境面临着严峻挑战,具体表现为:生物栖息地遭受破坏和威胁,物种濒危程度加剧,生物多样性锐减;大江大河水系涵养水源、保持水土等生态服务功能受到极大削弱;重要的生态功能区、陆地和海洋生态环境敏感区、脆弱区等区域生态保护与修复力度不够等生态问题愈演愈烈。生态安全已上升为国家安全问题,其态势已经制约着经济的增长和社会经济的可持续发展。

在此情势下划定生态保护红线,旨在强制性实施严格的生态保护制度,促进资源与能源的高效利用,加大中国生态关键地区的保护力度,改善生态系统功能和环境质量状况,缓解经济社会开发建设活动对自然生态系统造成的压力和不利影响,力促人口资源环境相均衡,经济社会和生态效益相统一。因此,划定生态保护红线是遏制生态环境退化严峻趋势的迫切需要和有效手段。

2. 优化国家生态安全格局的基本前提

生态安全格局是实现国土空间优化开发,促进经济社会可持续发展的基础保障。在生态空间保护与优化方面,中国开展了全国生态功能区划、主体功能区规划、生物多样性保护战略与行动计划,加快了各类保护区建设步伐。各种类型的保护区发挥着重要的生态服务功能,对于改善人居环境质量,保障国家生态安全具有重要的促进作用。中国生态保护区域类型多、面积大、覆盖广,但是划定科学性不足,缺乏严格的生态保护标准和管理措施,当前生态环境保护投入难以支撑有效管护,在各级政府优先追求 GDP 和财政收入、企业和个人优先追求眼前利益和经济利益的大环境下,中国高效稳定的国家生态安全格局尚未正式建立。因此,划定生态保护红线是整合各类保护区域、提高生态保护效率的最直接手段,是强化生态保护、科学构建生态安全格局的最有效途径。

3. 改革生态保护管理体制的必然途径

随着时代发展,特别是在环境保护实现历史性转变的关键时期,生态环境管理体制中存在的问题不断显现,许多问题已成为制约生态保护工作的障碍。由于历史和现实的原因,中国的生态环境保护体制建设落后于污染控制,政府的生态保护管理职能分散在各个部门,采取按生态和资源要素分工的部门管理模式,缺乏强有力的统一的生态保护监督管理机制。划定与严守生态保护红线是一项综合性很强的系统工程,目的在于从国家层面统筹考虑生态环境保护工作,将资源开发利用、环境管理、生态保护等众多领域进行有机整合,协调各主管部门职责与利益,实行严格的生态保护制度,从而改革当前的生态环境保护管理体制,建立起分工明确、协调统一的严格化生态保护机制。

四、生态文明建设

（一）生态文明建设的内涵和特征

党的十八大报告提出"把生态文明建设放在突出地位"，是党和国家站在历史和时代的高度，是深刻分析国外国内形势作出的应对经济发展和环境保护双重挑战的战略决策，体现了生态文明建设对于中华民族生存和发展的至关重要性。

首先，生态文明建设是建设良好生态环境的过程。生态文明建设是人类在生态文明理论的指导下，在认识和改造自然的过程中，正确把握人与自然、社会三者的关系，实现人与自然、社会的协调共生，共建良好的生态环境的过程。

其次，树立正确的生态伦理观。人类的生存发展终究朝向一个什么样的方向发展，在很大程度上与人类对待自然的态度休戚相关。一味地索取只会两败俱伤，得不偿失。因此，要坚决摒弃"人类中心主义"的生态价值观，树立正确的生态伦理观，有道德地利用自然，尊重自然，才是明智的生存法则。

再次，树立正确的发展观。解决了对待自然的态度，只是在思想意识层面迈出了一小步，生态文明建设要有所作为，必须注重建设过程的关键点。什么是生态文明建设的关键？经济社会发展模式的转变至关重要。一个国家坚持以什么样的发展观为指导，行走在怎样的发展道路上，都将影响这个国家未来总体发展的趋势。"先污染、后治理"的老路已渐行渐远。追求合理高效的生产方式和绿色健康的生活方式是实现经济社会可持续发展的重要保障。

最后，要有公正合理的制度做保障。要使生态文明建设持续推进，制度保障是不能缺位的。所以，要使生态文明建设过程中长期存在的社会矛盾造成的社会动荡等不安定因素得到有效的解决，势必要有公正合理的各项制度做后盾，并通过有效运作来化解各种矛盾的存在。

从分析生态文明建设的内涵得知，生态文明建设具有以下几个方面的特征：

首先，人与自然的和谐是生态文明建设的最本质特征。生态文明建设旨在实现人与自然的和谐发展，人类需有正确的自身定位，要彻底摆脱一副大自然的统治者的姿态。生态文明建设要求人类在追求自身利益时，要严格遵守生态系统规律，只有这样，才能实现人与自然的和谐，也才能实现人与人和谐、人与社会和谐。

其次，生态文明建设具有平等性的特征。生态文明建设具有平等性的特征一方面表现在任何国家、民族和个人的发展都不能以牺牲和损害其他国家、民族和个人的利益为代价。任何国家、民族和个人在整个生态保护和恢复的过程中都负有不可推卸的责任。另一方面表现在人类要平等地对待地球上其他的生物物种，要尊重其应有的生存权利。人类更有保护自然的责任和义务，摒弃人类中心主义的荒唐意识，树立人与自然平等的观念。

最后，生态文明建设具有长期性和艰巨性的特征。一种文明取代另一种文明并不是一蹴而就的事情，况且生态文明建设最终旨在实现全人类社会和自然界的永续发展，一环又一环，一关又一关，需要我们几代人甚至是几十代人的努力去克服建设过程中可能遭遇的万千险阻，只有这样才有可能朝着最终的目标行进。

（二）生态文明建设的基本分类

生态文明建设是本着为当代人和后代人均衡负责的宗旨,转变生产方式、生活方式和消费模式,节约和合理利用自然资源,保护和改善自然环境,修复和建设生态系统,为国家和民族的永续生存和发展保留和创造坚实的自然物质基础。生态文明建设与经济建设、社会建设、政治建设和文化建设五位一体、相辅相成。生态文明建设须贯穿经济建设、社会建设、政治建设和文化建设的各方面和全过程。大力推进生态文明建设,建设好我们共有的美好家园,是全面建成小康社会的重要内容和重要标志。生态文明建设可以从建设主体、建设内容、建设领域、建设手段等方面进行分类(图 15.5)。

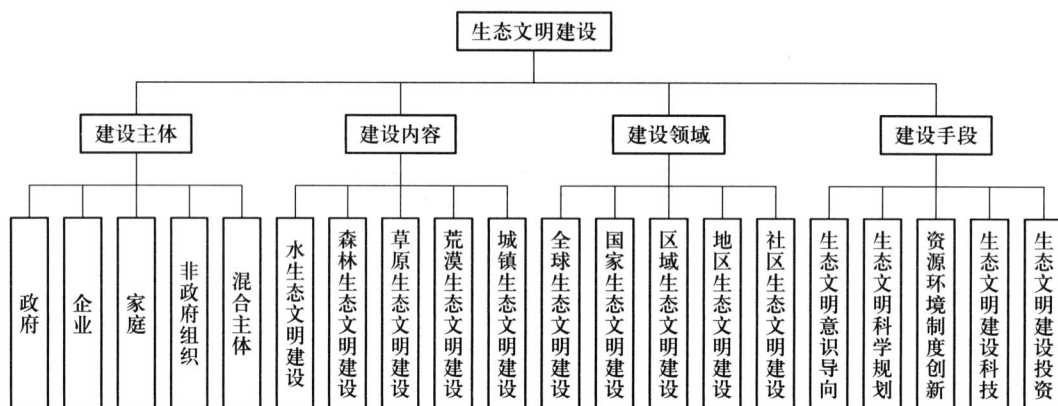

图 15.5　生态文明建设的分类体系

（三）生态文明建设的路径选择与设计

党的十八大报告提出:建设生态文明,是关系人民福祉、关乎民族未来的长远大计。面对资源约束趋紧、环境污染严重、生态系统退化的严峻形势,必须树立尊重自然、顺应自然、保护自然的生态文明理念,把生态文明建设放在突出地位,融入经济建设、政治建设、文化建设、社会建设各方面和全过程,努力建设美丽中国,实现中华民族永续发展。这两句话系统表述了生态文明建设的目标。简单地说,建设生态文明的目标是建设美丽中国,增进人民福祉和实现民族的永续发展。为了实现生态文明建设的目标,要正确理解人与自然的关系,从而确定生态文明建设的基本路径。

生态文明建设的路径设计从目标层、路径层与策略层三个方面加以考虑。目标层是生态文明建设路径的选择依据,要紧紧围绕建设美丽中国,增进人民福祉和民族永续发展的目标,按照资源环境基础理论、生态系统服务理论、可持续发展理论和区域发展空间理论的要求,对生态文明建设进行路径选择(图 15.6)。

在整个生态系统中,人是主动的,环境是被动地承受和反馈,资源是人与环境的中心环节,是环境中直接为人类利用的那一部分,环境恶化是资源不合理利用、资源破坏、流失、污染的结果,资源是根本,环境是表征,资源保护与节约是生态文明建设重中之重。党的十八大提出全面建成小康社会,环境质量的提高、人居环境的改善是小康社会的重要指标。环境保护和治理是提高人居环境的关键,是生态文明建设的关键所在。生态保护和修复的目的是为了给自然留下更多修复空间,给农业留下更多良田,给子孙后代留下天蓝、地绿、水净的美好家园,它为生态文明建设提供重要载体,也是未来发展的希望所在。国土是空间、资源、

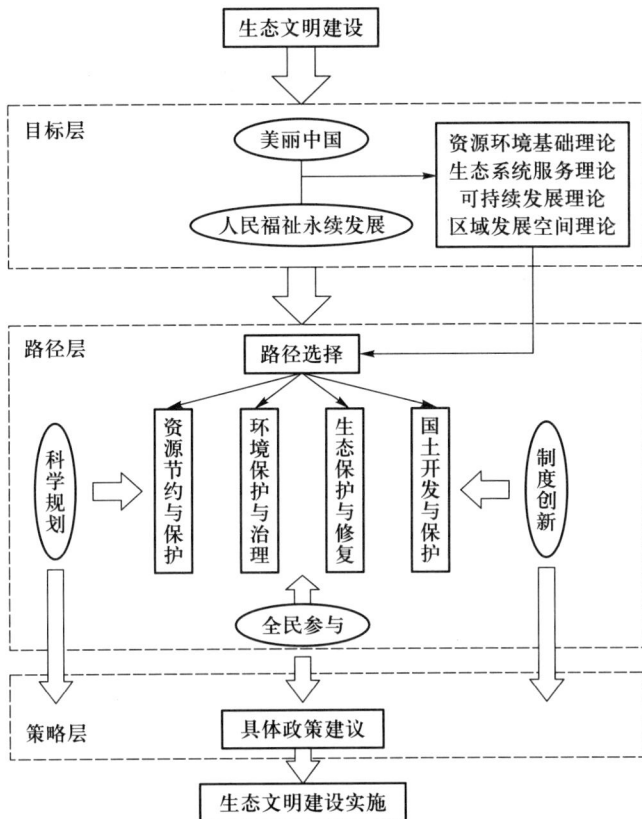

图 15.6 我国生态文明建设路径设计框架

环境、生态等的总称,是生态文明建设的空间载体。国土空间开发与保护的目标是按照人口资源环境相均衡、经济社会生态效益相统一的原则,控制开发强度,调整空间结构,促进生产空间集约高效、生活空间宜居适度、生态空间山清水秀,它从空间系统上把握资源、环境、生态的协调,是生态文明建设的空间规制。

典型案例
分析

问题与讨论

1. 简述中国可持续发展能力评估指标体系的特点。
2. 讨论发达国家发展循环经济的先进经验和我国循环经济的特点。
3. 以所熟悉的地区为例,讨论该地区生态文明建设的具体行动。
4. 阐述对我国能源结构调整的设想。
5. 基于国际上发达国家垃圾分类的先进经验,讨论如何推进我国的垃圾分类。
6. 讨论如何开展校园"循环经济"。
7. 探讨公众参与在可持续发展战略实施过程中的作用与途径。
8. 讨论如何从制度上保障我国生态红线。

第十六章 流域环境管理与实践

第一节 流域环境管理概述

一、流域和流域生态系统特征

（一）流域

流域是指由水线所包围的河流或湖泊的地面集水区和地下集水区的总和。一般所称的流域为地表水的集水区域，用来指一个水系的干流和支流所流经的整个区域。

水是流域中最主要的要素，没有水，也就无所谓流域，但作为典型的自然区域的流域还应包括水流经的土地以及土地上的植被、森林和土地中的矿藏、水中以及水所流经的土地上的生物等。因此，流域中的水体、地貌、土壤和植被等各因素都是一个紧密相关的整体。同时，流域也是人类经济、文化等一切活动的重要社会场所。人类为了生存，必须开发利用流域中的各种自然资源，包括水、土地、矿藏、植被、动物等。流域内的经济发展在很大程度上影响流域生态环境。一方面，合理的经济发展模式、较高的经济发展程度会对流域生态环境的良性发展创造较好的经济条件，并为其提供坚实的经济基础；另一方面，不合理的经济发展模式会对流域生态环境造成破坏。同样，流域社会状况，包括社会风俗习惯、文化背景、社会人口状况等，也对流域环境的管理有着至关重要的意义。因此，流域在其边界范围内由于水的自然流动性形成了一个重要的自然-经济-社会复合生态系统，这一系统之内的各种自然要素之间、自然要素与经济要素和社会要素之间、流域上下游、干支流之间都在不断地进行着物质能量、信息的交换及资金、人员的交流，一个因素发生变化，整个流域的其他因素都会受其影响。

（二）流域生态系统特征

流域是一个以水为纽带的自然-经济-社会复合生态系统，具有以下特征：

（1）整体性。流域是一个以水流为基础、以河流为主线、以分水岭为边界的特殊区域，是一个具有整体性和系统性的完整水文单元。一方面，流域中水的流动形成了流域内地理上的关联性及流域环境资源的联动性，使得流域的上中下游、左右岸、支流和干流、水质与水量、地表水与地下水等相互影响，相互制约，构成一个统一完整的流域生态系统。另一方面，以水为纽带，流域中的土壤、森林、矿藏、生物以及人类社会经济活动等也组成了一个紧密相关的整体，该整体中的任一要素发生变化都会对整个流域产生重大的影响。流域的整体性特点要求流域管理应该根据流域上、中、下游地区的社会经济情况、自然资源和环境条件，以及流域的物理和生态方面的作用和变化，从流域生态系统整体出发来考虑其开发、利用和保护方面的问题,这是最科学、最适合流域可持续发展客观需要的一种管理思路。

(2)差异性。流域的上中下游和干支流在自然条件、自然资源、地理位置、经济技术基础和历史背景等方面往往具有很大区域性和差异性。例如,我国的长江和黄河两大流域均横贯东西,跨越东、中、西三大地带,在自然资源占有量(包括矿藏、水能、森林、土地资源等)和社会经济发展水平(包括人口密度、土地利用方式、资金、技术、劳动力素质、产业结构层次等)存在着两个互为逆向的梯度差,形成了资源中心偏西,生产能力、经济要素分布偏东的"双重错位"现象。

(3)等级性。流域是一个具有多重等级层次的复杂嵌套系统,每一个大流域都是由小流域和更小的集水区组成的。低一级的小流域是高一级流域的组成部分,同时又受到高一级流域的制约。由于流域是一个多重等级系统,每一个等级的局部变化都会影响到整体。例如,小流域尺度上的植被破坏或生态治理会引起或改善大流域尺度上的泥沙淤积和水质恶化等问题。正确认识流域的等级性有利于从根源上而不是表面上解决流域环境问题。

(4)开放性。流域是一种开放性的耗散结构系统,作为一个自然水文单元,尽管在降水-径流过程上是封闭的,但与周围区域不断进行着大量的物质流、能量流和信息流的传递交换。在流域的开发和治理上要注重协调流域内部、流域与流域、流域与区域、流域与国家的关系。

(5)动态性。流域生态系统并不是一个处于某一特定状态的静态系统,而是处于不断变化的。动态发展是流域生态系统的本质特征,既包括流域自然要素的时间变化,例如降雨、水文条件、河道形态、土壤、植被等变化特征,也包括流域内社会经济和人类开发活动的时间变化,如人口密度、土地利用、环境管理行为等变化特征。开展流域生态系统的动态变化监测是辨识和解决流域生态环境问题的重要基础,是维持流域可持续发展的重要保障。

二、流域生态环境问题

(一)水土流失严重

水土流失是流域土地资源遭到破坏的最常见的地质灾害,全球耕地面积约为 1.5×10^9 hm²,每年因水土流失和土壤退化损失为 $5 \times 10^6 \sim 7 \times 10^6$ hm²。我国水土流失面积达 3.67×10^8 hm²,每年流入江河的泥沙量约为 50 亿 t,属于世界水土流失十分严重的国家之一,以黄土高原地区最为严重。水土流失还会造成河流河床淤积,水库有效库容减少,水体氮、磷污染加剧等问题。造成我国水土流失严重的原因包括自然原因和人为原因。从自然方面来看,主要有多山,土质疏松,垂直节理发育,易冲刷;降水集中,多暴雨,冲刷力强;植被稀少,对地面的保护性差,易造成水土流失。从人为方面来看,主要有乱砍滥伐,植被破坏严重;不合理的耕作制度;开矿及其他工程建设对生态环境的破坏等。

(二)河川径流减少

由于流域内气候干旱和人类生产生活用水量增加,造成许多河流流量减少,尤其是流域下游出现断流现象,严重威胁到河流维持正常的水质净化、生物多样性、泥沙输送和流域内社会经济的可持续发展的生态服务。我国黄河流域河川径流普遍减少,尽管上游青海省境内自 2003 年以来出现历史少有的多降水期,但省内黄河径流仍比 20 世纪 50 年代减少近 1/5。黄河下游首次断流出现在 1972 年,此后其断流频率、断流河段长度和断流时间逐年增加,到 1997 年达到历史之最,断流河长最长达 704 km,断流时间最长达 226 d。海河流域中下游平原地区的河流基本干涸,入海水量显著减少,影响到河口生态状况。

(三)水体污染加剧

流域点源和面源污染物的大量排放增加了水体中氮、磷等营养物质,重金属、有机污染物的含量,使得河流湖泊水质恶化加剧,严重影响了水生态系统健康。根据 2013 年《中国环境状况公报》,全国水环境质量不容乐观。长江、黄河、珠江、松花江、淮河、海河、辽河、浙闽片河流、西南诸河和西北诸河等十大水系的国控断面中,一至三类、四至五类和劣五类水质的断面比例分别为 71.7%、19.3% 和 9%。主要污染指标为化学需氧量、总磷和五日生化需氧量。珠江、西南诸河和西北诸河水质为优,长江和浙闽片河流水质为良好,黄河、松花江、淮河和辽河水质为轻度污染,海河水质为中度污染。在监测营养状态的 61 个湖泊(水库)中,富营养状态湖泊(水库)占 27.8%;在 4 778 个地下水监测点位中,较差和极差水质的监测点比例为 59.6%。全国近岸海域水质总体呈下降趋势。四大海区中,黄海和南海近岸海域水质良好,渤海近岸海域水质一般,东海近岸海域水质极差;九个重要海湾中,辽东湾、渤海湾和胶州湾水质差,长江口、杭州湾、闽江口和珠江口水质极差。

(四)洪涝灾害频发

我国是世界上洪涝灾害频繁且严重的国家之一,洪水灾害范围广、发生频繁、突发性强、灾害经济损失大。长江中下游地区是我国洪涝灾害频发区。1949 年以来,虽然修建了大量水利工程,但洪涝灾害仍然不断发生。1998 年长江洪水,受灾面积约 1.0×10^6 km^2。经济损失严重。气候因素是洪涝灾害产生的最主要的原因,但人类的不合理的经济活动也会增加洪涝灾害的风险。一方面,森林滥伐、坡地开发造成生态系统退化,水土流失加剧,加快了洪水的汇集过程,增加了湖泊水库淤塞;另一方面,人水争地,围湖造田,减少了蓄滞洪区,造成河流湖库调洪能力降低,河道防洪能力减弱。如长江流域原有大的通江湖泊 30 多处,总面积为 1.7×10^4 km^2,总容为 1.2×10^{11} m^3。由于多年的泥沙淤积和围湖造田,湖泊面积减少了 6.7×10^3 km^2,达 40%;湖泊容积减少了 5.67×10^{10} m^3,达 47%。

(五)生物多样性降低

水体污染、河床径流减少和水利工程的修建等给流域内陆生生物和水生生物带来了严重威胁,不少物种由于环境变迁而濒临灭绝,生物多样性显著降低,珍稀水生动植物的数量明显减少,部分中小河流鱼虾已经绝迹。据统计,中国有 15%~20% 的淡水水生生物种类已经或即将消亡,濒危淡水水生生物的种类数量由 20 世纪 80 年代的 100 种左右增加到目前的 400 余种。

(六)流域水资源缺乏

在气候变化和人类活动的双重影响下,流域水资源严重短缺,制约着流域生态与社会经济的可持续性。人类中国是世界上人均淡水资源严重短缺的国家之一,人均拥有水资源量仅为 2 300 m^3,列世界第 88 位。按国际标准,人均拥有水资源量 2 000 m^3 为严重缺水,中国有 18 个省区(市)、30% 的国土、60% 的人口处于严重缺水的边缘;按人均拥有水资源量

1 000 m³为人类生存起码需求量来衡量,全国有 10 个省区(市)、11%的国土面积、1/3 以上的人口处于严重缺水状态。此外,水资源的污染加重了水资源短缺的矛盾,如长江三角洲、珠江三角洲等经济发达地区出现污染型(水质型)缺水。

三、流域环境管理的内涵

"流域环境管理"这一概念是从"河流管理"或"流域水资源管理"等概念发展起来的,目前还没有统一的定义。通常认为,狭义的流域环境管理是指人们为科学有效开发、利用和保护流域水资源而建立的一系列管理制度。广义的流域环境管理是指运用行政、法律、技术、经济和教育等手段,对流域环境各组成部分的功能进行统一安排,对状态及时监测并依据目标和现状的差异进行系统管理。1992 年都柏林"水资源与环境国际会议"以及里约热内卢"联合国环境与发展会议"之后,流域环境管理受到了发达国家的广泛重视,将流域管理与可持续管理相结合。许多发展中国家也开始按流域而不是行政区划进行管理,致力于全面地解决一切有关水问题及其相关的生态问题。

流域环境管理,是管理社会、管理经济和管理环境变化的三维一体管理或者三种管理途径的结合,即流域经济、社会、环境一体化协调持续的管理,既包括流域水污染防治和生态保护,也包括合理有效利用流域水资源,从而实现流域生态效益和经济效益的统一。这里的管理环境就是常规的治理和恢复恶化了的流域环境,改善环境质量,从而促进流域水资源的有效利用。管理社会和经济途径是指调控流域水资源的开发、利用等社会、经济行为,目的是减少社会经济系统对流域环境的副作用。流域环境管理与流域综合管理、流域一体化管理、流域生态系统管理或可持续流域管理有着相似的流域管理理念,即以促进流域的可持续发展为目标,对流域自然-经济-社会复合系统进行统一协调管理。

第二节 流域生态系统组成、结构、过程和功能

一、流域生态系统组成和结构

流域生态系统是一个自然-经济-社会复合生态系统,分为流域生态、经济和社会子系统三大部分,包含着人口、环境、资源、物资、资金、科技、政策和决策等基本要素。各要素通过社会、经济和自然再生产相互制约、交织而组成流域生态系统的结构。仅考虑流域生态系统的自然部分,可以将其划分为水体、河岸带和高地,进一步可分为各种生态系统类型,例如河流生态系统、湖泊生态系统、城市生态系统、农田生态系统、森林生态系统、草地生态系统等,是水生态系统和陆地生态系统的总和。对于每一种生态系统而言,其结构与一般生态系统相同,而把流域作为一个复合的生态系统时,其结构则要复杂得多,涉及不同生态系统的空间格局和空间组织关系,包括相互位置、相互作用、聚集程度和聚集规模等。

流域生态系统是以流域的地理特征划分的,是宏观生态学研究的一个新领域,研究中需

要大量借助宏观生态学,如景观生态学、区域生态学和全球生态学的研究方法。景观生态学中的景观格局分析方法为研究流域生态系统结构提供了重要研究手段。区域生态学将流域生态系统看作为以水(生态介质)为纽带将上中下游联系在一起而形成的一个完整的生态域。流域生态系统结构就是指流域内不同生态功能体(包括生态功能供体和生态功能受体)自身的结构以及不同生态功能体之间的空间配置关系。一个相对完整的流域内,生态功能体应包括水源涵养功能体、土壤保持功能体、生物多样性保育功能体、洪水调蓄功能体、污染物净化功能体、农产品提供功能体、城镇与产业发展功能体等。

二、流域生态系统过程

流域生态系统过程是指流域系统中非生物、生物及人类社会经济的功能过程,以及人类活动对这些过程的影响。流域的自然生态过程主要包括水循环过程、泥沙过程、化学物质迁移过程和各种生物过程等在内的生物、物理和地球化学过程。流域水循环在整个生态系统过程中占有主导作用,充分理解水循环过程是探讨流域中其他生态过程及其在受干扰条件下的响应机制的基础。

（一）流域水循环过程

水循环是指流域汇集大气降水,形成地表、地下径流,径流汇入河道,最终流出流域,以及土壤水分通过土壤表层和植物叶片以气态方式回归大气的整个过程,是流域所有生态过程发生和发展的基础。水循环主要包括以下组成部分:降水(precipitation,P)、径流(地表径流和地下径流)(runoff,R)、蒸散(包括植物蒸腾、土壤或水面蒸发)(evapotranspiration,ET)和流域储水量的变化(如土壤含水量变化、地下水位变化、人工水库蓄水量变化)(water storage change,ΔS)。根据物质守恒定律,表征流域水文要素组成关系的水量平衡方程式为:

$$\Delta S = P - R - ET \tag{16.1}$$

上述水量平衡方程式中的变量都处于动态变化中,受到不同的影响因素调控。气候因素(降雨、温度和辐射)、植被生长、土壤发育等都是影响径流、蒸散变化的重要因素,因此也是导致流域地表及地下蓄水变化的重要因素。人类活动越来越多地对流域水循环及其相关的流域生物地球化学循环产生着重要的影响,包括土地利用变化、水利工程、跨流域调水工程等。

（二）流域泥沙过程

流域泥沙过程需要将流域分为坡面和沟道两大系统,具体包括坡面侵蚀产沙、沟坡重力侵蚀和沟道水沙运动过程,共同构成流域内泥沙的产生、输移和沉积的完整全过程系统。

坡面侵蚀产沙过程包括雨滴溅蚀、片蚀和细沟侵蚀,三种都为水力侵蚀,主要决定于地表径流量和径流过程,坡面总侵蚀量沿坡面增加。坡面与沟道之间为沟坡区,坡度陡且坡面破碎,易发生沟坡重力侵蚀,与降雨大小、沟坡的构成与形态、土壤的力学特性、沟道水流强度等因素有关,是一种具有力学意义的随机物理过程。沟道是水流和泥沙的输移通道,根据 Lane 河道冲淤平衡公式,河道径流和河道比降反映了泥沙输移的能量大小,输沙率和泥沙粒径组成特征反映了输沙量的大小,两者的相对大小决定了河道冲刷或淤积状态。因此,泥沙供应、径流量、河道特征和泥沙的物理特征是影响泥沙在河流中运输的主要因素。

（三）流域化学物质循环迁移过程

流域化学物质迁移过程受水循环过程和泥沙侵蚀迁移过程的控制,与水循环过程具有相似的途径。大气降水通过与地表植被、土壤、岩石相互作用形成整个流域生态系统地球化学循环过程,包括无机物质和有机物质在生物圈、水圈、岩石圈和大气圈内的整个运动过程。具体来讲,流域化学物质循环迁移过程是指流域生态系统中各种化学物质(如碳、氮、硫、磷、铁、汞、各种有机物等)从大气沉降、矿物风化、生物吸收、积累、转化、分解及排放回大气或随河流流出流域出口的整个过程。

与流域水量平衡相似,根据物质守恒定律,流域养分平衡表达式为:

$$\Delta S \times \rho_s = P \times \rho_p + A \times \rho_a + B + I - V - R \times \rho_r - L \times \rho_l \tag{16.2}$$

式中:ΔS——流域蓄水量的变化;

　　ρ_s——流域蓄水库(如土壤、地下水等)的养分浓度;

$\Delta S \times \rho_s$——流域养分储量变化;

　　P——降水量;

　　ρ_p——大气降水中养分浓度;

$P \times \rho_p$——养分的湿沉降量;

　　A——空气中养分浓度;

　　ρ_a——空气沉降速率;

$A \times \rho_a$——养分的干沉降量;

　　B——生物作用的净养分量(如生物固氮);

　　I——人为活动输入/输出的净养分量(如化肥施用或农作物收割);

　　V——以气态形式返回大气的养分量;

　　R——径流量;

　　ρ_r——径流中养分浓度;

$R \times \rho_r$——通过径流输出的总养分量;

　　L——泥沙输送量;

　　ρ_l——泥沙中养分浓度;

$L \times \rho_l$——通过泥沙输出的总养分量。

以氮为例,流域中氮的输入途径主要为生物固氮、大气干湿沉降,输出途径主要包括通过以气态形式挥发(通过氨挥发、硝化和反硝化作用等)和以水土流失形式从流域中输出。

自工业革命后,人类活动,如农业农田施肥、工业污染等,剧烈改变了自然的化学物质迁移过程和养分平衡,引起了许多生态环境问题,如水体富营养化、有机污染、水体酸化和碱化等。因此,了解流域化学物质迁移过程对认识流域生态系统功能具有重要意义,是流域水质管理的基础。

（四）流域生物过程

流域生物过程是指流域中生物的生长、发育、生殖、行为和迁移分布等,包括流域陆地生态系统生物过程和流域水生态系统生物过程。流域的水循环过程、泥沙输移过程和化学物质循环迁移过程和人类活动共同对流域内的生物尤其是以水为生存介质的生物过程产生重要的影响。堤坝修建、工农业取水和污染物排放等人类活动直接作用于水体引起径流减少、泥沙淤积、水质恶化等生态环境问题从而对水生态系统产生不利的影响,大大减少了水生态系统的生物多样性,威胁到整个水生态系统的健康。例如,水利工程的修建改变了河流的自然水文情势,改变了水生生物的栖息环境,影响到水生生物的产卵、生长、迁移等过程。还有一些人类活动通过水循环过程或泥沙输移而影响水生态系统,例如,工业和汽车废气排放、森林砍伐和农田施肥等引起水体酸化、富营养化等水质问题并进一步影响到水生态系统生物多样性。

三、流域生态系统功能与服务

流域作为自然水文单元,具有独特的水文生态功能,可以从水文角度、生态系统角度和人类社会角度分析其主要的生态系统功能和服务。从水文角度,流域生态系统具有汇集降水、蓄存水量和释放储存水量的功能;从生态系统角度,流域可以为化学元素及其反应提供场所及迁移渠道,可以为生物提供生命支持和多种多样的栖息场所;从人类社会角度,流域生态系统为地球上的人类提供了各种各样有价值的产品和生态服务。

（一）流域汇水功能

流域汇水功能是指流域汇集大气降水,再通过与流域地表物理特征相互作用而转化成为河川径流的作用。流域汇水功能主要与流域降水特征(如降水强度及降水空间分布特征)和流域地表特征(如流域面积、坡度和植被等)相关。降雨总量越大,强度越大,雨型集中程度越高,径流汇流时间越短,洪峰流量越大。流域大范围暴雨降水事件比局部范围降水事件形成的洪水要大,而且持续时间要长。流域面积越大,流域平均坡度越小,汇流时间越长,径流到达流域出口的时间也越长,因此在同样的降水条件下,大流域水文过程线比小流域的相对平缓,单位面积洪峰值较小。流域内植被覆盖越低,不透水地面面积越大,径流汇流时间越快,洪峰流量越大。

（二）流域储水功能

流域储水功能是指流域存储水资源及其他相关物质的作用。流域储水功能的发挥依赖流域各种储水单元(如土壤、地下水库)的特征,具体包括:储水单元的性质(类型、所处流域空间位置和容量)、饱和状态和阻止水流出储水单元的能力。当流域储水单元达到饱和状态时,流域的储水功能会显著降低,降水转化为径流的速度加快。水分离开储水单元的阻力大小除了受储水单元特征的影响外,还受到流域出口控制结构的影响,如流域内湿地、水塘、河道内可增强水流阻力的大石头等都会增加水流出储水单元的阻力。

（三）流域释水功能

流域释水功能是指流域在河流出口处径流的整个输出过程,如洪水或年水文过程线。水文过程线综合反映了流域降水-径流释放系统与其生物物理特征。流域释水功能主要受地表自然属性控制,如流域河网密度和流域形状,并与流域储水单元离排水系统的距离有关。

（四）流域化学功能

水作为流域中化学物质的载体和反应媒介,在从大气降水转化为径流最终流出出口的水循环过程中,影响着化学元素的来源、稀释、淋溶、迁移、转化和沉积。流域地球化学循环过程与水循环过程密切联系。

（五）流域生命栖息功能

地球上任何生命都离不开水。水是最重要的生态因子，为动植物及人类繁衍生存提供了必要条件。以水为纽带的流域从陆域到水域为生命提供了各种各样的物理栖息环境，同时提供了必需的营养物质，为形成生物多样性创造了重要条件。

（六）流域生态系统服务

1997 年 Costanza 等将生态系统提供的产品和服务统称为生态系统服务，同时将全球生物圈分为 16 个生态系统类型，将生态系统服务功能分为 17 个类型。2005 年《千年生态系统评估报告》中把生态系统服务功能定义为"人类从生态系统中获得的效益"，并指出这些效益包括支持功能（如土壤形成和养分循环等）、供给功能（如粮食与水的供给）、调节功能（如调节洪涝、干旱、土地退化以及疾病等）和文化功能（如娱乐、精神、宗教以及其他非物质方面的效益）。生态系统服务是连接生态系统和社会系统之间的桥梁，对维持生态安全，保证人类自身安全和维持人类高质量的生活等方面有重要作用，不同的生态系统服务与人类福祉之间联系的强弱亦不同（图 16.1）。流域生态系统结构、过程和自然生态水文功能为地球上的人类社会提供各种各样有价值的产品和服务。

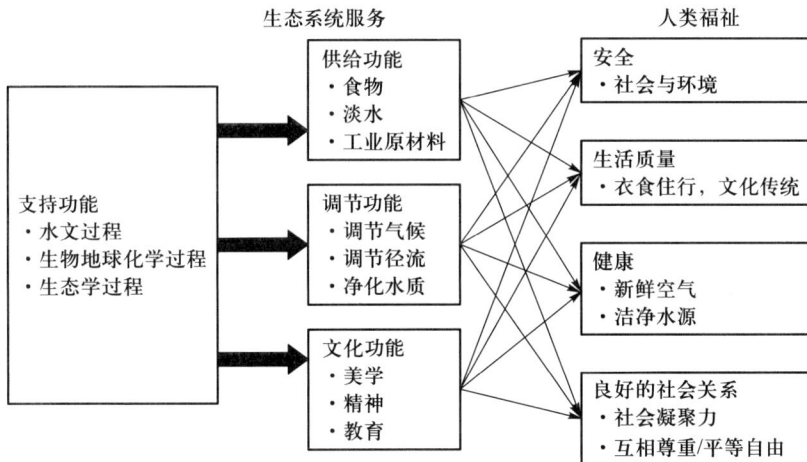

图 16.1 生态系统服务与人类福祉（千年生态系统评估报告，2003）

四、流域生态系统组成结构-过程-服务相互关系

生态系统结构和过程的相互关系是生态系统生态学的基础内容，生态系统过程与服务间的关系研究是计算生态系统服务物质量的基础。然而，生态系统过程与服务之间并不一定是一一对应的，存在着一对一、一对多、多对多的关系。每一种服务都可能由一种过程或多种过程组合产生，每一种过程都可能参加一种或多种生态系统服务的生产。

人类活动在利用和改造自然的过程中，不断改变着生态系统的组成、结构和功能，同时也改变了生态系统服务。但是，对于如何管理生态系统和改善生态系统服务却缺乏有效的途径。目前，人们对生态系统的大部分服务还缺乏深入的生态学理解，因此，开展生态系统结构-过程-服务的相互关系研究，明确生态系统服务形成机制，对生态系统服务的评估和生态系统管理提供科学依据，是当前生态系统服务研究的关键问题。

第三节　流域环境管理内容

一、流域环境管理内容概述

通常认为,从流域环境的角度出发,围绕着流域管理所涉及的流域人口状况,社会经济发展,水资源的河流开发利用与保护,洪涝干旱灾害防治,水土流失治理,水污染防治及生态环境恢复等,均应属于流域环境管理的内容。因此,流域环境管理的内容可概括为流域水资源管理、流域水污染过程模拟及控制、流域水生态保护与修复和流域综合规划与管理四个方面,是指导流域水量、水质、水生态一体化管理的科学理论基础(图 16.2),这四个方面也构成生态流域科学与工程学科的核心内容。

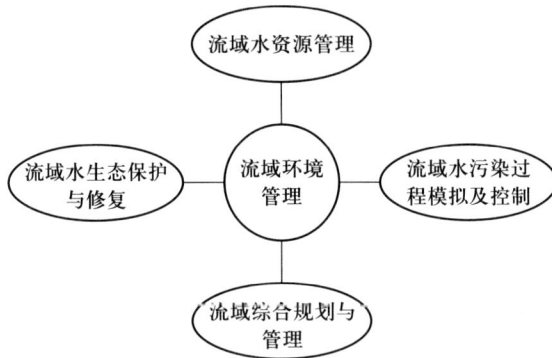

图 16.2　流域环境管理的内容

二、流域水资源管理

水资源是指人类可以利用的,逐年可以得到恢复和更新的一定质量的淡水资源。广义上还包括经过工程控制、加工和凝结人工劳动和物化劳动的水商品。联合国教科文组织的定义为:水资源为可利用或有可能利用的水源,具有足够的数量和可用的质量,并能在某一地点为满足某种用途而可被利用。从水资源的特性出发,对水资源的管理可归纳为:对水资源的开发利用和保护并重,对水量和水质进行统一管理,对地表水和地下水进行综合管理和统一调度,以及尽可能谋求最大的社会、经济和环境效益,制定相应的水资源工作的方针和政策,兴利和减灾并重,重视并加强水情报工作等。流域是一个从源头到河口的天然集水单元,流域水资源管理就是将流域的上、中、下游,左、右岸,干流,支流,水质,水量,地下水、地表水,治理、开发与保护等作为一个完整的系统,将除害与兴利结合起来,按流域进行协调和统一调度的管理。

流域水资源管理的基本目标应包括如下方面:

(1)合理开发利用本流域的水资源(包括发电、灌溉、航运、水产、供水、旅游等)和防治洪涝灾害(包括防洪、除涝、抗旱、治碱、减淤等)。

(2)协调流域社会经济发展与水资源开发利用的关系,处理各地区、各部门之间的用水矛盾,合理分配流域内有限的水资源,以满足流域内各地区、各部门用水量不断增长的需求。

(3)监督、限制水资源的不合理开发利用活动和污染、危害水源的行为,控制水污染发展的趋势,加强水资源保护,实行水量与水质并重、资源与环境一体化管理。

(4)建立完善的水资源产权制度和市场体系,使水资源的保护利用步入良性循环,实现水资源的永续利用和流域经济社会的可持续发展。

三、流域水污染过程模拟及控制

通过野外定位监测、室内模拟试验与现场试验,研究流域水污染过程及控制技术,包括:

(1)流域产输沙过程和非点源污染,研究深化坡面土壤侵蚀与流域产沙过程及其动力机制,建立多尺度土壤水蚀预报机理模型。研究非点源污染物的产生、迁移和归趋,建立非点源污染物的扩散模型。

(2)地表水和地下水中物质迁移的化学和生物过程以及生态效应,研究重金属、有机污染物和营养元素在水体中的迁移转化规律,水环境中污染物的生物有效性。

(3)水质模型与模拟,建立地表水和地下水模拟技术与模型,研究水体污染的时空发展过程,模拟不同水体污染物的迁移转化和归宿,模拟地表水与地下水交互作用及地下水多相流,污染源风险分析,预测水体污染发展趋势。

(4)控制技术及其工程修复技术的效果预测,污染土壤-地下水的修复原理与技术,有毒有害污染物现场处置,环境应急技术等。

四、流域水生态保护与修复

流域水生态保护与修复包括保护和修复两个方面,将保护和修复统一起来,使保护和修复相互促进。一方面,良好水生态系统的保护可以为受损水生态系统的修复提供参照系统,因此,对于尚未被人类破坏状态的水生态系统,需要开展优先保护;另一方面,对于受人类活动干扰严重的已经受损退化水生态系统,需要开展生态修复,使其恢复到良好状况。按照国际生态恢复学会的定义,生态修复是帮助研究和管理原生生态系统的完整性的过程,这种完整性包括生物多样性的临界变化范围、生态系统结构和过程、区域和历史状况以及可持续的社会实践等。水生态修复是指在充分发挥水生态系统自我修复功能的基础上,采取工程和非工程措施,使水生态系统恢复自我修复功能,强化水体的自净能力,修复被破坏的水生态系统。

流域水生态系统保护和修复的任务主要有三大类:

(1)水文条件、水质条件的保护与修复,包括:水量、水质、水文情势、水力学条件的改善。通过水资源的合理配置维持河道最小生态需水量;通过控源截污、污水处理、污染治理等改善河湖水质;通过水库生态调度模拟自然河流水文情势变化模式,改善水力学条件。

(2)河流湖泊地貌特征的保护和修复,包括河流纵向连续性和横向连通性的保护和修复;河流纵向蜿蜒性和横向形态多样性的保护和修复;退耕还湖和退渔还湖;生态护岸等。

(3)生物物种的保护与恢复:濒危、珍稀、特有生物物种的保护与恢复;河湖水库水陆交错带植被恢复;包括鱼类在内的水生生物资源的恢复;生物多样性的提高等。

流域水生态保护和修复的技术主要分为水环境污染治理技术和物理栖息地修复与生物多样性保护技术。水环境污染治理技术具体包括物理技术(底泥疏浚、人工曝气、引水稀释等)和生物-生态技术(人工湿地、稳定塘、生态浮床、生物膜、生物操纵等)。物理栖息地修复与生物多样性保护技术包括河流蜿蜒度构建、河流横断面多样性修复、河道内栖息地加强、生态护岸、水利工程生态调度等。

五、流域综合规划与管理

流域综合规划与管理目的是指导流域开发、利用、节约、保护水资源和防治水害,对科学制定流域治理开发与保护的总体部署及开展流域管理具有重要意义。以流域为单元科学编制综合规划,以规划为基础有序推进和加快流域水利建设、加强流域综合管理,是国内外流域环境管理的重要经验。流域综合规划的编制、实施和发展过程,其实质是探寻经济社会发展与生态环境保护相统筹、人与自然相和谐的过程。流域综合规划与管理研究的主要方面为:流域防洪减灾、流域水资源综合利用、流域水资源与水生态环境保护与修复、流域综合管理。

第四节　流域环境管理国内外实践与经验

一、国外流域环境管理的实践

(一)美国流域环境管理实践

美国是世界上率先对流域进行综合、统一管理的国家,积累了许多宝贵经验。从20世纪90年代开始,美国联邦和州政府开始更加重视水环境资源的流域管理,对水管理也越来越突出以流域为单元,将流域各方面问题综合起来进行集成化管理。美国国家环境保护局根据全国的水环境状况和地理特点,分为10个环境保护区域,并在各区域设立地区办公室,代表联邦环保局行使职权。美国流域环境管理的主要模式是在流域内设立流域管理局或流域管理委员会,由公众代表、州政府与联邦政府人员共同组成,对流域水质的保护由联邦、州环保局制定标准、水环境管理政策,由流域委员会具体实施。

美国流域管理局的典型代表为田纳西河流域管理局。美国田纳西河流域管理局是20世纪30年代美国总统罗斯福为摆脱大萧条而实施新政的一项重要措施,也是美国在流域管理史上的一个特例。美国国会于1933年通过了《田纳西河流域管理法》,成立了隶属于联邦政府的田纳西河流域管理局,对流域7个州水资源统一开发管理。田纳西河流域管理局拥有很大的独立自主权,具有高度自治、财务独立的法人机构地位,是既享有政府的权力,同时具有私人企业的灵活性和主动性的机构。管理局可以根据全流域开发和管理的宗旨,修正或废除与该法有冲突的地方法规,并制定相应的规章条例。田纳西河流域管理局具有统一规划、开发、利用和保护流域内各种自然资源的广泛管理权限,职责大大超出水资源管理的范围,目的是推动流域自然经济和社会的有序发展。管理局以水资源开发为先导,通过控制洪水、开发航运、发展电力、完善基础设施、合理利用土地资源等促进流域的社会经济发展（图 16.3）。田纳西河流域管理局不仅是联邦政府的权力机构，同时也是一个经营实体，目前它已经发展成为全美最大的电力生产商。其最大的成功之处就在于其将经济手段有效地运用到流域管理中，既改善了流域自然生态环境又带动了流域经济的飞速发展，实现了经营上的良性运行。

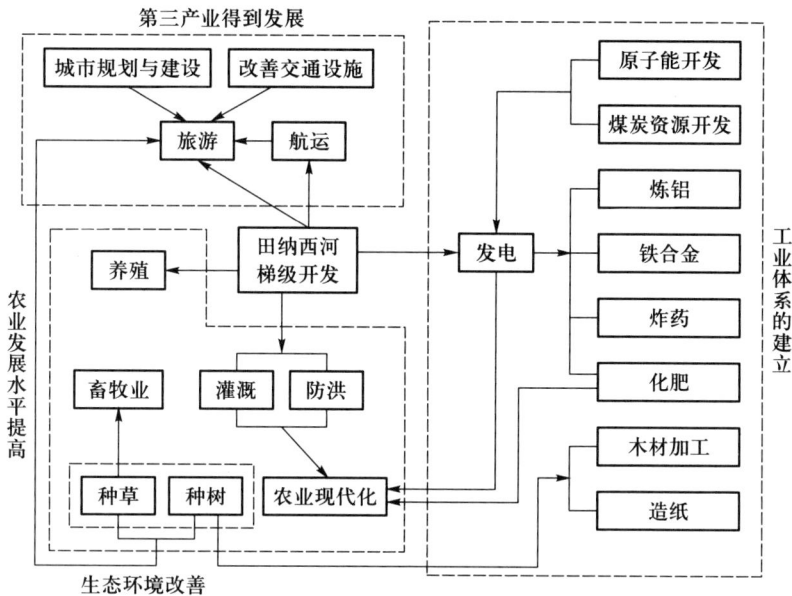

图 16.3　田纳西河流域综合开发与治理

美国流域管理委员会就是对跨越多个行政区的河流流域，成立由代表流域内各州和联邦政府的委员组成的流域管理委员会。萨斯奎汉纳河流域管理委员会（The Susquehanna River Basin Commission, SRBC）是美国流域管理委员会的典型代表。萨斯奎汉纳河是美国的第 16 大河流，由于流域大面积原始森林砍伐、煤炭大量开采造成严重水土流失和河水污染、工业污水不加管制排入河道污染河水、建设大坝以及过度捕捞几乎让洄游鱼种绝迹等问题，促成产生了《萨斯奎汉纳河流域管理协议》（1970 年于美国国会通过）。这部协议提供了一个萨斯奎汉纳河流域水资源管理的机制，用于指导该流域水资源的保护、开发和管理，并根据该部法律授权成立了具有全流域水资源管理权限的流域水资源管理机构——萨斯奎汉纳河流域管理委员会。萨斯奎汉纳河流域管理委员会与联邦政府和地方政府密切合作，共同解决萨斯奎汉纳河流域的问题，通过严格的法律限制点源污染、管理采矿和控制水土流失，使得萨斯奎汉纳河流域的水资源状况大为改善。目前，萨斯奎汉纳河流域管理委员会与联邦和地方政府密切合作，致力于监测和控制非点源污染工作。

（二）法国流域环境管理实践

法国流域环境管理的基本原则是遵循流域的自然地理范畴设置流域管理机构，对流域环境实行综合管理。法国在 1964 年颁布了新水法，对水资源管理体制进行了改革，建立了以流域为基础解决水问题的机制，并将全国按水系划分为六大流域。法国的流域环境管理机构由国家、流域、支流或次流域三级组成。国家级流域环境管理机构负责制定江河治理的大政方针和协调各有关部门发生的纠纷等，包括国家水务委员会和国际水资源管理委员会。

流域级环境管理机构包括流域委员会和水管局。流域委员会是协商与制定方针的机构,它相当于流域范围的"水议会",是流域水利问题的立法和咨询机构。流域水管理局是技术和水融资机构,是具有管理职能、法人资格和财务独立的事业单位。它们之间的关系是咨询与制约的关系。支流或次流域级流域环境管理机构可以建立地方水务委员会,制定和实施本流域的水资源开发和管理计划。法国非常重视流域的综合管理,管理的范围相当广泛,包括从水量、水质、水工程、水处理等方面对地表水和地下水进行综合管理,同时还充分考虑生态系统的平衡。流域机构对流域实行全面规划、统筹兼顾、综合治理,既包括对污染进行防治,又促进了环境资源的合理利用和保护。法国流域环境管理综合应用各种管理手段,既包括大量的行政、法律手段,也包括经济手段的运用。实行用水者缴纳用水费,污染者缴纳污染费的政策,并将收取的费用用于流域管理和相关科学研究,确保流域委员会有稳定和充足的资金对流域进行管理,实现"以水养水"。

（三）澳大利亚的流域环境管理体制

澳大利亚的水管理体制大致为联邦、州和地方三级,但基本上是以州为主,流域与区域管理相结合和社会与民间组织参与管理的方式。澳大利亚于 1963 年成立的国家水资源理事会是国家水资源方面的最高组织,由联邦、州和北部地区的地方部长组成。理事会负责制定全国水资源评价规划,研究全国性的关于水的重大课题计划,制定全国水资源管理办法、协议,制定全国饮用水标准,安排和组织有关水的各种会议和学术研究。各州对水资源实行自治管理,有各州自己的水法及水资源管理机构,负责水资源的评价、规划、分配、监督、开发、利用;建设所有与水有关的工程,如供水、灌溉、排水、河道整治等。

流域管理是澳大利亚水资源管理的一个重要的特色和经验。墨累-达令（Murray - Dar-lin）河流域是澳大利亚最大的流域,为解决用水冲突于 1915 年签订了墨累河水协议并成立了墨累-达令流域委员会。该委员会是整个流域的水资源管理机构,负责分水协议的执行。墨累-达令流域协调委员会是由国家立法或由河流流经的地区政府和有关部门通过协议建立的河流协调组织。委员会由国家有关机构和流域内各地区政府代表共同组成,遵循协调一致或多数同意的原则。其管理职能是根据协议对流域内各地区的水资源开发利用和保护进行规划和协调。1987 年签订了新的墨累-达令分水协议,取代了原协议,联邦政府推行水改革计划,改革内容包括:采取保护地下水,并促使各州进行改革;各州把水权从土地中剥离出来,明确水权,开放水市场,允许水权交易;各州改革供水业管理体制,组建政府控股的供水公司,赋予企业和经营者更大的自主权;建立完善的水价体系,将污水处理、水资源许可等费用计入水价,推行两部制水价,对用水量超过基本定额的用水户进行处罚;建立各种用水户的协会,鼓励社会公众参与水资源管理。

二、国外流域环境管理的模式和经验

（一）国外流域环境管理的主要模式

综合世界上各个国家的流域环境管理体制,可以归纳为以下三种主要的流域环境管理形式,即流域管理局、流域协调委员会和综合流域机构。

流域管理局是根据法律授权成立的具有高度自治权的流域管理机构,通常直接对中央政府负责,对经济和社会的发展具有广泛的权力。其任务是统筹规划、开发和管理流域资源,包括对水和相关资源的监测、规划、配置、管理、监督和管制以及实施其他涉及水、土地、污染防治、环境保护等相关法律中的政策和条款。在这种模式下,流域管理局的行政管理权与水文边界相一致,但通常涉及区域、流域外或流域间的活动。由于流域管理局依法拥有很大的权力,流域管理与其他相关的政策部门分割开来,所以它们在协调与地方政府和各相关部门对水资源的开发利用的利益方面会遇到很大的冲突。美国的田纳西河流域管理局、西班牙的水文联盟是这种形式的代表。

流域协调委员会是河流流经的地区政府和有关部门之间的协调组织,主要职能是根据协议对流域内各地区的水资源开发利用进行规划和协调。通常这类机构的权力仅限于协调地区与地区之间的矛盾,制定流域规划并提出规划和管理政策,修建和管理水工程,负责用水调配等,如澳大利亚的墨累-达令河流域委员会。

综合流域机构是目前世界上较为流行的一种模式,其职权既不像流域管理局那样广泛,也不像流域协调委员会那样单一,它具有广泛的水管理职责和控制水污染的职权。目前,在欧共体各国及东欧一些国家已普遍实行这种综合型的流域管理方式,尽管在职能上不尽一致,但其管理的基本特征都是着眼于水循环,对流域内地表水与地下水,水量与水质实行统一规划、统一管理和统一经营,具有广泛的水管理职责,并且都具有控制水污染和管理水生态环境的职能。代表性的综合流域机构有英国的水务局、法国的流域管理机构。

(二)国外流域环境管理的经验

尽管各个国家政治体制、经济制度、自然条件、社会状况和水资源利用程度存在不同,采用的流域环境管理体制有着很大差异,但对以流域为管理单元实行统一规划、统一管理有着相同的认识,并且积累了很多管理经验,对推进我国的流域环境管理具有启迪和借鉴价值。

(1)重视流域一体化管理。英国、法国、德国和美国等发达国家都重视河流的综合开发和利用,按流域统一管理,开展水资源管理和水污染防治一体化,设置了跨部门和跨区域的流域开发规划、协调和管理部门。英国在这方面有非常成功的经验。英国政府在1973年、1989年和2003年根据《水法》几次改革流域管理,最后把英格兰和威尔士划分为10个区域,综合管理辖区内的供水、排污、污染控制、渔业、洪水防护与控制、水土恢复与保持、水体娱乐等,被称为英国水管理的"现代革命"。法国组建综合性的跨部门、跨行业管辖权的一体化机构城乡环境部,将原分散在各部的流域环境管理事宜移交城乡环境部,改变了流域资源管理和流域污染控制上的相互交叉和推诿的混乱局面,取得显著成效。德国、美国等发达国家也通过组建流域管理机构,按流域进行统一管理。

(2)重视依靠法律规范。发达国家都很重视流域立法,将流域机构的设置和权限分配纳入法律规范之中。美国的田纳西流域管理局是根据美国国会关于开发田纳西流域的法案成立的。欧盟颁布实施的《水框架指令》(Water Framework Directive)是一个主要针对地表水和地下水开发利用和管理的指令性文件,指令明确要求以流域为管理单元开展水资源的管理。英国议会1973年颁布的《水法》明确要求按流域改组水资源管理部门,确立了流域统一管理与地方管理相结合的水资源管理新体制,组建了流域综合管理政企合一的水务局。1989年英国新的《水法》对水管理体制进一步调整,设立流域管理局,同时成立3个水务监管机构,对水务公司实行监管。2003年英国又颁布实施第3部《水法》进一步加大监管部门的监管力度,缩短取水许可证的使用期限,强调水资源的可持续利用。

(3)重视应用经济手段。发达国家在流域环境管理中尽可能减少政策的采用而更多地使用经济手段,包括设立价格体系、用水和污水处理收费体系、财政支持体系、水权交易体系,以及鼓励私人机构的参与等。20世纪80年代中后期英国水资源管理体制改革后,原来负责流域水事务的公共事业单位(水务局)转变为国家控股的纯企业型公司(水务公司),负责提供供水和排污服务。英国水务行业私有化后成效显著,体现在水务行业投资增加、运营成本降低、服务水平提高等方面。

（4）重视公众参与管理。基于流域环境管理的广泛性和社会性,发达国家十分重视民主协商与公众参与,并将其作为流域环境管理的关键因素。如法国的流域委员会和水与管理署均采取"三三制"的组织形式,即1/3的成员由国家和专家代表产生,1/3的成员由选民产生,1/3的成员由用户代表产生,称之为"水务议会"。三方代表共同对流域水事务进行协商、决策和管理。英国各社会利益团体积极参与流域管理,包括代表水务企业利益的水务公司协会和代表水的消费者利益的消费者协会。

三、我国流域环境管理的实践

（一）我国流域环境管理的法制建设

我国陆续制定了《中华人民共和国水法》《中华人民共和国防洪法》《中华人民共和国水土保持法》和《中华人民共和国河道管理条例》等与流域管理相关的基本法规。2002年新《中华人民共和国水法》按照水资源统一管理与水资源开发、利用、节约、保护工作分类,流域管理与行政区域管理相结合的原则改革了水管理体制,确立了流域管理机构的法律地位,为流域水资源统一管理奠定了法律基础。《中华人民共和国水法》《取水许可证制度实施办法》颁布后,各大流域内各省(自治区)分别制定了配套性法规,并紧紧依照法律、法规的规定,以贯彻实施取水许可制度为核心,大力开展取水许可审批工作,强化了计划用水和节约用水管理。但是流域管理立法仍然存在很多不足,新《中华人民共和国水法》没有明确规定流域机构的协调职责,流域管理机构与地方水行政主管部门的职责权限分工不清晰。甚至有些自相矛盾的地方,例如,新《中华人民共和国水法》第17条将流域管理机构排除在参与国家水资源宏观管理的权力之外,这与流域管理的初衷是相悖的。

（二）我国流域环境管理的机构建设

自20世纪50年代起,中国就十分重视流域的水管理。经过长时间探索,直至20世纪80年代初期,水利部先后恢复或成立了长江、黄河、淮河、海河、珠江、松辽水利委员会及太湖流域管理局七大江河流域机构,代表水利部行使所在流域的水行政主管职能。其主要职能包括:负责组织流域水资源调查评价,发布流域水资源公报;组织流域综合利用规划报告的编制;负责重要水利项目的建设和管理;负责《中华人民共和国水法》等有关法律法规的实施和监督检查,负责职权范围内的水行政执法、水政监察、水行政复议工作,查处水事违法行为;负责重要水利工程的国有资产的运营或监督管理;负责流域内主要河段、省(自治区、直辖市)界河道入河排污口设置的审查监督等。在新《中华人民共和国水法》的实施中,我国的流域管理机构在职能上已经逐渐从以监督、调查和协调的流域管理机构向规划和管理的流域管理机构过渡,在加强大江、大河、大湖水资源的统一规划与统筹管理、指导流域水资源开发利用和防治水害等方面发挥了极其重要的作用。但流域管理体制没有在根本上摆脱传统属地管理模式,流域管理中一些矛盾不能得到解决与平衡。立法基础不完善、管理机构缺乏有效的调控手段,使得流域管理在我国的实践中造成了各行政区域管理为主,各有关管理部门各自为政的局面。

生态流域
环境管理
综合案例
解析

问题与讨论

1. 举例说明对流域生态系统各个特征的理解。

2. 简述流域环境管理的内容。

3. 阐述对流域生态系统结构、过程和服务相互作用关系的理解。

4. 比较讨论黄河流域和长江流域两大流域环境问题和环境管理的异同。

5. 分析永定河流域目前面临的生态环境问题,提出永定河流域环境管理的设想。

6. 探讨国外流域环境管理的先进经验及对我国流域环境管理的借鉴意义。

7. 针对跨流域调水工程对环境的影响,讨论跨流域环境管理与单一流域环境管理的异同。

第十七章　区域环境管理与实践

第一节　区域环境管理概述

一、区域概念、分类及特点

(一) 区域概念

区域是一个相对的空间概念,一个区域是地球表面上占有一定空间的、以不同物质客体为对象的地域结构形式,是典型的地理学概念和重要研究对象。人类一切活动都离不开一定的地域空间——区域,任何国家或地方的可持续发展都是在区域内完成和实现的。

不同的学科对区域有着不同的理解。地理学将区域作为按照地球表面自然地理特征,即内部组成物质的连续性特征与均质性特征来划分的地理单元。政治学将区域作为国家管理的行政单元,与国界或一国内的省界、县界重合。社会学则把区域作为相同语言、相同信仰和民族特征的人类社会聚落。区域经济学认为,区域是经济活动相对独立,内部联系紧密而较为完整,具备特定功能的地域空间,并包括三个特征。一是地域性。区域是一个地域空间的概念,是某个整体中的一部分,是局部的概念。它是指人类经济活动及其必需的生产要素存在和运动所依赖的载体。这种经济活动载体,由于自然的、社会的、历史的、经济的、文化的因素作用,形成一个复杂的有机结合体,表现出明显的系统性、综合性、层次性和实体性。每一项经济活动都必须落实在一定的区域上。二是独立性。区域是区内各经济利益主体经济上紧密联系,社会、文化趋于或融合为一体的地域空间。三是开放性。一个独立的区域并不是一个封闭的区域,它是在一国总体目标指导下,不断与外界进行物质与能量交换、优化调整自身组织结构、发挥自己独特功能的单位。生态学认为区域是以生态介质为纽带形成的具有相对完整生态结构、过程和功能的地域综合体。总之,区域是一个被多个学科所认同的"地区统一体"或"地域综合体",但不同学科有不同的侧重点。

目前区域的概念已从单纯的空间概念向强调不同地域之间因某种联系而形成的共同体概念转化。例如,经济区是由人类经济活动所形成的经济社会综合体,行政区是因政治目的所形成的行政管理单元。功能区是以特定功能为核心形成的功能体。正是由于某种要素或活动使不同地域必须整体考虑,才具备了形成不同类型区域的必要性。

(二) 区域的分类

按划分标准不同,区域可分为各种类型。主要的分类有按照性质划分和按照内部分布状况划分(图 17.1)。

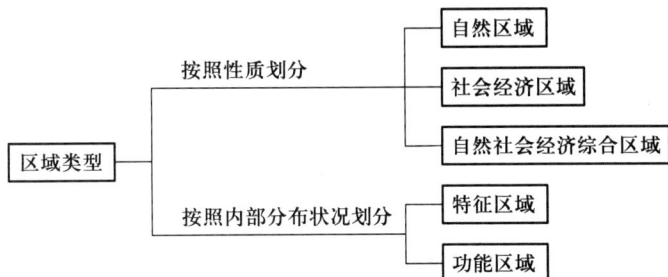

图 17.1 区域的划分类型

按性质划分的区域类型包括:① 自然区域。是根据自然地理环境的地域分异规律,依照一定的目的去揭示自然地理环境结构的特定性质而划分出来的自然地理综合体,如气候区域、土壤区域、地貌区域、植被区域、综合自然地理区域等。② 社会经济区域。是根据人类社会经济活动的特征,在人口、民族、宗教、语言、政治、经济等因素交互影响下而产生的附加在自然景观上的社会经济系统的特定性质的相似性与差异性而划分出来的地域单元,如行政区域、经济区域等。③ 自然社会经济综合区域。是根据自然环境的地域分异规律和人类社会经济活动的特征相组合而划分的地域综合体。

按照内部分布状况划分的区域类型分为:① 特征区域。是根据空间地理特征同质性特定指标划分,有的空间地理特征呈离散型分布,区内组合具有均一性,如气候分区、地貌类型分区、植被类型分区、人口密度分区、文化区等。② 功能区域。是按照地理事物过程及空间的相关关系及功能划分,功能区域内部起着共同职能作用,通常具有和谐的内部结构组织,以一个焦点(结节)或焦点体系为中心,而其周围的地域通过一定的连接方式系结于焦点形成地理区域,如主体功能分区、城市中的居住区等。

(三) 区域的特点

概括来讲,区域的基本特点主要包括时空层次性、差异性和整体性。

(1) 时空层次性。区域是一个复杂的等级系统,具有时空层次性。地表任何区域都可与同等级若干区域共同组成更高一级的区域(最高级区域为整个地球表层区域);同时区域内部又可进一步划分出低一级的区域。各级区域间呈镶嵌关系。区域分等级是有意义的,因为不同等级的区域,其结构、内外部联系及相应的研究手段均有不同。如中国生态地域的划分包括大区、生态地区和生态区三级分区,工业地理区域(工业地域综合体)包括工业基地、工业枢纽、工业城镇、工业区、工业点等分区。区域在时间尺度上也具有层次性,任何区域指标都是对应于一定的时间尺度,需要用历史和动态的观点去看待区域的划分与合并。

(2) 差异性。差异性指区域与同等级区域之间的差异。区域间的差异性其实是与区域内部的同质性并列提出来的。一般说来,区域等级越高,区域内部越复杂,同质性就小,区域间差异性也就越大;反之,区域等级越低,区域本身简单,区域内同质性越大,区域间差异越小。

(3) 整体性。整体性指地表区域内各组成成分间的内在联系,并经这种长期的相互联系、相互渗透、融合形成一个不可分割的统一整体。区域的这种整体性是形成区域同质性的原因。地球表层作为最大的区域,其内部各组分间是相互联系的。按照系统论的观点,区域组分的相互联系还形成了区域的整体功能,这种功能不是组分功能的简单相加,而是高于其上的一种新功能,即整体大于部分之和。整体性表现在区域间的联系上(物质、能量流动),如一流域内的水土平衡,不只决定于流域气候或植被、岩性,而是决定于它们的共同作用。

二、区划概念和方法

(一)区划概念

区划即区域划分的简称,是从区域角度观察和研究区域的差异性和相似性、分异组合、划分合并及相互关系,是对过程和类型综合研究的概括和总结,是人类认识自然和表现自然的过程。区划泛指各种区域的划分,通常所说的区划可分为自然区划、行政区划、经济区划、功能区划等。

自然区划是指根据自然环境的及其组成成分发展的共同性、结构的相似性和自然地理过程的统一性,将地表划分为具有一定等级关系的地域系统。自然区划又可分为以自然地理环境的各个组成部分为对象的部门自然区划(单项区划)和以自然环境整体为对象的综合自然区划。部门自然区划是在考虑自然地理环境综合特征基础上,依据某一组成成分地域分异规律而进行的区域划分。比如:气候区划、土壤区划、地貌区划、水文区划、植物区划、动物区划等。综合自然区划是从自然环境的综合特征,即各自然地理成分相互联系的性质和特点出发,依据整体景观差异进行划分。从新中国成立初期开始,我国科学家在大规模科学考察和对我国自然地域分异规律深入研究的基础上开展了一系列单项区划和综合自然区划工作,以黄秉维、罗开富、林超、任美锷、赵松乔和侯学煜等为代表的科学家对推进中国自然区划工作做出了卓越贡献。行政区划是国家为了对其所管辖的地区进行有效和方便的管理而进行的多级行政区的划分。我国现行的行政区划主要按照省、市、县、乡四级基本行政区划制度实行。经济区划是根据社会劳动地域分工的规律、区域经济发展的水平和特征的相似性、经济联系的密切程度,或者依据国家经济社会的发展目标与任务分工,对国土进行的战略性区划。功能区划是根据区域的特定主导功能对地域空间进行划分。自20世纪90年代以来,我国开展了一系列针对不同地域的特定或主导功能的功能区划研究,例如全国和区域层面开展的生态功能区划、水功能区划、海洋功能区划、环境功能区划、自然保护区功能区划、主体功能区划等。

目前世界各国区划研究工作更侧重于在以往比较成熟的各种特征区划(如自然区划、行政区划、经济区划等)的基础上的功能区划,用以指导区域生态保护和社会经济的可持续发展。

(二)区划方法及模式

区划的方法分为专家集成定性方法和模型定量方法,两种方法各有优劣。早期的区划多采用专家集成的定性方法,这类区划方法在充分认识地域分异规律、正确构建分区框架和指导生产实践上具有其他方法不可比拟的优势,但同时也存在着不够精确、主观性强的弱点。近年来的区划工作逐渐引入了数理方法和技术,如回归分析、聚类分析、判别分析和主成分分析等模型定量化方法,这类区划方法虽然大大避免了主观随意性,提高了分区精确性,但分区界线与实际存在出入,选取的指标地理意义难以诠释,这些缺陷限制了模型分区的广泛应用。将专家集成与模型定量相结合的区划可以充分利用两种区划方法的优点,实现优势互补。例如,中国生态区划在高级分区单位的划定时采用专家集成的方式,综合考虑将自然、地理、环境三大分区作为控制下层分区单位的宏观框架,分为东部季分区湿润半湿润生态系统、西北内陆干旱半干旱生态系统和青藏高原高寒生态系统三大区;在确定中级分区单位时采用以定量为主的定量与定性相结合的方法,先选用温度和水分等指标进行定量分区然后再用植被分布界限对其进行修订;在确定低级分区单位时采用以定性为主定量为辅的方法,综合考虑地质地貌特征和人类开发利用状况。

区划的模式可以分为自上而下顺序划分的演绎法模式和自下而上逐级合并的归纳法模式。自上而下的演绎法是由整体到部分,是建立在大尺度空间背景上以确定系统宏观结构及地域分异的区划范式。自上而下的演绎法是按照区域的相对一致性和区域共轭性划分出最高级区域单位,然后逐级向下划分低级的单位,重在对宏观格局的把握,在早期区划工作中多采用。自下而上的归纳法是由部分到整体,从划分最低级的区域单位开始,在保证最低级区划单元完整性的基础上合并同类得到高级区划单元,但也要充分考虑大尺度的分异背景,这种方法随着研究工作的深入也得到了进一步的发展。目前很多区划研究工作将自上而下的区划范式和自下而上的区划范式结合起来,相互补充,形成一个以中尺度的区划单位为中心的整合概念模型。

三、区域管理和区域环境管理内涵

区域的人口-资源-环境结构是其最基本的结构,因此对区域的人口管理、资源管理和环境管理构成了区域管理的基本任务。然而仅有人口管理、资源管理和环境管理是不够的,区域的人口、资源和环境通过人类的经济社会发展活动关联成为一个整体。因此现代区域管理的核心是以发展为核心的系统协调,即人口、资源、环境与发展的协调。区域环境管理是区域管理的重要组成部分。

随着当代环境问题的全球化、综合化、政治化、高科技化等新特点的出现,人类应对解决环境问题的途径和手段也逐渐从环境治理、环境管理到区域环境管理。长期以来,我国是按照政治学的行政区域概念实行环境管理,即将地方政府视作相对独立的区域,采用地方政府对辖区内环境质量负责的环境管理体制。《中华人民共和国环境保护法》第十六条关于"地方各级人民政府,应当对本辖区的环境质量负责,采取措施改善环境质量"的法律规定体现了我国环境管理普遍采用一种传统环境管理方式即属地模式,亦即:地方各级政府环境保护部门将本辖区内的环境问题,不分行业、不分领域、不分类别均纳入本辖区政府环境保护部门管理范围内。这种环境管理模式以行政区划为特征,也是世界各国最早普遍采用的政府环境管理模式。在这一体制下,由地方政府通过计划、组织、调节和监督,协调社会再生产各环节之间、辖区内各部门之间经济发展与环境保护的关系。这一体制有利于发挥地方积极性,在我国的环境保护工作中起到了重要作用。然而,环境问题具有很强的区域性,在一定的地域空间具备整体性,污染问题与污染传输本身不受行政辖区界线的限制,大气污染、流域水污染、海洋环境污染、生物多样性等问题多为跨行政区划的环境问题。尤其在经济全球化、科学技术迅猛发展和世界分工体系已发生深刻变化的今天,区域的地位和作用已日益显现。尤其是大气污染问题,污染物可通过介质在不同的行政区划间扩散、反应与传输,将局地污染扩大到区域,造成污染外部性。但我国传统的环境管理机制与环境问题的区域性不相协调,环境管理的属地特征与污染的区域特征之间存在着矛盾,无法解决跨界污染问题以及由此而引发的环境冲突。因此,以属地模式开展的环境管理存在很多问题,包括跨区域管理困难,缺乏部门协调等,迫切需要区域环境管理的实施。

区域环境管理是面向一个自然和社会经济联系紧密、具有共性环境问题的特定区域,进行协同管理。区域环境管理有狭义和广义的两种内涵。狭义地讲,区域环境管理指的是一种正式的环境管理制度安排,即在区域的尺度上建立起统一的管理机构对区域内的环境问题进行全面的管理,包括单一环境问题以及复合污染问题。广义地讲,区域环境管理这个概念则可以涵盖正式的区域环境管理制度和区域合作两种方式。

第二节　区域人类-地球环境复合系统各圈层的影响与响应

一、自然地域分异规律

自然地域分异规律是指自然地理环境各组成成分及其构成的自然综合体在地表沿一定方向分异或分布的规律性现象。导致不同地域分异特征的主要地域分异因素也存在不同,基本的两类分异因素包括太阳辐射和地球内能,控制和反映了自然地理环境的大尺度分异。太阳辐射在地球表面具有纬度分带性,因此被称为地带性因素,决定了自然地域的纬度地带性规律。地球内能能够导致海陆分布、大地构造、地势地貌等,被称为非地带性因素,决定了自然地域的非纬度地带性规律,主要包括自然地域的干湿度分带性(经度地带性)和垂直带性(垂直地带性)。

(一)纬度地带性

纬度地带性是指各自然地理成分和综合自然景观(自然综合体)沿纬度作有规律的变化,并形成与纬度大致平行的条带状地域单位,是陆地自然区划中划分地带性单位的理论基础。纬度地带性的形成主要是由于太阳能的纬度带状分布而引起自然环境的其他组成成分,如温度、降水、蒸发、气候、风化、成土过程相应呈带状分布,表现为以热量-温度主导的具有综合性特征的自然地域分异。例如,道库恰耶夫在《关于自然地带的学说》中认为地球的气候、植物和动物分布均按照一定的严格顺序自北向南有规律排列,形成各个地理带,如寒带、温带、热带等。后来在《土壤的自然地带》中,他又进一步将北半球细分为七个自然带,分别是:极北带(苔原带)、北方森林带、森林草原带、草原带、干草原带、干旱带(荒漠带)和亚热带。

(二)干湿度分带性

干湿度分带性是指由于海陆分布而引起气候干湿程度不同,使自然地理环境各组成成分和整个自然综合体从沿海到内陆沿经线方向延伸,按经度方向发生有规律的更替的规律。干湿度分带性又被称为经度地带性,但它的形成与经度无关,主要是由大陆本身的大小、形状、与其相邻的海洋远近对比决定的,表现出由海到陆干湿度和降水的依次变化,并反映在土壤、植被、水等自然成分由海向陆的分异上。我国由东南向西北依次划分的湿润地区、半湿润地区、半干旱地区和干旱地区,也是干湿度分带性的反映。

（三）垂直带性

垂直带性也称为垂直地带性,是由于地势的高度变化而引起气温、降水的变化,使各自然地理要素及自然综合体沿垂直方向发生带状更替的规律。构造隆起和山地地势是形成垂直带性的根本前提,而由此引起的热量和水分差异则是垂直带分异的直接原因。随着海拔高度的增加,气温逐渐降低,降水也呈现出一定的变化,使气候、土壤、植被及自然综合体发生相应的变化。在高大的山地区,自山麓到山顶,可分出一系列垂直自然带,最下面的一个叫基带,基带以上各垂直带的有规律排列,称为垂直带谱。垂直带的基带与所在的纬度自然带相同,垂直带自基带向上,各垂直带的组合类型与排列次序同纬度地带性自低纬到高纬的更替规律类似。垂直带谱的特征取决于山地本身的性质,山地的性质包括山地的高度、坡向、走向等。山地高度是垂直带谱完备性的先决条件,山地的坡向有阴坡、阳坡与迎风坡、背风坡之分。一般来说,同一山体的阳坡热量较多,迎风坡降水充足。因此,山坡的性质可以使山地不同坡向的水热组合状况有很大差别,从而发育不同的垂直带谱。例如,珠穆朗玛峰南坡向阳,有充足的热量,又与来自印度洋的西南气流相交,得到较多的降水,形成海洋性森林型垂直地带谱;北坡则截然相反,发育着大陆性草原荒漠型垂直地带谱(图 17.2)。

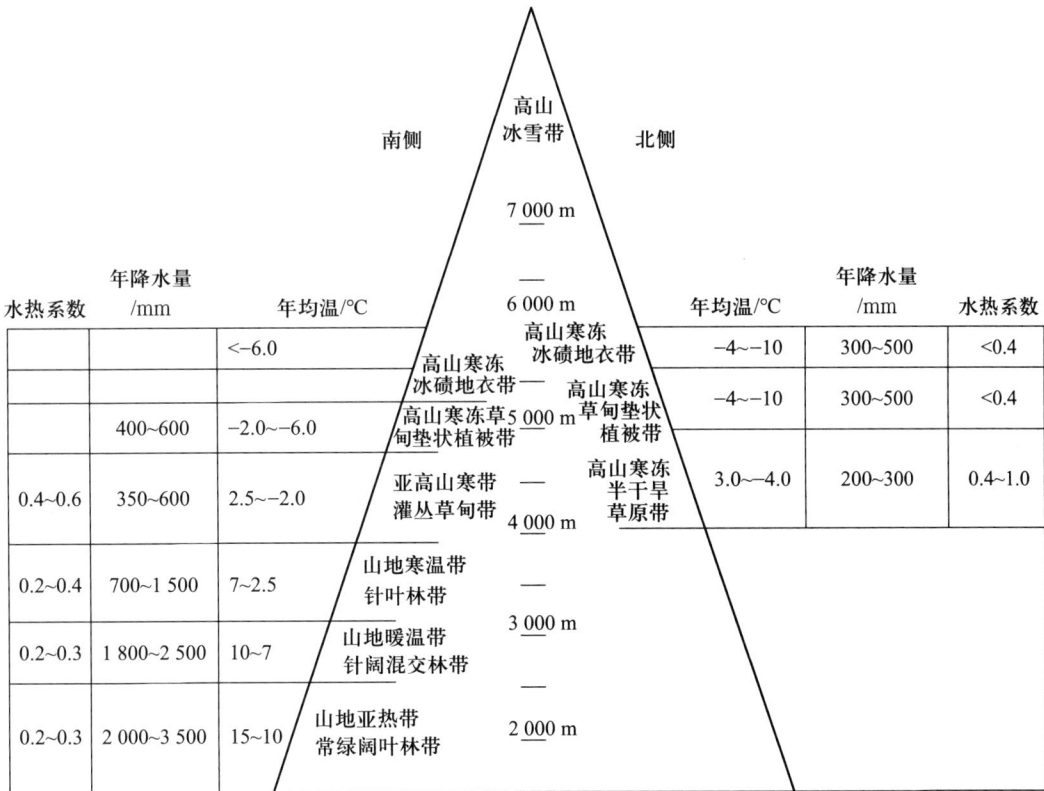

图 17.2　珠穆朗玛峰地区的垂直分带

纬度地带性、干湿度分带性和垂直带性共同构成自然地域分异规律的主体,并在其他局部分异因素,如岩性、土质、排水条件等的作用下,通过自然环境要素的整体性和相互联系,形成地球表层系统复杂的多层次自然地域分异体系。自然地域分异规律是自然区划重要的理论基础,自然地理学研究的一个重要内容就是依据自然区域分异规律进行自然地域划分。

同时,自然地域分异规律是地理环境背景的一个重要特征,是其他经济、社会文化地域分异的基础,对经济、社会文化的地域分异具有重要的制约作用。

二、人地关系下的社会经济区域分布规律

（一）人地关系理论

人地关系是指人类社会与地理环境的关系,是一个由人类社会及其活动的组成要素与自然环境的组成要素相互作用和影响而形成的统一整体。人地关系表现为人类社会与地理环境间以物质流、能量流为纽带,相互联系和相互作用。在人地系统中,作为子系统的自然环境是以人类为主体的客观物质体系,由各种自然要素组成,是自然物质发展的产物,在其发展的过程中人类活动也参与其中。从它对人类社会及其活动影响的因子来看,既包括自然资源、自然灾害,又包括各种自然要素相互作用所形成的生态关系和功能耦合。作为另一子系统的人类社会及其活动是以主体形式存在的,是由各种社会经济要素构成的社会经济综合体。它既是人类社会发展的产物和人类在活动的基础,也是人类社会发展的主要内容。其构成要素主要包括人口、社会、经济和文化。

人地关系是长期影响人类社会发展和社会经济区域空间分布的一个重要因素,在以往人地关系讨论中,就人-地这对矛盾双方主、次问题的争论进行得异常激烈,理论上概括起来有以下三种：

（1）强调自然环境对人类社会发展的决定作用,以地理环境决定论为代表。地理环境决定论是一种以自然地理环境的作用解释人类社会发展,忽视或贬低人类社会的作用,认为地理环境是人类社会发展的决定性因素的理论。

（2）强调人类社会对自然环境的决定作用、忽视或贬低地理环境的作用,如唯意志论等。唯意志论主要表现为唯神论、人定胜天论、文化决定论和生产关系决定论等。

（3）强调人类社会与地理环境之间的相互作用,重视人地关系适应与协调,如协调论等。这一理论的基本观点既不突出地理环境对人类社会作用的重要性,也不夸大人在人地相互作用中的主观能动作用,而强调人与地在相互作用过程中其作用的对等性,认为人地关系应该是互相制约、互相影响、协调发展的。人地和谐关系论是现代人们在反思日益严重的环境污染和生态破坏问题的基础上选择的一条可持续发展的思想。

（二）区域社会经济空间分布结构要素和组合模式

区域社会经济空间结构是指社会经济客体和现象的空间集聚规模和集聚形态,具体指各种经济活动在区域内的空间分布状态及空间组合形式,涉及农业、工业、服务业、城镇居民点、基础设施的区位、运输网的布局等内容。社会经济空间分布结构要素是构成社会经济系统的基本单元或组分。由于各种社会经济活动的性质及其区位特征存在差异,它们在地理空间上表现出的形态也不同,基本可分为点、线、面三种类型。"点"是指某些社会经济活动在地理空间上集聚形成的点状分布形态。空间结构中的点要素一般是空间社会经济活动最密集、最活跃的地方,具有组织区域空间社会经济活动的核心特征,例如城市、港口、开发区等。"线"是指在一定的方向上连接若干个不同级别的节点而形成的要素流动通道或相对密集的经济活动集中带,起着物质传输通道作用,可以称为开发轴线或发展轴线,例如交通线路、通信线路和水源供应线等。"面"是指内部具有某种同质性而在空间上连续延展的地物,

是点和线赖以存在的空间基础,是区域社会经济空间结构要素的基础,如农业区域、城镇连绵区等。

在不同的经济发展阶段与区位条件下,点、线、面结构要素在空间中相互作用、相互影响,形成不同的空间组合模式、形态特征和空间运行方式(表 17.1)。其中点-线-面的组合模式反映了经济高度发达阶段的空间结构模式,是通过节点的极化与扩散机制,线作为交通枢纽的连接与促进作用,面的消化吸收效应,最终相互联系形成的一个社会经济区域系统。

表 17.1　区域社会经济空间结构要素的组合模式

要素组合模式	空间系统形态	空间运行方式	空间组合类型
点-点	节点系统	集聚发展	村镇系统、集镇系统、城市系统
点-线	枢纽系统	枢纽发展	交通枢纽、工业枢纽
点-面	结节-区域系统	结节性发展	城镇聚集区、城市经济区
线-线	网络系统	网络发展	交通通信网络、电力网络、给排水网络
线-面	产业区域系统	地带性发展	农业作物带、工业走廊
面-面	宏观经济地域系统	区域相互作用	基本经济区、经济地带
点-线-面	经济一体化系统	网络化发展	等级规模体系

资料来源:吴传清,2008。

(三)区域社会经济空间结构类型

区域社会经济空间结构是在长期的经济发展过程中人类的经济活动和区位选择的累积结果。区域社会经济空间结构的典型类型主要有极核式空间结构、点-轴式空间结构和网络式空间结构三种。不同的经济发展阶段有着不同特征的区域社会经济空间结构。

1. 极核式空间结构

极核式结构是指在区域经济系统中,经济要素首先在一个点上集聚,通过极化效应和扩散效应,极点与周边区域相互传递要素流而形成一个“极核-域面”结构。极核是区域经济发展的制高点,对周边区域经济发展起决定性作用,扮演着区域经济增长极的角色。

极核式空间结构的形成是增长极在空间上呈现的极化效应与扩散效应复合作用的结果。增长极的极化效应是指极核借助自身积累的经济优势,对周边区域产生吸引力和向心力,使周边区域的资本、劳动力、技术等生产要素转移、集聚到极核区域的过程。扩散效应是与极化效应同时存在但作用方向相反的另一种区域变化过程,它使经济要素从极核区域向外围区域扩散、延展,从而带动周边区域经济发展。区域经济空间结构的演化通常要经历低水平均衡阶段—极核式集聚发展阶段—极核扩散发展阶段—高水平均衡阶段这一基本过程。极化效应推动区域空间结构从低水平均衡阶段向极核式集聚发展阶段演进,导致极核区域的城市化进程加快,是极核产生阶段的主要作用。扩散效应是在极核区域经济发展到一定程度时出现的,扩散效应促使经济活动由极核城市向外围区域扩散,周边城镇得到发展,城市等级系统逐步形成,社会经济结构向极核扩散发展阶段演变,最终导致极核体系完全形成,并引起其他极核产生,在另一个区域层次进行新的区域极核结构的演化。

极核式空间结构是区域经济极化发展在地域空间中的表现,是区域经济发展的初期阶段主要的空间结构形式,具体表现为核心-外围二元结构和核心-城乡边缘区-外围三元结构两种主要的地域构成单元类型。① 核心-外围二元结构。区域经济的不均衡增长导致区域空间内形成由处于支配地位的核心和受核心支配的外围区所组成的地域空间的二元结构。根据弗里德曼的核心-外围结构模式,核心区是具有社会经济活动的聚集区,一般指城市或城市集聚区,具有工业发达、技术水平高、资本集中、人口密集、经济增长速度快的特征,处于稳定发展和支配地位。围绕核心区分布并受其影响的区域被称为外围区,包括上过渡区域、下过渡区域和资源前沿区域。上过渡区域是指紧密环绕核心区的周围区域,受核心区经济的影响其经济呈上升趋势。下过渡区域则多位于边远农村。资源前沿区域是指那些有待开发的资源,对区域发展有极大潜在价值的区域。核心区与外围区相互作用,形成一个完整的空间系统。一方面,外围区向核心区提供生产要素以供核心区科技文化的发展创新;另一方面,核心区将创新向外围区不断扩散,对外围区的经济活动、文化活动等进行引导,从而促进整个空间系统的发展。② 核心-城乡边缘区-外围三元结构。城市边缘区是指位于城市和乡村之间,以城市和乡村土地里的利用方式相混合为典型特征,人口和社会特征具有城乡过渡性质的一个独特地域。随着区域经济的进一步发展和城市化过程的展开,核心-外围的中间地带进一步分化出城市边缘区,进而演化为核心-城乡边缘区-外围三元结构,即服务业为主的城市、工业起主导的城乡边缘区、农业为主的乡村的三元结构。

2. 点-轴式空间结构

点-轴式空间结构是在极核式空间结构的基础上发展起来的,除了重视"点"(中心城镇或社会经济条件较好的区域)增长极的作用,还强调"点"与"点"之间的轴(交通干线)的作用。不同等级的"点"由轴线相互连接,由于社会经济空间结构的不均衡导致经济要素的空间扩散,相邻地区扩散源的经济联系使扩散通道相互连接成为发展轴线,这种点-轴渐进式扩散最终形成点-轴集聚区,实现由点带轴,由轴带面,加快整个区域经济的发展。一般情况下,"点"是区域经济发展中的"增长极",是区域内人口、产业、经济组织和社会组织的相对集中地,如各级中心城镇、各级居民点和工矿区和集聚区等。"轴"是指由交通、通信干线和能源、水源通道连接起来的基础设施束。根据发展轴的线状基础设施种类的不同,发展轴可以分为海岸发展轴(包括大型湖泊沿岸发展轴)、大河沿岸发展轴、铁路干线沿线发展轴和混合型发展轴四种类型。

3. 网络式空间结构

网络是指一定区域内不同规模等级的节点与轴线之间经纬交织所形成的区域经济系统。网络式空间结构模式是点-轴空间结构模式的拓展,是区域经济发展到高级阶段时的社会经济空间结构,强调均衡发展以实现区域整体推进。网络式空间结构是集点、线、面于一体的区域经济系统,以区域均衡发展为目标,是实现空间一体化的必然选择。在网络式空间结构的区域布局中,聚集经济在区位决策中的作用下降,而平衡布局、发挥社会效益和生态效益受到更多的重视。城市群就是网络式区域空间结构的典型表现形式。

三、环境问题的区域特征

随着经济增长和社会城市化的发展,人类对自然的开发利用和改造的规模、范围、深度和速度日益发展,加速改变了各地区的自然结构和社会经济结构,地理环境对人类社会经济发展的影响和反作用也愈加强烈,导致全球性的人口、环境、生态、国土及经济社会关系的严重失调,出现了一系列的环境污染和生态破坏等环境问题。由于自然环境和社会经济环境以及物质的迁移具有区域性特征,环境问题也表现出显著的区域特征。

环境问题依据区域生态介质的不同呈现不同的区域特征,因此区域环境问题可以分为流域环境问题、风域环境问题和资源域环境问题。

（一）流域环境问题

流域是以水为生态介质,通过水循环以及水所携带的化学物质连接流域中不同单元而形成的完整的生态区域。以水为连接纽带,流域可划分为上游、中游和下游。流域的上、中、下游,干流、支流相互制约,相互影响。上游地区的保护与开发行为会对下游地区带来重要的影响。例如,上游地区森林滥伐引起水土流失、中游地区农业和工业开发造成面源污染和点源污染,都会影响到下游的防洪安全和水质安全。同样地,上游地区良好的水土保持和污染防治不仅给上游地区带来生态社会效益,同时也会减轻下游地区的泥沙淤积和水体污染。因此流域环境管理要综合考虑上下游、左右岸、干支流、地表与地下的相互作用,实行流域统一管理。

（二）风域环境问题

风域是以风为生态介质,以空气为载体,以大气运动为传播方式而形成的区域。与流域的划分相似,风域通过风的流动将上风向和下风向地区连接成整体。风域上风向的保护与开发行为会对下风向产生重要影响。例如,2000年前后北京和华北地区沙尘暴频发的根源主要是内蒙古浑善达克沙地及其周边地区生态结构的破坏和沙化土地的扩展。随着"京津风沙源治理工程"封山育林、退耕还林、退牧还草、生态移民等生态保护措施的实施,近几年环京津风沙源区的植被盖度显著上升,区域生态环境状况得到明显改善,北京地区的沙尘天气总体上呈现减少减弱趋势。由于风域中上风向与下风向之间的生态功能具有一定的隐蔽性,上风向的生态涵养功能往往不能被认知和重视。只有当上风向区域生态遭到破坏或环境受到污染,对下风向产生严重影响时,上风向的生态功能才会受到重视并加以保护。

地球表面下垫面的性质是决定地面能量平衡和空气运动的主要影响因素。海洋与陆地、高山与深谷、林地和荒漠等不同下垫面组合形成不同类型或不同尺度的热力环流,从而形成不同尺度和不同类型的风域。风域根据尺度不同主要可分为大尺度的大陆季风风域和中小尺度的局地风域,局地风域又可分为山谷风风域、海陆风风域和城市风风域等。随着大气污染的加剧,近年来城市风风域的研究不断加强,其研究结果也被应用于城市（群）大气污染防治的实践中。

（三）资源域环境问题

资源域是以区域自然资源或生态产品为生态介质,并使资源或产品在驱动力下发生流转所形成的有关系的区域,反映了区域型资源开发和利用的现状。由于资源流转通常伴随经济活动,因此资源域也可称为经济圈或资源经济圈。城市圈就是一种典型的资源域。资源域是受人为活动影响最大的区域,涉及人口、资源和产品的大量流动及其对环境的影响。正确认识资源域内自然与社会经济之间的相互关系是解决资源域环境问题,促进资源域区域可持续发展的重要前提。

形成资源域关键的过程是区域之间的资源供给与接受,转移的资源类型主要有矿产资源、生态经济产品、野生动植物资源和工业产品等。当资源流转的数量、过程、方式等对自然生态环境产生严重影响时,生态环境问题就随之产生,主要的环境问题包括资源快速消耗、生态破坏和环境污染严重、生物多样性降低和区域生态安全风险增加等。

第三节 基于我国国土空间开发战略的区域环境管理

一、我国国土空间开发战略：主体功能区划

（一）主体功能区划的提出

主体功能区是指基于不同区域的资源环境承载能力、现有开发密度和发展潜力等，将特定区域确定为特定主体功能定位类型的一种空间单元。我国主体功能区划是在国家处于快速工业化、城镇化发展时期各种区域发展问题日益突出的背景下提出的，是政府解决区域发展无序的一种方式。我国主体功能区划是以服务国家自上而下的国土空间保护与利用的政府管制为宗旨，运用并创新陆地表层地理格局变化的理论，采用地理学综合区划的方法，通过确定每个地域单元在全国和省区等不同空间尺度中开发和保护的核心功能定位，对未来国土空间合理开发利用和保护整治格局的总体蓝图的设计、规划。主体功能区划是新时期我国区域发展和区域管理理论的重要创新，是促进统筹区域协调发展的新思路，目标是构建高效、协调、可持续的国土空间开发格局，通过科学规划"三生空间"（生活、生产和生态空间）打造我国城市化、农业发展和生态安全三大战略格局，对区域的自然社会经济可持续发展具有重要意义。在《中国共产党第十七次全国代表大会报告》《中华人民共和国国民经济和社会发展第十一个五年规划纲要》和《国务院关于编制全国主体功能区规划的意见》（国发〔2007〕21号）等文件编制的基础上，国务院于2010年12月正式印发《全国主体功能区规划》（国发〔2010〕46号），标志着我国主体功能区划进入正式实施阶段功能。

（二）我国主体功能区划分

主体功能即各地区所具有的、代表该地区的核心功能。各个地区因为核心（主体）功能的不同，相互分工协作、共同富裕、共同发展。核心（主体）功能是自身资源环境条件、社会经济基础所决定的，也是更高层级的区域所赋予的。主体功能不同，区域类型就会有差异。根据《全国主体功能区规划》，我国国土空间分为以下主体功能区：按开发方式，分为优化开发区域、重点开发区域、限制开发区域和禁止开发区域；按开发内容，分为城市化地区、农产品主产区（农业地区）和重点生态功能区（生态地区）；按层级，分为国家和省级两个层面。优化开发区域、重点开发区域、限制开发区域和禁止开发区域，是基于不同区域的资源环境承载能力、现有开发强度和未来发展潜力，以是否适宜或如何进行大规模高强度工业化城镇化开发为基准划分的。优化开发、重点开发和限制开发区域的土地面积比重分别为1.48%、13.60%、84.92%；人口密度分别为15.73%、39.23%、45.04%。城市化地区、农业地区和生态地区是以提供主体产品的类型为基准划分的。城市化区域、粮食安全区域、生态安全区域的土地面积比重分别为：15.08%、26.11%、58.81%；人口比重分别为54.96%、29.53%、15.51%。城市化地区是以提供工业品和服务产品为主体功能的地区，也提供农产品和生态产品；农业地区是以提供农产品为主体功能的地区，也提供生态产品、服务产品和部分工业品；生态地区是以提供生态产品为主体功能的地区，也提供一定的农产品、服务产品和工业品。各类主体功能区，在全国经济社会发展中具有同等重要的地位，只是主体功能不同，开

发方式不同,保护内容不同,发展首要任务不同,国家支持重点不同。对城市化地区主要支持其集聚人口和经济,对农业地区主要支持其增强农业综合生产能力,对生态地区主要支持其保护和修复生态环境(图17.3,表17.2)。

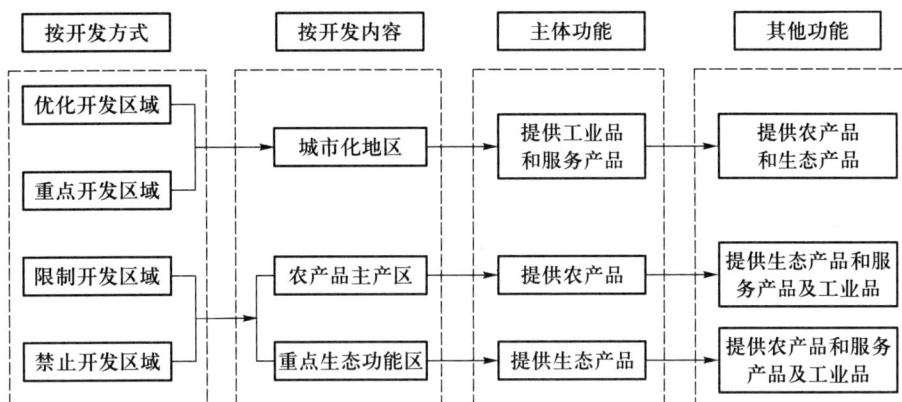

图17.3　全国主体功能区分类及其功能(《全国主体功能区规划》(国发〔2010〕46号))

表17.2　主体功能区基本内涵与特征

类型	资源环境承载力	开发强度	发展潜力	功能定位	发展方向
优化开发区域	较弱	较高	大	提升国家竞争力,带动全国经济社会发展,参与国际分工及有全球影响力,全国重要的人口和经济密集区	优化进行工业化城镇化开发
重点开发区域	较强	高	较大	支撑全国经济增长,全国重要的人口和经济密集区	重点进行工业化城镇化开发
限制开发区域	较低	低	小	保障农产品供给安全;保障国家生态安全	限制进行大规模高强度工业化城镇化开发;增强农业综合生产能力;增强生态产品生产能力
禁止开发区域	很低	很低	很小	保护自然文化资源,保护珍稀动植物基因资源	禁止进行工业化城镇化开发;强制性保护

　　优化开发区域是经济比较发达、人口比较密集、开发强度较高、资源环境问题更加突出,从而应该优化进行工业化城镇化开发的城市化地区。

　　重点开发区域是有一定经济基础、资源环境承载能力较强、发展潜力较大、集聚人口和经济的条件较好,从而应该重点进行工业化城镇化开发的城市化地区。

　　优化开发区域和重点开发区域都属于城市化地区,开发内容总体上相同,开发强度和开发方式不同。

限制开发区域分为两类:一类是农产品主产区,即耕地较多、农业发展条件较好,尽管也适宜工业化城镇化开发,但从保障国家农产品安全以及中华民族永续发展的需要出发,必须把增强农业综合生产能力作为发展的首要任务,从而应该限制进行大规模高强度工业化城镇化开发的地区;一类是重点生态功能区,即生态系统脆弱或生态功能重要,资源环境承载能力较低,不具备大规模高强度工业化城镇化开发的条件,必须把增强生态产品生产能力作为首要任务,从而应该限制进行大规模高强度工业化城镇化开发的地区。

禁止开发区域是依法设立的各级各类自然文化资源保护区域,以及其他禁止进行工业化城镇化开发、需要特殊保护的重点生态功能区。国家层面禁止开发区域,包括国家级自然保护区、世界文化自然遗产、国家级风景名胜区、国家森林公园和国家地质公园。省级层面的禁止开发区域,包括省级及以下各级各类自然文化资源保护区域、重要水源地以及其他省级人民政府根据需要确定的禁止开发区域。

二、基于主体功能区划的区域环境管理新变化

我国主体功能区划是按照区域分工和协调发展的原则,根据区域的资源环境承载能力、现有开发密度和发展潜力,统筹考虑未来我国人口分布、经济分布、国土利用和城镇化格局而明确提出的,是国家实施可持续发展战略,实现空间科学发展的重大战略部署。主体功能区的划分和依据主体功能区分类管理的区域政策为区域环境管理提供了依据,同时也提出了新要求,主要体现在下面几个方面:

（一）管理空间范围

区域环境管理空间范围要符合主体功能区的划分。基于主体功能区划的区域环境管理需要重新构建区域管理空间范围,突破传统行政区划与决策机制,以及地方政府利益冲突的解决机制局限,推进区域协调发展。主体功能区的管理是以区内共同问题和事务为价值导向,实行"主体功能区行政",把大量跨行政区的"外溢性"环境问题纳入自身的管理范围,解决区域的环境问题,引导区域的可持续发展。

（二）管理目标

区域环境管理目标的设定要符合主体功能区的划分,具有针对性,符合其所在的主体功能区对环境保护工作的要求。我国的主体功能区划分为优化开发、重点开发、限制开发和禁止开发四类,每类功能区的环境承载能力不同,开发密度不同,集聚产业不同,环境问题不同,所以对环境保护工作的要求也不同,包括环境保护的力度、重点内容等。

（三）管理手段

区域环境管理手段的运用要符合主体功能区的划分。区域环境管理的手段有很多,主要分为命令-控制手段和市场手段两种。基于各个主体功能区的环境条件不同、发展目标不同,与此相适应的区域环境管理也应该运用不同的环境管理手段,比如优化开发区域和重点开发区域可以较多地运用市场手段,而限制开发区域和禁止开发区域应该较多地运用命令-控制手段,依据法律法规规定,实行强制性环境保护。

三、城市化(城市群)地区的环境管理

(一) 城市化(城市群)地区及其区域环境特征

城市化地区是以提供工业品和服务产品为主体功能的区域。当前城市化和城市发展不再表现为城市数量的迅速增加和大城市的个体增长,而是围绕城市结构的完善和质量的提高,在一定地域范围内由一批不同等级规模的城市(镇),依托交通与通信网络密集分布优势,配套组合,形成相互依存、相互制约、共同发展的统一体,即城市群。国际上城市群概念的最早明确提出是由美籍法国地理学家戈特曼(J. Gottman)于 20 世纪 50 年代提出的。戈特曼认为,大城市群的形成需要五个基本条件或标准:① 区域内有比较密集的城市;② 有相当多的大城市形成各自的都市区,中心城市与都市圈外围地区有密切的社会经济联系;③ 有联系方便的交通走廊把核心城市连接起来,各都市区之间没有间隔,且联系密切;④ 必须达到相当大的规模,人口在 2 500 万以上;⑤ 属于国家的核心区域,具有国际交往枢纽的作用。因此,城市群是区域经济活动的一种重要的空间结构形态,各城市在一个结构框架下组织生产力布局,统一组织市场运作体系,优势互补,构造城市群体的整体优势,成为区域经济空间系统演进的必然结果。城市群体化发展是新竞争格局下,区域参与全国乃至全球市场分工的必然结果,在结构状况、区位条件、基础设施要素的空间集聚方面比其他区域具有更大的优势,是全球城市化的新形态。目前,世界上已经成熟的城市群有集中全美近 40% 的人口的美国东北部和五大湖两大城市群,集聚日本人口总量、经济规模达到 60% 以上的日本东京、大阪、名古屋三大都市圈,集中英国一半人口的大伦敦都市圈等。

我国《全国主体功能区规划》明确提出对于资源环境承载能力较强、人口密度较高的城市化地区,要把城市群作为我国推进城镇化的主体形态,形成环渤海、长江三角洲、珠江三角洲三个特大城市群及包括哈长、江淮、海峡西岸、中原等地区若干新的大城市群和区域性的城市群。随着中国城市化进程与工业化进程的不断加快,城市群已经成为今后经济发展格局中最具活力和潜力的核心地区,也是我国生产力布局的增长极点和核心支点,区域经济正在由行政区经济向城市群经济转变。

都市群地区的区域环境特征主要表现在其区域性污染问题突出。由于城市群地区地缘关系上各地相邻,污染问题不再局限于单个城市内,区域交叉大气污染和水污染比较严重,在特定的地理条件和气象条件下,污染物排放在一定的空间尺度上扩散和累积,使得一定区域的污染问题趋同,呈现明显的同步性。我国三大城市群京津冀、长三角和珠三角城市群面临的污染问题呈现显著的区域性特征。例如,京津冀城市群受特殊地形条件的影响,河北省燃煤排放的 SO_2 受气流影响转移到北京,在静稳天气条件下不能扩散出去,一定程度上引发了目前京津冀城市群大范围强雾霾天气,导致了环首都大气污染带的形成。而在长三角和珠三角城市群地区,空气污染、水污染、土壤污染、酸雨污染等环境问题都很严重,区域间产业转移更是加剧了水污染随河流水系和沿海水域扩散的危害。

(二) 城市化(城市群)地区环境问题

1. 大气污染

中国城市群规模不断扩张,区域内城市连片发展,城市间大气污染受大气环流及大气

化学的双重作用,相互影响作用明显。各大城市群的大气污染已不再局限于单个城市内,城市间大气污染变化过程呈现明显的同步性,区域性特征显著。全国大面积蔓延的大气雾霾污染覆盖了东部沿海地区和东北地区的几乎所有城市群。城市群大气污染的主要污染物包括 SO_2、NO_x、和 PM_{10} 等。根据中国人民大学牵头完成的《中国城市空气质量管理绩效评估》,不同地域的城市群大气污染特征存在差异性。山东城市群三种污染物污染都很严重,以重工业为主的辽宁中部城市群、甘宁城市群和新疆乌鲁木齐城市群的主要大气污染物为 PM_{10} 和 SO_2,成渝城市群的主要大气污染物为 PM_{10} 和 NO_x,山西关中城市群、武汉及其周边城市群以及海峡两岸城市群主要以 PM_{10} 污染为主,山西中北部城市群主要以 SO_2 为主。

2. 水污染

我国主要的城市群地区,包括珠江三角洲、长江三角洲和京津冀地区均面临着严重的水污染问题。海河有河皆干,有水皆污,长三角跨界水污染问题突出,珠三角地下水水质极差。以长江为例,受城市工业废水和生活废水排放的影响,京杭运河长三角地区段、太湖、长江中下游段、钱塘江段等水资源都受到不同程度的污染。2015 年监测数据表明,太湖流域河流水质达到Ⅲ类水标准的断面比例仅为 14.7%,主要超标项目为生化需氧量、氨氮、化学需氧量、总磷以及溶解氧。长三角城市群局部地区饮用水水质较差,水源地水质安全面临风险。区域湖泊水库富营养化特征明显,各湖库均存在不同程度的富营养化,营养状态为轻度富营养到中度富营养之间,太湖问题较为突出。

3. 固体废物污染

随着人口增长和人们生活消费水平的提高,城市群地区固体废物污染问题十分突出,中国城市群工业固体废物产生量在全国产生量的比重超过 65%。固体废物包括一般工业固体废物、工业危险废物、医疗废物和生活垃圾。根据《2014 年全国大、中城市固体废物污染环境防治年报》,2013 年大、中城市一般工业固体废物产生量为 23 836.23 万 t,工业危险废物产生量为 2 937.05 万 t,医疗废物产生量为 54.75 万 t,生活垃圾产生量为 16 148.81 万 t。伴随着信息时代的到来,电子废物对土壤污染和水污染的影响也逐渐显现出来。

(三)城市化(城市群)地区环境管理对策与措施

1. 优化经济发展方式

城市群地区应率先实现经济发展方式的根本性转变,从传统经济模式向循环经济模式转变,从企业层面、企业之间、社会层面实现循环经济,大力提高清洁能源比重,壮大循环经济规模,广泛应用低碳技术,大幅度降低二氧化碳排放强度,能源和水资源消耗以及污染物排放等标准达到或接近国际先进水平,全部实现垃圾无害化处理和污水达标排放。

2. 构建城市群生态安全格局

严格控制开发强度,根据城市大小、产业结构和规模、大气流通环境等,科学合理确定城市群、城市带及其内部城镇之间的生态安全距离,构建生态网络,保护好城市之间的绿色开敞空间,保障生态空间,改善人居环境,优化生态系统格局,构建生物廊道和风廊等生态廊道,构建维护城市群生态安全的保障体系、缓冲体系及过滤体系。

3. 加强城市群战略环评,推进环境达标管理

根据空间红线、总量红线和准入红线“三条红线”的要求,开展城市群地区战略环境影响评价,推进区域环境质量达标管理。具体指用空间红线来约束无序开发,守住生态底线;用

总量红线来调控开发的规模和强度,根据环境质量来分配控制重点行业污染物排放总量,使重点产业发展规模控制在资源环境可承载范围之内;用准入红线推动经济转型,强化产业准入源头控制,明确资源型、风险型、污染型和行业差别化准入管理要求。

4. 构建城市群层面污染联防联控机制和环保基础设施共建共享机制

(1)构建城市群水污染联防联控机制。完善跨界河流交接断面水质目标管理和考核制度,综合运用行政、经济、法律等多种手段,联合制定跨界河流综合整治和生态修复规划,联合执法,共享污染源监控信息,联合开展河道综合整治,逐步建立健全信息通报、环境准入、结构调整、企业监管、截流治污、河道整治、生态修复等一体化的跨界河流污染综合防治体系。

(2)构建城市群大气污染联防联控机制。在城市群层面建立统一的区域空气质量监测体系,将城市群重点污染城市全部纳入区域大气监控网,制定实施符合各城市群空气污染特征的区域空气质量标准,建立城市群层面的煤炭消费总量预测预警机制,在三大城市群特别是京津冀城市群开展煤炭消费总量控制试点,协同开展"高污染燃料禁燃区"划定工作,逐步扩大禁燃区范围。

(3)推进城市群跨界地区环境基础设施共建共享。鼓励城市群内部跨界区域打破行政区限制,共同规划,共建共享污水处理设施和污泥处置设施,实现管网互联互通。鼓励跨界地区统筹规划、合理布局,共建生活垃圾处理厂。按照区域共享的原则,适当调整位于行政区边界的污水处理厂和垃圾处理厂规模,合理规划和加快建设污水收集管网,使之辐射周边相邻区域。充分发挥城市群内核心城市危险废物处理处置中心的区域服务功能,全面深化危险废物环境管理制度,消除危险废物跨行政区域转移障碍。

四、农业地区的环境管理

(一)农业地区及其区域环境特征

农业地区是以提供农产品为主体功能的区域,以农田为主体,包括田园、乡居、小城镇等。我国《全国主体功能区规划》提出对于耕地较多、农业发展条件较好的农产品主产区,尽管其也适宜工业化城镇化开发,但从保障国家农产品安全以及中华民族永续发展的需要出发,必须把增强农业综合生产能力作为发展的首要任务,从而应该限制进行大规模高强度工业化城镇化开发。对农产品主产区要坚持最严格的耕地保护制度。稳定全国耕地总面积,确保基本农田总量不减少、用途不改变、质量有提高。坚守18亿亩耕地"红线",对耕地按限制开发要求进行管理,对基本农田按禁止开发要求进行管理。

农业地区农业生产和居民生活过程中产生的一系列污染物,如果未经合理处置则会对农业地区水体、土壤和空气及农产品造成污染。农业地区的区域环境特征主要表现在区域环境问题分布广泛、类型多样、监测治理水平低、人们的环境保护意识薄弱、环境保护执行难度大等。其中农业面源污染、农村生活污染和乡镇工业污染是影响农业地区环境质量的主要因素。

(二)农业地区环境问题

1. 农业面源污染

农业面源污染是农业生产活动中产生的污染,其污染种类多、分布广,各种类型在不同地区差异比较大。主要包括农药化肥污染、畜禽养殖污染、农膜白色污染和秸秆堆放或焚烧导致的环境问题。

（1）农药化肥污染

中国拥有地球上 7% 的耕地，但化肥和农药的使用量却是全球总量的 35%，是世界上使用化肥、农药数量最大的国家。2011 年中国化肥使用量达 5 208 万 t/a，按播种面积计算达 43.3 t/km^2，是发达国家规定的为防止环境污染设置的安全上限的近 2 倍。超量化肥使用会带来很多的环境问题，如土壤污染、水污染和大气污染。大量施用化肥会造成土壤酸化、土壤微生物群落遭破坏、土壤结构被破坏、有机质减少，进而导致土壤板结退化，生产力下降。同时，大量施用化肥还会造成土壤重金属污染。化肥流失进入水环境会导致水体营养元素过剩，引起地表水体富营养化和地下水硝酸盐污染。此外，大量使用氮肥会造成温室气体 N_2O 大量排放并与 O_3 相互作用破坏臭氧层。

（2）畜禽养殖污染

我国传统的畜禽养殖发展方式粗放，资源消耗高，畜禽粪便还田比例低，环境污染比较严重。畜禽养殖污染是我国农业面源污染的一个最大的来源，按 COD 来计算，大约 90% 以上都来自畜禽养殖。畜禽养殖带来的污染包括地表水和地下水的污染、大气污染等。

（3）农膜白色污染

农业地膜覆盖技术在带来增产的同时也带来了塑料农膜白色污染。我国 2015 年全国农膜产量为 232.8 万 t，相比 2014 年增长率约为 8%，农膜残留率高并且难以易降解具有长期累积性，成为我国土壤之痛。一方面，残留在土壤中的难降解农膜会影响土壤透气性和作物根系的生长发育，导致作物减产；另一方面农膜会对农作物产生毒性，其不合理的处理方式如焚烧也会对大气产生污染。

（4）秸秆堆放或焚烧

农业生产带来大量的秸秆废物，秸秆的传统处置方式包括就地堆放和焚烧。秸秆堆放遇水长时间浸泡腐烂后会污染土壤和水体。秸秆焚烧时会排放大量的大气污染物，主要包括 SO_2、NO_2 和可吸入颗粒物三类污染物。

2. 农村生活污染

农村生活污染是指农村生活中产生的污染，具有数量大、增长快和处理率低等特点，包括生活垃圾污染和生活污水污染。随着农民物质生活水平的不断提高，农村生活垃圾大量增加，难以降解的垃圾比例也越来越大。大量未利用、未处理的生活垃圾进入农业生态系统，污染水环境和土壤环境。我国农村生活污水由于收集处理系统不完善、收集率和处理率低，很多生活污水未经处理就直接排入水体，对农业地区水环境造成严重污染。

3. 乡镇工业污染

我国乡镇企业数量大，规模小，类型复杂，分布分散，生产技术落后，"三废"处理率低下，对农业地区的水环境、土壤环境和大气环境造成严重污染。乡镇工业废水不达标排放对水体造成的污染会进一步循环影响该地区生产、生活用水及水产养殖和农田灌溉。工业对耕地的污染主要源于两个途径：一是直接受工业"三废"排放引起，二是由于污水灌溉引起。

（三）农业地区环境管理对策与措施

1. 发展生态农业，实现农业发展的可持续

发展生态农业，通过食物链网络化、农业废物资源化，充分发挥资源潜力和物种多样性优势，使农业生产中的能量和物质流动实现良性循环，促进农业持续稳定地发展，实现经济、

社会、生态效益的统一。生态农业的具体实践包括：合理使用化肥农药，增施有机肥，推行农作物病虫害专业化统防统治和绿色防控，推广高效低毒低残留农药和现代植保机械；提高畜牧养殖业集约化比例，推行清洁养殖，配套建设规模化畜禽养殖场废弃物贮存处理利用设施；加强农膜回收利用，促进可降解农膜的推广使用；综合利用秸秆，推广秸秆资源化。

2. 加强农村环境综合整治

加强农村环境综合整治，重点加强农村生活污水和生活垃圾处理等环保基础设施建设，建设农村生活污水收集和处理设施，推广生活垃圾的收集和转运，提高农村污水处理率和农村垃圾处理率，改善农村人居环境，建设社会主义新农村。

3. 严格乡镇工业环境管理

调整乡镇工业的发展方向，坚持环境准入不降低，严格控制乡镇企业从事有污染，尤其是有严重污染环境的产品生产，优先发展无污染或少污染产品生产的乡镇企业；加强乡镇企业污染防治技术和设备的研制，使之高效、低能耗，便于普及推广；加强环境监测，积极治理"三废"，使乡镇企业逐步达到排放标准要求。

五、生态地区的环境管理

（一）生态地区及其区域环境特征

生态地区是以提供生态产品为主体功能的区域，是保护为主的地区，关系到国家的生态安全。我国《全国主体功能区规划》提出重点生态功能区即生态系统脆弱或生态功能重要，资源环境承载能力较低，不具备大规模高强度工业化城镇化开发的条件，必须把增强生态产品生产能力作为首要任务，从而应该限制进行大规模高强度工业化城镇化开发的地区。我国国家层面限制开发的重点生态功能区是指生态系统十分重要，关系全国或较大范围区域的生态安全，目前生态系统有所退化，需要在国土空间开发中限制进行大规模高强度工业化城镇化开发，以保持并提高生态产品供给能力的区域。国家重点生态功能区根据主要生态功能分为水源涵养型、水土保持型、防风固沙型和生物多样性维护型四种类型。

生态地区区域环境特征主要表现在生态环境脆弱，资源环境承载能力低，生态保护与经济发展矛盾突出，生态保护的长效保障机制不足等。

（二）重点生态功能区环境问题

1. 资源环境承载力低

生态地区具有重要的生态功能，但生态环境脆弱，资源环境承载力低，受人类活动干扰抵抗力弱，生态系统有所退化，如乱砍滥伐破坏森林植被、过度放牧引起草地退化，陡坡开垦造成水土流失加剧，草原过度开发导致沙化严重、生物多样性受到威胁。

2. 生态保护与经济发展矛盾突出

大部分生态地区都属于资源丰富、经济落后地区，人均经济社会发展水平和城镇化率低，贫困程度高，普遍存在着生态保护与经济发展矛盾突出的问题。一方面，生态地区的生态保护要求高，任务艰巨；另一方面，生态地区经济基础差，发展受限，发展难度大，因此两者之间一直存在着尖锐矛盾，生态地区处于生态保护和经济发展不能双赢的困境。

3. 生态保护的长效保障机制不足

生态保护需要大量的、长期投入，因此必须建立生态保护长效保障机制。为了保护重点生态功能区,需要采取一系列的长期治理修复与保护措施,包括植树造林、封育草原或治理退化草原、水土流失防治、污染源治理、产业结构调整、保护野生生物以及生态移民等。但是目前很多生态地区的生态保护缺乏有效的、可持续的长效保障机制,不利于生态保护的成果巩固。

（三）生态地区环境管理对策与措施

1. 开展重要生态功能保护和修复

按照不同重要生态功能区类型,开展相应的生态功能保护和修复。对于水源涵养型生态功能区,主要推进天然林草保护、退耕还林和围栏封育,禁止过度放牧、无序采矿、毁林开荒、开垦草原等行为,治理水土流失,严控面源污染,维护或重建湿地、森林、草原等生态系统。对于水土保持型生态功能区,严格限制陡坡垦殖和超载过牧,加强小流域综合治理,实行封山禁牧,恢复退化植被,加大矿山环境整治修复力度,最大限度地减少人为因素造成新的水土流失。对于防风固沙型生态功能区,转变畜牧业生产方式,实行禁牧休牧,推行舍饲圈养,以草定畜,严格控制载畜量。实行退耕还林、退牧还草,恢复植被。对主要沙尘源区、沙尘暴频发区实行封禁管理。对于生物多样性维护型生态功能区,禁止滥捕滥采,保持并恢复野生动植物物种和种群的平衡,防止外来生物入侵,保护自然生态系统与重要物种栖息地。

2. 严格限制开发强度,形成环境友好型的产业结构

对各类开发活动进行严格管制,尽可能减少对自然生态系统的干扰,不得损害生态系统的稳定和完整性。实行更加严格的产业环境准入标准,严把项目准入关。限制一切对主体功能有较大影响的开发项目,淘汰污染企业,因地制宜地发展不损害生态系统功能的旅游、农林牧产品生产和加工、观光休闲农业等特色产业,积极发展服务业,并实行严格的环境保护措施,形成环境友好型的产业结构。

3. 优化人口空间布局,建设生态文明

基于区域资源环境承载能力,引导超载人口逐步有序转移到资源环境承载能力相对较强的区域进行集约开发、集中建设。加强人口聚集区的道路、供排水、垃圾污水处理等基础设施建设,积极推广沼气、风能、太阳能、地热能等清洁能源,建设节能环保的生态型社区,建设生态文明。

4. 建立生态补偿制度,完善生态保护长效机制

生态保护投入任务艰巨并具有长期性,单纯依靠生态地区自身难以保证完成,因此需要完善生态保护长效机制。生态地区人民的生态保护投入所形成的产出应该得到社会的承认和价值回报,得到相应的补偿,因此需要建立生态保护的生态补偿制度。生态补偿有助于提高生态地区生态保护的积极性,实现收益与补偿的权责统一、开发与保护的平衡,既保障落后地区的生存权和发展权,又避免走"经济落后—资源开发—生态退化"的传统发展道路,是资源丰富经济落后生态地区生态保护的长效机制。

问题与讨论

1. 说明区划的类型并讨论区划的发展趋势。

2.举例论述大气环境问题和水环境问题的区域特征。

3.讨论我国主体功能区划与生态区划、经济区划的区别与联系。

4.讨论我国不同主体功能区类型,区域的主要环境问题和环境管理重点。

5.阐述京津冀城市群环境管理的核心内容。

6.以小组讨论的形式探讨京津冀三地生态补偿的补偿内容、补偿标准、补偿方式和补偿机制。

7.讨论区域环境管理较传统的属地环境管理的优点。

8.探讨实施区域环境管理需要建立的重要长效体制与机制。

主要参考文献

[1] BALACHANDRAN C, DURAIPANDIYAN V, BALAKRISHNA K, et al. Petroleum and polycyclic aromatic hydrocarbons (PAHs) degradation and naphthalene metabolism in Streptomyces sp.(ERI-CPDA-1) isolated from oil contaminated soil[J]. Bioresource Technology, 2012,112(none):83 − 90.

[2] BILD A H, YAO G, CHANG J T, et al. Oncogenic pathway signatures in human cancers as a guide to targeted therapies[J]. Nature,2006,439(7074): 353 − 357.

[3] BOWDEN J W, NAGARAJAH S, BARROW N J, et al. Describing the adsorption of phosphate, citrate and selenite on a variable-charge mineral surface[J]. Soil Research, 1980,18(1):49 − 60.

[4] BRADY N C, WEIL R R. Elements of nature and properties of soils[J]. Prentice Hall,2000.

[5] BREZONIK P L. Chemical kinetics and process dynamics in aquatic systems[M]. Boca Raton: CRC Press,1994.

[6] COHEN K, ELLIS M, KHOURY S, et al. Thyroid hormone is a MAPK-dependent growth factor for human myeloma cells acting via αvβ3 integrin[J]. Molecular Cancer Research, 2011,9(10):1385 − 1394.

[7] CONGER R M, PORTIER R J. Phytoremediation experimentation with the herbicide bentazon[J]. Remediation Journal,2010,7(2):19 − 37.

[8] DAI G, WANG B, HUANG J, et al. Occurrence and source apportionment of pharmaceuticals and personal care products in the Beiyun River of Beijing, China[J]. Chemosphere,2015,119:1033 − 1039.

[9] DAVIS J A, JAMES R O, LECKIE J O. Surface ionization and complexation at the oxide/water interface: I. Computation of electrical double layer properties in simple electrolytes[J]. Journal of Colloid & Interface Science,1978,63:480 − 499.

[10] DAVIS P J, DAVIS F B. Nongenomic actions of thyroid hormone.[J]. Thyroid,2008, 29(5):211 − 218.

[11] DEBRUYN J M, MEAD T J, WILHELM S W, et al. PAHs biodegradative genotypes in Lake Erie sediments: Evidence for broadgeographical distribution of pyrene-degrading mycobacteria[J]. Environmental Science & Technology,2009,43(10): 3467 − 3473.

[12] DZOMBAK D A. Surface Complexation Modeling [M]. New Jersey :John Wiley & Sons Inc.,1990.

[13] GIULIVO M,CAPRI E,ELJARRAT E,et al.Analysis of organophosphorus flame re-
tardants in environmental and biotic matrices using on-line turbulent flow chromatog-
raphy-liquid chromatography-tandem mass spectrometry[J].Journal of Chromatogra-
phy A,2016:71－78.

[14] GODFREY A,HOOSER B,ABDELMONEIM A,et al.Thyroid disrupting effects of
halogenated and next generation chemicals on the swim bladder development of ze-
brafish[J].Aquatic Toxicology,2017,193:228.

[15] GOLLEY F B.Energy dynamics of a food chain of an old field community[J].Ecological
Monographs,1960,30:187－206.

[16] GUSTAVSSON J,WIBERG K,RIBELI E,et al.Screening of organic flame retardants in
Swedish river water[J].Science of the Total Environment,2018,625:1046－1055.

[17] GUTIÉRREZ-GINÉS M J,HERNÁNDEZ A J,PÉREZ-LEBLIC M I,et al.Phytore-
mediation of soils co-contaminated by organic compounds and heavy metals:
Bioassays with Lupinus luteus L.and associated endophytic bacteria[J].Journal of En-
vironmental Management,2014,143(oct.1):197－207.

[18] HIKI K,NAKAJIMA N,WATANABE H,et al.De novo transcriptome sequencing of
an estuarine amphipod Grandidierella japonica exposed to zinc[J].Marine Genomics,2018,
39:11－14.

[19] HOU R,XU Y P,WANG Z J.Review of OPFRs in animals and humans:Absorption,
bioaccumulation,metabolism,and internalexposure research[J].Chemosphere,2016,
153:78－90.

[20] HUI L,SHENG G Y,SHENG W T,et al.Uptake of trifluralin and lindane from water
by ryegrass[J].Chemosphere,2002,48(3):335－341.

[21] IQBAL M,SYED J H,BREIVIK K,et al.E-waste driven pollution in Pakistan:The
First evidence of environmental and human exposure to flame retardants(FRs)in Karachi
city[J].Environmental Science & Technology,2017,51(23):13895.

[22] ISRAEL I,RICHTER D,STRITZKER J,et al.PET imaging with [^{68}Ga]NOTA-RGD
for prostate cancer:a comparative study with [^{18}F]fluorodeoxyglucose and [^{18}F]flu-
oroethylcholine[J].Current cancer drug targets,2014,14(4):371－379.

[23] JONES P D,MOBERG A.Hemispheric and large-scale surface air temperature varia-
tions:an extensive revision and an update to 2001[J].Journal of Geophysical Research
Atmospheres,2003,16:206－223.

[24] KOJIMA H,TAKEUCHI S,ITOH T,et al.In vitro endocrine disruption potential of organ-
ophosphate flame retardants via human nuclear receptors[J].Toxicology,2013,314
(1):76－83.

[25] KONG D D,LIU Y,ZUO R,et al.DnBP-induced thyroid disrupting activities in GH3
cells via integrin $\alpha_v\beta_3$ and ERK1/2 activation[J].Chemosphere,2018,212(DEC.):
1058－1066.

[26] LEE J W,WON E J,RAISUDDIN S,et al.Significance of adverse outcome pathways

in biomarker-based environmental risk assessment in aquatic organisms[J].J ENVIRON SCI – CHINA,2015,35: 115 – 127.

[27] LEE S,CHO H J,CHOI W,et al.Organophosphate flame retardants (OPFRs) in water and sediment: Occurrence,distribution,and hotspots of contamination of Lake Shihwa,Korea-ScienceDirect[J].Marine Pollution Bulletin,2018,130:105 – 112.

[28] LI J,MA M,WANG Z.A two-hybrid yeast assay to quantify the effects of xenobiotics on thyroid hormone-mediated gene expression[J] .Environmental Toxicology and Chemistry,2008,176(3): 198 – 206.

[29] LINDEMAN R L. The trophic-dynamic aspect of ecology[J]. Ecology, 1942, 23 (4):399 – 418.

[30] LIU X S, CAI Y, WANG Y, et al. Effects of tris (1, 3-dichloro-2-propyl) phosphate (TDCPP) and triphenyl phosphate (TPP) on sex-dependent alterations of thyroid hormones in adult zebrafish[J].Ecotoxicology and Environmental Safety,2019,170: 25 – 32.

[31] LOOS R,TAVAZZI S,MARIANI G,et al.Analysis of emerging organic contaminants in water,fish and suspended particulate matter (SPM) in the Joint Danube Survey using solid-phase extraction followed by UHPLC-MS-MS and GC-MS analysis[J].Science of the Total Environment,2017,607 – 608:1201 – 1212.

[32] LÓPEZ – SERNA R,PÉREZ S,GINEBREDA A,et al.Fully automated determination of 74 pharmaceuticals in environmental and waste waters by online solid phase extraction-liquid chromatography-electrospray-tandem mass spectrometry [J]. Talanta, 2010, 83 (2): 410 – 124.

[33] MAIDEN M J,TORPY D J.Thyroid hormones in critical illness[J].Critical Care Clinics,2019,35(2): 375 – 388.

[34] MANAHAN S E. Environmental Chemistry [M]. 4th ed. Boston: Willard Grant Press,1984.

[35] MURK A,RIJNTJES E,BLAAUBOER B J,et al.Mechanism-based testing strategy using in vitro approaches for identification of thyroid hormone disrupting chemicals[J]. Toxicology in Vitro An International Journal Published in Association with Bibra,2013, 27(4):1320 – 1346.

[36] ODUM E P.Basic Ecology[M].Rochester:Sounders College Publishing, 1983.

[37] OLSON D M,DINERSTEIN E,WIKRAMANAYAKE E D.Terrestrial ecoregions of the worlds: A new map of life on Earth[J].Bioscience,2001,11(11):933 – 938.

[38] PANTELAKI I,VOUTSA D.Organophosphate flame retardants (OPFRs): A review on analytical methods and occurrence in wastewater and aquatic environment[J].Science of The Total Environment,2018(649):247 – 263.

[39] PARSONS A,LANGE A,HUTCHINSON T H,et al.Molecular mechanisms and tissue targets of brominated flame retardants,BDE-47 and TBBPA,in embryo-larval life stages of zebrafish (Danio rerio)[J].Aquatic Toxicology,2019,209: 99 – 112.

[40] SCHMOHL K A,MÜLLER A M,WECHSELBERGER A,et al. Thyroid hormones and

tetrac: new regulators of tumour stroma formation via integrin $\alpha_v \beta_3$ [J]. Endocrine-related Cancer, 2015: 22(6): 941.

[41] SEEGER M, TIMMIS K N, HOFER B. Bacterial pathways for the degradation of polychlorinated biphenyls[J]. Marine Chemistry, 1997, 58(3-4): 327-333.

[42] SHI Y L, GAO L H, LI W H, et al. Occurrence, distribution and seasonal variation of organophosphate flame retardants and plasticizers in urban surface water in Beijing, China[J]. Environmental Pollution, 2016, 209: 1-10.

[43] SOLE C, ARNAIZ E, MANTEROLA L, et al. The circulating transcriptome as a source of cancer liquid biopsy biomarkers[J]. Seminars in Cancer Biology, 2019, 58: 100-108.

[44] STARR C, EVERS C, STARR L. Biology: Concepts and applications[J]. Wadsworth Pub. Co, 1991.

[45] STUMM W, MORGAN J J. Aquatic chemistry[M]. 3rd ed. New Jersey: Wiley-Interscience, 1996.

[46] STUMM W R, KUMMERT R, SIGG L. A ligand exchange model for the adsorption of inorganic and organic ligands at hydrous oxide interfaces[J]. Croatica Chem Acta, 1980, 43: 291.

[47] U.S. National Research Council. Risk assessment in the federal government: managing the process[M]. Washington D.C.: National Academy Press, 1983.

[48] USEPA. Guidelines for Ecological Risk Assessment [R]. Washington D. C.: USEPA, 1998.

[49] VERREAULT J, LETCHER R J, GENTES M L, et al. Unusually high Deca-BDE concentrations and new flame retardants in a Canadian Arctic top predator, the glaucous gull[J]. Science of The Total Environment, 2018, 639(15): 977-987.

[50] VERVAEKE P, LUYSSAERT S, MERTENS J, et al. Phytoremediation prospects of willow stands on contaminated sediment: a field trial[J]. Environmental Pollution, 2003, 126(2): 275-282.

[51] WATSON R. Common themes for ecologists in global issues[J]. Journal of Applied Ecology, 1999(36): 1-10.

[52] YAN W, HOU M, ZHANG Q, et al. Organophosphorus flame retardants and plasticizers in building and decoration materials and their potential burdens in newly decorated houses in China[J]. Environmental Science & Technology, 2017, 51(19): 10991-10999.

[53] YU L Q, LAM J C W, GUO Y Y, et al. Parental transfer of polybrominated diphenyl ethers (PBDEs) and thyroid endocrine disruption in zebrafish[J]. Environmentalence & Technology, 2011, 45(24): 10652-10659.

[54] 贝迪恩特, 里法尔, 纽厄尔. 地下水污染迁移与修复[M]. 施周, 译. 2版. 北京: 中国建筑工业出版社, 2010.

[55] 彼得·辛格. 动物解放[M]. 孟祥森, 钱永祥, 译. 北京: 光明日报出版社, 1999.

[56] 曹洪军. 环境经济学[M]. 北京: 经济科学出版社, 2012.

[57] 常元勋.环境中有害因素与人体健康[M].北京:化学工业出版社,2004.

[58] 陈传宏,田保国.21世纪初期中国环境保护与生态建设科技发展战略研究[M].北京:中国环境科学出版社,2001.

[59] 陈鸿汉,谌宏伟,何江涛,等.污染场地健康风险评价的理论和方法[J].地学前缘,2006,13(01):216-223.

[60] 陈景文,全燮.环境化学[M].大连:大连理工大学出版社,2013.

[61] 陈静生.水环境化学[M].北京:高等教育出版社,1987.

[62] 陈立民,吴人坚,戴星翼.环境学原理[M].北京:科学出版社,2003,140-142.

[63] 陈立新.环境风险评价方法刍议[J].重庆环境科学,1993(04):21-23,34.

[64] 陈玲,赵建夫,仇雁翎,等.环境监测[M].2版.北京:化学工业出版社,2014.

[65] 陈宜瑜,王毅,李利锋,等.中国流域综合管理战略研究[M].北京:科学出版社,2007.

[66] 成岳,刘媚,乔启成,等.环境科学概论[M].上海:华东理工大学出版社,2012:59-61.

[67] 程国玲,李培军.矿物油对小麦、苜蓿种子萌发和生长的影响[J].种子,2007(06):24-27.

[68] 程胜高,鱼红霞.环境风险评价的理论与实践研究[J].环境保护,2001(09):23-25.

[69] 程艳,李怀林,唐英章,等.生物标志物在大气环境生态风险评估中的应用[C].北京:2008年中国毒理学会环境与生态毒理学专业委员会成立大会,2008.

[70] 仇玉兰,夏昭林.接触生物标志物及其在危险度评价中的应用[J].中国职业医学,2005(02):58-60.

[71] 崔亚伟,梁启斌,赵由才.可持续发展——低碳之路[M].北京:冶金工业出版社,2012.

[72] 戴君虎,晏磊.温室效应及全球变暖研究简介[J].世界环境,2001(04):18-21.

[73] 戴树桂.环境化学[M].2版.北京:高等教育出版社,2006.

[74] 但德忠.我国环境监测技术的现状与发展[J].中国测试技术,2005(05):1-5.

[75] 但德忠.环境监测[M].北京:高等教育出版社,2006.

[76] 邓南圣,吴峰.环境化学教程[M].武汉:武汉大学出版社,2000.

[77] 董德明,康春莉.环境化学[M],北京:北京大学出版社,2010.

[78] 董芳,李芳芳,祁晓霞,等.环境毒理学研究进展[J].生态毒理学报,2011,6(01):9-17.

[79] 段昌群.环境生物学[M].北京:科学出版社,2004.

[80] 方精云.全球生态学——气候变化与生态响应[M].北京:高等教育出版社,[德国]施普林格出版社,2000.

[81] 冯雪,李剑,滕彦国,等.吉林松花江沿岸土壤中有机氯农药残留特征及健康风险评价[J].环境化学,2011,30(09):1604-1610.

[82] 冯裕华,傅仲述.环境污染控制[M].北京:中国环境科学出版社,2004.

[83] 高吉喜.区域生态学[M].北京:科学出版社,2015.

[84] 龚道溢,王绍武.全球气候变暖研究中的不确定性[J].地学前缘,2002(02):371-376.

[85] 郭先华,崔胜辉,赵千钧.城市水源地生态风险评价[J].环境科学研究,2009,22(06):688-694.

[86] 韩冰,何江涛,陈鸿汉,等.地下水有机污染人体健康风险评价初探[J].地学前缘,2006

（01）:224 - 229.

[87] 韩蕾,曹国良,王静晞,等.关中地区大气环境承载力分析[J].环境工程,2014,32(09):
147 - 151.

[88] 郝吉明,马广大.大气污染控制工程[M].北京:高等教育出版,1989.

[89] 何德文,李铌,柴立元.环境影响评价[M].北京:科学出版社,2008.

[90] 何亮.新型环境污染及其防治措施初探[J].大众科技,2006(05):171 - 173.

[91] 胡庆东,余博鹏,陈京远.温室效应与全球变暖[J].科技创新导报,2012
（23）:134 - 135.

[92] 胡荣桂,刘康.环境生态学[M].武汉:华中科技大学出版社,2010.

[93] 黄晶,李高,彭斯震.当代全球环境问题的影响与我国科学技术应对策略思考[J].中国
软科学,2007(07):79 - 86.

[94] 黄静,靳孟贵,程天舜.论土壤环境容量及其应用[J].安徽农业科学,2007(25):7895 -
7896,7953.

[95] 黄振中.中国大气污染防治技术综述[J].世界科技研究与发展,2004(02):30 - 35.

[96] 姜汉侨,段昌群,杨树华,等.植物生态学[M].北京:高等教育出版社,2004.

[97] 柯居中,卓龙冉,卢伟,等.IARC 公布的致癌物和接触场所对人类致癌性的综合评价分
类 1~102 卷[J].环境与职业医学,2012,29(07):464 - 466.

[98] 孔繁翔.环境生物学[M].北京:高等教育出版社,2000.

[99] 乐波.全球环境问题与全球治理——以气候变化为例[D].武汉:华中师范大学,2004.

[100] 雷炳莉,黄圣彪,王子健.生态风险评价理论和方法[J].化学进展,2009(02):350 - 358.

[101] 黎燕琼,郑绍伟,龚固堂,等.生物多样性研究进展[J].四川林业科技,2011,32
（04）:12 - 19.

[102] 李本纲,冷疏影.二十一世纪的环境科学——应对复杂环境系统的挑战[J].环境科学
学报,2011,31(06):1121 - 1132.

[103] 李娟.中国特色社会主义生态文明建设研究[M].北京:经济科学出版社,2013.

[104] 李凯,贾建丽,鲍晓峰,等.大气污染控制典型技术（上）[J].环境保护,2010
（01）:56 - 57.

[105] 李克国,张宝安,魏国印,等.环境经济学[M].2 版.北京:中国环境科学出版社,2007.

[106] 李天杰.土壤环境学——土壤环境污染防治与土壤生态保护[M].北京:高等教育出版
社,1995.

[107] 李天杰,宁大同,薛纪渝,等.环境地学原理[M].北京:化学工业出版社,2004.

[108] 李瑜琴,赵景波.过度放牧对生态环境的影响与控制对策[J].中国沙漠,2005
（03）:404 - 408.

[109] 李玉文.环境科学概念[M].北京:经济科学出版社,1999.

[110] 林永达,陈庆云.大气臭氧层破坏和 CFCs 替代物[J].化学进展,1998(02):
119 - 126.

[111] 刘本培,蔡运龙.地球科学导论[M].北京:高等教育出版社,2000.

[112] 刘宏文,夏秀丽.浅析温室效应及控制对策[J].中国环境管理干部学院学报,2008
（03）:49 - 51,61.

[113] 刘洪波,李明爽,杨健.国外发展中国家水产养殖中的环境问题[J].南方水产,2006(02):43－50.

[114] 刘克峰,刘悦秋.环境科学概论[M].北京:气象出版社,2010:8－80.

[115] 刘培桐,薛纪渝,王华东.环境学概论[M].北京:高等教育出版社,1995.

[116] 刘绮,潘伟斌.环境监测教程[M].2版.广州:华南理工出版社,2014.

[117] 刘五星,骆永明,滕应,等.我国部分油田土壤及油泥的石油污染初步研究[J].土壤,2007(02):247－251.

[118] 刘学谦,杨多贵,周志田,等.可持续发展前沿问题研究[M].北京:科学出版社,2010.

[119] 刘兆昌,张兰生,聂永丰,等.地下水系统的污染与控制[M].北京:中国环境科学出版社,1991.

[120] 刘志培,刘双江.我国污染土壤生物修复技术的发展及现状[J].生物工程学报,2015,31(06):901－916.

[121] 刘自力,王红旗,孔德康,等.不同植物-微生物联合修复体系下石油烃的降解[J].环境工程学报,2018,12(01):190－197.

[122] 卢宏玮,曾光明,谢更新,等.洞庭湖流域区域生态风险评价[J].生态学报,2003(12):2520－2530.

[123] 卢升高.环境生态学[M].杭州:浙江大学出版社,2010.

[124] 陆彬.温度、盐度对两种手性拟除虫菊酯斑马鱼胚胎毒性的影响[D].杭州:浙江工业大学,2015.

[125] 陆晓华,成官文.环境污染控制原理[M].武汉:华中科技大学出版社,2010.

[126] 骆永明.中国土壤环境污染态势及预防、控制和修复策略[J].环境污染与防治,2009,31(12):27－31.

[127] 吕永龙,贺桂珍.现代环境管理学[M].北京:中国人民大学出版社,2008.

[128] 马广大.大气污染控制工程[M].北京:中国环境科学出版社,1985.

[129] 马强,林爱军,马薇,等.土壤中总石油烃污染(TPH)的微生物降解与修复研究进展[J].生态毒理学报,2008(01):1－8.

[130] 马增旺,赵广智,邢存旺,等.论生态系统管理中的生态整体性[J].河北林业科技,2009(06):33－35.

[131] 纽曼 M,昂格尔 M.生态毒理学原理[M].2版.赵园,王太平,译.北京:化学工业出版社,2007.

[132] 毛术文.我国流域水污染防治的法律对策研究[D].长沙:湖南大学,2008.

[133] 毛小苓,刘阳生.国内外环境风险评价研究进展[J].应用基础与工程科学学报,2003(03):266－273.

[134] 毛小苓,倪晋仁.生态风险评价研究述评[J].北京大学学报(自然科学版),2005(04):646－654.

[135] 孟嚣巍.环境问题的复杂性哲学思考[D].长春:吉林大学,2013.

[136] 倪妮,宋洋,王芳,等.多环芳烃污染土壤生物联合强化修复研究进展[J].土壤学报,2016,53(03):561－571.

[137] 宁平,杨树平,张朝能.大气环境容量核定方法与案例[M].北京:冶金工业出版社,

2013(01):2－6.

[138] 潘玉君,武友德,邹平,等.可持续发展原理[M].北京:中国社会科学出版社,2005.

[139] 齐邦智,孔海涛.风险评价在新建项目环境质量影响评价中的应用[J].辽宁城乡环境科技,1997(01):31－34.

[140] 钱冠磊.我国环境监测的发展及环境监测技术存在的主要问题[J].科技信息,2014(06):109－110.

[141] 钱家忠.地下水污染控制[M].合肥:合肥工业大学出版社,2009.

[142] 钱维宏,陆波,祝从文.全球平均温度在21世纪将怎样变化?[J].科学通报,2010,55(16):1532－1537.

[143] 戎志毅,殷浩文,吴满平.环境遗传毒性研究中的生物标记[J].上海环境科学,2002,(03):172－176.

[144] 石碧清,赵育,闫振华.环境污染与人体健康[M].北京:中国环境科学出版社,2006:243－258.

[145] 石润,吴晓芙,李芸,等.应用于重金属污染土壤植物修复中的植物种类[J].中南林业科技大学学报,2015,35(04):139－146.

[146] 石芝玲.清洁生产理论与实践研究[D].天津:河北工业大学,2005.

[147] 斯特拉勒 A N,斯特拉勒 A H.环境科学导论[M].北京:科学出版社,1983.

[148] 宋国君.论中国污染物排放总量控制和浓度控制[J].环境保护,2000(06):11－13.

[149] 宋玉芳,许华夏,任丽萍,等.土壤重金属对白菜种子发芽与根伸长抑制的生态毒性效应[J].环境科学,2002(01):103－107.

[150] 孙福生,朱英存,张俊强.环境监测[M].北京:化学工业出版社,2007.

[151] 孙儒泳,李博,诸葛阳,等.普通生态学[M].北京:高等教育出版社,1993.

[152] 孙士涵.从战略安全角度看水污染治理技术进展[J].科技信息,2009(03):184－185.

[153] 孙英杰,孙晓杰,赵由才.冶金企业污染土壤和地下水整治与修复[M],北京:冶金工业出版社,2008.

[154] 汤鸿霄.环境水化学纲要[J].环境科学丛刊,1988(2):1－74.

[155] 唐国利,王绍武,闻新宇,等.全球平均温度序列的比较[J].气候变化研究进展,2011,7(02):85－89.

[156] 唐国利.仪器观测时期中国温度变化研究[D].北京:中国科学院研究生院(大气物理研究所),2006.

[157] 童志权.大气污染控制工程[M].北京:机械工业出版社,2006.

[158] 汪晶.风险评价技术的原理与进展[J].环境科学,1998(02):97－98.

[159] 汪群慧,王雨泽,姚杰.环境化学[M].哈尔滨:哈尔滨工业大学出版社,2004.

[160] 汪皖华.小流域综合开发主要环境问题及对策措施探讨——以宁德市七都溪流域综合开发为例[J].海峡科学,2012(06):35－37.

[161] 王干.流域环境管理制度研究[M].武汉:华中科技大学出版社,2008.

[162] 王海黎,陶澍.生物标志物在水环境研究中的应用[J].中国环境科学,1999(05):421－426.

[163] 王红旗,刘新会,李国学,等.土壤环境学[M].北京:高等教育出版社,2007.

[164] 王红旗,花菲,杨艳,等.石油烃污染土壤的微生物修复技术及应用[M].北京:中国环境出版社,2015.

[165] 王连生.有机污染化学[M].北京:高等教育出版社,2004.

[166] 王庆海,却晓娥.治理环境污染的绿色植物修复技术[J].中国生态农业学报,2013,21(02):261-266.

[167] 王仕琴,邵景力,宋献方,等.地下水模型 MODFLOW 和 GIS 在华北平原地下水资源评价中的应用[J].地理研究,2007(05):975-983.

[168] 王文林.大气污染的成因、影响因素及防治措施[J].资源节约与环保,2013(07):36,46.

[169] 王晓蓉.环境化学[M].南京:南京大学出版社,1993.

[170] 王雪梅,曲建升,李延梅,等.生物多样性国际研究态势分析[J].生态学报,2010,30(04):1066-1073.

[171] 王亚飞,任姝娟,李沫蕊,等.官厅水库水体多环芳烃残留特征及健康风险评价[J].北京师范大学学报(自然科学版),2015,51(01):60-63.

[172] 王焰新.地下水污染与防治[M].北京:高等教育出版社,2007.

[173] 王翊亭,张光华,吴子锦.工业环境管理[M].北京:石油工业出版社,1987(8):27-36.

[174] 王玉庆,管华.环境经济学[M].北京:中国环境科学出版社,2002.

[175] 王樟生.论环境风险评价与管理[J].能源与环境,2006(04):30-32.

[176] 王长科,罗新正,张华.全球增温潜势和全球温变潜势对主要国家温室气体排放贡献估算的差异[J].气候变化研究进展,2013,9(01):49-54.

[177] 王铮,刘丽.可持续发展意义下的区域管理[J].管理世界,1995(02):208-210.

[178] 王了健,吕怡兵,王毅,等.淮河水体取代苯类污染及其生态风险[J].环境科学学报,2002(03):300-304.

[179] 魏晓华,孙阁.流域生态系统过程与管理[M].北京:高等教育出版社,2009.

[180] 吴邦灿,费龙.现代环境监测技术[M].2 版.北京:中国环境科学出版社,2005.

[181] 吴波,李海生,王辉民,等.社会区域类环境影响评价[M].北京:中国环境科学出版社,2007(8):4-133.

[182] 吴传清.区域经济学原理[M].武汉:武汉大学出版社,2008.

[183] 吴吉春,张景飞.水环境化学[M].北京:中国水利水电出版社,2009.

[184] 西汝泽,李瑞,陈小凤.河流污染与地下水环境保护[M].合肥:中国科学技术大学出版社,2012.

[185] 奚旦立,孙裕生.环境监测[M].4 版.北京:高等教育出版社,2010.

[186] 夏家淇,骆永明.关于土壤污染的概念和 3 类评价指标的探讨[J].生态与农村环境学报,2006(01):87-90.

[187] 夏立江.环境化学[M].北京:中国环境科学出版社,2003.

[188] 谢文明,韩大永,孟凡贵,等.蚯蚓对土壤中有机氯农药的生物富集作用研究[J].吉林农业大学学报,2005(04):420-423,428.

[189] 熊治廷.环境生物学[M].北京:化学工业出版社,2000.

[190] 徐世晓,赵新全,孙平.人类不合理活动对全球气候变暖的影响[J].生态经济,2001(06):59-61.

[191] 许海萍,张建英,张志剑,等.致癌和非致癌环境健康风险的预期寿命损失评价法[J].环境科学,2007(09):2148-2152.

[192] 许嘉琳,杨居荣.陆地生态系统中的重金属[M].北京:中国环境科学出版社,1995.

[193] 严刚,王金南.中国的排污交易:实践与案例[M].北京:中国环境科学出版社,2011.

[194] 颜廷武,尤文忠.森林生态系统应对气候变化响应研究综述[J].环境保护与循环经济,2010,30(12):70-73.

[195] 阳文锐,王如松,黄锦楼,等.生态风险评价及研究进展[J].应用生态学报,2007(08):1869-1876.

[196] 杨桂山,于秀波,李恒鹏,等.流域综合管理导论[M].北京:科学出版社,2006.

[197] 杨浩,赵鹏.交通运输的可持续发展[M].北京:中国铁道出版社,2001(1):30-43.

[198] 杨红莲,袭著革,闫峻,等.新型污染物及其生态和环境健康效应[J].生态毒理学报,2009,4(01):28-34.

[199] 杨建恒,杨中喜,席敏.污染物在生物体内分布规律的探讨[J].安徽农业科学,2003(03):369-370,380.

[200] 杨志峰,刘静玲.环境科学概论[M].北京:高等教育出版社,2004.

[201] 杨志峰,刘静玲,等.环境科学概论[M].2版.北京:高等教育出版社,2010.

[202] 叶文虎,张勇.环境管理学[M].2版.北京:高等教育出版社,2006.

[203] 於方,王金南,曹东,等.中国环境经济核算技术指南[M].北京:中国环境科学出版社,2009.

[204] 于云江,王琼,张艳平,等.兰州市大气主要污染物环境与健康风险评价[J].环境科学研究,2012,25(07):751-756.

[205] 余刚,周隆超,黄俊,等.持久性有机污染物和《斯德哥尔摩公约》履约[J].环境保护,2010(23):12-15.

[206] 袁业畅,何飞,李燕,等.环境风险评价综述及案例讨论[J].环境科学与技术,2013,36(S1):455-463.

[207] 张合平,刘云国.环境生态学[M].北京:中国林业出版社,2002.

[208] 张璐,赵硕伟,李凤玲,等.石油烃降解菌 *Rhodococcus* sp.15-3 的分离鉴定及特性研究[J].农业环境科学学报,2008(05):1737-1741.

[209] 张新民.空气污染学[M].天津:天津大学出版社,2006.

[210] 张颖,伍钧.土壤污染与防治[M].北京:中国林业出版社,2012.

[211] 张永民,赵士洞.生态系统可持续管理的对策[J].地球科学进展,2007(07):748-753.

[212] 张玉军,侯根然.浅析我国的区域环境管理体制[J].环境保护,2007(09):44-48.

[213] 张媛媛,陈晓香,韩松.氮氧化物对大气的污染及处理技术[J].化工管理,2015(34):129-130.

[214] 张志娇,刘仁志,杜茜.区域突发性大气污染事件风险评价方法及其应用[J].应用基础与工程科学学报,2015,23(S1):50-58.

[215] 张忠彬,李岩,夏昭林.效应生物标志物与危险度评价[J].职业卫生与应急救援,2005(01):15-17.

[216] 赵新鄂.污水处理技术综述[J].工业安全与环保,2003(12):13-16.

[217] 赵媛,郝丽莎,王立山.可持续发展案例教程[M].北京:科学出版社,2006.

[218] 赵云英,马永安.天然环境中多环芳烃的迁移转化及其对生态环境的影响[J].海洋环境科学,1998(02):69-73.

[219] 郑春苗,BENNETT G D.地下水污染物迁移模拟[M].2版.孙晋玉,卢国平,译.北京:高等教育出版社,2009.

[220] 郑重.现代环境测试技术[M].北京:化学工业出版社,2009.

[221] 中国大百科全书编辑委员会.中国大百科全书·环境科学卷[M].北京:中国大百科全书出版社,2002.

[222] 中国科学院可持续发展战略研究组.2014中国可持续发展战略报告:创建生态文明的战略体系[M].北京:科学出版社,2014.

[223] 第十届全国人民代表大会常务委员会.中华人民共和国水污染防治法[EB/OL].[2008-2-28].

[224] 周光敏.小议环境科学的研究对象、任务及其发生发展[J].才智,2013(09):328.

[225] 周广超.海温长时间序列分析及与人类活动的关系[D].青岛:中国海洋大学,2012.

[226] 周启星,罗义.污染生态化学[M].北京:科学出版社,2011.

[227] 周婷,蒙吉军.区域生态风险评价方法研究进展[J].生态学杂志,2009,28(04):762-767.

[228] 周训芳.环境概念与环境法对环境概念的选择[J].安徽工业大学学报(社会科学版),2002(05):11-13.

[229] 祝凌燕,林加华.全氟辛酸的污染状况及环境行为研究进展[J].应用生态学报,2008(05):1149-1157.

[230] 字唐秋.臭氧层的破坏及保护对策[J].保山师专学报,1999(04):41-44.

[231] 邹德勋,骆永明,滕应,等.多环芳烃长期污染土壤的微生物强化修复初步研究[J].土壤,2006(05):652-656.

[232] 左玉辉,华新,柏益尧,等.环境学原理[M].北京:科学出版社,2010.

[233] 左玉辉.环境学[M].2版.北京:高等教育出版社,2010.

读者意见反馈

为收集对教材的意见建议,进一步完善教材编写并做好服务工作,读者可将对本教材的意见建议通过如下渠道反馈至我社。

咨询电话　400 - 810 - 0598

反馈邮箱　hepsci@pub. hep. cn

通信地址　北京市朝阳区惠新东街 4 号富盛大厦 1 座
　　　　　　高等教育出版社理科事业部

邮政编码　100029

防伪查询说明

用户购书后刮开封底防伪涂层,使用手机微信等软件扫描二维码,会跳转至防伪查询网页,获得所购图书详细信息。

防伪客服电话　(010) 58582300